PALÉONTOLOGIE FRANÇAISE

OU

DESCRIPTION

DES FOSSILES DE LA FRANCE

continuée

PAR UNE RÉUNION DE PALÉONTOLOGISTES

SOUS

LA DIRECTION D'UN COMITÉ SPÉCIAL

2e Série. — VÉGÉTAUX

PLANTES JURASSIQUES

PAR

LE MARQUIS DE SAPORTA

TOME III

Conifères ou Aciculariées

PARIS

G. MASSON, ÉDITEUR

LIBRAIRE DE L'ACADÉMIE DE MÉDECINE

120, Boulevard Saint-Germain

1884

PALÉONTOLOGIE FRANÇAISE

2ᵉ Série. — VÉGÉTAUX

ERRATA ET ADDENDA

<table>
<tr><td>Page</td><td>13, ligne</td><td>11,</td><td>au lieu de : Erlanger, lisez : Erlangen.</td></tr>
<tr><td>—</td><td>14, —</td><td>16,</td><td>après ces mots : coupe parallèle à l'écorce, ajoutez : ou tangentielle.</td></tr>
<tr><td>—</td><td>29, —</td><td>2,</td><td>au lieu de : Chamacyparis, lisez : Chamæcyparis.</td></tr>
<tr><td>—</td><td>29, —</td><td>6,</td><td>— Sciadopytis, lisez : Sciadopitys.</td></tr>
<tr><td>—</td><td>34, —</td><td>4,</td><td>— si nécessaire, lisez : ni nécessaire.</td></tr>
<tr><td>—</td><td>58, —</td><td>15,</td><td>— pl. 122, lisez : pl. 132.</td></tr>
<tr><td>—</td><td>150, —</td><td>11,</td><td>— par vue d'analogie, lisez : par voie d'analogie.</td></tr>
<tr><td>—</td><td>151, —</td><td>24,</td><td>— fui, lisez : fut.</td></tr>
<tr><td>—</td><td>263, —</td><td>11,</td><td>— Trichopytis, lisez : Trichopitys.</td></tr>
<tr><td>—</td><td>309, —</td><td>26,</td><td>— sexus, lisez : secus.</td></tr>
<tr><td>—</td><td>365, —</td><td>5,</td><td>— Pl. 167, fig. 2 ; 150, fig. 4-5, lisez : Pl. 168, fig. 2 ; 170, fig. 4-5.</td></tr>
<tr><td>—</td><td>393, —</td><td>4,</td><td>— figure 3, figure l'empreinte, lisez : la figure 3 représente l'empreinte.</td></tr>
<tr><td>—</td><td>412, dernière ligne,</td><td></td><td>au lieu de : bas, lisez : basi.</td></tr>
<tr><td>—</td><td>414, ligne 25 :</td><td></td><td>l'Araucaria Sternbergii, reconnu effectivement depuis par M. Heer comme étant un Sequoia. — Il convient de remarquer que plus récemment encore, M. le professeur Marion a pu établir, par l'examen des fruits, des écailles de strobiles et des semences de ce type, qu'il constituait un genre distinct, très rapproché des Dammara par les organes de la fructification et des Araucaria par ceux de la végétation, mais n'ayant rien de commun en réalité avec les Sequoia.</td></tr>
<tr><td>—</td><td>442, ligne 8,</td><td></td><td>au lieu de : pieds colonnaires, lisez : pieds en colonne.</td></tr>
<tr><td>—</td><td>460, —</td><td>2,</td><td>— cephalanica, lisez : cephalonica.</td></tr>
<tr><td>—</td><td>479, —</td><td>4,</td><td>rétablir la phrase de la manière suivante : in omnibus, squama axillans receptaculumque ovuliferum primum distincta, postea crescentiæ effectu ex parte fusa, in adulto autem statu plus minusve quandoque etiam omnino coalita, semper attamen discernenda.</td></tr>
<tr><td>—</td><td>491, ligne 11,</td><td></td><td>au lieu de : Cheiropteris, lisez : Cheirolepis.</td></tr>
<tr><td>—</td><td>494, —</td><td>27,</td><td>— Glyptcolepis, lisez : Glyptolepis.</td></tr>
<tr><td>—</td><td>495, lignes 1, 9, 15 et 23,</td><td></td><td>même correction.</td></tr>
<tr><td>—</td><td>497, ligne 6,</td><td></td><td>au lieu de : schenk, lisez : Schenk.</td></tr>
<tr><td>—</td><td>534, —</td><td>30,</td><td>— boliostichus, lisez : buliostichus.</td></tr>
<tr><td>—</td><td>56?, —</td><td>7,</td><td>— Thumb., lisez : Thunbg.</td></tr>
<tr><td>—</td><td>574, —</td><td>13,</td><td>— PLÆOCYPARIS, lisez : PALÆOCYPARIS.</td></tr>
<tr><td>—</td><td>583, —</td><td>21,</td><td>— Pl. 102 et 103, lisez : Pl. 202 et 203.</td></tr>
</table>

812-34. — CORBEIL. Typ. et stér. CRÉTÉ.

PALÉONTOLOGIE

FRANÇAISE

DEUXIÈME SÉRIE. — VÉGÉTAUX

TERRAIN JURASSIQUE.

CONIFÈRES OU ACICULARIÉES [1].

INTRODUCTION A L'ÉTUDE DES CONIFÈRES JURASSIQUES.

L'immense majorité des Phanérogames, à l'époque jurassique, appartenait au sous-embranchement des Gymnospermes. Celui-ci renferme actuellement trois ordres
qui sont : les Cycadées, les Conifères et les Gnétacées.
Les Cycadées jurassiques ont été l'objet du tome précédent; les Gnétacées, qui opèrent, à vrai dire, une transition vers les Angiospermes, n'ont laissé aucun vestige qui
atteste leur présence sur le sol secondaire; il nous reste
donc à aborder l'étude du deuxième de ces trois ordres,

(1) C'est la traduction du terme allemand *Nadelholzbaum*, beaucoup
moins impropre que celui de *Conifère*, comme nous le dirons, dès
qu'il s'agit de désigner l'ensemble du groupe des *arbres résineux*, en
majorité *porteurs de cônes*.

celui des Conifères, famille de plantes aussi ancienne que
variée et féconde dans tous les âges. Demeurée puissante et
remarquable, cette famille domine encore de nos jours
sur de vastes régions : — A travers les plaines du Nord et
sur le flanc des grandes chaînes montagneuses, dans les
îles de l'Australie comme dans les fôrets du tropique, au
sommet de Ténérife, au fond des hautes vallées de l'Himalaya et du Caucase, du Taurus et du Liban ; en remontant les Alpes comme en parcourant les plages de la
Méditerranée, les plateaux de l'Abyssinie, du Mexique ou
de l'Asie intérieure ; sur les mamelons tourmentés du
Japon, dans les marais eux-mêmes et le long des fleuves
de l'Amérique du nord, dans la Californie et la Chine intérieure ; sur les andes du Chili et jusque sur les mornes
de Saint-Domingue, partout enfin ; dans tous les sols, à
toutes les expositions et sous tous les climats, on retrouve
des Conifères, éléments nécessaires de tous les paysages
grandioses, sévères ou simplement gracieux. Leur présence ne nous laisse presque jamais indifférents, tellement, en masse ou isolément, géants incomparables ou
humbles arbustes, elles revêtent toutes les formes, prennent tous les aspects et jouent tous les rôles. Cette souplesse à se plier aux changements, sans cesser d'avoir une
physionomie distinctive, constitue, selon nous, le caractère premier et le trait saillant de la famille des Conifères. Là est aussi le secret de leur vitalité puissante ;
grâce à elle, après avoir traversé tous les âges, elles ont
réussi à se maintenir à côté des dicotylédones angiospermes, qu'elles ont précédées et auxquelles maintenant
elles demeurent associées. Les Conifères luttent avec cette
grande catégorie, non pas certainement par le nombre
absolu, mais par la force, la beauté, la vigueur, et aussi

par la précieuse faculté qu'elles ont de constituer de
vastes associations, de s'étendre en prenant possession du
sol et de répéter indéfiniment les essences et les individus.

Notre premier objet doit être de considérer les Conifères en elles-mêmes, c'est-à-dire de définir leur
structure et la nature de leurs organes; nous fixerons
par cela même les éléments de leur classification, nous
nous attacherons ensuite à leur distribution géographique
actuelle, distribution en rapport nécessaire avec leur rôle
dans le passé. Il nous sera dès lors facile d'esquisser
l'histoire de ce qui tient au développement successif des
Conifères, depuis les âges les plus reculés, et d'apprécier
enfin la vraie nature et la marche des types que nous aurons à décrire, en nous renfermant dans l'étude spéciale
des espèces jurassiques. Les périodes réunies du Lias et
de l'Oolithe constituent effectivement un âge décisif dans
l'histoire des Conifères. A ce moment, ces plantes, déjà distinctes des formes primordiales, sont cependant loin de
se montrer telles qu'on les observera plus tard, alors que
le terme de leur évolution aura été finalement atteint. Les
linéaments des grandes divisions qui les partagent maintenant ne sont dessinés que par des traits épars et confus;
rien d'absolument tranché ne se fait voir dans les limites
réciproques des divers groupes secondaires ou tribus.
Longtemps après, au temps même de la Craie, les Conifères ne présentaient encore ni l'aspect ni les proportions
que nous leur connaissons de nos jours; à plus forte raison en était-il ainsi à l'époque du Jura. Ces végétaux
tendaient alors à revêtir peu à peu la physionomie et les
caractères qui sont restés les leurs. Ce sont les phases de
ce mouvement progressif, en voie d'accomplissement,
dont nous aurons le spectacle; mais pour en jouir plei-

nement, il importe avant tout de pouvoir en apprécier le sens et, dans ce but, nous n'avons pas de meilleurs moyens à employer que la connaissance exacte de l'organisation intime des Conifères.

Le nom d'*Aciculariées* (Nadelhölzer, Nadelholzbaume) souvent employé par les Allemands, celui d'arbres *résineux* ou *pyramidaux* rendraient mieux les caractères propres à l'ensemble de l'ordre que celui de *Conifères*, consacré cependant par l'usage et la science et qu'il serait difficile par cela même de remplacer entièrement. Le fruit agrégé en cône ou strobile, c'est-à-dire composé d'écailles plus ou moins nombreuses, réunies autour d'un axe commun et soudées ou rapprochées de manière à protéger les ovules, ce caractère, loin d'être l'apanage de l'universalité des Conifères n'existe que dans une partie d'entre elles. Il a dû, ainsi que nous le constaterons, faire défaut chez les plus anciennes et par conséquent ne pas distinguer à l'origine la catégorie de plantes qu'il a depuis servi à dénommer. En réalité, la structure en cône n'est qu'un degré de complication survenu à un moment donné, une combinaison qui, d'abord exceptionnelle, a tendu plus tard à se généraliser. Les Aciculariées pourvues de cône ou Conifères proprement dites sont à celles dont le fruit se compose d'un ovule isolé, comme chez les ifs, ce que sont les divers genres de Cycadées (*Zamia, Encephalartos, Macrozamia*) comparés aux seuls *Cycas* et encore chez ces derniers l'inflorescence femelle se compose, comme nous l'avons vu, de spadices groupés autour d'un axe en une sorte d'appareil strobiliforme qui continue et surmonte la tige.

Les Aciculariées, prises en masse, se distinguent réellement des Cycadées, comme des Gnétacées, par leur port, leur mode de ramification, l'aspect et la structure de leurs feuilles. La nature des ovules, le mode de fécondation, la disposition même des appareils reproducteurs ne diffèrent pas essentiellement, chez les Aciculariées, de ce qu'ils sont chez les Cycadées, et entre une graine de *Salisburia* ou de *Torreya* et une graine de *Dioon* ou de *Cycas* l'analyse ne fait découvrir aucune divergence notable dans la situation respective et la structure des parties constitutives. Par ce côté essentiel les deux groupes se touchent et se confondent presque ; les divergences se manifestent pourtant à mesure que l'on s'éloigne des organes les plus intimes et les plus essentiels pour rechercher, non plus ce qu'ils sont en eux-mêmes, mais dans quel ordre ils se groupent, d'où ils sortent et comment ils se développent. On s'aperçoit alors que toutes les différences viennent de la même source, c'est-à-dire de la façon d'être des parties de la végétation, feuilles et rameaux, qui se comportent autrement chez les Aciculariées que chez les Cycadées ou les Gnétacées. Nous sommes donc ramenés vers l'examen de ces organes, dont la structure influe directement sur celle des parties de la reproduction, à raison même des supports qu'ils fournissent à ces dernières.

Les Aciculariées se distinguent en premier lieu des Cycadées par leurs feuilles simples, c'est-à-dire non divisées en folioles, et des Gnétacées par ce que les nervures de leurs feuilles, toujours longitudinales et parallèles, ne sont jamais ramifiées en réseau, comme dans les *Gnetum* et la généralité des Dicotylédones.

Les *Gnetum* (*G. nodiflorum* A. Brongn.) présentent une nervation pinnée. Le limbe de leurs feuilles, plus ou moins largement développé, porte des nervures secon-

daires alternes ou sub-opposées, émergeant de la médiane sous un angle assez ouvert et formant de larges
aréoles. Les nervures tertiaires qui courent dans l'intervalle des secondaires sont obliquement réticulées-si-
nueuses et comme noyées dans l'épaisseur du parenchyme.
Cette nervation, assez semblable à celle de certaines Protéacées et Araliacées (genres *Rhopala* et *Paratropia*), n'a
rien qui la distingue de celle qui caractérise la classe des
Dicotylédones en général. Cependant, les Gnétacées par
leur ovaire incomplet sont encore des Gymnospermes,
mais des Gymnospermes qui semblent opérer une transition vers les vraies Angiospermes. Les Conifères, placées
entre elles et les Cycadées, sont plus voisines de celles-ci
par la nervation, bien que leurs feuilles soient toujours
simples.

Les Aciculariées se distinguent encore plus des Cycadées par le port que par la structure des feuilles. Nous
avons vu dans le tome précédent que le port des Cycadées
était en colonne, c'est-à-dire que leur tronc s'élevait peu
et lentement, qu'il restait massif avec un bourgeon terminal proportionnellement épais et normalement unique
et que les ramifications de la tige étaient exceptionnelles,
s'opérant par voie de dichotomie, au moyen de bourgeons
adventifs, susceptibles de se montrer après la destruction
du bourgeon normal. Le port des Aciculariées est connu
de tous, tellement il est caractéristique, tellement, malgré certaines variations, il reparaît uniformément dans
toutes les parties de ce vaste groupe. La tige des Conifères, prise dans le sens le plus étendu, s'élève verticalement et se compose d'un axe principal et d'axes secondaires latéraux, disposés avec plus ou moins de régularité
ou même verticillés autour du principal, étalés et sub-

divisés en axes de troisième, de quatrième, de cinquième
rang, jusqu'aux dernières ramifications de ces axes. Tous
les axes latéraux ont une tendance à s'étendre suivant un
plan horizontal, qui coupe, sous un angle plus ou moins
ouvert ou même tout à fait droit, le plan vertical selon lequel se prolonge l'axe caulinaire central, normalement
érigé. Il résulte de cette disposition générale une pyramide
plus ou moins large, plus ou moins étoffée à la base, dont
la flèche ou pousse annuelle terminale occupe le sommet;
et la destruction de celle-ci, en arrêtant la croissance de
l'arbre, l'oblige à ne plus s'allonger qu'au moyen des
branches latérales, à moins qu'un nouveau bourgeon ne
vienne remplacer celui qui a péri. De là un port spécial
aux Conifères âgées qui ont cessé de croître par la sommité. Ces sortes de port produisent souvent à la longue
les effets les plus pittoresques, dont le cèdre du Liban et
le pin d'Italie offrent les exemples les plus connus. L'*A-
raucaria Cookii* R. Br., s'élevant verticalement jusqu'à une
extrême vieillesse, donne lieu par un effet inverse à des
colonnes nues et massives qui attirèrent les regards des
premiers navigateurs qui parcoururent les archipels de
la mer du Sud. — Les Conifères possèdent des bourgeons
nombreux, placés dans un ordre rigoureusement déterminé; ces bourgeons ne sont pas à moitié enfoncés, éla-
borés lentement et renfermant un cycle de feuilles rapprochées en couronne, comme ceux des Cycadées; mais,
ils sont menus, érigés, et ceux qui terminent les rameaux
se trouvent souvent groupés plusieurs ensemble, les secondaires entourant celui qui est destiné à la continuation de l'axe; d'autres bourgeons sont disposés dans
beaucoup de cas le long des rameaux, à l'aisselle des
feuilles. Nous verrons plus tard la structure, le mode d'é-

volution et la forme de ces bourgeons tantôt nus, tantôt recouverts d'écailles.

Telle est la marche propre au développement caulinaire des Aiculariées ; elles procèdent par jets annuels ou plus ou moins successifs, toujours plus régulièrement ordonnés que chez la majorité des Dicotylédones, et souvent chez elles les jets, en ne partant que de certains points, particulièrement des extrémités de chaque rameau, donnent à l'ensemble des ramifications une disposition géométrique qui frappe dès l'abord dans les *Abies*, dans les *Araucaria*, dans les *Dammara*, genres où le phénomène atteint, pour ainsi dire, son maximum d'intensité ; en sorte que l'arbre une fois mutilé ne parvient qu'à grand peine à régénérer les parties atteintes et à reconstituer son port.

Les Conifères, conformes à cet égard à ce qui existe chez toutes les Dicotylédones arborescentes, présentent deux modes d'accroissement bien distincts, mais agissant concurremment et simultanément. Le premier a pour effet de prolonger la tige et les rameaux de la tige en donnant naissance à de nouveaux axes qui s'ajoutent aux précédents ; c'est l'accroissement en longueur. Le second mode, qui n'est qu'une suite et une conséquence du premier, permet à la tige de s'épaissir ; par son moyen, elle s'étend dans le sens de son diamètre ; elle ajoute chaque année une couche de substance ligneuse, qui s'interpose entre le bois et l'écorce, s'applique contre le premier, fournit à l'autre de nouveaux éléments et repousse vers l'extérieur les éléments anciens de l'écorce qui, à la suite de ce mouvement indéfiniment répété, se distend, puis se fendille, et finalement se crevasse ou s'exfolie à la longue. Cette marche est connue, elle a été décrite bien des fois ;

nous devons cependant y revenir, en nous attachant aux côtés qui tiennent plus particulièrement à notre sujet.

L'accroissement en longueur nous arrêtera très-peu. Il s'opère à l'extrémité supérieure des parties vertes et jeunes où la portion descendante des faisceaux fibro-vasculaires qui se rendent dans les feuilles se disposent circulairement au milieu du parenchyme fondamental ou tissu cellulaire primitif, de manière à cerner la partie centrale de ce parenchyme ou la *moelle* d'un premier anneau, d'abord interrompu, puis relié par des faisceaux fibreux intercalés, tandis que les prolongements latéraux de cette moelle donnent lieu aux rayons médulaires qui servent de communication entre le parenchyme central et celui de la périphérie ou parenchyme cortical. Bientôt l'anneau générateur se dédouble lui-même en deux régions contiguës, quelquefois difficiles à séparer, distinctes pourtant, puisque c'est toujours entre elles que viennent s'intercaler d'année en année les nouvelles productions ligneuses qui désormais serviront uniquement à l'accroissement en diamètre. Ces deux régions sont la région ligneuse à l'intérieur et la région libérienne, extérieure à la première. Entre les deux se place le *cambium* ou séve épaissie, susceptible de s'organiser.

Dans la région ligneuse primitive se développent les vaisseaux spiraux ou trachées déroulables, qui sont les plus intérieurs et touchent à la moelle, puis viennent d'autres vaisseaux, annelés, rayés ou réticulés et ponctués, immédiatement extérieurs aux premiers. La région libérienne, au milieu d'un parenchyme d'abord uniforme, comprend une association de cellules qui tendent à se différencier en avançant en âge et dont les unes s'allongent et s'épaississent : ce sont les fibres du liber ; tandis que les autres acquièrent une structure grillagée. Les cellules du parenchyme libérien, associées à l'une ou à l'autre de ces deux catégories de cellules ou à toutes deux à la fois, tendent généralement à les comprimer plus tard ou même à les exclure, dans le liber ancien ou vieux liber secondaire. Des réservoirs ou canaux sécréteurs se trouvent épars ou disposés régulièrement dans le bois, le liber ou le parenchyme. Ils contiennent un baume liquide qui se durcit à l'air et constitue la résine (1).

Il y aurait à ajouter des développements énormes dont plusieurs manquent encore à la science, s'il s'agissait de décrire la morphologie et l'organogénie des parties jeunes des tiges de Conifères. Mais ces parties ont bien peu de chances d'être rencontrées à l'état fossile dans un état qui permette de les soumettre à l'analyse. Il n'en est pas de même du bois formé c'est-à-dire des parties de la tige, plus ou moins âgées, dont le tissu solide est presque entièrement dû au second des deux modes d'accroissement que nous avons mentionnés. Les parties ligneuses appartenant à cette catégorie ou plus simplement le *bois* sont, au contraire, très-répandues à l'état fossile et souvent même dans un état de conservation qui permet de les décrire avec succès, au moyen de coupes amincies, bien que ce moyen d'investigation ait été assez généralement négligé jusqu'ici, par suite de la difficulté d'obtenir des préparations convenables. Plus tard ce genre d'étude prendra sans doute de l'extension ; c'est ce qui nous engage à entrer ici dans quelques développements aidés de figures sur les particularités de structure qui distinguent le bois des Aciculariées.

(1) Voy. pour plus de développements : *Traité de botanique* par Sachs, trad. par Ph. Van-Tieghem, I, p. 157 et *passim*.

§ 1. — *Structure anatomique des tiges.*

La structure intérieure des tiges des Conifères diffère
de celle qui est propre aux tiges des Cycadées, bien moins
par la nature et la disposition des parties, que par autre
distribution proportionnelle des éléments constitutifs. Ces
différences répondent à celles des tiges respectives et à leur
propension à se ramifier et à s'épaissir d'année en année,
d'une part, et, d'autre part, à demeurer simples, massives et courtes, après avoir atteint une certaine étendue
en diamètre. On sait que les troncs des Conifères les plus
âgés ne cessent de produire de nouvelles couches ligneuses et corticales, superposées aux anciennes, à l'exemple
de ce qui a lieu chez les arbres dicotylédones, tandis que
ces mêmes couches sont peu nombreuses, irrégulières et
toujours entourées d'un large parenchyme dans les Cycadées. La tige· des Conifères comprend en réalité les
mêmes régions que celle de Cycadées, et les parties fibreuses, de même que les parenchymateuses, ont à peu
près le même aspect des deux côtés ; mais, tandis que
chez les Cycadées la moelle et la zone cellulaire extérieure demeurent larges relativement, à tous les âges de la
vie de la plante ; chez les Aciculariées, la moelle, toujours
étroite à l'origine, se réduit rapidement aux proportions
d'un mince canal, tandis que le corps du bois s'accroît
chaque année d'une nouvelle zone. Les fibres intérieures de chaque couche annuelle sont seulement plus amples,
tandis que les dernières venues, plus étroites, ferment extérieurement la couche et servent à la distinguer de celle
qui suit. Ici donc la structure exogène est identique à
celle qui existe chez les Dicotylédones arborescentes ;

seule, la composition du bois n'est pas la même. En définitive, conformément à ce qui a lieu chez les Cycadées, bien que chaque zone ligneuse soit plus serrée et plus régulière, elle ne comprend, chez les Aciculariées, en dehors d'un parenchyme ligneux très-peu abondant, souvent même tout à fait nul, que des fibres uniformes, cellules allongées ou *trachéides*, ajustées bout à bout par des faces obliques et pourvues, principalement sur les faces tangentielles aux rayons médullaires de ponctuations aréolées. La forme caractéristique et la disposition de ces trachéides et de leurs ponctuations, qui varient dans une assez large mesure, en passant d'un groupe à l'autre, aident puissamment à reconnaître les bois fossiles et peuvent servir à les classer.

La présence tout à fait prépondérante, dans le bois, de cellules prosenchymateuses d'une seule forme, le plus souvent ponctuées, et la rareté dans ce même bois, ainsi que le faible développement proportionnel, du parenchyme ligneux, c'est-à-dire d'éléments plus larges, différenciés de la masse prosenchymateuse, à parois minces et à cloisons transversales, caractérisent essentiellement les Conifères, comme les Cycadées ; mais il ne suffit pas d'énoncer cette particularité pour bien comprendre ce qu'est le bois de Conifère, il faut encore pénétrer dans le détail des diverses parties qui le composent et s'attacher surtout aux proportions relatives, suivant lesquelles ces éléments se combinent entre eux.

Ce n'est que peu à peu et par des efforts partiels, dont plusieurs sont tout à fait récents, que l'on est parvenu à connaître la structure anatomique du bois des Conifères. Malpighi et Leuwenhœk, parmi les anciens botanistes, ont signalé, les premiers, l'existence des fibres ponctuées ;

plus tard sont venus les travaux de Mirbel, de Sprengel, de Kieser, de Witham : ceux de Hugo Mohl se sont prolongés jusqu'à nos jours. Ce dernier a, le premier, cherché à expliquer la vraie nature des pores ou ponctuations aréolées. Ces recherches, et d'autres encore, auxquelles sont liés (1) les noms de Corda, Schleiden, Hartig et surtout de Gœppert, ont été résumées, avec de nouveaux développements, par ce même Gœppert dans un important ouvrage sur les Conifères fossiles, (2) publié à Leyde, en 1850, par la société d'hist. nat. de Harlem. Depuis, M. Kraus, professeur de botanique à l'Université d'Erlanger, s'est livré à de sérieuses recherches sur le même sujet, en appliquant spécialement à la détermination des bois fossiles les notions empruntées à l'étude de la structure des bois actuels de Conifères, et finalement les recherches de M. Van-Tieghem sur les canaux sécréteurs de la résine sont venues compléter ou rectifier les notions déjà acquises. Tout n'est pas cependant encore éclairci, ni même rigoureusement défini dans une matière aussi difficile, exigeant de longues et minutieuses explorations, au sein d'un groupe aussi vaste que diversifié. A peine pouvons-nous songer à l'effleurer dans ses points principaux, en mettant en lumière les éléments histologiques dont il est naturel de disposer pour rapporter à certaines catégories de bois ceux qui se trouvent susceptibles d'analyse microscopique, parmi les fossiles.

Nos figures 1 et 3, pl. 129, combinées, permettent de se faire une idée juste de la disposition intérieure des régions dont se compose une tige de Conifère. Ces figures

_____

(1) *De Conif. Struct. anat.*, 1841. — Berend et Gœppert, *Die organisch. Ueberreste in Bersteine*, 1844, etc.

(2) *Monogr. d. foss. Conif.*, Leyden, 1850.

représentent des *coupes longitudinales* et *centrales*, c'est à-
dire passant à travers le cœur du bois, dans le sens de sa
longueur, par le même plan que les rayons médullaires,
qui s'étendent de la moelle vers la périphérie. Ces coupes
montrent la face latérale des organes divisés verticalement. On conçoit que des coupes pratiquées dans des directions opposées donnent la facilité d'observer d'autres
côtés de ces mêmes organes. On nomme *coupes transversales* ou *horizontales* celles qui sont menées par le travers
des tiges, dans le sens de leur diamètre ; ces coupes,
au lieu de montrer la face latérale des fibres et des cellules, découvrent leur plan horizontal, c'est-à-dire le contour transversal de leurs parois, avec la cavité intérieure.
Une coupe longitudinale, non pas dirigée dans le sens des
rayons, mais pratiquée de façon à trancher ces organes,
prend le nom de *coupe parallèle à l'écorce*. Cette dernière
coupe (fig. 2, pl. 133) découvre une autre face latérale des
cellules du prosenchyme et traverse les rayons médullaires qui montrent alors leur cavité intérieure, de manière à faire juger du nombre et de la proportion des
rangées de cellules qui les composent.

C'est en nous attachant surtout aux deux premières de ces
trois sortes de coupes, sans exclure pourtant la dernière,
que nous allons d'abord énumérer, puis décrire les différentes parties qui se succèdent à l'intérieur des tiges. Ces
parties, en s'avançant du centre vers la circonférence,
sont : la moelle ou parenchyme médullaire, le bois proprement dit ou corps ligneux, le liber, la région corticale
et enfin le tégument extérieur qui se compose de l'épiderme et de l'hypoderme dans les tiges assez jeunes pour
n'être pas encore crevassées. Reprenons dans le même
ordre chacune de ces parties. Nous reviendrons ensuite

sur nous-même pour signaler et décrire les canaux sécréteurs de la résine, organes importants qui se rencontrent
dans plusieurs régions de la tige.

La moelle, nommée encore cylindre ou parenchyme
médullaire, occupe le centre de la tige ; elle se compose
de cellules plus ou moins nombreuses, plus ou moins
lâches ou denses selon les espèces et les groupes ; elle est
d'autant plus abondante proportionnellement que l'on
s'adresse aux parties les plus jeunes ; elle cesse promptement de s'accroître et garde ensuite invariablement la
même dimension ; à la longue, les cellules de la moelle
peuvent s'obstruer ou se sclérifier ; cette partie devient
nécessairement insignifiante relativement à la région
ligneuse, disposée concentriquement en cercles ou anneaux cylindriques autour d'elle ; mais dès le début elle
donne naissance à des prolongements qui rayonnent à
travers le bois. Sa périphérie d'abord circulaire dans l'embryon, puis angulaire et généralement pentagone, mul-
tiplie ensuite les angles, au nombre de 6 à 12, les étend au
dehors et donne naissance aux rayons que nous retrouve-
rons en décrivant la région ligneuse.

La figure 1, pl. 131, donne un bel exemple de moelle,
emprunté à un rameau âgé de deux ans du *Dammara
robusta* C. Moor. ; elle représente à peu près la moitié de
l'étendue en diamètre du parenchyme médullaire de cette
espèce. On voit par cet exemple que les cellules les plus
amples sont placées vers le milieu et disposées avec moins
de régularité que celles de la périphérie, qu'elles ont des
parois minces et sinueuses, qu'elles sont généralement polyédriques, avec les angles de leurs facettes plus ou moins
émoussés, et que certaines d'entre elles sont plus étendues
dans le sens horizontal que dans l'autre. Quelques-unes

de ces cellules sont plus petites et ont des parois plus épaisses que leurs voisines. Ces parois, lorsqu'elles sont intactes, paraissent presque lisses ou seulement marquées de quelques stries très-légères. Vers la périphérie de la région, les cellules deviennent plus petites, plus régulièrement empilées en files verticales; elles sont prismatiques et un peu allongées dans le sens de la hauteur. Elles forment ainsi trois à quatre rangées contiguës, dont la plus éloignée du centre est aussi la plus étroite et communique avec les rayons médullaires dont ici on aperçoit à peine quelques vestiges. Sur la même figure, en *v*, la région médullaire se trouve cernée par un groupe de vaisseaux spiralés, rayés ou ponctués, étroitement accolés. Dans le *Dammara robusta* C. Moor. (*D. Brownii* Hort.) le demi-diamètre de la moelle permet de compter une rangée de 10 cellules successives ; c'est un total de 20 au moins pour la région tout entière. Ce nombre est parfois encore plus considérable dans les Abiétinées (pl. 140, fig. 1, 12 et 13), Araucariées, Taxinées (pl. 129, fig. 6) et Podocarpées, chez lesquelles le parenchyme central, relativement développé, est formé de cellules à parois minces. Il peut même comprendre jusqu'à 30 et 40 cellules successives sur la ligne du diamètre. Les cellules de la moelle de *Dammara*, que nous avons figurées, doivent être évidemment rangées parmi les plus amples de toutes celles des Conifères. La moelle des Cupressinées au contraire est généralement étroite ; elle se compose (pl. 137, fig. 12) d'un assez petit nombre de cellules prismatiques ou polyédriques, ordinairement un peu plus hautes que larges, empilées et contiguës, à parois plus ou moins épaisses. On compte une rangée de 4 à 10 au plus de ces cellules sur la ligne du diamètre ; elles sont plus ou moins distinctement, mais toujours finement ponctuées à la surface ; c'est ce que montre notamment le *Thuyopsis dolabrata* Sieb. et. Zucc. (pl. 138, fig. 2) que nous prenons pour type de la section des Cupressinées et dont la moelle, examinée dans un bois de trois ans, suivant une coupe longitudinale, présente une rangée d'environ 5 à 6 cellules cylindroïdes, à parois épaisses, disposées en files verticales assez peu régulières ; les parois de l'étui sont formées par des faisceaux fibreux très-serrés. Ces mêmes cellules vues sous un très-fort grossissement (pl. 138, fig. 4) se montrent cylindriques et laissent voir sur leurs parois des ponctuations transversalement elliptiques très-nettement caractérisées.

Le genre *Widdringtonia* au contraire, placé, il est vrai, sur la limite des vraies Cupressinées, et qui s'écarte aussi de ces dernières par d'autres caractères, comme nous le verrons, a sa moelle formée de cellules plus larges, plus nombreuses et à parois plus minces (pl. 136, fig. 7 et 8). On en compte une quinzaine au moins à la file sur la ligne du diamètre. Ces cellules présentent de plus une structure qui les rapproche sensiblement de celles des *Podocarpus;* elles sont prismatiques ou cylindroïdes, à 4 ou 6 pans émoussés ; allongées dans le sens de la hauteur, empilées en séries verticales, elles offrent des ponctuations le long de leurs parois, qui font paraître celles-ci sinueuses et parsemées de nodulosités, quand elles sont vues de profil (pl. 136, fig. 7). Ces sinuosités correspondent en réalité à des portions amincies de la membrane cellulaire, ainsi qu'on le constate à l'aide d'une coupe transversale de ces mêmes cellules (pl. 36, fig. 8). La moelle du *Podocarpus chilina* Rich. (pl. 133, fig. 4 et 5) est formée de cellules qui présentent de l'analogie avec celles des *Widdringtonia;* leurs ponctuations sont seulement plus fines et plus nombreuses. Une coupe transversale de ces mêmes cellules, donnée par Gœppert (1) et tirée du *P. macrophylla* Don, démontre qu'elles ont les parois minces, irrégulièrement prismatiques ou sub-cylindriques, les plus larges occupant le milieu ; elles sont au nombre de 15 à 18 en file, sur la ligne du diamètre. En résumé, l'analogie de structure de la région médullaire de deux types si éloignés en apparence ressort de leur examen comparatif et devait être signalée ici.

La moelle des Séquoïées (genres *Sequoia* et *Arthrotoxis*) ne s'écarte pas beaucoup de celle des Cupressinées proprement dites. Les cellules sont plus généralement prismatiques ou sub-cylindroïdes, un peu plus larges que hautes ou presque cubiques, empilées en files régulières dans le sens vertical. Leurs parois sont relativement épaisses et plus ou moins distinctement ponctuées. La moelle du *Sequoia gigantea* Torr. (pl. 134, fig. 7) est étroite, elle comprend 8 à 10 cellules au plus sur la ligne du diamètre ; les files médianes paraissent plus larges que celles qui confinent aux parois de l'étui ; les ponctuations sont éparses sur les parois et le plus souvent très-visibles. La moelle de l'*Arthrotaxis cupressoides* Don (pl. 133, fig. 11 et 12) offre à peu près le même aspect. Les cellules, à parois relativement épaisses, sub-cylindriques ou obscurément tétra-hexagonales, allongées, c'est-à-dire plus hautes que larges, varient de grandeur et de forme ; elles sont empilées régulièrement, les files verticales les plus larges, entremêlées d'autres files beaucoup plus étroites. Leurs parois paraissent plutôt striées que distinctement

(1) *Monogr. Conif. foss.*, tab. I, fig. 1 C.

ponctuées. Le nombre des cellules se succédant sur la ligne du diamètre est d'une dizaine environ. — La moelle du *Sciadopitys*, genre singulier que nous avons tenu à examiner, diffère de celle des deux types précédents par la dimension proportionnelle plus large et la disposition plus irrégulière de ses cellules à parois épaisses, contournées, sinueuses, marquées de ponctuations plus prononcées (Voy. pl. 138, fig. 10 et 11). Leur forme est celle d'un cube irrégulier ; elles varient beaucoup de grandeur ; on en compte jusqu'à 18 sur la ligne du diamètre. Les traits essentiels sont cependant à peu près les mêmes que dans l'*Arthrotaxis* avec une transition vers le type suivant.

Dans le groupe des Taxodiées (genres *Taxodium*, *Glyptostrobus*, *Cryptomeria*) la moelle est ample proportionnellement, bien qu'elle ne comprenne que 12 à 15 cellules consécutives sur la ligne du diamètre. Ces cellules, prises à part, sont effectivement plus grandes et surtout plus larges que celles des Cupressinées et des Séquoïées ; elles sont prismatiques, à peu près cubiques (pl. 135, fig. 4 et 5 et pl. 136, fig. 3), à parois assez minces, finement ponctuées, et disposées en files verticales parfaitement régulières. Sous tous ces rapports les trois genres qui composent la tribu des Taxodiées témoignent d'une étroite affinité et l'on ne saurait particulièrement signaler de différence d'aucune sorte en comparant le parenchyme médullaire des *Taxodium* à celui des *Cryptomeria*. Au contraire le *Cunninghamia* s'écarte par la nature de la moelle, ainsi qu'à d'autres points de vue, des genres qui précèdent. — La moelle du *Cunninghamia sinensis* R. Br. (pl. 139, fig. 5 et 6), unique représentant d'un type évidemment isolé dans la nature actuelle, est large proportionnellement. Son étendue est triple de celle de ce même organe dans le *Sequoia gigantea*, double de celle de l'*Arthrotaxis;* elle compte sur la ligne du diamètre 18 à 20 cellules contiguës dont les plus amples occupent le centre de la région. Ces cellules (fig. 6) ont des parois minces, finement ponctuées à ponctuations éparses et peu nombreuses ; elles sont plus hautes que larges, prismatiques, à 5 ou 6 pans émoussés. Ces cellules sont sujettes à se sclérifier. On en rencontre d'obstruées et d'autres d'hypertrophiées, qui sont opaques et qui prennent l'apparence de canaux résineux sans en avoir pourtant, à ce qu'il paraît, la structure normale. Le seul *Salisburia* présente, en effet, de pareils organes épars dans le parenchyme médullaire, où il est aisé de les découvrir. La moelle du *Salisburia adiantifolia* Sm. (*Ginkgo biloba* L.) mesure en moyenne un demi-millimètre environ (pl. 130, fig. 4 et 5); dans le sens du diamètre elle compte 16 à 18 cellules à la file. Ces cellules, entremêlées de canaux résineux, sont prismatiques, sub cylindroïdes ou polyédriques, toujours un peu plus hautes que larges, très-finement réticulées sur les parois qui ont une certaine épaisseur; elles sont assez régulièrement empilées. Leur disposition rappelle celle qui existe chez plusieurs Abiétinées et en particulier dans le genre *Cedrus*.

La moelle de ce dernier genre (pl. 141, fig. 5 et 6) est large, comme celle de la plupart des Abiétinées ; elle comprend environ 30 cellules à la file dans la direction du diamètre. Ces cellules, généralement empilées avec régularité, de manière à former des séries verticales, sont cylindriques, allongées ou obscurément prismatiques, quelquefois même plus ou moins polyédriques; beaucoup d'entre elles sont sclérifiées ou déformées; elles renferment de la résine et affectent une conformité d'aspect

apparente avec les vrais canaux résineux. Les parois de
ces cellules sont épaissies par le progrès de l'âge et parsemées de ponctuations et d'inégalités tuberculeuses. Plusieurs de nos figures (pl. 140, fig. 7, 12 et 13) permettent
de juger de la forme et de la proportion des cellules médullaires des *Abies*, généralement amples, prismatiques
ou polyédriques, à parois minces, lisses ou finement ponctuées; la moelle des *Larix* (pl. 142, fig. 10 et 11) appartient, au contraire, au même type que celle des *Cedrus* et
comprend des cellules sclérifiées en aussi grand nombre. La
moelle des *Pinus* proprement dits est également large proportionnellement et composée de cellules ponctuées sur
les parois qui sont minces et affectent une forme irrégulièrement prismatique ou polyédrique. — Dans le *Pinus excelsa*
Wall., la moelle qui mesure une largeur de un millimètre
environ, comprend 30 cellules sur la ligne du diamètre.
Les plus larges de ces cellules, dont le contour est des
plus irréguliers et dont les parois minces présentent quelques ponctuations éparses, mesurent environ 3/100 de
millimètre.

Le corps ligneux ou bois proprement dit se compose, en
dehors de la moelle, qu'il entoure, de l'ensemble des anneaux de prosenchyme ou couches annuelles, concentriquement déposées; et ceux-ci se distinguent les uns des autres
par cette particularité que chacun d'eux se trouve limité
extérieurement par une ou plusieurs rangées de fibres
plus étroites et plus serrées, produites chaque année les
dernières, vers la fin de l'été, tandis que les rangées plus
intérieures comprennent des fibres plus larges, dont le développement date du printemps. Les unes et les autres,
mais principalement les dernières, sont généralement
ponctuées ou striées, tantôt sur toutes les faces, mais plus

ordinairement sur la face tangentielle aux rayons médullaires. Ceux-ci plus ou moins longs et étroits, continus ou discontinus, traversent les couches annuelles en suivant la direction des diamètres et rayonnent de toutes parts. Ils constituent autant de canaux minces et latéralement comprimés, à une seule largeur de cellule ; enfin, pour compléter l'ensemble, les fibres ligneuses, bien que prédominantes et souvent d'une façon à peu près exclusive, admettent pourtant çà et là certaines cellules coupées par des cloisons transversales, dont la structure et la disposition, ainsi que la fréquence, varient dans une large mesure d'un groupe à l'autre. C'est là le parenchyme ligneux, situé plus ordinairement dans la partie étroite de la couche annuelle. Cet élément, qui différencie le bois formé de la plupart des dicotylédones et renferme, chez ces dernières, de gros vaisseaux faciles à reconnaître, ne manque pas absolument dans le bois des Conifères, mais il y joue un rôle restreint et subordonné. Peu diversifié, il résulte d'une simple modification de certaines cellules ligneuses ; il offre même une foule de transitions qui font voir le passage graduel entre les deux systèmes.

Le ligneux se compose donc de trois éléments associés dans des proportions très-inégales : les fibres ponctuées ou striées, les rayons médullaires et le parenchyme ligneux. Nous allons passer ces éléments en revue.

Les cellules ligneuses allongées en fuseau ou fibres du parenchyme, nommées encore plus simplement *trachéides*, doivent être considérées avant tout. La masse du bois en est presque entièrement formée, et ce sont elles que l'on aperçoit immédiatement, quand on l'examine, pour peu que l'on s'écarte du voisinage immédiat de la moelle, à laquelle les trachées d'abord (Voy. pl. 131, fig. 1, en *v ;*

pl. 135, fig. 4; pl. 136, fig. 3, en *v*), puis d'autres vaisseaux rayés et ponctués (Voy. pl. 130, fig. 3, en *v*; fig. 9, en *v*; pl. 135, fig. 4 et 4ª, et pl. 140, fig. 6, en *v*, en consultant l'explication des figures) servent d'entourage. Mais il ne faut pas croire qu'entre ces vaisseaux, si faciles à reconnaître, et les trachéides proprement dits il y ait une séparation absolue. En réalité, on observe des uns aux autres toutes les transitions imaginables, et dans les parties jeunes, il est aisé de voir les vaisseaux proprement dits d'abord simplement rayés et striés présenter des ponctuations aréolées pareilles à celles des trachéides et finalement ne différer de ceux-ci que par leur longueur proportionnelle, sujette elle-même à varier comme le reste (pl. 132, fig. 4). Nous avons vu, d'autre part, qu'aux trachéides se mêlaient çà et là des cellules cloisonnées en travers, que leur forme ambiguë empêche de classer avec certitude (Voy. pl. 134, fig. 1, et 136, fig. 4).

On sait que les ponctuations aréolées des trachéides sont tellement caractéristiques qu'elles permettent de distinguer à première vue le bois de Conifère de tous les autres bois. La forme normale de ces organes est celle de tubes prismatiques ou plus ou moins cylindroïdes, beaucoup plus longs que larges, accolés latéralement, toujours amincis en fuseau aux deux extrémités et emboîtés les uns dans les autres par les faces obliques de ces extrémités (Voy. pl. 129, fig. 3; pl. 130, fig. 1; pl. 131, fig. 2, et pl. 143, fig. 1, très-grossie). Selon Gœppert (1), les trachéides, vus à l'aide d'une coupe transversale, sont hexagones avec un grand et deux petits côtés, le grand côté ou face large étant toujours celui contre lequel s'applique le rayon médullaire. Mais il suffit

(1) *Monogr. d. foss. Conif.*, déjà citée, p. 14.

de jeter les yeux sur les nombreuses figures que nous donnons pour constater que cette forme hexagonale est sujette à beaucoup d'exceptions et d'irrégularités. Elle se change fréquemment en un trapèze à quatre ou à cinq côtés plus ou moins réguliers. Le contour en trapèze prédomine dans les Taxées (Cephalotaxus), dans les genres *Arthrotaxis* (pl. 133, fig. 10) et *Sequoia* (pl. 134, fig. 5), chez les *Glyptostrobus* (pl. 136, fig. 1) et les *Callitris* (pl. 137, fig. 15). Les fibres ligneuses des *Widdringtonia* et *Juniperus* affectent plutôt une forme cylindroïde à quatre pans émoussés sur les angles; la coupe de celles des *Chamœcyparis*, des *Cedrus*, *Pseudo-Tsuga*, *Tsuga* donne lieu plutôt à un trapèze irrégulier et plus ou moins sinué tantôt à quatre, tantôt à cinq côtés. Les fibres ligneuses des *Dammara* sont cylindriques et plus ou moins sinuées (Voy. pour ces détails, les planches 131, fig. 3; 137, fig. 1; 140, fig. 6, en *f*, et fig. 12 en *f*; 141, fig. 3 et fig. 10). Certains genres et en particulier les *Araucaria* (sect. *Colymbea*) (Voy. pl. 132, fig. 7) et les *Taxodium* (pl. 135, fig. 2) se font remarquer par les sinuosités tout à fait caractéristiques des parois de leurs fibres ligneuses, combinées avec la disproportion visible entre les fibres larges et les fibres étroites de la couche annuelle. Cette même disproportion est également frappante dans le bois de *Larix*, selon M. Gœppert, et permet de le reconnaître au premier abord, tandis que dans d'autres genres (*Cryptomeria, Podocarpus, Salisburia*), les deux catégories de fibres tendent au contraire à s'égaliser (pl. 130, fig. 2). Il faut encore mentionner en fait de structure spéciale des parois des fibres ligneuses les genres *Salisburia* et *Sciadopitys*. Dans le premier (pl. 130, fig. 2), les fibres donnent lieu à une coupe largement ellipsoïde ou irrégulièrement trapezoïde à angles émoussés; celles de

la partie large ont leur grande face tournée dans le sens
des rayons, tandis que les plus étroites sont disposées en
sens inverse et tournent leur face large vers la région
médullaire. Dans le *Sciadopitys* (pl. 138, fig. 7) les fibres
ligneuses, dont les parois sont très-épaisses, donnent lieu
à une coupe nettement ellipsoïde dont le grand axe est
généralement perpendiculaire à la direction des rayons et
la différence entre les plus larges et les plus étroites est
des moins prononcées. Les principales Abiétinées particulièrement des genres *Abies*, *Picea*, *Pinus*, ainsi que
beaucoup de Cupressinées, se distinguent par une plus
grande régularité, aussi bien dans la forme de chaque cellule fibreuse que dans l'ensemble du prosenchyme auquel
les fibres donnent lieu ; c'est dans ces genres que l'on rencontre surtout la configuration en prisme, à six pans,
mentionnée comme normale par Gœppert. On voit par ce
qui précède que les cellules larges, dont le développement
date du printemps, contrastent généralement avec la série
des cellules plus étroites, qui limitent extérieurement le
cercle annuel ; la dimension des unes et des autres dans
le sens périphérique reste à peu près le même, mais cette
dimension se réduit pour les secondes et les dernières
venues, dans le sens radial, en sorte que leur contour s'allonge en sens inverse des précédentes et dessine un carré
long, un ovale ou encore un trapèze plus étroit dans la direction du rayon que dans l'autre. Ajoutons encore que
les parois de ces mêmes trachéides sont presque constamment relativement épaisses, de sorte que leur cavité
coupée par le travers donne lieu à une simple fente
étroite et longue ou même tellement réduite qu'elle est
à peine visible. La plupart de nos figures sont tracées
dans le but de faire apprécier ces différences, en mon-

trant la zone des trachéides étroits, placée à la suite de celle des trachéides larges, dans le même cercle annuel.

Les trachéides, plus particulièrement sur leur face large, sont généralement pourvus de ponctuations aréolées, c'est-à-dire orbiculaires et cernées d'un ou plusieurs cercles concentriques. Ces ponctuations, si caractéristiques par elles-mêmes, n'existent cependant pas seules, ni dans tous les cas. Bien des trachéides en sont accidentellement dépourvus, et dans un grand nombre de Conifères les ponctuations se trouvent associées à des stries ou bandelettes qui s'étendent par le travers de la paroi ou s'enroulent diversement autour de la cellule et l'enveloppent d'une série d'anneaux et de tours de spire plus ou moins complexes ou, d'autres fois, dessinent des ornements délicats et variés en forme de réseau et de ciselures. — C'est ce que l'on observe plus spécialement dans le bois des *Taxus* (pl. 129, fig. 1 et 2) et des genres qui leur sont alliés de près, comme les *Torreya* et *Cephalotaxus*. Dans ce groupe, les stries, répandues partout, paraissent constituées par autant de lignes d'épaississement faisant saillie autour de la cavité cellulaire; elles sont caractéristiques, mais très-variables. Tantôt elles dominent à peu près exclusivement (pl. 129, fig. 2), tantôt ce sont les ponctuations qui les remplacent presque partout (pl. 129, fig. 3); c'est ce que montre clairement la réunion de trachéides, dessinés avec soin et isolés de l'ensemble du prosenchyme, que nous représentons. Ces stries ne s'enroulent pas seulement en spire simple, ou double et, dans ce dernier cas croisée; elles forment encore des anneaux sujets à s'anastomoser entre eux et diversement ramifiés; enfin, elles se replient de manière à contourner les ponctuations et à les cerner parfois d'une aréole, le plus souvent incomplète. Dans le bois de *Torreya* (pl. 129, fig. 7 et 7ª), les stries diffèrent en ce qu'elles sont plus irrégulières et moins nettement visibles que celles des *Taxus;* de plus, sous un grossissement de 400 diamètres (fig. 7ª), elles se montrent sous la forme de bandelettes transversalement sinueuses. Dans les *Cephalotaxus* (pl. 129, fig. 5 et 5ª), elles varient encore davantage. Enroulées parfois en spire double et croisée, le plus souvent disposées en séries transverses, elles donnent aux trachéides l'apparence de vaisseaux spiraux ou scalariformes, tandis que les ponctuations aréolées deviennent plus rares et moins distinctes que celles des *Taxus.* Un grossissement de 400 fois montre ces mêmes stries sous la forme de bandelettes transverses, se détachant par une teinte relativement foncée sur le fond plus clair de la paroi cellulaire (fig. 5ª.) — Les stries existent aussi sur les fibres ligneuses des *Phyllocladus*, mais elles offrent dans le bois de ce genre moins de fixité que dans celui des genres précédents. Plus fines, plus irrégulières (pl. 130, fig. 6 et 7), elles décrivent des spires capricieuses; quelquefois, cependant, telles deviennent plus visibles, comme le montrent nos figures. De plus, on découvre assez fréquemment dans le bois de *Phyllocladus*, et dans une région plus ou moins voisine de l'étui médullaire, des fibres (pl. 130, fig. 8-9 et 9ª) d'une nature particulière et caractéristique; elles paraissent comme soudées et hypertrophiées sur certains points qui se trouvent occupés par un ou plusieurs groupes successifs de ponctuations agglomérées. Nous signalons cette disposition, surtout parce qu'elle peut fournir un moyen de reconnaître un bois de ce genre à l'état fossile.

Cependant, à mesure que l'on s'éloigne des Taxinées

proprement dites, les stries perdent de leur importance, sans disparaître pourtant tout à fait des fibres ligneuses. Le bois de *Salisburia* (pl. 130, fig. 1) présente effectivement des stries éparses, sinueuses et fines, qui serpentent entre les ponctuations et forment autour de beaucoup d'entre elles des aréoles irrégulières, reliées par de fréquentes anastomoses. Le *Salisburia* fait voir, à ce qu'il semble, le passage visible entre la strie proprement dite et l'aréole, remplacée sur les fibres de beaucoup de Conifères par des traits épars, sinueux ou irréguliers. Les traits transverses, avec toutes les modifications qui mènent à l'aréole vraie, se montrent aussi dans le bois d'*Arthrotaxis*, dans celui de *Sciadopytis* et même çà et là dans celui de *Sequoia*. Les ponctuations aréolées des *Cryptomeria* (pl. 134, fig. 8), considérées attentivement, paraissent dans certains cas reliées entre elles par un filament délié qui court de l'une à l'autre et se résout parfois en une sorte d'aréole incomplète. Le bois de *Widdringtonia* laisse voir aussi le même détail, en sorte que l'on hésite à reconnaître (pl. 136, fig. 5) une aréole déformée, plutôt qu'une strie irrégulière, dans les linéaments qui serpentent sur la face principale de certains trachéides. M. Gœppert a remarqué aussi la présence fréquente, chez diverses Conifères, d'aréoles, non pas circulaires, mais carrées, comme si elles résultaient de traits de séparation posés en travers, entre les ponctuations, les bords de la paroi complétant les deux autres côtés du quadrilatère.—Les stries sont rares ou nulles, mais non pas inconnues, chez les Cupressinées proprement dites, dont les trachéides, généralement étroits, présentent des ponctuations aréolées qui occupent toute la largeur de leur face principale ou semblent même parfois déborder. Nous figurons, comme exemple de fibres

striées des Cupressinées, quelques trachéides observés
par nous dans un bois du *Chamacyparis Lawsoniana* Parl.
(pl. 136, fig. 6) ; ils sont couverts de légères rayures disposées en spirale, tout en présentant en même temps des
ponctuations aréolées, en partie déformées. Ces sortes de
fibres se montrent aussi dans le bois de *Sciadopytis* (pl. 138,
fig. 8), conformément à l'assertion de M. Gœppert. Elles se
font voir encore plus fréquemment dans le *Cunninghamia
sinensis* R. Br. (pl. 139, fig. 4), où un bois de deux ans nous a
offert des fibres nettement striées, à stries obliques, ondu-
leuses ou mêlées de réticulations, avec un aspect sensiblement pareil à celui qu'elles revêtent chez beaucoup d'Abiétinées. Mais c'est surtout dans ce dernier groupe que l'on
retrouve les fibres striées associées, dans une proportion
considérable, aux fibres ponctuées dans le bois secondaire,
qu'elles caractérisent en donnant lieu aux combinaisons
les plus variées. Les stries, tantôt enroulées en spire et
plus ou moins déliées, tantôt disposées en bandelette ou
scalariformes, rappellent ce qui a lieu chez les Taxinées et
sont fréquemment accompagnées de réticulations en amas
et en ligne, de séries de ponctuations et de fentes obliques.
Ces sortes de trachéides se distinguent parfois difficilement, au premier abord, des vrais vaisseaux spiralés, rayés
ou réticulés, dont ils possèdent l'ornementation et l'apparence extérieures, bien qu'ils n'en aient pas la structure et
n'en jouent pas le rôle. Cependant, encore ici, il faut faire
des distinctions.

Les fibres striées nous ont paru très-rares chez les
Tsuga, où nous les avons recherchées avec soin avant d'en
observer des exemples (pl. 140, fig. 3), et encore les stries
déformées et irrégulières passaient presque immédiatement à des ponctuations. Au contraire, chez les *Pseudo-*

Tsuga et les *Abies* les fibres striées en spirale ou transversalement, réticulées ou mouchetées, sont des plus fréquentes. Le bois du *Pseudo-Tsuga Douglasii* Carr. (pl. 141, fig. 7 à 9) nous en a offert des variétés curieuses dont nous figurons les principales. Chez les *Abies* (pl. 140, fig. 9 à 11) ce sont les stries en spirale serrée et accompagnées de fentes obliques, sortes de ponctuations déformées, ou simplement réticulées, qui dominent et se mêlent aux fibres ponctuées ordinaires. Il en est à peu près de même chez les *Cedrus*, *Larix* et *Picea*. Dans ces genres, on trouve constamment des fibres à stries ordonnées en spirale associées à d'autres dont les stries sont dirigées en travers ou diversement réticulées. Les fibres striées des *Cedrus* (pl. 141, fig. 2), marquées d'amas de ponctuations et de fentes irrégulières associées aux stries spirales, ressemblent à celles des *Abies*. Dans les *Picea*, il y a à cet égard de grandes diversités selon les espèces. Les fibres striées du *Picea Menziezii* Carr., diffèrent très-peu de celles de l'*Abies pinsapo* Boiss. Le bois du *Picea morinda* (pl. 142, fig. 2) présente, au contraire, en abondance, des fibres striées en travers dont l'aspect est à peu près semblable à celui des vaisseaux scalariformes. Cette même disposition se retrouve dans le bois de *Larix*. Mais celui du *Picea* d'Europe (*Picea excelsa* Link., voy. pl. 142, fig. 3 et 4) nous a laissé voir, à côté des fibres ponctuées ordinaires, d'autres fibres tantôt striées en spirale, tantôt ciselées délicatement le long des parois, ornées d'une bordure guillochée, dont nos figures reproduisent les principaux traits.

Le bois des *Pinus* proprement dits aurait mérité à cet égard des recherches pour lesquelles le temps nous a fait défaut. Nos figures (pl. 143, fig. 1-2) montrent cependant qu'il existe, dans les deux sections *Tæda* et *Strobus* de ce

grand genre, des fibres striées dont le caractère est loin
d'être le même; celles du *Pinus sabiniana* Dougl. (fig. 1)
sont fortement striées et accompagnées de réticulations
en amas mêlées aux stries; celles du *Pinus excelsa* Wall.
(fig. 2) sont presque lisses, tellement les stries qui les parcourent obliquement sont fines et légères, des fentes
obliques se placent d'espace en espace, sur les parois, et ces
fentes, comme toujours, semblent se rapporter à des ponctuations déformées par suite du développement des stries.
— Ainsi, non-seulement on rencontre des stries plus ou
moins prononcées, plus ou moins complexes, chez beaucoup de Conifères, mais il semble qu'il y ait une sorte de
connexité réelle, quoique non définie, entre l'aréole et la
strie, la ponctuation et les fentes obliques ou les amas de
réticulations qui viennent se placer sur les parois striées,
comme si une cause du même ordre, en provoquant un
mouvement d'accroissement et une série d'épaississements
partiels et localisés, dans la membrane cellulaire, produi-
rait à la fois les stries et les ponctuations normales. Les
zones d'accroissement des parois cellulaires deviennent
du reste visibles, même à l'extérieur, dans plusieurs cas,
ainsi qu'on peut le constater en observant le bois des
Araucaria et des *Dammara* (pl. 131, fig. 2, et 132, fig. 2 et 3).
On voit alors se produire sur la face principale des trachéides, des saillies et des avancements qui se superposent
et se recouvrent partiellement. Ces surplombs, dont les
contours sont limités latéralement par des stries longitudinales plus ou moins sinueuses, deviennent plus nets,
lorsque le trachéide est considéré un peu de profil. Chacun
d'eux paraît alors constituer, dans sa partie libre, autant
d'aires convexes et discoïdales, plus ou moins échancrées,
par la façon dont elles empiètent l'une sur l'autre, et pour-

vues d'une ponctuation plus ou moins nettement aréolée
(pl. 132, fig. 3ª et 3ᵇ).

Les stries et les aréoles peuvent donc se concevoir comme
procédant de la même origine ; toutes également consistent
en fines bandelettes ou lignes d'épaississement, qui se
détachent sur le fond moins dense de la paroi. Les ponctuations, au contraire, soit isolées, soit placées au centre
d'une aréole, répondent à un espace aminci, soit vide, soit
rempli d'une substance moins dense que l'espace environnant. Dans la ponctuation aréolée normale, il est généra·
lement admis que l'espace cerné marque un vide intérieur
auquel une voussure légèrement convexe sert de couvercle ;
vers le centre de l'espace ainsi circonscrit, se place dans la
plupart des cas, mais non pas dans tous, une seconde
aréole concentrique par rapport à la première, quelquefois
une troisième et une quatrième (Voy. pl. 133, fig. 8 et 9 ;
pl. 134, fig. 5 ; pl. 135, fig. 1 ; pl. 135, fig. 5 et pl. 142,
fig. 7), dont la plus intérieure donne lieu dans l'opinion de
certains auteurs (1) à une ouverture d'abord fermée par
une lamelle, ensuite perforée et servant à faire communiquer entre elles les cavités de deux ponctuations voisines,
toutes les fois que de pareilles ponctuations viennent à
coïncider, c'est-à-dire à se produire à des hauteurs égales
sur les parois contiguës de deux cellules. Mais il est loin
d'être certain que cette coïncidence de deux ponctuations
sur des parois accolées soit aussi fréquente qu'on l'a supposé et il paraît établi d'autre part (2) que les ponctuations

(1) Voy. Gœppert, *Monogr. d. foss. Conif.*, p. 36 et Sachs, *Traité de
Botanique conforme à l'état présent de la science*, trad. par Ph. Van-
Tieghem, p. 34.
(2) Voy. *Anatomie comparée des tiges et des feuilles chez les Gnétacées et les Conifères, thèse présentée à la Faculté des sciences de Paris,*
par C. E. Bertrand, p. 69. — Paris, G. Masson, éditeur, 1874.

ne sont réellement perforées que lorsque les fibres ligneuses sont déjà très-âgées ; c'est effectivement ce que montre notre figure 4, pl. 134, qui représente la paroi cellulaire d'une fibre âgée et en partie sclérifiée de *Sequoia gigantea* Torr., avec une ponctuation réellement et distinctement perforée ; mais ces sortes de ponctuations sont rares et exceptionnelles ; la figure 8, planche 140, qui se rapporte à l'*Abies pinsapo* Boiss., en offre un second exemple.

Les ponctuations aréolées sont toujours plus nombreuses sur la face des trachéides, tangentielle aux rayons médullaires, et sur les trachéides larges que sur celles qui terminent extérieurement le cercle annuel ; mais elles s'y montrent plus petites, plus irrégulières ; elles en occupent de préférence les faces tournées vers la périphérie, ainsi que le montre une de nos figures (pl. 134, fig. 2) qui représente cette partie observée dans un bois, âgé de douze ans, du *Sequoia gigantea* Torr., espèce chez laquelle les trachéides, vus dans ce sens, ont des parois très-larges. Il est à remarquer cependant que beaucoup de ces ponctuations sont dépourvues d'aréole interne.

La forme, la disposition, la dimension des ponctuations aréolées, examinées chez les diverses Conifères, fournissent des caractères différentiels, dignes d'attention, bien qu'ils n'aient rien par eux-mêmes de parfaitement tranché, ni de tout à fait décisif. C'est en combinant cet ordre de caractères avec ceux que fournissent les stries des fibres ligneuses, la structure du liber, la disposition des canaux résineux, celle de la moelle et des rayons médullaires que l'on peut parvenir a fonder des divisions rationnelles, basées sur la structure anatomique des bois de Conifères et correspondant presque toujours, non pas à un genre déterminé, mais à des *types ligneux* qui en comprennent généralement plusieurs. Les particularités de structure qui nous sont ainsi dévoilées sont loin en effet de se trouver en rapport direct, si nécessaire, avec les données qui président à la classification ordinaire. Nous avons vu que dans le *Salisburia* (pl. 130, fig. 1) les ponctuations aréolées étaient assez petites, disséminées, entremêlées de stries sinueuses, serpentant dans leurs intervalles et dessinant autour d'elles des aréoles irrégulières; ces ponctuations sont attachées à des parois cellulaires convexes plus ou moins sinuées et recourbées en divers sens. Cette disposition suffit, si l'on y joint la présence des canaux résineux vers la périphérie de la moelle pour faire distinguer le bois de ce type de celui des autres Conifères.

Les ponctuations aréolées des *Araucaria* (pl. 132, fig. 1, 3 et 6) et *Dammara* (pl. 131, fig. 2 et 4) ne sont pas moins reconnaissables. Elles sont inscrites sur la paroi large des trachéides, tantôt en une série unique (pl. 131, fig. 2, et pl. 132, fig. 2 et 3), tantôt en plusieurs rangées contiguës et alternant régulièrement dans un ordre quinconcial (pl. 131, fig. 4 et pl. 132, fig. 1 et 6). Nos figures donnent une idée claire de ces deux dispositions qui n'ont rien de commun en apparence et qui pourtant se trouvent associées dans les mêmes régions du bois des Araucariées. Les ponctuations en série unique sont même parfois plus répandues que les autres, au moins dans le jeune bois; dans le bois âgé, c'est, à ce qu'il semble, plutôt le contraire. Les ponctuations se succèdent (pl. 132, fig. 3) dans un ordre très-dense; elles se touchent ou même empiètent, comme nous l'avons déjà dit, l'une sur l'autre, en rendant visibles les zones d'épaississement de la paroi cellulaire. A côté de ces trachéides,

on en rencontre d'autres dont les faces présentent des
ponctuations distribuées en deux ou trois et jusqu'à quatre séries qui alternent généralement ensemble, chacune
d'elles se trouvant placée entre deux autres de la série
contiguë, de manière à constituer des rangées obliques,
tantôt régulières (pl. 132, fig. 7), tantôt entremêlées de
places vides, en sorte que dans ce dernier cas (pl. 132,
fig. 1) elles paraissent disséminées sans beaucoup de
symétrie. L'aréole externe, parfois assez peu visible, est
formée par des linéaments brisés qui courent dans l'intervalle des ponctuations, comme si le contour de cette
aréole, d'abord circulaire, était devenu hexagonal par
l'effet d'une mutuelle compression (pl. 132, fig. 7). Dans
le bois de *Dammara,* lorsqu'il existe deux ou plusieurs
files de ponctuations (pl. 131, fig. 4), les files alternent
et les aréoles se touchent, mais elles conservent malgré
cette contiguïté leur forme circulaire, ainsi que le montre
la figure que nous donnons, d'après une fibre ligneuse
très-grossie du *Dammara australis* Lamb.

Dans les Abiétinées et les Taxodiées, les ponctuations
sont indifféremment uni-bisériées ou même, quoique plus
rarement, tri-sériées, mais il n'existe deux ou plusieurs
séries que sur la paroi des trachéides les plus larges, là
où la croissance s'est effectuée rapidement et surtout
dans les racines. Les ponctuations en files simples
(pl. 134, fig. 8; pl. 140, fig. 1; pl. 141, fig. 1, et pl. 142,
fig. 5) sont toujours les plus fréquentes. Plus ou moins
espacées, pourvues d'une aréole simple ou double, large
et régulièrement arrondie, elles ne se superposent pas
toujours d'une façon exacte, mais elles se placent plutôt,
tantôt vers un des bords, tantôt vers le bord opposé de la
paroi. Quand la file est double ou triple (pl. 135, fig. 1, et

pl. 140, fig. 8) les ponctuations voisines, au lieu d'alterner d'une rangée à l'autre, sont presque constamment accolées à des hauteurs égales, ce qui empêche de pouvoir les confondre avec celles des Araucariées. L'ordonnance que nous venons de signaler est celle qui existe dans le genre *Pinus*, tel que l'avait constitué Linné, c'est-à-dire comprenant à la fois les pins, les sapins, les mélèzes et les cèdres ; mais il est également vrai qu'une ordonnance à peu près semblable se retrouve, lorsque l'on passe des Abiétinées aux Taxodiées et de celles-ci aux Séquoiées et même aux Cupressinées et qu'on l'observe encore sans changements très-appréciables jusque dans les Podocarpées qui, sous ce rapport, s'éloignent beaucoup plus des Taxinées que l'affinité supposée entre les deux groupes ne porterait à l'admettre *à priori*. Il faut donc, pour rencontrer des notes différentielles, s'attacher ici à de simples nuances qui acquièrent par cela même un certain degré d'importance relative.

Les trachéides des Cupressinées, généralement étroits, présentent toujours ou presque toujours une seule rangée de ponctuations occupant la largeur entière ou presque entière de la paroi cellulaire. Ces ponctuations sont tantôt absolument contiguës (pl. 138, fig. 4), tantôt séparées l'une de l'autre par des intervalles appréciables, plus ou moins inégaux (pl. 127, fig. 3). Le seul *Widdringtonia* tranche par sa physionomie (pl. 136, fig. 5 et 6) : les trachéides de ce genre sont proportionnellement larges et montrent des ponctuations dont l'aréole interne est relativement grande et dont l'aréole externe est souvent quadrilatère ; ces ponctuations sont de plus irrégulièrement espacées et quelquefois séparées ou reliées entre elles par des stries sinueuses ou transversales. Une disposition sensi-

blement analogue se retrouve dans les Taxodiées et les
Séquoïées, mais les ponctuations de ces deux groupes,
dont les aréoles extérieures sont relativement larges,
s'appuyent tantôt vers un des bords, tantôt vers le bord
opposé de la paroi cellulaire ; elles alternent donc et se
trouvent rarement superposées dans une direction verticale, sauf dans le cas exceptionnel où il existe plusieurs
files sur une même paroi. De plus, les grandes ponctuations sont souvent, dans ces mêmes genres, entremêlées
de ponctuations plus petites. Nous avons déjà mentionné
les stries qui, dans les *Sequoia* et *Arthrotaxis* s'intercalent
çà et là aux ponctuations ; les zones d'épaississement que
laissent voir les trachéides de ce dernier genre (pl. 133,
fig. 7, 9) et les ponctuations posées en file serrée qui se
touchent ou empiètent légèrement l'une sur l'autre, rappellent assez bien à l'esprit ce qui a lieu chez les *Dammara* et *Araucaria*. Le bois de *Podocarpus* (pl. 133, fig. 1)
ressemble à celui des Séquoïées et Taxodiées, sous le rapport des fibres ligneuses et des ponctuations aréolées. Il
paraît impossible de marquer entre eux, à ce point de
vue, aucune différence sensible.

Bien que le prosenchyme ou tissu formé de trachéides
domine dans le bois de Conifère d'une façon à peu près
exclusive, les fibres ligneuses y sont pourtant accompagnées çà et là, et surtout dans la partie étroite et estivale
du cercle annuel, d'un autre tissu ; c'est le parenchyme
ligneux, composé de cellules allongées, à parois minces, non plus terminées en fuseau et accolées par des
faces latérales obliques, mais cloisonnées de distance en
distance, plus ou moins prismatiques ou cylindroïdes et
régulièrement empilées. Le parenchyme ligneux des Conifères, à cause de son insignifiance même, a peu attiré l'at-

tention ; il mériterait pourtant d'être examiné et l'étude exacte des diverses formes de cellules qui peuvent le composer serait sans doute de nature à aider au classement de ces sortes de bois. Originairement, il n'existe que peu ou pas de différences entre les cellules fibro-ligneuses et parenchymateuses ; au sortir du cambium les deux catégories se ressemblent et peuvent même présenter également des ponctuations ; seulement, quelques-unes des nouvelles cellules se cloisonnent horizontalement et donnent ainsi lieu à du parenchyme ; chez celles-ci les ponctuations s'effacent ou demeurent petites et irrégulières, tandis que celles des trachéides revêtent leur caractère définitif et que ces organes s'allongent et s'atténuent en fuseau aux deux extrémités, sans doute par le dédoublement de leurs parois de jonction, devenues de plus en plus obliques.

Le parenchyme ligneux n'occupe qu'une place des plus restreintes dans le bois des Conifères ; son rôle est effacé et tout à fait secondaire. Il est cependant plus ou moins visible et développé selon les catégories de bois que l'on examine et c'est de lui, comme nous le verrons, par une modification consécutive de ses éléments que procèdent chez les Abiétinées les canaux sécréteurs que comprend la région ligneuse dans ce groupe. Ces sortes de cellules existent certainement dans le bois des Taxinées ; elles y sont même fréquentes, mais le tissu qu'elles forment ne s'y trouve jamais qu'en très-faible quantité (1). Les cellules cloisonnées en travers, du parenchyme ligneux se rencontrent souvent dans le bois des Taxodiées (pl. 135, fig. 1) et des Séquoïées (pl. 134, fig. 1, en *p*), ainsi que dans celui

---

(1) C. E. Bertrand, *Anatomie des Gnétacées et des Conifères*, thèse déjà citée, p. 41.

des *Widdringtonia* (pl. 136, fig. 4, en *p*) ; mais elles ne donnent lieu dans tous ces genres qu'à des files éparses et isolées, souvent remplies de résine, qui traversent verticalement les rayons médullaires et contractent avec eux de fréquentes anastomoses. C'est à ces cellules, lorsqu'elles servent de réservoirs aux sucs résineux, que M. Gœppert avait appliqué l'expression de canaux résineux *simples*, par opposition avec les canaux résineux véritables des Abiétinées, particulièrement des pins, que cet auteur nommait canaux résineux *composés*. La figure 3, pl. 135, peut donner une idée de cette sorte de tissu qui se distingue parfois difficilement des fibres étroites auxquelles il se trouve presque constamment associé. Le parenchyme ligneux se montre aussi chez les Cupressinées ; nous l'avons observé notamment dans le bois du *Chamœcyparis Lawsoniana*, au contact des rayons médullaires. Les cellules qui le composent sont peu nombreuses et se réduisent à deux ou trois files verticales accolées.

C'est seulement dans le bois des Abiétinées que le parenchyme ligneux se montre avec une abondance relative un peu plus marquée. Il y revêt aussi, comme nos figures (pl. 142, fig. 1 ; pl. 143, fig. 3 et 4) le font voir, des caractères spéciaux. Ce sont des cellules allongées, à parois minces, et plus ou moins ponctuées, empilées en files verticales, associées plusieurs ensemble, et passant latéralement, à l'aide d'une série de transition, aux trachéides ponctués ou rayés et striés qui les entourent. Les exemples qui précèdent suffiront pour donner au moins une idée approximative du parenchyme ligneux, élément toujours subordonné vis-à-vis du tissu fibro-ligneux, aussi peu constant par lui-même qu'effacé par la place qu'il occupe dans le bois des Conifères.

Le troisième des éléments constitutifs de la région ligneuse consiste dans les rayons médullaires, dont nos figures font bien connaître la disposition et la structure. Tous, sans exception, en ce qui concerne au moins les Conifères vivantes, ne comprennent qu'une seule largeur de cellules et se composent de une ou plusieurs rangées de cellules superposées. Dans certains cas où le bois est puissamment développé, dans les grandes espèces surtout, en particulier chez les *Araucaria* (*A. imbricata Pav.*), *Taxodium*, chez certaines Cupressinées (*Chamæcyparis*), mais surtout chez les Abiétinées et les *Pinus* proprement dits, on rencontre depuis 6 jusqu'à 12 et un plus grand nombre encore de rangées de cellules radiales superposées. D'autres bois n'en comptent qu'un plus petit nombre, 2 à 3, ou même une seule rangée. On observe cette particularité dans le bois des *Arthrotaxis, Sequoia, Cunninghamia, Widdringtonia*, généralement aussi dans celui de *Salisburia*, de la plupart des Cupressinées, de certaines *Podocarpées*, etc. Ce sont là pourtant des caractères flottants, sujets à des exceptions et sur lesquels on ne peut asseoir aucune règle. La largeur transversale du rayon est aussi à considérer ; cette largeur est surtout remarquable dans le genre *Salisburia* (pl. 130, fig. 2) et aussi, dans une moindre mesure, chez les Araucariées (pl. 131, fig. 3, en *r*; et 132, fig. 7, en *r*). Au contraire, on observe des cellules radiales fort étroites dans le sens transversal dans les genres *Arthrotaxis* (pl. 133, fig. 10), *Widdringtonia*, où elles sont en même temps courtes, et chez certaines Abiétinées, comme les *Cedrus* et *Pseudo-Tsuga* (pl. 137, fig. 1 ; pl. 141, fig. 3 et 10). Mais ces particularités et d'autres encore ne sont ni assez constantes ni assez facilement observables pour donner naissance à des caractères vraiment solides.

D'ailleurs, les cellules radiales changent d'aspect en vieillissant : jeunes, elles sont toujours moins riches en ponctuations et en réticulations ; ces détails s'ajoutent peu à peu en différenciant leurs parois, en sorte que le même bois peut successivement présenter des rayons médullaires dont les cellules offrent tous les degrés, depuis la consistance lisse et transparente jusqu'à l'ornementation en réseau la plus complète. Il y a pourtant là une question de mesure, et il est bien certain qu'en s'attachant à certains détails, on pourra reconnaître des différences entre la physionomie propre aux cellules radiales de certains groupes et celle qui distingue les mêmes cellules dans un groupe voisin. Ce sont là des indications dont il ne faut ni exagérer, ni déprimer entièrement la portée. C'est dans cet esprit que nous donnons les détails qui suivent.

Les parois des cellules radiales sont tantôt minces et presque lisses, comme chez les Podocarpées et les Taxodiées considérées d'une façon générale (Voy. pl. 132, fig. 3 et pl. 134, fig. 9), tantôt elles ont leurs parois épaissies à leur point de contact avec les fibres ligneuses et de telle façon que ces fibres elles-mêmes participent à cet épaississement ; c'est ce que l'on remarque notamment chez les *Araucaria*, ainsi que le montrent clairement nos figures 1 et 2, planche 132.

Dans la plupart des cas, les cellules radiales sont allongées dans le sens du rayon, mais cet allongement est plus ou moins prononcé selon les genres. Celles des *Dammara* et des *Salisburia* le sont très-inégalement ; elles s'élèvent peu dans le sens vertical et forment depuis deux jusqu'à quatre rangs superposés. Dans les *Araucaria* il règne à cet égard une assez grande diversité ; les cellules radiales sont généralement beaucoup plus longues que hautes ; chacune d'ellés, dans l'*A. imbricata* Pav. occupe trois à quatre largeurs de fibres. D'autres genres, comme les *Dacrydium*, les *Arthrotaxis* (pl. 134, fig. 1, en *r*), les *Glyptostrobus* et surtout les *Widdringtonia* et *Juniperus* (pl. 136, fig. 5 et 6, et 138, fig. 4) ont, au contraire, des cellules radiales trèscourtes, en forme de quadrilatère, qui occupent tout au plus la largeur de deux fibres ou même d'une fibre et demie. L'étendue des cellules radiales varie chez les Abiétinées et n'est pas même constante dans les limites d'une seule espèce.

Les cellules radiales, ainsi qu'il est aisé de le constater, sont ponctuées sur leur plan de contact avec la face latérale des trachéides (pl. 132, fig. 1 et *passim*). Ces ponctuations, ordinairement plus petites que les ponctuations normales et presque toujours dépourvues d'aréoles, sont généralement ellipsoïdes ou obliquement ovales et disposées sur deux ou plusieurs rangs ; on en compte depuis 4 jusqu'à 12 inscrites sur la largeur de la paroi cellulaire. Elles sont surtout nombreuses chez les *Araucaria* et plus restreintes en nombre, au contraire, chez les Cupressinées. La multiplicité de leur nombre chez les *Araucaria* pourrait bien n'être pas sans relation avec celui des ponctuations aréolées que présente, dans ce groupe, la face principale des trachéides.

Outre les ponctuations dont il vient d'être question, les cellules des rayons médullaires montrent encore des détails de structure et d'ornementation qui méritent de fixer l'attention. Ces détails ne deviennent ordinairement visibles que sous de forts grossissements, supérieurs à 300 diamètres, ou même vers 400 fois ; mais dans une foule de cas ils paraissent caractéristiques et peuvent servir de

points de repère pour aider à la détermination générique
des bois que l'on examine. Voici quelques-uns de ces
détails, que les figures données par nous feront comprendre, mieux encore que la description.

Les parois des cellules radiales, considérées à leur point
de contact ne sont pas toujours lisses ni unies ; ces parois
sont souvent noduleuses et comme relevées d'ornements
en saillie ou de sinuosités. La sinuosité des parois est
surtout visible dans les cellules radiales du *Cunninghamia*,
que nous représentons sous deux grossissements différents, l'un de 150, l'autre de 400 fois (Voy. pl. 139, fig. 1 à
3). Les cellules radiales sont ici étroites dans le sens de la
hauteur et allongées de manière à occuper environ trois
largeurs de fibres ; elles forment depuis une jusqu'à 4
et 5 rangées superposées ; mais ordinairement on n'observe
qu'une seule rangée, deux au plus : les contours extérieurs paraissent distinctement sinués sous le plus faible
des deux grossissements (fig. 1) ; mais l'autre permet de
découvrir (fig. 2 et 3), outre les ponctuations principales,
un réseau formé de linéaments très-fins, accompagnés de
ciselures d'une grande délicatesse ; la sinuosité des bords
est également visible. Des ciselures et des nodulosités du
même genre se montrent sur les parois des cellules radiales
de la plupart des Abiétinées (pl. 140, fig. 4 et pl. 142,
fig. 6). Les ponctuations relevées, à ce qu'il semble, en
saillie et les réticulations s'unissent et se confondent pour
donner lieu à une ornementation quelquefois des plus
compliquées et dont tous les détails ne sont pas également
nets, même à l'aide d'un très-fort grossissement. D'autres
Conifères, appartenant à des sections bien différentes
(Taxinées, Cupressinées, Abiétinées), ont des parois cellulaires radiales qui paraissent lisses et marquées seulement

sur la face latérale de ponctuations d'une grande finesse, c'est ce que nous avons remarqué dans le *Torreya* (pl. 129, fig. 10); dans le *Widdringtonia* et le *Chamœyparis* et dans le *Tsuga Brunoniana* Carr.; mais, en considérant le bois de cette dernière espèce sous un très-fort grossissement (pl. 140, fig. 4), on voit ces ponctuations se résoudre en aréoles d'une très-grande finesse dont l'ensemble forme un réseau à mailles irrégulièrement hexagonales. Ces sortes de réseau occupant une surface lisse ou faiblement inégale se retrouvent sur les cellules radiales de l'*Araucaria excelsa* R. Br. (pl. 132, fig. 2) et de plusieurs autres Conifères. Le genre *Sciadopitys*, si singulier à tant d'égard, présente une conformation de ses cellules radiales qui doit être remarquée, tellement elle est caractéristique. Ces cellules (Voy. pl. 138, fig. 6 et 9), qui paraissent correspondre à une seule largeur de fibre, sont occupées sur la face principale de leur paroi par une seule ponctuation obliquement ovale et très-large, qui les rend aisément reconnaissables. Cette disposition ne se retrouve, dans tout l'ensemble des Conifères, que chez les *Pinus* proprement dits, où M. Gœppert l'a déjà signalée, mais avec une différence essentielle, puisque chez les *Pinus*, particulièrement ceux de la section *Strobus*, que nous avons étudiés à ce point de vue (pl. 143, fig. 7, 8 et 9), les cellules radiales à ponctuation unique et large sont toujours associées dans le rayon à d'autres cellules dont les parois sont plus ou moins réticulées et quelquefois d'une façon très-fine (fig. 9). Nos figures montrent bien tous les passages successifs de l'une à l'autre de ces deux structures. Ce sont là les *rayons médullaires composés* de Gœppert dont la présence est caractéristique pour le bois de pin, bien qu'on ne les observe pas dans toutes les espèces de ce grand genre. Les cellules radiales d'autres

groupes, particulièrement des Podocarpées, des Taxodiées
et de plusieurs Cupressinées offrent encore une disposition
un peu différente de celles que nous venons de signaler.
Leurs cellules radiales, dont nous donnons des exemples
empruntés aux genres *Podocarpus* (pl. 133, fig. 3 et 6,
pl. 134, fig. 9), *Dacrydium* et *Cryptomeria*, montrent des
parois occupées en partie seulement vers les commissures
de sinuosités noduleuses plus ou moins associées à des
ponctuations. Ces ponctuations et ces sinuosités noduleuses se retrouvent sur les appareils singuliers, en forme
de prolongements minces et flexueux que Gœppert a signalés avec raison comme servant à réunir et à faire communiquer ensemble les rayons médullaires ; cet auteur les
nomma avec une certaine raison *rayons concentriques* ou
connectifs (*radii medullares concentrici*); ils sont faciles à
observer et se montrent sous la forme de cellules étroites,
aplaties et filiformes, pourvues de pores et semées d'ex-
croissances, de nodulosités et de dentelures. Ces organes,
verticalement dirigés, courent d'un rayon médullaire à un
autre, en suivant le même plan ; notre figure 3, planche 133,
suffira pour en donner l'idée. Les quatre rayons médullaires, réunis ici par les appendices en question, n'ont
chacun qu'une seule rangée de cellules à parois semées de
ponctuations éparses et rares; la figure a été dessinée en
faisant abstraction des fibres ligneuses et sous un grossissement d'environ 300 fois.

Les rayons médullaires se prolongent souvent de la
région ligneuse jusque dans la zone du liber qu'ils traversent plus ou moins en altérant la forme de leurs cellules, qui se déforment et amincissent plus ou moins leurs
parois ; c'est ce que l'on observe plus particulièrement
dans les Taxodiées, et, dans une moindre mesure, dans les

Séquoïées et les Cupressinées. Les rayons médullaires des Taxodiées arrivent même jusque dans la couche corticale, et dans le genre *Taxodium*, on peut les voir aboutir fréquemment à des réunions de larges cellules parenchymateuses hypertrophiées, distribuées sur les confins de cette couche avec une certaine régularité (pl. 135, fig. 6). Ces prolongements des rayons médullaires dans le liber peuvent s'observer encore dans le bois des *Cedrus*, comme le montre une de nos figures (pl. 141, fig. 4, en *r*) et dans d'autres genres encore, mais non pas dans tous, cependant.

La zone du liber dont nous parlerons maintenant est séparée de celle du bois par une couche mince (pl. 131, fig. 5, en *c*) qui sert de point de départ commun aux nouvelles formations ligneuses et libériennes ; c'est la couche cambiale ou simplement le *Cambium*, qu'une coupe longitudinale, parallèle aux rayons médullaires, montre comme une mince bande ou plutôt comme une ligne de séparation qui, dans certains cas, cependant, correspondant au moment même où s'exerce son activité, consiste en une réunion de lamelles, ébauches encore tendres et imparfaites des cellules et des fibres en voie de formation.

Entre le *Cambium* et la région corticale se place la région libérienne ou simplement le *liber*. Cette zone, considérée dans le bois formé, prend le nom de *liber secondaire*, qui lui-même s'appelle tantôt *vieux liber secondaire* et tantôt *jeune liber secondaire*, suivant que l'on considère les parties nouvellement formées ou déjà anciennes et rejetées vers le dehors.

Certaines de nos figures (pl. 131, fig. 5 et 6 et pl. 138, fig. 1) montrent l'aspect de la zone libérienne, suivant une coupe radiale longitudinale, vue dans son ensemble. Il est facile de constater des différences de structure et de proportion de cette zone, considérée chez les Cupressinées (pl. 138, fig. 1) ou chez les Araucariées. Dans le premier cas, les éléments du liber consistent principalement en cellules allongées (pl. 138, fig. 1, en *l*), superposées en files régulières et séparées d'espace en espace par des cloisons transversales. Dans le second cas (pl. 131, fig. 5, en *l*, et fig. 6), en dehors d'une zone fibreuse, très-mince et peu distincte, on ne distingue plus dans le liber que des cellules polyédriques, un peu allongées dans le sens de la hauteur, irrégulièrement associées et de dimension inégale : les files de grandes cellules en encadrant d'autres qu'elles paraissent avoir comprimées. Ces coupes d'ensemble sont vues sous un grossissement d'environ 150 fois; c'est seulement au moyen de plus forts grossissements (3 à 400 fois le diamètre) que les divers éléments, dont se compose, soit simultanément, soit successivement, le liber, se distinguent clairement. Cette région du bois des Conifères a été tout dernièrement l'objet d'un examen suivi de la part de M. C.-E. Bertrand, dans son mémoire sur l'*Anatomie des Gnétacées et des Conifères ;* c'est à ce travail que nous emprunterons une partie des détails qui suivent, en les confirmant à l'aide de figures dues à nos propres recherches. Le but que nous nous proposons se trouvera ainsi suffisamment rempli.

Le liber secondaire ou liber formé est constitué par trois éléments, qui sont : 1° les fibres libériennes, à parois d'abord minces et lisses, plus ou moins susceptibles d'épaississement ; 2° des cellules cloisonnées donnant lieu par le progrès de l'âge au parenchyme libérien ; 3° d'autres cellules à ponctuations grillagées, associées aux précédentes et procédant d'une transformation particulière de cellules cambiales, primitivement lisses et obliquement cloisonnées. Ces trois éléments sont bien visibles sur une coupe transversale que nous donnons (pl. 137, fig. 2) du liber secondaire du *Widdringtonia cupressoides* Endl. ; on y voit, en *f*, les fibres libériennes à parois épaissies, en *p*, les cellules du parenchyme libérien en parties sclérifiées et, en *g*, les cellules grillagées plus ou moins comprimées par le développement progressif des deux autres éléments. Ces éléments sont loin d'être combinés dans les mêmes proportions, ni de présenter la même apparence dans le liber jeune que dans ce même liber plus ou moins âgé ; ils suivent dans leur développement respectif une marche qui varie de genre en genre et d'un groupe à un autre, pour aboutir à la formation d'un tissu souvent très différent de ce qu'il a originairement été.

Les fibres libériennes persistent plus ou moins longtemps ; elles sont reconnaissables à leurs parois prismatiques et graduellement épaissies, à leur terminaison ordinairement en fuseau aux deux extrémités. Dans le *Salisburia*, ces fibres se cloisonnent transversalement en épaississant quelque peu leurs parois. Ces mêmes parois deviennent très-épaisses dans les Taxinées, où les fibres libériennes, de même que dans les Cupressinées et Taxodiées, offrent un développement et une persistance remarquables. Elles sont surtout volumineuses chez les *Cephalotaxus*. Ces sortes de fibres s'épaississent aussi de bonne heure dans le bois de *Podocarpus*. Dans les Abiétinées, au contraire, il n'existe jamais de fibres libériennes épaissies.

Dans les Cupressinées (pl. 137, fig. 2 ; pl. 138, fig. 5), comme nous l'avons déjà dit, les fibres libériennes s'épaississent et persistent comme chez les *Taxus ;* elles alternent régulièrement, dans le sens radial, comme dans le

sens périphérique, avec des rangées de cellules grillagées
et de cellules du parenchyme ; c'est ce que montre clairement un bel exemple que nous donnons (pl. 138, fig. 5),
et qui est emprunté au liber du *Juniperus flaccida* Schl.
Dans cet exemple la régularité de l'alternance des trois
éléments est parfaite, chaque fibre libérienne se trouve
flanquée en avant et en arrière d'une cellule grillagée ;
ensuite en avançant dans le sens des rayons, on observe
une cellule parenchymateuse suivie de trois cellules
grillagées, puis d'une nouvelle cellule parenchymateuse,
après laquelle se placent encore une ou deux cellules
grillagées et enfin une autre fibre libérienne, qui recom-
mence la même série. On ne remarque pas toujours une
régularité aussi parfaite, surtout lorsque l'on s'attache
aux parties déjà anciennes du liber secondaire ; cependant, bien que l'ordre et aussi le nombre des alter-
nances varient d'un genre à l'autre, c'est toujours à peu
près la même constitution du liber que l'on retrouve dans
toute une moitié de l'ensemble des Conifères, depuis les
Taxinées et les Podocarpées jusqu'aux Séquoïées, aux
Taxodiées et aux Cupressinées dans une autre direction ;
mais il faut en excepter le genre *Cunninghamia* que son
type libérien rapproche plutôt des Araucariées et des
Abiétinées et éloigne au contraire des Séquoïées. Dans ce
type que l'une de nos figures (pl. 139, fig. 9) représente
sous un très-fort grossissement, les fibres libériennes sont
à peu près absentes, puisque l'on en distingue une seule,
isolée au milieu de la coupe ; les cellules du parenchyme,
hypertrophiées et disposées sans aucun ordre sériel, ont
comprimé dans toutes les directions les éléments grillagés. C'est là une structure qui, conformément à l'opinion
de Strasburger, reporterait le genre *Cunninghamia*, loin

des Séquoïées, plutôt auprès des Araucariées et dans une position intermédiaire entre ce groupe et celui des Abiétinées.

De même que dans le *Cunninghamia*, en effet, les éléments du liber sont épars et les fibres libériennes disparaissent de bonne heure chez les Araucariées. Au total, le rôle des fibres, qu'elles persistent jusque dans le vieux liber secondaire, en épaississant leurs parois, ou qu'elles s'atténuent et disparaissent plus ou moins vite, ne devient prépondérant que dans un assez petit nombre de genres, à liber dense et à cellules parenchymateuses plus ou moins promptement sclérifiées, parmi lesquels on doit citer les *Arthrotaxis* et *Widdringtonia* et dans un sens aussi le genre *Taxodium*.

Les cellules grillagées doivent nous arrêter un instant : ces sortes de cellules, lisses et minces à l'état de cellules cambiales, diffèrent peu ou ne diffèrent pas du tout originairement des fibres proprement dites. Pourvues de cloisons obliques, elles présentent par le progrès de l'âge des ponctuations, d'abord larges et unies, qui se couvrent peu à peu d'un réseau de ciselures fines et compliquées, du type grillagé, soit sur les cloisons, soit sur les faces latérales. Ces ponctuations dont la finesse est extrême, sont toujours disposées en amas séparés par des espaces lisses. Elles correspondent, selon les auteurs, à de véritables perforations de la membrane cellulaire. Les cellules grillagées, d'abord aussi nombreuses ou plus nombreuses même que celles du parenchyme, sont plus tard comprimées ou disparaissent même complétement par suite de l'extension de ces dernières. En effet, le parenchyme libérien, provenant de cellules cambiales promptement cloisonnées en travers, est celui de tous les éléments du liber qui paraît destiné à occuper en dernier lieu le plus de place. Dans le *Salisburia*, dans les Taxinées où ces sortes de cellules affectent un mode de réticulation caractéristique, dans les Abiétinées et les Araucariées, c'est là, en effet, ce qui se produit et, dans le liber secondaire un peu âgé du bois de ces divers types, les cellules grillagées cessent promptement de vivre, tandis que les cellules hypertrophiées du parenchyme libérien se substituent peu à peu aux autres éléments comprimés (pl. 132, fig. 5; pl. 139, fig. 9; pl. 141, fig. 4 et 11); ces cellules peuvent demeurer lisses ou se couvrir de ponctuations ou même de bandelettes en forme de zones (Taxinées) ou de réticulations.

La façon dont les éléments du liber se trouvent disposés, les uns relativement aux autres, donnent ainsi lieu à un certain nombre de types qu'il est utile de définir. On doit distinguer effectivement : 1° le type libérien du *Salisburia*, dans lequel, après un développement régulier des trois éléments, pendant lequel les fibres libériennes ont épaissi quelque peu leurs parois et se sont en outre cloisonnées horizontalement, les cellules grillagées ont acquis d'autre part leur réseau distinctif et les cellules du parenchyme se sont accrues également et couvertes de réticulations, ces dernières cellules finissent, en se boursoufflant, par comprimer ou faire disparaître les autres éléments du liber; 2° le type libérien des Araucariées, dans lequel tous les éléments dès l'abord mélangés : fibres libériennes et fibres lisses devenues grillagées, font bientôt place aux seules cellules du parenchyme élargies, ponctuées, réticulées, éliminant les deux autres éléments; 3° le type libérien des Abiétinées proprement dites (genres *Tsuga*, *Abies*, *Pseudo-Tsuga*) dans lequel les fibres libériennes ne sont jamais épaissies, tandis que les cellules du parenchyme, à peu près inordinées, compriment fortement et éliminent rapidement les éléments grillagés ; 4° le type libérien des Pinées, voisin du précédent et dans lequel les éléments grillagés et parenchymateux, les premiers comprimés, alternent par la production de plusieurs rangées successives, en l'absence de fibres libériennes épaissies ; 5° le type libérien des Taxinées, dans lequel les fibres libériennes, épaissies et relativement volumineuses, alternent avec des rangées d'éléments grillagés et parenchymateux, les fibres et les cellules tendant à éliminer plus ou moins les cellules grillagées. Ce dernier type, avec des variations secondaires, assez peu notables, reparaît dans d'autres groupes de Conifères, où les zones du liber se succèdent avec plus ou moins de régularité. Les fibres épaissies du liber et les cellules grillagées plus ou moins comprimées alternent alors en rangées radiales et périphériques avec les cellules du parenchyme qui tendent concurremment avec les premières à comprimer plus ou moins les secondes ou même à les éliminer tout à fait. C'est ce que l'on observe du moins chez les Podocarpées, Séquoïées, Taxodiées et la plupart des Cupressinées.

Pour atteindre maintenant au tégument le plus extérieur, il nous reste à traverser trois zones : la première est celle du *parenchyme cortical*, nommée encore *parenchyme herbacé* ou parenchyme *fondamental*, parce qu'il est originairement de même nature que la moelle avec laquelle ce parenchyme est mis en communication par l'intermédiaire des rayons médullaires. Ces cellules, dans la partie jeune des tiges, occupent une zone relativement considérable ; d'abord gorgées de chlorophylle, elles deviennent ensuite plus ou moins incolores, s'épaississent

plus ou moins et se couvrent de ponctuations et de réticulations ; quelques-unes se sclérifient en avançant en
âge ou renferment de la résine et des cristaux. D'une part,
cette zone parenchymateuse, dont nos figures (pl. 131,
fig. 5, en *p* ; pl. 135, fig. 6, et pl. 138, en *p*) représentent
exactement l'aspect, touche au liber, de l'autre, à l'épiderme. Les cellules les plus voisines de ce dernier tissu
(pl. 131, fig. 5, en *h*, et pl. 138, fig. 1, en *h*) épaississent plus
ou moins promptement leurs parois ; elles constituent
alors l'*hypoderme*, couche plus ou moins dense selon les
genres et à l'intérieur de laquelle se forme une lame
nommée *phellogène* qui constitue la zone génératrice du
liége, d'où résulte finalement l'exfoliation de l'épiderme
et en dernier lieu la décortication. L'épiderme ou tégument extérieur primaire n'a donc chez les Conifères
qu'une durée nécessairement limitée à la jeunesse de la
tige, recouverte originairement par lui. Il est composé
d'une couche de cellules tabulaires, à parois épaisses, généralement lisses et néanmoins hérissées, dans certains
cas, d'appendices en forme de poils (*Tsuga, Pseudo-Tsuga,
Cedrus, Larix, Sciadopitys*). L'épiderme présente aussi
quelquefois des stomates (*Sequoia, Arthrotaxis, Cryptomeria*).

L'examen que nous venons de faire de la structure anatomique des tiges de Conifères serait incomplet, si, avant
de terminer, nous passions sous silence les organes sécréteurs de la résine qui, en dehors même de l'importance
des fonctions qu'ils remplissent, contribuent encore puissamment par leur disposition à caractériser le bois des
différents groupes de la famille que nous considérons.

Les *canaux sécréteurs de la résine* ou *glandes résineuses*,
comme les nomme M. C.-E. Bertrand, représentent des

laticifères très-simplifiés; ils sont destinés aux mêmes fonctions que ces derniers, puisque leur rôle consiste à produire et à emmagasiner la résine, qui constitue le suc propre des Conifères; mais ils ne se ramifient pas, sauf dans des cas très-rares et ne contractent entre eux presque aucune anastomose. Ces organes, considérés en eux-mêmes, sont toujours une dépendance du parenchyme, dont ils dérivent certainement; ils ne sont à proprement parler que des cellules plus ou moins modifiées, groupées autour d'une lacune intercellulaire, provenant du décollement et de l'écartement de leurs parois mutuelles et dans laquelle se déverse la résine une fois sécrétée. La véritable nature des canaux résineux n'a été bien expliquée que tout dernièrement, par suite des études de M. Dippel, en 1853, et surtout de celles de J. N. Müller et de J. Sachs; le mémoire de ce dernier savant *sur la formation des glandes résineuses* date de 1872, et tous trois sont arrivés à cette conclusion que la résine est le produit d'une sécrétion normale et non pas uniquement, comme l'entendait M. Karsten, le résultat d'une *altération morbide* des parois cellulaires (1). Antérieurement, Gœppert avait consacré un paragraphe de son grand ouvrage sur les Conifères fossiles (2) à la description des canaux résineux, mais cet auteur confondait à tort à cette époque les *vrais canaux sécréteurs*, désignés par lui sous le nom de *canaux résineux composés*, avec les cellules du parenchyme ligneux, éparses çà et là dans le bois des Taxodiées, Séquoïées, Cupressinées, etc. et contenant accidentellement de la résine. Il appliquait à celles-ci le nom impropre de *ca-*

(1) Voy. aussi la thèse déjà précitée de M. C. E. Bertrand sur l'*Antomie des Gnétacées et des Conifères.*
(2) Voy. Gœppert. *Monogr. d. foss. Conif.*, p. 45 et 48, Leiden, 1850.

naux résineux simples. C'est ainsi que M. Gœppert avait été amené à signaler la présence de canaux résineux dans la zone ligneuse de Conifères qui en sont en réalité dépourvues. M. Van-Tieghem est le premier qui ait tranché la question par son mémoire sur les *canaux sécréteurs* des plantes (1). Il a déterminé la distribution de ces organes dans les diverses régions des tiges de Conifères, où leur présence, aussi bien que leur absence, dépendent d'un ordre toujours constant et fournissent des caractères aussi fixes que saisissables, même à l'état fossile. M. le professeur Van-Tieghem a encore éclairci à l'aide des précieux renseignements qu'il nous a transmis, certains côtés douteux de cette question intéressante à tant de points de vue. Nous lui offrons ici un témoignage de notre gratitude en utilisant ses travaux et employant parfois jusqu'à ses expressions.

Les canaux sécréteurs résinifères sont bien tels que les a décrits le professeur J. Sachs (2). Ce sont des espaces lacunaires, produits par l'écartement des cellules de bordure qui sécrètent la résine et la déversent dans le méat, où elle s'accumule comme dans un canal. Les cellules résineuses, d'abord semblables aux fibres aréolées gardent leurs parois minces; elles demeurent longtemps susceptibles de se subdiviser et forment des groupes doués d'un accroissement commun qui diffèrent plus ou moins du tissu environnant. Ces canaux et les cellules qui en font partie se dilatent plus ou moins, suivant la nature plus ou moins extensible de ce tissu. Ils sont donc plus étroits

---

(1) *Ann. de nat.*, 5ᵉ série, t. XVI, 1873.

(2) *Traité de botanique conforme à l'état présent de la science,* par J. Sachs, trad. et annoté par Ph. Van-Tieghem, Paris, Savy. 1873, p. 102 et 157, fig. 60, 66 et 97.

dans le bois formé et plus largement développés dans le parenchyme des feuilles ou de l'écorce. Les vrais canaux sécréteurs cheminent dans le sens de la longueur des organes ; ils s'étendent plus ou moins en ligne droite et sont facilement reconnaissables par suite de cette direction et par la réunion de cellules parenchymateuses qui servent de fourreau à la lacune centrale, allongée en forme de tube et souvent remplie par la résine qui la rend opaque. Il existe pourtant, selon le professeur Sachs et M. Van-Tieghem, des groupes de cellules résinifères de la même nature que celles qui bordent les canaux normaux, mais qui, par suite d'un arrêt de développement, manquent de lacune et demeurent par conséquent contiguës. Ces groupes de cellules qui sécrètent et renferment de la résine, comme les canaux normaux, se rencontrent dans les mêmes tissus que ceux-ci et manquent de même dans les parties naturellement dépourvues de ces derniers. Néanmoins par le progrès de l'âge il peut s'opérer, dans un tissu qui ne possède pas de canaux sécréteurs, une résinification locale de cellules, soit des fibres aréolées, soit des éléments des parenchymes ligneux ou médullaire, et la résine ainsi accumulée à l'intérieur des cavités cellulaires peut leur donner l'apparence de canaux sécréteurs ; c'est ce que montre notamment la moelle du bois de cèdre un peu âgé et fréquemment aussi le parenchyme ligneux des *Arthrotaxis* et des *Widdringtonia*. Mais ce sont là des accidents d'une importance secondaire, que l'on devra pourtant ne pas perdre de vue dans l'examen des bois fossiles, afin de ne pas s'exposer à confondre des points résineux, produits d'une altération consécutive des tissus, avec la résine normale et primitive et les organes spéciaux destinés à lui donner naissance.

Toutes les régions de la tige des Aciculariées sont susceptibles de contenir de vrais canaux résineux, mais dans chaque groupe toutes ces régions n'en sont jamais indifféremment pourvues, et la considération de la place occupée par ces organes acquiert ainsi une véritable importance.

Chez les *Taxus*, il n'y a de canaux résineux, ni dans la moelle, ni dans le bois, ni dan sle liber, pas même dans le parenchyme cortical. Dans la tige des *Cephalotaxus* et des *Torreya*, on en trouve dans le parenchyme cortical. Mais ces organes sont petits chez les *Cephalotaxus,* où ils ne sont que le prolongement de ceux qui existent dans les feuilles, tandis qu'au contraire ils sont très-volumineux chez les *Torreya* (pl. 129, fig. 11).

Les canaux résineux du *Salisburia* forment un double système, les uns étant corticaux, les autres compris dans l'intérieur de la moelle (pl. 130, fig. 3, en *c*, et fig. 4) et disposés circulairement en avant de l'étui.

Chez les Podocarpées, les Séquoïées et les Taxodiées, sauf le genre *Glyptostrobus*, il n'existe de canaux résineux que dans le parenchyme cortical, et ces canaux, peu apparents, ne s'y montrent que comme un prolongement de ceux des feuilles.

Les glandes résineuses du *Glyptostrobus* sont par contre très-apparentes et situées sur les confins du parenchyme cortical et du vieux liber secondaire. Cette même place est celle qu'occupent ces organes dans les genres *Cunninghamia* et *Sciadopitys*. Nos figures 7 et 8, pl. 139, représentent les canaux résineux du premier de ces deux genres. La tige des genres *Pseudo-Tsuga* et *Abies* comprend aussi des canaux résineux à l'intérieur du parenchyme cortical ; ils sont nombreux et apparents dans le *Pseudo-*

Tsuga Douglasii Carr., où nous les avons rencontrés immédiatement au-dessous de l'hypoderme. Ceux des *Abies* (pl. 140, fig. 14) sont relativement plus petits, plus sinueux, entourés de cellules moins nombreuses et situés plus avant dans l'intérieur de la tige. Mais nous laisserons les Abiétinées pour y revenir dans un moment et mentionner alors les canaux résineux que la plupart de leurs genres présentent simultanément dans le bois et le parenchyme cortical ou même ailleurs.

Dans les Araucariées (genres *Araucaria* et *Dammara*), les canaux résineux se montrent dans le liber secondaire, où ils prennent une extension considérable, au milieu d'un tissu presque entièrement formé, comme nous l'avons vu, de cellules parenchymateuses boursoufflées. Notre figure 5, pl. 122, représente un de ces canaux vu à l'aide d'une coupe longitudinale et sous un grossissement d'environ trois cents fois. Chez les Araucariées il n'existe pas de canaux résineux dans une autre partie de la tige que la région libérienne. Il en est de même chez les Cupressinées (1), mais avec des différences de structure très-appréciables. Nos figures 9 et 10, pl. 136, représentent les canaux résineux des *Widdringtonia* qui sont remarquables par leur étendue et dont la lacune centrale est généralement ovalaire dans le sens périphérique. Ces canaux résineux, dans les *Widdringtonia*, aussi bien que chez les autres Cupressinées où ils sont pourtant moins visibles, occupent la région du liber secondaire (Voy. pl. 137, fig. 9, la coupe transversale d'un canal résineux du *Chamæcyparis Lawsoniana* Parl., grossi 250 fois).

____

(1) Il faut en excepter les *Thuyopsis* et *Juniperus* qui ne possèdent de canaux résineux que dans le parenchyme cortical seulement.

M. C.-E. Bertrand, dans son mémoire précité (1), a décrit la formation des canaux résineux dans le liber secondaire des Cupressinées. Les cellules du parenchyme libérien amincissent d'abord leurs parois et sécrètent de la résine, mais comme le tissu dont elles font partie comprend aussi des fibres libériennes épaissies et des cellules grillagées, disposées par rangées et que les cellules devenues résineuses s'écartent, non pas seulement les unes des autres, mais des cellules grillagées dont la série leur est contiguë d'un côté, on voit assez souvent se former un double appareil résineux sur les deux flancs opposés d'une rangée médiane de fibres libériennes accompagnées d'éléments grillagés. L'espace lacunaire auquel ce travail donne lieu ressemble à une seule lacune que diviserait par le centre une lame intermédiaire.

Dans toutes les Conifères énumérées jusqu'ici, le bois est entièrement dépourvu de vrais canaux résineux. Ces organes ne se montrent dans la région ligneuse que chez les seules Abiétinées (ancien genre *Pinus* de Linné), mais avec des divergences et des exceptions qui ont fait bien souvent varier les auteurs dans leurs appréciations.

Les *Tsuga* doivent être d'abord mis à part, puisque, à l'exemple des *Taxus*, ils n'ont de canaux résineux que dans les feuilles.

D'après M. Van-Tieghem, les *Cedrus*, *Abies* et *Pseudolarix* n'auraient de canaux ni dans le bois, ni dans le liber, ni dans la moelle de la tige, mais ils possèdent en revanche un canal résineux axile dans la moelle de la racine, en même temps que dans le parenchyme cortical de la tige. M. C.-E. Bertrand, dans son mémoire déjà cité,

(1) *Mém. sur l'Anatomie des Gnétacées et des Conifères,* p. 131, pl. 12, fig. 12.

affirme, au contraire, la présence des canaux résineux dans le bois secondaire de ces mêmes genres; mais en ajoutant qu'ils ne s'y rencontrent que dans les parties âgées et qu'ils peuvent même y manquer tout à fait.

Les *Picea* et *Pseudo-Tsuga*, ainsi que les *Larix* et les *Pinus* n'ont plus de canal axile dans la racine; mais ils ont certainement des appareils résineux dans le bois, ainsi que dans le parenchyme de l'écorce. Seulement, chez les deux premiers de ces genres (Voy. pl. 142, fig. 5 un exemple du *Picea Menziezii* Carr.), les organes sécréteurs ne se montrent que dans le bois secondaire et un peu tard, tandis que chez les *Larix* et les *Pinus* ils, apparaissent déjà dans le bois primaire et qu'ils existent aussi dans le bois secondaire; c'est ce que montrent effectivement les figures relatives à ces deux genres que donnent nos planches 142 et 143 (pl. 142, fig. 9, et pl. 143, fig. 5 et 6).

Ainsi, la tige des *Pinus* et des *Larix*, plus riche en résine que celles de toutes les autres Conifères, possède des appareils sécréteurs de cette substance dans l'écorce, dans le liber secondaire, dans le bois primaire et secondaire, et en même temps le parenchyme ligneux s'y rencontre en plus grande abondance que partout ailleurs. Quelquefois même il y a pour ainsi dire excès de production résineuse dans ces mêmes genres, puisque, selon l'observation de M. C.-E. Bertrand, les cellules de certaines regions se déforment, après être demeurées minces et s'être cloisonnées horizontalement; elles deviennent alors susceptibles de sécréter la résine et constituent toutes ensemble une nappe verticale de tissu glandulaire qui sert à réunir le plus souvent deux canaux résineux situés, l'un dans le bois secondaire, l'autre dans la partie attenante du liber (1).

(1) Bertrand, *Anatomie de Gnétacées et des Conifères*, p. 71 et 72.

Ce sont là pourtant des particularités maladives plutôt
que l'indice d'une structure normale et distinctive, comme
semble l'avoir pensé Gœppert (1) qui paraît avoir connu le
phénomène sans en avoir saisi la véritable signification.

Les notions que nous venons d'exposer relativement à
la structure anatomique des tiges de Conifères se trouvent résumées dans le tableau suivant.

(1) *Monogr. foss. Conif.*, p. 46.

ESSAI
D'UNE CLASSIFICATION DES CONIFÈRES

D'APRÈS LA STRUCTURE ANATOMIQUE DE LEURS TIGES.

	Genres actuels. —	Genres fossiles correspondants. —
* Stries en forme de bandelettes spirales, annulaires ou subscalariformes, associées généralement aux ponctuations aréolées ou les remplaçant sur les fibres ligneuses. — Canaux résineux absents de la tige ou se montrant dans le parenchyme cortical seulement.		
1. — *Taxinées.* Cellules des rayons médullaires allongées dans le sens radial, à parois minces lisses, très-finement réticulées, disposées en deux ou plusieurs rangées superposées. — Fibres ligneuses donnant lieu à une section transversale plus ou moins trapézoïde. — Éléments du liber au nombre de trois, distribués en séries alternantes, radiales et périphériques ; fibres libériennes plus ou moins persistantes, à parois graduellement épaissies. — Fibres libériennes de petite dimension et lentes à s'épaissir. — Point de canaux résineux dans la tige. — Cellules de la moelle large à parois minces et polyédriques............	Taxus Tourn..............	
[Fibres libériennes rapidement épaissies. — Canaux résineux très-apparents dans le parenchyme cortical de la tige.....] Moelle relativement étroite, composée de cellules cylindriques à parois épaisses. — Stries des fibres ligneuses transversalement sinueuses...	Torreya Aru..............	Taxoxylon Ung.
Moelle relativement large, composée de cellules à parois minces et sinueuses (20 sur la ligne du diamètre). — Stries des fibres ligneuses disposées en bandelettes transversales ou enroulées en spirale.........	Cephalolaxus Sieb. et Zucc...	
** Stries annulaires ou spirales, faibles et irrégulières ; ponctuations aréolées disposées tantôt en série, tantôt agglomérées en amas le long des parois des fibres ligneuses. — Canaux résineux dans le parenchyme cortical seulement.		
2. — *Phyllocladées.* Moelle formée de grandes cellules arrondies ou prismatiques, à parois minces et simplement ponctuées. — Gros vaisseaux rayés ou réticulés à la périphérie de l'étui médullaire. — Rayons médullaires étroits n'ayant qu'un petit nombre de rangées de cellules superposées. — Éléments du liber secondaire disposés en séries régulières, radiales et périphériques.	Phylloclabus Rich.	
*** Ponctuations aréolées irrégulièrement éparses et alternes, encadrées par des stries sinueuses courant dans leur intervalle ou se repliant en aréole autour d'elles. — Canaux résineux dans la moelle et le parenchyme cortical de la tige.		
3. — *Salisburiées.* Moelle relativement large, composée de cellules prismatiques ou polyédriques, à parois minces, finement ponctuées-réticulées. — Cellules des rayons médullaires étroites et allongées dans le sens radial, transversalement larges, formant un petit nombre de rangées superposées. — Fibres ligneuses à parois convexes et plus ou moins sinueuses, donnant lieu à une coupe transversale ellipsoïde. — Fibres libériennes faiblement épaissies et cloisonnées en travers ; cellules grillagées très-volumineuses ; cellules du parenchyme libérien, à parois réticulées, boursoufflées, comprimant à la fin les autres éléments............	Salisburia Sm............	Ginkgoxylon.
**** Ponctuations aréolées disposées en une ou plusieurs séries verticales, celles des séries uniques très-rapprochées ou empiétant les unes sur les autres, les plurisériées ordonnées régulièrement en quinconce et plus ou moins comprimées par suite de leur contact mutuel. — Canaux résineux dans la région du liber secondaire seulement.		
4. — *Araucariées.* Moelle relativement large, composée de cellules grandes, prismatiques ou polyédriques, à parois minces. — Rayons médullaires étroits et longs dans le sens radial, à cellules disposées en 2, 3 et jusqu'à 8 rangées superposées, à parois [Fibres à parois épaissies, convexes, cylindriques ou faiblement prismatiques, présentant sur leur face principale des zones d'accroissement et une ou 2 jusqu'à 3 rangées de ponctuations à aréoles contiguës ou faiblement comprimées............]	Dammara Rumph	Araucarioxylon Kr.

	Genres actuels.	Genres fossiles correspondants.
lisses, plus ou moins réticulées. — Cellules du parenchyme libérien comprimant plus ou moins rapidement les autres éléments du liber et disposées sans ordre. — Canaux résineux volumineux dans la région du liber secondaire. — Fibres ligneuses fortement épaissies au contact des cellules radiales, à parois convexes, plus ou moins sinueuses, présentant sur leur face principale une ou plusieurs rangées de ponctuations, les aréoles des plurisériées nettement comprimées, hexaédriques..............	Araucaria Juss.............	Araucarioxylon Kr.

***** Ponctuations aréolées le plus souvent unisériées, tantôt superposées en files verticales, tantôt alternant d'un bord à l'autre de la paroi cellulaire, plus rarement bi-trisériées et dans ce cas toujours placées à des hauteurs égales et donnant lieu par conséquent à des séries à la fois verticales et transversales. — Stries nulles ou rares et réduites à des traits épars. — Liber secondaire composé de trois éléments et comprenant des fibres libériennes épaissies, alternant avec les cellules du parenchyme et les éléments grillagés, ces derniers généralement comprimés.

+ Canaux résineux peu apparents situés dans la partie extérieure du parenchyme cortical seulement.

	Genres actuels.	Genres fossiles correspondants.
5. — *Podocarpées*. Moelle relativement assez large; cellules de la moelle cylindriques ou sub-prismatiques, à parois minces, finement ponctuées ou réticulées. — Rayons médullaires formés d'un petit nombre de rangées superposées de cellules à parois minces délicatement ponctuées ou sinuées, et reliés entre eux par de nombreux appendices filiformes, verticalement dirigés. — Fibres libériennes promptement épaissies. — Éléments du bois plus développés; moelle plus ample; fibres ligneuses plus larges, pourvues de ponctuations aréolées fréquemment alternes ou irrégulièrement éparses.........	Podocarpus Hérit.	
Éléments du bois plus petits; moelle relativement étroite (7 à 8 cellules seulement sur la ligne du diamètre); fibres ligneuses moins larges, présentant des ponctuations aréolées strictement alignées en files verti[cales]....	Dacrydium Soland.	
6. — *Séquoïées*. Moelle relativement étroite, à cellules (7-8 sur la ligne du diamètre) cylindriques ou sub-prismatiques, à parois assez épaisses et ponctuées. — Cellules des rayons médullaires étroites et longues dans le sens radial, à parois lisses, formant au plus 2-4 rangées superposées. — Parenchyme ligneux consistant en éléments cloisonnés épars au milieu de fibres ligneuses prismatiques, celles-ci donnant lieu à une coupe transversale trapézoïde ou plus rarement penta-hexagonale. — Éléments libériens alternant par séries concentriques régulières. — Fibres libériennes épaississant graduellement leurs parois. — Fibres ligneuses à parois plus épaisses et de dimension plus petite; ponctuations aréolées disposées en files plus serrées, contiguës ou séparées par des traits épars en forme de strie transverse..............	Arthrotaxis Don.	
Fibres ligneuses plus larges, à parois plus minces, présentant des ponctuations aréolées souvent discontinues ou alternes; traits épars moins prononcés, plus irréguliers et plus rares..............	Sequoia Endl.	
7. — *Taxodiées*. Moelle relativement large, à cellules (12-15 sur la ligne du diamètre) généralement cubiques, à parois plus ou moins minces et ponctuées. — Cellules des rayons médullaires à parois lisses ou finement ponctuées et sinueuses, allongées dans le sens radial et disposées en 2-12 rangées superposées. — Fibres ligneuses de la zone large à parois minces et plus ou moins ondulées, présentant une ou plusieurs rangées de ponctuations aréolées, les unisériées alternes ou éparses, les plurisériées donnant lieu à des files transversales de 2 à 4 ponctuations chacune. — Parenchyme ligneux consistant en éléments épars et solitaires, cloisonnés de distance en distance et finement ponctués sur la face principale. — Rayons médullaires prolongés à travers le liber jusque dans la région corticale, partageant le liber en séries à la fois radiales et périphériques, dont les éléments alternent régulièrement, et aboutissant vers les confins du vieux liber secondaire à des réunions de grandes cellules placées immédiatement sous l'hypoderme..............	Cryptomeria Don, Taxodium Rich.	

++ Canaux résineux très-apparents vers la périphérie intérieure du parenchyme cortical.

	Genres actuels. —	Genres fossiles correspondants. —
8. — *Glyptostrobées*. Moelle assez large relativement (12 cellules sur la ligne du diamètre), formée de cellules prismatiques, à quatre pans, les extérieures plus allongées que celles du centre, à parois minces et finement ponctuées-réticulées. — Cellules des rayons médullaires petites, étroites, à parois lisses, ordonnées en 1-2-3 rangées superposées. — Fibres ligneuses donnant lieu à une coupe transversale carrée, trapézoïde ou penta-hexagonale; celles de la partie large de la couche annuelle peu différenciées de celles de la partie étroite. — Ponctuations aréolées irrégulièrement espacées ou alternes presque toujours unisériées. — Éléments du liber disposés en séries régulièrement alternantes dans les deux sens radial et périphérique................	GLYPTOSTROBUS Endl.	

+++ Canaux résineux larges et apparents, à lacune transversalement ovalaire, distribués dans le liber secondaire.

9. — *Widdringtonées*. Moelle assez large relativement (12-15 cellules sur la ligne du diamètre), cellules de la moelle à parois épaisses et ponctuées, cylindriques, disposées en files verticales, plus hautes que larges. — Rayons médullaires étroits à 2-3, plus rarement 5 rangées superposées de cellules petites et allongées dans le sens radial, à parois lisses, très-finement ponctuées-réticulées. — Parenchyme ligneux en éléments épars, isolés, cloisonnés de distance en distance et contractant avec les rayons médullaires de fréquentes anastomoses. — Fibres ligneuses étroites, à parois épaisses donnant lieu à une section transversale carrée-arrondie, présentant une seule rangée de ponctuations aréolées plus ou moins espacées, parfois accompagnées de stries en travers. — Éléments du liber disposés par séries régulièrement alternantes dans le sens périphérique. — Fibres libériennes promptement épaissies. — Cellules des parenchymes ligneux et libérien fréquemment sclérifiées.......	WIDDRINGTONIA Endl.	

***** Ponctuations aréolées disposées en une file unique, superposées verticalement, occupant la largeur entière de la face principale de chaque fibre ligneuse, tantôt contiguës, tantôt plus ou moins espacées, se correspondant assez fréquemment d'une fibre à une autre; stries nulles ou rares, réduites à des traits épars et irréguliers. — Liber secondaire composé de trois éléments et comprenant des fibres libériennes épaissies et persistantes, alternant avec les cellules du parenchyme et accompagnées de cellules grillagées, ces dernières plus ou moins comprimées. — Moelle relativement étroite, comprenant un nombre restreint de cellules à parois plus ou moins épaisses, cylindriques et ponctuées. — Parenchyme ligneux peu abondant. — Point de canaux résineux dans le bois, ni dans la moelle.

+ Canaux résineux épars et plus ou moins nombreux dans le liber secondaire.

10. — *Cupressinées*. Moelle relativement étroite (6-8-10 cellules au plus sur la ligne du diamètre); cellules de la moelle à parois épaisses, arrondies, ponctuées, les plus larges vers le centre, entremêlées de plus petites. — Cellules des rayons médullaires petites, étroites, disposées en une ou plusieurs rangées superposées (1-2-3 jusqu'à 6), à parois lisses ou imperceptiblement ponctuées-réticulées. — Rayons médullaires nombreux et courts. — Fibres ligneuses étroites et denses, donnant lieu à une coupe transversale trapézoïde ou sub-cylindrique. — Ponctuations aréolées disposées en une seule série verticale, souvent contiguës. — Stries ou ponctuations irrégulières entremêlées très-rarement aux ponctuations ordinaires. — Parenchyme ligneux peu abondant et peu visible, situé dans la partie étroite de la couche annuelle, s'anastomosant avec les rayons médullaires à l'aide d'appendices très-fins. — Éléments du liber disposés en séries alternantes à la fois radiales et périphériques; les fibres libériennes épaissies, flanquées de cellules grillagées, alternant avec les cellules du parenchyme. — Lacunes des canaux résineux disposées sans ordre apparent à travers le liber secondaire, souvent adossées aux rangées périphériques de fibres libériennes et se correspondant d'un côté à l'autre de ces rangées	BIOTA Endl., THUYA Tourn., CUPRESSUS Tourn., CHAMÆCYPARIS Sp., LIBOCEDRUS Endl., CALLITRIS Vent., FRENELA Mirb., etc..............	CUPRESSINOXYLON Kr.

++ Canaux résineux dans le parenchyme cortical seulement.

11. — Moelle étroite (4-6 cellules sur la ligne du diamètre); cellules de la moelle ovoïdes oblongues ou cylindroïdes, à parois épaisses et ponctuées. — Rayons médullaires composés de cellules étroites, petites, à parois légèrement sinueuses et ponc-	Fibres ligneuses donnant lieu à une coupe transversale carrée ou trapézoïde. — Cellules de la moelle couvertes de ponctuations transversalement elliptiques.—Éléments du liber disposés en séries alignées plutôt dans le sens radial................	THUYOPSIS Sieb. et Zucc.

tuées, sur 1-2-3 rangées superposées. | Fibres ligneuses donnant lieu à une
— Fibres ligneuses à parois denses | coupe transversale sub-arrondie ou
petites, donnant lieu à une coupe | largement ellipsoïde. — Éléments du
transversale carrée ou sub-arrondie. | liber disposés en séries régulière-
— Éléments du liber très-serrés, dis- | ment concentriques ; les rangées de
posés en séries régulièrement alter- | fibres épaissies étant séparées par
nantes dans les sens radial et péri- | plusieurs rangées de cellules paren-
phérique. | chymateuses et d'éléments grillagés
alternant ensemble.............. JUNIPERUS L.

****** Ponctuations aréolées disposées sur une file unique et plus ou moins
inégalement espacées ou sur plusieurs files et dans ce cas situées à des
hauteurs égales ou même se correspondant fréquemment d'une fibre
à l'autre. — Fibres ligneuses diversement striées et ornementées, associées presque toujours dans le bois aux fibres ponctuées ordinaires. —
Parenchyme ligneux plus ou moins abondant et relativement développé. — Moelle proportionnellement large, comprenant des cellules
(15 à 30 sur la ligne du diamètre) généralement larges et à parois
minces (exceptionnellement à parois denses et sclérifiées). — Peu ou
point de fibres épaissies dans le liber ; cellules du parenchyme libérien
alternant avec des éléments grillagés et comprimant finalement ces
derniers.

α. — Fibres striées en nombre restreint ou faiblement caractérisées.

✝ Canaux résineux situés vers les confins intérieurs du parenchyme cortical ; point de canaux résineux dans la moelle, ni dans le bois.

12. — *Sciadopitées*. Moelle composée de cellules larges, irrégulièrement prismatiques, à parois assez épaisses et couvertes de grandes ponctuations (15-18
cellules sur la ligne du diamètre). — Cellules des rayons médullaires disposées
en 1-2-3, rarement un plus grand nombre de rangées superposées, présentant
pour la plupart une série de ponctuations elliptiques, chacune d'elles occupant
toute la largeur de la face tangentielle des fibres.—Fibres ligneuses donnant
lieu à une coupe transversale ellipsoïde ou trapéziforme, plus ou moins allongée
dans le sens périphérique, en sorte que la face des fibres, tangentielle aux
rayons, est plus étroite que l'autre. — Fibres striées rares et imparfaitement
caractérisées. — Canaux résineux nombreux dans l'hypoderme et les confins
intérieur du parenchyme cortical. — Lame de phellogène paraissant de bonne
heure entre l'hypoderme et le parenchyme cortical..................... SCIADOPITYS Sieb. et Zucc.

13. — *Cunninghamiées*. Moelle relativement large composée de cellules nombreuses (18-20 sur la ligne du diamètre), cylindriques ou sub-prismatiques
finement ponctuées, à parois minces et allongées dans le sens vertical.—Rayons
médullaires étroits, comprenant un assez petit nombre de rangées superposées (1-5) ; cellules des rayons à parois légèrement sinueuses, ponctuées-
réticulées à la surface. — Fibres ligneuses à parois légèrement sinueuses,
celles de la partie étroite très-différenciées de la partie large. — Fibres striées
couvertes de traits spiraux, accompagnées de fentes et de ponctuations dirigées dans le sens des stries. — Cellules du parenchyme libérien larges et
polyédriques, comprimant rapidement les éléments grillagés qui les séparent.
— Canaux résineux nombreux et apparents au milieu des cellules polyédri-
ques, à parois finement ponctuées ou réticulées, du parenchyme cortical.... CUNNINGHAMIA R. Br.

✝✝ Canaux résineux absents de la tige, c'est-à-dire ne se montrant ni dans
le parenchyme cortical, ni dans le liber ou le bois secondaires.

14. — *Tsugées*. Moelle assez large, comprenant 15-18 cellules sur la ligne du
diamètre, prismatiques ou polyédriques, à parois minces et lisses, les plus
larges étant situées vers le centre. — Rayons médullaires à 3-4 rangées superposées de cellules étroites et longues dans le sens radial, aux parois finement ponctulées et réticulées. — Fibres ligneuses donnant lieu à une coupe
transversale trapézoïde plus ou moins sinuée sur les côtés, dans la zone annuelle large ; fibres striées éparses, peu fréquentes et marquées de traits spiraux faiblement caractérisés. — Cellules du parenchyme libérien boursouflées,
comprimant les éléments grillagés...................... TSUGA Carr.

β. — Fibres striées, réticulées ou ciselées, associées en proportion notable
aux fibres ponctuées ordinaires.

✝✝✝ Canaux résineux dans le parenchyme cortical et aussi dans le bois secondaire, mais seulement dans le bois âgé où ces organes n'existent
cependant pas toujours.

	Genres actuels.	Genres fossiles correspondants.

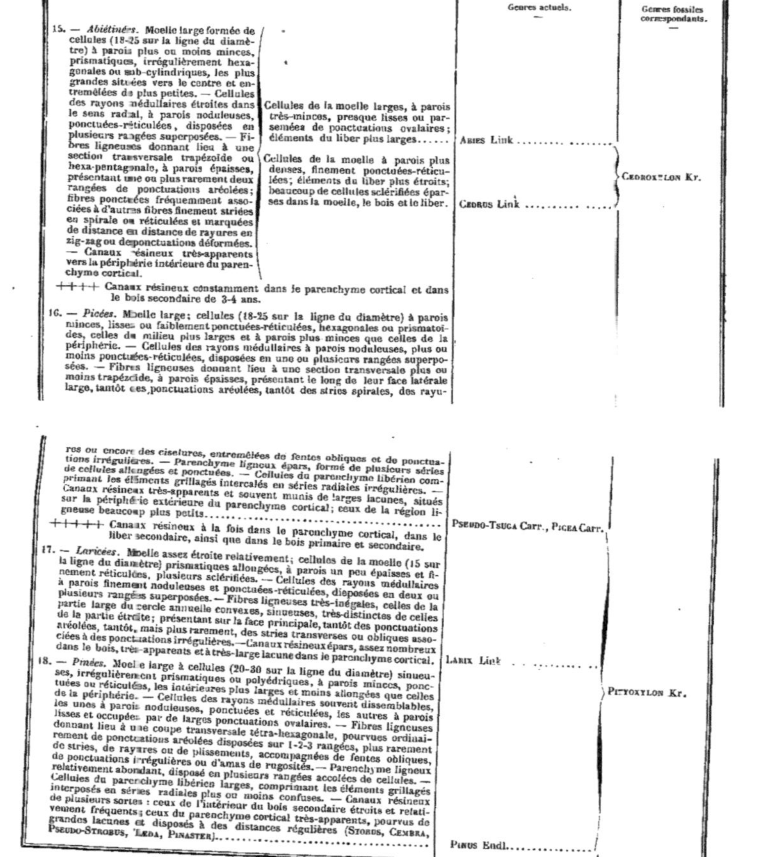

	Genres actuels.	Genres fossiles correspondants.

15. — *Abiétinées*. Moelle large formée de cellules (18-25 sur la ligne du diamètre) à parois plus ou moins minces, prismatiques, irrégulièrement hexagonales ou sub-cylindriques, les plus grandes situées vers le centre et entremêlées de plus petites. — Cellules des rayons médullaires étroites dans le sens radial, à parois noduleuses, ponctuées-réticulées, disposées en plusieurs rangées superposées. — Fibres ligneuses donnant lieu à une section transversale trapézoïde ou hexa-pentagonale, à parois épaisses, présentant une ou plus rarement deux rangées de ponctuations aréolées; fibres ponctuées fréquemment associées à d'autres fibres finement striées en spirale ou réticulées et marquées de distance en distance de rayures en zig-zag ou de ponctuations déformées. — Canaux résineux très-apparents vers la périphérie intérieure du parenchyme cortical.

- Cellules de la moelle larges, à parois très-minces, presque lisses ou parsemées de ponctuations ovalaires; éléments du liber plus larges...... ABIES Link ....
- Cellules de la moelle à parois plus denses, finement ponctuées-réticulées; éléments du liber plus étroits; beaucoup de cellules sclérifiées éparses dans la moelle, le bois et le liber. CEDRUS Link ....

} CEDROXYLON Kr.

++++ Canaux résineux constamment dans le parenchyme cortical et dans le bois secondaire de 3-4 ans.

16. — *Picées*. Moelle large; cellules (18-25 sur la ligne du diamètre) à parois minces, lisses ou faiblement ponctuées-réticulées, hexagonales ou prismatoïdes, celles du milieu plus larges et à parois plus minces que celles de la périphérie. — Cellules des rayons médullaires à parois noduleuses, plus ou moins ponctuées-réticulées, disposées en une ou plusieurs rangées superposées. — Fibres ligneuses donnant lieu à une section transversale plus ou moins trapézoïde, à parois épaisses, présentant le long de leur face latérale large, tantôt des ponctuations aréolées, tantôt des stries spirales, des rayures ou encore des ciselures, entremêlées de fentes obliques et de ponctuations irrégulières. — Parenchyme ligneux épars, formé de plusieurs séries de cellules allongées et ponctuées. — Cellules du parenchyme libérien comprimant les éléments grillagés intercalés en séries radiales irrégulières. — Canaux résineux très-apparents et souvent munis de larges lacunes, situés sur la périphérie extérieure du parenchyme cortical; ceux de la région ligneuse beaucoup plus petits........ PSEUDO-TSUGA Carr., PICEA Carr.

+++++ Canaux résineux à la fois dans le parenchyme cortical, dans le liber secondaire, ainsi que dans le bois primaire et secondaire.

17. — *Laricées*. Moelle assez étroite relativement; cellules de la moelle (15 sur la ligne du diamètre) prismatiques allongées, à parois un peu épaisses et finement réticulées, plusieurs sclérifiées. — Cellules des rayons médullaires à parois finement noduleuses et ponctuées-réticulées, disposées en deux ou plusieurs rangées superposées. — Fibres ligneuses très-inégales, celles de la partie large du cercle annuelle convexes, sinueuses, très-distinctes de celles de la partie étroite; présentant sur la face principale, tantôt des ponctuations aréolées, tantôt, mais plus rarement, des stries transverses ou obliques associées à des ponctuations irrégulières. — Canaux résineux épars, assez nombreux dans le bois, très-apparents et à très-large lacune dans le parenchyme cortical. LARIX Link ....

18. — *Pinées*. Moelle large à cellules (20-30 sur la ligne du diamètre) sinueuses, irrégulièrement prismatiques ou polyédriques, à parois minces, ponctuées ou réticulées, les intérieures plus larges et moins allongées que celles de la périphérie. — Cellules des rayons médullaires souvent dissemblables, les unes à parois noduleuses, ponctuées et réticulées, les autres à parois lisses et occupées par de larges ponctuations ovalaires. — Fibres ligneuses donnant lieu à une coupe transversale tétra-hexagonale, pourvues ordinairement de ponctuations aréolées disposées sur 1-2-3 rangées, plus rarement de stries, de rayures ou de plissements, accompagnées de fentes obliques, de ponctuations irrégulières ou d'amas de rugosités. — Parenchyme ligneux relativement abondant, disposé en plusieurs rangées accolées de cellules. — Cellules du parenchyme libérien larges, comprimant les éléments grillagés interposés en séries radiales plus ou moins confuses. — Canaux résineux de plusieurs sortes: ceux de l'intérieur du bois secondaire étroits et relativement fréquents; ceux du parenchyme cortical très-apparents, pourvus de grandes lacunes et disposés à des distances régulières (STROBUS, CEMBRA, PSEUDO-STROBUS, LÆDA, PINASTER)............... PINUS Endl...........

} PITYOXYLON Kr.

EXPLICATION DES FIGURES. — Pl. 129, fig. 1, *Taxus baccata* L., fibres ligneuses striées et ponctuées, coupe longitudinale dans le sens des rayons médullaires, sous un grossissement d'environ 200 fois ; fig. 2, portion d'une fibre ligneuse de la même espèce, figurée à part pour montrer la disposition des stries ; fig. 3, réunion de fibres ligneuses de la même espèce, sous le même grossissement, pour montrer l'aspect des ponctuations associées aux stries et la terminaison en fuseau des cellules fibreuses.

Fig. 4, *Cephalotaxus Fortunei* Hook., deux fibres ligneuses accolées montrant leur paroi, sous un grossissement d'environ 400 fois, pour faire voir les stries en forme de bandelettes donnant lieu à une disposition sub-scalariforme, avec un très-petit nombre de ponctuations éparses, associées aux bandelettes ; fig. 5, fibres ligneuses ponctuées et striées de la même espèce, sous un grossissement d'environ 300 fois ; fig. 5ᵃ, portion de ces mêmes fibres plus fortement grossie (400 diamètres) pour montrer l'aspect et la disposition des stries en forme de bandelettes transversales, qui paraissent caractériser le genre *Cephalotaxus*. Fig. 6, cellules de la moelle de la même espèce vues sous un grossissement de 300 fois, à l'aide d'une coupe transversale.

Fig. 7, *Torreya nucifera* Sieb. et Zucc., fibres ligneuses, coupe longitudinale, parallèle aux rayons médullaires, sous un grossissement d'environ 300 fois ; fig. 7ᵃ, les mêmes grossies 400 fois, pour montrer les stries transversalement sinueuses qui couvrent la face des parois et sont accompagnées de quelques ponctuations éparses. Fig. 8, même espèce, coupe transversale des cellules de la moelle composée de cellules cylindriques ou obscurément prismatiques, à parois épaissies ou même sclérifiées jusqu'au centre, sous un grossissement de 300 fois; fig. 9, autre cellule de la même moelle, isolée et un peu plus grossie, pour montrer la structure des parois épaissies jusqu'au centre et chargées de ponctuation, avec des zones successives d'épaississement. Fig. 10, cellules d'un rayon médullaire de la même espèce, vues latéralement, sous un grossissement de 400 fois, pour montrer les ponctuations ou réticulations très-fines qui recouvrent les parois. Fig. 11, coupe transversale des canaux résineux de la même espèce, observés dans le parenchyme cortical, sous un grossissement d'environ 300 fois. On voit, en *c*, les cellules sécrétrices qui entourent une lacune centrale L ; plusieurs d'entre elles colorées en noir paraissent contenir de la résine ; d'autres sont vides.

Pl. 130, fig. 1, *Salisburia adiantifolia* Sm. (*Ginkgo bi-loba* L.), fibres ligneuses, coupe longitudinale, parallèle aux rayons médullaires, prise dans un bois de deux ans, sous un grossissement d'environ 200 fois ; pour montrer la conformation convexo-sinueuse des parois et la dispo-sition caractéristique des ponctuations entremêlées de stries ; on remarque sur cette coupe les traces de deux rayons médullaires, formés chacun d'une double rangée de cellules superposées. Fig. 2, même espèce, coupe trans-versale des fibres ligneuses, sous un grossissement de 300 fois. On distingue sur cette coupe l'allongement de la plupart des fibres de la zone large dans le sens antéro-postérieur, tandis que les fibres de la partie étroite se trouvent allongées dans le sens inverse ; la largeur pro-portionnelle du rayon médullaire est aussi à considérer. Fig. 3, coupe longitudinale d'une partie de la moelle de la même espèce, vers le pourtour de l'étui, sous un gros-sissement d'environ 200 fois. On distingue sur cette coupe :

en *v* un groupe de vaisseaux ponctués, en *p* les cellules du parenchyme médullaire, en *c* un canal résineux; fig. 4, coupe longitudinale du même parenchyme médullaire traversé par un autre canal résineux, sous un grossissement d'environ 250 fois. On distingue sur cette coupe les parois ponctuées-réticulées des cellules de la moelle, leur forme prismatico-hexaédrique et les cellules plus petites, à parois lisses et amincies, qui entourent la lacune centrale remplie de résine; fig. 5, autres cellules de la moelle de la même espèce, également vues par côté, sous le même grossissement.

Fig. 6 et 7, *Phyllocladus trichomanoides* Don, fibres ligneuses d'un bois de trois à quatre ans, striées et ponctuées, d'après une coupe longitudinale, sous un grossissement d'environ 150 fois ; fig. 8ᵃ, 8ʰ, 8ᶜ, 8ᵈ, fibres ligneuses de la même espèce considérées isolément, sous un grossissement d'environ 200 fois, pour montrer les amas de ponctuations agglomérées çà et là sur les parois. Fig. 9, réunion de vaisseaux de la même espèce, considérés sur le pourtour de la région médullaire, d'après une coupe longitudinale, sous un grossissement d'environ 300 à 350 fois. On distingue sur cette coupe, en *p,* les cellules du parenchyme médullaire, en *v* des vaisseaux rayés et réticulés, puis en *f* des fibres ponctuées, dont les ponctuations paraissent irrégulièrement distribuées; fig. 9ᵃ, ces dernières fibres représentées sous un très-fort grossissement ($\frac{400}{1}$).

Pl. 131, fig. 1, *Dammara Brownii* (in Catal. of. the nat. and industr. prodr. etc.), *Dammara robusta* C. Moor., bois de deux ans, coupe longitudinale de la région médullaire montrant la forme et la disposition des cellules, sous un grossissement de 150 fois. On voit, en *v,* un groupe de

vaisseaux spiralés (trachées), situés sur le pourtour de
l'étui. Fig. 2, fibres ligneuses de la même espèce, coupe
longitudinale parallèle aux rayons médullaires, sous le
même grossissement. On aperçoit sur cette coupe les
traces de deux rayons médullaires et les zones d'épaississement des fibres ponctuées, dont les ponctuations aréolées sont disposées sur une file unique et très-serrées.
Fig. 3, *Dammara australis* Lamb., coupe transversale des
fibres ligneuses avec rayon médullaire, sous un grossissement de 300 fois. On distingue, en *r*, le rayon médullaire,
en *l*, les fibres larges et, en *c*, les fibres étroites du cercle
annuel. Fig. 4, fibres ligneuses de la même espèce, très-
grossies ($\frac{100}{1}$), pour montrer l'aspect des ponctuations aréolées et leur disposition en une double rangée alternante,
ainsi que le contour des aréoles contiguës, mais non comprimées-polyédriques. Fig. 5, *Dammara robusta* C. Moor.,
bois de deux ans, coupe longitudinale parallèle aux rayons
médullaires, comprenant les régions corticale et libérienne,
ainsi que la partie attenante de la région ligneuse, sous
un grossissement d'environ 150 fois. On distingue sur cette
coupe, en *f*, les fibres ligneuses larges et, en *e*, les fibres
étroites du cercle annuel, en *c*, la couche cambiale, située
au point de jonction des régions ligneuse et libérienne, en
l, la région du liber, en *p*, le parenchyme cortical et enfin
en *h*, le tégument épidermique qui sert d'enveloppe à la
tige. Vers la partie inférieure de la région ligneuse se montrent deux rayons médullaires qui vont se perdre dans la
région cambiale et ne pénètrent pas dans le liber, comme
on le voit chez d'autres Conifères ; fig. 6, autre coupe longitudinale, parallèle aux rayons médullaires de la même
espèce et de la même région, même grossissement. On distingue sur cette coupe, en *c*, les traces d'un canal rési-

neux situé vers les confins extérieurs du liber ancien ou liber secondaire.

Pl. 132, fig. 1, *Araucaria excelsa* R. Br., bois de trois ans, fibres ligneuses, coupe longitudinale parallèle aux rayons médullaires, sous un grossissement d'environ 200 fois, pour montrer la disposition des ponctuations en plusieurs rangées alternantes et contiguës, à aréoles comprimées-hexagonales, ainsi que l'épaississement des parois fibreuses au contact des rayons médullaires, dont la trace est visible vers le haut de la figure; fig. 2, autre coupe des fibres ligneuses de la même espèce, avec rayon médullaire, sous un grossissement d'environ 150 fois. Sur cette coupe les ponctuations se montrent disposées sur une seule file et empiétant l'une sur l'autre, plus rarement sur deux rangées; le rayon médullaire n'a qu'une rangée unique de cellules et laisse voir l'ornementation réticulée de ses parois et l'épaississement des parois fibreuses à leur point de contact avec le rayon; fig. 3, autre coupe des fibres ligneuses de la même espèce dont les parois sont très-épaisses et les ponctuations aréolées disposées en file unique, se recouvrant mutuellement; fig. 3ᵃ et 3ᵇ, fibres ligneuses et isolées de la même espèce, sous un grossissement un peu plus fort, pour montrer les zones d'épaississement des parois cellulaires et la disposition des ponctuations aréolées. Fig. 4, même espèce, groupe de vaisseaux spiralés, réticulés, puis ponctués, passant graduellement de l'une à l'autre de ces structures, vus sous un grossissement d'environ 200 fois, dans le voisinage de la région médullaire. Fig. 5, *Araucaria Bidwilii* Hook., coupe longitudinale parallèle aux rayons médullaires de la région libérienne, sous un grossissement de 300 fois, montrant, en *c*, tout un ensemble de cellules constituant

un canal résineux. Fig. 6, *Araucaria imbricata* Pav., bois
âgé, coupe longitudinale de deux fibres ligneuses, vues
sous un grossissement de 300 fois pour montrer l'aspect
et la disposition des ponctuations en plusieurs rangées
étroitement accolées et régulièrement hexagonales par
suite de la compression mutuelle des aréoles. Fig. 7, même
espèce, coupe transversale des fibres ligneuses, sous un
grossissement de 300 fois, avec rayon médullaire. Sur
cette coupe, on distingue, en *r*, le rayon médullaire, en *l*,
les fibres larges et, en *e*, les fibres étroites du cercle annuel.
Il faut encore remarquer la courbure des parois cellulaires
fortement repliées et sinueuses.

Pl. 133, fig. 1, *Podocarpus chilina* Rich., bois de quatre
à cinq ans, fibres ligneuses avec trace de rayon médullaire, coupe longitudinale, parallèle aux rayons médullaires, sous un grossissement d'environ 150 fois. Fig. 2,
Podocarpus Sp., bois de trois ans, coupe longitudinale
d'une fibre ligneuse, vue sous un grossissement d'environ
200 fois, pour montrer la disposition des ponctuations
aréolées, distribuées irrégulièrement sur la face principale de la paroi fibreuse. Fig. 3, *Podocarpus chilina* Rich.,
bois de quatre à cinq ans, plusieurs rayons médullaires
dessinés isolément des fibres, pour montrer la structure
des prolongements ou appendices qui courent de l'un à
l'autre dans le sens vertical, en rampant contre les fibres
ligneuses (rayons *concentriques* de Gœppert), sous un grossissement d'environ 300 fois. Fig. 4, même espèce, coupe
longitudinale de la moelle, sous un grossissement de
150 fois, pour montrer la forme et la disposition, ainsi
que le mode de ponctuation des parois des cellules médullaires; fig. 5, plusieurs cellules médullaires de la même
espèce, vues sous un grossissement de 300 fois, pour mon-

trer l'aspect ponctué et les inégalités de leurs parois. Fig. 6, *Dacrydium elatum* Rich., bois de trois à quatre ans, rayon médullaire, grossi 300 fois, avec les épaississements sinueux des parois cellulaires. Ce rayon se trouve composé de deux rangs de cellules.

Fig. 7, *Arthrotaxis cupressoides* Don, coupe longitudinale des fibres ligneuses dans le sens des rayons médullaires, sous un grossissement de 150 fois ; fig. 8 et 9, fibres ligneuses de la même espèce, grossies 400 fois, pour montrer la forme et la disposition des ponctuations aréolées. Fig. 10, coupe transversale des fibres ligneuses de la même espèce, sous un grossissement d'environ 300 fois. On distingue, comme précédemment, sur cette coupe, les fibres larges, les fibres étroites et, au milieu d'elles, un rayon médullaire, avec les ponctuations visibles des parois de ses cellules. Fig. 11, même espèce, coupe longitudinale de la région médullaire, comprise dans son étui, sous un grossissement de 150 fois, pour montrer la forme et la disposition des cellules médullaires des *Arthrotaxis*. Fig. 12, coupe transversale d'une partie de la même région, avec l'origine de plusieurs rayons médullaires, sous le même grossissement.

Pl. 134, fig. 1, *Arthrotaxis cupressoides* Don, bois âgé, coupe longitudinale, parallèle à l'écorce, transversale par rapport aux rayons médullaires, pour montrer la forme et la disposition de ceux-ci, comprenant 2-4 rangées de cellules superposées, et réunis entre eux çà et là par une sorte de parenchyme ligneux, en partie sclérifié, sous un grossissement de 300 fois. On distingue sur cette coupe, en *r*, les rayons médullaires qui sont des plus étroits, en *f*, les fibres ligneuses avec leurs ponctuations, et, en *p*, le parenchyme ligneux, en partie sclérifié, qui court d'un rayon médullaire à un autre. C'est à ce parenchyme, qui sert souvent à emmagasiner la résine, que M. Gœppert avait donné le nom de *canaux résineux simples*, par opposition aux canaux résineux proprement dits, qu'il nommait *canaux résineux composés*.

Fig. 2, *Sequoia gigantea* Torr., bois de dix à douze ans, coupe longitudinale et transversale des fibres ligneuses, sous un grossissement d'environ 200 fois, pour montrer la structure et la disposition des rayons médullaires par rapport aux fibres ligneuses qui, dans cette coupe, présentent leur face latérale. Fig. 3, *Sequoia sempervirens* Lamb., bois de trois ans, fibres ligneuses avec rayon médullaire, coupe longitudinale parallèle aux rayons médullaires, sous un grossissement de 150 fois environ. Fig. 4, parois des fibres ligneuses de la même espèce, vues sous un très-fort grossissement ($\frac{400}{1}$), pour montrer la forme et la disposition des ponctuations aréolées des *Sequoia;* l'une d'elles, à gauche, est distinctement perforée. Fig. 5, coupe transversale des fibres ligneuses de la même espèce, sous un grossissement de 300 fois, montrant, comme précédemment, les fibres larges, les fibres étroites du cercle annuel et, au milieu d'elles, le trajet d'un rayon médullaire vu par dessus. Fig. 6, *Sequoia gigantea* Torr., bois de quatre ans, fibres ligneuses, coupe longitudinale, parallèle aux rayons médullaires, avec rayon, sous un grossissement de 150 fois, pour montrer l'aspect et la disposition des ponctuations aréolées. Fig. 7, même espèce, coupe longitudinale de la région médullaire entière, sous un grossissement d'environ 150 fois, pour montrer la faible étendue de cette région.

Fig. 8, *Cryptomeria japonica* Don, bois de 2 ans, coupe longitudinale, tangentielle aux rayons médullaires, des fibres ligneuses, sous un grossissement de 160 fois, pour montrer la disposition des ponctuations aréolées, réunies assez souvent par une strie sinueuse, en forme de linéament, qui court de l'une à l'autre. Fig. 9, même espèce, deux cellules radiales, vues sous un grossissement de 400 fois, pour montrer le mode d'ornementation des parois.

Pl. 135, fig. 1, *Taxodium distichum* Rich., bois âgé, fibres ligneuses vues par leur face principale, sous un grossissement de 300 fois, pour montrer la disposition des ponctuations aréolées en plusieurs files, qui se correspondent dans le sens horizontal et le plus souvent d'une fibre à l'autre. Fig. 2, coupe transversale des fibres ligneuses de la même espèce, sous un grossissement d'environ 300 fois, pour montrer les sinuosités des parois des fibres larges et leur extrême disproportion par rapport aux fibres étroites. On voit, comme précédemment, sur cette coupe un rayon médullaire qui passe à travers les fibres. Fig. 3, même espèce, coupe longitudinale tangentielle aux rayons médullaires, qui montre, en *p*, du parenchyme ligneux très-simple associé aux fibres ligneuses, sous un grossissement de 300 fois. On distingue sur cette coupe la ponctuation des parois des cellules parenchymateuses, qui sont allongées, superposées en file unique et cloisonnées en travers ; c'est à ce parenchyme, assez fréquemment répandu dans le ligneux des *Taxodium* et *Cryptomeria* que M. Gœppert avait appliqué la dénomination impropre de *canaux résineux simples*. Fig. 4, même espèce, bois de trois ans, coupe longitudinale de la région médullaire entière, avec son étui formé, à droite et à gauche, de vaisseaux spiralés, pour montrer la forme et la disposition des cellules médullaires des *Taxodium*, sous un grossissement de 150 fois ; à droite, en arrière des vaisseaux spiralés, on aperçoit un groupe de trois vaisseaux ponctués ; l'un d'eux est grossi jusqu'à 200 fois par la figure 4ª. Fig. 5, même espèce, coupe transversale des mêmes cellules médullaires, pour servir à la démonstration de leur forme cuboïde. Fig. 6, même espèce, coupe transversale du vieux liber secondaire, jusques et y compris les régions corticale et épidermique, sous un grossissement d'environ 200 fois. On voit sur cette coupe, en allant de l'extérieur à l'intérieur, au-dessous de l'épiderme et des cellules épaissies de l'hypoderme, le vieux liber secondaire, dans lequel il est aisé de distinguer des rangées alternantes, un peu confuses sur certains points, de fibres libériennes, *f*, et de cellules du parenchyme libérien, *p*, et au milieu, un peu en arrière, des cellules plus grandes, *c*, visiblement hypertrophiées, à parois minces, auxquelles viennent aboutir les prolongements des rayons médullaires qui, chez les *Taxodium*, pénètrent jusque dans l'écorce. En arrière du vieux liber secondaire, on aperçoit les rangées plus régulièrement alternes des fibres libériennes et des cellules du parenchyme libérien, disposées en séries radiales et périphériques. Cette organisation paraît caractéristique des *Taxodium*, chez lesquels il n'existe pas trace de canaux résineux dans la région du liber.

Fig. 7, *Glyptostrobus heterophyllus* Endl., bois de trois ans, coupe longitudinale, tangentielle aux rayons médullaires, des fibres ligneuses, sous un grossissement d'environ 150 à 200 fois, pour montrer la forme et la disposition des ponctuations aréolées. On distingue sur cette coupe trois rayons médullaires successifs; deux d'entre eux à une seule rangée, l'inférieur comprenant deux rangées de cellules radiales superposées.

Pl. 136, fig. 1, *Glyptostrobus heterophyllus* Endl., bois de trois ans, coupe transversale des fibres ligneuses, sous un grossissement de 350 fois. Fig. 2, même espèce, coupe transversâle d'un canal résineux situé dans la région du vieux liber secondaire et formé d'une lacune centrale, entourée de cellules à parois minces, disposées circulairement, sous un grossissement d'environ 300 fois. Fig. 3, même espèce, coupe longitudinale, tangentielle aux rayons de l'étui médullaire et de la partie de la moelle immédiatement contiguë, sous un grossissement de 300 fois. On distingue sur cette coupe, en allant de gauche à droite, en *f*, des fibres à ponctuations aréolées, puis, en *v*, des vaisseaux spiralés, et enfin, en *c*, les cellules de la moelle, disposées en trois rangées verticales successives, avec leurs parois finement ponctuées-réticulées.

Fig. 4, *Widdringtonia cupressoides* Endl., bois âgé, coupe longitudinale, tangentielle aux rayons médullaires, montrant le parenchyme ligneux, *p*, associé aux fibres ligneuses dans le bois, sous un grossissement de 300 fois. Fig. 5 et 6, même espèce, bois de trois ans, coupe longitudinale, tangentielle aux rayons médullaires, des fibres ligneuses, pour montrer l'aspect et la disposition des ponctuations aréolées, sous un grossissement de 150 fois. La figure 6 fait voir un rayon médullaire formé de deux rangées superposées de cellules étroites. Fig. 7, même espèce, bois de trois ans, coupe longitudinale de la région médullaire, pour montrer la forme et la disposition des cellules de la moelle et les ponctuations de leurs parois, sous un grossissement d'environ 200 fois. Fig. 8, même espèce, coupe transversale d'une partie de la moelle, avec l'origine des rayons médullaires, sous un grossissement d'environ 150 fois. Fig. 9, même espèce, bois âgé de plusieurs années, coupe transversale d'un canal résineux situé dans la région du liber secondaire, sous un grossissement d'environ 150 fois. Ce canal est formé d'une lacune très-large, transversalement ovalaire, cernée de cellules à parois minces, en partie résinifiées et accompagnées de fibres libériennes épaissies. Fig. 10, même espèce, bois de trois ans, coupe longitudinale d'un canal résineux, situé dans la région libérienne, sous un grossissement de 100 fois.

Pl. 137, fig. 1, *Widdringtonia cupressoides* Endl., bois âgé de plusieurs années, coupe transversale des fibres ligneuses, sous un grossissement de 300 fois. On distingue sur cette coupe, comme dans les précédentes, les fibres larges et les fibres étroites du cercle annuel et, au milieu d'elles, un rayon médullaire dont les cellules ont leurs parois légèrement ponctuées. Les fibres ligneuses sont remarquables par leur forme cylindroïde, l'épaisseur de leurs parois et leur dimension réduite. Fig. 2, même espèce, bois âgé de plusieurs années, coupe transversale du vieux liber secondaire, vu sous un grossissement de 400 fois et montrant la disposition relative des trois éléments du liber : en *f*, les fibres libériennes, en *p*, les cellules du parenchyme libérien, la plupart sclérifiées, en *g*, les cellules grillagées comprimées par suite du développement graduel des deux autres éléments et tendant à disparaître tout à fait. Ces trois éléments, d'abord disposés en séries alternantes régulières, se trouvent déjà associées avec un certain désordre dans le liber secondaire plus ou moins âgé.

Fig. 3, *Chamæcyparis Lawsoniana* Parl., bois de cinq à six ans, coupe longitudinale, tangentielle aux rayons médullaires, des fibres ligneuses, sous un grossissement de 300 fois, pour montrer l'aspect et la disposition des ponctuations aréolées ; fig. 4, même espèce, autre coupe longitudinale des fibres ligneuses sous le même grossissement ; fig. 5, même espèce, trois ponctuations aréolées, vues sous un grossissement de 400 fois. Fig. 6, même espèce, fibres légèrement striées et irrégulièrement ponctuées, associées quelquefois aux fibres ponctuées ordinaires, sous un grossissement de 400 fois. Fig. 7, même espèce, coupe transversale des fibres ligneuses, sous un grossissement de 300 fois. On distingue aisément sur cette coupe les fibres larges et les fibres étroites du cercle annuel. Fig. 8, même espèce, coupe transversale de la région médullaire, avec l'origine des rayons, sous un grossissement de 300 fois, pour montrer la forme et la disposition des cellules médullaires, à parois épaisses et légèrement ponctuées, des Cupressinées. Fig. 9, même espèce, coupe transversale d'un canal résineux, situé dans la région libérienne, sous un grossissement de 250 fois. Ce canal se compose d'une lacune centrale, de dimension médiocre, autour de laquelle se trouvent irrégulièrement groupées les cellules à parois amincies et de grandeur inégale, qui sécrètent la résine. Fig. 10, même espèce, rayon médullaire formé de plusieurs rangées de cellules radiales superposées, vu par côté, sous un grossissement de 300 fois. Plusieurs cellules laissent entrevoir les ponctuations et réticulations fines de leurs parois; fig. 11, même espèce, plusieurs cellules radiales vues sous un grossissement de 400 fois, pour montrer l'ornementation des parois cellulaires.

Fig. 12, *Libocedrus chilensis* Endl., deux fibres ligneuses, vues par leur face principale, tangentielle aux rayons médullaires, sous un grossissement de 300 fois, pour montrer l'aspect et la disposition des ponctuations aréolées; fig. 13, même espèce, autre fibre ligneuse montrant deux ponctuations aréolées, sous un grossissement de 400 fois. Fig. 14, même espèce, coupe transversale de la région médullaire, pour montrer la forme et la disposition des cellules de la moelle, qui sont prismatiques, sub-arrondies, à parois épaisses ; quelques-unes d'entre elles paraissent sclérifiées.

Fig. 15, *Callitris quadrivalvis* Vent., coupe transversale des fibres ligneuses, sous un grossissement de 300 fois. Sur cette coupe, les fibres larges et les fibres étroites du cercle annuel se distinguent par de faibles différences de dimension relative. Fig. 16, *Juniperus flaccida* Schl., bois âgé de plusieurs années, coupe transversale des fibres ligneuses, sous un grossissement de 400 fois ; on distingue aisément sur cette coupe les fibres larges et les fibres étroites du cercle annuel.

Pl. 138, fig. 1, *Thuyopsis dolabrata* Sieb. et Zucc., bois de trois ans, coupe longitudinale, tangentielle aux rayons médullaires, des régions corticale, libérienne et de la partie contiguë de la région ligneuse, sous un grossissement d'environ 150 fois. On distingue sur cette coupe, en allant de droite à gauche et de l'intérieur à l'extérieur, d'abord deux cercles annuels successifs avec leurs fibres larges *f*, leurs fibres étroites *e*, et plusieurs rayons médullaires petits et à une seule rangée de cellules ; en *c*, la couche cambiale, située au point de jonction des régions ligneuse et libérienne ; en *l*, la région du liber ; en *p*, le parenchyme cortical, et finalement, en *h*, les téguments épidermique et sous-épidermique ou hypoderme. Fig. 2, même espèce, coupe longitudinale de la région médullaire, sous un grossissement de 150 fois, pour montrer la faible étendue relative de cette région, la forme et la disposition des cellules dont elle est composée. L'étui qui la limite comprenu surtout des vaisseaux spiralés. Fig. 3, même espèce, coupe longitudinale de plusieurs cellules de la moelle, vues sous un grossissement de 400 fois, pour montrer les ponctuations transversalement elliptiques de leurs parois et leur forme cylindroïde.

Fig. 4. *Juniperus flaccida* Schl., bois âgé de plusieurs années, coupe longitudinale, tangentielle aux rayons médullaires, des fibres ligneuses, sous un grossissement de 300 fois, pour montrer l'aspect de la disposition des ponctuations aréolées, ordonnées en file unique et très-serrées. On distingue sur cette coupe un rayon médullaire formé de trois rangées de cellules superposées ; fig. 4ᵃ, deux ponctuations aréolées dessinées isolément, sous un grossissement d'environ 400 fois. Fig. 5, même espèce, coupe transversale du liber secondaire, sous un grossissement de 350 à 400 fois, pour montrer la disposition régulière, en séries alternantes, radiales et périphériques, des trois éléments du liber. On distingue très-aisément sur cette coupe : en *f*, les fibres libériennes ; en *p*, les cellules du parenchyme libérien et, en *g*, les cellules grillagées, partiellement comprimées par suite du développement progressif des deux autres éléments.

Fig. 6, *Sicadopitys verticillata* Sieb. et Zucc., bois de trois ans, coupe longitudinale, tangentielle aux rayons médullaires, des fibres ligneuses, sous un grossissement de 150 fois, avec deux rayons médullaires, composés chacun de deux rangées de cellules superposées, pour montrer l'aspect et la disposition des ponctuations aréolées. Fig. 7, même espèce, coupe transversale des fibres ligneuses, sous un grossissement de 300 fois, montrant la forme caractéristique des fibres qui donnent lieu à un plan ellipsoïde comprimé dans le sens périphérique, dont les parois sont épaisses et qui offrent peu de différences entre les catégories large et étroite du cercle annuel. Fig. 8, même espèce, fibres ligneuses irrégulièrement ponctuées, à parois finement et faiblement

striées, associées çà et là aux fibres ponctuées dans le
bois de *Sciadopitys*, sous un grossissement de 400 fois.
Fig. 9, même espèce, partie d'un rayon médullaire, sous
un grossissement de 400 fois, pour montrer les ponctuations solitaires et très-grandes, analogues à celles du
Pinus, qui occupent chaque paroi cellulaire et paraissent
caractériser le bois des *Sciadopitys*. Fig. 10, même espèce,
coupe longitudinale de plusieurs cellules de la moelle,
montrant les ponctuations de leurs parois, sous un grossissement de 150 fois; fig. 11, même espèce, coupe transversale des mêmes cellules, pour montrer leur forme irrégulièrement prismatique.

Pl. 139, fig. 1, *Cunninghamia sinensis* R. Br., bois de
deux ans, coupe longitudinale, tangentielle aux rayons
médullaires, des fibres ligneuses, sous un grossissement
d'environ 150 fois. On distingue sur cette coupe trois
rayons médullaires, chacun à une seule rangée de cellules
à parois légèrement sinueuses. Fig. 2, même espèce. partie d'un rayon médullaire, vu sous un grossissement de
400 fois, pour montrer l'ornementation et la ponctuation
des parois. Fig. 3, même espèce, partie d'un autre rayon
médullaire, formé de deux rangées de cellules, sous un
grossissement de 400 fois, pour montrer la réticulation
des parois. Fig. 4, même espèce, coupe longitudinale, tangentielle aux rayons médullaires, montrant quatre fibres
ligneuses contiguës, diversement striées et ornementées
en spirale. Ces sortes de fibres se trouvent associées çà et
là aux fibres à ponctuations aréolées, dans le bois de *Cunninghamia*, et lui donnent une ressemblance sensible avec
celui de la plupart des Abiétinées. Fig. 5, même espèce,
coupe transversale d'une partie de la région médullaire,
sous un grossissement d'environ 200 fois, pour montrer

la forme cylindrique des cellules de la moelle. Fig. 6, même espèce, coupe longitudinale des mêmes cellules, pour montrer la forme allongée et les ponctuations fines de leurs parois, qui sont relativement minces. Fig. 7, même espèce, coupe longitudinale d'un canal résineux, situé vers la périphérie de la région libérienne, sous un grossissement de 200 fois. Fig. 8, même espèce, coupe transversale d'un autre canal résineux, situé dans la même région, sous un grossissement d'environ 250 fois. Fig. 9, même espèce, coupe transversale du liber secondaire, sous un grossissement de 400 fois. On distingue sur cette coupe les cellules hypertrophiées du parenchyme libérien qui ont comprimé fortement ou éliminé la plupart des autres éléments, y compris les fibres libériennes, dont une seule reste visible dans le milieu de la coupe. La lettre L marque le commencement d'une grande lacune et correspond au côté extérieur de la tige.

Pl. 140, fig. 1, *Tsuga canadensis* Carr., bois de cinq à neuf ans, coupe longitudinale, tangentielle aux rayons médullaires, des fibres ligneuses, sous un grossissement de 300 fois, pour montrer l'aspect et la disposition des ponctuations aréolées ; fig. 2, même espèce, deux ponctuations aréolées figurées séparément, sous un grossissement de 400 fois.

Fig. 3, *Tsuga Brunoniana* Carr. (*Abies dumosa* Loud.), bois de cinq ans, fibres ligneuses, striées et irrégulièrement ponctuées, associées çà et là aux fibres ponctuées ordinaires, sous un grossissement de 400 fois. Fig. 4, même espèce, portion d'un rayon médullaire, vue sous un grossissement de 400 fois, pour montrer l'ornementation réticulée et les nodulosités fines des parois.

Fig. 5, *Tsuga canadensis* Carr., bois de cinq à six ans,

portion d'un rayon médullaire, grossie 400 fois, pour montrer la réticulation des parois cellulaires.

Fig. 6, *Tsuga Brunoniana* Carr., bois de cinq ans, coupe transversale d'une partie de la région médullaire, avec l'origine des rayons et la partie attenante du ligneux, sous un grossissement de 300 fois. On distingue sur cette coupe : en *m*, les cellules de la moelle, à parois minces et légèrement sinueuses ; en *n*, les vaisseaux spiralés et autres ; en *r*, l'origine des rayons médullaires ; en *f*, les fibres ligneuses. La moelle entière compte quinze cellules sur la ligne du diamètre et celui-ci mesure en totalité un quart de millimètre. Fig. 7, même espèce, coupe longitudinale de plusieurs cellules de la moelle, sous le même grossissement, pour montrer leur forme irrégulièrement cylindrico-cuboïde. Leur diamètre moyen réel mesure environ un centième de millimètre.

Fig. 8, *Abies pinsapo* Boiss., bois de sept à huit ans, coupe longitudinale, tangentielle aux rayons médullaires, des fibres ligneuses, sous un grossissement de 300 fois, pour montrer la forme et la disposition des ponctuations aréolées, formant tantôt une seule rangée verticale, tantôt placées deux par deux, à des hauteurs égales, sur la face d'une même fibre. On distingue sur cette coupe : en *a a*, deux ponctuations visiblement perforées dans le centre et, à gauche, en *p*, une fibre étroite, cloisonnée en travers qui se rapporte à du parenchyme ligneux imparfaitement développé. Fig. 9, même espèce, réunion de fibres ligneuses striées en spirale et irrégulièrement ponctuées, fréquemment associées aux fibres ponctuées ou les remplaçant dans certaines parties du bois, vues par leur face tangentielle aux rayons médullaires, sous un grossissement de 300 fois. Fig. 10, même espèce, autre fibre striée en spirale, grossie 400 fois; fig. 11, même espèce, partie d'une autre fibre marquée sur les parois de bosselures et de réticulations sinueuses, sous un grossissement d'au moins 400 fois.

Fig. 12, *Abies cilicica* Ant. et Kotsch., bois de quatre ans, coupe transversale d'une partie de l'étui médullaire et de la région ligneuse attenante, sous un grossissement de 300 fois. On distingue sur cette coupe : en *m*, les cellules de la moelle qui sont grandes, arrondies ou polygonales et à parois minces ; en *r*, le commencement des rayons médullaires ; en *p*, les fibres ligneuses. Entre les fibres ligneuses et les cellules de la moelle se trouve la zone occupée par les vaisseaux et trachées. Fig. 13, même espèce, coupe longitudinale des cellules de la moelle, sous un grossissement de 300 fois, pour montrer la forme en cylindre plus ou moins court ou allongé de ces cellules et les ponctuations transversalement elliptiques de leurs parois. Fig. 14, même espèce, coupe transversale d'un canal résineux dont la lacune centrale, irrégulièrement sinueuse, paraît remplie de la résine sécrétée par les cellules qui cernent la lacune. Ce canal, observé vers la périphérie extérieure de la région libérienne, est vu sous un grossissement de 300 fois.

Pl. 141, fig. 1, *Cedrus Libani* Barr., bois de douze ans, coupe longitudinale, tangentielle aux rayons médullaires, des fibres ligneuses, sous un grossissement d'environ 150 fois, pour montrer la disposition des ponctuations aréolées. On distingue, sur cette coupe, un rayon médullaire composé de trois rangées de cellules courtes et de petite taille, des fibres larges et d'autres plus étroites, sur la gauche, dont les ponctuations sont dépourvues d'aréoles. Fig. 2, *Cedrus deodara* Roxb., bois de onze à douze ans,

groupe de fibres ligneuses striées en spirale et présentant
des amas de réticulations irrégulières, des fentes obliques et des éraillures, sous un grossissement de 400 fois.
Ces sortes de fibres sont associées aux fibres ponctuées
ordinaires et fréquentes dans certaines parties du bois ;
elles se montrent de même dans le *Cedrus Libani*. Fig. 3,
même espèce, coupe transversale des fibres ligneuses,
donnant lieu à un contour en trapèze et remarquables
par l'épaisseur relative de leurs parois, sous un grossissement de 300 fois. On distingue aisément sur cette coupe
les fibres larges, les fibres étroites et un rayon médullaire
étroit formé de cellules sinueuses, très-inégales, en *r*.
Fig. 4, même espèce, coupe transversale du liber secondaire, sous un grossissement de 300 fois. On distingue
sur cette coupe, en *r*, un rayon médullaire prolongé ; le
liber se compose ici exclusivement de cellules du parenchyme, *p*, boursouflées, entremêlées de cellules grillagées,
g, plus ou moins comprimées. Point de vestiges des fibres
libériennes qui sont promptement éliminées du liber, dans
le genre *Cedrus*, ainsi que dans les autres Abiétinées.
Une partie des cellules du parenchyme, teintées de noir,
se trouvent plus ou moins sclérifiées, caractère que nous
rencontrerons aussi dans la moelle. Le côté gauche de la
figure correspond à l'extérieur de la tige ; fig. 4ᵃ, une
partie du même liber, sous un plus fort grossissement ;
mêmes lettres que dans la figure précédente. Les cellules
dont l'intérieur est teinté de noir sont sclérifiées. Fig. 5,
même espèce, coupe transversale du centre de la région
médullaire, sous un grossissement de 300 fois, pour montrer la forme arrondie du contour des cellules, dont les
parois sont relativement épaisses et dont plusieurs sont
sclérifiées. Fig. 6, *Cedrus Libani* Barr., coupe longitudi-

nale de quelques-unes des cellules de la moelle, pour montrer la forme cylindrique ou faiblement prismatique allongée et la ponctuation de leurs parois; quelques-unes de ces cellules sont sclérifiées, c'est-à-dire remplies de résine coagulée.

Fig. 7, *Pseudo-Tsuga Douglasii* Carr., bois de quatre à cinq ans, groupe de fibres ligneuses striées en spirale et irrégulièrement ponctuées, sous un grossissement de 400 fois; fig. 8, même espèce, autre groupe de fibres ligneuses, marquées de stries annulaires, disposées en travers et irrégulièrement ponctuées, sous un grossissement de 400 fois; fig. 9, même espèce, autre groupe de fibres ligneuses, marquées de stries transversales et irrégulièrement ponctuées. Ces trois sortes de fibres ligneuses se trouvent fréquemment associées aux fibres ponctuées ordinaires dans le bois des *Pseudo-Tsuga*, ou les remplacent totalement dans certaines parties. Fig. 10, même espèce, coupe transversale des fibres ligneuses, sous un grossissement de 300 fois. On distingue sur cette coupe les fibres larges et les fibres étroites, et au milieu d'elles le parcours d'un rayon médullaire, des plus étroits. Les fibres ligneuses donnent lieu à un diagramme à quatre ou cinq pans et présentent des parois d'une épaisseur relativement considérable. Fig. 11, même espèce, coupe transversale du liber secondaire composé, comme chez les autres Abiétinées, de deux éléments : les cellules du parenchyme libérien, *p*, séparées les unes des autres par des cellules grillagées, *g*, fortement comprimées et sur le point d'être totalement éliminées. Le côté gauche de la figure correspond à l'extérieur de la tige. Fig. 12, même espèce, coupe longitudinale de la moelle, vers le pourtour de cette région, sous un grossissement de 300 fois, pour montrer la forme en cylindre sub-prismatique allongé, des cellules médullaires, *m,* à parois finement ponctuées-réticulées. A gauche, en *r,* on distingue trois vaisseaux spiralés ou trachées. Fig. 13, même espèce, coupe transversale d'une partie de la moelle, sous un grossissement de 300 fois, pour montrer la forme du contour des cellules médullaires et l'épaisseur relative de leurs parois.

Pl. 142, fig. 1, *Picea morinda* Link (*Abies Smithiana* Forb.), bois de cinq ans, coupe longitudinale, parallèle aux rayons médullaires, sous un grossissement de 300 fois, pour montrer un exemple de parenchyme ligneux bien développé et associé dans le bois à des fibres ligneuses striées, pareilles à celles que représente la figure 2, sous un plus fort grossissement. Fig. 2, même espèce, fibres striées en travers, sub-scalariformes et irrégulièrement ponctuées, associées en grand nombre, dans le *Picea morinda,* aux fibres ponctuées, ordinaire ou remplaçant celles-ci dans certaines parties du bois, sous un grossissement de 400 fois.

Fig. 3, *Picea excelsa* Link (*Abies excelsa* D. C., *Pinus picea* Parl., in D. C. prod.), bois de plusieurs années, portion d'une fibre ligneuse encadrée d'une bordure ciselée, sous un grossissement de 300 fois ; fig. 4, même espèce, autre fibre ligneuse ornée de guillochures sinueuses sur la face principale, vue sous un grossissement d'environ 400 fois.

Ces sortes de fibres striées ou diversement ciselées sont associées çà et là aux fibres ponctuées ordinaires dans le bois du *Picea excelsa.*

Fig. 5, *Picea Menziezii* Carr. (*Abies Menziezii* Loud.), bois de quatre à cinq ans, coupe transversale d'un canal résineux observé dans la région ligneuse, sous un grossissement de 400 fois. On distingue sur cette coupe, en *f*, les fibres ligneuses et, au milieu d'elles, les cellules destinées à la sécrétion de la résine, qui entourent une lacune centrale L., arrondie, destinée à servir de dépôt à la résine qui s'y accumule. Le faible développement de l'organe sécréteur s'explique par le manque d'extensibilité des fibres ligneuses qui l'entourent et dont le tissu oppose une forte résistance à l'expansion des cellules sécrétrices. Fig. 6, même espèce, partie de deux rayons médullaires superposés, à une seule rangée de cellules chacun, montrant les ciselures noduleuses et les ponctuations qui ornent les parois, sous un grossissement de 400 fois.

Fig. 7, *Larix europæa* D. C., bois de trois ans, deux fibres ligneuses ponctuées, vues par leur face tangentielle aux rayons médullaires, sous un grossissement d'au moins 400 fois, pour montrer l'aspect et la disposition des ponctuations aréolées. Fig. 8, même espèce, partie d'un rayon médullaire, formé de deux rangées de cellules superposées, sous un grossissement de 400 fois, pour montrer les ponctuations et les ciselures, en forme de nodulosités, des parois cellulaires.

Fig. 9, même espèce, coupe transversale d'un canal résineux, observé dans la région ligneuse, sous un grossissement de 400 fois, et montrant une double rangée de cellules sécrétrices, sinuées et allongées, disposées autour d'une lacune centrale L. Fig. 10, même espèce, coupe longitudinale de la région médullaire, à partir de l'étui, sous un grossissement de 300 fois, pour montrer la forme prismatique allongée et les ponctuations fines des parois cellulaires.

On distingue, à droite, sur cette coupe, un vaisseau spiralé, en *v;* plusieurs cellules teintées de noir sont visiblement sclérifiées. Fig. 11, même espèce, coupe transversale du centre de la région médullaire, sous un grossissement de 300 fois, pour montrer le contour prismatique des cellules de la moelle, en partie sclérifiées.

Pl. 143, fig. 1, *Pinus sabiniana* Dougl., fibres ligneuses accolées, marquées de stries obliques, accompagnées de réticulation et de ponctuations irrégulières, sur leur face tangentielle aux rayons médullaires, sous un grossissement de 400 fois. Ces sortes de fibres sont associées çà et là aux fibres ponctuées ordinaires, dans le bois du *P. sabiniana.*

Fig. 2, *Pinus excelsa* Wall., bois de cinq ans, fibres ligneuses finement striées en spirale, marquées de replis, de fentes obliques et de ponctuations irrégulières, sous un grossissement de quatre cents fois. Ces sortes de fibres se trouvent assez fréquemment associées aux fibres ponctuées ordinaires dans le bois du *P. excelsa* et probablement dans celui des autres espèces de la section *Strobus.* Fig. 3, même espèce, coupe longitudinale, tangentielle aux rayons médullaires, de la région ligneuse, sous un grossissement de 200 fois, pour montrer le parenchyme ligneux bien développé, formé de cellules allongées, prismatoïdes, à parois finement ponctuées, cloisonnées en travers, en contact sur la gauche avec une fibre ligneuse ponctuée ordinaire. Fig. 4, même espèce, coupe longitudinale, montrant un autre exemple du parenchyme ligneux, accompagnant une lacune centrale entourée de cellules de bordure. Fig. 5, même espèce, coupe transversale d'un canal résineux observé dans la région ligneuse, sous un grossissement de trois cents fois. On distingue sur cette coupe, au milieu des fibres ligneuses disposées à l'ordinaire, une lacune centrale L, entourée de cellules plus ou moins allongées, sinueuses, à parois amincies, destinées à la sécrétion de la résine.

Fig. 6, *Pinus cembra* L., bois de cinq ans, coupe longitudinale d'un canal résineux observé dans la région ligneuse sous un grossissement d'environ 250 fois. On distingue sur cette coupe, des deux côtés, les fibres ligneuses qui encadrent l'organe sécréteur et, entre elles, les cellules à parois minces qui entourent la lacune centrale remplie de résine et visible par transparence.

Fig. 7, *Pinus excelsa* Wall., bois de cinq ans, rayon médullaire composé de trois rangées de cellules superposées, chacune d'elles occupée par une seule ou tout au plus par une double ponctuation ovalaire, analogue à celles que nous avons signalées sur les cellules radiales du bois de *Sciadopitys*. Ces sortes de ponctuations solitaires ou géminées sont caractéristiques du genre *Pinus*, mais elles ne se montrent pas exclusivement ni dans toutes les espèces du genre et se trouvent assez souvent associées à des ornementations différentes. Fig. 8, même espèce, rayon médullaire composé de trois rangées de cellules superposées sous un grossissement de trois cents fois, pour montrer le passage des cellules radiales à ponctuation unique, vers celles qui présentent une ornementation plus complexe, consistant en quatre ponctuations ou même en réticulations plus ou moins fines, visibles sous un plus fort grossissement; fig. 8ᵃ, portion de la figure précédente, grossie 400 fois, et montrant dans le bas une rangée de cellules radiales à ponctuations uniques, larges et solitaires, et, au-dessus, une autre rangée de cellules à parois nettement réticulées. Fig. 9, même espèce, portion d'un autre rayon médullaire, dont les

parois cellulaires sont recouvertes de réticulations très-
fines, sous un grossissement de 400 fois. C'est à l'association, dans le bois de plusieurs *Pinus*, de ces deux sortes de cellules radiales, les unes à ponctuation large et
solitaire, les autres à parois réticulées ou ponctuées-no-
duleuses, que Gœppert applique le nom de *rayons médullaires composés;* mais ces sortes de rayons ne se montrent
pas d'une façon assez constante ni assez régulière, pour
donner lieu à une catégorie à part.

§ 2. — *Organes de la foliation.*

Les feuilles des Aciculariées vont maintenant nous
arrêter. Leur importance est grande et leurs caractères
· de structure, de forme, de position et de durée, méritent
d'autant plus l'attention que les appareils reproducteurs
eux-mêmes, intimement liés à ces organes qui leur servent
de supports, se groupent dans un ordre et obéissent à
des combinaisons généralement en rapport avec ceux qui
président à la distribution des feuilles sur le rameau.

Toutes les ordonnnances de feuilles, depuis les spires
complexes que l'on observe chez beaucoup d'Abiétinées,
la disposition simplement alterne ou tout à fait irrégulière
propre aux *Widdringtonia*, jusqu'aux verticilles complets
ou incomplets et à l'opposition binaire, qui dominent
chez les Cupressinées, se retrouvent chez les Aciculariées,
associées ou non à la forme distique et à toutes les conséquences qu'entraîne cette disposition.

Les feuilles, dans cette classe de plantes, résultent de
l'expansion des faisceaux vasculaires en dehors de la tige,
chaque faisceau qui s'isole et se prolonge séparément
donnant lieu à une feuille, à un très-petit nombre d'ex-

ceptions près, plus apparentes que réelles, et dans lesquelles il existe plus d'un faisceau, dès l'origine de la feuille. Chez le *Salisburia*, quelquefois aussi dans le *Dammara*, le pétiole présente deux faisceaux distincts dès son point d'attache; cette dualité provient alors du dédoublement préalable d'un faisceau unique qui se partage avant d'émerger de la tige. Dans les cas plus nombreux où il est unique, le faisceau, après avoir cheminé plus ou moins, se partage ordinairement en deux moitiés qui peuvent demeurer indivises et posées côte à côte ou se subdiviser et s'étaler plus ou moins en se ramifiant, dans le plan généralement étroit qui constitue le limbe; mais ces ramifications, lorsqu'elles se produisent, sont toujours parallèles et longitudinales, ou tout au plus, comme dans le *Salisburia*, opérées par dichotomie, répétées sans qu'elles donnent jamais lieu à un réseau ni à des anastomoses. Cette dernière particularité, en rapprochant les Aiculariées des Cycadées, les écarte en même temps des Angiospermes en général et surtout des Dicotylédones.

Le limbe, presque toujours étroit, n'acquiert une étendue en largeur un peu notable que dans certains genres; le *Salisburia* (pl. 144, fig. 1), les *Dammara* (pl. 146, fig. 18) et, dans les temps paléozoïques, les *Cordaites* (pl. 151, fig. 1) en fournissent les exemples les plus saillants, après lesquels on peut mentionner encore quelques *Araucaria* (pl. 146, fig. 5) et *Podocarpus* (pl. 146, fig. 1). Les formes en aiguille (pl. 149, fig. 6), en bandelette (pl. 145, fig. 1), en lame mince (pl. 147, fig. 1), en écaille (pl. 145, fig. 7, et 148, fig. 1, 6, 7 et 10), en crochet (pl. 146, fig. 9 et 15), en pointe conique (pl. 147, fig. 8), sont bien plus répandues. Ce sont elles auxquelles le groupe doit plus particulièrement sa physionomie et emprunte jusqu'à son nom ; celui de *Conifères* ne s'appliquant qu'à un mode de structure qui fait défaut dans toute une moitié de l'ensemble.

Le faisceau vasculaire, en se rendant à la feuille, s'incurve et suit bien souvent une direction obliquement ascendante, avant de s'éloigner de la tige sous un angle plus ou moins ouvert. De là, le phénomène si commun chez les Conifères de présenter des feuilles plus ou moins adnées et décurrentes par la base, en sorte que la partie libre ou limbe proprement dit ne constitue pas uniquement la feuille et qu'il faut encore considérer, comme partie intégrante de cet organe, la base adhérente qui la prolonge inférieurement et recouvre la tige dans une étendue plus ou moins considérable de sa superficie. Chez beaucoup de Conifères, cette superficie ne se laisse pas voir, tellement les bases décurrentes sont contiguës. Il en est ainsi de la plupart des Cupressinées (pl. 148, fig. 6-7 et 10), entre autres des *Thuya* et *Thuyopsis*, des *Sequoia*, des *Taxus*, des *Cryptomeria*, *Araucaria*, etc. Dans d'autres cas, les bases décurrentes des feuilles ne sont exactement conniventes que sur les ramules latéraux ; ailleurs elles demeurent plus ou moins écartées et découvrent, surtout par le progrès de l'âge, la surface de la tige *(Taxodium, Podocarpus)*. Cette décurrence des coussinets foliaires, si répandue qu'elle soit, n'est cependant pas universelle, loin de là. Elle n'existe ni chez le *Salisburia*, ni chez les *Dammara*, ni chez les *Abies* proprement dits et les *Tsuga*, tandis que les feuilles primordiales des pins se prolongent inférieurement et que celles des *Picea* sont assises sur des coussinets saillants et décurrents qui tranchent par leur coloration jaune pâle avec le vert du limbe foliaire. Les feuilles dont l'insertion a lieu sans décurrence sont atténuées inférieurement en un vrai pétiole, long et distinct du limbe, comme celui des *Salisburia*, ou court et un peu tordu sur lui-même, comme dans les *Dammara* et les *Podocarpus*, ou bien encore la feuille est subsessile, comme celle des *Abies*, dont la base, légérement étranglée et calleuse, s'insère comme dans les deux cas précédents sur une aire discoïdale qui marque la tige d'une série de cicatrices arrondies, après la chute de l'organe. — La caducité de celui-ci, lorsqu'il a atteint le terme de son existence, n'offre, dans les cas précédents, rien que de fort naturel, et la feuille, en se détachant, ne laisse d'elle sur la tige d'autre vestige que celui du point sur lequel elle était implantée, cerné par une ligne qui en délimite le contour. La décurrence de la base ou partie adnée entraîne au contraire des conséquences plus variées. Entre le coussinet décurrent et le limbe proprement dit, il existe assez souvent un étranglement, plus ou moins semblable à une articulation, qui diffère par sa consistance cartilagineuse ou même par sa coloration brune du reste de la feuille et qui constitue par cela même une manière de pétiole qui n'est pas sans analogie par son rôle et sa situation avec le point de jonction qui fixe le limbe des feuilles de bambou sur la partie vaginale, à l'endroit de la ligule. Tantôt en effet, chez les Conifères, cet étranglement est articulé et remplit l'office d'un pétiole véritable ; dès lors, la feuille tombe à l'aide d'une scission naturelle qui la détache de son coussinet ; c'est ce qui arrive chez les *Taxus, Torreya, Podocarpus,* parmi les Taxinées, chez les *Picea, Cedrus, Larix,* parmi les Abiétinées. C'est ce qui se voit encore dans le *Sequoia sempervirens* Lamb., pour les feuilles âgées des rameaux qui persistent, et même dans les *Juniperus* du type de l'*Oxycedrus*. Mais tantôt aussi l'étranglement n'est pas assez prononcé pour déterminer la chute régulière de l'organe, et, dans ce cas, ce mode de caducité ne peut suffire; c'est alors le ramule tout entier qui se dessèche et se sépare des parties qui persistent, en entraînant par cela même la chute de celles d'où la vie achève de se retirer. C'est par ce moyen que les *Sequoia*, les *Taxodium*, les *Glyptostrobus* et bien d'autres types renouvellent d'année en année leur feuillage, soit avant l'hiver, soit à l'entrée de l'été, c'est-à-dire avant ou après le développement des pousses nouvelles. A plus forte raison les types dont les feuilles n'ont qu'un limbe court, non étranglé sur le coussinet, en forme de crochet ou d'écailles, comme le sont beaucoup de *Dacrydium* (pl. 145, fig. 7), les *Arthrotaxis* (pl. 147, fig. 4), *Cryptomeria*, *Araucaria* (pl. 146, fig. 9, 10 et 15) et la plupart des Cupressinées, n'emploient d'autre moyen, pour se dépouiller des parties anciennes, que la chute périodique et successive des ramules se détachant par ordre d'ancienneté. Il en est de même pour les *Phyllocladus* dont les ramules phyllodés tombent à mesure que les axes principaux et secondaires, destinés à constituer la partie permanente de la tige, se prolongent et se ramifient.

Cette chute successive des parties âgées est d'autant plus digne d'attention que, d'une part, les Aciculariées lui doivent, à cause de sa façon de s'opérer, la régularité de leur port et que, d'autre part, c'est à ce même phénomène, renouvelé dans tous les temps et pour une foule d'espèces, que la paléontologie doit principalement la conservation des empreintes appartenant à cette classe de végétaux. Leurs feuilles dans certains cas, dans d'autres cas, leurs ramules ou même leurs rameaux sont venus nécessairement joncher le sol pour de là aller peupler les lits en voie de formation. Du reste la durée absolue des organes foliaires varie dans de très-grandes limites chez les divers groupes d'Aciculariées. Certains *Abies* présentent des feuilles encore vertes sur des parties de rameaux, âgées de quinze ans. Les feuilles des *Araucaria* restent en place et gardent leur couleur pendant une longue période ; celles des *Taxus* ne se dessèchent parfois qu'après cinq à six ans ; celles des cèdres après trois ou quatre ans. Le terme de trois ans est le plus ordinaire, mais plusieurs pins ne conservent leurs feuilles guère plus de deux ans, c'est-à-dire les dépouillent dans le courant de la troisième année, quelquefois même à la fin de la deuxième (section *Strobus*). Les ramules des *Thuya* tombent presque toujours après trois ans ; le plus petit nombre des Aciculariées perd son feuillage dans l'automne de chaque année, les *Salisburia* par le détachement des pétioles qui entraînent le limbe absolument comme chez les Dicolylédones, les Mélèzes par une désarticulation de la base du limbe, qui s'opère un peu au-dessus du coussinet. Chez ces derniers, la structure des feuilles ne diffère en rien de celle qui distingue ces organes dans les cèdres ; seulement le phénomène est annuel et automnal chez les uns, périodique après trois ans de durée chez les autres. Nous avons vu que les *Taxodium* et les *Glyptostrobus* perdaient leurs ramules à l'entrée de l'hiver. Les autres Aciculariées gardent leurs feuilles au moins une année entière ; de là, la dénomination d'arbres verts qui leur a été souvent appliquée, non-seulement par suite de cette particularité, mais aussi à cause de l'intensité de leur verdure dont l'éclat sombre tranche plus ou moins sur la teinte plus claire du feuillage des autres arbres.

La position relative des feuilles sur les rameaux, leur dimorphisme et les variations qu'elles présentent souvent sur un même pied, selon l'âge de la tige qui les porte et selon la région occupée sur cette tige, enfin les anomalies et les déviations qui leur sont inhérentes ont besoin d'être définies, avant que nous nous occupions de leur forme, de leur nervation et de l'emplacement de leurs stomates.

Les feuilles primordiales de l'embryon ou lobes cotylédonaires sont opposées par deux dans la plupart des Cupressinées (*Callitris, Libocedrus, Biota, Chamæcyparis*, etc.), dans les Taxinées et Podocarpées, dans les *Dammara, Cunninghamia, Salisburia*, mais disposées aussi par verticilles de 3 à 4-5 membres (*Juniperus, Thuya, Frenela, Araucaria*) et même de 6-9 et jusqu'à 15 dans les Taxodiées et surtout chez les Abiétinées (*Larix* 5-7, — *Cedrus* 6-9, — *Pinus* 4-5-12). Cette disposition indique peut-être que l'ensemble des Aciculariées se rattache originairement à quelque prototype dont les organes appendiculaires auraient été ordonnés en verticilles ou gaîne fimbriée, à l'exemple des Astérophyllites de la flore paléozoïque. Mais, en laissant de côté cette filiation présumée que n'appuie aucun document, on voit que, chez les Aciculariées, les feuilles qui suivent les primordiales obéissent à deux tendances différentes, les unes demeurant opposées par verticilles de deux ou de trois, les autres se plaçant à des hauteurs successives et dans un ordre spiral. La sixième feuille, après deux tours de spire, se retrouve le plus ordinairement alors immédiatement au-dessus de la première, occupant la même position que celle-ci. Il existe encore des spires plus compliquées et même de faux verticilles, comme dans le *Sciadopitys*, dont les aiguilles placées à l'aisselle d'autant de bractées écailleuses, qui représentent es feuilles vraies, sont réunies en grand nombre sur plusieurs rangs pressés, formant une spire très-raccourcie à la partie supérieure de chaque jet.

Il existe donc deux dispositions principales, très-distinctes, chez les Aciculariées : la disposition opposée ou verticillée et la disposition spiralée; la première propre aux Cupressinées, la seconde à tout le reste de la classe. Comme toujours cependant la transition de l'un à l'autre de ces deux modes d'insertions s'opère par l'intermédiaire de certains types : celui des *Widdringtonia* nous la présente dans l'ordre actuel, et beaucoup de Cupressinées jurassiques dans les temps anciens. Le rameau de ces divers types est cylindrique, sans distinction pour l'insertion des feuilles de côté dorsal et latéral, c'est-à-dire que le rameau n'est comprimé sur aucune de ses faces et que les feuilles, bien que généralement opposées, et se répondant deux par deux, sont cependant insérées indifféremment sur tous les points de la tige et se succèdent en empiétant toujours un peu l'une sur l'autre. Ainsi les feuilles de chaque paire ne sont ni parfaitement égales entre elles, ni tout à fait symétriques par rapport à la paire suivante; de là un certain désordre relatif qui se communique à l'ensemble des feuilles qui ne sont en réalité ni régulièrement alternes ni véritablement opposées. Pour se rendre raison de l'arrangement qui prévaut chez les *Widdringtonia* et les genres fossiles qui leur sont assimilables, il faut considérer (pl. 148, fig. 1 et 1ᵃ) que chaque paire de feuilles, justement par suite de l'opposition inexacte de ses deux parties, se détourne légèrement, de manière à faire décrire finalement à l'ensemble, autour de la tige, une spire plus ou moins régulière, en sorte que, si l'on s'attache à une feuille quelconque, c'est géné-

ralement à la quatrième paire après celle qui est la sienne
que l'on rencontre une seconde feuille située dans la
même position que la première. Il est vrai que cet ordre,
loin d'être constant, est sujet à varier et son caractère
est effectivement d'être variable, d'autant plus que sur
les plus petits ramules les feuilles se montrent assez
souvent exactement opposées, ce qui ramène vers la disposition décussée. Cette dernière disposition, la plus
fréquente de toutes chez les Cupressinées, consiste dans
une opposition constamment régulière des feuilles, avec
alternance de la paire qui précède avec celle qui suit. De
l'ordonnance décussée ordinaire, on passe aisément à celle
qui distingue un grand nombre de Cupressinées et dans
laquelle les feuilles se distinguent en latérales et faciales
(pl. 148, fig. 6-7 et 10). Les paires de chaque catégorie
alternent alors régulièrement, et le rameau qui porte ainsi
des feuilles disposées par paires dissemblables revêt nécessairement une structure spéciale qui est le résultat de
cet arrangement. Il s'étale suivant un plan horizontal, il
se comprime; les feuilles faciales sont aplaties et encadrées par les latérales qui se replient en carène et prennent la forme naviculaire. Lorsque à cette disposition
vient se joindre un mode de ramification régulier qui ne
laisse les innovations se produire qu'à des places déterminées et à l'aisselle de certaines feuilles, on obtient les
rameaux des *Thuya*, des *Chamœcypari* (pl. 148, fig. 6-7)
et des *Thuyopsis* (pl. 148, fig. 10), dont l'aspect étonne par
son extrême élégance et qui retracent dans une classe
entièrement différente le mode de partition propre aux
frondes de Fougères.

Lorsque les feuilles faciales se rapprochent assez des
latérales qui les embrassent pour ne pas s'élever au-dessus

d'elles, alors se produit la forme articulée des *Callitris* et des *Libocedrus*. Ce sont là en réalité de faux verticilles de quatre feuilles, tandis qu'il existe chez les Cupressinées de vrais verticilles de feuilles distribués par trois : les *Juniperus*, les *Frenela*, les *Actinostrobus* en font foi et tout ce que nous avons dit des feuilles opposées par paires ou décussées peut s'appliquer également aux types chez lesquels domine le nombre 3, soit exclusivement, soit associé au premier, ainsi qu'on le remarque chez plusieurs *Juniperus*.

Les feuilles ordonnées en spirale n'offrent pas moins de diversités. Outre que la spire suivant laquelle elles sont distribuées est sujette à se compliquer, elles tendent, dans un grand nombre de cas, à devenir distiques, c'est-à-dire à se déjeter sur deux rangs dirigés horizontalement et dans le plan du rameau, soit que les feuilles seules, soit que les rameaux et les branches entières prennent cette direction. Les feuilles distiques sont insérées le long de la tige dans le même ordre que les autres, mais une partie d'entre elles se détournent du coussinet sur lequel elles sont implantées ou tordent leur base sur elle-même pour venir étaler leur limbe dans un sens déterminé et tourner constamment, toutes ensemble, leur face supérieure vers le ciel et leur face dorsale ou inférieure, celle où sont généralement situés les stomates, vers le sol. Telle est la disposition distique des feuilles dont l'ordonnance est spirale : ce phénomène dont les Sapins, les *Sequoia, Cunninghamia, Taxodium* (voy. pl. 147, fig. 1), les Taxinées, plusieurs Araucariées (pl. 146, fig. 5, 9 et 10), beaucoup de *Podocarpus* et de *Dacrydium*, présentent les exemples les plus saillants, n'a rien de commun que l'effet général, c'est-à-dire l'extension suivant un plan horizontal des ramifications latérales, avec ce qui a lieu chez les Cupressinées par la différenciation des feuilles, que nous avons expliquée plus haut, en faciales et latérales naviculaires. Les feuilles distiques des sapins et des ifs et autres Aciculariées de la même catégorie, en s'étalant des deux côtés du rameau, ne changent rien à leur forme; ces feuilles se ressemblent entre elles et ne diffèrent pas essentiellement des caulinaires. On conçoit pourtant que celles-ci, qui garnissent les tiges ascendantes et conservent leur direction normale, se distinguent dans bien des cas des premières, au moins par leur dimension et leur consistance. Au reste, si beaucoup de types présentent des feuilles distiques sur les ramifications latérales, il en est d'autres, et souvent voisins ou proches alliés des premiers, qui en sont totalement dépourvus. On n'observe de feuilles distiques, ni dans les pins proprement dits, ni dans les cèdres et les mélèzes. Les *Cryptomeria* si voisins des *Taxodium* n'en portent pas non plus; les *Arthrotaxis* pas davantage, et des deux espèces qui composent le genre *Sequoia*, l'une le *S. gigantea* diffère sous ce rapport de son unique congénère vivant, le *S. sempervirens*.

L'arrangement des feuilles est encore plus spécial chez les *Dammara* ; celles de la tige principale sont éparses, peu nombreuses et plus petites que celles des branches latérales et verticillées. Ces dernières sont plus grandes et normalement opposées ou subopposées, chaque paire alternant par son insertion avec la paire suivante, mais toutes sont également étalées dans le même plan horizontal et par conséquent distiques. Ici, l'alternance normale des paires, sujette elle-même à s'altérer, ne se reconnaît, quand elle existe, qu'à une torsion légère du pétiole de celles des feuilles dont l'insertion devrait avoir régulièrement lieu sur les faces supérieure et inférieure du rameau. Mais, en fait, le mouvement est assez peu prononcé ; il s'efface même assez souvent, et sur les *Dammara* âgés les feuilles deviennent parfois alternes ou bien elles paraissent toutes également distribuées en paires superposées et situées dans une même direction ; c'est la disposition distique qui prévaut en elles et voile plus ou moins leur véritable ordonnance.

Dans les cèdres, les mélèzes et le ginkgo, il existe pour les ramifications latérales une disposition des feuilles qui prête à ces arbres un port particulier et doit être mentionné. Tandis que chacun des axes principaux ou secondaires s'allonge et forme des rameaux munis de feuilles régulièrement ordonnées en spirale et plus ou moins espacées, les bourgeons développés à l'aisselle de ces premières feuilles ne produisent que de courts ramules, dont les feuilles, très-rapprochées, décrivent des tours de spire presque contigus et forment des rosettes plus ou moins fournies, qui entourent un bourgeon destiné à continuer le même mode d'évolution et d'où sortiront plus tard les organes reproducteurs de l'un ou l'autre sexe.

Le *dimorphisme* ou la présence de feuilles dissemblables, réunies sur le même individu ou particulières à divers âges et à divers rameaux est encore un phénomène différent de ceux que nous venons d'exposer, bien que s'y rattachant par certains côtés. La plupart des Cupressinées à feuilles normalement squamiformes et imbriquées, particulièrement les Genévriers, Cyprès, *Callitris* et *Widdringtonia* ne revêtent ces feuilles qu'assez tard. Dans le jeune âge ou sur les rameaux à pousses vigoureuses, ces types présentent d'autres feuilles, aciculaires, écartées de l'axe qui les porte. Les ramules latéraux de plusieurs *Araucaria* (*Araucaria excelsa* et *Cunninghami*) ont des feuilles en crochet qui diffèrent sensiblement de celles des tiges principales, et sur chaque ramule les feuilles inférieures sont courtes, tandis que les plus voisines de la sommité s'allongent de plus en plus (pl. 146, fig. 5, 9 et 10). Dans le *Glyptostrobus heterophyllus* les feuilles des ramules caducs en automne sont linéaires et étalées, tandis que celles des tiges persistantes sont courtes et sub-imbriquées.

Ces exemples pourraient être aisément multipliés, mais le plus frappant, bien que, l'ayant chaque jour devant les yeux, il nous paraisse naturel, nous est fourni par les pins proprement dits. Ce type souvent confondu, à tort selon nous, avec celui des cèdres et des sapins, en diffère par cette particularité qu'il ne porte que rarement, et seulement dans le jeune âge, ses feuilles normales et aciculaires (voy. pl. 149, fig. 6 et 6ᵃ). Les feuilles normales ou autrement les feuilles primordiales des pins sont faciles à observer sur les jeunes pieds du *Pinus canariensis* Sm. (pl. 149, fig. 6), où elles dominent exclusivement jusqu'à ce que l'arbre soit devenu adulte ; elles sont longuement linéaires-aciculaires, piquantes au sommet, planes, carénées sur les deux faces, serrulées sur les bords, non rétrécies en pétiole, mais décurrentes à la base. Leur nervure médiane, relativement saillante, est accompagnée de deux ou trois autres nervures plus fines de chaque côté (pl. 149, fig. 6ᵇ). Sur les tiges des pins devenus adultes, ces premières feuilles se montrent à l'origine, mais elles se dessèchent presque aussitôt que nées, au sortir même du bourgeon d'où s'échappe la pousse nouvelle ; elles ne s'allongent pas, deviennent brunes et prennent, avec une consistance scarieuse, le nom de bractées, tandis qu'à leur aisselle se développent de minces bourgeons écailleux d'où sortent, fasciculées par cinq, par trois ou par deux, les feuilles ordinaires, nommées aussi feuilles vaginales à cause des écailles gemmaires qui servent de fourreau à leur base. Ce sont là évidemment les premières et seules feuilles d'un ramule axillaire avorté. Ainsi, chez les pins, chaque feuille d'un rameau meurt immédiatement après la naissance de ce rameau et les feuilles qui persistent proviennent d'autant de bourgeons axilaires qu'il y a de feuilles normales avortées. Il y a donc sur un rameau de pin autant de bourgeons axillaires que de feuilles primitives, et tous ces bourgeons avortent par l'effet d'un développement précoce, en ne produisant que quelques feuilles dont le nombre est exactement déterminé et dont la forme s'écarte plus ou moins de celle qui distingue les feuilles primitives. Il résulte de cette organisation que le jet annuel des pins ne possède, en fait de bourgeons susceptibles de continuer la tige, que les terminaux consistant en un bourgeon central accompagné de bourgeons latéraux, plus ou moins nombreux, verticillés, autour du premier.

Le dimorphisme des organes appendiculaires n'est pas restreint à certains types actuels ; il existait certainement autrefois et distinguait plusieurs Aciculariées des époques anciennes, dont les rameaux, d'abord signalés sous différents noms, ont été ensuite reconnus comme se rapportant à la même espèce, malgré la variabilité de leurs feuilles. C'est ce que fait voir le *Voltzia heterophylla* Sch. (pl. 154, fig. 1-3), espèce caractéristique du grès bigarré des Vosges dont nous figurons les principales formes. Les rameaux de cette espèce présentent souvent à leur base des feuilles courtes, en crochet et en faux, semblables à celles des *Araucaria* d'Australie (comp. avec les figures 9 et 10 de la planche 146), tandis que les supérieures de ces mêmes rameaux sont étroitement linéaires, planes et allongées (pl. 154, fig. 1).

Sous le rapport de leur forme et de leur nervation réunies, les feuilles des Aciculariées offrent de très-grandes diversités ; elles varient d'une famille à l'autre, d'une tribu à l'autre ; elles changent de genre en genre et dans l'intérieur même de beaucoup d'entre eux. On les voit se ressembler fort peu en passant d'une espèce à une autre, quelque voisines qu'elles soient d'ailleurs par la structure de leurs organes fondamentaux. Tous les pins se ressemblent, il est vrai, sous le rapport de leurs feuilles, toujours configurées à peu près de même : tous les *Abies* de même que les cèdres, les mélèzes et, dans les Cupressinées, les *Thuya*, les cyprès et les genévriers, les *Frenela*, les *Widdringtonia*, etc. ; dans les Taxinées, les *Taxus*, *Torreya*, *Cephalotaxus*, les *Podocarpus* ont des feuilles particulières à chacun de ces groupes ou presque semblables entre elles, lorsqu'il s'agit de genres qui se touchent de près. Mais, d'autre part, rien ne contraste plus par la forme du feuillage que les *Sequoia sempervirens* Endl. et *gigantea* Torr., dont on a même essayé de faire les types de deux genres distincts. Les *Taxodium sinense* Gord. et *distichum* Rich., bien que véritablement congénères, sont étrangers l'un à l'autre, par le port des rameaux et la configuration des feuilles. Les *Dacrydium* sont de véritables protées qui tantôt ressemblent à des *Podocarpus* (*D. taxoides*, Brongn.), tantôt reproduisent l'aspect des *Taxodium* (*D. elatum* Wall.), tantôt enfin celui des *Arthrotaxis* et des *Araucaria* (*D. araucaroides* Brongn. et Gris). Certains *Sequoia* tertiaires ou crétacés (*S. Stenbergii* Heer., *S. Reichenbachi* Heer.) avaient l'aspect des *Araucaria* d'Australie, et les *Pachyphyllum* jurassiques, que nous décrirons plus loin présentaient la même apparence, bien que la structure de leur cône les rapprochât sensiblement des *Dammara*. Les *Cryptomeria*, alliés de si près aux *Taxodium*, reproduisent aussi par le feuillage le facies des *Araucaria*, et la forme des feuilles, de même que le mode d'insertion de ces organes, sont les mêmes dans les Taxinées et dans le *Sequoia sempervirens*. Il existe donc chez les Aciculariées, comme du reste dans les Fougères, une récurrence de formes qui fait, qu'à côté de la tendance, inhérente à chaque groupe, à se distinguer par une structure spéciale et caractéristique des organes appendiculaires, une tendance opposée fait reparaître assez souvent les mêmes formes dans des groupes entièrement séparés, de manière à les revêtir d'une apparence commune, malgré les divergences qu'ils manifestent d'ailleurs.

Les feuilles les plus larges sont celles des *Salisburia* (pl. 144, fig. 1 et 145, fig. 1), des *Podocarpus* de la section *Nageia* et des *Dammara* (pl. 146, fig. 18). Ce sont aussi les plus anormales ; celles qui montrent le *maximum* d'extension et de ramification des faisceaux fibro-vasculaires ; celles aussi qui ressemblent le plus, dans la nature actuelle, aux feuilles des *Cordaites* (pl. 151, fig. 1 et 2). Les premières (pl. 144, fig. 1 et 145, fig. 1), sont en coin obtus à la base, dilatées au sommet, sinuées irrégulièrement le long du pourtour supérieur et presque toujours échancrées sur le milieu. Leur limbe est occupé par les ramifications plusieurs fois dichotomes des faisceaux géminés qui sortent du pétiole et qui se subdivisent, comme dans les *Adiantum*, en faisant longer la marge, de chaque côté, à la branche principale et en émettant des ramifications fines et successives, qui occupent entièrement le limbe et divergent de toutes parts vers ses bords supérieurs. C'est à la face inférieure du limbe, dans l'inter-

valle qui sépare les nervures que sont situées les stomates,
épars et peu visibles, contrairement à ce qui a lieu chez
la plupart des Aciculariées, où ces organes sont généralement très-apparents. Dans la feuille des Ginkgos, il n'y a
pas de nervure médiane, par la raison que le pétiole est
occupé par deux faisceaux distincts qui ne font ensuite
que se subdiviser en *flabellum*, au travers du limbe dont
ils occupent chacun une moitié. — Il n'existe pas davantage de nervure médiane dans les feuilles de *Nageia* et de
Dammara (pl. 146, fig. 18), où le faisceau d'abord unique,
puis dédoublé en deux, en quatre, ensuite en six, donne
naissance, en pénétrant dans le limbe, à un assez grand
nombre de nervures égales, qui s'étalent en divergeant et
en se bifurquant, et demeurent parallèles entre elles,
comme celles des folioles d'*Encephalartos*, pour s'arrêter
plus loin à diverses hauteurs, le long de la marge, et con-
verger finalement en atteignant le sommet plus ou moins
atténué en pointe. Les stomates paraissent ici sous l'aspect de ponctuations fines et multiples, éparses à la face
inférieure du limbe. Sauf la dimension qui est moindre,
on observe la même structure, la même nervation et presque la même forme dans les feuilles de l'*Araucaria Bidwilii* Hook (pl. 146, fig. 5), et des *Araucaria imbricata* Pav.
et *brasiliensis* A. Rich. Dans ce type, les nervures toutes
égales, après avoir divergé de la base, convergent en
approchant du sommet terminé en une pointe fine et
spinescente. Les stomates sont disposés en files longitudinales, plus multipliés sur la face dorsale que sur l'autre. Cette forme de feuilles n'est pas celle des *Araucaria*
dont l'*A. excelsa* R. Br. est le type et dont les feuilles
épaissies à la base, tétragones, plus ou moins recourbées
en faux ou en croc au sommet, cartilagineuses sur les

angles, ne renferment qu'un seul faisceau : les stomates sont disposés en plusieurs files le long des facettes latérales. Les feuilles de *Cryptomeria* ont à peu près la même structure et cette structure est aussi celle que l'on observe avec quelques variations dans les *Dacrydium*. La feuille des *Arthrotaxis* est en forme d'écaille coriace, recourbée en crochet, convexe et obscurément carénée sur le dos (pl. 147, fig. 4), distinctement uninerviée sur l'autre face ; les stomates sont épars, difficiles à apercevoir, même à la loupe. Cette forme *arthrotaxoïde*, un peu plus rapprochée de celle des *Cryptomeria*, c'est-à-dire la forme en crochet écailleux, à dos convexe, et uninerviée, est encore celle du *Sequoia gigantea* Torr. et la liaison vers le type des *Araucaria* d'Australie est encore plus marquée si l'on s'attache aux formes fossiles du genre, comme le *S. Sternbergii* Heer, longtemps considéré comme un *Araucaria* et que nous avons déjà mentionné. Les feuilles lancéolées-linéaires, falciformes, uninerviées, cartilagineuses et crénelées sur les bords, des *Cunninghamia* (pl. 147, fig. 1), semblent tenir à la fois de celles des *Araucaria brasiliensis* et *Bidwilii* par la forme, de celles du *Sequoia sempervirens* par la nervation et aussi des feuilles primordiales des pins (pl. 149, fig. 6 et 6 *b*). Puis, viennent les feuilles réellement aciculaires, subcylindriques, diversement comprimées sur les flancs ou subtétragones, avec les angles cartilagineux, des cèdres, des *Picea* et des pins. Les feuilles des sapins sont étroites, cartilagineuses sur les côtés, planes sur la face inférieure, convexes sur l'autre, longuement linéaires et distinctement uninerviées ; leurs stomates sont disposés sur les deux lignes d'argent qui accompagnent, en dessous, la nervure médiane. Cette forme linéaire plus ou moins large, quelquefois lancéolée,

mais présentant toujours les stomates en une double
rangée parallèle à la nervure médiane, sur la face inférieure du limbe, est celle qui est propre à la plupart des
Taxinées proprement dites, aux *Podocarpus*, au *Sequoia
sempervirens* et au *Taxodium distichum ;* elle reparaît encore
dans les Cupressinées à feuilles aciculaires comme le sont
celles des *Juniperus* de la section *oxycedrus* et celles des rameaux jeunes, non encore caractérisés, de plusieurs autres
genres. Mais dans les Cupressinées à feuilles squamiformes,
appliquées et étroitement imbriquées, on voit se produire
la distinction des feuilles en faciales comprimées et latérales, carénées et naviculaires, celles-ci occupant l'angle
marginal du ramule et repliées sur elles-mêmes, de manière à embrasser cet angle. Cette disposition entraîne
pour les stomates un mode de distribution tout à fait digne de remarque, à cause de sa singularité. Sur un rameau ainsi constitué (pl. 148, fig. 6-7 et 10), une des
deux feuilles faciales regarde toujours le ciel et l'autre le
sol par sa face dorsale, la seule qui soit libre; quant aux
feuilles latérales, repliées longitudinalement sur elles-
mêmes, une moitié de leur face dorsale est tournée en haut
et l'autre en bas ; de ces deux moitiés, dissemblables par
la situation qu'elles occupent, l'inférieure seule porte des
stomates limités à une zone vivement argentée, tandis
que des deux feuilles faciales, celle qui couvre le côté inférieur du rameau est seule pourvue de stomates. Il en
résulte que le rameau considéré dans son ensemble est
construit comme le serait ailleurs une seule feuille et en
possède presque l'aspect, à cause des ramifications multiples et régulières auxquelles sa subdivision donne lieu. A
l'exemple des feuilles, il porte les stomates sur sa face inférieure seulement et ce contraste entre le vert intense du

rameau considéré par-dessus et la teinte d'argent qui colore l'autre face, ajoute singulièrement à l'élégance des Cupressinées des genres *Thuya, Thuyopsis, Chamæcyparis*, etc. Les branches des sapins sont argentées par-dessous, mais par le fait d'une autre combinaison, puisque, dans ces arbres, les feuilles, disposées dans un ordre distique, se détournent de façon à diriger toutes vers le sol leur face inférieure, qui porte justement les stomates.

Les rameaux feuillés, de même que les organes reproducteurs des Aciculariées, sortent de bourgeons terminaux ou axillaires dont l'ordre et, dans beaucoup de cas, la distribution parfaitement régulière, contribuent puissamment au port caractéristique de l'arbre entier. Il n'existe pas de plantes, dans cet ordre, dont les feuilles se développent une à une, à l'aide d'un mouvement ininterrompu, ainsi que cela a lieu chez les *Macrozamia* et chez beaucoup de Monocotylédones; toutes, attachées à un jet plus ou moins allongé, sortent d'un bourgeon préalable par l'effet d'une évolution, soit rapide, soit graduelle. Ces bourgeons, plus ou moins apparents, sont de deux sortes, bien que les parties dont ils sont formés ne soient dans tous les cas que des feuilles gemmaires, plus ou moins modifiées. En effet, les Aciculariées ont tantôt des bourgeons nus dont les écailles vertes ne diffèrent pas essentiellement des feuilles normales ou même consistent en une petite rosette de feuilles rapprochées, et tantôt elles possèdent des bourgeons écailleux dont les écailles modifiées en vue de leur fonction, plus ou moins brunes, scarieuses et étroitement accolées, souvent enduites de sucs résineux, ont pour destination de protéger la nouvelle pousse jusqu'au moment où elle prendra son essor. On conçoit d'avance en quoi diffèrent

les Aiculariées à bourgeons vrais de celles qui n'ont que
des bourgeons nus et verts, à écailles non scarieuses,
nulles ou faiblement développées. Chez celles-ci, l'évolution des nouvelles tiges n'est pas marquée par un point
d'arrêt antérieur aussi prononcé; elle n'est pas non plus
aussi subite, ni aussi rapidement accomplie. On conçoit
que les Aiculariées de cette catégorie soient surtout
celles des pays chauds, comme les *Araucaria* et les *Dammara*, chez lesquels, il est vrai, le bourgeon ne consiste
que dans le rapprochement des premières feuilles qui
persisteront à la base du jet nouveau, lorsque celui-ci
accomplira son évolution. Il en est de même des Cupressinées dont les bourgeons, toujours nus, ou même réduits
à un petit nombre de verticilles emboîtés (3 à 4 ordinairement), sont plutôt formés de feuilles que d'écailles
gemmaires. C'est ce que montrent aussi les Séquoïées et
les Taxodiées, mais avec des variations assez importantes
pour donner lieu à quelques remarques et en exceptant
le genre *Taxodium* lui-même. En fait, il n'existe de vrais
bourgeons écailleux que chez les Aiculariées dont le jet
nouveau se développe après un intervalle déterminé de
repos et par un mouvement plus ou moins rapide, après
lequel le jet consolidé ne se prolonge encore qu'après un
autre intervalle et au moyen d'un nouveau bourgeon. Ces
sortes de bourgeons existent chez les Abiétinées, où leurs
écailles, étroitement imbriquées et plus ou moins nombreuses, sont presque toujours scarieuses et souvent enduites d'un vernis résineux. Les écailles gemmaires des
pins ont cela de remarquable, qu'elles représentent, non
pas des feuilles vaginales, mais des feuilles aciculaires et
primitives ; elles sont totalement scarieuses, fimbriées sur
les côtés, et ces fimbriures en forme de filaments allon-

gés s'enchevêtrent de manière à entourer l'ensemble du bourgeon d'une sorte de réseau à jour, calfeutré de résine.

Les bourgeons des *Tsuga*, petits, arrondis et courts, diffèrent de ceux des autres Abiétinées, parce que leurs écailles peu nombreuses, bien que scarieuses, ne sont jamais enduites de résine. Il existe aussi des bourgeons à écailles scarieuses, mais non résineuses, chez les *Scia-dopitys* dont les vraies feuilles sont elles-mêmes réduites à l'état d'écailles peu apparentes, et dans le *Salisburia*. Les écailles gemmaires sont seulement plus érigées, plus pointues et plus nombreuses dans le premier cas; plus obtuses, plus courtes, plus larges et plus étroitement conniventes, dans le second cas.

Seul, parmi les Taxodiées, le genre *Taxodium* porte des bourgeons écailleux, et la caducité annuelle de ses ramules n'est pas sans connexion avec l'apparition de ces bourgeons qui se montrent en automne, soit à l'extrémité du jet de l'année, au nombre d'un seul ou de plusieurs réunis, soit à l'aisselle des feuilles de l'année, sur les points encore dé-pourvus de ramules hâtivement développés, désarticulés et caducs à la fin de l'année, soit enfin aux places même où un de ces ramules, en se détachant, avait laissé une cica-trice de son insertion, cicatrice qui peut à plusieurs reprises produire sur son pourtour des bourgeons adven-tifs, successivement développés. C'est là une structure singulière, unique chez les Conifères, et qui jusqu'ici n'avait été, à ce qu'il semble, l'objet d'aucune remarque.

Dans les deux autres genres du groupe, au contraire, *Cryptomeria* et *Glyptostrobus*, les bourgeons n'ont rien d'écailleux, encore moins de scarieux. Ils consistent, comme ceux des Cupressinées, dans le rapprochement de feuilles peu nombreuses, plus courtes que les feuilles normales et appliquées les unes contre les autres. Ces bourgeons nus et verts sont terminàux ou axillaires, chez les *Cryptomeria*, mais seulement à l'aisselle des feuilles supérieures de chaque ramule. Dans le *Glyptostrobus*, les seuls ramules persistants sont ceux vers le sommet desquels se développent un ou plusieurs bourgeons. Tous les autres sont nécessairement caducs. Les bourgeons de ce dernier genre sont des plus petits, globuleux-obtus et formés de 4 à 5 écailles, appliquées l'une contre l'autre, qui ne diffèrent des feuilles normales ni par leur constance ni par leur couleur; elles sont seulement un peu plus obtuses.

Les bourgeons du *Sequoia gigantea*, petits, nus et verts, ressemblent en tout à ceux des *Cryptomeria ;* mais dans le *Sequoia sempervirens* Endl. on observe un processus assez différent et qui semble placer ce sous-type, au point de vue végétatif, à distance égale des *Taxodium* et des Taxinées proprement dites. En effet, le *Sequoia sempervirens* possède des bourgeons apparents dont les écailles, non pas scarieuses, mais vertes, représentent des feuilles raccourcies. De ces bourgeons, les uns donnent naissance à des jets qui prolongent la tige principale ou les axes secondaires, tandis que les autres ne produisent que des ramules dont la durée n'est pas annuelle, il est vrai, comme chez les *Taxodium*, mais qui se désarticulent et tombent pourtant après deux ou trois années, quatre années au plus, d'existence. Les écailles des bourgeons persistent généralement sur les jets et les ramules dont elles garnissent la base d'une sorte de collerette plus ou moins dense et d'une consistance finalement scarieuse. Mais ensuite, comme dans les *Taxodium*, de nouveaux bourgeons se produisent vers le point d'attache des ramules tombés. qui

devient ainsi le siége d'une végétation active et de plusieurs générations de ramules associés qui se remplacent
successivement. Le même phénomène a lieu d'ailleurs chez
beaucoup de Cupressinées, spécialement chez les *Thuya*,
dont les ramules vieillis, avant de se détacher, font souvent
paraître à leur base un bourgeon adventif, origine future
d'un nouveau ramule qui remplacera l'ancien. Les Taxinées
proprement dites, ainsi que les Podocarpées, ont des
bourgeons écailleux, dont les écailles ne sont cependant
pas précisément scarieuses, ou ne le sont que peu, bien
qu'elles n'offrent plus du tout l'apparence des feuilles
normales de ces deux groupes. Les écailles gemmaires des
Taxinées persistent plus ou moins longtemps à la base du
jet nouveau qu'elles garnissent d'une collerette, comme
dans le *Sequoia sempervirens ;* mais elles deviennent
presque aussitôt scarieuses et brunes, de vertes et souples
qu'elles étaient dans le bourgeon. Les bourgeons des
Taxinées nous ramènent à ceux des *Tsuga*, et ceux-ci
aux bourgeons à écailles gemmaires tout à fait scarieuses
des Abiétinées; de même, les bourgeons à écailles vertes
et apprimées des *Sequoia* et des *Cryptomeria* ressemblent
à ceux des *Dammara* et des *Araucaria*. On tourne ainsi
dans un cercle qui se ferme en reliant les unes aux autres
les extrémités les plus opposées de la famille. D'ailleurs
les bourgeons ne remplissent pas tous les mêmes fonctions, de même qu'ils n'occupent pas toujours les mêmes
places. Les uns ne donnent le jour qu'à des rameaux
feuillés, d'autres renferment uniquement des chatons
mâles ou femelles, d'autres enfin s'entr'ouvrent pour
donner passage à des axes mixtes qui supportent à la fois
des feuilles et des organes de l'un ou l'autre sexe. Leur
structure peut varier comme leur destination, et bien que

les *Dammara* et les *Araucaria* n'aient que des bourgeons
nus pour leurs axes feuillés, les chatons mâles de ces
genres, surtout du premier, peuvent sortir des bourgeons
écailleux; c'est ce que montre effectivement l'inflorescence
mâle du *Dammara australis* Lamb. (Voy. pl. 146, fig. 19.)

§ 3. — *Organes de la reproduction.*

Les organes reproducteurs des Aciculariées, soit mâles,
soit femelles, sont constitués par des axes, les uns terminaux, les autres axillaires, dont les appendices, diversement adaptés aux fonctions qui leur sont dévolues,
servent de support aux sacs polliniques ou aux ovules,
toujours situés sur des inflorescences distinctes, tantôt
sur le même pied, tantôt sur des pieds différents. L'appareil reproducteur des Aciculariées, considéré en lui-
même, n'a pas réellement une autre structure que celui
des Cycadées ; des deux parts ce sont des axes garnis de
feuilles modifiées qui soutiennent les organes sexuels, et
ces organes sont également séparés sur des axes différents; il existe pourtant à cet égard entre les deux groupes
comparés une divergence essentielle; c'est celle-ci : Chez
les Aciculariées, au contraire de ce que montrent les
Cycadées, il n'y a pas identité de structure entre l'appareil
mâle et l'appareil femelle ou plutôt le degré de complication organique n'est pas le même dans l'un comme
dans l'autre. Ainsi, les feuilles sexuées mâles ou *androphylles* des Aciculariées produisent directement les loges
à pollen, tandis que les feuilles des axes femelles, au lieu
de supporter directement les ovules, ne sont, à l'exception du seul *Salisburia*, que des bractées ou feuilles

bractéales, à l'aisselle desquelles naissent les vrais supports des ovules, supports indépendants de la bractée ou plus ou moins intimement soudés avec celle-ci et accrescents comme elle. Il nous faut donc, par suite de .cette particularité organique, examiner à part et successivement les deux catégories sexuelles. Originairement, c'est-à-dire à un moment donné de leur existence primitive, on peut concevoir, il est vrai, les feuilles des Aciculariées comme ayant été susceptibles de se couvrir indifféremment de loges à pollen et d'ovules, naissant en grand nombre de la substance même des feuilles. Plus tard cependant les organes reproducteurs ont dû se réduire, se localiser et se grouper sur des points limités du limbe foliaire, tandis que les feuilles sexuées se modifiaient et se réunissaient sur des parties déterminées de la plante, de manière à former des inflorescences, sur lesquelles l'un des deux sexes a fini par exclure le sexe opposé. Les inflorescences androgynes, exceptionnelles et anormales, ne sont cependant pas inconnues dans les Aciculariées actuelles. Il en a été signalé plusieurs exemples; nous n'en citerons qu'un, observé à Catane par M. Strasburger, à qui nous empruntons les détails suivants, parce qu'ils démontrent clairement l'emplacement distinct dévolu aux organes de chaque sexe chez les Aciculariées. Les cônes androgynes rencontrés par le savant professeur de Iéna étaient rassemblés, par groupe de 4-5, vers le sommet des rameaux d'un *Pinus laricio ;* « ils présentaient tous les passages depuis les étamines normalement développées, sans aucune trace d'écaille à fruit axillaire, jusqu'aux écailles fructifères, construites comme à l'ordinaire et placés à l'aisselle de bractées normales entièrement dépourvues de loges à pollen. Les premières étaient situées vers la base, les dernières, plus particulièrement, vers le sommet des cônes. La transformation ne marchait pas également sur le pourtour de ces cônes, en sorte que bien souvent un de leurs côtés appartenait uniquement au sexe mâle, et l'autre, par contre, au sexe opposé. Les formes intermédiaires montraient, d'une part, un amoindrissement graduel des anthères et un étiolement croissant des androphylles ; d'autre part, une apparition progressive correspondante des écailles à ovules. Celles-ci, d'abord semblables à une production charnue et linguiforme, puis foliacées, mais encore dépourvues de fleurs, paraissaient finalement pourvues de fleurs femelles à leur base. La transformation de l'étamine en bractée servant de support à l'écaille à fruit axillaire est susceptible d'être suivie de la même façon, à l'aide de toute une série de transition. Ordinairement, l'effet du développement progressif des écailles ovulifères est d'entraîner la diminution, plus l'atrophie des loges à pollen sur les bractées ; dans un cas seulement j'ai trouvé à la fois des loges sur la bractée et des ovules sur l'écaille fructifère. Après une observation de ce genre, plusieurs fois répétée et toujours avec le même succès, il paraît difficilement concevable qu'il reste des doutes au sujet de la nature foliaire de l'organe mâle (1). »

* *Organes reproducteurs mâles.*

L'appareil mâle des Aciculariées, toujours plus fugace, moins ferme et moins diversifié que l'appareil femelle, se compose essentiellement d'un axe simple (très-rarement ramifié) qui supporte les androphylles ou feuilles modi-

(1) Strasburger, *Die Coniferen und die Gnetaceen*, p. 171.

fiées pour servir de support aux organes mâles. Les loges à pollen occupent généralement sur ces feuilles (pl. 149, fig. 5ª) la base ou les côtés, le long de la face dorsale, tandis que leur sommet se termine par un prolongement plus ou moins développé, plus rarement nul ou presque nul.

L'appareil mâle peut être considéré d'abord d'après la place qu'il occupe sur la plante, ensuite en lui-même. Ainsi, après avoir déterminé ses caractères de position ou relatifs, nous parlerons de ceux que fournit la conformation de ses parties.

Sa situation est tantôt la même que celle des organes de l'autre sexe et tantôt elle s'écarte plus ou moins de celle-ci, dans les limites de la même espèce.

Dans les Cupressinées (pl. 148, fig. 12), les chatons mâles, toujours terminaux, occupent l'extrémité supérieure des ramules de dernier ordre; ils commencent à se montrer en automne sous l'apparence de petits bourgeons globuleux, formés du rapprochement de deux paires de feuilles régulièrement décussées, qui s'écartent pour donner passage au chaton lui-même, composé d'un nombre plus ou moins restreint d'androphylles. On observe parfois, dans le *Callitris* par exemple, trois de ces chatons occupant ensemble la même situation terminale que les chatons solitaires.

Les chatons mâles des Séquoïées (*Sequoia sempervirens* Endl.) ont au premier aspect la même apparence que les précédents, mais ils sortent en réalité de petits bourgeons dont les écailles vertes, courtes et imbriquées sont assez nombreuses. Les 2 ou 3 paires inférieures de ces écailles sont opposées en croix; elles s'allongent plus ou moins, de manière à constituer un court ramule dont l'appareil sexué occupe la partie terminale. Chacun de ces bourgeons naît en automne, soit au sommet de l'un des ramules dont le développement est achevé, soit à l'aisselle des dernières feuilles de ces mêmes ramules. Les chatons tiennent ici exactement la place des bourgeons ordinaires et correspondent réellement à un ramule spécial raccourci. Ils constituent une innovation qui s'ajoute au ramule et s'en distingue par la collerette de bractées qui garnit sa base, tandis que le chaton mâle des Cupressinées consiste plutôt en un prolongement de la sommité du ramule, qu'en un jet nouveau sorti de celui-ci par voie de bourgeonnement.

La situation des chatons mâles change de nouveau, si l'on considère les Taxodiées ; du reste, elle n'est pas la même dans les trois genres de cette tribu. Les chatons mâles des *Glyptostrobus* sont terminaux et solitaires au sommet des ramules, comme ceux des Cupressinées. Dans les *Taxodium*, ces organes naissent au premier printemps de bourgeons écailleux, situés sur le vieux bois, comme ceux des chatons femelles ; ils sont réunis en grand nombre sur un axe à rameaux courts et comme paniculés, situés à l'aisselle de feuilles squamiformes très-peu apparentes. — Chez les *Cryptomeria*, où les bourgeons ordinaires sont nus, c'est-à-dire verts et jamais écailleux, les chatons mâles naissent solitairement en automne à l'aisselle des feuilles. Ils sont groupés vers l'extrémité supérieure des ramules et donnent lieu par leur réunion à une sorte d'épi composé, comprenant jusqu'à 20 chatons tous axillaires. Les deux écailles inférieures de chacun d'eux sont des bractéoles opposées et transversalement disposées ; les suivantes sont les androphylles. Ces chatons sont tous axillaires, l'extrémité du ramule se trouvant terminée par une rosette de petites feuilles rapprochées en bourgeon. Si l'on compare, dans ce genre, l'inflorescence mâle à l'inflorescence femelle, on reconnaît aisément qu'une étroite analogie de position et de structure les rattache l'une à l'autre; seulement l'ensemble des chatons mâles de tout un rameau correspond au strobile entier et les feuilles axillaires de ce rameau aux feuilles bractéales du strobile. Par une conséquence rigoureuse, il se trouve donc que chaque chaton tient morphologiquement la place de l'axe ou rameau avorté dont le support ovulifère lacinié est l'unique représentant. Nous verrons plus loin, pour achever de compléter le parallèle, que les strobiles des *Cryptomeria*, comme ceux du *Cunninghamia*, sont naturellement perfoliés et présentent dans beaucoup de cas à leur sommet un bourgeon feuillé qui s'allonge plus ou moins en continuation de l'axe (voy. pl. 147, fig. 2 et 8). Au printemps, lorsque leur fonction est achevée, les chatons mâles des *Cryptomeria* se détachent et leur emplacement demeure vide et reconnaissable par suite de l'écartement des feuilles qui leur servaient de support. C'est là un caractère fort net, que l'on doit noter par cela même, comme susceptible d'être observé chez certains Conifères fossiles; il en est effectivement ainsi chez les *Walchia* et probablement chez les *Voltzia*.

Les chatons mâles des *Araucaria* diffèrent par leur position de ceux des *Dammara*. Les premiers, plus grands que dans aucun autre groupe d'Aciculariées, sont solitaires et terminaux au sommet de courts ramules axillaires. Les seconds, au contraire, toujours axillaires, naissent à l'aisselle des feuilles raméales et sortent d'un bourgeon (pl. 146, fig. 19) formé de trois paires d'écailles scarieuses, décussées.

Dans les Abiétinées, les chatons mâles naissent également
de bourgeons écailleux ; mais ces bourgeons, dont les
écailles sont toujours scarieuses, sont tantôt uniquement
terminaux sur de courts ramules latéraux, comme ceux
des *Cedrus* (pl. 149, fig. 5), *Abies* et *Larix*, tantôt à la fois
terminaux et axillaires, comme chez les *Picea*, tantôt enfin
toujours axillaires, c'est cette dernière ordonnance qui
prévaut chez les *Pinus*. L'inflorescence mâle de ceux-ci
offre des particularités qui la font aisément distinguer de
celle de toutes les autres Abiétinées. Les chatons mâles
des pins, situés à l'aisselle des feuilles primaires ou bractéales occupent toujours la partie inférieure du jet annuel ;
ils sont renfermés préalablement, avec ce même jet, dans
un bourgeon dont la formation remonte à la fin de l'été
précédent, et se développent en même temps que la pousse
à la base de laquelle ils sont insérés. Chaque chaton pro-
cède avant son évolution d'un bourgeon particulier qui le
contient et se trouve formé par la réunion de 3 à 4 paires
d'écailles scarieuses qui alternent ensemble et débutent,
comme toujours, par une paire posée en travers. Ces
écailles formant bractées persistent plus ou moins à la
base du chaton auquel elles servent d'involucre et qu'elles
accompagnent ordinairement dans sa chute. Chez la plupart des pins, les chatons sortent de leurs bourgeons particuliers et se développent en même temps que la pousse
dont ils font partie, en qualité d'organes axillaires ; ils
tiennent sur ce jet la place des feuilles vaginales qui représentent comme eux un rameau axillaire modifié. Enfin,
vers le haut de ce même jet se trouvent situés les chatons
femelles, terminaux au sommet de courts ramules axillaires
et qui représentent morphologiquement des bourgeons
de la même génération que ceux de l'année suivante, plus

jeunes par conséquent d'un degré que ceux d'où proviennent les chatons mâles et ayant une origine assez différente.

Dans les Taxinées et les Podocarpées, sauf les *Dacrydium*, les chatons mâles sont toujours axillaires sur les ramules de l'année précédente ; dans le *Salisburia* (pl. 144, fig. 5), ils naissent, de même que les carpophylles, sur des ramules raccourcis, analogues à ceux des cèdres, mais cette analogie n'influe pas sur la disposition respective des organes sexués, terminaux dans le second des deux genres, certainement placés à l'aisselle des feuilles dans le premier.

En résumé, les chatons mâles des Aciculariées sont terminaux dans les Cupressinées, les Araucariées, une partie des Abiétinées et dans les *Dacrydium*, axillaires ou terminaux dans les Séquoïées et les Taxodiées, exclusivement axillaires dans les *Dammara*, dans les pins, dans les Taxinées, les Podocarpées, le *Salisburia* et dans certaines Abiétinées. Ils occupent des emplacements spéciaux et sortent de bourgeons destinés à les contenir dans les Abiétinées, dans les *Dammara*, chez certaines Taxodiées et Séquoïées, mais principalement dans les pins, et aussi chez les Taxinées et Podocarpées. La forme en chaton est la plus ordinaire et presque la seule, au point de vue des organes mâles des Aciculariées ; ici, encore, cependant, de grandes diversités se manifestent. Dans l'impossibilité de les décrire toutes, nous devons insister au moins sur les principaux types, avec d'autant plus de raison que ces organes, sans être fréquents à l'état fossile, n'y sont cependant pas inconnus et que les caractères de forme qu'ils présentent aident puissamment à la détermination des genres dont ils ont jadis fait partie.

Les Aculariées à ovules non réunis en strobile à la
maturité, présentent trois types distincts, particuliers à
chacun des groupes de cette section : les Podocarpées,
les Salisburiées et les Taxinées proprement dites.

Les *Podocarpus*, les *Dacrydium*, les *Phyllocladus*, le *Salisburia* portent leurs androphylles disposés en chaton et
insérés sur un axe long et grêle.

Les chatons mâles de *Salisburia* (pl. 144, fig. 5) sont
remarquables surtout lorsqu'on les compare aux carpophylles simples et nus de ce même genre. Situés vers le
pourtour extérieur d'une rosette de feuilles ordinaires,
qui tiennent le sommet d'un court ramule latéral, accompagnés eux-mêmes à leur base d'une ou deux bractéoles
membraneuses qui représentent des feuilles avortées, ces
chatons montrent un axe grêle, nu jusqu'à un tiers environ
de sa hauteur et pourvu au-dessus de ce point d'une série
d'androphylles agglomérés sans ordre de distance en distance. Chacun d'eux (pl. 144, fig. 5ᵃ, 5ᵇ, et 5ᶜ) se compose
d'un filament ou pédicelle terminé par une petite protubérance d'où pendent 2 et quelquefois 3 loges à pollen, ouvertes en forme de coques, à l'aide d'une fente longitudinale.

Les chatons mâles des *Podocarpus* (pl. 146, fig. 4) sont allongés, cylindriques ; leurs androphylles petits, nombreux
et serrés, se distribuent en série spirale, suivant la formule
phyllotaxique 3/8, se terminent en pointe et supportent
chacun deux loges ouvertes au moyen d'une fente longitudinale. Ces chatons, presque toujours géminés et pourvus
d'appendices sexués dans toute leur longueur, s'élèvent
d'une base garnie d'écailles scarieuses et persistantes.
Dans les *Dacrydium* les chatons mâles sont solitaires, plus
courts et formés d'androphylles écailleux imbriqués. Ceux
des *Phyllocladus* se rapprochent davantage des *Podo-*

carpus; ils sont cependant terminaux et fasciculés, en même temps que cylindriques et entourés à la base d'écailles gemmaires, scarieuses et persistantes.

Le plan de l'organe mâle des Taxinées, conforme du reste à celui que nous montrera la fleur femelle de ce groupe, s'écarte beaucoup du type en chaton que nous venons de signaler. Ce plan résulte de la réunion de plusieurs axes floraux sur un pédoncule commun, tantôt simple, tantôt lui-même ramifié, qui s'élève du centre d'un involucre formé par des écailles gemmaires généralement décussées. Chacun des axes partiels est finalement surmonté d'un appendice peltoïde qui supporte les loges à son bord inférieur. Dans les *Taxus* (voy. pl. 145, fig. 5), de même que dans les *Torreya*, le pédoncule commun est simple et supporte un certain nombre de petits axes secondaires, dont l'appendice peltoïde, dans le premier genre, subpeltoïde dans le second, supporte des loges à pollen longitudinalement déhiscentes. L'organe mâle des *Cephalotaxus* est plus complexe; peut-être aussi résulte-t-il d'une soudure moins avancée des diverses parties qui le composent. L'inflorescence entière sort aussi d'un bourgeon à écailles gemmaires décussées, mais sa base, au lieu d'être simple, se divise presque aussitôt et se subdivise ensuite de manière à donner naissance à 6-9 petits axes ; chacun d'eux, de même que les branches du pédoncule commun, est accompagné d'une bractéole scarieuse, qui représente une feuille avortée, et les derniers axes se terminent par une réunion d'androphylles fasciculés, dont le mince filet se prolonge supérieurement en un appendice subitement acuminé qui supporte à sa base 2-3 loges à pollen. Ici donc l'inflorescence mâle est rameuse, et, comme elle sort d'un bourgeon axillaire, l'axe sexué représente un rameau avec ses feuilles assez peu transformées, dont les dernières subdivisions sont au moins de troisième génération par rapport à la tige dont il est sorti. Nous verrons du reste bientôt que les appareils mâle et femelle des *Cephalotaxus* offrent entre eux la plus étroite analogie de structure.

Toutes les autres Aciculariées ont leurs appareils mâles disposés en chatons. Seulement, ces chatons sont courts et formés d'un assez petit nombre d'androphylles scarieux chez les Cupressinées, les Séquoïées et les Taxodiées, tandis que ces mêmes organes sont robustes, strobiliformes et composés d'un grand nombre d'écailles pollinifères, disposées en spirale et généralement imbriquées, chez les *Pinus*, les Abiétinées, les *Araucaria* et les *Dammara*.

Les chatons des Cupressinées sont les plus petits ; ils présentent (pl. 148, fig. 12), sur un axe court et avec une forme cylindrique ou oblongue, 6-8 et jusqu'à 10 paires d'écailles décussées ou ternées (suivant en cela le même ordre que les feuilles). Ces écailles, qui constituent les androphylles, sont jaunâtres, scarieuses, généralement peltées, mais plus ou moins prolongées vers le haut en appendice, de manière à se recouvrir mutuellement par le bord ; elles supportent par-dessous et vers la base 3-4 loges à pollen, qui s'ouvrent au moyen d'une fente longitudinale. Sous ce rapport, comme sous celui de la structure anatomique, les Cupressinées présentent une plus grande uniformité que celle qui se manifeste dans les genres des autres tribus, comparés entre eux.

Les chatons mâles des Séquoïées et des Taxodiées ne diffèrent pas beaucoup par l'aspect et les dimensions de ceux des Cupressinées ; cependant les androphylles qui les composent sont toujours, comme les feuilles, disposées dans un ordre spiral. Chez les *Sequoia* et les *Arthrotaxis*, les feuilles sexuées sont imbriquées et subpeltées, denticulées, ou sub-entières, prolongées par le haut en un appendice plus ou moins aigu et soutenant inférieurement 3 à 4 loges à pollen, dans le premier genre, 2 seulement dans le second; ces loges s'ouvrent au moyen d'une fente longitudinale. Elles sont au nombre de 3 dans le *Cunninghamia*, dont les chatons mâles, agrégés et terminaux, cylindriques-oblongs, ont des feuilles sexuées stipitées, ovales-orbiculaires et fimbriées sur les bords. Les mêmes organes, dans les *Cryptomeria*, sont petits, oblongs, cylindroïdes. Ils comptent au plus 15-18-29 androphylles écailleux, imbriqués, convexes à l'extérieur, concaves en dessous, ovales-subpeltoïdes, et portant à la face inférieure et basilaire, le long des bords du pelta, 4-5-7 loges petites, globuleuses, peu saillantes. La même forme se retrouve, à quelques variations près, chez les *Taxodium* et *Glyptostrobus*.

Avec les Araucariées on voit paraître les grandes inflorescences mâles, plus analogues à de vrais strobiles qu'à des chatons. Elles sont denses, vigoureuses, involucrées à la base, composées de nombreuses séries d'androphylles. Ces androphylles consistent en écailles étroitement imbriquées, prolongées en haut en un appendice convexe recourbé et aminci vers les bords ; leur base atténuée s'insère presque horizontalement sur l'axe et supporte inférieurement depuis 6-8 jusqu'à 24 loges à pollen, étroites, allongées, distribuées parfois sur deux rangs. Le chaton mâle des *Dammara* (pl. 146, fig. 19) est relativement petit; mais, dans les *Araucaria*, on en observe dont l'axe atteint une longueur de 15 et 20 centimètres et se couvre d'une multitude d'androphylles étroitement imbriquées, dont les loges à pollen disposées sur un double rang s'ouvrent par derrière à l'aide de fimbriures longitudinales.

Quant au chaton mâle des Abiétinées, ceux du genre *Cedrus* (pl. 149, fig. 5 et 5ᵃ) peuvent servir de type ; ils sont grands, allongés, cylindriques, sessiles et pourvus d'un grand nombre d'androphylles, disposés sur plusieurs rangées de spires, ayant l'apparence d'écailles jaunâtres, bientôt desséchées, de consistance à la fois ferme et scarieuse. Chaque androphylle (fig. 5ᵃ), attaché à l'axe par un court pédicule se prolonge au sommet en un appendice en fer de lance pourvu d'une carène médiane, visible à la face supérieure, denticulé ou plutôt fimbrié le long des bords. Immédiatement au-dessous de l'appendice, sur les côtés de la carène qui lui sert de support, le long de son revers dorsal, sont attachées deux loges à pollen qui s'ouvrent longitudinalement et ne sont séparées l'une de l'autre que par un étroit connectif. Les loges à pollen sont partout réduites à deux, comme les ovules eux-mêmes, dans les Abiétinées ; mais les chatons mâles des *Pinus* proprement dits sont généralement plus courts et plus grêles que ceux des cèdres et des sapins. Leur axe demeure nu à la base et les androphylles, petits et scarieux, sont supportés par un pédoncule plus ou moins prononcé.

Il faudrait entrer dans des détails immenses et trop minutieux s'il s'agissait de décrire toutes les variations que présente l'appareil mâle des Aciculariées ; il suffit pour notre objet que nous ayons noté les principales et surtout celles qui fournissent des caractères susceptibles d'être invoqués comme éléments de classification.

*** Organes reproducteurs femelles et fructification.*

Les appareils mâle et femelle des Aciculariées, nous l'avons déjà dit, ne se correspondent pas généralement au point de vue morphologique. Cette dualité de conformation, exceptionnelle chez les Cycadées, où elle ne se montre que dans les *Cycas*, est universellement répandue au contraire dans la classe que nous considérons. Nous venons de voir l'appareil mâle de cette classe consister en un axe simple qui porte directement les androphylles, plus rarement en un axe ramifié ou seulement bifurqué. L'appareil femelle est également ici représenté par une inflorescence, mais tantôt cette inflorescence se développe isolément et se trouve constituée par un ramule ou par un simple support, donnant lieu à la production d'un petit nombre d'ovules ou même d'un seul, tantôt au contraire cette inflorescence est complexe et se compose de tout un ensemble d'organes femelles disposés à l'aisselle des feuilles de certains rameaux, de manière à les occuper entièrement ou à se grouper sur une partie déterminée de leur extrémité supérieure. Ce sont alors les Conifères à proprement parler. Ainsi, morphologiquement, le cône ne répond pas au chaton mâle, mais chaque partie d'un cône, considérée isolément, ou, pour mieux dire, chaque support d'ovules, abstraction faite de la bractée foliaire, à l'aisselle de laquelle ce support est placé, correspond au chaton mâle tout entier et correspond aussi à l'inflorescence femelle des Taxinées; de telle sorte que le cône ou strobile, au lieu d'être un axe simplement pourvu de carpophylles, consiste dans un groupement d'inflorescences réduites à leurs éléments les plus essentiels, un support et quelques ovules, situées à l'aisselle des feuilles d'un rameau. Ces feuilles, influencées par le contact ou le voisinage immédiat des organes femelles, changent ordinairement d'aspect, et perdent leur forme et leur consistance, pour passer à l'état d'écailles bractéales ; elles concourent ainsi, soit qu'elles deviennent accrescentes en même temps que les supports, et qu'elles soient plus ou moins intimement soudées avec ceux-ci, soit qu'elles avortent en demeurant indépendantes de ces organes, à constituer le fruit, très-simple en apparence, très-complexe en réalité, auquel le plus grand nombre des Aiculariées doit la dénomination de Conifères. Ce point de vue que nous allons développer en pénétrant dans les détails, doit nous servir de guide dans l'exposition qui va suivre et qui ne sera pas seulement morphologique, mais aussi paléontologique, ou plutôt à la fois l'une et l'autre, puisque ici ces deux branches se donnent un mutuel appui. En effet, l'histoire du développement morphologique de la fleur femelle et de l'organe qui lui sert de support, chez les Aiculariées, est en même temps celle de l'évolution organique, poursuivie à travers un temps très-long, à laquelle la famille entière doit son état présent et les caractères qui la distinguent essentiellement.

La conséquence naturelle d'une plus grande complexité de l'appareil reproducteur femelle des Conifères que de celui de l'autre sexe a été de rendre l'interprétation du premier des deux appareils aussi obscure que difficile. A peine est-on parvenu dans ces derniers temps à saisir la signification qu'il est légitime d'attacher aux parties soit principales, soit accessoires, de la fleur dans ce groupe. De grands efforts, parfois contradictoires, mais entraînant cependant une série de progrès successifs, ont été faits dans cette direction, et comme il est impossible, sans un résumé rapide de ces travaux, de bien comprendre le but final dont on s'est graduellement rapproché, nous y toucherons nécessairement, à mesure que nous entrerons dans l'examen de l'ovule et des organes qui le soutiennent et le protégent chez les Aciculariées.

Cet ovule constitue à lui seul toute la fleur ; les divers auteurs s'accordent à avouer qu'il ne diffère de celui des Cycadées par aucun détail de structure de quelque valeur. Le terme d'ovule est pris ici dans son acception la plus étendue, comme répondant à l'ensemble des parties qui, après la fécondation, produisent la graine. L'ovule, ainsi considéré, se compose chez les Gymnospermes, et les Aciculariées en particulier, du nucelle et d'un seul tégument. La nature morphologique de l'ovule a été recherchée dernièrement avec soin, et, à l'aide de certaines monstruosités, en s'appuyant d'une analyse délicate et des secours de l'analogie, on arriverait à ce résultat que le nucelle représenterait originairement une simple excroissance parenchymateuse, émergée de la surface d'une feuille ou vers le bord d'un lobe foliaire, replié pour former le tégument. Cette opinion est celle de Cramer ; elle a été dernièrement exposée, sinon adoptée par Sachs et semble partagée par M. Van-Tieghem, qui s'appuie à cet égard sur un travail récent de M. G. Le Monnier (1), en hésitant toutefois à appliquer cette notion à l'universalité des Phanérogames. M. Sachs, au contraire, d'accord avec d'autres savants et en conformité avec les études antérieures de Payer, admet des ovules de nature axile à côté de ceux d'origine carpellaire, chez les Phanérogames ; il range entre autres dans la première catégorie ceux des Pi-

(1) *Ann. sc. nat..* 5e série, Bot., XVI, 1872.

péracées, des Chénopodiacées, des Polygonées, des *Nayas*,
et *Typha*, etc. Il considère l'ovule comme axile dans les
Taxus et d'autres genres encore d'Aciculariées, mais non
pas dans tous, tandis que les ovules des Cycadées appar-
tiendraient à la classe des *carpellaires marginaux*, c'est-à-
dire seraient insérés sur le bord de la feuille transformée
en carpophylle. On voit aisément la différence radicale
qui sépare les deux notions : dans l'une, l'ovule sort d'une
feuille ou d'une partie de feuille ; il n'en est qu'une émergence superficielle et le repli du limbe qui le supporte
donne le jour à son tégument; d'après la seconde, l'ovule
correspond à la terminaison supérieure d'un axe feuillé ;
il devient alors un bourgeon modifié, puisqu'il occupe la
place d'un pareil organe. Il est difficile de concevoir pourtant, comment émergeant ainsi, tantôt de l'axe lui-même,
tantôt de ses dernières feuilles, tantôt des lobes marginaux de ces mêmes feuilles, l'ovule, malgré cette diversité
supposée d'origine, aurait conservé l'unité de structure
qui le distingue, et n'aurait pas entraîné dans le plan de
la fleur de plus grandes variétés morphologiques que celles
que l'on constate dans l'uiversalité des Phanérogames (1).
M. Strasburger est allé plus loin que Sachs dans la même
voie. Pour lui, comme nous le verrons en développant par
la suite les idées de cet auteur, les ovules des Conifères et
des Gnétacées sont des bourgeons dont l'axe donne naissance directement au nucelle, à son sommet. C'est dans
cette nature axile du bourgeon ovulaire que consiste surtout, d'après le savant professeur, la différence qui sépare
ces deux familles de celle des Cycadées, dans laquelle
l'ovule est une production directe de la feuille modifiée en

(1) Voy. Sachs, *Traité de botanique*, trad. par Ph. Van-Tieghem,
p. 653 et suiv.

carpophylle (1). Quant à l'enveloppe unique du nucelle, il serait formé chez les Conifères, non pas d'une feuille unique, ni d'un repli foliacé, mais de deux feuilles carpellaires, d'abord distinctes, puis confondues et soudées en un tégument bilabié au sommet.

Quoi qu'il en soit de ces points non encore suffisamment éclaircis, le nucelle, lorsqu'il commence à pouvoir être distingué à l'état d'ébauche sur la production qui lui sert de support, se montre comme une éminence arrondie et d'abord assez faiblement convexe, qui depuis ce premier début continue à se renfler et à se prolonger en avant, tandis que, autour de lui, on voit presque aussitôt paraître, tantôt sous la forme d'un rebord ou bourrelet circulaire, tantôt sous celle de deux protubérances qui tendent à se rejoindre, puis à s'égaliser, les rudiments du tégument nucellaire, qui entoure cet organe, le dépasse plus ou moins et va former au-dessus de son sommet un orifice plus ou moins allongé et tubuleux, obscurément ou nettement bilabié (comme chez les Abiétinées, voy. pl. 149, fig. 7), qui prend le nom d'*exostome* ou ouverture micropylaire et par où s'opère la fécondation. Ce tégument, ovaire béant pour les uns, enveloppe incomplète du nucelle pour les autres, et sur la vraie nature du quel on est encore loin de s'être mis d'accord, est tantôt, mais plus rarement, pourvu, tantôt (plus ordinairement) dépourvu de faisceaux fibro-vasculaires. Dans bien des cas, le tégument de l'ovule peut s'accroître de manière à offrir des deux côtés un épaississement anguleux ou carène plus ou moins développé, qui, selon Strasburger, représenterait les vestiges de la nervure médiane des deux feuilles carpellaires. Ces

____

(1) Voy. Straburger, *Die Coniferen und die Gnetaceen*, p. 28

parties saillantes, au nombre de 2 ou de 3, en se prononçant de plus en plus, donnent lieu aux appendices ailés ou simplement aux crêtes anguleuses qui accompagnent souvent les graines des Conifères, particulièrement celles des Cupressinées et Séquoïées (voy. pl. 147, fig. 7 et 148, fig. 5 et 9). L'accroissement, et par conséquent l'appendice, est parfois unilatéral ; c'est ce que l'on remarque dans les *Dammara* (pl. 146, fig. 24). L'ovule jeune du *Salisburia* (pl. 144, fig. 1) se montre faiblement comprimé, à 2 ou 3 angles ; plus tard la partie intérieure du tégument ou *endotesta* durcit et conserve, avec un tissu serré et ligneux, la forme comprimée à 2 ou 3 angles (pl. 144, fig. 3-4), tandis que la partie extérieure, devenue charnue, se gonfle et s'arrondit de manière à prendre la forme sphérique (pl. 144, fig. 2). Cette structure bi-trigone, donnant lieu à des carènes ou à des ailes plus ou moins prononcées, se retrouve bien évidemment chez les Aciculariées les plus primitives (pl. 150, fig. 3 et 3ª, fig. 4, 5 et 7, pl. 151, fig. 4) ; aussi nous aurons à y revenir et nous ne faisons ici que mentionner le fait lui-même sans y insister davantage. L'appendice ailé des graines d'Abiétinées a une toute autre origine ; il doit son existence à une différenciation qui sépare autour de l'ovule une lame superficielle du support séminifère ; cette lame demeure adhérente à la graine et se détache plus tard avec elle.

La position de l'ovule, qui dépend surtout de son mode d'insertion sur le support, est aussi à considérer, bien que l'on ait longtemps accordé à ce caractère une importance exagérée, jusqu'à lui donner la primauté sur tous les autres, au lieu de les combiner entre eux pour arriver à la juste appréciation des affinités qui rapprochent ou divisent les divers types du groupe immense des Aciculariées. L'ovule peut être dressé et libre, c'est-à-dire dirigeant en haut son exostome et non engagé inférieurement dans la substance même du support ; les Cupressinées nous fournissent le meilleur exemple de cette disposition. L'ovule peut être encore à demi dressé et presque libre au début, puis devenir incliné et finalement réfléchi par un mouvement de bascule du support, graduellement opéré ; c'est une disposition que nous retrouvons dans les Séquoïées. L'ovule peut être, par une autre disposition, réfléchi et libre, c'est-à-dire couché sur le support, dirigeant son exostome vers l'intérieur du cône et attaché par la base à une saillie du support, plus ou moins prononcée. C'est la disposition qui nous est offerte par les genres *Dammara* (pl. 146, fig. 23) et *Cunninghamia*. Enfin, l'ovule peut être encore réfléchi et entraîné ou maintenu dans cette position par un progrès de croissance du support, dans lequel il est enchassé dès l'origine, de manière à retourner en bas ou en dedans, vers l'axe de l'inflorescence, son extrémité libre et répondant à l'exostome. C'est ce qui arrive chez les *Podocarpus* (pl. 146, fig. 2 et 3), les *Araucaria* (pl. 146, fig. 6-8, et 12-14) et les Abiétinées (pl. 149, fig. 7), mais avec des diversités qui tiennent à la structure, elle-même très-complexe, du support auquel l'ovule est attaché. Nous reviendrons sur ces particularités d'où dépendent en partie les principes de classification qui président à l'ensemble des Conifères.

Il est inutile d'ajouter qu'en dehors de toute complication et adhérence, lorsque l'ovule est simplement posé à l'extrémité d'un support ou soutenu par une inflorescence, cet organe n'est pas réfléchi, mais érigé et libre. C'est ce que montre entre autres les Taxinées, les *Phyllocladus* et le *Salisburia*. Dans le phénomène qui détermine la position penchée, il y a toujours à constater un mouvement de croissance inégale, qui pousse l'ovule et le retourne, en lui faisant décrire sur lui-même une demi-circonférence qui le laisse finalement dans une situation inverse de celle qu'il devrait occuper naturellement.

Pendant que l'ovule achève de se développer extérieurement, de revêtir l'aspect qui le caractérise et de prendre la situation qu'il occupe lors de la pollinisation, et plus tard encore, jusqu'au moment où, l'imprégnation fécondante ayant accompli son effet, l'embryon se trouve définitivement formé, il se passe au sein de l'ovule, ou plutôt dans l'intérieur du nucelle, une série de phénomènes, de changements d'état successifs, dont l'ordre, la nature et la signification ont été, de la part de plusieurs savants, entre autres de MM. Hofmeister et Strasburger, l'objet de recherches récentes et de travaux précieux. Ces travaux ont cela de plus particulièrement remarquable qu'ils ont dévoilé une réelle affinité entre ce qui se passe dans l'ovule des Gymnospermes et ce qui a lieu dans le macrosporange des Cryptogames vasculaires les plus élevées, comme les Lycopodiacées, les Isoétées, les Salviniées et les Rhizocarpées. D'autre part, malgré des différences sensibles, et qui toutes rapprochent les Gymnospermes, des groupes que nous venons de citer, le développement de l'ovule et l'embryogénie de cette classe de végétaux peuvent être rattachés, surtout par l'intermédiaire des Gnétacées, au même ordre de phénomènes, tel qu'il existe chez les Phanérogames angiospermes. De là résulte un enchaînement évident qui ne laisse pas que d'avoir sa raison d'être dans le mode d'évolution des végétaux et qui touche par conséquent aux questions les plus délicates que la paléontologie est à même de soulever, sinon de résoudre encore.

Dans le tissu parenchymateux du nucelle, primitivement égal et formé de petites cellules ovales, l'agrandis-
sement d'une ou plusieurs cellules, toujours situées dans
l'axe du nucelle et loin de son sommet, fait naître un ou,
plus rarement (dans les *Taxus* par exemple), plusieurs sacs
embryonnaires ; mais presque toujours une seule des cellules ainsi agrandies, dans le cas où il en existe plusieurs,
se développe définitivement pour former le sac embryonnaire (1). Ce sac embryonnaire agrandi et étendu à son
tour, mais toujours environné jusqu'à la fécondation par
une couche épaisse de tissu nucellaire, développe dans
son intérieur, souvent après une première résorption, un
tissu parenchymateux qui persiste finalement et prend le
nom d'*endosperme*. Au point de vue morphologique, les
savants sont d'accord pour assimiler le nucelle au *macrosporange* des Cryptogames vasculaires *hétérosporées*, le
le sac embryonnaire à la *macrospore* de ces mêmes végétaux et l'endosperme qui remplit le sac embryonnaire au
prothalle inclus ou semi-inclus des Rhizocarpées et des
Lycopodiacées. Le prothalle des Isoétées surtout, par son
mode de formation entièrement endogène, la situation
qu'il occupe dans la macrospore et la nature de son tissu
présente un rapport frappant, d'après M. Hofmeister,
avec ce qui se passe lors de la production du sac embryonnaire des Aciculariées. L'endosperme à son tour,
une fois développé, donne naissance, à l'aide de quelques-
unes de ses cellules situées sous le sommet du sac
embryonnaire, à autant d'archégones auxquels on donne
le nom de corpuscules, mais qui, soit par leur rôle, soit
par leur conformation, sont les vrais représentants de

(1) Sachs, *Traité de Botanique*, trad. par Ph. Van-Tieghem, p. 599.

l'archégone ou cellule femelle qui par son union avec l'anthérozoïde reproduit la plante mère dans les végétaux sexués inférieurs. D'après M. Strasburger dont les études accompagnées de figures sont d'une clarté admirable, chaque corpuscule sorti d'une cellule mère donne lieu inférieurement à une grande cellule plus ou moins ovale, quelquefois très-allongée, qui demeure simple jusque vers son point de contact avec la voûte du sac embryonnaire et se termine par une cellule, plus ordinairement par une rangée de cellules accolées et superposées, qui correspondent au col de l'archégone ; ces dernières cellules servent d'orifice au corpuscule et le mettent en communication directe avec le tube pollinique qui vient s'y appliquer étroitement et y déverser son contenu protoplasmique, lors de la fécondation. La cellule qui se forme un peu avant cet acte, immédiatement au-dessus de la grande cellule, au moyen d'une cloison transversale interposée, remplit le rôle et prend le nom de la *cellule-canal*, dont l'existence a été si souvent constatée chez les Cryptogames. M. Strasburger, à qui est due l'observation de cette cellule-canal, l'a rencontrée très-nettement limitée, dans le *Tsuga canadensis* et d'autres Abiétinées, beaucoup plus vaguement circonscrite au contraire dans les Cupressinées. Les corpuscules des Conifères affectent des formes variées : séparés par une ou plusieurs assises de tissu cellulaire et plus largement ovales dans les Abiétinées, où ils sont au nombre de 3 à 5 ; ils s'allongent et deviennent étroitement contigus dans les Cupressinées qui en comptent 3-15 et au delà pour chaque ovule ; le *Taxus baccata* en a 5-8. Au-dessus des corpuscules, il se forme des enfoncements extérieurs, en forme d'entonnoir, servant de communication avec le col de ces organes.

Ces enfoncements plus ou moins prononcés sont tantôt particuliers à chaque corpuscule, tantôt communs à plusieurs d'entre eux. Ils facilitent l'introduction du tube pollinique qui s'y enfonce et pénètre par une marche parfois interrompue et toujours plus ou moins lente dans le substance même de l'endosperme (1).

Les grains de pollen dont nous voulons dire maintenant quelques mots avant d'achever tout ce qui concerne la fécondation, se présentent à l'œil nu au sortir des sacs d'anthères sous la forme d'une poussière fine, jaunâtre, et ordinairement des plus abondantes, jusqu'à remplir l'air comme d'un nuage et à faire croire à des pluies de soufre dans le voisinage de certaines forêts. Chacun d'eux a deux téguments et renferme à l'intérieur un corps de 3 à 4 cellules qui par le gonflement de l'une d'elles ou de deux d'entre elles et le déchirement de la membrane extérieure, sous la pression de celle qui est au-dessous, donne naissance à l'appareil vésiculaire que l'on nomme tube pollinique. Le grain de pollen a été assimilé très-naturellement au *microspore* des Cryptogames supérieures ; l'appareil vésiculaire qui en provient et au moyen duquel s'opère la fécondation devient alors une *prothalle mâle*, qui, après s'être attaché à la partie du nucelle où vient aboutir l'orifice des corpuscules, pénètre peu à peu, en s'allongeant, en élargissant l'extrémité supérieure du tube et épaississant sa membrane, à travers une portion ramollie des tissus.

Les phénomènes qui accompagnent ou suivent la pollinisation et la marche même du tube pollinique ont été parfaitement décrits dans l'ouvrage de Strasburger,

(1) Voir Strarburger, *Die Coniferen und die Gnetaceen*, p. 598 et suiv.

auquel nous renvoyons pour tout ce qui se rattache trop indirectement à notre sujet. La manière dont s'accomplit chez les Conifères l'acte de la fécondation est cependant marquée de particularités saillantes et trop caractéristiques pour les passer entièrement sous silence. M. Strasburger a constaté la présence d'un liquide sécrété en gouttelettes par l'orifice béant de l'ovule; cette sécrétion est destinée à faciliter l'introduction des corpuscules polliniques; elle est plus abondante dans les genres à ovules isolés que dans ceux chez lesquels ils sont agrégés en un cône, dont les écailles contribuent à retenir la poussière mâle, le plus souvent disséminée à l'aide du vent. La germination des grains de pollen et la production du tube pollinique qui en est la conséquence n'entraînent pas chez les Conifères l'accomplissement immédiat de l'acte de la fécondation. Presque toujours, au contraire, le tube pollinique après avoir pénétré quelque peu en avançant dans les tissus, s'arrête et suspend ses progrès durant un intervalle de temps qui se prolonge plus ou moins, mais qui peut atteindre ou dépasser même une année pour les espèces dont la graine ne mûrit que la deuxième année. Pendant ce temps d'arrêt, dont il ne serait pas impossible de trouver des exemples chez certaines Angiospermes, dans les *Quercus* particulièrement, les corpuscules achèvent de se développer, et l'appareil du pollen, après avoir repris sa marche et traversé toute l'épaisseur du tissu nucellaire qui le sépare de l'endosperme, déverse finalement son protoplasma jusque dans la cellule centrale des corpuscules, après avoir adhéré fortement aux cellules dont se compose le col de ces organes; la fécondation se trouve alors opérée. La conséquence immédiate du phénomène est la formation du proembryon d'abord, puis, à l'aide de la transformation de celui-ci, d'un ou de plusieurs embryons distincts, au sein de chaque corpuscule. Le proembryon des Taxées ne donne lieu qu'à un seul embryon par corpuscule ; dans les Abiétinées et les Cupressinées, au contraire, le proembryon se subdivise dans chaque corpuscule et amène la naissance de plusieurs embryons ou commencements d'embryons distincts. Dans les deux cas, le phénomène de la polyembryonie, rare, mais non pas inconnu, chez les Angiospermes, se manifeste normalement chez les Aciculariées dans la phase qui suit la fécondation : il n'est du reste que passager, et un seul embryon définitif (1) se développe au milieu de ce nombre plus ou moins considérable d'embryons rudimentaires, tandis que le sac embryonnaire s'étend de plus en plus ; de manière à achever d'envahir tout le nucelle.

L'embryon des Aciculariées ressemble en tout à celui des Cycadées ; il occupe la même position que celui-ci, tournant sa partie radiculaire vers l'ouverture micropylaire, maintenant oblitérée, et s'y tenant attaché par le suspenseur, tandis que sa partie axile ou cotylédonaire se dirige dans le sens opposé, vers l'intérieur de la graine. Les cotylédons varient en nombre et en étendue proportionnelle, selon les genres. L'embryon du *Salisburia*, relativement gros et le plus analogue à celui des Cycadées, en possède deux inégaux ; les Cupressinées en ont tantôt deux égaux, tantôt 3 et jusqu'à 9 ; mais chez les Abiétinées, particulièrement chez les pins, leur nombre peut s'élever jusqu'à 12 ; il est de deux à quatre chez les Araucariées.

(1) C'est ce qui se passe au moins dans l'immense majorité des cas.

Tout ce que nous avons exposé jusqu'ici au sujet de l'ovule des Gymnospermes n'a rien d'obscur ni d'équivoque, malgré certaines divergences partielles dans la manière d'interpréter les faits. Il en est même de la correspondance morphologique de l'ovule et du macrosporange comparés et encore plus de la liaison entre la genèse du sac embryonnaire, des corpuscules et des embryons, d'abord multiples, des Gymnospermes et ce qui a lieu, à ces mêmes égards, chez les Pharénogames d'un rang plus élevé.

Les difficultés s'accumulent, au contraire, lorsqu'au lieu de s'attacher à l'ovule des Aciculariées, considéré isolément, on veut en définir la signification relative et surtout déterminer la vraie nature du support sur lequel il est inséré et rechercher enfin l'origine de ce support, tantôt axile, tantôt purement appendiculaire, en apparence au moins ; tantôt simple et se confondant avec la bractée, sur laquelle les ovules paraissent alors directement implantés, tantôt axillaire par rapport à cette bractée et constituant un organe réellement distinct et indépendant de celle-ci. La discussion, non encore terminée, qui s'est engagée sur cette question touche cependant de trop près aux parties essentielles qui constituent le fruit soit simple soit agrégé des Aciculariées, et une mauvaise notion de ces parties entraînerait trop de conséquences fâcheuses, même au point de vue paléontologique, pour que nous ne soyons pas tenté de donner au moins une esquisse des termes dans lesquels la controverse se meut actuellement. Peut-être même la solution probable commence-t-elle à se laisser entrevoir (1).

—————

(1) Voyez à cet égard Sachs, trad. par Ph. Van-Tieghem, p. 558 et suiv. et surtout la note du traducteur.

Pour Linné et les botanistes qui l'ont suivi jusque dans une période assez avancée du dix-neuvième siècle, les fleurs femelles des Conifères étaient des pistils dont l'ovaire, surmonté d'un stigmate simple, renfermait une seule graine et n'avait d'autre périgone qu'un calyce presque toujours réduit à une écaille unique, faisant l'office de calyce, et sur laquelle les pistils étaient insérés solitairement ou plusieurs ensemble. Aux yeux de Linné chaque graine de pin ou de cyprès était une noix ailée ou anguleuse. Dans la flore de Lamarck et de Candolle, la semence des Conifères devient un cariopse membraneux ou osseux ; dans la pensée d'Achille Richard, elle constitue suivant les cas un akaine ou une samare. Aug.-Pyrame de Candolle, dans sa *Théorie élémentaire de Botanique*, dont la troisième édition date de 1844, range encore les Conifères à la suite de ses Monochlamydées, entre les Casuarinées et les Cycadées, bien que dans le texte, quelques pages plus haut, l'auteur ait exclu formellement le dernier groupe de cette même série.

Robert Brown le premier, si l'on ne tient pas compte d'un passage, d'ailleurs peu connu, quoique très-explicite, du botaniste florentin Targioni, publié dès 1810, transporta la question sur un terrain nouveau, en proposant pour désigner le groupe des Conifères, des Cycadées et des Gnétacées réunies, la dénomination de *Gymnospermes* qui leur est restée. Aux yeux du savant anglais et de tous ceux qui ont depuis adopté son interprétation, les fleurs des Gymnospermes ne sont pas des ovaires, mais simplement des ovules nus, revêtus d'un tégument incomplet et unique, dont le nucelle reçoit directement l'imprégnation fécondante, et qui se trouvent insérés sur des feuillés ou des parties de feuilles plus ou moins modifiées, de manière à constituer des carpelles ouverts.

La distinction entre un ovule nu, mais assis sur une feuille carpellaire non repliée, et un ovaire simplifié jusqu'à ne retenir que ses deux éléments essentiels : un nucelle et une enveloppe béante au sommet, cette distinction est en réalité des plus subtiles, peut être même inutile à la justification de ce que la théorie de Robert Brown renfermait de plus fécond et de plus élevé, c'est-à-dire l'établissement d'un groupe de premier ordre opérant le passage des Cryptogames les plus parfaites aux Phanérogames proprement dites, distinct des unes comme des autres, retenant cependant quelque chose de toutes deux. Cette tendance en effet a résisté au temps et n'a pu que s'affermir à la suite des études de paléontologie végétale, à peine inaugurées au moment où, vers 1826, Robert Brown formulait l'énoncé de ses opinions. Mais, pour que l'interprétation de la fleur femelle des Gymnospermes, donnée par Brown, demeurât vraie, il importait beaucoup, à une époque où la pensée de faire sortir une feuille carpellaire d'une autre feuille, et non pas d'un axe, ne pouvait venir à personne, il importait évidemment de prouver que les ovules dont il était question se trouvaient directement implantés sur des feuilles, et ce mode d'insertion ne pouvait effectivement faire l'objet d'un doute, de même que plus tard il n'a jamais été sérieusement contesté, en ce qui concerne le groupe des Cycadées, puisque l'observation même superficielle des carpophylles des *Cycas* et l'assimilation de ceux-ci aux organes du même sexe des autres genres de cette famille suffit évidemment pour le démontrer. Les Cycadées fournissaient ainsi une excellente base d'observation et les Conifères avaient avec elles trop d'affinité pour que l'on fût tenté d'admettre de

prime abord, pour le second de ces groupes, une disposition des fleurs femelles différente de celle du premier, sans
preuve directe et en dehors de tout indice saillant d'une
aussi forte anomalie. Il est donc naturel que R. Brown
et ceux qui propagèrent sa théorie, aient également considéré les fleurs femelles des Aciculariées ou Conifères,
comme autant d'ovules nus, portés sur des écailles, et
ces écailles comme représentant des feuilles diversement
modifiées. Cependant, si la question était claire pour les
Cycadées, elle l'était déjà moins pour les Conifères, et ré-
solue seulement par vue d'analogie, puisque chez celles-ci
il était permis de concevoir une interprétation toute différente de la nature des parties de plus d'une sorte qui
servent de supports aux ovules. Si le fruit de la majorité
des Conifères est un strobile comparable à celui des Cycadées, les écailles de ce strobile laissent entrevoir, il faut
le dire, de telles particularités de structure que pour avoir
échappé à l'attention des premiers observateurs, elles n'en
dénotent pas moins une complexité de phénomènes, dont
la signification véritable ne saurait être saisie sans difficulté. On peut dire effectivement qu'au moment où
R. Brown fondait la classe des Gymnospermes et longtemps encore après lui, l'écaille à fruit des Conifères était
encore imparfaitement connue ; ce n'est que récemment
qu'à l'aide d'un examen attentif et grâce au secours de
l'analyse anatomique, on est parvenu à distinguer les uns
des autres les trois éléments qui jouent le principal rôle
dans l'appareil fructificateur des Conifères, savoir : la
bractée ou feuille bractéale, à son aisselle le *support* de
l'ovule, et à la base de ce dernier la formation *discoïde*
qui naît sur son pourtour ; mais, comme nous l'avons dit,
il en est qui pensent que l'ovule prétendu n'est qu'un

ovaire réduit à ses éléments les plus simples et que le support de cet organe, au lieu d'être une écaille ou de résulter de la soudure de plusieurs écailles, et par conséquent de constituer une formation appendiculaire, représente plutôt un axe réduit, soit rudimentaire, soit totalement atrophié, contractant avec la bractée divers degrés de soudure, indépendant de celle-ci dans d'autres cas, encore visible et feuillé, chez les Taxées seulement.

Il s'est ainsi formé deux écoles rivales, dont les travaux et les recherches ont marché parallèlement depuis un demi-siècle et qui, tout en interprétant les faits, chacune à son point de vue théorique spécial, n'ont pas manqué de contribuer pour une part égale à la connaissance de plus en plus exacte des organes fructificateurs des Conifères.

Les idées de R. Brown ont eu pour soutiens et pour représentants principaux, d'abord M. Adolphe Brongniart, à qui est même dû l'établissement de la classe des Gymnospermes, en tant que constituant une catégorie spéciale de Phanérogames ; puis Lindley, David Don, Hooker, en Angleterre ; en Allemagne, Nees von Esenbeck, ensuite Endlicher, Alexandre Braun, plus tard Caspary, Eichler et enfin M. Sachs professèrent la même doctrine, non sans quelques variations. En France, Brongniart fui suivi dans la même voie par Decaisne, Duchartre, Schimper, etc. M. Philippe Van-Tieghem est actuellement l'organe le plus autorisé de l'ancienne théorie Brownienne, nécessairement modifiée par le temps et les observations successives, qui assimile les fleurs femelles des Conifères à des ovules nus insérés sur des supports nécessairement axillaires. Ces supports, tantôt libres et indépendants, tantôt plus ou moins soudés avec la bractée axillante ou même

entièrement confondus avec celle-ci, ont été considérés
par les uns (Eichler) comme étant des axes plus ou moins
réduits et avortés, mais par les autres, surtout récemment
par M. Van-Tieghem, comme représentant la première et
unique feuille développée d'un bourgeon axillaire avorté;
laquelle tournée en sens inverse de la bractée axillante
porte l'ovule ou les ovules insérés sur un point quelconque
de sa face dorsale. Ainsi, d'après Van-Tieghem qui se base
à cet égard sur la symétrie des faisceaux fibro-vasculaires
disposés suivant un plan, les supports d'ovules seraient des
organes appendiculaires plus ou moins transformés, n'ayant
absolument rien d'axile. Les études anatomiques du savant
français ont donné un grand et légitime retentissement à
ses idées théoriques. Quelles que soient les destinées de
celles-ci, un peu trop empreintes de l'exagération que
porte en soi l'esprit de système, les belles recherches anatomiques de l'auteur auront, à coup sûr, avancé la connaissance de la structure intérieure des parties qui composent l'appareil femelle des différentes Conifères ; et en
tout cas, il aura ouvert la voie à une solution définitive
des points encore controversés.

L'école opposée à celle de R. Brown se rattache plus
spécialement à la tradition des anciens botanistes. Sa tendance est de retrouver les parties constitutives et seules
tout à fait essentielles de la fleur des Phanérogames les
plus élevées, même chez les végétaux de cette classe dont
la fleur s'écarte le plus du type normal par la dégradation
et la simplification croissante de ses éléments. Cette école
a toujours eu en France et ailleurs des organes autorisés
qui se sont efforcés de prouver l'existence chez les Conifères, au lieu d'ovules nus, d'un ovaire uniovulé, dont
l'ovule réduit au nucelle accuserait une placentation axile

et serait plus ou moins soudé inférieurement avec le pourtour intérieur de l'enveloppe ovarienne. Celle-ci serait formée de la réunion de deux feuilles carpellaires, et l'exostome, le plus souvent bilabié, représenterait un stigmate rudimentaire, demeuré béant. Cette sorte d'ovaire serait tantôt libre, tantôt plus ou moins soudé avec la substance du support, et la nature axile de ce dernier serait aisée à démontrer en faisant ressortir son affinité incontestable avec l'ovaire des Gnétacées et par l'intermédiaire do celui-ci avec l'ovaire d'autres groupes d'Angiospermes fort légitimes, telles que les Santalacées et les Loranthacées. Les représentants de cette seconde école, qui en France a marqué avec éclat dans l'enseignement scientifique, sont d'abord M. de Mirbel, puis Achille Richard, Payer et actuellement M. Baillon dont les recherches organogéniques sur la fleur femelle des Conifères ont marqué un progrès considérable vers la juste appréciation du mode de développement et de la structure de l'appareil fructificateur de ces sortes de plantes.

On voit par ce qui précède que toute la question, en ce qui concerne les Aciculariées, consiste à déterminer, d'une part, si leurs fleurs sont des ovules nus, c'est-à-dire sans tégument ovarien, ou des ovaires très-simples avec un seul nucelle dépourvu de toute enveloppe et, d'autre part, si les supports de ces ovules ou ovaires sont des parties axiles ou simplement appendiculaires. C'est à résoudre cette question dans un sens ou dans un autre que beaucoup de savants se sont appliqués dans le cours de ces dernières années. On conçoit que l'analogie des Conifères avec les Cycadées, dont les supports floraux représentent visiblement des feuilles, favorise l'opinion de Brown et de ceux, comme M. Van-Tieghem, qui croient à la nature appendiculaire des supports, tandis que les partisans de l'opinion contraire invoquent, pour l'étayer, l'observation des Gnétacées dont le nucelle paraît réellement émerger de l'axe et dont l'appareil floral, déjà plus complexe et même sub-androgyne, fournit des éléments de transition vers la symétrie florale des véritables Angiospermes. Le nucelle de Gnétacées présente effectivement deux enveloppes concentriques, l'une extérieure et vasculaire formée de deux bractées soudées et représentant l'ovaire, d'après M. Strasburger, l'autre intérieure formant un tégument qui paraît devoir son origine à une bractée unique. C'est ce dernier et non pas la première enveloppe, que M. Van Tieghem serait disposé à considérer comme un ovaire imparfait. Dans le genre *Gnetum* il existe, outre l'enveloppe vasculaire extérieure, deux téguments qui recouvrent l'ovule, mais ici l'extérieur est vasculaire, particularité que M. Strasburger signale aussi chez les Amentacées (1). On voit que l'accord est loin d'être conclu au sujet de l'interprétation des faits, dont la signification est encore controversée, et pourtant la liaison des Gnétacées en elles-mêmes avec les Conifères et leurs caractères de transition vers les Angiospermes ne font doute pour personne. Van-Tieghem et Strasburger le reconnaissent également (2).

Blume qui, à propos des plantes de Java, a étudié à la fois les Cycadées, les Conifères et les Gnétacées, a flotté, selon le témoignage de Strasburger (3) entre les deux théories, celle de Brown et celle de Richard, sans en adopter aucune d'une manière exclusive. Il incline pourtant vers

---

(1) Voy. *Die Coniferen und die Gnetaceen*, p. 256 et suiv.
(2) Voy. *Ann. sc. nat.*, 6e série, t. X, p. 292.
(3) *L. c.*, p. 181 et 182.

la première en ce qui concerne les Abiétinées. Schleider se demandait si, contrairement à l'évidence, le spadice fructifère des *Cycas* n'était pas en réalité un rameau axillaire déformé, et Miquel, dans sa monographie des Cycadées, s'était posé la même question. C'était reculer la difficulté, loin de la résoudre, et se créer une solution en intervertissant sans motif les termes du problème. En réalité l'étude des particularités intimes du mode de développement et de la structure anatomique, patiemment poursuivie, était seule capable de fournir des éléments sérieux d'appréciation, à défaut d'une solution tranchée et définitive, peut être impossible à obtenir dans l'état actuel de la science. C'est ce qu'ont très-bien compris en France MM. Baillon et Van-Tieghem, en Italie M. Parlatore, en Angleterre M. Hooker pour le curieux *Wellwitschia*, en Allemagne enfin MM. Hofmeister, Hugo Mohl, Sachs et en dernier lieu Strasburger qui, en résumant dans un travail d'ensemble toutes les vues antérieures sur les Conifères et les Gnétacées, y a ajouté le résultat de ses propres recherches.

Les détails caractéristiques, relatifs à la structure des organes reproducteurs femelles des Aciculariées, qui ont été précisés et mis en lumière à l'aide de tous ces efforts réunis peuvent se résumer de la manière suivante :

Les fleurs femelles des Aciculariées, sous l'apparence qu'elles ont actuellement, ne se montrent pas insérées sur des supports isolés et simples, mais (à une seule exception près, celle du *Salisburia*) elles sont toujours portées au contraire sur une inflorescence, et cette inflorescence peut être combinée de plusieurs manières. Le nombre et la variété de ces combinaisons constituent en définitive la principale originalité du groupe.

Dans le cas des Taxées, qui se présente à nous le premier, l'inflorescence consiste en petits rameaux munis de bractéoles, qui sortent de bourgeons spéciaux. Tantôt ces rameaux sont fasciculés de 1 à 3 (*Cephalotaxus*) ; tantôt ils sont courts, solitaires, mais ramifiés une fois de nouveau, d'un seul côté (*Taxus*) ou des deux côtés et par conséquent bifurqués (*Torreya*). Les bractées foliaires de ces rameaux sexués ne sont jamais *accressentes* et les fleurs (ovules ou ovaires) sont situées, soit solitairement au sommet de chaque axe partiel (*Taxus* et *Torreya*), soit deux par deux à l'aisselle des bractéoles supérieures de chaque rameau, disposées en un ordre décussé; c'est ce que montrent les *Cephalotaxus* (pl. 145, fig. 3 et 3a). Dans ce premier type d'inflorescence, non-seulement les bractées n'ont rien d'accrescent, mais alors même que les ovules se trouvent groupés plusieurs ensemble vers le sommet du même axe, comme chez les *Cephalotaxus*, un seul d'entre eux se développe aux dépens des autres qui avortent généralement. Enfin dans les deux genres *Taxus* et *Torreya*, où justement l'ovule est terminal au sommet d'un petit axe latéral, il se développe une formation discoïde, sortie du pourtour de la base d'insertion de l'ovule, qui s'accroît lors de la fécondation et qui l'enveloppe ensuite en partie (*Taxus*) ou totalement (*Torreya*). Cette formation discoïde ne doit être assimilée, selon M. Strasburger, ni à un tégument, ni à un ovaire. Elle est propre au groupe des Aciculariées et se retrouve plus ou moins développée, plus ou moins reconnaissable dans d'autres tribus que celle des Taxées, où elle se combine avec l'accrescence des parties qui soutiennent la fleur et contribue à la soudure de sa base d'insertion et de ses parois avec le support et avec la bractée elle-même.

Dans les *Phyllocladus* que nous considérons après les Taxées, l'inflorescence toujours axillaire consiste en un axe couvert d'un certain nombre de bractées dont quelques-unes sont fertiles, c'est-à-dire présentent à leur aisselle un support très-court et convexe, terminé par un ovule solitaire. Ce support, indépendant de la bractée, développe à la base de l'ovule fécondé une formation discoïde ayant l'aspect d'une cupule membraneuse, tandis que les bractées, devenues charnues et soudées avec le rachis de l'axe également charnu, renferment chaque ovule dans une sorte de cavité. Ici se découvrent deux caractères qu'il est bon de préciser. D'une part, le support demeure indépendant de la bractée axillante, tout en donnant lieu à un appareil discoïde, comme dans les *Taxées*, et, de l'autre, il se montre une accrescence charnue et une soudure réciproque de la bractée et de l'axe, à peu près comme dans les *Podocarpus*. L'inflorescence des *Phyllocladus* se trouve donc placée à égale distance de celles qui caractérisent respectivement ces deux genres.

Les supports floraux des Podocarpées qui représentent eux-mêmes des inflorescences réduites, contractent toujours des adhérences avec la bractée axillante, et par suite de cette soudure la formation discoïde se développe inégalement ou se confond dans l'accrescence générale des parties qui touchent l'ovule. Ici encore se présentent d'ailleurs des particularités qui donnent lieu à des genres ou à des sections de genre.

Chez les *Dacrydium*, en effet, (pl. 145, fig. 6), le support demeure simple et se trouve soudé avec la bractée, jusque vers le milieu de cet organe qui diffère peu des feuilles normales, parmi lesquelles il tient son rang; mais si le support est soudé jusqu'à son sommet, l'ovule est libre ou adhérant par la base d'insertion et d'un côté seulement. Il demeure ainsi incliné ou même érigé, et s'entoure d'une cupule non pas charnue, mais sèche et membraneuse. — Le support des *Podocarpus* n'est pas aussi simple; il constitue par lui-même, non pas un axe très-réduit, mais une inflorescence véritable, comprenant un axe et plusieurs bractées, tantôt indépendante de la feuille normale, à l'aisselle de laquelle elle se développe (*P. Chinensis* Wall.), plus rarement soudée avec celle-ci qui alors dépasse les autres, comme dans les *Dacrydium* (*P. dacrydioides* A. Rich.). Une seule des trois paires de bractées dont l'inflorescence se compose, la médiane, et presque toujours une seule bractée de cette paire, l'avant-dernière se trouve fertile et soudée complétement avec le support de la fleur unique et avec la fleur elle-même, entièrement refléchie par un mouvement de croissance qui incline le sommet en bas. L'ovule (voy. pl. 146, fig. 2 et 3, deux fruits mûrs, l'un à un seul ovule, l'autre à deux ovules, du *Podocarpus nerifolia* Don), se trouve alors après la fécondation, entièrement enveloppé, non-seulement par la formation discoïde, mais encore par le repli de son support et de la bractée auxquels il se trouve incorporé. Plus tard, l'axe et les coussinets renflés des bractées de l'axe, devenus charnus, constituent un réceptacle pour la graine revêtue elle-même d'un tégument charnu.

Les *Podocarpus* nous font voir le plus haut degré de soudure et de complexité auxquels soient arrivées les Aciculariées dépourvues de cônes ou *dialycarpées*. Dans les parties qui constituent leur appareil fructificateur, on reconnaît, comme chez les *Taxus* et les *Phyllocladus*, une inflorescence axillaire, mais dont les éléments, loin de demeurer indépendants tendent à se confondre par des adhérences mutuelles et des modifications consécutives de consistance, de plus en plus profondes. Les bractées et l'axe même sont accressents et charnus comme ceux des *Phyllocladus;* mais de plus ici, il y a soudure du support ovulaire et de la bractée axillante et confusion de celle-ci, devenue accrescente, avec la formation discoïde qui n'a pas cessé de se développer concurremment. Par ces soudures de plus en plus intimes et, il faut le dire aussi, par la structure anatomique du bois, les *Podocarpus* semblent se rapprocher des Cupressinées ou mieux encore des Séquoïées. Leur ovule unique, refléchi et incorporé à la bractée axillante, leur donne même de l'affinité avec les *Araucaria.* Ce sont là des branches très-divergentes, dérivées jadis d'un tronc commun dont la connaissance nous est dérobée par l'éloignement.

On conçoit du reste la possibilité d'une série de modifications analogues dans la structure de l'inflorescence, donnant lieu à autant de genres d'Aiculariées, en dehors des Conifères proprement dites, et effectivement bien des types rentrant dans cette même catégorie ont dû exister autrefois; peut-être même quelques-uns d'entre eux pourront-ils être rencontrés à l'état fossile et reconstitués peu à peu. Il est naturel d'admettre au moins l'hypothèse, lorsque l'on songe que les Aiculariées dialycarpées se rapprochent en définitive bien plus que les autres de la structure que l'on est en droit d'attribuer aux types par lesquels la famille a dû primitivement débuter. Les genres actuels de cette même section sont plus isolés; ils manquent souvent de liaisons mutuelles bien définies; bizarres d'aspect, comme les *Phyllocladus*, confinés dans l'hémisphère austral, comme les *Dacrydium*, ou distribués sur de grands espaces en espèces disjointes, comme les *Torreya*, ils offrent des caractères qui ne sont point en désaccord avec l'antiquité présumée de leur origine. Il faut rattacher encore à la même section, comme une confirmation de ce qui précède, un type curieux qui semble opérer la transition vers la section opposée et démontre comment, à l'aide d'une faible déviation, l'inflorescence des *Phyllocladus*, légèrement modifiée, composée de bractées accrescentes plus nombreuses et plus régulièrement agrégées, pourrait se changer sans trop d'effort en un vrai strobile, tout à fait analogue à ceux qui caractérisent la section des Conifères proprement dites.

Le *Saxe-Gothœa conspicua* Lindl., seule espèce vivante de ce genre singulier, se trouve confiné sur la croupe des Andes du Chili, où il compose en société du *Fitz-Roya patagonica* Hook. fil., du *Libocedrus chilensis* Endl. et du *Podocarpus nubigena* Lindl., de vastes forêts qui remontent jusque vers la limite des neiges éternelles. Les ovules de cette plante sont situés à l'aisselle de bractées réunies en assez grand nombre sur un axe commun ; soudé et inverse, comme chez les *Dacrydium*, chacun d'eux est entouré à la base d'une cupule mince et courte, plus ou moins lacérée sur les bords et analogue à celle des *Phyllaclodus*. Les bractées, parfois stériles, devenues accrescentes, serrées les unes contre les autres et en partie soudées, composent un strobile presque globuleux à la maturité (pl. 145, fig. 8), dont la surface est hérissée de saillies provenant des pointes terminales des bractées changées en autant d'écailles (1). Il a donc suffi du groupement des bractées en nombre plus considérable, de leur soudure avec le support de la fleur femelle et de leur

(1) Voyez L. Van-Houtte, *Flore des serres et des jardins de l'Europe,* VII, p. 83.

accrescence, pour donner à un appareil, en réalité très-voisin de celui des *Phyllocladus*, l'aspect d'un véritable strobile. C'est qu'au fond le strobile lui-même n'est pas autre chose que le résultat du groupement régulier et permanent des inflorescences femelles, réduites chacune aux proportions d'un simple support et situées à l'aisselle de toutes les feuilles d'une portion déterminée de rameau, plus ordinairement de sa sommité, ou encore occupant un rameau entier. Les feuilles axillantes, influencées par le contact ou le voisinage immédiat des ovules, changent de forme en même temps que de rôle ; elles passent à l'état de bractées ou d'écailles ; elles contribuent plus ou moins à l'évolution des semences, soit en prenant de l'extension pour les protéger, soit en disparaissant pour leur laisser le champ libre. Plusieurs cas se présentent en effet chez les Conifères : 1° la bractée est indépendante du support ovulaire; elle avorte ou demeure faible et petite, tandis que le support grandit et joue seul le rôle d'écaille dans le fruit; c'est le cas des Abiétinées (pl. 149, fig. 2-3, 8-9), 2° la bractée est soudée en partie avec le support ovulaire, et, par suite de cette soudure incomplète, tous deux grandissent et se développent en même temps, en donnant lieu à un organe complexe, dans lequel les deux éléments, malgré leur cohérence, demeurent cependant susceptibles d'être distingués; c'est le cas des Taxodiées et des Séquoïées (pl. 147, fig. 5, 6 et 8), et aussi du *Sciadopitys*; 3° la bractée est entièrement soudée dès l'origine avec le support, dans toute l'étendue de ce dernier, qui se confond avec la face supérieure du premier des deux organes, en sorte que pendant longtemps on a pu croire à l'existence d'une seule écaille supportant directement les ovules et à l'absence de toute bractée axillante. C'est le cas des Araucariées (pl. 146, fig. 6-8, 11-14 et 16-17), et plus encore des Cupressinées (pl. 148, fig. 2-4, 8 et 10). Mais il faut distinguer entre les modes de développement propres à chacun de ces deux groupes. Dans le second, non-seulement la soudure est complète à l'origine entre la bractée et le support; mais celui-ci, d'abord représenté uniquement par l'emplacement où les fleurs se trouvent insérées, s'étend après la fécondation de manière à recouvrir et à déborder latéralement la bractée à l'aide d'une sorte de production discoïde (pl. 148, fig. 2 et 3). Dans le strobile mûr, chacune des deux parties, bien que soudées intimement, conservent l'indépendance de leurs systèmes de faisceaux respectifs. Ce mode de développement se rattache étroitement à celui qui prévaut chez les Taxodiées et les Séquoïées; il n'en diffère que par un degré de soudure plus avancé; mais les phénomènes d'accrescence qui donnent lieu à l'écaille du strobile manifestent des deux parts une visible analogie et aboutissent à des résultats équivalents. Dans les Araucariées, au contraire, la soudure de la bractée et du support est plus intime à l'intérieur, en ce sens qu'il y a fusion au moins partielle des deux systèmes de faisceaux, celui de la bractée tendant à prédominer sur celui du support et à l'absorber plus ou moins. Ici, cependant, le support demeure originairement, et plus tard encore, visible sous la forme d'un appendice ou d'un bourrelet qui se montre en saillie à la face supérieure de la bractée (pl. 146, fig. 7-8, 12 et 14), et qui sert de point d'attache à l'ovule solitaire, toujours réfléchi dans cette section (voy. aussi pl. 146, fig. 22-23).

Ces préliminaires une fois posés, comme tout ce qui tient à la distinction à faire entre les Aciculariées pourvues ou dépourvues de cônes, et la façon même de concevoir la structure soit actuelle, soit originaire, de l'appareil fructificateur, fournissent des caractères de la plus grande importance, aussi bien pour la classification générale que pour la détermination des formes fossiles, nous allons entrer plus avant dans le vif de la question, à l'aide de considérations que nous ferons suivre d'un tableau de la classe entière, distribuée par sections et tribus.

Malgré les passages qui nous ont paru conduire sans trop d'efforts des Aciculariées à inflorescences disjointes vers celles dont les organes femelles sont groupés en strobile, la division de la classe en deux grandes sections, basées sur la présence ou l'absence d'un appareil aussi caractéristique, est non-seulement des plus naturelles, mais elle est sans doute conforme à l'ordre même qui a dû présider à l'évolution génésique des Aciculariées. Les types à strobiles ou Conifères vraies n'ont dû venir qu'après les autres et sont vraisemblablement issus de ces derniers ; on peut les concevoir comme une branche cadette, d'abord insignifiante, qui aurait ensuite revêtu peu à peu les caractères qui la distinguent, en acquérant graduellement la prépondérance, puis la domination. Cette marche présumée n'implique pas pour tous les types d'Aciculariées dialycarpées une antériorité nécessaire vis-à-vis des Syncarpées ou Conifères. Les uns comme les autres ont dû subir respectivement des modifications graduelles et s'éloigner plus ou moins de leurs prototypes originaires. C'est pourtant parmi les premiers seulement que l'on peut s'attendre à retrouver les vestiges les moins effacés de l'état primitif commun à tous deux. Le strobile résulte dans tous les cas d'une complexité de structure des plus évidentes; il nous révèle un amoindrissement et une atrophie notables de parties originairement développées et un développement concomitant de celles qui, primitivement accessoires, furent détournées de leurs fonctions pour en remplir de nouvelles.

C'est ainsi que l'on doit concevoir le cône, et c'est dans le même sens que l'on doit apprécier l'inflorescence beaucoup plus simple ou moins profondément modifiée des genres qui en sont dépourvus. C'est par là aussi que l'on peut expliquer comment les écailles des cônes sont toujours disposées dans un ordre si strictement conforme à celui des feuilles normales des rameaux. Les écailles continuent le plus ordinairement la série des feuilles, de même que les cônes ne sont que des rameaux contractés. Les cônes perfoliés par déformation ou même les cônes normaux des *Cryptomeria* et *Cunninghamia* (pl. 147, fig. 2) montrent bien que le strobile a pu se constituer inférieurement au sommet de l'axe végétatif qu'il termine le plus souvent, mais qui dans ces divers cas tend à se prolonger au-dessus de lui. Les cônes, parfois si démesurément allongés de certains types fossiles (1) (voy. pl. 154, fig. 4, un cône presque complet de *Voltzia heterophylla*, Schimp.) représentent en réalité des axes chargés d'écailles fructifères sur un très-long espace. Ce sont des portions considérables de rameaux dont toutes les feuilles sont devenues fertiles. Dans les Cupressinées, les écailles sont décussées ou ternies, selon que les feuilles normales sont disposées par verticilles de deux ou de trois. C'est là une preuve que, lorsque les écailles ont été adaptées à leurs fonctions de bractées

(1) Voy. Schimper, *Traité de paléontologie végétale*, t. II, p. 243, pl. 76, fig. 1, pour la description et la figure des cônes du *Glyptolepis keuperiana* Schimp., des grès moyens du Keuper, aux environs de Stuttgart.

protectrices des ovules, les feuilles de ces végétaux étaient
déjà disposées dans l'ordre que nous leur connaissons. Par
conséquent, l'ordonnance foliaire des genres de Cupressinées actuelles a dû précéder (sauf peut-être dans les *Widdringtonia*) l'organisation définitive du strobile, et cette
organisation a dû se fixer peu à peu, à mesure que les
inflorescences axillaires se réduisaient à n'être plus que des
supports dont la soudure avec la base de la feuille axillante, devenue bractée, provoquait l'accrescence de
celle-ci, et finalement son adaptation aux fonctions
acquises qu'elle accomplit sous nos yeux.

Cette correspondance entre l'ordonnance des feuilles
normales et celles des éléments constitutifs de l'inflorescence est beaucoup moins marquée ou même n'existe
pas chez les Aciculariées dialycarpées; les types de cette
section sont en même temps séparés mutuellement par
des intervalles des plus inégaux ou se montrent totalement isolés, tandis que toutes les Conifères vraies, plus
ou moins parentes et sorties originairement sans nul
doute d'un tronc commun, manifestent des liens mutuels
et souvent d'insensibles degrés de transition d'un genre
ou d'une section vers un autre genre ou une section
voisine.

La division des Dialycarpées comprend deux tribus, celles
des Taxées et des Podocarpées, et de plus un certain
nombre de types isolés, au moins dans la nature actuelle.
Ce sont, entre autres, les genres *Phyllocladus, Saxe-Gothœa*,
dont nous avons parlé, et enfin le *Salisburia* ou Ginkgo,
d'autant plus intéressant que son existence dans les temps
jurassiques a été mise hors de doute par les récents travaux de M. O. Heer (1).

(1) *Ueber Ginkgo Thunbrg cum tab.*

Non-seulement le *Salisburia* forme à lui seul une section ou tribu très-éloignée à tous les points de vue de celle des Taxées, quoiqu'en dise M. Strasburger, mais il représente, selon nous, un état primitif et antérieur du groupe entier des Aciculariées; et, ce qui semblerait le prouver, c'est que plus que, toutes les autres, il retrace l'aspect des plus anciens types connus par les détails caractéristiques de ses parties fructifiées. L'inflorescence femelle se trouve ici réduite a son minimum de complexité. Elle se développe, à l'exemple des chatons mâles, sur les ramules latéraux raccourcis. Il n'existe plus même de bractées, ou plutôt les feuilles qui font l'office de bractées mères ne sont autres que des feuilles normales (pl. 144, fig. 1); mais à l'aisselle de chacune d'elles se développe un support grêle et long, qu'aucun détail de structure intérieure ou extérieure ne différencie des pétioles eux-mêmes, sauf qu'il paraît orienté en sens inverse de la feuille axillante et tourne par conséquent vers elle la partie trachéenne de ses faisceaux. Ce support, légèrement dilaté vers son sommet, soutient généralement deux ovules pourvus du tégument ordinaire bilabié et d'un rudiment de disque ou cupule en forme de bourrelet circulaire à la base. On sait que le fruit mûr comprend deux drupes, plus ordinairement une seule par l'avortement de la seconde. Cette drupe est charnue extérieurement et fort analogue d'aspect aux semences des *Cycas*; elle présente, lorsqu'on la dépouille de son enveloppe charnue, un *endotesta* lisse, de consistance ligneuse, à deux ou trois angles très-marqués, dont l'affinité de forme avec les *Cardiocarpus, Rhabdocarpus et Trigonocarpus* du terrain houiller est certainement des plus étroites (voy. pl. 144, fig. 3 et 4 et comp. avec les fig. 4, 5-6, pl. 150, et 4-6,

pl. 151). Seulement, dans d'autres espèces également anciennes (pl. 150, fig. 7 et aussi fig. 2-3, même planche)
des organes fossiles de même nature paraissent, à l'exemple
de beaucoup de Conifères actuelles, avoir eu les carènes
de leur *testa* accompagnées de crêtes membraneuses ou
d'appendices ailés, tandis que dans la graine de *Salisburia*
ces mêmes angles se trouvent recouverts, ainsi que l'endotesta tout entier (pl. 144, fig. 2) d'une chair pulpeuse
qui en arrondit le contour. Quelle est la vraie nature du
support ovulaire du *Salisburia?* est-il de nature axile,
comme l'admettent Strasburger et bien d'autres botanistes, ou appendiculaire, comme le croit M. Van-Tieghem?
et faut-il reconnaître en lui une feuille fertile, unique
représentant d'un axe floral avorté? Nous penchons d'autant mieux vers cette dernière interprétation que cet axe
prétendu a toute l'apparence d'un pétiole normal, qu'il
n'en diffère par aucun détail, qu'il se dédouble parfois ou
donne lieu à plusieurs ovules irrégulièrement disposés,
comme fait dans d'autres circonstances le limbe même
de la feuille, sujet à se partager en laciniures (pl. 145,
fig. 1). La structure de la feuille est du reste des plus
caractéristiques dans le *Salisburia;* elle présente assez
souvent 3 à 5 lobes au lieu de 2 et pourrait bien rappeller
un temps et un état dans lesquels les organes appendiculaires des Aciculariées n'avaient pas encore revêtu l'aspect qui leur est propre de nos jours (comp. les fig. 1,
pl. 144, et fig. 2 pl. 145, avec les espèces paléozoïques
figurées sur la planche 152).

Il est certain, en tous cas, que les supports d'ovules du
Salisburia ressemblent à ceux qui naissaient à l'aisselle
d'une bractée et entourés de bractéoles sur les inflorescences de certains *Cordaites* (voy. pl. 150, fig. 1-3). Ces

supports paléozoïques occupaient plusieurs ensemble la partie intérieure d'un bourgeon à écailles gemmaires étroites et serrées ; ils paraissent plutôt fasciculés que soudés entre eux par la base et chacun d'eux se trouve surmonté par un seul ovule dont le développement donnait lieu aux *Cardiocarpus* à carènes appendiculés ou *Samaropsis* de Gœppert (pl. 150, fig. 3 et 7). On n'a qu'à supposer l'avortement partiel d'une semblable inflorescence et sa réduction aux seules parties essentielles, les supports ovulaires, persistant à l'aisselle d'une feuille normale, au lieu d'une simple bractée, et l'on obtiendra une disposition dont l'analogie avec celle des fleurs femelles de *Salisburia* paraîtra des plus étroites. Nous avons insisté sur ces particularités, non-seulement parce que le type du *Salisburia* diffère de tous les autres, parmi les Aciculariées actuelles, mais aussi parce que la liaison de ce type avec le groupe primordial des *Cordaites* et la considération de ceux-ci peuvent justement donner la clef de la marche évolutive suivie autrefois par l'ensemble de l'ordre et faire découvrir la signification qne l'on doit attacher à la structure florale d'où le cône est autrefois sorti, sans doute à l'aide d'intermédiaires aujourd'hui perdus.

Les Aciculariées tout à fait primitives ont dû certainement se rapprocher des Cycadées ; mais aussi loin que notre exploration peut s'étendre, même en atteignant à un ordre de choses assez ancien pour atténuer la distance qui sépare maintenant les deux groupes, on est obligé d'admettre l'existence, dès cette époque, de deux différences essentielles, susceptibles d'influer sur la structure des appareils fructificateurs respectifs : la première de ces différences consiste dans la propension de l'axe caulinaire des Aciculariées à se subdiviser en multipliant les rameaux et superposant les plus récents aux plus anciens. La seconde différence résulte de la structure des feuilles, toujours simples, le plus souvent étroites, réduites au pétiole ou décurrentes sur la tige par cette partie, dans la plupart des Aciculariées à nous connues, tandis que ce même organe est constitué par une fronde pinnée, chez les Cycadées, dont la tige par contre se ramifie si difficilement. Ces différences ont dû entraîner dès l'origine des dissidences notables dans la structure et le mode de développement des appareils fructificateurs, sans qu'il y ait lieu de supposer cependant, comme le fait M. Strasburger, un contraste aussi radical que celui de l'insertion directe des ovules sur les feuilles, dans un des cas, et sur l'axe même de l'inflorescence, dans l'autre. Le point de départ originaire a été sans doute le même des deux côtés, et les loges à pollen, de même que les ovules, ont dû se trouver (l'anomalie serait trop grande de ne pas l'admettre) également insérés sur des feuilles. Comment ne pas croire que les choses se soient passées au début . chez les Aciculariées, comme elles se passent encore sous nos yeux chez les Cycadées. Dans celles-ci l'ovule tient évidemment la place d'une foliole, par conséquent d'un segment foliaire ; c'est ce que montrent clairement les carpophylles des *Cycas*. Les ovules des premières Aciculariées ont dû naître de même du rachis de la feuille, c'est-à-dire de son pétiole, et remplacer le limbe en le faisant avorter. Cette structure probable s'offre d'elle-même à l'esprit si l'on tient compte de l'appréciation qui précède et du rapprochement des types les plus anciens avec ceux qui leur ont succédé.

L'appareil reproducteur des Aciculariées, comme celui des Cycadées, est toujours constitué par un axe. Chez les

Cycadées dont le tronc demeure longtemps simple, cet axe est tantôt le principal, et tantôt un axe secondaire immédiatement sorti du premier : ce sont les feuilles transformées de cet axe qui soutiennent directement les organes mâles ou femelles. Chez les Aciculariées au contraire les axes floraux sont nécessairement subordonnés à des rameaux plus anciens ; par le résultat même d'une structure générale, ils sont plus menus et plus faibles que dans les Cycadées, bien que leurs feuilles aient été destinées, originairement au moins, à remplir le même office. L'inflorescence mâle des Aciculariées a conservé intacte jusqu'à nous cette structure première. Elle a dû revêtir de bonne heure l'aspect amentoïde qui lui est propre ; sauf l'atrophie des feuilles, changées en écailles, et la gracilité de l'axe, elle a dû demeurer à peu près telle qu'elle était d'abord. Au contraire, pour se faire une juste idée de l'évolution à laquelle l'appareil femelle des Aciculariées a donné lieu, il faut admettre d'abord qu'il a dû se composer d'une inflorescence nécessairement axillaire, munie de feuilles sexuées, supportant chacune un ou plusieurs ovules. Les carpophylles de cette inflorescence primitive ont dû se montrer fertiles d'une façon inégale ; de là des différences de l'un à l'autre et des causes de modifications et d'avortement. En effet, l'appareil femelle, au lieu de voir, comme le mâle, son rôle terminé par l'acte de la fécondation, le prolonge bien au delà et acquiert après cet acte seulement toute son importance. De là une source féconde de changements amenés par cette circonstance que certains ovules se développent aux dépens des autres. Par suite, l'inflorescence primitive, que nous avons en vue, a fort bien pu se réduire peu à peu à des proportions graduellement plus modestes et avorter finalement, à l'exception des seules parties indispensables aux ovules en voie de développement. C'est ainsi que la presque totalité de l'axe primitif a dû dans une foule de cas se changer en un simple support et contracter des adhérences soit avec le petit nombre d'ovules qui persistaient, soit avec la feuille axillante contiguë. C'est à peu près ce que montrent les *Cordaites*, seulement chez eux l'inflorescence, très-développée, n'avait qu'une faible tendance à se réduire : les Conifères actuelles sont vraisemblablement issues de prototypes à inflorescences plus petites, modifiées par des avortements successifs, et chez lesquels la soudure constante des parties ovulifères atrophiées avec la feuille axillante devenue bractée a fini par amener la formation du strobile. On conçoit très-bien comment, sur des organes ainsi métamorphosés et réduits, il est à peu près impossible de distinguer les parties originairement appendiculaires des parties axiles, et comment aussi les ovules, tenant d'abord la place des feuilles, ont pu se trouver, par le fait des réductions successives qui s'opéraient, reportés sur l'axe changé en un simple support, de même que ce support a pu résulter de la soudure des dernières feuilles, survivant à un axe devenu rudimentaire. L'étude de la structure anatomique des tiges, dont le tissu intérieur a dû moins changer que la disposition des parties extérieures, permet peut-être de reconstituer l'ordre et l'enchaînement des affinités véritables entre les tribus et les genres.

Les Conifères vraies, Aciculariées à strobile ou syncarpées, se divisent, comme la section des dialycarpées, en une série de tribus, auxquelles il faut joindre un certain nombre de genres qui forment autant de tribus monotypes et paraissent isolés dans la nature actuelle,

soit qu'ils représentent des groupes amoindris, menacés
d'extinction, soit qu'ils contribuent à nous faire connaître
quelques-uns des anneaux intermédiaires d'une chaîne
autrefois continue.

La première tribu est celle des Araucarinées, dont il
existe des traces certaines dès les temps secondaires, non
pas qu'elle ait précédé toutes les autres, ainsi que le donne
à entendre l'arbre généalogique dressé par Strasburger (1),
mais sans doute parce que les types qui en font partie ou
en ont fait autrefois partie ont fixé de bonne heure les
traits de structure de leurs appareils floraux, tels qu'ils
les possèdent encore. Les Araucarinées, selon nous, à
l'exemple de bien d'autres genres que nous passerons en
revue, ont revêtu leurs caractères définitifs à une époque
où les tribus, principales aujourd'hui, étaient encore flot-
tantes et mal délimitées ou représentées seulement par
les types les plus simples de chacune d'elles, qui se sont
ensuite dédoublés et fixés à leur tour. Les Abiétinées et
les Cupressinées ne comprenaient vraisemblement que
des genres prototypiques, des *Tsuga?* chez les premières,
des *Widdringtonia* ou des *Palæocyparis* chez les secondes,
à une époque où il existait déjà, comme nous le verrons,
des Araucarinées nombreuses, les unes disparues depuis
lors, les autres à peu près semblables à celles que nous
avons encore sous les yeux.

Ce qui caractérise surtout le cône des Araucarinées, c'est
la fusion intime des éléments du support avec ceux de la
bractée, fusion qui entraîne celle des deux systèmes de
faisceaux vasculaires, avec une prépondérance marquée
de celui de la bractée sur celui du support qui se réduit à

____

(1) *Die Coniferen und die Gnetaceen*, p. 264.

ne plus être qu'une ramification du premier. Sur l'écaille ainsi conformée, se place une semence unique et inverse ; de plus, au moins de nos jours, les écailles du cône parvenu à son entier développement se détachent d'elles-mêmes et abandonnent l'axe persistant et dépouillé, circonstance qui se produit aussi dans une portion des Abiétinées, mais non pas dans toutes. Les Araucarinées, si restreintes de nos jours et confinées exclusivement dans l'hémisphère austral, se distinguent pourtant en deux sous-tribus : la première est celle des Araucariées proprement dites, dans laquelle l'ovule posé sur un appendice squameux, dernier vestige du support, est enchâssé avec lui dans la substance même de l'écaille qui l'emporte avec elle dans sa chute. En même temps, dans cette sous-tribu, la bractée accrescente et ligneuse, mais peu modifiée d'ailleurs, conserve encore à sa partie supérieure l'apparence extérieure d'une vraie feuille. Dans l'autre sous-tribu, celle des Dammarées, l'écaille a un pourtour arrondi ; elle se termine par un rebord épaissi et replié vers le bas (voy. pour la comparaison des écailles des *Araucaria* et *Dammara* les figures 6-8, 11-14, 16-17, 21-34 de la planche 146). Ces écailles s'emboîtent fort exactement l'une sur l'autre dans le cône (pl. 146, fig. 21) ; les vestiges du support, bien moins prononcés que dans les *Araucaria*, se réduisent à une saillie en forme de bourrelet (fig. 22), à laquelle l'ovule est attaché. Cet ovule inverse, comme celui des *Araucaria*, mais libre, donne lieu à une semence ailée unilatéralement (fig. 24) qui se détache de l'écaille à la maturité et se trouve auparavant couchée à sa surface (fig. 23), dans une dépression peu profonde destinée à la recevoir.

M. Strasburger a rattaché aux Araucarinées le genre *Cunninghamia*, mais il vaut mieux considérer ce genre et aussi le *Sciadopitys* comme donnant lieu à deux petites tribus isolées qui semblent placées entre les Araucarinées, d'une part, les Abiétinées et les Séquoïées, de l'autre, autour desquelles il semble qu'elles gravitent, sans s'y rattacher précisément. L'étude de la structure intérieure des tiges confirme du reste cette manière de voir, en montrant une étroite affinité entre les Abiétinées et le *Cunninghamia*. Dans ce genre, à l'exemple de ce qui a lieu chez les *Cryptomeria*, le cône tend à devenir perfolié (pl. 147, fig. 2), c'est-à-dire que le rameau se prolonge plus ou moins au-dessus de lui. Les écailles du cône assez peu transformées et persistantes ressemblent à des feuilles normales dilatées et, comme celles-ci, se trouvent denticulées ou plutôt finement fimbriées sur les bords. La partie libre est légèrement carénée sur le dos (pl. 147, fig. 3) et terminée en pointe au sommet. La face intérieure se trouve tapissée par les vestiges du support, disposé comme une membrane, mais dont la partie supérieure se relève pour former un bourrelet transversal et supporter trois semences inverses, comprimées, étroitement ailées et non adhérentes lors de la maturité. Le cône du *Cunninghamia* se distingue donc de ceux des *Dammara* par la persistance de ses écailles, par ses semences au nombre de 3 sur chaque écaille et non plus uniques, enfin par la structure du support plus distinct que ceux des genres précédents, moins développé pourtant que celui des *Sequoia* vers lesquels le *Cunninghamia* semble marquer une transition par le fruit, tandis que la structure anatomique de sa tige le rapproche davantage des Abiétinées et particulièrement des *Tsuga*.

Le type singulier du *Sciadopitys verticillata* Sieb. et Zucc., dont les feuilles apparentes ne sont que des phyl-

lodes résultant de la soudure de deux aiguilles, tandis
que les vraies feuilles se trouvent réduites à de simples
écailles, se rattache de plus près encore aux *Sequoia*. Les
écailles du cône se composent ici de la bractée et du support incomplétement soudés ; seulement le support qui
présente 7 semences inverses et marginées est plus
développé que la bractée qui tend à s'isoler, comme chez
les Abiétinées, tandis que la soudure partielle des deux
éléments de l'écaille et leur mode d'accrescence ramène
évidemment l'esprit vers les *Sequoia*. C'est là au total un
type ambigu et intermédiaire, comme il a dû en exister
beaucoup autrefois.

A partir du point où nous sommes parvenus, la voie se
bifurque pour donner accès, dans des directions très-divergentes, vers les Abiétinées, d'un côté, vers les Séquoïées,
les Taxodiées et, par leur intermédiaire, vers les Cupressinées, de l'autre. Une série linéaire est impuissante à
rendre ce double mouvement, dont un type antérieur aux
Séquoïées elles-mêmes pourrait bien avoir été le point de
départ commun.

Les Abiétinées, si nombreuses, si importantes dans
notre zone, de nos jours, et qui l'ont été sans doute davantage à l'époque tertiaire, sont très-bien caractérisées
par l'indépendance réciproque du support et de la bractée
(pl. 149, fig. 2-3 et 8-9), ainsi que par la présence constante de deux ovules inverses (pl. 149, fig. 7, et aussi
fig. 3 et 9), placés le long des côtés et vers la base du
support (fig. 7, en *oo*), l'exostome dirigé en bas, vers l'intérieur du cône. Les Abiétinées, malgré leur fractionnement en plusieurs genres, n'en forment pour ainsi dire
qu'un seul, partagé en sections ; chacune d'elles pourtant possède des caractères propres et généralement dé-

cisifs, provenant soit de la configuration des écailles, tantôt planes (pl. 149, fig. 1) ou faiblement convexes, arrondies le long des bords antérieurs (pl. 149, fig. 2), tantôt relevées en apophyse (pl. 149, fig. 8) ; soit de la persistance ou de l'avortement immédiat de la bractée (pl. 149, fig. 2 et fig. 8), soit enfin du nombre et de la nature persistante ou caduque des écailles du strobile. Il est bien difficile de préciser l'époque à laquelle les premières Abiétinées ont commencé à paraître ; bien des circonstances peuvent nous avoir dérobé jusqu'ici la connaissance des plus anciennes plantes de cette tribu qui, à cause de l'indépendance mutuelle des deux éléments dont la réunion constitue l'écaille chez toutes les autres Conifères, pourrait bien remonter à une très-haute antiquité. Les Abiétinées semblent avoir été dès leur première origine des plantes boréales et montagnardes (1).

Les Séquoïées comprennent, dans l'ordre actuel, les deux seuls genres *Sequoïa* et *Arthrotaxis*, l'un exclusivement boréal, l'autre uniquement austral ; elles servent de point de départ à une dernière série qui commence à elles pour aboutir finalement aux Junipérinées, en passant par les Taxodiées, que l'on doit considérer comme un trait d'union et un passage qui mène des Séquoïées aux Cupressinées proprement dites.

Les Taxodiées même sont spécialement reliées à ces dernières par le genre *Widdringtonia*, dont les feuilles sont éparses ou inexactement opposées, tandis que les

---

(1) D'après des observations toutes récentes qui nous ont été transmises par M. le docteur Nathorst, de Stockholm, il existerait des indices sérieux de la présence des Abiétinées dans les schistes rhétiens Pälsjo en Scanie. — Les *Tsuga*, les cèdres et les pins de la craie inférieure du Hainaut auraient habité une région montagneuse de l'époque, suivant l'opinion fort juste consignée dans le mémoire de M. l'abbé Coëmans.

valves du fruit sont conniventes et opposées par paire, conformément au plan de structure que l'on observe chez toutes les Cupressinées.

La soudure entre le support et la bractée est incomplète dans les Séquoïées, de même que dans les Taxodiées, et les deux organes demeurent distincts, bien qu'adhérant partiellement entre eux. Seulement, l'ovule des premières, dont le nombre est de 3 à 7 sur chaque écaille, est toujours inverse et les rattache par ce caractère aux *Cunninghamia*, *Sciadopitys* et, par eux, aux Araucariées, tandis que l'ovule des Taxodiées est érigé, comme celui de toutes les Cupressinées. L'écaille du cône des *Arthrotaxis* et *Sequoia* est toujours atténuée en pédicule à la base (voy. pl. 147, fig. 5 et 6), plus ou moins dilatée et épaissie vers son extrémité antérieure ; seulement dans l'*Artrhotaxis* (fig. 5), qui sous ce rapport opère une transition manifeste vers le *Cunninghamia*, le support appliqué contre la face supérieure de la bractée forme sur elle un revêtement épaissi en bourrelet vers la base de l'apophyse qui sert de terminaison à la bractée. Ce bourrelet est de plus assez distinctement découpé en autant de lobes qu'il soutient de semences inverses. Ici donc le support, bien que plus saillant que celui du *Cunninghamia*, demeure pourtant plus court que la bractée, tandis que dans les *Sequoia* (fig. 6), les deux organes appliqués l'un sur l'autre atteignent à un développement égal et concourent chacun pour une part à former l'écusson peltoïde et transversalement elliptique qui termine antérieurement chaque écaille. Il est impossible de ne pas être frappé de la ressemblance très-grande des cônes d'*Arthrotaxis* avec ceux des *Voltzia* (pl. 154, fig. 4-6) : la structure est à peu près la même des deux parts ; mais chez les *Voltzia* le support, divisé extérieurement en 3-5 lobes très-nettement prononcés, dépasse la bractée, au lieu d'être dépassé par elle ; nous avons vu, il est vrai, que la même disposition existait dans le *Sciadopitys* actuel, et les Taxodiées en offrent aussi des exemples très-saillants (pl. 147, fig. 8 et 8ª). La plus ancienne des Séquoïées connues nous paraît donc être le *Voltzia heterophylla* Schimp., Conifère du grès bigarré des Vosges, qui semble alliée également aux *Cryptomeria*, comme le montrent nos figures (pl. 154, 1-8).

La tribu des Taxodiées, qui se rattache de si près à celle des Séquoïées par toute son organisation intérieure et la structure même de ses cônes, n'en diffère que par l'ovule dressé. Elle offre encore cette particularité remarquable que le support ovulaire, qui répond peut-être aux dernières feuilles avortées et à demi soudées d'une inflorescence axillaire, est lacinié, c'est-à-dire partagé en lobes qui persistent après la fécondation et viennent dans les genres *Glyptostrobus* et *Cryptomeria* (pl. 147, fig. 8) s'étaler, comme autant de crénelures, au-dessus de la bractée. Cette disposition, nous l'avons déjà remarqué, est celle que l'on observe dans les *Voltzia* et plusieurs autres genres, soit triasiques, soit jurassiques.

Le groupe des Cupressinées commence par le genre *Widdringtonia*, seul type de cette tribu dont les feuilles ne soient pas disposées par verticelles alternants de 2 ou de 3 feuilles (voy. pl. 148, fig. 1-5). Comme les *Widdringtonia* ont apparu très-anciennement, il semble que les feuilles des Cupressinées aient dû être d'abord inexactement opposées, avant de devenir rigoureusement décussées ou ternées et de se différencier en feuilles faciales et naviculaires latérales. Le strobile des Cupressinées, malgré l'extrême variété des formes (pl. 148, fig. 2 4, 8 et 10), montre une très-grande fixité de structure. Le nombre des graines, toujours libres, varie également (pl. 148, fig. 5 et 9), mais l'écaille est toujours constituée de deux parties, plus ou moins aisées à distinguer, malgré leur réunion : la bractée et le support. Celui-ci, d'abord presque nul, puis accrescent, recouvre la bractée ou même l'entoure d'une production qui contribue, plus que la bractée elle-même, à la constitution et au développement de la partie terminale et apophysaire de l'écaille. Ce dernier organe change selon les genres, sans jamais perdre ses caractères essentiels. Dans toutes les Cupressinées, le nombre et la disposition des paires ou des verticelles d'écailles dans le strobile sont entièrement conformes (en exceptant le seul *Widdringtonia*) à l'ordonnance des feuilles sur le rameau. Les écailles, d'abord étroitement conniventes, s'entrouvrent pour laisser échapper les semences (pl. 148, fig. 4 et 8), dont le nombre très-variable peut s'élever jusqu'à 12 pour chacune. Dans les Junipérinées enfin, dernier terme de cette longue série, le verticille supérieur est le seul fertile, et les écailles promptement soudées donnent lieu à une baie charnue, nommée galbule, qui ne diffère du strobile que par l'adhérence mutuelle et la consistance des parties qui la composent.

CLASSIFICATION GÉNÉRALE DES ACICULARIÉES

d'après la considération des organes fructificateurs.

SOUS-ORDRE I.

Aciculariées dialycarpées

ou

À ORGANES FEMELLES NON AGRÉGÉS EN STROBILE.

SECTION A.

Dialycarpées gymnopodées.

Ovules portés sur des pédoncules dépourvus de bractées.

TRIBU 1. — SALISBURIÉES.

Genre unique : *Salisburia* Sm.

Supports simples (exceptionn. divisés par dichotomie),
biovulés au sommet (exceptionn. 3-4 ovules), disposés
solitairement à l'aisselle des feuilles normales des ramules latéraux. Graine à enveloppe extérieure charnue,
à *endotesta* ligneux, 2-3 caréné.

SECTION B.

Dialycarpées chlamidopodées.

Ovules souvent munis d'une formation discoïde, toujours insérés sur des axes pourvus de bractées.

TRIBU 2. — TAXÉES.

Genres : *Taxus* Tourn., *Torreya* Arn., *Cephalotaxus*
Sieb. et Zucc.

Ovules toujours dressés, pourvus ou dépourvus d'une

formation discoïde, insérés solitairement au sommet d'un ramule de deuxième génération ou groupés par deux à l'aisselle de bractées décussées et réunies en glomérule à l'extrémité des rameaux de l'inflorescence ; bractées des axes floraux de consistance foliacée, *non accrescentes.*

Caractères particuliers. — Androphylles peltoïdes ou subpeltoïdes, groupés en faisceau sur un pédoncule divisé par dichotomie.

TRIBU 3. — PHYLLOCLADÉES.

Genre unique : *Phyllocladus* C. Rich.

Bractées de l'inflorescence soudées avec l'axe, devenant charnues et servant de carpophore aux ovules dressés, insérés solitairement sur de courts supports à l'aisselle de chaque bractée et pourvus à leur base, à la maturité, d'une cupule membraneuse.

Caractères particuliers. — Rameaux phyllodés. — Chatons mâles terminaux, deux ou plusieurs fasciculés.

TRIBU 4. — SAXE-GOTHÆÉES.

Genre unique : *Saxe-Gothœa* Lindl.

Bractées de l'inflorescence accrescentes et soudées entre elles, après la fécondation, formant un syncarpe hérissé de pointes et portant chacune à leur base un ovule *inverse*, pourvu d'une cupule membraneuse.

TRIBU 5. — DACRYDIÉES.

Genres : *Dacrydium* Sol., *Pherosphœra* Arch.

Supports ovulaires soudés à la bractée axillante jusqu'à la demi-hauteur de cet organe, portant un seul ovule plus ou moins incliné, pourvu à la maturité d'une cupule non charnue.

TRIBU 6. — PODOCARPÉES.

Genre : *Podocarpus* L'hérit., divisé en plusieurs sections.

Axe et bractées de l'inflorescence soudés réciproquement et donnant lieu par accrescence à un carpophore charnu ; ovule *inverse* soudé avec son support à la bractée mère repliée au sommet et lui constituant, concurremment avec la formation discoïde, une enveloppe charnue à la maturité.

Caractères particuliers. — Androphylles disposés le plus souvent en chatons géminés , réunis inférieurement sur une base commune.

SOUS-ORDRE II.

Aciculariées syncarpées ou Conifères vraies

Organes femelles réunis en un strobile formé d'écailles plus ou moins nombreuses, épaissies et ligneuses ou plus rarement charnues, à l'époque de la maturité, recouvrant les ovules et quelquefois faisant corps avec eux; chaque écaille comprenant deux éléments confondus ou plus ou moins distincts : la *bractée axillante* et le *support ovulaire.*

TRIBU 7. — ARAUCARINÉES.

Fusion plus ou moins complète des deux éléments et de leurs faisceaux vasculaires respectifs en une écaille détachée de l'axe du strobile à la maturité: ovule *inverse* et *solitaire* sur chaque écaille.

SOUS-TRIBU 1. — ARAUCARIÉES.

Genre : *Araucaria* Juss. divisé en sections.

Support ovulaire sous forme de squamule distincte de l'écaille vers son sommet ; ovule inclus soudé à l'écaille dans toute sa longueur, se détachant avec elle à la maturité.

Caractères particuliers. — Androphylles très-nombreux, en chatons denses et terminaux. Feuilles en lames, en crochet, en faux, insérées dans un ordre spiral sur le rameau.

SOUS-TRIBU 2. — DAMMARÉES.

Genre : *Dammara* Rumph.

Support ovulaire sous forme de bourrelet peu saillant, ovule libre, unilatéralement ailé, se détachant de l'écaille à la maturité.

Caractères particuliers. — Chatons mâles sortant de bourgeons axillaires. — Feuilles en lame, multinerviées, opposées généralement par paires alternantes.

TRIBU 8. — CUNNINGHAMIÉES.

Genre unique : *Cunninghamia* R. Br.

Fusion des deux éléments et de leurs faisceaux vasculaires respectifs en une écaille *persistante* à la maturité, constituée par la bractée tapissée jusqu'à la moitié de sa face supérieure par le support terminé en un bourrelet tripartite, auquel adhèrent trois ovules inverses libres et comprimés.

Caractères particuliers. — Feuilles lancéolées, sessiles, uninerviées, insérées en spirale, serrulées sur les bords.

TRIBU 9. — SCIADOPITÉES.

Genre unique : *Sciadopitys* Sieb. et Zucc.

Bractée et support *soudés partiellement*, distincts dans le haut ; support dépassant la bractée et présentant jusqu'à sept ovules libres, inverses, comprimés.

Caractères particuliers. — Feuilles vraies, réduites à l'état de squamules ; les supérieures de chaque jet très-rapprochées et portant à leur aisselle un appareil phyllodé résultant de deux aiguilles longitudinalement soudées.

TRIBU 10. — ABIÉTINÉES.

Genre *Pinus* de Linné, comprenant actuellement les genres ou sections : *Tsuga* Endl., *Pseudo-Tsuga* Carr., *Abies* Endl., *Cedrus* Endl., *Pseudo-Larix* Gord., *Larix* Endl., *Picea* Endl., *Pinus* Endl., divisé lui-même en plusieurs sections.

Bractée et support indépendants l'un de l'autre, le second se développant seul pour constituer l'écaille et présentant deux ovules inverses, disposés latéralement et plus ou moins enchâssés par leur base dans la substance du support.

Caractères particuliers. — Androphylles écailleux, en chatons plus ou moins denses, supportant inférieurement deux sacs d'anthères. — Feuilles constamment spirales et uninerviées, remplacées chez les *Pinus* proprement dits par des aiguilles représentant les premières feuilles d'un bourgeon axillaire avorté.

TRIBU 11. — SÉQUOIÉES.

Genres : *Sequoia* Endl. et *Arthrotaxis* Don.

Bractée et support soudés mutuellement, mais susceptibles d'être distingués dans l'écaille du strobile, composée de deux parties adhérentes par leurs faces contiguës, égales ou inégales ; ovules 3-5 *inverses*, libres, comprimés.

Caractères particuliers. — Feuilles ordonnées en spirale ; chatons mâles, petits, terminaux, à androphylles peu nombreux sub-peltés.

TRIBU 12. — TAXODIÉES.

Genres : *Taxodium* Rich., *Glyptostrobus* Endl., *Cryptomeria* Don.

Bractée et support soudés plus ou moins par leur face contiguë ; partie non adhérente du support divisée en segments qui, dans l'écaille adulte, viennent constituer autant de crénelures le long de son bord supérieur ; partie basilaire et adhérente présentant 2-5-7 ovules dressés et libres.

Caractères particuliers. — Feuilles ordonnées en spirales. Chatons mâles petits, à androphylles assez peu nombreux, sub-peltés, terminaux ou axillaires.

TRIBU 13. — CUPRESSINÉES.

Genres nombreux distribués en plusieurs sous-tribus : *Widdringtonia* Endl., *Callitris* Vent., *Libocedrus* Endl., *Thuya* Tourn., *Thuyopsis* Sieb. et Zucc , *Biota* Endl.,

Fitz-Roya Hook., *Actinostrobus* Miq., *Frenela* Mirb.,
Chamæcyparis Sp., *Cupressus* Tourn , *Juniperus* L.

Bractée et support intimement soudés, mais conservant
distinct leur système vasculaire respectif; support réduit
dans l'écaille jeune au point insertionnel des ovules, mais
débordant après la fécondation, à l'aide d'une accrescence
continue, la face supérieure de la bractée, et l'enveloppant plus ou moins ; ovules 2 à 12, libres, *dressés*, anguleux ou ailés sur les côtés; écailles du strobile conniventes jusqu'à la maturité, puis s'ouvrant ou demeurant
soudées et charnues (*Juniperus*), toujours disposées par
verticilles alternants de 2 ou de 3, généralement dans un
ordre correspondant à celui des feuilles sur les rameaux.

Caractères particuliers. — Feuilles inexactement opposées ou éparses chez les *Widdringtonia* , opposées ou ternées dans les autres genres. — Chatons mâles, petits,
formés d'un nombre restreint d'androphylles peltés ou
sub-peltés, disposés par paires décussées ou ternées.

EXPLICATION DES FIGURES. — Pl. 144, fig. 1, *Salisburia
adiantifolia* Salisb. (*Ginkgo biloba* L.). Ramule court, latéral
et florifère, du sexe femelle, grandeur naturelle, d'après
un exemplaire du Jardin botanique de Montpellier, communiqué par M. le professeur Martins. On distingue sur
ce rameau plusieurs feuilles et deux inflorescences portant des ovules récemment fécondés, l'une d'elles est
terminée par deux graines, l'autre par trois, dont une
seule paraît destinée à se développer. Les ovules sont
entourés à la base d'une sorte de cupule due à l'accrescence circulaire de la partie du support sur laquelle ils
sont implantés ; cette cupule cesse bientôt de croître, et

dans le fruit mûr elle constitue un simple bourrelet d'insertion. Les feuilles du ramule florifère sont en forme de coin très-obtus, élargies et festonnées le long de leur marge supérieure, mais non lobées ; elles représentent l'extrême opposé de la variété laciniée qui figure sur la planche suivante. Il faut remarquer encore sur les côtés et vers la base du limbe un mince rebord cartilagineux d'où partent la plupart des nervures flabellées qui parcou rent la feuille. Fig. 2, fruit parvenu à maturité avec son pédoncule, grandeur naturelle. Le pédoncule portait deux graines, dont l'une est tombée en laissant la cicatrice visible de son lieu d'insertion ; l'autre graine est en place et recouverte d'une pulpe charnue, sous un épiderme lisse, finement ponctué. Fig. 3 et 4, deux noyaux ou *endotesta* montrant la graine dépouillée de son enveloppe charnue et réduite à sa coque intérieure formée d'un tissu dense, ligneux et résistant, lisse à la surface, caréné sur les angles et tantôt trigone (fig. 3), tantôt bicaréné en amande (fig. 4). Les analogues évidents de ces *endotesta* se retrouvent à l'état fossile, particulièrement dans le terrain houiller (voy. plus loin les figures de la planche 150). Fig. 5, même espèce, ramule court, latéral, avec des bases de feuilles encore imparfaitement développées et montrant une inflorescence mâle en forme de chaton, à l'aisselle d'une bractée bilobée, qui représente visiblement une feuille avortée, grandeur naturelle : d'après un spécimen du Jardin de botanique de Montpellier, communiqué par M. le professeur Martins. Le chaton se compose d'un axe grêle et nu à la base, garni dans le reste de son étendue de fleurs mâles, réduites au support en forme de pédoncule qui supporte des sacs polliniques au nombre de 2-3 ; fig. 5[a], 5[b], 5[c], trois androphylles grossis pour montrer la forme du support, la disposition et le mode de déhiscence des loges à pollen qui pendent de son sommet.

Pl. 145, fig. 1, même espèce, variété à feuille profondément laciniée, d'après une figure insérée dans la *Flore des serres et des jardins de l'Europe* par L. Van Houtte et réduite au tiers. Fig. 2., *Cephalotaxus Fortunei* Hook., feuille, grandeur naturelle. Fig. 3, même espèce, rameau couvert d'inflorescences femelles, au moment de la fécondation, grandeur naturelle, d'après des spécimens provenant d'Anduze (Gard), communiqués par M. Mazel ; fig. 3ª, une des inflorescences grossies, pour montrer la disposition des bractées mères, sur l'axe de l'inflorescence, et la position des ovules géminés à l'aisselle de chaque bractée et surmontés de leur micropyle en forme de gouleau perforé. Figure 4, même espèce, fruit mûr, grandeur naturelle. Le pédoncule renflé au sommet correspond à l'axe de l'inflorescence dont un seul ovule, devenu fertile, a donné naissance à la graine ; celle-ci est en forme de drupe, à *endotesta* osseux, lisse à la surface, marquée de stries longitudinales, changées en rides par le desséchement.

Fig. 5, *Taxus baccata* L., inflorescence mâle formée d'un involucre dont les écailles sont opposées en croix, d'où émerge un support terminé par plusieurs androphylles peltoïdes, portant autant de loges à pollen que le *pelta* présente de lobes (5-8).

Fig. 6, *Dacrydium lycopodioides* Brongn. et Gris, extrémité supérieure d'un ramule fructifère, portant deux graines érigées, lisses et osseuses, entourées à la base d'une capsule membraneuse, sous un grossissement d'au moins 5 fois.

Fig. 7, *Dacrydium tetragonum* Parl. in D. C., *Prodr.*,

t. XVI, p. 496 (*Microcachrys tetragona* Hook.), rameau, grandeur naturelle; fig. 7ª, le même grossi, pour montrer la forme et l'agencement des feuilles.

Fig. 8, *Saxe-Gothœa conspicua* Lindl., fruit strobiliforme, d'après une figure empruntée à l'ouvrage de L. Van-Houtte, *Flore des serres et des jardins de l'Europe*, t. VII, p. 83.

Pl. 146, fig. 1, *Podocarpus* Sp., feuille, grandeur naturelle.

Fig. 2 et 3, *Podocarpus neriifolia* Don., fruit composé d'un réceptacle pulpeux et accrescent, pédonculé, surmonté d'une ou deux graines inverses, dont le testa osseux est recouvert d'une enveloppe charnue; figure de grandeur naturelle, empruntée à la *Flore des serres et des jardins*, t. VIII, p. 49.

Fig. 4, *Podocarpus* Sp., chaton mâle géminé implanté sur une base commune, grandeur naturelle.

Fig. 5, *Araucaria Bidwilii* Hook., ramule grandeur naturelle, pour montrer la forme, la nervation et la disposition des feuilles. Fig. 6, même espèce, écaille ovulifère détachée d'un cône adulte, vue de grandeur naturelle et par la face dorsale; fig. 7, la même vue par la face supérieure et montrant la squamule ou support appliqué contre la bractée mère, soudée presque entièrement avec celle-ci, distincte pourtant vers son sommet; fig. 8, la même vue de profil pour montrer la saillie formée par la bractée, au point où elle cesse de se confondre avec la squamule.

Fig. 9, *Araucaria excelsa* R. Br., extrémité supérieure d'un rameau, grandeur naturelle, pour montrer la forme et l'agencement des feuilles normales. Fig. 10, même espèce, partie d'un ramule latéral muni de feuilles plus longuement aciculaires, grandeur naturelle.

Fig. 11, *Araucaria Cookii* R. Br., écaille fertile détachée d'un strobile, vue par la face dorsale, grandeur naturelle; fig. 12, la même, vue par la face supérieure, pour montrer la squamule de consistance mince, étroitement appliquée contre la bractée axillante et enveloppant la graine dont l'extrémité micropylaire correspond à la base de l'écaille.

Fig 13, *Araucaria Muelleri* Brongn. et Gris, écaille fertile, détachée d'un strobile, vue par la face dorsale, grandeur naturelle; fig. 14, la même, vue par la face supérieure, montrant l'emplacement convexe qui correspondà la graine recouverte par la squamule dont la terminaison supérieure est étroitement appliquée contre la bractée. L'*Araucaria Muelleri*, de la Nouvelle-Calédonie, porte des feuilles largement ovales, obtuses et presque planes, lâchement imbriquées. Les chatons mâles sont très-grands; l'espèce a été figurée dans le tome VII des *Nouvelles Archives du Muséum*, p. 219.

Fig. 15, *Araucaria Balansæ* Brongn. et Gris, ramule faiblement grossi, pour montrer la forme et la disposition des feuilles en crochet court et caréné sur le dos. Les *Araucaria montana* Brongn. et Gris, et *Rulei* F. Muell., offrent le même aspect, sous de plus fortes proportions. Les trois espèces sont néo-calédoniennes.

Fig. 16, *Araucaria Rulei* F. Muell., écaille fertile détachée d'un strobile, vue par la face dorsale, grandeur naturelle; fig 17, la même, vue par la face supérieure, montrant l'emplacement de la semence, les vestiges du micropyle et la terminaison supérieure de la squamule adnée à la bractée.

Fig. 18, *Dammara robusta* Ch. Moor. (*D. Brownii* Hort.), feuille, grandeur naturelle.

Fig. 19, *Dammara australis* Lamb., chaton mâle, situé à l'aisselle d'une feuille axillante et muni à la base d'un involucre de bractées écailleuses décussées, grandeur naturelle ; fig. 20, un des carpophylles grossis, montrant vers sa base des loges à pollen allongées s'ouvrant d'avant en arrière au moyen de fentes longitudinales.

Fig. 21, *Dammara obtusa* Lindl., strobile supporté par un rameau feuillé, grandeur naturelle ; d'après une figure empruntée à la *Flore des serres et des jardins*, t. VII, p. 274.

Fig. 22, *Dammara australis* Lamb., écaille fertile détachée d'un strobile mûr, vue par la face supérieure et dépouillée de sa graine, pour montrer le mamelon qui sert de point d'attache à celle-ci ; fig. 23, la même avec sa graine unique encore en place ; fig. 24, graine figurée isolément pour montrer la forme et la direction de l'appendice unilatéral dont elle est surmontée, grandeur naturelle.

Pl. 147, fig. 1, *Cunninghamia sinensis* R. Br., ramule garni de feuilles ; grandeur naturelle. Fig. 2, même espèce, strobile perfolié, d'après un spécimen communiqué par M. Mazel et provenant de ses cultures, grandeur naturelle. On voit par cet exemple les écailles fertiles passer graduellement aux feuilles et en revêtir l'apparence. Fig. 3, même espèce, strobile normal dont le prolongement raméal a avorté, pour servir de terme de comparaison avec le précédent.

Fig. 4, *Arthrotaxis laxifolia* Hook., rameau, grandeur naturelle ; fig. 4ᵃ, portion du même rameau grossi légèrement pour montrer la forme et l'agencement des feuilles.

Fig. 5, *Arthrotaxis* Sp , strobile légèrement grossi, pour

montrer la forme des écailles composées de la bractée axillante et d'un support ovulaire soudé avec elle, plus court qu'elle et formant bourrelet.

Fig. 6, *Sequoia gigantea* Torr., strobile mûr, de petite taille, grandeur naturelle. Fig. 7, même espèce, semence, grandeur naturelle; fig. 7ª, la même grossie. L'extrémité micropylaire est en bas, le côté opposé correspond au point d'attache.

Fig. 8, *Cryptomeria japonica* Don., strobile mûr et ouvert, grandeur naturelle; fig. 8ª, plusieurs écailles représentées isolément et grossies; l'inférieure stérile et réduite à la bractée, les deux autres fertiles et composées de la bractée axillante et du support lacinié, à 5-6 divisions, soudées en partie avec la bractée et la débordant supérieurement.

Pl. 148, fig. 1, *Widdringtonia juniperoides* Endl., ramule grandeur naturelle; fig. 1ª, le même grossi pour montrer la forme et l'agencement des feuilles; fig. 2, même espèce, strobile vu par côté, grandeur naturelle. On distingue très-bien sur ce strobile la bractée axillante, à laquelle appartient la face de l'écaille jusques et y compris le mucron, du support accrescent des ovules, entièrement soudé à la bractée et auquel se rapporte la partie de l'écaille qui déborde sous forme de bourrelet, au-dessus du mucron, et d'où résulte la soudure des quatre écailles conniventes; fig. 3, même strobile vu par-dessus, pour montrer la partie accrescente et connivente des quatre écailles, ainsi qu'il ressort de l'explication précédente; les deux figures sont de grandeur naturelle.

Fig. 4, *Widdringtonia cupressoides* Endl., strobile mûr et ouvert, attaché au rameau. La partie accrescente des écailles est ici presque entièrement soudée et confondue

avec la partie bractéale. Fig. 5, même espèce, semence ailée, grandeur naturelle. Sur cette graine, la cicatrice du point insertionnel est en bas, le côté micropylaire correspond à l'échancrure supérieure de l'aile qui surmonte le corps de la graine.

Fig. 6, *Chamæcyparis obtusa* Sieb. et Zucc., rameau, grandeur naturelle ; fig. 7, autre rameau de la même espèce, légèrement grossi, pour montrer le mode d'agencement des feuilles ; fig. 8, même espèce, strobile mûr et ouvert, grossi deux fois. Les écailles sont peltées et la partie accrescente, comme chez les *Cupressus*, enveloppe presque entièrement la bractée, dont la partie libre est représentée par le mucron central ; fig. 9, même espèce, deux semences, grandeur naturelle ; fig. 9ᵃ, 9ᵇ, 9ᶜ, les mêmes grossies, tournant en bas leur point insertionnel, en haut leur extrémité micropylaire, et garnies sur les côtés, amincis en carène, de deux (9ᵇ) ou trois (9ᵃ et 9ᶜ) ailes membraneuses.

Fig. 10, *Thuyopsis dolabrata* Sieb. et Zucc., rameau portant un strobile formé d'écailles décussées, dont la partie accrescente et supérieure recouvre et égale la partie bractéale, grandeur naturelle.

Fig. 11, *Libocedrus chilensis* Endl., strobile formé de quatre écailles relativement minces et sensiblement inégales ; les deux extérieures et latérales étant beaucoup plus courtes que les faciales. La partie accrescente tapisse toute la face interne de la partie bractéale et s'élève au-dessus du mucron qui termine cette dernière partie, grandeur naturelle.

Fig. 12, *Cupressus sempervirens* L., ramule terminé par un chaton mâle, vu sous un assez fort grossissement et composé d'écailles décussées, dilatées en pelta au sommet et soutenant, au-dessous de l'expansion peltoïde, 2-3 et jusqu'à 4 sacs à pollen, arrondis ; fig. 12ᵃ, un des andro-phylles vu par-dessous et montrant trois sacs à pollen en place.

Pl. 149, fig. 1, *Tsuga Brunoniana* Carr. (*Abies Bruno-niana* Lindl.), strobile, grandeur naturelle.

Fig. 2, *Abies cilicica* Ant. et Kotsch., écaille détachée d'un strobile parvenu à maturité, vue par dehors. La brac-tée axillante et persistante est visible sur le milieu de la face dorsale de l'écaille qui correspond au support ; fig. 3, même écaille vue par la face supérieure, avec l'emplace-ment occupé par la semence, grandeur naturelle ; fig. 4, graine isolée, surmontée de son aile ; l'extrémité micro-pylaire est en bas. Grandeur naturelle.

Fig. 5, *Cedrus deodara* Roxb., chaton mâle au moment de la floraison et immédiatement après l'émission du pol-len, muni à la base d'un involucre écailleux et posé au sommet d'un court ramule latéral, grandeur naturelle ; fig. 5ᵃ, androphylle isolé et grossi, vu par la face dorsale, composé d'un pédoncule surmonté d'une expansion lan-céolée, dentelée sur les bords, supportant inférieurement deux sacs à pollen, ouverts au moyen d'une fente longitu-dinale et séparés par une mince cloison intermédiaire.

Fig. 6, *Pinus canariensis* Ch. Sm., portion d'un rameau garni de feuilles primordiales ou aciculaires. Ces mêmes feuilles avortent et prennent le nom de bractées lors du développement des feuilles fasciculées vaginales, chez les *Pinus*, grandeur naturelle ; fig. 6ᵃ, partie du même ra-meau grossi, pour montrer le mode d'insertion et l'agen-cement des feuilles primordiales des *Pinus ;* fig. 6ᵇ, seg-ment très-grossi d'une feuille primordiale, pour montrer le mode de nervation et les denticules marginales.

Fig. 7, *Pinus pumilio* Hænk., écaille fertile isolée, avec les deux fleurs femelles ou gemmules ovulaires, au moment de la fécondation, sous un grossissement de 7 fois, d'après une figure empruntée à l'ouvrage de M. Strasburger (1). On distingue sur cette figure, en *b*, la bractée axillante et libre de toute adhérence, dont le développement est destiné à s'arrêter après la fécondation ; en *p*, le pied par lequel tout l'appareil adhère à l'axe de l'inflorescence ; en *s* la squamule ou support qui soutient directement les ovules et deviendra par suite d'un mouvement continu d'accrescence l'écaille du cône futur ; en *a* l'appendice qui, en se déplaçant, se changera en mucron ; en *oo*, les ovules géminés et inverses, soudés par leur base avec la substance de la squamule ; en *m*, l'ouverture micropylaire ou exostome béant, bilabié, par où s'introduiront les grains de pollen, dont plusieurs sont visibles sur les bords antérieurs des lèvres. La même structure se montre, sans beaucoup de variations, chez toutes les Abiétinées.

Fig. 8, *Pinus sabiniana* Dougl., écaille fertile détachée naturellement d'un cône parvenu à maturité, vue par la face dorsale et extérieure. On remarque, vers la base de l'écaille, le vestige bien net de la bractée, grandeur naturelle ; fig. 9, la même vue par sa face interne et montrant la cicatrice de l'emplacement occupé par deux graines ; fig. 10, même espèce, graine isolée, surmontée de son appendice ailé, grandeur naturelle.

(1) *Die Coniferen und die Gnetaceen,* tab. XV, fig. 11.

§ 4. — *Extension géographique actuelle des genres d'Acicu-*
lariées, comparée à leur extension antérieure dans les temps
géologiques.

La distribution géographique des Aciculariées a été peu
étudiée jusqu'ici. Nous ne connaissons sur ce sujet que
l'ouvrage de M. le docteur Hildebrand (1) et quelques recherches récentes de M. C. E. Bertrand qui a démontré,
dans sa thèse sur l'*Anatomie comparée des tiges et des feuilles,*
chez les Gnétacées et les Conifères, que les notions tirées
de la structure intérieure se trouvaient conformes avec la
distribution par région des espèces de chaque groupe. On
conçoit très-bien les conséquences qui résultent effectivement de cette manière de considérer les choses pour définir la part qui revient aux influences locales dans les
modifications éprouvées par les espèces congénères, à la
suite de leur séjour dans des pays distincts et surtout au
sein d'hémisphères différents. Mais ce que l'on n'a guère
essayé d'examiner jusqu'à présent, c'est la relation de la
distribution géographique actuelle avec l'ordre antérieur
et les conséquences qu'entraînent ces sortes de relations
pour préciser l'origine présumée et la marche extensive
ou régressive des genres, lorsque l'on met en présence leur
rôle d'autrefois et celui qui leur est maintenant dévolu.
Si un genre se trouve limité de nos jours à certaines parties de l'hémisphère boréal et qu'il ait occupé dans les
temps anciens des points nombreux de ce même hémisphère, plus particulièrement dans une direction déterminée, on peut admettre, comme probable, que le berceau

(1) *Die Verbreitung des Coniferen in der Jetztzeit und in den früh.*
geolog. Period., ven Dr. Fr. Hildebrand. Bonn 1861.

d'un tel genre doit être reporté vers le Nord et qu'il n'est peut-être jamais sorti des limites de notre hémisphère. Si, au contraire, un genre aujourd'hui relégué dans l'hémisphère austral a laissé en Europe des indices de son ancienne existence, nous devons en conclure que ce genre, autrefois amphigé, a depuis subi un mouvement régressif et que, de déclin en déclin, il en est venu à ne plus se maintenir que sur un point restreint de l'étendue qui constituait autrefois son aire d'habitation. Ces deux présomptions sont logiques; elles acquièrent un degré de vraisemblance de plus, lorsque les genres dont on observe des vestiges dans le passé ne se retrouvent plus que dans des îles, sur un étroit espace, et ne sont plus représentés que par un petit nombre d'espèces, ou même par une seule. On peut alors prédire à coup sûr que le genre dont il s'agit touche à son déclin définitif et que, s'il s'est maintenu jusqu'ici sur les points où on le rencontre, c'est grâce à des circonstances réellement exceptionnelles. Les recherches de la nature de celles que nous venons d'indiquer sont pleines d'attraits, à raison même de leur nouveauté et de l'intérêt qui s'attache aux résultats qu'elles permettent d'entrevoir. On conçoit pourtant que, loin de les étendre à l'universalité des genres, nous les restreignions à ceux qui se rattachent de plus près à l'époque jurassique, en laissant de côté les points qui lui seraient étrangers ou nous contentant de les effleurer. Le genre *Salisburia*, par lequel nous commençons, est maintenant aussi limité dans son aire qu'isolé dans ses affinités vis-à-vis des autres Aciculariées. L'espèce unique, *Salisburia adiantifolia* Sm., est fréquente entre le 30ᵉ et le 40ᵉ degré lat. N., dans une partie de la Chine, ainsi qu'au Japon; et cependant elle est plus souvent cultivée comme arbre d'ornement, que réellement spontanée, sur les points où on la rencontre, particulièrement aux abords des temples. En Europe, le Ginkgo est planté et réussit jusque vers le 55e degré. Il en existe des pieds adultes et vigoureux dans le jardin botanique de Copenhague. Cependant c'est surtout dans le Midi, en Italie et dans le sud de la France, à Montpellier spécialement, que cet arbre acquiert de grandes proportions et fructifie abondamment, partout où les deux sexes sont mis en présence. La caducité des feuilles est cependant, pour l'espèce vivante au moins, l'indice d'une adaptation à un climat soumis au retour périodique d'une saison froide et d'un repos hibernal. Une espèce identique ou sub-identique à celle de nos jours, le *Salisburia adiantoides* Ung., se montre dans le tertiaire récent de Sinigaglia en Italie (1), et, dans une période plus ancienne de ce même tertiaire, elle a été signalée dans le Groenland par M. Heer (2). La provenance polaire de notre espèce actuelle est donc des plus probables, et cette provenance explique comment elle aura pu, à un moment donné, se répandre en Europe, d'une part, et, de l'autre, passer en Chine et au Japon, régions où elle a réussi à se maintenir jusqu'à présent. Mais ce n'est pas tout, et les recherches récentes du savant professeur de Zurich viennent de prouver que le type du *Salisburia* remontait beaucoup plus loin encore dans le passé. Par delà le tertiaire, dans la craie et le jurassique, en Europe ainsi que dans les régions polaires, on observe des *Salisburia* méconnus longtemps sous le nom de *Baiera* et de *Cyclopteris* et qui attestent l'antiquité

(1) Massalongo, *Stud. s. Fl. foss. del Senigagliese*, tab. 6, fig. 18 et 7. fig. 1-2.
(2) Heer, *Fl. foss. arctica*, I, tab. 47, fig. 14 et *Ueb. Ginkgo Thunbrg*, fig. 11.

du type, probablement aussi sa provenance par la direction du nord. Plus loin encore la chaîne n'est pas rompue et, en abordant la question des Aciculariées prototypiques, antérieures aux temps jurassiques, nous aurons à signaler des formes qui paraissent annoncer l'existence de Salisburiées différentes des *Salisburia* proprement dits, mais ayant fait probablement partie de la même tribu que ces derniers.

Si nous nous attachons maintenant à la division des *Dialycarpées chlamydopodées*, comprenant les cinq tribus des Taxées, Phyllocladées, Saxe-Gothæées, Dacrydiées et Podocarpées, nous reconnaîtrons aisément que les Taxées appartiennent à la zone boréale, les Phyllocladées, Saxe-Gothæées et Dacrydiées à la zone australe et plus particulièrement aux plages ou îles de cette zone qui sont baignées par le Pacifique; enfin, les Podocarpées à la zone intermédiaire comprise entre les deux tropiques. Bien que celles-ci abondent davantage dans la direction du sud que dans celle du nord, on reconnaît, en s'attachant aux limites extrêmes, qu'aucun sous-genre de la tribu n'atteint d'aucun côté le 50ᵉ degré de lat., bien que le *Podocarpus nageia* R. Br. s'avance dans le Japon jusqu'au delà du 45ᵉ degré, vers le Nord, que le *Podocarpus alpina* R. Br. soit spontané sur les montagnes de la Tasmanie et que les *P. andina* Pöpp. et *nubigena* Lindl. remontent jusqu'à 4,000 pieds, sur les Andes du Chili austral et de la Patagonie, vers 48 degrés lat. austr., probablement sous l'empire de circonstances exceptionnellement favorables. Les notions précédentes sont du reste parfaitement conformes à celles que nous fournit l'étude des plantes fossiles de notre continent.

Les Taxées (*Taxus* et *Torreya*) se montrent tard en Europe et seulement en nombre restreint, parce que ce sont des plantes montagnardes et silvicoles, dont les restes ont eu plus rarement que d'autres l'occasion de s'accumuler au fond des eaux. Cependant leur présence, surtout celle des *Torreya*, genre maintenant disjoint et plus rare que l'autre, est certaine, en Europe, dans le pliocène, probable dans le miocène récent. Pour observer des Taxées fossiles, dans un âge plus reculé, il faut se transporter au sein des régions arctiques, où le *Taxites Olriki* Heer, d'Atanekerdluk (Groenland), représente soit un *Torreya*, soit peut-être un *Cephalotaxus*. La flore de la même région, à l'époque de la craie inférieure, comprend deux *Torreya*, *T. Dicksoniana* et *T. parvifolia* Heer (1), dont l'un au moins est très-bien caractérisé. Il est probable, d'après ces indices, que les Taxées sont originaires de l'extrême Nord et qu'après être nées dans les régions voisines du pôle, elles se sont plus tard répandues à travers l'hémisphère boréal, en rayonnant de ce centre primitif, marche qui explique à la fois leur diffusion et le fractionnement des espèces de *Torreya* dans le sens des longitudes.

Les Podocarpées se seraient au contraire avancées par le sud pour pénétrer en Europe vers le commencement des temps tertiaires. Le refroidissement qui eut lieu à la fin de l'époque les aurait refoulées hors de notre continent. Aucune trace de ce groupe ne paraît avoir été signalée dans la flore fossile des régions arctiques. Les autres tribus de Dialycarpées, confinées dans l'hémisphère austral, n'ont pas été encore rencontrées à l'état fossile dans les terrains d'Europe. Quant au *Phyllocladites rotundifolius*

(1) *Die Kreide-Flora der arctischen-zone*, von Oswald Heer, p. 70-71, tab. 17, fig. 1-2 et 18 fig. 1-4.

Heer, de la craie du Spitzberg (1), son attribution aux *Phyllocladées* nous semble plus que problématique, il s'agit là peut-être d'un type tout à fait à part d'Aciculariées, répondant à une tribu aujourd'hui éteinte qui ne serait pas sans analogie avec celle des Salisburiées par la nervation des feuilles et la position même des ovules disposés solitairement à leur aisselle.

La distribution géographique des Conifères vraies ou Aciculariées à strobiles va nous offrir des résultats analogues.

La première tribu, celle des Araucarinées, se partage en deux sous-tribus qui répondent aux genres *Araucaria* et *Dammara*. Les premiers, on le sait, ont maintenant leurs espèces dispersées à travers une vaste étendue, sur des points restreints de cette étendue, séparés par des mers ou de grands espaces continentaux, depuis le Brésil et le Chili, jusqu'aux plages et aux terres insulaires qui dépendent de l'Australie. La plupart des espèces habitent près du tropique, entre le 15ᵉ et le 35ᵉ degré latitude sud. Cependant, l'*A. imbricata* Pav. atteint ou dépasse le 50ᵉ degré ; il est vrai qu'il s'éloigne davantage des formes fossiles européennes que nous retracent fidèlement au contraire les formes du continent australien, de l'île de Norfolk et de la Nouvelle-Calédonie. En réalité, le genre *Araucaria* a dû s'étendre autrefois dans les deux zones ; il a habité l'Angleterre, les environs de Beauvais en France ; le nord de l'Allemagne, ainsi que le prouvent suffisamment les cônes fossiles signalés sur ces divers points et plusieurs autres encore. Il aurait même existé au Spitzberg, du temps de la craie, s'il faut en croire M. Heer ; le spécimen

____

(1) *Creide-Flora der arctischen-zone*, p. 124, tab. 35, fig. 17-21.

du cap Staratschin, décrit et figuré par cet auteur (1), présente effectivement des caractères qui justifient son opinion. C'est un strobile globuleux dont les écailles, dépourvues malheureusement de leur prolongement apophysaire, paraissent contenir des semences incluses et solitaires. Les *Araucaria* de la zone australe ont seuls survécu au déclin et à l'extinction du groupe dans notre zone; en Europe, on n'a plus d'exemples certains d'*Araucaria* à partir de la fin de la craie; les prétendus *Araucarites* tertiaires sont en réalité des *Sequoia*.

Les *Dammara* appartiennent exclusivement à l'hémisphère sud, où ils habitent la côte boréalo-orientale du continent australien et les archipels qui en dépendent, depuis les îles de la Sonde (Java, Mollusques, Amboine, Célèbes, Philippines, Nouvelles-Hébrides et Nouvelle-Calédonie) à l'ouest, jusqu'à la Nouvelle-Zélande à l'est. C'est donc là un genre doué d'une aire d'habitation nettement limitée et fort naturelle, bien que comprenant des régions la plupart insulaires. On ne doit pas s'étonner, malgré le nom générique de *Dammarites* appliqué à plusieurs espèces secondaires, surtout à des cônes de nature douteuse, malgré le rapprochement souvent indiqué entre les *Albertia* triasiques (voy. pl. 153, fig. 8) et les *Dammara* actuels, de n'avoir à citer jusqu'à présent aucune espèce fossile, vraiment congénère de ces derniers, parmi les Conifères secondaires. Cependant, nous verrons que la tribu des Dammarées était représentée dans l'Europe primitive par le type des *Pachyphyllum*, dont les strobiles ressemblent à ceux des *Dammara* par leur structure essentielle, tandis que l'aspect des rameaux et la configuration

(1) *Kreide-Flora der arctischen-zone*, p. 125, tab., 25 fig. 3-4.

des feuilles les écartaient beaucoup de ce dernier genre. Les *Pachyphyllum* avaient des rameaux d'*Araucaria* avec des cônes de *Dammara*. Le genre *Pachyphyllum* est exclusivement jurassique, mais il paraît avoir eu pour continuateur dans la craie le genre *Cyparissidium* de Heer qui se montre à la fois dans le Groenland (1) et le midi de la France. Plus tard, le type des Dammarées n'a plus eu de représentant dans notre hémisphère; mais le genre *Cunninghamia* semble marquer un passage vers lui, tout en confluant aux Séquoiées, d'autre part.

Les *Cunninghamia* et *Sciadopitys* constituent des types très-isolés dans la nature actuelle, où ils ne sont représentés chacun que par une espèce unique reléguée à l'extrémité de l'Asie. Leur existence ancienne, à l'état fossile, est probable pour le premier, mais non encore prouvée, à ce qu'il semble. Pour ce qui est des Séquoiées, l'un de leurs genres n'habite plus qu'un seul point de l'hémisphère nord, le long du Pacifique, sur les montagnes de la Californie ; c'est le genre *Sequoia*. Les *Arthrotaxis* au contraire sont tous confinés dans l'hémisphère austral, en Tasmanie, où ils ne comptent que 3 espèces. — A l'état fossile, les *Sequoïa* ont jadis abondé en Europe et encore plus dans les régions polaires. La craie inférieure du Groenland (2) comprend déjà cinq espèces de *Sequoia*, parmi lesquelles on doit remarquer le *S. Reichenbachi* Gein. qui s'étendait sur un très-grand espace, du Spitsberg jusqu'au sud de l'Europe. Une autre espèce, le *S. Smithiana* Heer, retrace tout à fait l'aspect des *Sequoia* tertiaires, *S. Langsdorfii* Heer et *Tournalii* Sap., et de notre *S. sem-*

---

(1) Voy. pour le genre *Cyparissidium: Kreide-Flora der arctischen-zone*, p. 74, tab. 17, fig. 5, 19, 20, fig. 1 et 21, fig. 9[b] et 19[d].

(2) *Kreide-Flora der arctischen-zone*, p. 77 et suiv.

pervirens actuel, tandis que le *S. gracilis* Heer ressemble au *S. Couttsiæ* Heer, et par conséquent au *S. gigantea* de Californie. Ces premiers *Sequoia*, dont il est difficile de placer le berceau autre part que dans l'extrême Nord déclinèrent en Europe, au moins, à la fin de la craie. D'autres espèces qui font le lien entre les précédentes et celles qui vivent encore leur succédèrent, après un long intervalle, et tinrent une grande place dans la végétation européenne, pendant la durée entière du miocène. Ces derniers *Sequoia* étaient, comme les premiers, répandus dans les régions polaires, d'où ils sortirent sans doute pour envahir notre hémisphère, en rayonnant du nord au sud, sous l'impulsion de circonstances favorables. Les *Sequoia* actuels de Californie sont les derniers représentants de cette émigration venue de proche en proche et partie de l'extrême Nord pour s'avancer de là vers le sud, à la faveur d'un abaissement de climat favorable à cette diffusion, et des conditions d'humidité qui prévalurent, lors du miocène, dans toute l'étendue de notre zone. Cette provenance polaire rend très-bien compte de l'aire actuelle d'habitation du genre et de son exclusion des régions tout à fait chaudes, encore mieux des parties situées au sud de la ligne.

Les *Arthrotaxis* se comportent d'une façon totalement inverse ; ce sont les *Sequoia* de l'hémisphère sud. Il est probable que l'Europe n'a possédé dans aucun temps de vrais *Arthrotaxis ;* mais nous verrons qu'elle a eu jadis dans les *Echinostrobus* un type qui s'en rapprochait sensiblement, sans être entièrement semblable au premier de ces genres. — Les Taxodiées renferment trois genres compris tous trois dans les limites de la zone boréale : le *Taxodium* dans l'Amérique du Nord ; le *Glyptostrobus*, en

Chine ; le *Cryptomeria* au Japon. Deux au moins de ces genres, et peut-être tous les trois ont habité autrefois l'Europe, durant la seconde moitié de l'époque tertiaire. Les *Taxodium* et *Glyptostrobus* se retrouvent également dans le miocène inférieur des régions arctiques ; et plus haut dans le passé, un *Glyptostrobus*, le *G. groenlandicus* Heer (1) a été découvert dernièrement par notre ami M. le professeur Heer dans la craie urgonienne du Groenland. La provenance des contrées circumpolaires arctiques de ces genres paraît donc des plus probables et explique leur diffusion antérieure sur le périmètre entier de cette zone.

Les Abiétinées et les Cupressinées forment dans les temps actuels, et formaient aussi dès les temps tertiaires les deux groupes principaux de l'ordre des Conifères. Si même on ne considère que l'Europe, ces groupes auraient beaucoup perdu de ce qu'ils étaient, lors de l'éocène supérieur et du miocène inférieur, époque de leur plus grande extension sur notre continent, peut-être de leur apogée sur notre globe, bien que de nos jours certains pays, comme le Mexique, soient encore très-riches en Abiétinées et en Cupressinées. Quoi qu'il en soit de cette richesse proportionnelle dans l'âge immédiatement antérieur à celui que nous traversons, on peut dire que maintenant les Abiétinées dans leur ensemble appartiennent à l'hémisphère boréal, puisque leurs espèces ne passent au sud de l'équateur que sur un seul point, vers l'Indo-Chine, où deux *Pinus* se montrent sur les montagnes des îles de la Sonde. Il est donc à croire que la tribu entière des Abiétinées a eu jadis son berceau et son point de départ

(1) *Kreide-Flora der arctischen-zone*, p. 76, tab. 17, 20 et 22,

au sein de l'hémisphère boréal, dont elle contribue largement à constituer les grandes forêts montagneuses, principalement dans l'Himalaya, le Caucase, le Taurus, l'Altaï, les montagnes du Japon et de la Chine, dans les Cordillères du Mexique et les montagnes Rocheuses. En Europe, les Abiétinées se montrent dans toutes les grandes chaînes, dans les Alpes, les Pyrénées, les Carpathes, sur les Sierras espagnoles, et aussi, plus loin, dans l'Atlas ; les pins jouent un rôle considérable sur les haut sommets de Ténériffe et le long des pourtours accidentés du bassin Méditerranéen.

Les genres disjoints sont surtout les *Tsuga* dont les uns occupent le Canada, le Mexique, la Californie, les autres l'Himalaya (*T. Brunoniana* Wall.) et le Japon (*T. Sieboldii* Carr.); ensuite les cèdres qui reparaissent dans l'Atlas, le Liban, le Taurus, l'Altaï et l'Himalaya. Ces déux genres, dont la dispersion dénote l'ancienneté, ont existé effectivement en Europe dans un âge fort reculé. Leur présence constatée date du Gault. Dès lors ces arbres, ainsi que les Pinus qui leur étaient associés, habitaient les régions montagneuses de l'Europe du Nord, circonstance qui explique très-bien la rareté relative de leurs vestiges. Les *Pinus* du gault et du néocomien ont des cônes dont les écailles présentent des apophyses tantôt planes, comme dans la section *Strobus*, tantôt relevées en écusson et carénées ; mais les feuilles de ces premiers *Pinus* ne sont pas connues, et nous ignorons si elles avaient déjà leur structure caractéristique. La craie urgonienne du Groenland (1) possède aussi de vrais *Pinus* (*P. Peterseni* Heer), des *Tsuga* (*T. Crameri*

____

(1) *Kreide-Flora der arctischen-zone*, p. 83 et suiv.

Heer), des *Abies* (*A. Eirikiana* Heer). La craie du Spitzberg (1), au cap Staratschin, montre également de vrais
Pinus, dont l'un se retrouve en Europe (*P. Quenstedti*), et
aussi un *Tsuga*. On voit que tous ces indices concordent
et permettent de placer très-haut vers le Nord le berceau
des principaux types d'Abiétinées qui auraient pu rayon-
ner ainsi d'un pays commun vers des points très-divers
de notre hémisphère. La dispersion et le fractionnement
de la plupart de ces groupes s'expliquerait dès lors facilement; les cèdres seuls auraient été formés vers le nord
de notre continent, et seraient restés particuliers à l'hémisphère boréal. De nos jours, les *Pinus* proprement dits
comptent plus de 60 espèces décrites, répandues sur un
très-grand espace, mais nombreuses surtout dans le massif
mexicain. On peut dire que les *Pinus* ont autant d'extension à eux seuls que toutes les autres Abiétinées réunies.
Le *P. Sylvestris* L. pénètre jusqu'au 70° degré lat. N., et le
Pinus Merckusii Bl. s'avance à Java et à Bornéo un peu
au delà de l'équateur. Les *Abies* sont plus particulièrement des essences alpines. Toutes les grandes chaînes et
beaucoup de chaînes médiocres possèdent des espèces
caractéristiques de ce genre; cependant le type des *Abies*,
après avoir longtemps dominé dans les régions polaires,
ne pénètre plus aujourd'hui aussi loin vers le Nord que les
Pinus. En Sibérie pourtant, il dépasse le 60° degré ; il en
est de même du *Picea* qui atteint presque en Europe la
limite du pin et la dépasse sur certains points de la Sibérie boréale et de l'Amérique du Nord. Dans le Canada, le
Larix va au delà du 60° degré lat. N., tandis qu'en Europe
il ne quitte pas le massif des Alpes, et qu'en Sibérie, par

(1) *Kreide-Flor der arctischen-zone*, p. 128 et 129.

contre, il excède même le 70ᵉ degré, et devient ainsi la plus septentrionale de toutes les essences ligneuses. Il existe donc dans la distribution actuelle des divers types d'Abiétinées de très-grandes irrégularités, qui tiennent sans doute à l'ancienneté de la plupart des types de cette tribu et aussi à la circonstance qu'après être sortis du Nord et avoir rayonné dans toutes les directions, les représentants de cette tribu ont dû plus tard subir les effets d'un retrait partiel ou même d'une élimination totale, amenés par le refroidissement du climat et l'envahissement des glaces dans les contrées de l'extrême Nord, si longtemps peuplées des plus riches végétaux. De là les irrégularités apparentes qui se remarquent dans le tracé de l'aire d'extension des Abiétinées, ainsi que les lacunes qui correspondent à l'espace qui sépare les uns des autres les massifs montagneux dont elles occupent de préférence les parties fraîches et escarpées.

Les Cupressinées composent le groupe le plus riche et le plus varié de la classe entière des Aciculariées. S'avançant plus loin vers le Nord et sur le sommet des montagnes par quelques-uns de ses représentants que nul autre, ce groupe est également répandu dans les deux hémisphères, et les *Libocedrus* du Chili, les *Widdringtonia* de l'Afrique australe, les *Frenela* et les *Actinostrobus* de la Nouvelle-Hollande répondent aux *Callitris* de l'Afrique boréale, aux *Biota* de l'Asie orientale, aux *Thuyopsis* du Japon, aux *Thuya* de l'Amérique du Nord, tandis que les *Juniperus*, les *Cupressus*, les *Chamæcyparis*, partagés entre les divers continents de la zone boréale dépassent çà et là le tropique dans la direction du sud, sans atteindre nulle part jusqu'à l'équateur. On peut dire d'une façon générale que les Cupressinées se plaisent dans le voisinage des

tropiques, mais plutôt en dehors qu'en dedans, et qu'elles
ont une préférence marquée pour la zone tempérée
chaude, où les espèces de leurs principaux genres sont
plus fréquentes et plus vigoureuses que partout ailleurs.
Les Cupressinées ne sont pas seulement des plantes montagnardes, propres à former de grandes forêts alpines, à
l'exemple des cèdres, des *Abies*, des *Picea* et de beaucoup
de *Pinus ;* elles préfèrent les expositions chaudes et accidentées, les coteaux escarpés, la lisière des bois, le fond
ou la pente des vallées agrestes et le pied des montagnes
qu'elles remontent pourtant à l'aide des *Juniperus*, de
certains *Thuya* et *Cupressus.* Aux unes, il faut de la fraîcheur
et de l'ombre, un climat humide et égal : il en est ainsi des
Biota, des *Thuyopsis*, de beaucoup de *Juniperus*, des *Libocedrus*, de la plupart des *Thuya*, des *Chamœcyparis* et de
certains *Cupressus ;* à d'autres, une exposition chaude et
même sèche, un sol sablonneux et un climat brûlant
conviennent davantage : beaucoup de cyprès et de genévriers, les *Frenela*, les *Callitris* et les *Widdringtonia* sont
dans ce cas. Ce sont là autant d'indices précieux que l'on
peut tirer de la présence de ces mêmes genres à l'état
fossile. Il est évident que l'Europe a perdu successivement presque tous les genres de Cupressinées qu'elle
possédait autrefois. A l'époque tertiaire elle avait des
Chamœcyparis, des *Thuya*, des *Callitris*, des *Widdringtonia*,
des *Juniperus* de plusieurs sections, sans doute aussi des
Cupressus. De plus, elle possédait un genre très-voisin des
Libocedrus actuels, sinon absolument identique à ceux-ci.
Depuis, l'Europe a vu s'éteindre la plupart de ces types :
le *Cupressus sempervirens* n'est plus spontané que vers le
midi du bassin méditerranéen ; le *Callitris* s'est retiré
encore plus loin et le *Widdringtonia* dont la date d'appa-

rition est, il est vrai, plus ancienne, ne se montre plus que vers Madagascar et le Cap.

Les Cupressinées ne se sont caractérisées que lentement; elles paraissent avoir revêtu graduellement la forme que présentent chez elles les parties de la foliation et de la fructification. Nous assisterons aux phases de ce premier développement, puisqu'il date des temps jurassiques, et les plus anciennes Cupressinées que nous rencontrerons appartiendront soit à des types encore assez mal définis, comme les *Palæocyparis*, soit à celui des *Widdringtonia*, qui, par l'irrégularité d'insertion de ses feuilles, se place plutôt sur la limite des Cupressinées vraies et semble opérer la transition de celles-ci vers le groupe voisin des Taxodiées.

Il faut remarquer en terminant, comme une conséquence des principes que nous avons posés et de l'ordre qui a dû présider à la marche des divers types de Cupressinées, que les premiers apparus sont actuellement éteints (*Palæocyparis*) ou en pleine décadence et relégués dans une région peu étendue, comme les *Widdringtonia* que l'on peut à cet égard comparer aux *Araucaria* et aux *Sequoia*. D'autres se trouvent partagés entre les deux continents et ceux-ci justement, comme les *Chamæcyparis*, ont été signalés à l'état fossile dans les régions polaires; ils se comportent ainsi comme les *Tsuga*, les *Abies* et les *Torreya*. Enfin, certains types (*Callitris*) ont été simplement refoulés plus loin vers le sud. Les types exclusivement australiens (*Actinostrobus, Frenela*), que l'on est en droit de considérer comme caractéristiques pour cette partie du monde, n'ont jamais été signalés en Europe, à l'état fossile, sinon d'une manière douteuse. Il est plus naturel d'admettre que les types ainsi observés sont des genres éteints, particuliers à notre zone et plutôt alliés que réellement identiques à ceux de l'hémisphère sud.

La chaîne qui lie le présent au passé n'a donc rien de capricieux ni de chimérique ; elle se rattache aisément à une base solide, celle de la distribution géographique actuelle, solidaire de l'état ou plutôt des divers états antérieurs. Cette solidarité est assez étroite, selon nous, pour que l'on admette sans effort le principe que les formes actuelles d'Aciculariées ne sont que les descendants successivement modifiés des formes antérieures et que leur distribution à la surface des continents tient à des causes incessamment actives qui ont tantôt facilité leur accès dans certaines régions et tantôt les en ont exclu ; tandis que par le fait d'un phénomène plus complexe et d'une nature plus cachée, actif, mais d'une façon à la fois lente et irrégulière, les types eux-mêmes demeuraient susceptibles de variation. Ces variations se sont produites, il est vrai, dans une mesure inégale ; elles ont affecté plus particulièrement certaines sections, et dans chacune d'elles certaines espèces et seulement certains côtés de ces espèces.

C'est ainsi que dans chaque période on a vu se former des combinaisons de structure, assez fixes et assez résistantes pour se trouver ensuite à l'abri de nouveaux changements. Ces sortes d'organismes, une fois arrêtés dans leurs contours, persistent plus ou moins longtemps ; ils peuvent même traverser presque sans changement une durée, pour ainsi dire, incalculable ; on peut dire d'eux qu'ils sont désormais incapables de se ramifier ultérieurement. On le voit par ce qui précède, les formes assez plastiques pour se modifier peu à peu se seraient multipliées en divergeant d'une souche commune ; les tribus actuelles auraient été primitivement des genres et auparavant ces genres eux-mêmes seraient sortis des changements graduels dont les espèces de tout genre nombreux et envahisseur paraissent plus ou moins susceptibles. Mais, d'autre part, dès qu'un genre touche à son déclin, dès qu'au lieu d'occuper sans discontinuité de grands espaces, il s'arrête, suit une marche régressive et ne lutte plus que pour se maintenir, reculant pas à pas devant l'invasion de types plus jeunes et plus vigoureux, alors, à l'exemple des *Araucaria* d'Australie, des *Windringtonia* du Cap, des *Callitris* de l'Algérie, des *Sequoia* de la Californie, les types ne se modifient plus. Désormais immobiles, ils peuvent durant un temps très-long nous traduire, à l'état réel, les formes survivantes des âges précédents ; ils persistent à l'écart sur certains points limités, au sein des îles ou des régions montagneuses, là, en un mot, où des circonstances locales leur permettent de soutenir sans trop de désavantage le combat pour l'existence.

§ 5. — *Filiation présumée des Aciculariées et étude des genres prototypiques qui les représentent dans les périodes antérieures aux temps jurassiques.*

Les Aciculariées remontent, en tant que groupe distinct, à une très-haute antiquité. Cependant, à mesure que l'on quitte le permien pour s'enfoncer dans la période des houilles, on voit leurs représentants s'écarter de plus en plus des formes que nous leur connaissons, cesser d'appartenir aux Conifères proprement dites et revêtir enfin une apparence ambiguë et prototypique, avant de disparaître dans le demi-jour d'un passé trop lointain pour nous avoir livré encore son secret.

Dans cette première époque, la présence des Aciculariées se trouve attestée par une foule d'indices, dus principalement à des bois et à des graines silicifiées ; mais ces indices, justement à cause de l'éloignement où nous sommes du temps qui nous les fournit, ne sont ni assez complets, ni assez concluants, pour que les savants qui les ont examinés jusqu'ici aient pu déterminer la nature et les affinités exactes de ces Aciculariées antérieures à toutes les autres. On comprend en les interrogeant, nous le montrerons bientôt, que l'on touche à des types qui, tout en s'éloignant graduellement de ceux qui leur succédèrent sont cependant liés à quelques-uns de ceux-ci par plusieurs côtés essentiels de leur structure soit interne, soit externe et relative aux organes foliaires ou sexués. Mais on comprend aussi qu'en avançant ainsi vers le passé, on se rapproche sensiblement d'une transition organique qui, mieux connue, nous ferait voir comment les Aciculariées ont divergé peu à peu du groupe voisin des Cycadées. Les deux groupes à leur tour, comme deux branches sœurs, ont dû émerger presque en même temps d'un prototype, détaché lui-même d'une souche synthétique antérieure, probablement cryptogame.

M. Strasburger, après avoir fait ressortir l'analogie du nucelle des Gymnospermes avec le macrosporange des Cryptogames vasculaires, du sac embryonnaire qui se développe dans ce nucelle avec la macrospore, des corpuscules avec les archégones et du sac à pollen avec le microsporange, conclut à une affinité probablement étroite de cette forme ancestrale des Aciculariées et des Cycadées réunies avec les Lycopodiacées et surtout les Sélaginellées (1). Mais si l'on néglige les Lycopodiacées actuelles et que l'on interroge celles de l'époque carbonifère, c'est-à-dire les Lépidoden-

_____

(1) Voyez : Straburger, *Die Coniferen und die Gnetaceen*, p. 256 et suiv.

drées, on reconnaît entre celles-ci et certaines Conifères une telle conformité d'aspect extérieur que la pensée de les faire dériver ensemble d'un ancêtre commun apparaît comme très-naturelle. Cette conformité s'observe dans les longs rameaux garnis de coussinets foliaires et de feuilles linéaires en faulx, en crochet ou en aiguilles des *Lepidodendron*, dans leurs strobiles dont les écailles bractéales, insérées à angle droit sur l'axe, supportent des sporanges déjà distribués selon le sexe. La partie horizontale basilaire de ces écailles donne lieu vers l'extérieur à un appendice foliacé, tantôt aminci et acuminé, tantôt épaissi en écusson, dont la ressemblance avec ce que montrent les mêmes parties du strobile des Conifères, surtout chez les Araucariées, est parfois vraiment surprenante. Comme une ressemblance aussi curieuse s'accorde pourtant avec les différences intimes de structure qui rangent nettement les Lépidodendrées parmi les Cryptogames vasculaires, tandis que les Aciculariées, bien que plus voisines de cette classe que les Angiospermes, sont décidément des Phanérogames, il faut penser qu'elle est due surtout à une récurrence et à un parallélisme morphologique dont il existe de nombreux exemples dans le règne végétal et qui, chez les Aciculariées, se manifeste même entre les différentes tribus. Toutefois un pareil phénomène ne saurait se montrer en l'absence de toute affinité génésique; il nous paraît au contraire être l'indice d'une filiation qui des deux parts remonterait à un progéniteur commun, si éloigné qu'on le suppose et à travers peut-être de nombreux intermédiaires.

Dans la revue nécessairement courte que nous allons entreprendre des plus anciens types d'Aciculariées et de ceux qui précédèrent immédiatement les temps jurassiques, nous

avons fait forcément un choix, en nous attachant aux indices les plus avérés et aux genres les mieux connus, en
laissant de côté tous ceux, comme le *Pinites anthracinus*
Lindl. et Hutt.; le *Thuyites Parryanus* Heer et quelques autres, qui introduiraient sans preuve et sans vraisemblance
suffisantes, au sein de la végétation primitive, des éléments
que tout porte à croire en avoir été exclus.

Le premier indice sérieux que nous ayons de la présence
des Aciculariées consiste dans des bois nommés *Dadoxylon* par Endlicher et Unger, *Palœoxylon* par Brongniart,
Pissadendron par Endlicher, *Araucarites* par Presl et Gœppert, et qui ont été dernièrement réunis par Kraus sous
la formule générique d'*Araucarioxylon*, dont le tort, selon
nous, est d'impliquer l'existence de types semblables à
ceux des Araucariées, dans un âge trop reculé pour qu'on
l'admette aisément sans autre preuve.

Les *Dadoxylon* et les *Palœoxylon* se rapportent à la base
du terrain carbonifère, époque paléanthracitique de
Schimper (1). Ils se distinguent entre eux par cette circonstance que les rayons médullaires sont simples chez les
premiers, comme chez les *Araucaria* actuels, et composés,
c'est-à-dire formés de plusieurs rangées contiguës de cellules, dans les seconds, qui se rapprocheraient des Cycadées
par ce caractère. Ces bois ont été souvent figurés (2); ils
offrent certainement la structure de ceux des *Dammara*
et des *Araucaria*, surtout les *Dadoxylon* vrais, dont les
rayons médullaires sont simples. En consultant les figures
très-soignées données par Schimper dans son Mémoire

(1) Voy. *Traité de Pal. vég.*, III, p. 619.
(2) Voy. entre autres : *Gœpp. Conif. foss.*, tab. 39, 40, 41, fig. 7,
tab. 42, fig. 1-3, tab. 43, fig. 1 ; Schimper, *Mém. sur le terr. de trans.
des Vosges, partie paléontol.*, p. 342, pl. 30 ; Lindl. et Hutt., *Foss. Fl.
brit.*, I, tab. 1.

sur le terrain de transition des Vosges et reproduites dans son grand ouvrage (1), il semble que le *D. vogesiacum* Ung. (A, fig. 1-4) soit analogue aux *Dammara*, à cause de ses rangées de ponctuations, tantôt solitaires, tantôt au nombre de 2-3 accolées, plutôt serrées que régulièrement comprimées-polyédriques. Le *Dadoxylon ambiguum* Endl. au contraire, avec ses ponctuations multisériées et comprimées-hexagonales, rappelle beaucoup les *Araucaria* proprement dits; mais, dans cette espèce, les rayons médullaires montrent assez souvent deux ou trois rangées de cellules, et ces rayons composés sont entremêlés aux rayons simples. Le *Dadoxylon Brandlingii* Endl. (*Araucarites Brandlingii* Gœpp., *l. c.*, tab. 41, fig. 4-7), de Saarbrück, dont les fibres ont 3 à 4 rangées de ponctuations disposées dans un ordre quinconcial régulier et contiguës, dont les rayons médullaires sont simples et courts, retrace fidèlement aussi les caractères distinctifs des bois d'*Araucaria*. Il est donc impossible de ne pas admettre dès cette époque, antérieure à la période des houilles proprement dite, l'existence de vraies Aciculariées dont le bois avait la même structure que celui des *Araucaria* actuels et la même disposition de couches annuelles concentriques. D'autres bois, entre autres le *Palæoxylon medullare* Brongn. (*Pinites medullaris* With.) (2) et surtout le *Pissadendron antiquum* Ung. (*Araucarioxylon antiquum* Kr.), qui proviennent du terrain houiller d'Angleterre, présentent des différences notables, si l'on compare leur structure à celle des tiges actuelles des Conifères. La moelle est beaucoup plus large, les ponctuations des fibres ligneuses petites, nombreuses, sont disposées de manière à constituer

(1) *Traité de Pal. vég.*, pl. 79.
(2) Lindley et Hutton, *Foss. Fl. Brit.*, I, tab. 3.

des séries obliques de compartiments, les rayons médullaires sont larges et formés d'un tissu cellulaire abondant ; enfin les zones annuelles sont faiblement limitées ou nulles. Dans le *Protopitys Buchiana* Gœpp. (1), qui appartient au calcaire carbonifère de Frankenberg en Silésie, les rayons médullaires sont simples, mais les fibres ligneuses paraissent entremêlées d'autres fibres rayées en travers, subscalariformes, telles qu'on les observe encore chez beaucoup d'Abiétinées, mais d'une physionomie encore plus nettement tranchée.

A côté des *Dadoxylon*, *Palæoxylon* et *Protopitys* prend place dès l'époque paléanthracitique de Schimper et plus tard encore pendant la durée entière de l'âge carbonifère et au delà jusque dans le permien, le genre *Cordaites* (autrefois *Pycnophyllum* Brongn.), que les récentes recherches de M. Grand'Eury et le rapport de M. Brongniart à l'Académie des sciences sur les travaux de ce savant, ont tiré du demi-jour où il était longtemps demeuré, pour lui restituer ses vrais caractères, ceux d'un type d'Aciculariée plus primitif et plus éloigné des formes actuelles de cet ordre, qu'aucun de ceux qui avaient été encore observés. Les *Cordaites* ont joué évidemment un grand rôle lors du phénomène de la formation des houilles ; leurs feuilles amoncelées, associées à leurs inflorescences et à leurs graines éparses jonchent certains lits. M. Grand'Eury, qui a pu étudier leurs troncs demeurés en place, les considère comme de grands arbres ayant atteint souvent 20 à 30 mètres de hauteur, « à tige droite et nue, surmontée par des branches très-ramifiées, terminées chacune par un bouquet de longues feuilles rappelant

(1) *Conif. foss.*, p. 229, tab. 33, fig. 1-2.

par leur forme celles des *Yucca* et des *Dracœna* ou, dans d'autres cas, plus courtes, elliptiques et ressemblant à celles du *Dammara ovata* et du *Dammara Brownii*, des régions australes (1). » L'intérieur des tiges, dont M. Grand'Eury n'a pu observer que des parties altérées et charbonnées pourrait bien avoir eu la même structure que les *Palœoxylon ;* il comprenait, comme chez ces derniers, une moelle centrale relativement large, entourée d'une zone ligneuse revêtue extérieurement d'une couche corticale disposée en lames successives et superposées, susceptible d'acquérir à la longue une grande épaisseur.

Les feuilles étaient sessiles, plus larges ou plus étroites, plus longues ou plus courtes, selon les espèces. Elles s'inséraient sur les tiges en donnant lieu, après leur chute, à une cicatrice transversalement oblongue, plus ou moins large dans le sens de la hauteur et marquée d'une rangée de ponctuations vasculaires, répondant aux nervures longitudinales, nombreuses et égales entre elles, qui parcouraient le limbe. Ces nervures demeuraient parallèles et n'offraient aucun vestige de médiane (pl. 151, fig. 1 et 2ᶜ). M. Grand'Eury nomme *Cladiscus* les rameaux feuillés des *Cordaites* et *Poa-Cordaites* les feuilles des espèces étroites et longues, comme des feuilles de Graminées.

Les inflorescences des *Cordaites*, que l'on recueille éparses et très-nombreuses, au milieu des feuilles de ce genre, ont été signalées depuis longtemps sous le nom d'*Antholithus*, et l'une d'elles a été figurée autrefois par Lindley et Hutton, qui croyaient reconnaître en elle une hampe florale d'Angiosperme, sous le nom d'*Anthrolithus*

---

(1) *Rapport de M. Brongniart*, p. 15 (*Comptes Rendus des séances de l'Ac. des sc.*, t. LXXV, séance du 12 août.

pitcairniæ (1). Grâce aux communications de M. Crépin, sous-directeur du Musée royal d'histoire naturelle de Bruxelles, nous avons eu entre les mains de nombreuses empreintes de ces inflorescences, accompagnées des graines détachées que l'on rencontre pêle-mêle avec ces organes et qui se rapportent aux genres *Cardiocarpus, Cyclocarpus, Rhabdocarpus*, etc. D'autre part, MM. Dawson et Carruthers, après eux M. Schimper, en Allemagne Ettingshausen, Feistmantel etc., en Amérique M. Lesquéreux et d'autres auteurs encore, ont figuré ces inflorescences à divers degrés de développement et se rapportant sans doute à des espèces ou même à des genres bien différents. Les figures de Dawson et de Carruthers (2), reproduites per M. Schimper et que nous donnons aussi (pl. 150, fig. 2-3), montrent ces mêmes inflorescences ayant à l'aisselle de leurs bractées de vrais *Cardiocarpus* insérés solitairement au sommet d'un certain nombre de supports nus et simples qui sortent du milieu de plusieurs bractéoles apprimées. D'autres inflorescences (Voy. pl. 151, fig. 2 en *b*) de même nature, mais dénotant un autre genre, laissent voir des *Rhabdocarpus* (pl. 151, fig. 3) ou des *Cyclocarpus* (pl. 151, fig. 2) insérés isolément sur une base sessile, à l'aisselle de chaque bractée axillante, et entourés de ces mêmes bractéoles. Il faut conclure de ces diversités que les *Cordaites* formaient alors un groupe puissant ou même une tribu composée de plusieurs genres et que les inflorescences, assez uniformes d'aspect, portaient des graines sujettes à varier de structure et de mode d'insertion d'un genre à l'autre, ou si l'on veut d'une section à une autre section

(1) Voy. Lindley et Hutton, *Fos. Fl. Brit.*, 11, tab. 82.
(2) *Notes on fossil plantes,* p. 7 et 9, fig. 1-2 (*Extr. fr. the Geol. magaz.*, Febr., 1872).

de la même tribu. Les inflorescences des *Cordaites* ont été certainement caduques (pl. 151, fig. 2) ; mais peut-être ne rencontre-t-on généralement que ceux de ces organes, qui s'étaient détachés prématurément par suite d'une fécondation nulle ou imparfaite. Les graines mûres tombaient à leur tour, abandonnant leur support, et peut-être chaque inflorescence, conformément à ce qui se passe chez les *Cephalotaxus*, ne produisait en définitive qu'un assez petit nombre de semences normalement développées. Quoi qu'il en soit, ces inflorescences ont dû être axillaires le long des rameaux de *Cordaites* garnis de feuilles ordinaires axillantes ; elles nous représentent un état primitif que les Conifères ont dû nécessairement traverser avant de devenir ce que nous voyons qu'elles sont ; mais elles nous montrent ce même état arrivé chez elles à un degré de complication, de perfection et de régularité relatives, assez élevé pour nous faire considérer les *Cordaites* comme des Aciculariées supérieures, à ce point de vue, aux Taxinées et aux Salisburiées qui leur ont cependant survécu, de même que les Lépidodendrées de l'époque étaient plus avancées en organisation que les genres actuels des Lycopodiacées. Chaque inflorescence (pl. 150, fig. 1-3) se compose d'un rachis plus ou moins épais, plus ou moins long selon les espèces, souvent épais, et long de plusieurs décimètres, dont les bractées, disposées dans un ordre distique et opposées ou sub-opposées, portent à leur aisselle une réunion de bractéoles ou squamules fasciculées, au centre desquelles sont placés des supports nus et relativement allongés, se terminant chacun par un ovule. Dans d'autres cas, l'ovule sessile et solitaire se trouve directement inséré au centre des bractéoles qui l'entourent d'une sorte d'involucre ; ce second cas est celui des *Rabdocarpus* (pl. 151, fig. 3-5), peut-être aussi des *Trigonocarpus* (pl. 150, fig. 4, et 151, fig. 6) et probablement d'une partie même des *Cardiocarpus*, de ceux au moins nommés *Cyclocarpus* par Gœppert (pl. 150, fig. 2). Les *Cardiocarpus* pédicellés ont été observés en place (pl. 151, fig. 2-3); Gœppert avait proposé pour eux le nom fort juste de *Samaropsis*. Nos figures (pl. 150, fig. 7-8) représentent de beaux exemplaires du *Cardiocarpus cornutus* de Dawson, que nous avons dessinés d'après nature; c'étaient des graines samaroïdes, comprimées, recouvertes d'un tégument vasculaire qui donnait lieu sur les côtés à deux carènes amincies, prolongées en appendice et échancrées au sommet à l'endroit du microphyle. Si l'on remplace maintenant le tégument sec et probablement cartilagineux des *Samaropsis* par un tégument charnu et l'ovule solitaire, qui correspond ici à des feuilles simples et indivises, par des ovules géminés, on découvrira aisément le rapport étroit qui rattache l'inflorescence de cette section des *Cordaites* à celle des *Salisburia;* seulement la première est plus complexe, puisque ce n'est pas directement sur l'axe feuillé que naissent les supports ovulaires, mais le long d'un axe floral, et qu'ils sortent de bourgeons axillaires, par rapport aux bractées de cet axe, par conséquent de seconde génération. Dans les *Cordaites* à ovules sessiles et solitaires, l'organisation reste la même au fond; elle se complique de l'avortement des supports et de la persistance d'un seul ovule ; elle marque par cela même de l'affinité avec ce qui a lieu chez les Taxées, circonstance qui n'a pas échappé à la sagacité de M. Brongniart. Ce savant, en décrivant les nombreuses graines silicifiées, découvertes par M. Grand'Eury dans le bassin de Rive-de-Gier, près de Saint-Etienne, fait ressortir que les *Rabdocarpus* (pl. 151, fig. 3-5) semblent répondre aux graines des *Torreya;* les *Diplotesta* et les *Sarcocarpus* à celles des *Cephalotaxus;* les *Taxospermum* (pl. 151, fig. 8-9) enfin et les *Septocaryon* (pl. 151, fig. 7) à celles des *Taxus* proprement dits (1). Nous n'avons pas besoin de répéter ce que nous avons dit déjà de la ressemblance des *Trigonocarpus* et de certains *Rabdocarpus* (pl. 151, fig. 4, et 152, fig. 4, 5 et 6) avec les *endotesta* osseux bi ou tricarénés des *Salisburia.*

La variété des graines observées, grâce à des circonstances particulières qui en ont favorisé la conservation et se rapportant toutes au même groupe, celui des *Aciculariées dialycarpées,* ne pouvait évidemment pas s'accorder avec une uniformité absolue de feuillage, et si les *Cordaites* proprement dits paraissent révéler un type totalement éteint, l'étroite analogie de plusieurs des graines anciennes avec celles des *Salisburia* donne de la vraisemblance à l'existence présumée d'un type décidément allié à celui-ci, dès l'époque carbonifère. Il existe en effet des indices d'un type pareil, et ce type, qui, d'une part, touche aux *Nœggerathia* véritables, peut être considéré en définitive comme le représentant le plus lointain que l'on connaisse du groupe des Salisburiées. Les feuilles sont simples ou même composées, mais le plus souvent partagées en segments flabellés; leur base est en coin, leur limbe s'élargit au sommet, arrondi ou tronqué, toujours parcouru par de nombreuses nervures plusieurs fois ramifiées-dichotomes et sans trace de médiane. Ce type a été figuré par Lindley et Hutton (2), dans le *Fossil flora,* sous le nom de *Nœggerathia flabellata;* on doit

---

(1) Voy. *Et. sur les graines fossiles trouvées à l'état silicifié dans le terrain houiller de Saint-Etienne,* par M. Ad. Brongniart. — *Extr. des comptes-rendus de l'Ac. des sc.,* t. LXXVIII, séance du 10 août 1874.

(2) Lindley et Hutton, *Foss. Fl. of Great Brit.,* I, pl. 28-29.

y rapporter encore les *Nœggerathia expansa* et *cuneifo.ia* de Brongniart (1), et sans doute aussi le *Nœggerathia cyclopteroides* de Gœppert (*Foss. Fl. perm. Form.*, p. 157, tab. 21, fig. 4). M. Schimper a proposé avec raison pour toutes ces plantes, dont les affinités avec nos *Salisburia* ne sont pas tout à fait démontrées, malgré leur probabilité, la dénomination générique de *Psygmophyllum* (2) qui exprime la configuration flabellée de leurs organes foliacés. M. Grand'Eury de son côté paraît avoir découvert des types très-analogues par la division en segments dichotomes de leurs feuilles dans le bassin houiller de Saint-Etienne, et les avoir désignés sous le nom d'*Eotaxites* ou de *Dicranophyllum* (3), en considération de leurs rapports avec les Taxinées en général.

Ces *Eotaxites* et ces *Psygmophyllum* sont vraiment les premiers anneaux d'une chaîne non interrompue qui s'est continuée jusqu'à nous, pour aboutir à l'unique *Salisburia* que nous avons encore sous les yeux. Ils reparaissent en effet dans le dernier des étages paléozoïques, dans le permien, auquel appartiennent d'ailleurs les *Nœggerathia* (*Psygmophyllum*) *cuneifolia* Brongn., *expansa* Brongn. et *cyclopteroides* Gœpp. C'est à ces espèces aussi, ou du moins à quelqu'une d'entre elles, que doivent être rapportés les

(1) Brongniart in *Murchis Géol. de la Russie d'Eur.*, tab. A, fig. 3, B. fig. 4, E, fig. 1*a* et *d*.

(2) Schimper, *Traité de Pal. vég.*, II, p. 192.

(3) Le terme de *Dicranophyllum* paraît devoir obtenir définitivement la préférence et désignera dans la pensée de l'auteur ce genre curieux de Salisburiée prototypique, que nous avons eu l'occasion d'examiner tout dernièrement. Les feuilles sont divisées, par une double ou triple dichotomie, en segments linéaires divariqués ; elles ressemblent beaucoup à celles de notre *Trichopitys heteromorpha*, décrites ci-après ; mais elles sont plus rapprochées et insérées autour du rameau sur des coussinets pressés et décurrents, dont la saillie et la disposition rappellent ce qui a lieu dans les *Picea* actuels et aussi chez les Lépidodendrées *Note ajoutée au moment de l'impression*).

bourgeons foliaires, si curieux, figurés par Eichwald, sous le nom de *Nœggerathia Gœpperti*, et ensuite par Gœppert lui-même (1). M. Gœppert, après avoir exposé les caractères de forme, de structure et de nervation que présentent ces bourgeons et les feuilles convolutées latéralement et se recouvrant mutuellement, dont ils sont formés, conclut de cet examen à leur assimilation avec ceux des Musacées et des Zingibéracées. Ce serait par conséquent là des plantes monocotylédones et l'existence de cette classe de végétaux se trouverait reportée jusque dans les temps paléozoïques, contrairement, ajoute le savant professeur allemand, à l'affirmation, reconnue ainsi inexacte, de M. Brongniart. Toutefois un hazard heureux, joint à l'entremise d'un de nos meilleurs amis, M. Raoul Tournouër, a fait récemment parvenir entre nos mains un bourgeon pareil à ceux dont parle Gœppert, ayant sans doute la même provenance, et, après un étude sérieuse de cet organe, nous avons pu nous convaincre que l'appréciation de Gœppert devait être rejetée, comme entachée d'erreur. Le bourgeon que nous avons sous les yeux mesure en hauteur 7 1/2 centimètres sur une épaisseur *maximum* de 37 millimètres vers sa base ; il diffère un peu de celui qu'Eichwald a figuré en premier lieu par une terminaison plus conique et moins ovoïde ; mais peut-être cette différence provient-elle uniquement de ce que notre spécimen répond à une partie plus intérieure ou moins rapprochée du moment de son évolution. Il est du reste, parfaitement cylindrique inférieurement, intact au sommet, mais tronqué irrégulièrement à sa base ; cette base laisse voir le dedans et permet de juger que les feuilles se succédaient jusqu'au centre sans

(1) Voy. *Foss. Fl. d. permisch. Form.*, p. 153-154, tab. 62, fig. 16.

lacune, ni interposition de rachis ni de pétiole d'aucun
genre ; elles se recouvraient mutuellement de l'extérieur à
l'intérieur, chacune d'elles embrassant vers la base du
bourgeon une moitié environ de la circonférence totale,
et s'enroulant sur elle-même en cornet dans le haut.
Cette disposition est en rapport avec la forme atténuée
en coin à la base, dilatée supérieurement en un limbe en
éventail, arrondi sur les côtés, de chacune des feuilles, prise
séparément. Ces feuilles n'étaient pas des folioles, comme
le prouve la façon régulière dont elles se succèdent en se
recouvrant ; l'atténuation modérée de leur base démontre
qu'elles étaient sessiles ou subsessiles ; les nervures visibles
qui les parcourent n'offrent aucun vestige de médiane. Ces
nervures, parties de la base plusieurs ensemble, s'étalent
ensuite en se ramifiant par dichotomies successives, jusqu'au point où elles atteignent la marge du limbe qui était
entier et largement ovale-arrondi. Dans leur parcours,
elles demeurent égales, très-rapprochées, mais elles ne sont
jamais anastomosées entre elles, ni encore moins réunies
à l'aide de nervilles transverses, comme chez la plupart des
monocotylédones. Le mode de nervation que nous venons
de décrire est, il est vrai, celui des folioles de plusieurs
Cycadées, mais c'est surtout celui qui caractérise les feuilles de *Salisburia*, surtout celles qui ne sont pas lobées ; au
contraire il n'a rien de commun avec le mode de nervation
qui prévaut dans les Monocotylédones. Mais le moment est
venu d'énoncer une observation relative aux bourgeons
que nous avons en vue et qui tend à infirmer l'opinion de
Gœppert à leur égard. Les feuilles de ces bourgeons montrent par leur épaisseur relative qu'elles avaient une consistance charnue ou coriace, mais rien de membraneux ;
leurs nervures, loin d'être saillantes sur la face extérieure,

étaient visiblement incluses entre deux lames d'un tissu épidermique fort dense ; au contraire, ces mêmes nervures sont indiquées par des sillons très-nets dans l'intervalle compris entre les deux surfaces, et chacun de ces sillons est séparé par une cloison du sillon qui lui est contigu. Mais, contrairement à ce qu'a pensé Gœppert, les cloisons ou bourrelets longitudinaux, par un effet très-naturel de la fossilisation, ne correspondent pas aux anciennes nervures ; ce sont les vides des sillons qui représentent ces dernières, ainsi qu'il est aisé de le constater en suivant la direction des rameaux dichotomes. On voit alors que les subdivisions de chaque dichotomie correspondent aux sillons creux et que les bourrelets correspondent par contre aux intervalles qui séparaient anciennement les nervures et dont le tissu, à cause de sa moindre densité a dû se détruire et être rapidement remplacé par la substance siliceuse incrustante qui a tapissé partout les interstices des parties qui constituaient originairement le bourgeon, tandisque celles de ces parties qui résistèrent le mieux à la décomposition, comme les parties fibreuses, et ne se détruisirent qu'après les autres, ont donné lieu à un vide dont les parois sont cependant incrustées de petits grains de silice. Ainsi, il ne peut être question, comme le veut Gœppert, de comparer les intervalles vides aux rangées de lacunes qui, dans les feuilles des Musacées et d'autres Monocotylédones, accompagnent latéralement les nervures. Les feuilles dont la réunion formait ces curieux bourgeons étaient fermes, relativement épaisses et sans doute coriaces. Leurs nervures tout intérieures ne produisaient aucune saillie à leur surface dorsale, qui était lisse, unie et dont l'épiderme encore visible présentait un assemblage de nombreuses séries de cellules allongées et des rangées de stomates alignés comme sur les feuilles des *Salisburia* et des *Dammara*.

L'analogie de ces feuilles, décrites comme nous venons de le faire, avec celle que M. Gœppert a figurée sous le nom de *Nœggerathia cyclopteroïdes* (1), saute aux yeux et, comme on ne saurait trouver dans les bourgeons fossiles en question les éléments d'une fronde pinnée, semblable à celles des vrais *Nœggerathia*, on est forcément entraîné à admettre l'existence d'un nouveau type paléozoïque, auquel le terme générique de *Psygmophyllum* pourrait être conservé sans inconvénient. Les feuilles de ce type, plus ou moins atténuées inférieurement, mais subsessiles, pourvues d'un limbe élargi supérieurement en une lame arrondie ou subtronquée au sommet, entière ou fimbriée sur les bords; parcourues par des nervures égales, flabellées, divergentes, ramifiées-dichotomes, en même temps de consistance coriace, se rangeraient fort naturellement dans la tribu des Salisburiées primitives, bien que le mode d'inflorescence et de fructification des végétaux auxquels ces feuilles ont appartenu, demeure encore inconnu. Ce type semble du reste marquer une sorte de liaison entre les *Nœggerathia*, d'une part, et, de l'autre, avec les *Cordaites* proprement dits, tout en se rattachant, comme nous venons de le dire, aux Salisburiées. Il contribue donc à diminuer d'une manière notable l'espace qui sépare aujourd'hui le groupe des Cycadées de celui des Aciculariées, et la grande dimension du bourgeon concorde elle-même avec une transition de cette nature. Cette taille contraste certainement avec ce qui existe chez les Aciculariées de nos jours; elle annonce dans les arbres dont les tiges se terminaient

---

(1) *Foss. Fl. d. perm. form.*, p. 157, tab. 21, fig. 4.

par de semblables bourgeons un port très-distinct de celui
que possèdent les espèces contemporaines, même les plus
anormales, tels que certains *Araucaria* et *Arthrotaxis* plus
ou moins trapus. Mais, outre qu'un port spécial et un
mode de ramification tout particulier n'auraient pas droit
de surprendre, dès qu'il s'agit de types aussi éloignés de
nous par le temps, l'ampleur même des feuilles que nous
observons chez plusieurs *Psygmophyllum*, provenant des
mêmes couches que les bourgeons, semble suffire pour
justifier cette dimension, qui étonne au premier abord.
Du reste l'arrangement même qui préside aux jeunes
feuilles convolutées latéralement et se recouvrant mutuellement dans le bourgeon, n'a rien qui soit contraire à ce
que laisse voir la vernation des feuilles actuelles des Aciculariées, si l'on choisit pour en juger les espèces dont les
organes appendiculaires offrent le plus de largeur proportionnelle, entre autres les *Dammara* et *Salisburia*.

Avant d'abandonner le groupe des Salisburiées paléozoïques pour aborder enfin les plus anciennes Conifères,
nous voulons signaler et décrire rapidement deux types
nouveaux, un peu moins éloignés déjà, malgré leur singularité, des formes vivantes et d'autant plus importants
qu'ils prolongèrent leur existence au delà des temps paléozoïques et se retrouvent dans l'âge jurassique, représentés par des formes équivalentes, ou même congénères. Nous
devons la connaissance et la découverte de ces deux types,
figurés ici pour la première fois, à M. Charles de Grasset,
qui les a recueillis dans les schistes permiens de Lodève.

L'un d'eux (pl. 152, fig. 2) consiste en un rameau mutilé
à la base, comme au sommet, mais intact sur une longueur d'environ 15 centimètres ; sur tout cet espace, ce
rameau est garni de feuilles relativement grandes et nom-

breuses, insérées dans un ordre alterne et déjetées sur les côtés de manière à affecter une disposition distique un peu confuse. Les feuilles, amincies inférieurement en pétiole, sont visiblement décurrentes sur la tige par leur base qui se montre continue, sans rétrécissement ni articulation apparentes avec le coussinet médiocrement saillant sur lequel elles sont implantées ; en tout, elles n'offrent rien d'engaînant ni même d'amplexicaule, qui puisse porter à les ranger parmi les Monocotylédones. En examinant attentivement celles de ces feuilles dont le contour est intact, on voit que leur base pétiolaire mesure une étendue moyenne de 3 centimètres environ, durant laquelle cette base conserve une épaisseur égale de 2 millimètres environ ; au-dessus, la feuille s'élargit insensiblement pour donner lieu au limbe ; en même temps les nervures bien visibles qui parcourent ce limbe commencent à s'étaler et à se subdiviser par dichotomie. Le limbe est en coin allongé ; il se partage d'abord en deux segments, puis chacun de ces segments en deux autres, dont les extérieurs sont eux-mêmes généralement bilobés. On voit ainsi se produire de 4 à 6 segments, toujours tronqués au sommet qui montre, vu à la loupe, de petits festons auxquels vont aboutir, en se terminant d'une façon abrupte, les subdivisions des nervures. L'analogie de ces feuilles avec celles du *Salisburia adiantifolia* Sm. est frappante, mais elles ressemblent aussi au *Nœggerathia flabellata* Lindl. et Hutt. (1) (*Psygmopyyllum flabellatum* Schimp.) ; si l'on suppose que le prétendu rachis du spécimen anglais représente plutôt un rameau garni de feuilles. D'autre part, les feuilles du végétal de Lodève, par leur base élancée et

____

(1) *Foss. Fl. of great. Brit.*, I, tab. 28-29.

longuement atténuée, par le mode de partition et la distribution même de leurs nervures rappellent les *Jeanpaulia* et *Baiera*, entre autres le *J. Münsteriana* Presl., des schistes rhétiens de Franconie, le *Baiera Tœniata* Schk. et même le *Zonarites digitatus* Brongn., des schistes cuivreux de Mansfeld, de sorte que ces types rangés jusqu'à présent parmi les Algues ou les Fougères se trouveraient être des Salisburiées ne différant guère de celle que nous venons de signaler que par un degré plus prononcé de laciniure dans le limbe foliacé. Quoiqu'il en soit de cette dernière assimilation, on peut constater que l'empreinte de Lodève que nous venons de décrire, tout en confinant au *Salisburia*, s'en écarte par l'insertion de ses feuilles, dont les pétioles sont attachés à des coussinets longuement décurrents. J'ai déjà proposé dans une note insérée aux comptes rendus de l'Académie des sciences d'appliquer à cette espèce le nom de *Ginkgophyllum Grasseti*, qui rappelle l'auteur de sa découverte.

Le second spécimen (pl. 152, fig. 1) que nous nommons *Trichopitys heteromorpha*, s'écarte bien plus de toutes les formes d'Aciculariées signalées jusqu'ici(1). Il s'agit encore d'un rameau, nettement terminé cette fois par un bourgeon, à son extrémité supérieure, et présentant un peu au-dessous une ramification latérale, presque aussi épaisse que la branche mère et s'écartant de celle-ci dans un même plan horizontal, sous un angle d'environ 45 degrés. L'épaisseur du rameau principal, qui est de 5 millim. vers sa base, se réduit à quatre vers la naissance du rameau secondaire qui s'amincit graduellement de son côté, et atteint dans l'original une longueur de 15 centimètres sans montrer sa terminaison. De son côté, la branche mère, après

_____

(1) I se rapproche sensiblement des *Dicranophyllum* carbonifères; voy. la note insérée plus haut, p. 223.

l'émission de ce rameau, se prolonge encore en ligne droite sur une longueur de 5 à 6 centimètres, puis elle finit brusquement, surmontée qu'elle paraît être par un gros bourgeon écailleux entouré de feuilles. Les feuilles constituent la principale singularité de ce type. Elles sont espacées, décurrentes inférieurement, parfaitement distinctes, mais difficiles à suivre au premier abord à cause de leur ténuité et de leur terminaison en un certain nombre d'aiguilles fines, roides et longues. Cependant, quelques-unes de ces feuilles sont assez intactes pour laisser voir leur structure : subdivisées en segments étroits, à l'aide de dichotomies successives, elles rappellent d'abord à l'esprit celles de certaines Protéacées des genres *Petrophila*, *Isopogon* et *Hakea*. Au-dessus du coussinet qui la porte, chaque feuille s'écarte de la tige sous un angle de 45 degrés ; sa largeur sur ce point n'est que de 3 à 3 millimètres et demi ; mais sa consistance a dû être cartilagineuse, et laisse entrevoir plusieurs nervures longitudinales qui ont dû être noyées dans l'épaisseur du tissu. Après un espace d'environ un centimètre et demi, la feuille se partage en deux segments déjà plus étroits, et chacun de ceux-ci bientôt en deux autres ; finalement, l'un de ces derniers, l'extérieur de chaque paire se subdivise encore, et les segments au nombre de 4 à 6, sortis de ces subdivisions ont à peu près l'aspect des aiguilles de nos pins ; ils sont étroits, uninerviés ; leur longueur excède parfois un décimètre, mais parfois aussi, ils sont beaucoup plus courts, surtout à la base des innovations ; on voit alors les feuilles que nous venons de décrire se transformer en simples écailles ou bien devenir bifurquées et offrir toutes les transitions entre ces feuilles réduites à l'état de bractées, et celles qui sont plusieurs fois divisées et longuement aciçulaires.

On distingue sur plusieurs points de l'empreinte, à l'aisselle de certaines feuilles (pl. 152, fig. 1, en *c*) des bourgeons pédonculés à divers degrés de développement qu'il serait naturel de considérer comme représentant des inflorescences en voie d'évolution. Ce type diffère beaucoup de tous ceux qui nous sont connus, et cependant le mode de partition en segments dichotomes de ses feuilles autorise à le ranger, à titre de genre éteint, dans la tribu des Salisburiées. D'autre part, l'analogie des feuilles du *Trichopitys heteromorpha* avec les empreintes jusqu'ici problématiques, figurées sous le nom de *Solenites furcata* (1) par Lindley et tout dernièrement sous celui de *Jeanpaulia Lindleyana* par Schimper (2), est tellement étroite qu'il faut admettre l'intime parenté des deux espèces, et ainsi le spécimen permien de Lodève nous met sous les yeux les tiges du même type d'Aciculariées dont le *Solenites furcata* représente les feuilles à l'état isolé, dans un âge bien postérieur à l'époque de l'oolithe.

C'est en société des végétaux que nous venons de décrire, en les considérant comme les représentants des Salisburiées de la dernière des périodes paléozoïques, que se montrent les plus anciennes Conifères proprement dites ; nous voulons parler du genre *Walchia*. Longtemps il a été rangé à tort parmi les Lycopodiacées ; récemment encore Gœppert (3) l'a rapproché des *Lepidodendron*, mais il constitue bien réellement, comme l'affirmait déjà Brongniart, dans son tableau des genres de végétaux fossiles, en 1849, un genre de Conifères, très-nettement caractérisé et le premier en date, lorsque l'on remonte la série des ter-

----

(1) Lindley et Hutton, *Foss. Fl. of Great Brit.*, III, tab 209.
(2) *Traité de Pal. vég.*, I, p. 683,
(3) *Foss. Fl. perm. form.* p. 234.

rains, bien que l'on soit fondé à admettre l'existence
d'Aciculariées à strobiles, encore antérieures, mais dont
nous n'avons pas acquis la connaissance.

Les rameaux entiers et les ramules épars des *Walchia
piniformis* Sternb. (pl. 153, fig. 1-3) et *hypnoides* Brongn.
(pl. 153, fig. 4-5) abondent à Lodève (Hérault). Les rameaux sont presque toujours pinnés, c'est-à-dire munis
de ramules distiques, étalés dans un même plan des deux
côtés d'un axe principal. Ces ramules latéraux sont très-
nombreux, constamment simples et plus ou moins allongés. Les feuilles qui les recouvrent sont ordonnées en
spirale, plus ou moins épaisses, décurrentes à la base,
carénées-trigones et recourbées en faulx au sommet, en
tout semblables à celles des *Araucaria* d'Australie, particulièrement des *A. excelsa* R. Br. (pl. 146, fig. 9) et *Cookii* R. Br., dont les rameaux secondaires offrent le plus
étroit rapport avec les empreintes de *Walchia*. Les *Walchia* devaient être de grands arbres, ayant l'aspect extérieur des *Araucaria*, avec des rameaux plus menus qui se
détachaient d'eux-mêmes, à mesure que les branches se
dépouillaient par l'effet de l'âge. Malgré cette ressemblance, les *Walchia* ne faisaient sûrement pas partie du
même groupe que les *Araucaria* actuels. Il faut les regar-
der plutôt comme étant le point de départ d'une tribu
particulière, non pas exclusivement permienne, mais qui
a dû s'étendre et se perpétuer longtemps après en Europe,
puisqu'elle aurait eu, selon nous, des représentants
jusque dans la période jurassique. Ce serait là une tribu
à bien des égards intermédiaire entre plusieurs de celles
que nous connaissons, et, bien que tous ses caractères
ne puissent être également précisés, il nous paraît qu'elle
vient se ranger auprès des Araucariées, des Séquoïées et

des Taxodiées, comblant en partie la distance qui sépare aujourd'hui ces groupes l'un de l'autre.

Les cônes de *Walchia* (pl. 153, fig. 3 et 25) ne sont pas rares. Gœppert en a figurés plusieurs et nos propres dessins en représentent des exemplaires recueillis à Lodève au milieu même des rameaux. Ces cônes sont ovoïdes oblongs et fort petits ; ils se détachaient sans doute naturellement à la maturité et leurs écailles, nombreuses et étroitement imbriquées, probablement insérées à angle droit sur un axe mince, par une base plus ou moins épaisse et dilatée au-dessus du point d'attache, se terminaient antérieurement par une pointe recourbée-ascendante, assez peu différente des feuilles elles-mêmes. Au total, ces écailles avaient l'apparence de feuilles assez peu modifiées, comme chez les *Araucaria ;* mais le strobile des *Walchia* étonne par sa faible dimension et nous verrons plus tard que ce caractère paraît être général et s'étendre à toutes les Walchiées, particulièrement aux *Brachyphyllum* qui semblent les représenter à cet égard au sein de la végétation jurassique. Contrairement à ce qui a lieu dans les *Araucaria*, les écailles persistent sur l'axe du cône ; chacune d'elles supportait, à ce qu'il paraît, une seule, peut-être jusqu'à trois semences, probablement inverses, libres, petites, comprimées, ellipsoïdes, marquées à la surface de 2-4 stries longitudinales. M. Gœppert, dans sa *Flore fossile du terrain permien*, a figuré plusieurs de ces semences que nous reproduisons d'après lui (pl. 153, fig. 3ª). La graine libre, non soudée avec le support à la face supérieure de l'écaille, distinguait donc les *Walchia* des *Araucaria*, pour les rapprocher plutôt des *Dammara* et des *Cunninghamia*.

La disposition des chatons mâles, telle qu'elle a été observée par Gœppert, ressemble plutôt à ce qui existe chez les *Cryptomeria*, puisque ces organes auraient été réunis en grand nombre vers l'extrémité supérieure des ramules et situés chacun à l'aisselle d'une feuille, de manière à donner lieu à une sorte d'inflorescence composée.

Dans la seconde moitié du permien, les *Walchia* cèdent la place en Allemagne aux *Ulmannia* Gœpp., genre beaucoup moins bien connu et dont le strobile d'après l'interprétation fort douteuse de Gœppert serait construit à peu près comme ceux des Sequoïées, des Taxodiées et des *Chamæcyparis;* mais il est fort probable que par suite d'une fossilitation imparfaite l'objet figuré par l'auteur allemand n'ait réellement rien de commun avec les cônes des *Ulmannia* (Voy. pl. 153, fig. 6-7). Ceux-ci, à en juger par une belle figure de Geinitz (fig. 7), auraient ressemblé à ceux des *Walchia* dont les *Ulmannia* ne seraient ainsi qu'une sorte de prolongement. Leurs feuilles (fig. 6), plus épaisses, plus élargies à la base, moins recourbées en faulx ou même tout à fait roides pourraient bien être l'indice d'une transition des *Walchia* vers les *Brachyphyllum* proprement dits, que nous rencontrerons en abordant la série jurassique.

Des bois très-nombreux et fort beaux de conservation, présentant la structure caractéristique de ceux des *Araucaria*, ont été recueillis sur divers points du permien, surtout en Saxe. Gœppert en a décrit et figuré un certain nombre : nous citerons l'*Araucarites saxonicus* Gœpp. (1), dont les rayons médullaires sont simples et dont les ponctuations, disposées sur quatre rangées alternantes, forment sur la face principale des fibres une mosaïque de compartiments hexagones parfaitement réguliers. L'*A.*

(1) *Foss. Fl. d. perm. form.*, p. 251, tab. 54, 55, 56., fig. 2-4 et 60, fig. 1-2.

Rodeanus Gœpp. (1) offre une disposition qui rappelle davantage celle du bois de *Dammara*. Il est à croire que certains de ces bois se rapportent à des *Walchia*, mais nous manquons de preuves directes à cet égard.

En abordant le Trias par l'étage du grès bigarré, nous rencontrons en première ligne les deux genres *Voltzia* Brongn. et *Albertia* Schimp., qui à cette époque formaient en commun de vastes forêts dans la région des Vosges.

Le *Voltzia heterophylla* Schimp. (pl. 134, fig. 1-8) est l'espèce la mieux connue de ce genre curieux, encore représenté dans le Muschelkalk par le *V. recubariensis* Schenk. C'était une Conifère de grande taille, fort analogue aux *Araucaria* actuels de la section *eutacta* (Comp. avec les fig. 9-10, pl. 146) par son port, l'aspect ordinaire de ses rameaux garnis de feuilles nombreuses, épaisses, trigones à la base, atténuées en faulx et recourbées en crochet au sommet, comme dans l'*Araucaria excelsa* R. Br. ; mais, à l'exemple de celui-ci, et d'une façon plus marquée encore, le *V. heterophylla* présentait sur les branches vigoureuses, vers l'extrémité des ramifications latérales, des feuilles prolongées en aiguilles linéaires, avec tous les passages entre les formes extrèmes (fig. 1-4). Les figures consacrées à l'illustration de cette Conifère triasique, dans le bel ouvrage de notre ami M. Schimper sur la flore du grès bigarré des Vosges (2), en font connaître tous les détails. Si la figure V^1, pl. 16, de ce même ouvrage se rapporte réellement au *Voltzia*, ce qui est probable, mais non certain, le chaton mâle de ce genre aurait eu la taille et l'aspect de ceux des *Araucaria* et des *Dammara*. Les cônes

(1) *Ibid.*, p. 256, tab. 57, fig. 1-5.
(2) *Monogr. des pl. foss. du grès bigarré des Vosges*, par Schimper et Mongeot, pl. 11-14.

ont été souvent figurés, et cependant leur véritable structure n'a été jusqu'ici qu'imparfaitement décrite, surtout en ce qui concerne la forme et l'emplacement des semences. Nous pensons mettre un terme à cette incertitude en publiant (pl. 154, fig. 4) un cône de *V. heterophylla*, provenant de Soultz-les-Bains, qui montre à la fois les deux côtés de certaines écailles, et laisse voir, sinon les graines elles-mêmes, du moins l'empreinte de leur contour et la trace de l'emplacement destiné à les recevoir.

Le cône des *Voltzia* était allongé, d'assez grande taille et composé d'écailles plutôt minces que tout à fait coriaces, lâchement imbriquées, écartées et persistantes à la maturité. A ce moment, l'organe dans son ensemble avait presque l'apparence d'un rameau dont les écailles inférieures graduellement développées montrent tous les passages des feuilles normales aux bractées devenues fertiles et supportant des ovules. Le spécimen que nous figurons pourrait même avoir été perfolié au sommet, c'est-à-dire avoir donné naissance à une pousse feuillée ordinaire, circonstance qui se montre effectivement, comme nous l'avons vu, chez les *Cunninyamia* et les *Cryptomeria* actuels. Les écailles fertiles, repliées en divers sens et parconséquent d'une consistance relativement souple étaient visiblement formées, comme celles des Taxodiées et des Séquoïées, de deux parties plus ou moins complétement soudées, mais morphologiquement distinctes, la bractée et le support des ovules (Voy. pl. 154, fig. 5 et 6). La bractée (fig. 5) était ici plus courte que le support, dans l'écaille adulte, ainsi qu'on le remarque de nos jours dans le *Sciadopitys* et le *Cryptomeria* (pl. 147, fig. 8ª); elle donnait lieu à un appendice saillant ou mucron, légèrement recourbé, bien visible sur notre figure 5. Le support des ovules ou partie intérieure et axillaire de l'écaille était découpé en 3, 4, 5 lobes arrondis à leur sommet, plus ou moins prononcés, dilatés de manière à déborder la bractée en donnant lieu à une surface en forme de disque, soutenue par un onglet plus ou moins long et mince, terminée supérieurement par les découpures de la marge ; cette surface en expansion discoïde légèrement convexe du côté extérieur, plane ou faiblement concave par la superficie intérieure, supporte 2, plus rarement 3 semences inverses, comprimées, dont le *nucleus* arrondi paraît accompagné d'une aile qui va s'élargissant dans la direction opposée au sommet morphologique de l'organe (pl. 154, fig. 7, 8) ; ce sommet qui est dirigé en bas semble atténué en bec obtus. Les graines figurées un peu vaguement par M. Schimper, aux planches 10 et 11 de son ouvrage, reproduisent assez bien la forme générale du contour que nous révèle l'empreinte de l'emplacement occupé par elles.

Par les caractères que nous venons de signaler le genre *Voltzia* semble se placer fort naturellement à côté des Séquoïées et des Taxodiées. Il a l'ovule inverse des premières et la structure caractéristique des écailles des secondes ; il sert ainsi de trait d'union entre les deux groupes, qui pourraient bien être sortis d'une tige commune. Du reste, les *Voltzia* ont été, à ce qu'il semble, continués à l'époque jurassique, par des types alliés à eux de plus ou moins près, sur lesquels nous aurons naturellement à revenir et qui conduisent à des formes plus rapprochées encore des Glyptostrobus et des *Cryptomeria*, c'est-à-dire des Taxodiées proprement dites. — Les *Albertia* sont plus difficiles à définir, parce que leurs organes fructificateurs sont plus imparfaitement connus; selon M. Schimper, leurs cônes auraient été formés d'écailles simples, planes, imbriquées et nombreuses, insérées en rangées spirales, et, à ce qu'il paraît, caduques à la maturité. En admettant, suivant les probabilités, l'existence sur chaque écaille d'une seule semence libre, comprimée et inverse, entourée d'une aile circulaire régulière et située vers la base de chaque écaille, on obtient un genre qui semble devoir être rangé auprès des *Dammara*, surtout en tenant compte de leurs feuilles larges, planes et multinerviées (Voir pl. 153, fig. 8). Cependant, il est juste de remarquer en même temps que par le mode d'insertion de leurs feuilles les *Albertia* s'écartent plus qu'on ne le suppose généralement des *Dammara* actuels, pour se rapprocher du type de l'*Araucaria Bidwilü;* mais d'autre part, la terminaison élargie et obtuse ou même subspatulée de ces feuilles les distingue suffisamment de celles de ce dernier; en sorte que là encore on se trouve en présence d'un type intermédiaire qui relierait les *Araucaria* aux *Dammara* et ceux-ci encore aux *Cunninghamia*, sans se confondre précisément avec aucun d'eux.

Le conchylien de Recoaro nous montre la continuation du même état de choses très-peu modifié. Le *Voltzia recubariensis* Schenk, qui abonde dans cette localité, diffère du *Voltzia heterophylla* Schimp. par les feuilles plus courtes, recourbées, mais assises sur une base plus épaisse; il a certainement fait partie du même genre que celui de la région des Vosges.

Le genre *Glyptolepis* de Schimper (1) nous montre dans

---

(1) *Traité de Pal. vég.*, II, p. 243, pl. 76, fig. 1. — D'après une observation toute récente de M. le professeur Heer, le terme générique de *Glyptolepin*, pour ne pas faire double emploi avec un genre déjà connu, devrait être changé en celui de *Glyptolepidium*.

le Keuper un type allié de plus ou moins près à celui des *Voltzia*, qui doit être mentionné à cause de la singularité de ses cônes, dont l'axe prodigieusement grêle et allongé relativement à la faible dimension des écailles ressemble à un véritable rameau garni d'écailles biovulées en forme de spatule, marquées de sillons et crénelées sur le bord, analogues par conséquent à celles des *Glyptostrobus*. Ici sans doute, comme dans les *Voltzia*, l'écaille se compose de deux parties soudées, l'une externe se rapportant à la bractée, l'autre intérieure, mais excédant de beaucoup la première qui paraît avoir été peu visible. La disposition du strobile prenant une forme linéaire et comprenant un nombre considérable d'écailles très-courtes relativement à l'axe qui les supporte, mérite d'être signalée; plus prononcée encore que chez les *Voltzia*, elle devient ici un caractère frappant dont l'existence se rattache à la structure morphologique du strobile lui-même.

A côté du *Glyptolepis*, le *Widdringtonites keuperianus* Heer (1), dont on a recueilli des ramules en Franconie et aux environs de Bâle, mais dont les strobiles ne sont pas encore connus, dénote peut-être l'existence de la plus ancienne Cupressinée qui ait été encore signalée. Il n'y aurait rien de surprenant, en effet, à ce que cette tribu, depuis si importante, mais dont les vestiges certains ne se montrent pas avant l'oolithe, eût débuté par des formes alliées aux *Widdringtonia*, genre qui semble fait pour servir de passage entre les Cupressinées vraies et les Taxodiées, comme nous l'avons fait ressortir plus haut.

Ainsi, au moment où nous entrons dans la période jurassique, si remarquable au point de vue du développe-

---

(1) Voy. *Abbild. von foss. Pfl. aus d. Keup. franck.*, v. Schoenlein, t. I, fig. 5, et X, fig. 5. — Heer, *Urw. d. Schweiz*, p. 52, fig. 31.

ment de la famille que nous considérons, les linéaments des tribus principales qu'elle comprend de nos jours commencent à se dessiner, bien qu'avec une sorte d'indécision par rapport aux limites respectives de chacune d'elles, indécision due à la présence de types moins tranchés, moins divergents, liés entre eux par de plus nombreux intermédiaires, depuis disparus ou insensiblement modifiés. Ces tribus primitives sont au nombre de six : Cordaïtées, Salisburiées, Walchiées, Dammarées, Taxodio-Séquoïées, enfin Cupressinées. La première ne survit pas aux temps paléozoïques, la deuxième n'a plus de nos jours qu'un représentant unique, la troisième, d'abord puissante, ne prolonge pas son existence au delà des temps jurassiques, la quatrième se complétera par l'adjonction des *Araucaria;* elle a depuis déserté notre hémisphère pour la zone australe. La cinquième tribu, après s'être subdivisée en deux sections distinctes, semble décliner de nos jours ; la dernière, au contraire, n'a cessé de gagner en force et en variété ; elle a cependant reculé vers le sud ; enfin, la tribu dont la prépondérance est aujourd'hui incontestable, dans notre zone au moins, et qui renferme le nombre absolu d'espèces le plus considérable, manque complétement à l'appel : nous voulons parler des Abiétinées ; pourtant elle ne tardera pas à paraître, tout en demeurant longtemps obscure et subordonnée.

Nous allons suivre le développement de ces diverses tribus ; nous les verrons, au moins celles qui ne sont pas destinées à s'éteindre, accentuer graduellement les traits distinctifs qui les caractérisent, se dépouiller successivement des liens ambigus qui semblent les retenir et donner lieu, à l'aide du temps, à de puissantes ramifications latérales, d'abord subordonnées, puis dominantes à leur tour, au moyen desquelles la plupart des termes douteux se trouvent enfin éliminés ou réduits à un rôle de plus en plus insignifiant. On tomberait cependant dans une exagération blâmable si, supposant que nous connaissons tout, on concluait de l'absence d'un type ou d'une tribu à sa non-existence absolue à l'époque contemporaine de cette absence. La période entière s'écoulera, il est vrai, sans que l'on ait à constater, en fait d'Abiétinées, que de rares vestiges récemment découverts en Scandinavie. Dans l'état actuel des connaissances, la tribu ne se montre guère avant le Gault ; mais dans cette apparition même il y a plutôt la constatation d'un fait accidentel que la certitude d'un grand phénomène qui viendrait de s'accomplir. En réalité, les Abiétinées, soit telles que nous les avons sous les yeux, soit représentées par des genres depuis disparus, ont très-bien pu exister quelque part avant même les temps jurassiques, ou traverser cette période sans que leurs débris aient eu des occasions de se conserver. Une circonstance heureuse est venue nous révéler que lors du Gault une région montagneuse, peuplée d'Abiétinées, s'élevait vers les Vosges et les Ardennes actuelles ; mais nous ignorons encore quels pouvaient être les types de Conifères qui couvraient les flancs des Alpes jurassiques ; nous ne le saurons peut-être jamais, et les espèces que nous allons décrire ne formaient évidemment qu'une faible minorité dans l'ensemble végétal de l'époque, si l'on songe surtout que cette époque est celle où les Aciculariées, encore à l'abri de la concurrence des Dicotylédones arborescentes, composaient presque à elles seules la masse des forêts contemporaines.

Explication des figures. — Pl. 150, fig. 1, *Antholithus Crepini* Nob., inflorescence supposée de *Cordaites* ou plutôt

se rapportant au groupe des Cordaïtées, d'après un spécimen du terrain houiller de Bascoup (charbonnages du
centre), en Belgique, communiqué par M. Crépin, sous-
directeur du Musée royal d'histoire naturelle de Bruxelles,
grandeur naturelle. On distingue sur cette empreinte qui
se rapporte à la partie supérieure d'une inflorescence, des
deux côtés d'un épais rachis et dans une ordonnance distique, des bractées à l'aisselle desquelles sont placées des
bractéoles ou squamules étroitement fasciculées, du centre
desquelles émergent çà et là des pédicelles allongés, légèrement renflés au sommet, destinés à supporter des
graines samaroïdes, pareilles à celles que représentent les
figures 7 et 8 et que l'on rencontre associées aux inflorescences, sur les mêmes plaques de Belgique.

Fig. 2, *Antholithus* (*Cardiocarpus*) *anomalus* Carruth.,
inflorescence analogue à la précédente, mais dont les
bractées axillantes sont plus longues et dont les pédicelles
sont terminés par des graines petites, ovales, comprimées
et aptères, d'après une figure de M. Carruthers (*Geol.
Magaz.*, Febr. 1872).

Fig. 3, *Antholithus* (*Cardiocarpus*) *Lindleyi* Carruth. (*Antholithus Pitcairniæ* Lindl. et Hutt., *Foss. Fl. Brit.*, II,
tab. 82), inflorescence très-analogue d'aspect au spécimen
de Belgique (fig. 1), mais dont les bractéoles fasciculées
sont plus courtes et moins nombreuses, les pédicelles plus
forts et moins allongés que dans l'*A. anomalus;* ces pédicelles supportent ici des graines comprimées lenticulaires
dont le *nucleus* est entouré d'une bordure membraneuse
ou peut-être cartilagineuse, échancrée à l'endroit du micropyle; fig. 3ª, une des graines grossies.

Fig. 4, *Trigonocarpus Noeggerathi* Brongn., très-beau
spécimen provenant du bassin houiller de Saint-Étienne,

grandeur naturelle. Le rapport de ce type avec l'endotesta trigone des graines extérieurement charnues de *Salisburia* (pl. 144, fig. 3) doit être remarqué.

Fig. 5, *Cardiocarpus Gutbieri* Gein., ou espèce très-voisine, très-beau spécimen de *Cardiocarpus* bicaréné, convexe sur les faces, aminci en biseau, mais aptère le long des bords, provenant du bassin houiller de Saint-Étienne, grandeur naturelle. Cette forme représente probablement l'endotesta osseux d'une graine revêtue extérieurement d'une enveloppe charnue, comme celles des *Salisburia*.

Fig. 6, *Cardiocarpus drupaceus* Brongn. (*Graines foss. trouvées à l'état silicifié, Ann. sc. nat.*, 5e série, t. XX), coupe par le plan de la carène, montrant en *a* un testa épais, probablement charnu à l'extérieur, en *b* la chalaze au point d'insertion, en *c* le nucelle et le périsperme, en *d* l'extrémité micropylaire du nucelle, grandeur naturelle, d'après une figure donnée par M. Brongniart.

Fig. 7 et 8, *Cardiocarpus* (*Samaropsis*) *cornutus* Daws., deux beaux spécimens de graines ayant appartenu vraisemblablement à l'inflorescence représentée par la fig. 1, grandeur naturelle, d'après des exemplaires provenant de Trazégnies (Belgique), reçus en communication de M. Crépin; fig. 7a et 8a, les mêmes grossis et montrant distinctement le corps nucellaire de la graine, comprimé lenticulaire, plus ou moins convexe, accompagné latéralement d'une aile sans doute cartilagineuse fortement échancrée et se prolongeant en deux pointes vers l'extrémité micropylaire. Le corps nucellaire donne lieu à une saillie en forme de bouton à l'endroit où existait l'ouverture micropylaire. Sur le spécimen fig. 7a, il semble que, par un effet de compression, l'embryon ou, du moins, la cavité occupée par lui soit visible au centre du nucelle.

Sur la figure 8ᵃ on distingue des traces de linéaments vasculaires ramifiés longitudinalement et parcourant la surface de la graine, y compris l'appendice ou prolongement ailé qui l'entoure. Cette particularité qui n'a rien d'anormal se présente sur le tégument des graines de plusieurs Taxées. Les graines de *Samaropsis* ne diffèrent pas essentiellement par les détails visibles de leur structure de celles des Aciculariées que nous connaissons ; il est cependant impossible de les assimiler directement à celles d'aucun genre vivant ; c'est encore aux graines des Cupressinées que les *Samaropsis* ressembleraient davantage (voy. plus haut, pl. 20, fig. 5 et 9).

Pl. 151, fig. 1, *Cordaites (Cordaites borassifolius?* Brongn.), sommité à peu près complète d'une feuille, d'après un spécimen provenant des houillères de Blanzy (Saône-et-Loire), grandeur naturelle. Il faut remarquer la terminaison sensiblement inégale du limbe, délimité par un contour ellipsoïde allongé. Ces sortes de feuilles devaient être longues de plusieurs pieds ; c'est au même genre et peut-être à la même espèce qu'il faut sans doute rapporter les fragments figurés, tome II du présent ouvrage (pl. 8, fig. 4), sous le nom de *Noeggerathia*.

Fig. 2, fragment de feuille, graines et rachis d'inflorescence réunis pêle-mêle sur une mince plaque communiquée par M. Crépin et provenant du levant de Flemy, fosse de l'Auflette, 1874 (collect. Percenaire au musée royal de Bruxelles). On distingue sur cette plaque, en 2ᵃ, de beaux spécimens d'une espèce de *Cardiocarpus* du type des *Cyclocarpus* de Goeppert. Ce sont des graines comprimées, arrondies, un peu tronquées ou même émarginées à l'endroit de la chalaze, pourvues d'un mamelon pointu peu saillant, à l'extrémité micropylaire, et entourées latéralement d'un rebord étroit et cartilagineux en forme de carène. Ces graines, détachées par suite de leur maturité, étaient sans doute enveloppées d'un tégument plus ou moins dense ou coriace dont la surface paraît avoir été lisse ou marquée de stries très-légères. On doit remarquer l'extrême ressemblance, au point de vue du contour et de l'aspect de la chalaze, de ces graines avec les *Cardiocarpus* dont M. Brongniart nous a fait connaître la structure intérieure (comp. avec la fig. 6, pl. 150); ce sont là des espèces certainement congénères. — On distingue en *b*, sur la même plaque, deux rachis évidemment plus courts que ceux des *Anthrolithus*, mais offrant un aspect à peu près semblable et présentant à l'aisselle des bractées des traces d'insertion que l'on doit rapporter à celle des *Cardiocarpus* placés à côté de ces mêmes rachis ; cette insertion était sessile, ainsi que plusieurs auteurs l'ont vérifié en ce qui concerne aussi les *Rhabdocarpus*. Les *Cardiocarpus* proprement dits et aptères auraient donc formé un genre distinct de celui des *Cardiocarpus* ailés et pédicellés, auxquels on devrait laisser la dénomination de *Samaropsis*, proposée par Goeppert ; mais ces deux genres et d'autres encore auraient pu posséder des feuilles se ressemblant beaucoup et rentrant toutes à la fois dans le type bien connu des *Cordaites*. En effet, sur la même plaque que les graines et les rachis dont nous venons de parler, on observe, en 2ᶜ, outre de nombreux fragments, l'extrémité basilaire d'une feuille de *Cordaites* avec l'onglet insertionnel, sensiblement inégale comme la terminaison supérieure. Les feuilles de ce groupe, suivant M. Brongniart parlant au nom de M. Grand'Eury, étaient effectivement sessiles, rétrécies à la base, et non amplexicaules ; elles étaient caduques et laissaient après leur chute une cicatrice transverse, tantôt étroite et linéaire, tantôt plus large, oblongue ou elliptique, marquée d'une rangée de ponctuations vasculaires, qui fait ressembler ces cicatrices à celles des *Dammara* actuels (1).

Fig. 3, *Rabdocarpus* Sp., exemple de graine en place, sessile, accompagnée de bractées et munie de son tégument extérieur, constitué par une enveloppe charnue ou fibreuse, grandeur naturelle, d'après un spécimen du terrain houiller de Forchies (Hainaut), communiqué par M. Crépin.

Fig. 4, échantillon plus petit, plus comprimé, bicaréné, représentant l'endotesta solide et nettement limité d'un *Rhabdocarpus*, peut-être de l'espèce précédente, d'après un exemplaire des charbonnages du centre (Trazegnies, Belgique), communiqué par M. Crépin ; grandeur naturelle. La ressemblance de cette empreinte avec l'endotesta bicaréné des graines de *Salisouria* (voy. pl. 145, fig. 4) n'a pas besoin d'être signalée, tellement elle est frappante.

Fig. 5, *Rhabdocarpus subtunicatus* Grand'Eury, coupe transversale d'un exemplaire converti en silice, provenant du bassin houiller de Saint-Étienne, d'après une figure de M. A. Brongniart (Mém. précité, *Ann. des sc. nat.*,

(1) Voy. *Comptes rendus de l'Acad. des sc.*, t. LXXV, *Rapp. sur un Mém. de M. Grand'Eury intitulé : Flore carbonifère du dép. de la Loire.* — D'après l'auteur lui-même, dont l'ouvrage vient de paraître, les *Cardiocarpus* Brongn. (*Cyclocarpus* Goepp. et Fiedl.), nommés *Cordaicarpus* par M. Grand'Eury, seraient les graines des *Cordaïtes* proprement dits du savant français ; les *Samaropsis*, de leur côté, seraient les graines de ses *Dory-Cordaïtes*, dont les *Cordaïtes palmœformis* Gœpp. (*Foss. Fl. d. Perm.*, p. 157, tab. 22, fig. 2) est le type. D'autres Cordaïtées, les *Poa-cordaïtes* Grand'Eury, à feuilles étroitement linéaires et allongées, auraient eu des graines elliptiques, un peu élargies inférieurement, correspondant au *Carpolithes disciformis* Sternb. (*note ajoutée au moment de l'impression*).

5ᵉ série, t. XX, pl. 21, fig. 11), grandeur naturelle. Sur cette coupe, qui passe par le plan transversal de la graine, on distingue très-clairement, en *c*, l'enveloppe extérieure ou *sarcotesta* avec ses faisceaux fibreux, en *a* l'*endotesta* ou noyau osseux intérieur, en *v* la carène, en *d* le nucelle.

Fig. 6, *Trigonocarpus* Sp., d'après un exemplaire du levant de Flemy (Belgique), communiqué par M. Crépin, grandeur naturelle. L'espèce ne paraît pas identique avec celle de la planche précédente, fig. 4.

Fig. 7, *Leptocaryon avellana* Brongn., coupe longitudinale grossie deux fois d'une graine complète, d'après une figure donnée par M. Brongniart (Mém. précité, *Ann. des sc. nat.*, 5ᵉ série, t. XX, pl. 21, fig. 13), grandeur naturelle. On distingue sur cette coupe, en *a*, le *testa* qui a dû être solide, compacte et homogène, en *c* le *micropyle* qui forme un étroit canal, en *l* la *chalaze* ou base d'insertion sur laquelle repose le nucelle *b*, dont le sommet se termine par une extrémité conique dont la pointe forme une papille celluleuse saillante sous le micropyle (Mém. de M. Brongniart, p. 15).

Fig. 8, *Taxospermum Gruneri* Brongn., graine entière de grandeur naturelle, vue par la surface aplatie ; fig. 9, la même vue du côté de l'une des carènes. Ces deux figures sont empruntées au Mémoire de M. Brongniart sur les graines converties en silice du bassin houiller de Saint-Étienne ; leur ressemblance extérieure avec celles des *Taxus* paraît évidente au savant français. L'examen intérieur a démontré que le testa de cette graine était mince, d'apparence solide, muni d'une organisation plus compliquée que celle du testa des *Taxus* actuels (Mém. précité, p. 16).

Pl. 152, fig. 1, *Trichopitys heteromorpha* Sap., branche

munie d'une ramification latérale, grandeur naturelle, d'après un spécimen provenant des schistes permiens de Lodève, communiqué par M. Charles de Grasset. L'axe principal est terminé par un bourgeon écailleux entouré de feuilles. On distingue, en *c*, à l'aisselle de certaines feuilles, des bourgeons sessiles, ou plus ou moins pédicellés, qui paraissent répondre à des inflorescences en voie d'évolution. On observe, en *a*, l'empreinte d'une graine analogue par sa forme aux plus petits *Rhabdocarpus*, qu'il ne serait pas impossible d'attribuer à cette espèce.

Fig. 2, *Ginkgophyllum Grasseti* Sap., rameau garni de feuilles décurrentes à la base, à pétioles relativement épais, à limbe divisé en deux lobes profonds, subdivisés en lobules, grandeur naturelle. L'espèce est dédiée à M. Charles de Grasset, qui l'a découverte dans les schistes permiens de Lodève (Hérault).

Pl. 153, fig. 1, *Walchia piniformis* Sternb., rameau garni de ramules rangés dans un ordre distique, grandeur naturelle, d'après un échantillon provenant des schistes permiens de Lodève ; fig. 1ᵃ, plusieurs feuilles du même rameau grossies pour montrer leur forme et leur agencement. — Fig. 2, même espèce, portion d'un autre rameau provenant de la même localité, grandeur naturelle. On distingue, en *a*, un organe peltoïde, ombiliqué au centre, divisé en une douzaine de lobes obtus, dont la ressemblance est assez étroite avec les supports d'anthères des Taxées. — Fig. 3, même espèce, strobile présumé, grandeur naturelle, d'après un spécimen provenant des schistes permiens de Lodève. Ce strobile est pareil à ceux que M. Gœppert a figurés dans la Flore fossile du terrain permien, comme se rapportant au *W. piniformis ;* fig. 3ᵃ, plusieurs semences isolées d'après Gœppert, grandeur naturelle (*Foss. Fl. d. perm. form.*, tab. 69, fig. 10). — Fig. 4, *W. hypnoides* Brongn., sommité d'un rameau d'après un échantillon provenant des schistes permiens de Lodève, grandeur naturelle. Cette espèce a été figurée autrefois par M. Brongniart (*Hist. des rég. foss.*, I, pl. 9 *bis*, fig. 1) sous le nom de *Fucoides hypnoides*. — Fig. 5, même espèce, strobile présumé, d'après un échantillon de la même localité, grandeur naturelle. Ce strobile est plus petit que ceux du *W. piniformis;* les écailles qui le composent donnent lieu à un appendice antérieur proportionnellement plus large et plus obtus au sommet. — Fig. 6, *Ulmannia frumentaria* Gœpp., ramule, grandeur naturelle, d'après un échantillon provenant des schistes cuivreux de Thuringe, figuré par M. Gœppert (*Foss. Fl. d. perm. form.*, p. 228, tab. 46, fig. 3). — Fig. 7, *Ulm. Bronnii* Gœpp., strobile présumé provenant du Zechstein de Saxe, grandeur naturelle; d'après une figure empruntée au Mémoire de Geinistz (*Leitpfl., de Rothliegend. und Zechsteingeb.*, tab. 1, fig. 5). — Fig. 8, *Albertia Braunii* Schimp., rameau, grandeur naturelle, d'après une figure empruntée à l'ouvrage de M. Schimper.

Pl. 154, fig. 1, *Voltzia heterophylla* Schimp., ramule complet, garni de feuilles courtes et recourbées en crochet, grandeur naturelle; d'après un échantillon du grès bigarré des Vosges, provenant de Soultz-les-Bains. — Fig. 2, même espèce, rameau garni, au-dessus de la base, de feuilles étroites et longuement aciculaires, grandeur naturelle; d'après une figure de l'ouvrage de M. Schimper. — Fig. 3, même espèce, autre ramule présentant des feuilles moyennes entre les plus longues et les moins développées, d'après une figure du même auteur, grandeur naturelle. — Fig. 4, même espèce, strobile presque complet, peut-être perfolié au sommet, garni d'une partie de ses écailles, grandeur naturelle ; d'après une empreinte du grès des Vosges de Soultz-les-Bains, faisant partie de notre collection. — Fig. 5, écaille isolée, légèrement grossie, du même strobile, montrant sa face dorsale ou extérieure pour faire voir la disposition relative de la bractée et du support lacinié, soudé en partie avec la bractée, en partie libre et dépassant celle-ci, comme dans le genre *Cryptomeria* actuel, mais avec une consistance probablement moins épaisse. — Fig. 6, autre écaille du même strobile, présentant sa face interne et supérieure, pour montrer l'emplacement occupé par la graine sur la partie libre de l'un des segments du support. Cette graine était visiblement inverse et surmontée d'une aile membraneuse. Le nucleus paraît avoir été arrondi, et l'extrémité micropylaire dirigée en bas, comme dans les séquoïées. — Fig. 7 et 8, même espèce, deux graines grossies restituées d'après les vestiges de l'emplacement qu'elles occupaient sur le lobe du support.

Trib. I. — SALISBURIÆ.

Folia e petiolo plus minusve distincto elongatoque sursum in laminam flabellato-multinerviam expansa, lamina rarius indivisa margineque superiori crenata, plerumque autem bifida-partitaque aut dichotome pluries dissecta, laciniis ultimis integris quandoque etiam apice inciso bilobis. — Flores masculi amentacei, pedicellati, loculis vel sacculis ad apicem pedicellorum 2-3-6-8 radiatim glomeratis, subtus rima longitudi-

nali deshiscentibus. — Ovula bina vel quatuor aut ternata biternataque, normaliter tot quot segmenta foliorum primaria, receptaculo pedunculiformi apice furcato insidentia; semina matura abortu solitaria vel gemina ternaque, basi cum apice stipitis cupulari articulata, drupacea, sub epidermio lævi sarcotesta plus minusve carnosa vel tenui endotestaque ossea bi-tricarinata constantia.

La découverte, dans le terrain secondaire, de tout un groupe de formes alliées, plus ou moins proches de l'unique *Salisburia* actuel (*Salisburia adiantifolia* Sm., *Ginkgo biloba* L.), remonte à une date des plus récentes; elle est due en première ligne à M. le professeur Heer, qui, s'appuyant sur des documents rapportés du Spitzberg par l'expédition suédoise de 1873, a signalé dès l'année suivante l'existence de vrais Ginkgos dans le jurassique moyen, ainsi que dans la craie des régions arctiques (1). Les vestiges les plus déterminables, ceux qui ont permis au professeur de Zurich de reconnaître sans hésitation la présence du genre *Salisburia*, proviennent du cap Boheman, promontoire situé à l'intérieur du fjord des glaces (*Eisfiord, — Is-fjord*), où une flore composée de Fougères, d'Équisétacées, de Cycadées et de Conifères, a été recueillie par les soins de MM. Nordenskiöld et Oeberg. Cette flore, encore inédite au moment où j'écris, comprend plus de trente espèces qui se rapportent à l'horizon de Scarborough, c'est-à-dire à la partie inférieure de l'oolithe. Des graines éparses ou encore attachées à leurs supports, des fragments de ramules parsemés de cicatrices foliaires et surmontés parfois de pétioles en place, se trouvent fréquemment associés aux empreintes de feuilles, dans le dépôt du cap Boheman, et font évanouir tous les doutes que ces

(1) *Ueb. Ginkgo, Thunbrg.* Siehe Taf. 807, 1875.

derniers organes, observés isolément, n'auraient pas réussi
à détruire, à cause, de leur ressemblance apparente avec les
frondes de certaines Fougères. C'est ainsi que M. Heer
a pu établir, dans une note publiée dernièrement, que les
Baiera digitata Sternb. et *Huttoni* Sternb. (*Cyclopteris digitata* Brongt.), espèces de Scarborough qui reparaissent au
cap Boheman, décrites depuis longtemps et considérées
tantôt comme des Schizéacées, tantôt comme des Marsiléacées, représentent réellement des Ginkgos assez peu
éloignés de l'unique *Salisburia* vivant. Il est fort possible
que M. Heer ait exagéré le nombre des *Salisburia* du cap
Boheman, en distinguant dans cette flore trois espèces
nommées par lui : *Salisburia digitata, Huttoni* et *integriuscula.* Ce sont là peut-être seulement des formes qui ne diffèrent pas plus entre elles que les variétés du Ginkgo
actuel, dont les feuilles sont tantôt entières, tantôt plus
ou moins profondément bilobées ou même laciniées.
Quoi qu'il en soit de cette distinction, ainsi que le remarque avec raison M. Heer, le type de ces *Salisburia* jurassiques s'écarte très-peu, sauf par la dimension plus petite
et la forme plus ovoïde des graines du *Salisburia* vivant,
tandis que les espèces wéaldiennes et crétacées s'en écartent
bien davantage, circonstance qui explique pourquoi les
affinités légitimes de ces dernières ont été si longtemps
méconnues. Le *Baiera pluripartita* Schimp. (*Baiera digitata*
C. Fr. Braun; *Cyclopteris digitata* Dunk., *Monogr.* Ettingsh.
non Brongn.), du Wéaldien du nord de l'Allemagne, et le
Baiera arctica Hr., des couches urgoniennes d'Ekkorfat,
dans le Groënland, sont cependant aussi de vrais *Salisburia,* au même titre que les précédents; leurs feuilles sont
seulement divisées en segments profonds et nombreux
(6 à 8), obtusément arrondis au sommet, tantôt simples,

tantôt bifides ou bilobés. La structure de la feuille ne
change pas, mais les incisures tendent à se multiplier, et
elles sont tellement accusées que le limbe en devient
comme lacinié. Ces lacinies contiguës ou même se recouvrant mutuellement par les bords donnent aux feuilles
du *S. pluripartita* un aspect d'irrégularité qui n'est qu'apparent, car en réalité le limbe, toujours partagé par une
incisure médiane, présente dans chacune de ses moitiés
une subdivision semblable, qui se répète de même pour
chaque segment en particulier, les derniers étant entamés
par des incisures de moins en moins prononcées. Cette
symétrie se manifeste clairement dans d'autres espèces,
encore inédites, du jurassique de la Sibérie orientale, vers
Irkutsk, dont M. Heer a bien voulu nous communiquer des
figures. Les feuilles des *Salisburia sibirica* Hr., *Huttoni?*
Sternb., *Schmidtiana* Hr., *gracilis* Hr., *concinna* Hr., présentent tous les degrés de découpure et de laciniure, depuis
les segments larges et arrondis au sommet, au nombre de
quatre seulement, du *S. Huttoni?*, les segments déjà plus
allongés et plus nombreux du *S. sibirica* et *Schmidtiana*
(1-10), jusqu'aux laciniures grêles, mais toujours régulièrement disposées des *Salisburia lepida* Hr. et *concinna* Hr.,
qui s'élèvent au nombre total de 12 à 16. Les chatons mâles,
ainsi que les graines rapportées au *Salisburia sibirica* font
voir que cette espèce, et, avec elle, probablement toutes
celles que nous venons d'énumérer, étaient de vrais Ginkgos
congénères du nôtre, bien que possédant généralement des
graines sensiblement plus petites. A un niveau plus élevé
dans la flore crétacée supérieure du Bas-Atanekerluck
(Groënland), se montre un autre *Salisburia* également accompagné de ses graines, dont la forme ellipsoïde est des
plus caractéristiques, les feuilles de cette espèce curieuse

ne sont pas moins remarquables par leur limbe entier, réniforme, et l'épaisseur proportionnelle du pétiole. Quant à l'espèce actuelle, qui n'est sans doute qu'une descendance un peu modifiée du *Salisburia digitata*, elle apparaît dans le miocène arctique; plus tard, on la trouve répandue jusque dans le midi de l'Europe; aujourd'hui elle est reléguée en Chine et au Japon; mais là même, elle est plus souvent plantée et ornementale que réellement spontanée, et son lieu d'origine ne laisse pas que d'être enveloppé d'un certain mystère.

En constatant la présence du vrai *Salisburia* aux époques jurassique et crétacée, à partir de l'oolithe inférieure, M. Heer n'avait pas résolu complétement le problème; tout un côté de la question soulevée par lui demeurait dans l'ombre et demandait à être examiné attentivement. Les *Baiera* étaient effectivement, sur bien des points du sol secondaire, associés à d'autres plantes, tantôt confondues avec eux, sous la même dénomination générique, tantôt séparées comme en étant distinctes et constituant alors les genres *Dicropteris* Pom., *Solenites* Lindl et Hult., *Hausmania* Dunk., *Psilotites* Zign., *Jeanpaulia* Ung., *Sclerophyllina* Hr. Nous avons nous-même décrit plusieurs espèces appartenant à ce groupe flottant, dans le tome premier du présent ouvrage (1), sous sa désignation de *Jeanpaulia*, en les rangeant à la suite des Fougères, dans une section que nous nommions *Chiroptéridées* (2). Les *Baiera* proprement dits, que nous avons alors laissés de côté, comme n'ayant pas encore été rencontrés en France, et que nous venons d'identifier avec les *Salisburia*, à l'exem-

(1) *Paléontologie française*, 2e série, *Végétaux;* — *Plantes jurassiques*, tome Ier, p. 460 et suiv.

(2) *Ibid.*, p. 458.

ple de M. Heer, nous paraissaient à peine séparés du type des *Jeanpaulia* et *Sclerophyllina* par une nuance différentielle, trop peu accusée pour ne pas trahir une évidente affinité de tous ces types. Les uns et les autres étaient des Marsiléacées ou des Schizéacées aux yeux des savants qui cherchaient à en définir la vraie nature avant la découverte de M. Heer ; mais, dès que les *Baeira* sont reconnus pour être des *Salisburia*, que faut-il faire des *Jeanpaulia*, des *Solenites*, des *Sclerophyllina* et des autres genres mentionnés plus haut ? Faut-il voir en eux des Ginkgos, ou seulement des types alliés de plus ou moins près à ces derniers, mais distincts à quelques égards, ou bien vaut-il mieux les écarter tout à fait des *Salisburia*, en dépit du lien commun qui réunit toutes ces formes ? —La dernière alternative paraît tout d'abord inacceptable, tellement elle choque les apparences. Malgré quelques traits spéciaux, les *Jeanpaulia* les mieux caractérisés : *Jeanpaulia Münsteriana* Presl (*Baiera dichotoma* Fr. Br.), *J. longifolia* Sap. (*Dicropteris longifolia* Pom.), etc., sont trop conformes, par leur consistance, leur nervation et le mode de partition de leurs feuilles aux *Salisburia* jurassiques et crétacés, naguère désignés sous le nom de *Baiera*, pour ne pas leur être reliés à un titre quelconque. Les seules différences sont les suivantes : les *Baiera* du sous-type des *Jeanpaulia* ont des feuilles en coin allongé, insensiblement atténuées à la base sur un pétiole plus court et moins distinct ; les segments sont moins divergents, plus allongés et plus étroits, en lanières, une ou plusieurs fois divisés par dichotomies successives. Les nervures en aréoles oblongues attribuées par Fr. Braun au *Baiera dichotoma* n'existent pas en réalité, et les nervures ongitudinales qui parcourent les segments du limbe son t toujours égales, fines et ramifiées par dichotomie, sans aucune trace de nervilles de jonction. De plus, on passe insensiblement de ces *Jeanpaulia*, qui dominent principalement dans le lias, et plus tard reparaissent dans l'oolithe et le wéaldien, associés aux *Salisburia* (ancien *Baiera* ou *Cyclopteris*), aux *Sclerophyllina* de Schenk et de Heer (*Sclerophyllina cretacea* Sck., *S. dichotoma* Hr.), qui représentent le même type dans la craie, sous des dimensions encore plus considérables. Au lieu donc de rechercher si le groupe des *Jeanpaulia* doit être séparé de celui des Ginkgos jurassiques, il est plus naturel de se demander si quelque particularité autorise entre ces formes affines une distinction générique, et quel peut être le vrai caractère de cette distinction. C'est à la solution de cette difficulté que s'est appliqué dernièrement M. le professeur Heer, et, de notre côté, nous nous sommes également efforcé de découvrir une explication des affinités et des divergences que laisse voir l'ensemble des formes naguères confondues sous la dénomination commune de *Baiera*.

Dans l'opinion de M. Heer, comme dans la nôtre, il existait, durant tout le jurassique et plus tard encore dans la craie, un groupe dont le *Baiera tæniata* Schk., le *Jeanpaulia Münsteriana* Presl, le *Jeanpaulia longifolia* (Pom.) Sap. et les autres *Jeanpaulia*, de même que le *Sclerophyllina cretacea*, faisaient certainement partie, et qui constituait, à côté des Ginkgos proprement dits, un genre de Salisburiées, voisin, distinct cependant de celui des *Salisburia* actuels et secondaires. M. Heer considère avec raison les organes figurés par Schenk, sous le nom de *Stachyopitys Preslii* (1), comme ayant appartenu au *Jean-*

(1) *Foss. Fl. v. Grenzsch.*, tab. 24, fig. 9.

paulia Münsteriana, et représentant des chatons mâles, analogues à ceux du *Salisburia adiantifolia* actuel. On découvre sur ces organes (voy. pl. 156, fig. 2 et 3), le long d'un axe relativement grêle et au sommet de courts pédicelles, 6 à 7 anthères ou loges à pollen verticillées, tandis que dans le Ginkgo le nombre de ces loges n'est que de 2 à 3 pour chaque fleur, ainsi que l'on peut s'en convaincre en comparant la figure 5, pl. 144, avec celles de la planche 156 et surtout avec la figure 2 de cette planche, qui reproduit deux chatons mâles de Bayreuth, d'après un échantillon original dont nous devons la communication à M. le professeur Schimper. Ainsi, le nombre des loges à pollen de chaque étamine des *Baiera* (nom qui doit être appliqué définitivement à ce nouveau type de Salisburiées secondaires) était double environ de celui de ces mêmes organes considérés dans les *Salisburia* proprement dits, et comme, grâce à M. Heer, nous possédons le chaton mâle du *Salisburia sibirica* (voy. ce chaton reproduit pl. 160, fig. 7) et que les fleurs de ce chaton présentent la même structure et le même nombre de loges à pollen que celles du *S. adiantifolia,* nous devons croire qu'il s'agit bien réellement d'une différence qui motive suffisamment la distinction des deux genres.

Cette différence se retrouvait-elle dans les organes fructificateurs comparés des *Baiera* et des *Salisburia,* nous serions porté à l'admettre : en effet, le *Baiera (Jeanpaulia) Münsteriana* Presl abonde dans un grès schisteux du Rhétien des environs de Bayreuth, et les empreintes de feuilles de cette espèce, accumulées en grand nombre, y sont accompagnées de corpuscules épars, mêlés à des supports pédonculaires et à d'autres pédoncules plus courts, branchus au sommet, et terminés par de petits corps globuleux, ternés ou biternés (pl. 155, ·fig. 4-6). M. Fr. Braun décrivit le premier ces parties fructifiées, comme étant des sporocarpes, et, dans la supposition que les feuilles avaient appartenu à une plante cryptogame, M. Schenk crut y reconnaître des frondes enroulées ou imparfaitement développées, plutôt que des organes reproducteurs. Mais le témoignage de M. Schimper, que nous avons transcrit (voy. plus haut, *Plantes jurassiques*, t. I, p. 462), prouve bien que les corps pisiformes en question et les supports pédonculaires qui les accompagnent, sont bien des appareils fructificateurs, qu'il est naturel de combiner avec les feuilles, si fréquentes dans les mêmes lits. Nous avons déjà figuré ces divers organes, mais, pour la commodité de la démonstration que nous cherchons à établir, nous les reproduisons de nouveau (voy. pl. 156, fig. 4, 5 et 6; pl. 157, fig. 3 et 3ᵃ). Les corps reproducteurs sont assez petits, ovales ou ovales-arrondis; d'après la description de Braun, ils laissent voir une enveloppe membraneuse, et, à l'intérieur, un noyau qui montre encore parfois une surface extérieure convexe. M. Schimper, de son côté, confirme l'existence d'une enveloppe membraneuse assez épaisse, qui se présente dans la roche *sous forme d'une membrane presque cartilagineuse, brune, lisse ou plus ou moins plissée.* C'est là, remarquons-le, une structure répondant très-bien à celle des graines de Ginkgos, avec leur endotesta osseux et convexe, recouvert d'une enveloppe charnue, dans le *Salisburia* vivant, mais qui pouvait fort bien être plus mince, ou même sèche et membraneuse dans le type des *Baiera*. Les corps ovales ou graines étaient supportés par de courts pédicelles, et groupés sur un pédoncule commun, au nombre de trois, ou encore biternés au sommet d'un axe dichotome. Cette structure du support

n'a rien que de parfaitement conforme à ce qui existe
chez les Ginkgos ; la seule différence susceptible d'être
signalée résulte du nombre des ovules, solitaires par avortement, normalement géminés, très-rarement ternés, dans
le type vivant ; ternés ou biternés dans le type secondaire.
Mais nous puisons dans cette différence même un argument de plus qui nous autorise à considérer les organes
fructificateurs en question comme se rapportant à un type
éteint de Salisburiées ; il s'agit seulement d'un degré de
complication plus élevé dans la structure de l'appareil qui
supporte les ovules, degré de complication en rapport justement avec celui qui existe dans les feuilles des *Baiera*,
toujours plusieurs fois laciniées-dichotomes.

Les détails relatifs aux appareils fructificateurs des
Baiera donnés par Braun sont du reste fort précis et d'autant plus concluants qu'il était loin d'en soupçonner la
vraie nature. Voici comment s'exprime cet auteur (1) :
« Les pédoncules fructificateurs se recourbent à la base,
comme les pétioles eux-mêmes, ce qui dénote probablement le même mode d'insertion et de développement.
Leur forme offre de grands rapports avec les pétioles des
jeunes feuilles. Quant aux fruits, ils ne sont pas soudés
au point par lequel ils sont attachés à leurs pédicelles,
mais il semble que ce point insertionnel soit latéral, et,
par le fait, l'axe longitudinal présente aux endroits par où
le pédicelle se joint au fruit un petit bourrelet ou nœud
d'articulation..... Les pédoncules paraissent, pendant la
durée de la maturation et jusqu'à ce qu'elle ait été parfaite, avoir présenté des dimensions successives, en relation avec les phases de cette opération. En effet, tandis

(1) Voy. *Beitr. z. Urgeschichte d. pfl. gesamm.*, von D[r] Fr. Wil.
Braun ; 1 Helft. — Bayreuth, 1843.

que les supports se montrent très-courts, lorsqu'ils portent
de jeunes fruits (pl. 156, fig. 4), ils paraissent beaucoup
plus longs lorsqu'ils se trouvent en connexion avec des
fruits mûrs, sans que pourtant la longueur de ces supports soit jamais bien considérable, même lorsqu'il s'agit
des plus gros et des plus mûrs de ces fruits (pl. 157, fig. 5
et 6). » Rien de plus naturel dans notre hypothèse que
cette série d'organes à divers degrés de développement.
Il suffit d'examiner la floraison femelle du Ginkgo pour
s'en rendre compte et constater que, parmi la multitude
immense des appareils fructificateurs, le plus petit nombre
arrive à maturité; la plupart tombent et jonchent le sol,
emportant dans leur chute les ovules non fécondés ou
imparfaitement développés. Les supports des graines arrivées à maturité se détachent aussi et montrent vers la
base cette courbure caractéristique qui avait frappé justement M. Braun; les graines tombent avec leurs supports,
mais l'articulation, cernée d'un bourrelet circulaire par
où elles adhèrent au support, amène à la fin leur isole-
ment. Ces divers phénomènes avaient lieu chez les *Baiera*,
dont on recueille visiblement des appareils fructificateurs
de tout âge et de toute dimension, les uns avortés, les
autres à divers degrés d'extension et de maturité. Dans ce
genre l'inflorescence femelle, construite comme celle des
Salisburia, présentait normalement des ovules biternés,
ordinairement réduits à trois par avortement, à la maturité; de même que les ovules des *Salisburia*, d'abord
géminés, deviennent le plus souvent solitaires par l'avortement de l'un d'eux. Les appareils mâles des *Baiera*, de
leur côté, avaient 5-6-7 loges à pollen, au lieu de 2-3, sur
chaque pédicelle. Ce sont là les seules divergences que l'on
découvre entre les deux types comparés; elles suffisent

pour motiver leur séparation et l'établissement de deux genres, très-rapprochés, il est vrai, l'un de l'autre.

Les genres *Baiera* et *Salisburia* ont prédominé tour à tour dans le terrain jurassique ; le second à partir de l'oolithe ; le premier dans le Lias et surtout dans le Rhétien, où les vestiges des *Salisburia* proprement dits sont rares ou tout à fait incertains. Cependant, il serait naturel de reconnaître le type des *Salisburia*, plutôt que celui des *Baiera* dans le *Cyclopteris crenata* Brauns, des grès rhétiens de Seinstedt, près de Fallstein (1), dont les feuilles sont entières, flabellinerviées, cunéiformes à la base et crénelées le long de leur pourtour supérieur. Enfin, ce même type semble reparaître dans l'une des formes keupériennes les plus curieuses, le *Chiropteris digitata* Kurr (2), dont la description comme la figure laissent cependant trop à désirer pour que l'on puisse avoir une opinion un peu nette à l'égard de cette plante.

Existait-il un troisième genre de Salisburiées à côté des *Baiera* et des *Salisburia*, à l'époque jurassique? Nous sommes disposé à l'admettre et M. Heer après nous, sans cependant pouvoir l'affirmer aussi explicitement que pour le premier de ceux-ci ; mais pour juger de la vraisemblance de cette opinion, il est nécessaire de remonter un peu au delà des temps secondaires. Dès lors nous rencontrons dans le Permien de Lodève les deux espèces de Salisburiées prototypiques que nous avons figurées (pl. 152, fig. 1 et 2) sous les noms de *Ginkgophyllum Grasseti* et de *Trichopitys heteromorpha*. Le premier, comme nous l'avons dit, semble tenir le milieu entre les *Baiera* et les *Salis-*

---

(1) *Der Sandstein, bei Seinstedt unweit des Fallstein und die in ihm vorkomm. Pflanz.*, von Dʳ D. Brauns, tab. 13, fig. 8.

(2) *Beitr. z. Fl. des Keupers*, von Prof. Schenk, pl. 2, fig. 4.

buria; mais le *Trichopitys heteromorpha,* comme le nom l'indique, s'écarte bien davantage de l'un et l'autre genre; ses feuilles sont cependant divisées par dichotomie et d'après le même mode que celles de toutes les Salisburiées; mais les lanières ou plutôt les aiguilles, auxquelles donnent lieu les dernières subdivisions du limbe, sont étroitement linéaires, et chacune d'elles, à ce qu'il paraît, ne reçoit qu'une seule nervure, circonstance qui doit être prise en considération et qui justifie la dénomination générique spéciale que nous avons appliquée à ce type. Or il se trouve que le *Trichopitys* n'est pas un genre exclusivement permien; il paraît avoir eu plusieurs représentants dans le terrain jurassique, et en premier lieu le *Solenites furcatus* de Lindley (*Jeanpaulia Lindleyana* Schimp.), que nous proposons de nommer *Trichopitys Lindleyana,* en le considérant comme congénère de l'espèce de Lodève, à laquelle on serait presque tenté de le réunir, tellement les deux formes paraissent alliées de près; le même groupe comprend encore une espèce du jurassique de Sibérie, signalée tout récemment par M. Heer, sous le nom de *Trichopitys setacea* (1). — En acceptant ces données, la tribu des Salisburiées jurassiques se composerait des trois genres *Trichopitys, Baiera* (*Jeanpaulia*) et *Salisburia,* que nous allons passer en revue.

PREMIER GENRE. — TRICHOPYTIS.

Trichopitys,   Sap., *Sur la découverte de deux types nouveaux de conifères dans les schistes perm. de Lodève (Hérault).* — *Compte rendu de l'Ac. des Sc.,* t. LXXX, p. 1017, 1875.

Diagnose. — *Folia verosimiliter rigida cartilagineaque,*

(1) Voy. O. Heer, *Jura-Flora Ost-Siberiens,* taf. 1, fig. 9 (*Mém. de l'Acad. imp. des sc. de Saint-Pétersbourg,* 8ᵉ série).

dichotome partita etiamque pedato-partita, petiolo plus mi-
nusve elongato, sursum in lacinias 4-6, anguste lineares, uni-
nerviasque dissecta.

Jeanpaulia.	Schimp., *Traité de Pal. vég.*, I, p. 682 (ex parte).
—	Sap., *Plantes jurassiques*, I, p. 460 (ex parte).
Dicropteris,	Pom., *Mat. pour servir à la connaiss. de la flore foss. des terrains jurass. de la France ;* in *Amtl. Ber. üb. d. Vers. d. Gesseltch. deutsch. naturf. in Aach.*, 1847, p. 339 (ex parte).
Solenites,	Lindl. et Hutt., *Foss. Fl.*, 209.

HISTOIRE ET DÉFINITION. — Le type de ce genre, comme nous venons de le dire, est le *Trichopitys heteromorpha* des schistes permiens de Lodève, dont notre planche 152, figure 2, reproduit une branche tout entière. Au-dessus d'une base pétiolaire, sur laquelle on distingue vaguement la trace de plusieurs nervures longitudinales très-fines, les feuilles se divisent en deux segments, et ceux-ci en deux autres dont les extérieurs seuls se bifurquent de nouveau. Les derniers segments se trouvent ainsi au nombre de six ; mais ils peuvent accidentellement se réduire à quatre ou s'élever jusqu'à huit. Chacun d'eux est étroit et reçoit une seule nervure servant de médiane et provenant de la ramification de celles qui partent du sommet de la partie pétiolaire. La disposition que nous venons de décrire reparaît dans tous les *Trichopitys*, qui diffèrent seulement entre eux par la dimension relative et le nombre des segments. La consistance de ces feuilles a dû être cartilagineuse, et les lacinées étroites qui les divisent paraissent avoir eu l'aspect et la roideur des aiguilles de pin. La base du pétiole se trouvait assise sur des coussinets décurrents.

d'une saillie médiocre. La belle empreinte de Lodève laisse
entrevoir à l'aisselle de certaines feuilles de petits bourgeons pédonculés qui pourraient bien avoir servi de support aux ovules ; mais ces derniers détails sont trop indis-
tincts pour se prêter à des conclusions. L'épaisseur de la
branche en question et la grosseur du bourgeon qui la
termine dénotent que le végétal dont ils proviennent
constituait un arbre élevé. Les *Trichopitys* se montrent
dans le permien ; ils sont ensuite représentés dans l'oolithe inférieure et dans le corallien ; mais le type a dû être
rare à toutes les époques, et il a sans doute disparu bien
avant la fin des temps secondaires.

Rapports et différences. — Le genre *Trichopitys* est
surtout voisin des *Dicranophyllum* récemment découverts
par M. Grand'Eury dans le carbonifère supérieur du bassin
de Saint-Étienne. La structure des feuilles et jusqu'à leur
physionomie sont pareilles des deux parts ; seulement,
chez les *Dicranophyllum*, les feuilles plus denses et plus
vigoureuses sont insérées sur des coussinets décurrents
plus saillants et plus pressés, séparés les uns des autres
par des sillons très-marqués, et hérissant le rameau à la
façon de ceux des *Picea* et de beaucoup de Pins. Au contraire, dans le *Trichopitys* de Lodève, le seul, il est vrai,
dont les tiges nous soient connues, les feuilles sont
espacées et les coussinets sur lesquels elles sont implantées, faiblement convexes et bientôt effacés. Les *Trichopitys* rappellent encore les formes profondément laciniées,
à segments étroitement linéaires de certains *Salisburia* et
Baiera jurassiques, comme le *Baiera gracilis* Bean, et le
Salisburia concinna Heer (celui-ci de Sibérie) ; mais les derniers segments des feuilles de ces deux genres présentent
toujours plusieurs nervures longitudinales, sans trace

d'une médiane plus forte, ainsi que l'examen d'un exemplaire du *Baiera gracilis*, conservé au Muséum de Paris, nous a permis de le vérifier; tandis que, chez les *Trichopitys*, ces mêmes segments ne reçoivent chacun qu'une nervure unique ou tout au plus trois, dont la médiane devient plus forte que les deux autres. Cependant, le mode de partition de la feuille se retrouve exactement le même dans tous ces genres, et dénote entre eux un lien commun dont la vraie nature ne pourra être déterminée, tant que nous n'aurons pas connaissance de leurs organes reproducteurs respectifs. Ceux des *Trichopitys* nous échappent presque entièrement, et les indices que nous reproduisons à propos de l'espèce suivante ont trop peu de précision pour que nous osions y insister ici.

EXPLICATION DES FIGURES. — Pl. 152, fig. 2, rameau entier de *Trichopitys heteromorpha*, pour montrer les caractères du genre. Pl. 155, fig. 1 et 2, *Trichopitys Lindleyana* (Schimp.) Sap. (*Solenites? furcata* Lindl. et Hutt.), de l'oolithe de Scarborough, étage bathonien, d'après des figures empruntées au *Fossil flora*, pour faire juger du degré d'affinité de l'espèce oolithique avec celle des schistes permiens de Lodève; grandeur naturelle.

N° 1. — **Trichopitys laciniata.**

Pl. 155, fig. 3-9.

DIAGNOSE. — *T. foliis cartilagineis parvulis breviter petiolatis dichotome bifurcatis, segmentis ultimis linearibus divergentibus breviter acuminatis, nervulis imperspicuis.*

Jeanpaulia laciniata,   Sap.*; Plantes jurassiques*, t. I, p. 467; pl. 67, fig. 3.
    —   *flabelliformis,* Sap., *Ibid.*, p. 468, pl. 67, fig. 4.

Dicropteris laciniata,   Pom., *l. c.*, p. 339.
— *flabelliformis*(?) Pom., *l. c.*, p. 339.

La ressemblance de l'espèce décrite antérieurement par nous, sous le nom de *Jeanpaulia laciniata,* avec les *Trichopitys heteromorpha* et *Lindleyana,* nous paraît maintenant visible, et bien que l'espèce de Saint-Mihiel ne nous soit connue que par une seule empreinte, elle nous semble dénoter d'une manière suffisante la présence du genre dans la végétation corallienne de la Meuse. Nous avons soin de figurer de nouveau l'échantillon d'après lequel l'espèce avait été établie en premier lieu, et nous y réunissons, bien qu'avec quelque doute, le *Jeanpaulia flabelliformis* de la même localité, dont l'empreinte, probablement incomplète, présente des segments linéaires distinctement uninerviés (pl. 155, fig. 4 et 4ᵃ). Nous figurons également, comme susceptibles d'être rapportés à cette même espèce, une série d'organes fructificateurs dont plusieurs ne nous sont connus que par des dessins dus à M. Brongniart, de qui nous les tenons. La figure 5, pl. 155, représente l'empreinte d'un corps irrégulièrement globuleux, arrondi à la base, atténué unilatéralement au sommet, que nous avons observé sur la même pierre que le fragment de feuille reproduit par la figure 4 et 4ᵃ. Ce pourrait être là une graine détachée de *Trichopytis.* Les figures 6 et 7, dessinées par M. Brongniart, reproduisent l'empreinte et la contre-empreinte d'un corps ovalaire qui, sous des dimensions un peu plus fortes, affecte à peu près le même aspect et semble avoir consisté en un noyau intérieur recouvert d'une enveloppe ou tégument, pourvue à la base d'une cicatrice d'insertion. Le noyau paraît avoir eu une apparence trigone, ou du moins il semble divisé longitudinalement par une carène médiane. La figure 8, même planche, montre un organe de même nature, attaché vers le sommet d'un pédoncule qui laisse voir sur le côté le point d'insertion d'un second organe qui aurait été associé au premier. La figure 9, enfin, reproduit l'empreinte de deux corpuscules ovalaires, attachés le long d'un support commun, et que nous rangeons avec doute à la suite des précédents, sans affirmer qu'ils aient appartenu à la même catégorie.

RAPPORTS ET DIFFÉRENCES. — Le *Trichopitys laciniata* ressemble aux plus petites feuilles du *T. heteromorpha ;* il en diffère par la dimension moindre de ses segments et par certaines particularités dans le mode de partition ; mais il est difficile d'apprécier la vraie nature de l'espèce corallienne d'après un échantillon isolé et peut-être imparfaitement caractérisé.

LOCALITÉS. — Saint-Mihiel, Gibbomeix ; corallien inférieur ; collection de M. Moreau.

EXPLICATION DES FIGURES. — Pl. 155, fig. 3, *Trichopitys laciniata* Sap., feuille, grandeur naturelle ; d'après un échantillon du corallien de la Meuse, communiqué par M. Moreau et appartenant à sa collection. Figure 4, même espèce (*Jeanpaulia flabelliformis* Olim.), moitié d'une feuille, grandeur naturelle ; fig. 4ª, la même légèrement grossie ; d'après un échantillon de la même collection. Figure 5, même espèce (?), graine présumée, isolée de son pédoncule ; grandeur naturelle. Figures 6 et 7, empreinte et contre-empreinte d'une autre graine attribuée à la même espèce, grandeur naturelle ; d'après un dessin communiqué par M. Brongniart. Fig. 8, autre graine attribuée à la même espèce et supportée par un pédoncule ; grandeur naturelle ; d'après un dessin communiqué par M. Brongniart. Fig. 9, deux graines (?) attachées à un support commun, attribuées avec beaucoup de doute à la même espèce; grandeur naturelle; d'après un dessin communiqué par M. Brongniart.

— Les figures 5 à 9 se rapportent à des organes recueillis par M. Moreau, dans le corallien de la Meuse.

DEUXIÈME GENRE. — BAIERA.

Baiera,	Fr. Braun, in *Münst. Beitr.*, VI, p. 21.
—	Brongn., *Tab. des genres de vég. foss.*, p. 30.
—	Schenk, *Foss. fl. d. Grenzsech*, p. 26; *Pflanz. d. Werndorfer Schicht.*, tab. I, fig. 7.
Baiera (ex parte),	Schimp., *Traité de Pal. vég.*, 1, p. 422 (quoad *Baieram tæniatam*, excl. *Baieris digitata* et *pluripartita*).
— —	Bumbury, *Pl. of Scarborough*, in *Quart. Journ. geol. soc.*, vol. VII, tab. 12, fig. 3.

DIAGNOSE. — *Folia coriacea aut plus minusve cartilaginea, e basi sensim in petiolum crassiusculum brevem elongatumve attenuata sursum in segmenta linearia multinervosa dichotome partita, nervulis multiplicibus flabellatim divisis in segmenta plerumque anguste tæniata decurrentibus; — flores masculi amentacei e sacculis polliniferis 5-6-7 ad apicem pedicellorum radiatim appensis constantibus; — receptacula ovulifera pedunculiformia apice pluries furcata, ovula plura ternata biternataque pedicellis inserta gerentia; semina autem matura pauciora drupacea, cum apice paulisper incrassato pedicellorum articulata.*

Jeanpaulia,	Ung, *Gen. et sp. pl. foss.*, p. 224.
—	Schenk, *Foss. fl. d. Grenzsch*, p. 39.

Jeanpaulia,	Schimp, *Traité de pal. vég.*, I, p. 682.
—	Sap., *Plantes jurassiques*, I, p. 460.
Dicropteris (ex parte),	Pomel, *Mat. pour servir à la conn. de la flore foss.*, etc., p. 339.
Cyclopteris (ex parte),	Zigno, *Fl. foss. form. ool.*, p. 202.
Sclerophyllina,	Heer, *Urw. d. Schwerz*, p. 55, tab. 2, fig. 9 ; — *Fl. foss. arctica*, I, p. 82 ; *Kreide, Fl. d. arctisch. Zone*, p. 59 et 124.
Schizopteris,	Bean, in *Ms.*
Hausmannia (?),	Dunk., *Monogr. d. Norddeutsch*, *Wealdenf.*, p. 12.
Zonarites (?),	Sternb., *Verst*, II, p. 24.
Sphærococcites (ex parte),	Presl. *in Sternb. Fl. d.* Vorw ; II, p. 105.
Fucoides (ex parte),	Brongn., *Hist. des vég. foss.*, I, p. 69.

HISTOIRE ET DÉFINITION. — Nous ne reviendrons pas sur les détails donnés plus haut et qui nous portent à considérer les *Baiera* du groupe des *Jeanpaulia*, dont le *Baiera Münsteriana* (*Baiera dichotoma* Fr. Br., *Jeanpaulia Münsteriana* Presl) est le type, comme formant un genre allié de près aux *Salisburia*, distinct pourtant à quelques égards de ceux-ci. C'est surtout par le prolongement des segments du limbe divisés en lanières étroites et coriaces, à l'aide de bifurcations successives, parfois très-multipliées, que se distinguent les feuilles des *Baiera*. Ces lanières ne sont pas fimbriées ni émarginées au sommet, mais plutôt atténuées en pointe ou tronquées-arrondies ; leurs bords sont parallèles ; elles diminuent peu ou seulement à l'aide d'un mouvement insensible, en approchant de leur terminaison supérieure. Les nervures qui les parcourent sont fines, égales, sans médiane, divisées par dichotomie, mais simples dans toute l'étendue de chaque segment pris en particulier.

Les fleurs mâles comptent 5-6 et jusqu'à 7 loges à pollen verticillées à l'extrémité de chaque pédicelle et étalées comme autant de lobes rayonnants, après leur déhiscence, ainsi que le montrent nos figures (pl. 156, fig. 2 et 3).

Les appareils fructificateurs fourchus au sommet (pl. 156, fig. 4-5) portent des ovules biternés, dont plusieurs devaient avorter ; quelques-uns seulement, ordinairement trois, dans l'espèce de Bayreuth, arrivaient à maturité. Les graines mûres constituaient autant de corps drupacés, ovales ou ovales-arrondis (pl. 156, fig. 6), à *epitesta*, à ce qu'il semble, médiocrement charnu, contenant à l'intérieur un *endotesta* osseux, dont la structure et la forme s'écartaient très-peu de celle que nous offrent les organes correspondants des Ginkgos, sous des dimensions plus petites.

Les *Baiera* semblent avoir précédé les *Salisburia* ou du moins avoir pris à l'origine de l'avance sur ceux-ci. Le *Ginkgophyllum Grasseti* Sap., du Permien de Lodève, se rapproche à la fois des *Baiera* et des vrais *Salisburia* entre lesquels il sert de lien commun. Le *Zonarites digitatus* Brongn. des schistes cuivreux de Mansfeld représente sans doute un *Baiera*, et dans le Rhétien le genre *Baiera* est un de ceux dont la présence caractérise le mieux les formations de cet âge. Dans la flore des environs de Bayreuth, le *Baiera Münsteriana* est accompagné du *Baiera tæniata*, qui reparaît en Scanie sur le même horizon.

L'oolithe inférieure de Scarborough renferme le *Baiera gracilis* Bumb., et à la hauteur du Corallien on rencontre en France le *Baiera longifolia* Sap. (*Dicropteris longifolia* Pom.) que M. Heer vient de signaler dans le Jura brun de la Sibérie orientale, près d'Irkutsk, en compagnie du nouveau et singulier genre *Czekanowskia*. Dans le wéaldien et l'urgonien soit de l'Europe, soit de la zone arctique, les *Baiera cretosa* Schenk et *dichotoma* Hr. font voir la continuation du genre ; et un type des plus curieux, le

Torellia bifida Hr., qui vivait au Spitzberg vers le milieu des temps tertiaires, pourrait bien en avoir été comme un dernier prolongement.

RAPPORTS ET DIFFÉRENCES. — C'est surtout par l'aspect et la consistance des feuilles, plus roides, plus coriaces, plus atténuées vers la base, divisées supérieurement en segments plus étroits et plus allongés, que les feuilles de *Baiera* se distinguent de celles des *Salisburia ;* mais il faut bien avouer que la confusion est parfaitement possible entre les deux groupes, à l'aide de formes intermédiaires. C'est ce que l'on peut dire à l'égard du *Baiera tæniata.* En définitive, au lieu d'un genre totalement séparé, peut-être s'agit-il seulement ici d'une section ou sous-genre ; c'est ce que l'avenir nous apprendra. Pour le moment, la physionomie des feuilles et ce que l'on peut savoir des organes reproducteurs des *Baiera* tendent à confirmer la distinction que nous avons maintenue ; la présence de plusieurs nervures parallèles dans chaque segment, sans vestige de médiane, suffit pour éloigner les *Baiera* des *Trichopitys.*

N° 1. — **Baiera Münsteriana**.

Pl. 155, fig. 10-12 ; 156, fig. 1-6, et 157, fig. 1-3.

Baiera Münsteriana,   Heer, in *litt.*

DIAGNOSE. — *B. foliis plus minusve coriaceis, basi in petiolum sensim cuneato-attenuatis, sursum pluries dichotome partitis, segmentis ultimis stricte linearibus divergentibus elongatis apice obtuse attenuatis, nervis flabellatis, in segmenta decurrentibus, plurimis, parallelis ; — floribus masculis e loculis 5-6-7 ovato-oblongis, ad apicem pedicellorum radiatim appensis constantibus ; seminibus drupaceis ovato-ellipticis parvulis ternatis biternatisque ad apicem receptaculi communis plerumque furcati pedicello brevi insertis et cum illo articulatis.*

Jeanpaulia Münsteriana,	Presl.
— —	Schenk, *Fl. d. Grenzteh*, p. 39.
— —	Schimp., *Traité de Pal. vég.*, I, p. 682.
— —	Sap., *Plantes jurassiques*, t. I, p. 463, pl. LVI, fig. 1-4.
Baiera dichotoma,	Fr. Braun, *Beitr.*, tab. I, fig. 1-9.

C'est l'espèce qui, selon nous, caractérise le mieux le nouveau groupe des *Baiera* tel que nous le déterminons, après en avoir détaché les formes qui rentrent dans les *Salisburia* proprement dits, la seule en même temps dont les divers organes soient assez bien connus, et cette considération nous engage à la décrire, bien qu'elle n'ait pas été recueillie jusqu'ici sur le sol français ; mais elle abonde vers l'horizon du rhétien, en Franconie, et aussi en Scanie, où elle a été récemment signalée par M. le professeur Nathorst.

Les feuilles sont plusieurs fois laciniées-dichotomes ; elles présentent jusqu'à quatre degrés de dichotomies successives et se terminent par 16-18, parfois même 20-24 segments découpés en lanières étroites et allongées, dont la nervation, composée de veines toutes longitudinales, n'a rien de commun avec le réseau à mailles polygonales-oblongues, figuré par Braun dans son Mémoire (1), et que cet auteur compare à celui du *Platycerium alcicorne*, parmi les Fougères. Nous avons donné précédemment une figure exacte de ces feuilles (*Plantes jurassiques*, t. I, p. 66, fig. 1), mais nous les reproduisons ici (pl. 155, fig. 10-12 et 156,

(1) *Beitr.*, pl. 1, fig. 5.

fig. 1) d'après des échantillons originaux provenant de Bayreuth. Les pétioles varient beaucoup de longueur, et la dimension ainsi que le degré d'incisure du limbe offrent également de grandes diversités ; mais les derniers segments présentent toujours des caractères décisifs par leur mode de terminaison en bandelette linéaire toujours obtuse ou même arrondie au sommet.

Nous avons décrit plus haut les organes fructificateurs du *Baiera Münsteriana* qui comprennent des réceptacles pédonculaires supportant à leur sommet fourchu des corpuscules ovoïdes, ternés ou biternés, dont les uns se rapportent à des ovules non fécondés ou imparfaitement développés, les autres à des semences drupacées parvenues à maturité ; les premiers adhérant encore au pédicelle sur lequel ils sont articulés ; les secondes généralement éparses et détachées de leur support. Quelques-unes de ces empreintes paraissent aussi se rapporter à des feuilles de petite taille ou à des bractées qui seraient tombées de l'arbre, en même temps que les inflorescences.

Les chatons mâles de cette espèce ne sont pas rares, comme nous l'avons dit. Notre figure 2, pl. 156, dessinée d'après une empreinte originale, reproduit très-exactement l'aspect de ces organes. Elle montre deux chatons mâles de *Baiera Münsteriana*, couchés l'un sur l'autre, et se croisant dans deux directions opposées. Les fleurs de ces chatons sont encore closes ; chacune d'elles, portée sur un court pédoncule, se compose d'un certain nombre (6-9) de loges à pollen, réfléchies et serrées l'une contre l'autre. Chacune d'elles est convexe, séparée de sa voisine par un sillon ; soudées en capuchon à l'extrémité du pédicelle, ces loges donnent lieu par leur réunion à un entonnoir renversé, dont les bords inférieurs sont découpés en autant de festons qu'il existe de loges à pollen. Cette disposition ne diffère en réalité de celle qui existe chez les *Salisburia*, que par le nombre plus considérable des sacs d'anthère. La figure 3, grossie en 3ª, est empruntée à l'ouvrage de Schenk ; elle montre les mêmes chatons après la déhiscence des loges et la dispersion du pollen. Ici, les loges, étalées comme autant de lobes, rayonnent, au nombre de 6 à 7, du sommet des pédicelles qui les supportent.

RAPPORTS ET DIFFÉRENCES. — Les segments, multiples et découpées à l'aide d'une série de dichotomies successives, distinguent aisément le *Daiera Münsteriana* du *B. tœniata* Fr. Br., ainsi que du *B. longifolia* (Pom.) Sap., qui tient de si près à celui-ci. Le *B. Münsteriana* se rapproche davantage du *B. Czekanowskiana* Hr., du Jura brun d'Irkutsk (Sibérie orientale), dont les feuilles sont pourtant partagées en divisions moins nombreuses, et dont les derniers segments sont plus allongés et plus atténués au sommet.

L'espèce que nous venons de décrire a été longtemps confondue à tort avec le *Salisburia digitata* (Brongn.) Hr. (*Cyclopteris digitata*, Brongn.), de Scarborough, et encore plus avec le *Salisburia pluripartita* (Schimp.) Hr., forme wéaldienne, dont elle se distingue aisément par le mode d'incisure de ses feuilles aux segments étroits, étalés en éventail, et non pas étargis en coin et simplement bilobés au sommet, comme dans les deux *Salisburia*. L'espèce la plus voisine paraît être le *Baiera gracilis* Bunb., de l'oolithe du Yorkshire, qui pourrait bien représenter la descendance directe de l'espèce rhétienne ; cependant les feuilles du *B. gracilis*, comme le nom l'indique, sont plus grêles, subdivisées en segments moins nombreux, et ces segments, relativement moins étroits à la base, sont toujours plus atténués en pointe au sommet.

Localités. — Environs de Bayreuth, en Franconie; Palsjö, en Scanie; étage rhétien.

Explication des figures. — Pl. 155, fig. 10, *Baiera Münsteriana* (Presl) Hr., feuille de petite dimension, grandeur naturelle. Fig. 11, autre feuille de la même espèce, en voie de développement, grandeur naturelle. Fig. 12, lobes d'une autre feuille de la même espèce en voie de développement, grandeur naturelle. Les trois figures précédentes ont été dessinées d'après des échantillons originaux provenant du rhétien de Bayreuth, et communiqués par M. Schimper.

Pl. 156, fig. 1, *Baiera Münsteriana* (Presl) Hr., feuille complète, munie de son pétiole, grandeur naturelle, d'après un échantillon du rhétien de Bayreuth. Fig. 2, deux chatons mâles de la même espèce, un peu avant l'émission du pollen, grandeur naturelle; fig. 2ᵃ, plusieurs appareils mâles fortement grossis, pour montrer la forme des loges à pollen encore closes, réunies plusieurs ensemble, et suspendues au sommet de courts pédicelles, d'après un échantillon de Bayreuth, communiqué par M. Schimper. Fig. 3, autre châton mâle de la même espèce, vu après la déhiscence des loges et l'émission du pollen, grandeur naturelle, d'après une figure empruntée à l'ouvrage de Schenk; fig. 3ᵃ, plusieurs appareils mâles grossis et ouverts, d'après le même auteur. Fig. 4, même espèce, appareil femelle, imparfaitement fécondé, grandeur naturelle. Fig. 5, autre appareil femelle de la même espèce, formé d'un pédoncule commun supportant trois graines, considéré à une époque voisine de la maturité, grandeur naturelle; d'après des figures empruntées au Mémoire de

Fr. Braun. Fig. 6, autre graine insérée au sommet de son pédoncule, d'après un échantillon de Bayreuth, communiqué par M. Schimper; fig. 6ª, même organe grossi.

Pl. 157, fig. 1, feuille complète et partiellement restaurée de *Baiera Münsteriana*, grandeur naturelle. Fig. 2, autre feuille plus petite et plus irrégulière de la même espèce, grandeur naturelle. Fig. 3, pédoncule commun, supportant trois graines jeunes de la même espèce, grandeur naturelle, d'après une figure empruntée à l'ouvrage de M. Schimper; fig. 3ª, même organe légèrement grossi.

N° 2. — **Baiera gracilis**.

Pl. 157, fig. 4, et 158, fig. 1-3.

Baiera gracilis,   Bunb., *On some foss. plants fr. the jur. strata of the Yorkshire coast,* in the *quart. Journ. of the geol. soc. of London,* t. VIII, p. 179, pl. XII, fig. 3.

DIAGNOSE. — *B. foliis coriaceis longe petiolatis, primum bipartitis, segmentis dichotome divisis plurinerviis, ultimis plus minusve expansis elongatisque, lanceolatis, apice attenuatis sensimve acuminatis, nervis gracilibus in lacinias flabellatim decurrentibus.*

Schizopteris gracilis,   Bean, *Ms.*
—   *digitata,*   Williams, *Ms.*

Le *Baiera gracilis* tient la même place et joue le même rôle dans la flore bathonienne de Scarborough que le *B. Münsteriana* dans le rhétien de Bayreuth. C'est ce qui nous engage à le décrire et à le figurer, bien que, pas plus que ce dernier, il n'ait été encore signalé en France. La nature des formations respectives est peut-être la véritable cause de cette absence. En effet, les plaques à empreintes végétales de Franconie et de Scanie, de même que celles du Yorkshire, sont des grès schisteux ou des marnes feuilletées, toujours plus ou moins bitumineux, riches en fougères, et qui semblent dénoter une station occupée par des lagunes tourbeuses, tandis que les formations françaises correspondent plutôt à des amas littoraux sableux ou calcaires, déposés le long de plages ouvertes, attenant à un pays accidenté. La végétation de l'oolithe de Scarborough ressemble donc à la végétation rhétienne de Franconie, parce que toutes deux se sont développées sous l'empire des mêmes conditions physiques, et dès lors rien n'est moins surprenant que de retrouver dans la plus récente les mêmes types que dans la plus ancienne ; seulement, ces types se trouvent représentés par des formes plutôt similaires que réellement semblables. Effectivement, les figures que nous donnons et qui ont été dessinées d'après des échantillons originaux, permettent de déterminer les caractères qui distinguent en propre le *Baiera gracilis*. Les feuilles de cette espèce sont assez longuement pétiolées, divisées supérieurement, à la naissance du limbe, en deux parties assez souvent inégales ; chacune de ces parties se subdivise par dichotomie en un certain nombre de segments plus ou moins larges, plus ou moins allongés, tantôt relativement courts, tantôt étroits et élancés, simples ou bifurqués, mais toujours atténués en pointe au sommet. Les nervules sont fines, flabellées-dichotomes ; il n'y a aucune trace de médiane, mais plusieurs nervures égales et parallèles parcourent les derniers segments et vont se perdre le long des bords vers la terminaison supérieure. La consistance a dû être coriace et les segments étaient, à ce qu'il semble, cernés par une bordure cartilagineuse.

RAPPORTS ET DIFFÉRENCES. — Les segments, ordinairement plus larges, moins divisés, moins nombreux, et surtout leur terminaison en pointe distinguent aisément cette espèce de la précédente ; elle nous paraît caractériser l'oolithe inférieure, de même que le *B. Münsteriana* caractérise le rhétien ou étage infraliasique.

LOCALITÉ. — Haibum-Wike, près de Scarborough (Yorkshire), étage bathonien.

EXPLICATION DES FIGURES. — Pl. 157, fig. 4, *Baiera gracilis*, feuille complète avec l'origine du pétiole, grandeur naturelle, d'après un échantillon de Haibum-Wike près de Scarborough, envoyé par M. Williamson en 1845 et faisant partie de la collection du Muséum de Paris, sous le nom de *Schizopteris digitata*.

Pl. 158, fig. 1, *Baiera gracilis*, feuille complète, grandeur naturelle, d'après un échantillon de Scarborough, communiqué par M. Schimper. Fig. 2, autre feuille de la même espèce, munie de son pétiole. Fig. 3, autre feuille de la même espèce, grandeur naturelle ; d'après des échantillons de Scarborough, communiqués par M. Schimper.

N° 3. — **Baiera longifolia**.

Pl. 159, fig. 1-2.

Baiera longifolia,	Heer, in *litt.* — *Jura-Flora Ost.-Sib.*, tab. 8 et 9 (*Mém. de l'Ac. des sc. de S.-Pétersb.*, VIIe série).

DIAGNOSE. — *B. foliis rigidis, sat breviter petiolatis, longe sensim in petiolum cuneato-attenuatis, sursum 2-3 dichotome partitis, segmentis erectis longe linearibus marginibus parai-*

lelis, apice obtutissime attenuatis rotundatisque, nervulis tenui-
bus flabellatim decurrentibus ; segmentis autem nervulis longi-
tudinalibus plurimis percursis et costa submarginali quando-
que notatis.

Jeanpaulia longifolia,   Sap., vide supra : *Plantes jur.,* t. I,
                  p. 464, pl. LXVII, fig. 1.
Dicropteris longifolia,   Pom., *l. c.*, p. 339.

Nous avons décrit et figuré précédemment cette espèce
sous le nom de *Jeanpaulia*, d'après un échantillon unique
provenant des calcaires lithographiques de Châteauroux
(Indre), mutilé sur certains points, mais dont les caractères
sont cependant bien saisissables (voy. t. I, pl. 67, fig. 1).
La feuille est grande, de consistance coriace, atténuée à
la base sur un pétiole relativement court, dilatée supérieurement en un limbe divisé en lanières, à l'aide d'une
dichotomie répétée qui donne naissance à six segments
linéaires, allongés, à bords parallèles, assez peu divergents, les médians simples, les latéraux subdivisés à
moitié de leur étendue. Les nervures longitudinales qui
parcourent les segments sont fines, parallèles, assez nombreuses, et celles qui longent immédiatement la marge
de chaque côté paraissent plus prononcées que les intermédiaires. Dans l'exemplaire de Châteauroux, la terminaison supérieure des segments fait défaut, ainsi que certaines parties du limbe ; mais l'espèce, représentée par des
empreintes nombreuses et très-complètes, a été retrouvée par M. Heer dans la flore du Jura brun d'Irkutsk, en
Sibérie. Grâce aux communications amicales du professeur de Zurich, nous avons eu entre les mains les épreuves
des planches du Mémoire qu'il prépare sur les plantes
fossiles de la localité sibérienne, et nous figurons ici deux

spécimens provenant d'Irkutsk qui doivent être identifiés avec celui de Châteauroux. Seulement, l'un des deux exemplaires (fig. 1) présente six segments, comme ce dernier, tandis que, dans l'autre (fig. 2), le nombre des segments se trouve réduit à quatre ; et les planches de M. Heer font voir une foule de diversités et d'irrégularités encore plus prononcées, en sorte qu'il existe des feuilles de *Baiera longifolia* à deux segments inégaux, l'un bilobé et l'autre entier, avec tous les passages vers les feuilles à quatre et à six segments. Dans toutes, cependant, les segments considérés isolément sont découpés en lanières largement linéaires, terminées par un sommet presque constamment arrondi ou du moins obtus. M. le professeur Heer attribue avec raison au *Baiera longifolia* des chatons mâles détachés (1), longuement pédonculés et semblables par leur aspect, la structure et le groupement des loges à pollen à ceux du *Baiera Münsteriana* que nous venons de décrire et de figurer (voy. pl. 156, fig. 2-3). Le même auteur attribue encore au *B. longifolia* un fruit ou plutôt une graine en forme de drupe conique entourée à la base par une cupule pédonculée qui lui sert de support. Ces précieux détails, non-seulement éclairent sur la nature véritable du genre *Baiera* et confirment son affinité présumée avec les *Salisburia*, mais démontrent encore l'extension du *B. longifolia*, vers le milieu des temps jurassiques, depuis l'ouest de l'Europe, jusqu'au fond de la Sibérie altaïque.

RAPPORTS ET DIFFÉRENCES. — Le *Baiera longifolia* se distingue facilement des formes précédentes. Ses feuilles sont plus grandes, plus allongées, plus longuement atté-

(1) O. Heer, *Jura-flora Ost-Siberiens*, tab. 9, fig. 8 — 10 (in *Mém. de l'Ac. imp. des sc. de St Pétersbourg*, VIIe série).

nuées vers la base. Elles donnent lieu à des segments moins nombreux, plus larges, plus ascendants, dont la terminaison supérieure tronquée-arrondie ne saurait être confondue avec ce qui a lieu dans les parties correspondantes du *Baiera gracilis*. Les feuilles du *Baiera Münsteriana* présentent de leur côté des segments plus multipliés, plus menus et plus étalés. Le *B. longifolia* se rapprocherait plutôt du *Baiera* (*Sclerophyllina*) *cretosa*, dont les feuilles sont cependant plus grandes et assez peu connues dans leur contour général, les empreintes figurées jusqu'ici ne consistant guère que dans des fragments.

LOCALITÉS. — Calcaires lithographiques de Châteauroux (Indre), étage corallien supérieur ; collection du Muséum de Paris ; — environs d'Irkutsk en Sibérie, étage du Jura brun ou oolithe inférieure ; coll. du Muséum de Saint-Pétersbourg, d'après une communication de M. le professeur Heer.

EXPLICATION DES FIGURES. — Pl. 159, fig. 1, *Baiera longifolia* (Pom.) Hr., feuille complète, divisée en six segments, grandeur naturelle, d'après un dessin communiqué par M. Heer, et reproduisant une empreinte légèrement restaurée des environs d'Irkutsk. Fig. 2, autre feuille de la même espèce divisée en quatre segments, grandeur naturelle ; même origine que la précédente.

TROISIÈME GENRE. — SALISBURIA.

Pl. 144, fig. 1-5 ; 145, fig. 1 et 160, fig. 6-7.

Salisburia,   Sm., in *Linn. Trans.*, III, p. 330.
    —   Rich., *Conif.*, p. 133.
    —   Endl., *Gen. pl.*, n° 1803 ; — *Conif.*, p. 236
    —   Carr., *Conif.*, p. 503.
    —   Henk et Hochst., *Nadelsholz,* p. 536.

Salisburia, Heer, *Fl. foss. arctica*, III, *Kreide-fl. d. arctisch.
zone*, p. 100 (in *Kongl. Svenka Vetensk. —
Akad. Handling*, Bandet 12, n° 6, Stockholm,
1874).

DIAGNOSE. — *Folia coriaceo-membranacea e basi in petiolum angustato-cuneata, sursum plus minusve flabellatim expansa, sæpe reniformia, tum integra, tum plus minusve incisa, bifida aut pluries dichotome partita laciniataque, nervulis multipliciter furcato-divisis e cunei lateribus ad oras superiores laminæ laciniarumve apicem procurrentibus ; — floribus masculis e loculis 2-3 ex apice pedicellarum pendulis constantibus, — seminibus drupaceis geminis rarius ternis, abortu autem sæpe solitariis, ad apicem pedunculi · bifurci receptaculo cupulari mediocriter expanso insidentibus.*

Ginkgo,	Kœmpf., *Amæn. exot.*, p. 811, 813, cum icone.
—	Linn., *Mant.*, II, p. 313-314.
—	Parlat., in D. C. *Prodr. syst. regn. veg.*, t. XVI, p. 506.
—	Heer, *Ueb. ginkgo*, Thbr., cum icone.
Baiera (ex parte),	Schimp., *Traité de Pal. vég.*, I, p. 422 (non Fr. Braun nec Schenk).
— —	Heer, *Kreide-fl. d. arctische Zone*, p. 37.
Cyclopteris (ex parte),	Brongn., *Hist. des vég. foss.*, I, p. 219.
— —	Lindl. et Hutt., *Fossil flora*, p. 219.
— —	Brauns, *Der Sandst. bei Seinstedt*, tab. 13, fig. 8.
— —	Dunk., *Monogr. d. Weald.*, p. 9.
— —	Ettingsh., *Beitr. z. Kennt. Wealdfl.*, p. 13.
Adiantites (ex parte),	Gœpp., *Syst. fil.*, p. 217.
Pterophyllus,	Nels., *Pin.*, p. 163.

HISTOIRE ET DÉFINITION. — Il suffit de considérer attentivement le *Cyclopteris digitata* Brongn., de Scarborough (pl. 160, fig. 1), ainsi que les figures publiées par Heer dans sa notice sur le genre Ginkgo et dans la flore du cap Boheman (1) (pl. 10, fig. 10), pour être assuré de l'existence des *Salisburia* dans le terrain jurassique. Ces premiers *Salisburia*, en négligeant les formes douteuses ou prototypiques, comme le *Ginkgophyllum Grasseti* et même le *Salisburia* (?) *crenata* du grès rhétien de Seinstedt, paraissent avoir assez peu différé de l'unique représentant actuel du genre. Le *Salisburia* tertiaire, *S. adiantoides* Ung., répandu dans les régions arctiques lors du miocène inférieur et plus tard dans l'Europe entière, est du reste à peine distinct de son congénère vivant de la Chine, et M. Heer est disposé à confondre les deux espèces. De cette façon, le type du *Salisburia* aurait été éliminé de notre sol dans le cours du pliocène, tandis que ce même type aurait survécu sur des points restreints de l'extrême Asie, d'où la culture l'a plus tard ramené sur notre continent.

Il existe à Montpellier et çà et là en Italie, notamment à Padoue, des individus puissants et annuellement fertiles de *Salisburia* ou *Ginkgo*. Ces arbres en pleine prospérité peuvent nous instruire au sujet des caractères distinctifs et des aptitudes des formes fossiles, dont ils reproduisent certainement l'apparence. Le Ginkgo vivant, disons-le tout de suite, n'est nullement sensible aux froids ordinaires de notre zone, puisqu'il résiste en plein air et acquiert une taille élevée jusque sous le ciel de Copenhague, par 55°,41′ de lat. N., avec une moyenne annuelle de 8°,2 centigrades ; il est vrai, grâce à un climat local relativement modéré (2). De plus, il se dépouille périodiquement

____

(1) Voy. *Beitr. z. foss. Fl. Spitzbergens* (*Kongl. Svenska Vetenskaps-Acad. Handling.*), von Oswald Heer, tab. 10, fig. 1-10.

(2) La moyenne hibernale de Copenhague est de 0°,4 et celle du mois le plus froid de — 1°,4, correspondant à une moyenne estivale de 17°,2 le mois le plus chaud ne dépassant cette moyenne que d'un seul de-

et hâtivement de ses feuilles dès le commencement de l'automne, même dans le midi de la France. C'est donc là une espèce adaptée aux exigences d'une saison froide nettement prononcée, adaptation parfaitement en rapport avec la provenance polaire du *Salisburia* tertiaire, *S. adiantoides*. Ancêtre direct du nôtre, le *S. adiantoides* se montre effectivement dans le miocène ancien du Groënland, peut-être aussi dans la région baltique ; plus tard on le rencontre en pleine Italie dans le miocène récent de Sinigaglia. C'est donc une espèce qui, à l'exemple du Platane, du Liquidambar et de plusieurs autres types, a dû marcher du nord au sud à un moment donné de l'âge tertiaire, par suite de l'humidité croissante et de l'abaissement climatérique qui se prononçait de plus en plus au sein de notre zone boréale. Dès lors, les allures de l'espèce vivante s'expliquent très-bien par l'influence de sa patrie d'origine, sans que ces allures aient été nécessairement celles des espèces de ce même groupe que l'on observe dans l'âge bien plus reculé où nous reporte l'étude de l'Europe jurassique. Il est donc plus que probable qu'il a existé autrefois, bien avant l'époque où l'espèce vivante a commencé à se montrer, des *Salisburia* à feuilles persistantes, par conséquent fermes ou même tout à fait coriaces. Il est également certain que, dans la seconde moitié des temps jurassiques, l'Europe, la Sibérie centrale et les régions les plus avancées vers le Nord possédaient en com-

gré. Des chiffres à peu près pareils se retrouvent en Saxe (Dresde), en Silésie, dans le Wurtemberg et en Bavière (Munich). En Suisse (Bâle, Lausanne et Genève), les moyennes sont à peine plus élevées (année, 9°,5; — hibern., 0°,5, — estiv., 18°,4) ; le mois le plus froid est de — 1 ; le plus chaud de 18°,7, malgré une différence latitudinaire de 4° pour l'Allemagne et de 9° pour la Suisse, comparées au Danemarck, mun les mêmes formes de *Salisburia*, et cette communauté implique l'existence de conditions extérieures à peu près semblables à travers cette vaste étendue qui embrasse aujourd'hui les zones tempérée et glaciale boréales et se subdivise en une multitude de climats locaux, soumis à l'influence graduée des latitudes.

Ces *Salisburia* primitifs, en dehors de la persistance de leurs feuilles, s'écartaient peu de l'espèce actuelle, comme nous l'avons déjà remarqué ; ils fréquentaient les mêmes stations et recherchaient les mêmes conditions de sol et de climat. L'humidité leur était aussi nécessaire qu'à notre Ginkgo ; celui-ci préfère une terre légère et profonde ; il réussit au bord de l'eau et même dans des lieux fréquemment inondés, pourvu que ses racines pénètrent dans un sol perméable. A Scarborough, de même que dans la formation du cap Boheman et plus tard dans le wéaldien de l'Allemagne du Nord, les *Salisburia* ont laissé l'empreinte de leurs feuilles dans des schistes charbonneux qui ont dû se déposer au fond de lagunes tourbeuses et qui nous ont transmis les vestiges d'une association végétale appropriée à ce genre de localité. Ce sont effectivement de grandes Fougères, des Équisétacées et, à côté d'elles, des genres de Cycadées (*Podozamites, Anomozamites*) visiblement amis des endroits humides, qui se montrent à nous, à l'exclusion d'autres formes de Cycadées et de certains types de Conifères qui trahissent des aptitudes contraires. C'est pour cela qu'en France, où la plupart des dépôts de plantes jurassiques se rattachent à des formations littorales, constituées aux dépens des parties accidentées des anciennes plages, les *Salisburia*, les *Baiera*, les *Podozamites* et *Anomozamites*, certaines Fougères caractéristiques, comme le *Pecopteris whitbyensis* Lindl. et Hutt. (*Asplenuim whit-*

biense Hr.) et le *Coniopteris Murrayana* Brongn. (*Thyrso-pteris Murrayana* Hr.), sont rares ou absents, tandis que les *Zamites*, les *Brachyphyllum*, les *Pachyphyllum*, les Fougères à frondes coriaces se rencontrent à profusion. Ce ne sont pas là des discordances tenant à des époques ou à des régions distinctes, mais simplement des contrastes résultant de deux catégories de stations, les unes basses et attenantes à des lagunes d'estuaire, les autres accidentées et renfermant par suite une toute autre association de végétaux.

Les tiges de *Salisburia* obéissent à un *processus* d'accroissement d'une nature toute spéciale et que nous devons d'autant plus mentionner qu'il paraît avoir été commun à toutes les espèces de groupes, même aux plus anciennes, dont il aide à dénoter la présence à l'état fossile. C'est une sorte de dimorphisme comparable à celui qui existe chez les cèdres et les mélèzes, distinct pourtant à quelques égards de celui-ci. La tige d'un Gingko adulte n'offre jamais la régularité parfaite de celle des Sapins et des Araucarias; l'axe principal est moins verticalement érigé, l'ensemble n'a rien de pyramidal, et les branches sont plutôt étalées et divariquées que verticillées par étages, comme on le voit dans beaucoup de Conifères. L'ensemble affecte le port d'un peuplier ou d'un platane et consiste en une large tête surmontant une colonne puissante. Le mode de ramification propre aux *Salisburia* explique ce genre de port. Effectivement on distingue chez eux des pousses annuelles de deux sortes : les unes sont des jets allongés qui continuent la tige principale ou les rameaux secondaires et qui portent des feuilles alternes et espacées, la cinquième ou même la troisième feuille se retrouvant au-dessus de la première, après deux tours de spire autour du rameau; ces sortes de jets ne sont pas les seuls : à l'aisselle des feuilles qui les garnissent, naissent autant de bourgeons qui presque tous donnent naissance, l'année d'après, à une rosette de feuilles, au nombre de 3 à 9, disposées suivant une spire d'insertion très-raccourcie, et, par le moyen d'une série de pareils bourgeons se succédant d'année en année, il se forme, à peu près comme chez les poiriers et certains peupliers, des rameaux courts, épais et cylindriques, couverts des coussinets discoïdes des anciennes feuilles, étroitement accolés. Sur ces rameaux courts, comparables à ceux des cèdres, paraissent toujours les organes de l'un et l'autre sexe. Les jets longs sont au contraire constamment stériles; mais les ramules courts ne persistent pas nécessairement dans le même état ; ils peuvent, parfois après des années, donner naissance à des bourgeons à bois et produire alors un jet long dont les feuilles produiront à leur aisselle de nouveaux bourgeons à ramules courts et à la fin fertiles. De cette sorte, les branches des Gingkos, examinées de près, présentent une alternance successive de jets allongés stériles et de rameaux courts finalement sexués. Cette disposition explique aisément l'irrégularité qui préside à l'ensemble des ramifications, entremêlées dans un désordre apparent sur les pieds âgés, tandis que les bourgeons terminaux, toujours solitaires, ne sont jamais groupés plusieurs ensemble comme dans un grand nombre d'Aciculariées.

La découverte, dans la flore jurassique du Spitzberg (pl. 160, fig. 3), de rameaux courts conformés comme ceux du Ginkgo actuel est venue démontrer que l'organisation décrite précédemment est ancienne chez les *Salisburia* et qu'elle a constamment caractérisé ces arbres, même depuis des temps très-reculés. Les feuilles ont toujours

aussi présenté le même aspect. Au lieu d'être partagées
en lanières dichotomes ou en segments étroits et aciculaires, comme celles des *Baiera* et des *Trichopitys*, elles
affectent plutôt, à partir du point où se termine le pétiole,
un limbe en coin élargi, réniforme ou flabellé, entier ou
lobé ou bien encore divisé en segments plus ou moins
profonds, élargis au sommet, entiers ou émarginés le
long des bords supérieurs. Dans les feuilles des *Salisburia*,
le double faisceau qui parcourt longitudinalement le pétiole s'étale à l'entrée du limbe, et les deux branches ap-
puient l'une d'un côté, l'autre de l'autre, de manière
à cerner la marge de la partie basilaire ; celle-ci va en
s'élargissant et donne lieu à une lame plus ou moins
dilatée, dont les bords supérieurs sont tantôt fimbriés,
ou émarginés, tantôt bi-plurilobés, et que parcourent les
veines sorties du dédoublement des deux faisceaux ; les
subdivisions de ces veines, opérées à l'aide de dichotomies
successives, s'étendent finalement jusqu'à la marge supérieure du limbe. Le *Salisburia adiantifolia* Sm. porte
souvent des feuilles entières (pl. 144, fig. 1), mais il existe
fréquemment aussi dans cette espèce des formes bilobées,
chaque lobe demeurant entier ou se partageant à son tour
en deux autres segments, le plus souvent eux-mêmes bilobés au sommet. Il en était de même du *Salisburia adiantoides* tertiaire, dont les feuilles, ordinairement entières,
étaient parfois aussi divisées en deux lobes. M. Heer a
remarqué justement que les *Salisburia* de la craie inférieure et du Wéaldien, dans la région arctique et dans
l'Allemagne du Nord, s'éloignaient davantage de l'unique
forme actuelle que les espèces jurassiques du même genre ;
en effet, le *Salisburia primordialis* Hr., par ses feuilles entières, réniformes et échancrées à la base, les *Salisburia pluri-*

partita Schimp. et *arctica* Hr., par leur limbe profondément lacinié, s'écartent notablement du type moderne du ginkgo. Cependant, on peut dire que le *S. pluripartita* wéaldien se rattache d'assez près au *S. Huttoni* bathonien, dont il n'est peut-être qu'une descendance, tandis que le *S. primordialis* Hr., de la craie supérieure du Groënland, rappellerait plutôt le *S. integriuscula* Hr., du cap Boheman, tout en accusant une physionomie particulière.

Le genre *Salisburia* est dioïque : les organes de l'un et l'autre sexe sortent en même temps que les nouvelles feuilles du sommet des ramules raccourcis ; les mâles sur le pourtour extérieur de la rosette, les femelles plutôt vers l'intérieur et à l'aisselle des feuilles qui la composent.

La floraison a lieu au commencement d'avril, sous le climat de Montpellier. D'après une série d'échantillons accompagnés de notes, que je dois à l'obligeance de M. le professeur Martins, les chatons mâles avaient acquis leur entier développement, la déhiscence des loges avait eu lieu, et le pollen avait été disséminé le 16 avril 1875. A ce moment une garniture de feuilles bractéales (prophylles), avortées et scarieuses, pendait en dehors, chacune d'elles ayant un chaton mâle à son aisselle ; les feuilles nouvelles étaient encore tendres et petites, avec le limbe triangulaire, replié longitudinalement selon les bords latéraux. Vers le 20 du même mois, les loges à pollen étaient à peu près vides, et les feuilles avaient acquis un notable accroissement ; la fécondation était alors en grande partie opérée. Au 26 avril, on pouvait déjà constater les effets de cette fécondation sur les ovules, et les rosettes de feuilles avaient sensiblement grandi autour des fleurs femelles. Enfin, dans les premiers jours de mai, les feuilles, sur les pieds mâles, comme sur les pieds femelles, avaient acquis leur développement normal. Nous avons précédemment (pl. 144, fig. 5) décrit et figuré les chatons mâles des *Salisburia* ; ils naissent au nombre de 3 à 6, formant un cycle situé entre les prophylles qui sortent les premières des écailles gemmaires opposées en croix, dont se compose le bourgeon, et la rosette de feuilles qui leur est intérieure. Nous avons dit que chaque fleur mâle comprenait trois loges ou deux seulement attachées au sommet, terminé en forme de bouton obtus, d'un court pédicelle et s'ouvrant inférieurement à l'aide d'une déhiscence longitudinale ; à la suite de cette déhiscence, chaque loge s'étale en affectant un contour arrondi et prend l'aspect d'une calotte légèrement convexe par-dessus, faiblement concave sur l'autre face. Le nombre restreint de ces loges à pollen distingue les *Salisburia* proprement dits des *Baiera* qui en avaient 5-6-7 environ sur chaque pédicelle. Les chatons mâles des *Salisburia* jurassiques ont été observés par M. Heer et attribués par cet auteur à son *S. sibirica*, des environs d'Irkutsk, que nous figurons ici, comme terme de comparaison (pl. 160, fig. 6-7). Nous avons également figuré (voy. pl. 144, fig. 1), les fleurs femelles pédicellées et surmontées d'ovules récemment fécondés, ainsi que les graines mûres (pl. 144, fig. 2) du *Salisburia adiantifolia* Sm. Les organes femelles du genre peuvent être assimilés à des feuilles ordinaires dont le limbe aurait disparu en faisant place à deux ovules correspondant chacun à l'un des faisceaux qui émergent du pétiole. Ils constituent un appareil pédonculé, partagé au sommet en deux, exceptionnellement en trois ou même en quatre pédicelles très-courts et évasés en forme de disque cupulaire. C'est sur ce disque légèrement accru

que se trouve implanté l'ovule surmonté d'un exostome·
et ensuite, après la fécondation, la graine drupacée,
souvent unique par avortement. Cette graine, dans l'espèce actuelle (pl. 144, fig. 2-4), acquiert la grosseur d'une
cerise ; lisse extérieurement, elle contient, sous l'épiderme,
un *sarcotesta* charnu, analogue à celui des graines de *Cephalotaxus*, et, sous cette partie charnue, un *endotesta* osseux et lisse, lorsqu'on a soin de le mettre à nu, comprimé, lenticulaire ou trigone, dont la cavité renferme le
nucelle. Lors de la maturité, le pédoncule quitte la branche, entraînant la graine, et celle-ci se détache aisément
de l'expansion discoïde sur laquelle elle est implantée.
L'un et l'autre organe et, dans certains cas, l'*endotesta* osseux dépouillé de son enveloppe charnue ont pu passer à
l'état fossile et laisser des empreintes reconnaissables.
M. Heer a figuré effectivement dans ses dernières publi-
cations sur la flore fossile arctique des vestiges qu'il rapporte à des parties fructifiées des divers *Salisburia* dont il
a découvert les feuilles, et, malgré le peu de netteté des
plaques bitumineuses dont il a disposé, ces attributions
semblent des plus naturelles. C'est ainsi que nous avons
eu connaissance des graines, encore revêtues de leur enveloppe charnue, du *Salisburia digitata* et de celles du
S. primordialis qui étaient géminées et assises sur une
cupule discoïde, comme celles de l'espèce vivante. Ces
graines sont pourtant en général plus petites, moins
charnues, ovalaires plutôt que globuleuses, comparées à
celles que nous avons sous les yeux (voy. pl. 160, fig. 2-5).

L'existence du genre *Salisburia*, à l'époque jurassique,
peut donc être considérée comme solidement établie, et
cette existence s'est depuis lors prolongée sans interrup-
tion jusqu'à nous. Cette longue durée s'accorde avec la

faible variabilité que semble avoir toujours manifesté ce type. Dans tous les temps, ses espèces peu nombreuses ont dû s'étendre sur de grands espaces. En tout et grâce aux derniers travaux de M. Heer sur la flore jurassique de Sibérie, on peut énumérer un peu plus d'une douzaine de *Salisburia* dont quelques-uns font peut-être double emploi. Sept à huit d'entre eux se rangent dans le jurassique d'Europe, de la Sibérie ou de la zone arctique. L'espèce la plus ancienne serait le *Salisburia crenata* (Brauns) Sap., du rhétien de Seinstedt; les plus répandues sont les *Salisburia digitata* et *Huttoni*, surtout le dernier qui aurait existé simultanément, à ce qu'il paraît, dans le Yorkshire, au Spitzberg et en Sibérie. Les formes spéciales à cette dernière contrée, au nombre de quatre : *Salisburia sibirica* Hr., *S. lepida* Hr., *S. Schmidtiana* Hr., *S. concinna* Hr., sont les plus remarquables, comme les plus élégantes, par la profonde découpure de leurs feuilles (voy. pl. 160, fig. 1, une feuille du *S. Sibirica* empruntée au Mémoire de M. Hœr). Les espèces crétacées ne sont jusqu'ici qu'au nombre de quatre, plus probablement de trois, et une seule espèce, le *S. adiantoides*, a été signalée jusqu'à présent dans le tertiaire. Il est visible par conséquent, même en tenant compte des erreurs et de ce que dérobe à nos regards l'ignorance, que le genre *Salisburia* n'a jamais été plus florissant que lors de l'époque jurassique : même alors pourtant il ne comprenait qu'un nombre d'espèces fort restreint, et depuis il n'a cessé de décliner quoique par un mouvement très-lent, de façon à n'être plus représenté de nos jours que par une seule espèce, dont la station même est difficile à déterminer, en dehors des lieux où la culture des hommes s'est attachée à l'introduire et à la propager.

EXPLICATION DES FIGURES. — Pl. 160, fig. 6. — *Salisburia* (*Ginkgo*) *sibirica* Hr., feuille, d'après un dessin, communiqué par M. Heer, d'une empreinte jurassique des environs d'Irkutsk, grandeur naturelle. — Fig. 7, même espèce, chaton mâle, grandeur naturelle, même provenance.

N° 1. — **Salisburia digitata**.

Pl. 160, fig. 1-5.

Salisburia digitata,   Heer, in *litt.*

DIAGNOSE. — *S. foliis firme membranaceis longe petiolatis in laminam flabellato-semi-orbiculatam, basi subcordata obtusissime in petiolum attenuatam expansis, lamina 2-3-6 partita, segmentis etiam apice truncato bilobis lacerisque, nervulis tenuibus numerosis dichotome furcato-divisis, e basi extrema folii usque ad limbi margines undique divergentibus; ramulis abbreviatis cylindricis, cicatricibus foliorum lapsorum orbiculatis dense obsitis, fasciculoque foliorum superatis; — seminibus mediocribus ovato-ellipticis sarcotesta tenui, ut videtur, præditis.*

Ginkgo digitata,	Heer, *Ueb. Ginkgo* Thunbrg., p. 1, tab. fig. 1-3. — *Cap Boheman,* fig. 1-6.
Baiera digitata,	Schimp., *Traité de Pal. vég.,* I, p. 423, pl. XLIV, fig. 1.
— —	Brongn., *Tab. des genres de vég. foss.*
Cyclopteris digitata,	Brongn., *Hist. des vég. foss.,* I, p. 219, pl. XLI *bis,* fig. 2-3.
— —	Sternb., *Vers.,* II, p. 66.
(Non *Cyclopteris digitata,*	Lindl. et Hutt., *Foss. fl.,* tab. 64.)
Cyclopteris digitata (ex parte),	Ung., *Gen. et sp. pl. foss.,* p. 94.
Adiantites digitatus,	Gœpp., *Syst. fil.,* p. 217.

Sphenopteris latifolia,	Phill., *Yorksh.*, éd. 2, tab. 7, fig. 18.
— —	(Excl. Synonymis aliis ut *Cyclopteris digitata,* Dunk., *Monogr. Weald.,* p. 9, tab. 1, fig. 8-10, tab. 5, fig. 5-6 ; — Ettingsh., *Beitr. z Fl. d. Wealden form.,* tab. 4, fig. 2 ; — Andrä, *Lias-Fl. v. Steierdorf,* qui ad *Salisburiam* (*Baieram*) *pluriparittam* Schimp., *Cyclopteridemve* (*Salisburiam*) *Huttoni* infra descriptam aut *Baieras Münsterianam tæniatamque* spectant.)

C'est l'espèce la plus anciennement connue et en même
temps celle dont l'analogie avec le *Salisburia adiantifolia*
est la plus frappante. Elle a été figurée très-exactement
dans le grand ouvrage de Brongniart et, un peu plus tard,
dans le *Fossil flora* de Lindley et Hutton ; mais jusqu'à ces
derniers temps les feuilles de ce *Salisburia* jurassique ont
été rattachées aux Fougères sous les noms de *Cyclopteris*,
d'*Adiantites* et finalement de *Baiera*. Dunker et après lui
Ettingshausen avaient confondu sous la dénomination spécifique de *Baiera digitata* non-seulement les deux espèces
de Scarborough, mais encore la forme wéaldienne, séparée depuis avec raison par Schimper qui lui a imposé le
nom de *B. pluripartita*. Enfin, on avait été jusqu'à considérer comme de simples variétés du *Cyclopteris digitata* de
Brongniart, le *Baiera tæniata* Fr. Br. et certaines formes
du *Baiera* (*Jeanpaulia*) *Münsteriana* qui n'ont en réalité rien
de commun avec l'espèce oolithique que nous décrivons,
sinon d'appartenir comme elle à la tribu des Salisburiées.
M. Heer a démontré le premier, ce qui a paru tout simple
après lui, mais ce que l'on n'avait su deviner jusqu'alors,

que le *Baiera digitata* était un vrai *Salisburia*. Les découvertes des Suédois dans le dépôt jurassique du cap Boheman, au Spitzberg, ont facilité, il est vrai, la détermination de M. Heer, en lui fournissant non-seulement des feuilles accompagnées de leur pétiole, mais encore des ramules raccourcis et des fructifications. Dès lors le doute n'a plus été permis, et il a suffi de placer les feuilles fossiles du *Salisburia digitata* à côté de celles de notre Ginkgo pour s'étonner que l'attribution générique des premières ait tardé si longtemps à se faire. Pour mieux nous rendre compte de l'espèce que nous allons décrire et qui, jusqu'à présent, n'a pas été rencontrée en France, nous avons obtenu de M. le professeur Schimper la communication d'un échantillon authentique de Scarborough, conforme aux figures de M. Brongniart, et dont la figure donnée par nous (pl. 161, fig. 1) est une reproduction directe.

Le pétiole manque sur cet échantillon, mais un des exemples du cap Boheman représenté par la figure 2, pl. 160, le montre dans son intégrité : il est long et mince, il affecte à peu près les dimensions proportionnelles de ceux du *Salisburia* vivant. Le limbe est flabelliforme ; il s'étale surtout en largeur, en s'atténuant un peu à la base vers le haut du pétiole ; sa hauteur n'égale pas sa largeur ; les bords supérieurs dessinent un contour demi-circulaire et se trouvent fimbriés ou plutôt partagés, au moyen de six incisures principales, en sept lobes ou segments courts, légèrement élargis en coin obtus et eux-mêmes émarginés ou bifides à leur sommet. Les nervures fines et flabellées-dichotomes qui partent en rayonnant de la base du limbe s'étendent jusqu'à la marge dont le contour extérieur est dessiné par une ligne faiblement sinueuse. La consistance de la feuille a dû être plutôt ferme et même membraneuse que vraiment coriace ; les nervures sont d'une grande finesse.

Les incisures des feuilles sont plus irrégulièrement distribuées dans le *Salisburia digitata* que dans aucune autre espèce du groupe. Ce sont plutôt des déchirures étroites et peu profondes dont le nombre varie et qui le plus souvent ne divisent pas le limbe en deux moitiés égales. L'incisure médiane n'est effectivement pas plus prononcée que les latérales et se trouve plus rapprochée de l'un des bords que de l'autre, en sorte que la feuille, comme le fait voir notre figure, semble présenter un lobe médian accompagné de deux à trois lobes latéraux.

Les ramules raccourcis, figurés par M. Heer et par nous (pl. 160, fig. 3), proviennent du cap Boheman ; ils paraissent se rapporter à la même espèce que celle de Scarborough ou du moins à une variété polaire qui en aurait été très-voisine, mais dont les feuilles semblent avoir été généralement plus petites. Ces rameaux sont plus grêles, plus minces et couverts de cicatrices de coussinets foliaires plus petites et plus arrondies que ceux de l'espèce moderne ; ils offrent pourtant le même aspect et dénotent certainement le même mode de végétation. Quelques-uns d'entre eux sont encore surmontés de pétioles et par conséquent de feuilles en place.

Les graines dont il existe plusieurs exemplaires, selon M. Heer (voy. pl. 160, fig. 4-5), sont bien plus petites que celles de notre Ginkgo (comp. les figures de la planche 160 avec celles de la planche 144, qui représente une graine adulte du *S. adiantifolia*) ; elles n'ont pas la même forme ; elles sont, non pas sphériques, mais ovalaires-ellipsoïdes et reposent sur un disque faiblement dilaté en cupule. L'*endotesta* osseux est visible ; il est entouré d'une enveloppe charnue assez mince ; il est oblong comme le corps de la graine.

RAPPORTS ET DIFFÉRENCES. — Le *Salisburia digitata* (Brongn.) Hr. diffère de l'espèce vivante par ses feuilles moins atténuées en coin vers la base, plus étendues dans le sens de la largeur, non pas entières ni bilobées, mais incisées-fimbriées, à incisures nombreuses et peu profondes. Il en diffère encore par des ramules raccourcis plus minces et plus allongés, et enfin par le contour oblong et la petitesse relative de ses graines. Il n'est pas moins distinct du *Salisburia Huttoni* (Sternb.) Hr., dont les feuilles ont une consistance plus coriace, des segments moins nombreux et plus profondément divisés.

LOCALITÉS. — Scarboroug (Yorkshire), étage bathonien ; Cap Boheman, à l'intérieur de l'Eiss-fiord ou fiord des glaces, sur la côte orientale du Spitzberg, étage du jura brun ou oolithe inférieure.

EXPLICATION DES FIGURES. — Pl. 160, fig. 1, *Salisburia digitata* (Brongn.) Hr., feuille presque complète, avec l'origine du pétiole, d'après un échantillon original de Scarborough, communiqué par M. Schimper. Fig. 2, autre feuille de la même espèce, provenant du cap Boheman et munie de son pétiole, d'après une figure empruntée à la flore fossile arctique (partie IV) de M. Heer, grandeur naturelle. Fig. 3, sommité d'un rameau court de la même espèce, encore garni de pétioles en place, d'après une figure du même auteur, grandeur naturelle ; même provenance. Fig. 4 et 5, deux graines de la même espèce montrant leur insertion sur le disque pédonculaire, pourvues de leur *endotesta* et d'une enveloppe charnue, relativement mince, grandeur naturelle ; même provenance que les deux figures précédentes.

N° 2. — **Salisburia Huttoni.**

Pl. 159, fig. 4-5 et 160, fig. 8.

Salisburia Huttoni,   Heer, in *litt.*

DIAGNOSE. — *S. foliis sat longe petiolatis petiolo supra
canaliculato, coriaceis, medio profunde primum partitis, segmentis etiam bi-tri-partitis lobatisve, ultimis obtuse basi cuneatis apice rotundatis truncatisque, sœpius emarginatis bilobis
sinuatisve, exteris mediis duobus latioribus ; nervulis furcato-
divisis flabellatim decurrentibus, in segmento quolibet plurimis parallelis ad oram superiorem calloso-marginatam abrupte
desinentibus.*

Ginkgo Huttoni,	Heer, *Ueb. Ginkgo* Thunbrg., p. 2, tab., fig. 4 ; — *Fl. v. Cap Boheman,* in *Fl.* | *foss. arctica,* IV, tab. 10, fig. 10.
Cyclopteris Huttoni,	Sternb., *Vers.,* II, p. 66.
Adiantites Huttoni,	Gœpp., *Syst. fil.,* p. 217.
Cyclopteris digitata,	Lindl. et Hutt., *Foss. fl.,* tab. 64, (imago optima !).
Baiera digitata (ex parte),	Schimp., *Traité de Pal. vég.,* I, p. 423.
— —	(Excl. synonymis ad *Baieram (Salis-buriam) pluripartitam* Schimp., Wealdensem speciem, *Salisbu-riamque digitatam* spectantibus.)

Malgré la confusion que l'on a faite de cette espèce avec
le *Salisburia (Baiera) digitata,* d'une part, et, de l'autre,
avec l'espèce wéaldienne, *Salisburia pluripartita* (Schimp.)
Hr., elle est distincte en réalité de l'une et de l'autre et
présente des caractères qui doivent la faire décrire à part
en toute sécurité. Grâce à M. le professeur Schimper,
nous avons pu dessiner d'après des échantillons originaux

les figures que reproduisent nos planches, et qui traduisent très-fidèlement la physionomie et les traits distinctifs de l'ancienne espèce.

Le sédiment sur lequel elle a laissé l'empreinte de ses feuilles diffère sensiblement des plaques argilo-schisteuses et bitumineuses sur lesquelles se montrent celles du *Salisburia digitata*. Ce sédiment est un grès marneux en plaques rubannées de gris et de jaune, dont l'origine doit être reportée à une assise de sable fin tamisé par les eaux et déposé lit par lit, avec beaucoup de calme et de régularité. Les feuilles éparses à la surface du grès ont dû présenter une consistance coriace, ce qui ressort de l'épaisseur de la pellicule charbonneuse qui correspond à la substance foliacée encore en place. Le pétiole conservé sur une longueur de deux centimètres et demi était peut-être un peu plus court que dans le *S. digitata;* il est mince et visiblement marqué, comme ceux du Ginkgo actuel, d'un sillon longitudinal assez prononcé ; il se bifurque dans le haut et donne lieu à deux segments principaux, eux-mêmes subdivisés à l'aide d'une incisure moins profonde que la principale, mais menée bien plus avant que celles du *S. digitata*. Le limbe est ainsi partagé en quatre lobes ou segments ordinairement entiers ; parfois aussi, comme le montre la figure 8, pl. 161, il se trouve scindé irrégulièrement en deux parties ; mais ce sont là des anomalies plus ou moins fréquentes, et la figure 5, pl. 159, conforme à celle du *Fossil Flora* de Lindley et Hutton (pl. 159, fig. 4), montre que les feuilles du *Salisburia Huttoni* présentaient normalement quatre segments courts et larges, taillés en coin obtus à la base, arrondis ou tronqués au sommet et presque toujours émarginés ou obturément bilobés ou encore sinués à l'extrémité supérieure.

Quelquefois, pourtant, la terminaison est simplement arrondie en spatule, comme dans les exemplaires d'Irkutsk en Sibérie et du Cap Boheman, figurés par Heer. Les segments médians sont toujours plus étroits et ordinairement plus distinctement émarginés ou lobés que les latéraux. La base dessine une courbe légèrement rentrante qui s'atténue en coin très-obtus pour donner naissance au pétiole. Les nervures sont moins fines, plus saillantes, plus régulièrement parallèles que celle du *S. digitata*. On en compte un assez bon nombre, très-rapprochées, à la surface de chaque segment. Elles vont se terminer le long de la partie tronquée et émarginée qui semble cernée par un rebord calleux, tantôt uni, tantôt dessinant de faibles sinuosités.

RAPPORTS ET DIFFÉRENCES. — Le *Salisburia Huttoni* s'écarte beaucoup plus de l'unique Ginkgo actuel que le *S. digitata*. Il se distingue aisément de ce dernier par la consistance coriace de ses feuilles dont le limbe est moins étalé, plus petit, plus profondément divisé, avec des segments moins nombreux en forme de coin obtus, arrondis ou émarginés, mais non fimbriés le long des bords supérieurs. Le *S. Huttoni* se rapproche davantage de l'espèce wéaldienne, *S. pluripartita* ; cependant les feuilles de celle-ci sont tout à fait laciniées, c'est-à-dire divisées en segments lancéolés et divariqués, dont le nombre s'élève jusqu'à huit, et qui sont tantôt simples, tantôt émarginés ou bilobés au sommet. Le *Salisburia arctica* Hr. du Cap Boheman ne constitue peut-être qu'une simple variété du *S. pluripartita*. Les segments de ses feuilles qui se rapprochent par leur dimension de celles du *S. Huttoni* sont au nombre de 6 à 7 ; ils sont en même temps pluscourts et plus arrondis au sommet. D'après M. le professeur Heer, les nervures de cette espèce sont aussi beaucoup plus fines que dans le *S. Huttoni*, et la consistance paraît être plus mince. Dans les *Salisburia sibirica* Hr. (pl. 160, fig. 6) et *lepida* Hr., du Jura brun sibérien, les segments sont plus étroits, plus atténués dans le haut, et plus nombreux que dans le *S. Huttoni;* mais le *Salisburia Schmidtiana* Hr., de la même région, en diffère réellement très-peu ; il semble servir de lien entre les *Salisburia Huttoni* et *pluripartita*, bien que les figures de M. Heer soient trop peu nombreuses pour donner lieu à de sérieuses conclusions à cet égard.

LOCALITÉS. — Scarborough dans le Yorkshire, étage bathonien ; Cap Boheman, à l'intérieur de l'Eissfiord ou fiord des glaces, sur la côte orientale du Spitzberg, jurassique moyen ; Sibérie des environs d'Irkutsk, jura brun ou oolithe inférieure (Heer).

EXPLICATION DES FIGURES. — Pl. 159, fig. 4, *Salisburia Huttoni* Heer, feuille presque entière, provenant de Scarborough, d'après une figure du *Fossil Flora* de Lindley et Hutton. Fig. 5, autre feuille plus petite de la même espèce, d'après un échantillon original de Scarborough, communiqué par M. Schimper, grandeur naturelle. — Pl. 160, fig. 8, autre feuille de la même espèce, irrégulièrement incisée et munie de son pétiole, d'après une empreinte située sur la même plaque que la feuille précédente, grandeur naturelle.

Trib. II. — WALCHIEÆ.

Folia spiraliter inserta, basi crassa insidentia, dorso carinata, sursum leviter incurvata, tum falcata longiusque provecta, tum abbreviata pyramidatimque depresso-convexa, mamillariformia scutellataque, dense conferta. — Strobili mediocres aut parvuli, terminales, persistentes caducive, ovato-cylindrici, e squamms plurimis spiraliter insertis simplicibus, antice plus minusve lanceolatis dorso carinatis arcteque im-bricatis, ad maturitatem secus axin persistentibus, efformati; squama strobili ad bracteam cum receptaculo ovulifero minime producto omnino coalitam pertinens foliumque normale pau-lisper auctam aut fere immutatam referens. — Semina subqua-libet squama unica vel 2-3, libera inversaque, minuta, ala laterali cincta vel terminali superata, superficiei squamæ insi-dentia. — Amenta mascula vix cognita, parvula, ovata vel globulosa, verosimiliter axillaria.

Divers indices nous portent à admettre, bien que sans preuve directe ni décisive, que les Walchiées ont formé autrefois une tribu composée de plusieurs genres et que l'existence de cette tribu, après s'être prolongée au delà du permien et du trias, aurait atteint et traversé toute la période jurassique. Elle s'y trouverait représentée par des types variés d'aspect, mais présentant ce caractère commun d'être pouvus de cônes conformés extérieurement comme ceux des *Walchia* et en ayant sans doute aussi la structure intérieure, bien que par l'aspect des rameaux et des feuilles, les végétaux jurassiques dont nous parlons s'écartent le plus souvent de ceux dont nous les supposons sortis. Le genre *Walchia* est donc à nos yeux le type premier et la souche d'où seraient issus plus tard d'autres genres, et, parmi ceux-ci, il faudrait placer les *Brachyphyllum* jurassiques, si imparfaitement connus jusqu'ici.

Nous avons décrit et figuré précédemment, dans le but de faciliter le rapprochement que nous cherchons à établir

les principaux organes des *Walchia* (voy. p. 233 et suiv.,
pl. 153, fig. 1-5); nous avons vu que leurs rameaux, soit
par la forme des feuilles, soit par la disposition des ramules, ressemblaient à ceux des *Araucaria* d'Australie (*A. excelsa* R. Br. et *A. Cookii* R. Br., pl. 145, fig. 9 et 11),
mais que leurs strobiles différaient de ceux des *Araucaria*
par leur faible dimension, par leurs écailles persistantes,
par les semences inverses, mais libres, petites, étroitement
ailées, au nombre de 1 à 3 sur chaque écaille.

L'écaille, sans qu'il ait été encore possible de s'en assurer, correspond sans doute à la bractée faiblement accrue,
réunie au support ovulaire, dont la partie visible devait se
réduire, comme cela a lieu dans les *Dammara* et les *Cunninghamia*, à un bourrelet ou rebord, servant à l'insertion
des semences.

L'inflorescence mâle des *Walchia* semble avoir consisté
en chatons axillaires, groupés vers l'extrémité supérieure
d'un ramule, de manière à constituer un ensemble analogue à ce qui existe chez les *Cryptomeria*.

Nous avons rattaché aux *Walchia* les *Ulmannia*, en attribuant au dernier de ces genres un strobile figuré par Geinitz qui offre l'aspect de ceux des *Walchia*. Les rameaux
des *Ulmannia*, autant qu'il est possible d'en juger, nous ont
paru couverts de feuilles plus épaissies à la base, plus coniques, moins recourbées en faulx que celles des *Walchia*;
au total, ces feuilles se rapprochent assez sensiblement de
la forme mamelonnée qui distingue ces sortes d'organes
chez les *Brachyphyllum* et, d'autre part, les feuilles de ces
derniers, comme nous allons le voir, lorsqu'elles sont jeunes et que la fossilisation ne les a pas comprimées, bien
que généralement épaisses et courtes, sont cependant
toujours un peu recourbées au sommet, en sorte qu'elles

rappellent les organes correspondants des *Walchia*. On pourrait être tenté de rapprocher des Walchiées le singulier genre *Palissya*, à en juger par quelques-unes des formes décrites par Schenk, surtout par celles qui se rapportent à son *Palissya aptera* et dont les cônes, terminaux et persistants, sont formés d'écailles nombreuses, étroitement imbriquées, dilatées supérieurement en un appendice subrhomboïdal acuminé au sommet ; cependant, ces écailles, rattachées à l'axe qui les porte par un onglet aminci, paraissent avoir été écartées l'une de l'autre à la maturité, comme dans les *Cryptomeria* et les *Arthrotaxis* actuels, dont le *Palissya aptera* possède à cet égard l'aspect caractéristique. Il semble donc plus naturel de rattacher cette espèce à la tribu des Taxodio-Séquoïées. Pour ce qui est du *Palissya Braunii* du même auteur, son attribution à cette tribu est tout à fait probable, si l'on considère les rameaux avec leurs feuilles tantôt linéaires, uninerviées, tantôt plus courtes et rappelant celles des *Sequoia* ou bien encore des *Glyptostrobus*. Une telle probabilité se change en certitude, comme nous l'établirons plus loin, lorsque l'on rejoint à cette espèce les cônes ouverts et détachés dont l'auteur allemand a figuré un spécimen (1). Ayant eu effectivement l'occasion d'examiner de près un de ces cônes recueilli à Saaserberg, près de Bayreuth, nous avons pu nous convaincre que la structure de ses écailles, très-imparfaitement décrite par Schenk, dénotait un type entièrement nouveau, assez peu éloigné de celui des *Voltzia* (2) : ici seulement, la bractée longuement acuminée et carénée sur le dos dépasse de beaucoup le support ovulaire qui déborde latéralement

(1) Voyez Schenk, *Fl. de Grenrsch*, tab. 4 , fig. 9.
(2) Voy. ci-dessus, p. 237 et pl. 154, fig. 4-7.

cette bractée et donne lieu à un appareil festonné, dont chaque lobe soutenait vraisemblablement une semence inverse.

Mais si nous rejetons ainsi les *Palissya* à côté des *Voltzia*, des *Glyptolepidium* et des *Schizolepis*, dans la même tribu que les *Sequoia* et les *Arthrotaxis*, nous conservons en revanche bien des doutes au sujet de la véritable place à assigner à un autre type de Conifère jurassique, qui par la conformation de ses rameaux, aussi bien que par l'aspect de ses cônes, semble reproduire à l'époque oolithique une image assez fidèle des anciens *Walchia :* nous voulons parler du *Lycopodites Williamsonis* (Brongn.) Lindl. et Hutt. (1) (*Lycopodites uncifolius* Phill., *Geol. Yorksh.*, I, p. 147, pl. 7, fig. 3) qui n'est certainement pas une Lycopodiacée, comme l'admettait récemment encore M. Williamson, mais dont les affinités véritables n'ont pu être jusqu'à présent déterminées avec certitude, puisque M. Brongniart, dans son *Tableau des genres* (2), range cette espèce dans les *Palissya*, avec doute, il est vrai, et que M. Schimper (3), avec doute également, la place à la suite des *Pachyphyllum*. Le dernier de ces auteurs se plaint de la figure évidemment fautive du *Fossil Flora ;* mais il nous a été permis de dessiner depuis un autre cône de l'espèce anglaise, d'après un échantillon de Gristhorpe Bay (environs de Scarborough), appartenant à la collection du muséum de Paris ; nous le reproduisons ici (voy. pl. 162, fig. 1), à titre de terme de comparaison, en l'accompagnant d'un fragment de rameau grossi (fig. 2), emprunté à un exemplaire qui nous a été communiqué par M. Schim-

<hr>

(1) Lindl. et Hutt., *Foss. fl. of Gr. Brit.*, I, 93.
(2) *Tab. des genres de vég. foss.*, p. 106.
(3) *Traité de Pal. vég.*, II, p. 251.

per et qui provient aussi de Scarborough. Les feuilles de
cette espèce sont ordonnées en spirale, dilatées à la base,
épaisses, tétragones, élancées et falciformes au sommet;
elles ressemblent à celles des *Walchia* et de certains *Araucaria*. Le cône est terminal dans la figure de Lindley, il est
latéral et supporté par un court ramule dans notre exemplaire, c'est-à-dire que le rameau se prolonge au-dessus
du strobile qui se trouve déjeté et horizontal. Le strobile
a l'apparence extérieure de ceux des *Walchia* et aussi de
ceux des *Brachyphyllum* que nous décrivons plus loin
(pl. 165). Il se compose d'écailles nombreuses, étroitement imbriquées et érigées dans leur portion visible,
donnant lieu à un prolongement terminal en fer de lance,
carénées sur la face dorsale et plus ou moins acuminées
au sommet. Ces cônes ont une dimension supérieure à
ceux des *Walchia*, mais leur taille, toute proportion gardée, est de beaucoup inférieure à celle des cônes d'*Araucaria*, qu'ils rappellent pourtant à l'état jeune. Ils sont
ovales ou ovales-oblongs, obtusément coniques, et leur
plus grande longueur n'excède pas 4 centimètres et demi.
Il est impossible de rien affirmer au sujet de leur structure intérieure, et cette circonstance empêche de décider
si ce type constitue un genre assimilable aux Walchiées
ou une sorte d'Araucariée primitive, plus ou moins distincte des véritables *Araucaria* ou encore un *Pachyphyllum*,
comme l'a conjecturé Schimper.

Chez les *Brachyphyllum*, ainsi que nous allons le voir,
les feuilles par leur épaisseur inusitée, jointe à leur faible
saillie, s'écartent beaucoup, en apparence au moins, de
celles des *Walchia* permiens et du *Pachyphyllum? Wil-
liamsoni;* mais les cônes petits, souvent caducs et pourvus
d'écailles étroitement imbriquées, lancéolées antérieure-

ment et persistantes, présentent une conformité apparente de structure tellement étroite, avec ce que nous montrent les *Walchia*, que nous nous croyons autorisé à considérer, au moins provisoirement, les deux types comme alliés et ayant fait partie du même groupe ou tribu. Ce groupe, dont le développement hâtif aurait précédé celui de la plupart des autres tribus de Conifères encore existantes, et qui représenterait une sorte d'état primitif des Araucariées, tout en confinant aux Séquoïées, ne se serait pas perpétué jusqu'à nous. Il aurait cédé la place à des tribus plus jeunes, plus variées et plus vigoureuses ; il aurait disparu, à ce qu'il semble, vers la fin de l'âge jurassique, et son déclin aurait coincidé justement avec le temps auquel les Araucariées, les Cupressinées et les Abiétinées commençaient au contraire à prendre leur essor.

EXPLICATION DES FIGURES. — Planche 162, fig. 1, *Lycopodites* (*Pachyphyllum*, Schimp.) *Williamsonis* Lindl. et Hutt., cône attaché au rameau, d'après un échantillon de Scarborough, appartenant à la collection du muséum de Paris, grandeur naturelle ; fig. 2, rameau de la même espèce grossi, d'après un échantillon de la même localité, communiqué par M. Schimper.

QUATRIÈME GENRE. — BRACHYPHYLLUM.

Brachyphyllum, Brongn., *Prodr.*, p. 109. — *Tab. des genres de vég. foss.*, p. 69 (ex parte).
— Lind. et Hutt., *Foss. Fl.*, III, 188 et 219.
— Endl., *Syn. conif.*, p. 306.
— Ung., *Syn. pl. foss.*, p. 195. — *Gen. et sp. pl. foss.*, p. 388.
— Gœpp., *Monog. conif. foss.*, p. 241.
— Schimp., *Traité de pal. vég.*, II, p. 334.
— Sap., *Notice sur les pl. foss. du niv. des lits à poissons de Cerin*, p. 36. — *Sur une déter-*

*min. plus précise de cert. genres de Conifères
(Comptes rendus de l'Ac. des sc., t. LXXXIV,
p. 258). —* (Excl. synonymis plurimis Conife-
ras fossiles, *Brachyphyllis* veris plane rece-
dentes spectantibus, quibus diversi scriptores
nec recte usi fuere, ut : *Brachyphyllum*,
Braun, in *Münst. Beitr.*, VI, p. 30 ; — *Brachyphyllum*, Braun, *Verz.*, p. 101 ; — *Brachyphyllum* (Münster !), *Ung., Bot. Zeit.*,
1849, p. 348 ; — *Brachyphyllum*, Schenk, *Fl.
d. Grenzsch.*, p. 187 ; — etiam *Brachyphyllum* quoad *B. peregrinum* Brongn., in
Tabl. des genres, p. 104).

DIAGNOSE. — *Rami sparsim pinnati ramulis alternis erectiusculis cylindricis, sæpius rigidis; folia spiraliter inserta
abbreviata vel brevissima basi late rhombœa insidentia, in
statu juvenili etiam minime producta, cæterum conica mamil-
læformia, apice obtusissime intus recurva, plerumque carnosa
vel saltem firma crasseque coriacea, dorso autem plus minusve
carinata glandulaque sæpe notata, postea ætatis decursu in
caulibus adultis dilatata depressaque, areas scutellasque
convexiusculas regulariter rhombæas hexagonulasque puncto
medio signatas efformantia; — strobili mediocres aut parvuli
verosimiliter terminales, e squamis plurimis arcte imbricatis
sursum lanceolatis aut rarius in apophysim incrassatis antice-
que carinatis et post maturitatem sexus axin persistentibus
constantes; — semina minutissima ala brevi superata inversa
liberaque in quacumque squama 1-3; — amenta mascula ovata
globosaque, parvula, ut videtur axillaria, basi involucrata post-
que pollinisationem caduca, e squamulis arcte imbricatis antice in appendicem lancealatum dilatatis composita.*

Mamillaria, Brongn., *Note sur les vég. foss. de l'Ool. à
Fougères de Mamers,* in *Ann. des sc. nat.,*
t. IV, 1825.

| | Ung., *Gen. et sp. pl. foss.*, p. 308. |
| *Moreauia* (ex parte), | Pom., *Mat. pour servir à la Fl. jurass. de la France*, in *Amtl. Ber. deutsch. Naturf.*, 1849, p. 350. |

HISTOIRE ET DÉFINITION. — Aucun genre de Conifères fossiles n'a donné lieu à plus de confusion et d'incertitude que le genre *Brachyphyllum*, dont le nom, heureusement choisi cependant, exprime très-bien le trait principal de sa physionomie. Les caractères du genre avaient été originairement saisis avec beaucoup de sagacité par M. Brongniart à qui il faut en rapporter la découverte ; mais aucun, il faut le dire, ne diffère autant de ceux que nous avons sous les yeux, au point de faire douter qu'il s'agisse réellement d'une Conifère, plutôt que de toute autre plante phanérogame.

Le *Brachyphyllum mamillare* Brongn. a été originairement considéré comme une Conifère d'attribution incertaine : Gœppert, Endlicher et Unger le rangèrent à la suite des Abiétinées ; Brongniart, dans son Tableau des genres de végétaux fossiles, qui date de 1849, plaçait les *Brachyphyllum* entre les *Sequoia* et les *Albertia*, dans la tribu des Abiétinées, tandis que Schimper, dans son dernier ouvrage (1), les a reportés, comme *genus incertæ sedis*, à la fin de son ordre des Taxodiacées, après les *Echinostrobus* et les *Widdringtonia*. L'une des formes principales du genre, le *Brachyphyllum Desnoyersii* avait reçu primitivement de M. Brongniart la dénomination de *Mamillaria*, comme se rapprochant par l'aspect de certaines Euphorbes frutescentes. Le *Mamillaria Desnoyersii*, séparé à tort de son congénère le *Brachyphyllum mamillare*, figure dans le *Genera* de Unger parmi les Cycadées d'attribution incer-

____
(1) *Traité de Pal. vég.*, II, p. 334.

taine, côte à côte des *Ctenis* et des *Pachypteris* ; enfin cette même espèce a été représentée, il n'y a pas longtemps, par M. Carruthers sans autre désignation que celle de « remarkable branche from the Oxford Clay. »

Une difficulté, qui s'est longtemps opposée à une meilleure connaissance des *Brachyphyllum*, provenait de la rareté ou même de l'absence de leurs débris dans les gisements les mieux explorés de l'Angleterre, de l'Allemagne et de la Scanie. La présence du *B. mamillare* est exceptionnelle dans les grès schisteux et charbonneux de l'oolithe de Scarborough. Les schistes marno-bitumineux du rhétien de Franconie n'ont offert jusqu'ici aucun vestige de *Brachyphyllum*, puisque les végétaux ainsi nommés par Braun et plus tard par Schenk sont, en réalité, des *Palissya* ou bien ont donné lieu au genre *Cheirolepis* de Schimper (1). Les *Brachyphyllum* sont au contraire très-répandus en France : à Mende, dans le rhétien ; à Mamers et à Etrochey, dans le bathonien et l'oxfordien ; à Verdun et à Chateauroux, dans le corallien ; à Cirin, à Orbagnoux, à Armaille, dans le kimméridien. Ces dépôts sont principalement des grès, des calcaires plus ou moins purs, formés à proximité des anciennes plages, au fond de certaines baies ou à l'embouchure des cours d'eau ; les végétaux ainsi entraînés ne vivaient pas au bord des lacs et des lagunes, ils ne s'élevaient pas sur un sol humide et fréquemment inondé, comme la plupart de ceux qui composent les flores de Franconie et du Yorsksire ; mais ils vivaient plutôt dans des stations situées à l'abri de l'action immédiate des eaux et dans l'intérieur des terres. La différence entre ces deux sortes de stations se trahit par l'étude des plantes respec-

(1) Schimper, *Traité de Pal. vég.*, II, p. 245.

tives; l'association végétale est loin en effet d'être la même des deux parts. Les localités fraîches étaient alors peuplées de fougères à frondes largement développées ou délicatement découpées, qui manquent pour la plupart dans les dépôts français ou ne s'y montrent que très-rarement. Les *Clathropteris*, *Thaumatopteris*, *Dictyophyllum* ne se trouvent représentés que par des fragments; point de *Sagenopteris;* le *Pecopteris Withbiensis* Brong., si caractéristique et si répandu à l'époque jurassique, n'a pas été rencontré en France où l'on remarque encore l'absence des *Pterophyllum*, des *Nilssonia*, des *Palissya*, l'extrême rareté des *Podozamites* et des *Salisburia*, si fréquents dans le rhétien de Franconie et de Scanie et dont les formes reparaissent dans les lits bathoniens du Yorskshire. — En revanche, nous rencontrons en France des types que nous devons supposer par contraste avoir habité loin des fonds humides et des stations baignées par les eaux. Ce sont plus particulièrement des Fougères à frondes coriaces et médiocrement étalées, comme les *Ctenopteris*, *Scleropteris*, *Lomatopteris*, *Cycadopteris* et plusieurs autres, qui se montrent, non-seulement en France, mais aussi dans les dépôts de même nature de Solenhofen et des Alpes vénitiennes. Ce sont encore des Zamites ou des *Otozamites*, parmi les Cycadées, et enfin des Araucariées et des Cupressinées, parmi les Conifères. Les *Brachyphyllum* abondent dans cette seconde association, et la flore jurassique de France n'ayant été jusqu'à présent l'objet d'aucun travail d'ensemble, il en résulte que ce genre, malgré sa singularité, faite pour attirer l'attention, est resté confiné dans une sorte de demi-jour obscur, d'où nous allons essayer de le retirer.

La disposition des feuilles répond le plus souvent à la

formule phyllotaxique 2/5 ou 3/8 ; toujours très-courtes, de consistance épaisse, coriace ou charnue, s'élevant en forme de mamelon conique plus ou moins déprimé, sur une base rhomboïdale, et presque entièrement adnées à la tige par cette base, elles varient pourtant assez notablement à mesure que l'on passe d'une espèce à une autre. Dans les cas les plus ordinaires, ces feuilles sont obtusément coniques, carénées sur le dos et portant, à ce qu'il paraît, une glandule au-dessous de leur sommet, vers les deux tiers supérieurs de la carène dorsale. En les considérant par côté et de profil, on voit qu'elles se recourbent un peu en crochet par le haut, et que leur base seule est réellement adnée à la tige, mais la partie libre et saillante de l'organe est toujours courte, même à l'état jeune, et se trouve bientôt effacée par le progrès de l'âge qui amène l'épaississement de la base adnée ; la feuille prend alors l'apparence d'un écusson convexe, limité par un contour rhomboïdal (pl. 161, fig. 1, et 166, fig. 1). Mais, d'autres fois, et ce cas s'applique aux *Brachyphyllum* dont la physionomie est la mieux prononcée, les feuilles, au lieu de s'allonger plus ou moins et de donner lieu, au-dessus de leur base, à une partie saillante, prennent l'aspect de véritables mamelons obtus et convexes, insérés sur une base très-large dont la prompte accrescence fait disparaître la terminaison apicale, d'abord légèrement recourbée, de l'organe. Les feuilles se trouvent alors changées (voy. les planches 163 et 164, ainsi que plus loin les planches 179 et 172) en une série d'écussons convexes, exactement contigus, qui dessinent des compartiments en forme de losange ou d'hexagone, marqués au centre d'une cicatricule qui correspond, à ce qu'il paraît, à l'emplacement de la glandule résineuse. Ces écussons, séparés les uns des autres par des sillons réguliers, persistent, en s'élargissant, sur les parties anciennes des tiges et les recouvrent d'une sorte de cuirasse continue, qui ne laisse pas que d'offrir de l'analogie en plus petit avec ce qui a lieu chez les Cycadées et qui devait communiquer à ces végétaux de l'ancien monde un aspect spécial, rendu sensible par plusieurs de nos figures (voy. pl. 163, fig. 1, pl. 169 et 170, fig 1-2 et aussi la planche 172).

Ces mêmes caractères se trouvent poussés à leur limite extrême dans l'espèce à laquelle le nom générique de *Mamillaria* avait été originairement appliqué par M. Brongniart et dont les feuilles réduites, dès le jeune âge, à l'état de mamelons peu saillants, passaient promptement à celui de compartiments hexagones (pl. 163 et 164). Nous verrons que les rameaux de cette espèce singulière semblent n'avoir donné lieu qu'à des subdivisions peu nombreuses et qu'ils devaient être érigés et trapus.

Les *Brachyphyllum* en général ne présentaient rien d'élancé dans le port; leurs branches, dont nous figurons quelques-unes (voy. surtout les planches 167, fig. 1 ; 168, fig. ; 169, 171, fig. 1, et 172) sont courtes, épaisses, nues ou couvertes de ramules, selon les espèces. Les ramifications sont alternes, non opérées dans le même plan, comme chez beaucoup de Cupressinées, mais plutôt vagues, irrégulières, rappelant celles du *Sequoia gigantea* par l'aspect. Le port général doit être comparé à celui des *Arthrotaxis* qui semblent, dans la nature actuelle, retracer plus fidèlement que d'autres types celui des *Brachyphyllum*, bien que ces derniers n'aient rien de commun avec eux, à ce qu'il paraît, au point de vue de leur affinité présumée.

La place des *Brachyphyllum*, dans le paysage jurassique, était située à l'écart des eaux, sur les pentes et le long des

lisières des forêts de l'époque. A Mende, ces végétaux
étaient associés à des *Thinnfeldia;* à Étrochey, à des *Lomatopteris*, à des *Otozamites* et à des Cupressinées (*Palæocyparis*); à Verdun, on les rencontre mêlés à des *Scleropteris*
et à des *Stachypteris,* à des *Zamites*, et les Conifères qui
les accompagnent sont des *Pachyphyllum,* des *Araucaria*
et des *Widdringtonia.* Dans les localités dépendant du niveau des couches à poissons de Cirin, ce sont encore des
Lomatopteris et des *Scleropteris* auxquels se joignent des
Stenopteris, des *Cycadopteris*, puis des *Zamites* et des *Sphe-
nozamites* qui se trouvent associés aux *Brachyphyllum ;* autour d'eux, se pressent en fait de Conifères, des *Pachyphyllum*, des *Araucaria* et diverses Cupressinées. On peut voir
d'ici, grâce à ce tableau, les *Brachyphyllum* associés sur la
lisière des grandes forêts jurassiques aux Araucariées et
aux Cupressinées qui en constituaient la masse principale.
A leurs pieds et sous leur ombre, se pressaient des Cycadées de taille médiocre, et le sol était couvert de Fougères
à frondes raides et coriaces. La flore forestière de l'époque
se trouve ainsi presque intégralement reconstituée.

Il ne suffirait pas cependant de reproduire la physionomie caractéristique des *Brachyphyllum* jurassiques, si
leurs organes fructificateurs et par cela même leur place
systématique ne pouvaient être déterminés. A cet égard,
les divers auteurs sont restés muets jusqu'à ces derniers
temps, faute de documents, malgré quelques indices trop
clairsemés et trop peu concluants pour autoriser une solution. M. Brongniart avait obtenu, en effet, il y a plus de
vingt ans, par l'intermédiaire de M. Moreau, quelques cônes recueillis dans les calcaires oolithiques du corallien de la
Meuse, à côté du *Brachyphyllum Moreauanum*, et M. Pomel, qui tentait au même moment d'englober la plupart

des types de Conifères jurassiques dans son genre *Moreauia*, considérait ces divers cônes et d'autres rencontrés par lui dans le calcaire lithographique de Chateauroux, à peu près sur le même horizon, comme représentant les strobiles mâles du groupe dont il s'efforçait d'établir l'existence.

Nous avons entre les mains, grâce à la bienveillance de M. Pomel, la petite plaque de Chateauroux sur laquelle sont empreints les organes strobiliformes associés à des fragments de ramules, auxquels ce savant appliquait la dénomination de *Moreauia Jauberti* (1) et en décroutant l'un de ces cônes encore attaché à un bout de ramule et le comparant soit à ceux du corallien de Verdun, soit aux échantillons de même nature observés par nous dans les lits kimméridiens d'Armaille et d'Orbagnoux, nous avons pu nous faire une idée assez juste, bien qu'encore imparfaite de ce que devaient être les organes reproducteurs des *Brachyphyllum* (voy. les planches 165, fig. 1, 167, fig. 2, et 171, fig. 5-9).

Les cônes étaient généralement petits ou tout au moins de taille médiocre, ovales ou ovales-oblongs et plus ou moins atténués au sommet. Ils ressemblaient évidemment à ceux des *Walchia*. Ils étaient formés d'écailles nombreuses, étroitement imbriquées et persistantes, terminées supérieurement par un prolongement ou apophyse ordinairement lancéolée, pourvue antérieurement d'une carène dorsale plus ou moins saillante. Cette apophyse a pu dans d'autres cas, dont le cône de Verdun (pl. 167, fig. 2) fournit un exemple, devenir plus courte, plus convexe et présenter un contour rhomboïdal. Il est vrai que M. Heer a découvert récemment dans la flore jurassique d'Ust-

(1) In *Amtl. Ber. Naturf. in Aachen*, p. 2050.

Baley, localité dépendant du gouvernement d'Irkutsk en
Sibérie (1), deux cônes globuleux encore attachés à un rameau dont les feuilles épaisses, courtes et serrées, rappellent beaucoup par leur structure et leur disposition celles
des *Brachyphyllum;* en désignant cette remarquable espèce
sous le nom de *Brachyphyllum insigne,* le savant professeur
de Zurich a pensé mettre la main sur l'organe fructificateur du groupe dont les *Brachyphyllum* européens faisaient
partie ; par conséquent, il a cru résoudre la question dont
nous venons d'exposer les termes et d'apprécier les difficultés.
Sans aller aussi loin que lui, nous croyons qu'il a introduit
du moins dans la discussion un élément sérieux, dont il
faut bien tenir compte, d'autant plus que les cônes de son
Brachyphyllum insigne, avec ses écailles conniventes, latéralement hexagonales, scutellées et marquées au centre d'une
cicatrice déprimée, rappellent à l'esprit une empreinte incomplète, comprenant un certain nombre d'écailles contiguës à peu près pareilles, provenant du corallien de Verdun, que nous avons décrite précédemment sous le nom
de *Zamiostrobus index* (2). Les cônes signalés par M. Heer
pourraient donc être réellement ceux de certains *Brachyphyllum,* sinon de tous, et ils pourraient représenter soit
un genre à part, soit une section, caractérisés par des cônes
autrement conformés que ceux des espèces dont nous décrirons plus loin les strobiles. Il est juste pourtant d'insister ici
sur une remarque dont la portée n'échappera pas aux esprits
non prévenus. Nos exemplaires européens de *Brachyphyllum*
sont infiniment plus nombreux, plus variés, ils présentent

(1) Voy. O. Heer, *Jura-Flora Ost-Siberiens und d. Amurlandes,*
p. 74, tab. 13, fig. 9, in *Mém. de l'Ac. imp. des sc. de Saint-Pétersbourg,* 8e série.
(2) Voy. ci-dessus, t. II, pl. 108, fig. 8.

des portions de rameaux plus étendus et mieux conservés que les rares fragments fournis à M. Heer par la flore sibérienne d'Irkutsk. Le rameau qui supporte les deux cônes du *Brachyphyllum insigne* est au contraire d'une faible étendue et les feuilles dont il est couvert, bien que montrant de la ressemblance avec celles de nos *Brachyphyllum*, ne sont pas assez nettes pour dissiper tous les doutes; en outre ces feuilles ont très-bien pu appartenir à un type jurassique spécial à la Sibérie, inconnu ou non encore rencontré dans l'Europe contemporaine. Des genres dissemblables de Conifères peuvent évidemment présenter un aspect analogue, si l'on s'en tient uniquement aux organes de la foliation et nous verrons plus loin que les *Pachyphyllum*, bien que très-distants des *Brachyphyllum*, sont parfois malaisés à distinguer de ceux-ci. Il nous paraît donc impossible, sur la foi d'un spécimen isolé, provenant d'une région aussi lointaine, de laisser de côté les indices répétés que nous allons prendre en considération et, sans vouloir rien affirmer trop hâtivement, nous conservons provisoirement notre opinion, comme la moins invraisemblable de celles dont nous ayons à faire choix.

En admettant ce qui précède, on peut se demander quel était le mode d'insertion des ovules sur les écailles des cônes de *Brachyphyllum :* nous pouvons à peine le conjecturer ; pourtant, l'un des Strobiles de Chateauroux (pl. 165, fig. 12) montrait son intérieur avant d'avoir été entièrement découvert. Cet intérieur a pu être moulé et ce moule que nous reproduisons (pl. 165, fig. 12) laisse voir les écailles insérées sous un angle très-ouvert le long d'un axe relativement épais ; elles se relèvent ensuite et deviennent ascendantes, en donnant lieu à une apophyse lancéolée qui leur servait de terminaison. Cette disposition semble dénoter l'existence de semences inverses, situées comme devaient l'être celles des *Walchia* et comme le sont de nos jours celles des *Cunninghamia*. Les écailles de ces cônes étant persistantes, il s'ensuit que les semences des *Brachyphyllum* étaient libres et s'échappaient à la maturité du strobile entr'ouvert. Cette supposition se trouverait justifiée, si, comme tout porte à le croire, les organes épars observés à Orbagnoux, à côté d'un cône détaché, et que nous décrivons plus loin (pl. 171, fig. 6 et 6ᵃ), sont bien les graines d'un *Brachyphyllum*. La petitesse de ces graines visiblement inverses dans leur insertion, à nucule atténuée à son extrémité libre, surmontée d'une aile membraneuse, élargie et inégale, fournit un argument de plus en faveur de leur attribution à des strobiles d'une si faible dimension.

Ainsi, selon nous, les *Brachyphyllum* auraient présenté, à l'extrémité supérieure de leurs ramules, des cônes petits ou médiocres, persistants ou caducs selon les espèces, ovoïdes ou simplement oblongs, composés d'écailles nombreuses, ordonnées en spirale, étroitement imbriquées et apprimées, simples par suite de la soudure intime de la bractée et du support, attachées à l'axe sous un angle droit, puis redressées-ascendantes, terminées par un prolongement apophysiaire lancéolé, épaissi, caréné sur le dos, plus rarement par une apophyse dilatée en un écusson rhomboïdal plus ou moins développé. Les écailles, dans tous les cas, persistaient sur l'axe à la maturité en s'écartant pour laisser échapper les graines. Celles-ci auraient été petites, inverses, libres, au nombre de deux à trois, comprenant une nucule surmontée ou entourée d'une aile membraneuse, plus ou moins développée selon les espèces.

Les chatons mâles doivent aussi attirer notre attention ; nous sommes loin d'être certain de les posséder ; cependant, à Armaille, ainsi qu'à Chateauroux et même à Verdun, à côté des cônes que nous venons de signaler, on en observe d'autres d'une moindre dimension, ellipsoïdes ou subglobuleux, formés d'écailles petites étroitement imbriquées, convexes sur le dos, terminées par une pointe ou appendicule au sommet (voy. pl. 165, fig. 1ᵇ et 2, pl. 167, fig. 3, et 171, fig. 9), qui pourraient bien se rapporter aux organes mâles des *Brachyphyllum*. Les chatons seraient comparables en petit à ceux des *Dammara* et aussi à ceux des *Walchia* tels que Gœppert les a décrits, d'une manière un peu confuse, il est vrai. Comme ces derniers et à l'exemple des chatons mâles des *Cryptomeria*, ceux des *Brachyphyllum* auraient été axillaires et sessiles, disposés solitairement à l'aisselle des feuilles, vers la sommité d'un rameau. Mais en les considérant ainsi nous émettons une simple hypothèse, qui n'a rien pourtant d'invraisemblable.

RAPPORTS ET DIFFÉRENCES. — Les *Brachyphyllum*, en supposant exacts et définitifs (ce qui est loin d'être encore prouvé) les caractères que nous leur attribuons, se seraient surtout rapprochés des *Walchia ;* leur port aurait rappelé celui des *Arthrotaxis* actuels. Ils auraient différé des *Araucaria* par la persistance des écailles de leur cône et par leur semence libre, géminée ou ternée ; des *Dammara* par le premier de ces caractères ; des *Cunninghamia* surtout par la conformation de leurs feuilles. Ils se seraient rapprochés des Abiétinées par la structure de leur cône et par la forme de leurs écailles. Enfin les *Brachyphyllum* se seraient distingués des Séquioïées par leurs écailles simples, réduites presque à la bractée, à peu près comme dans les *Dammara* dont leur aspect les éloigne cependant si fort. On voit en somme que, malgré des analogies partielles, plus ou moins frappantes, les *Brachyphyllum* s'écartaient beaucoup de toutes les Conifères à nous connues, dans le monde actuel. Type essentiellement jurassique, ils se montrent dès le rhétien et disparaissent, à ce qu'il semble, au-dessus du kimméridien, à moins que l'on ne veuille considérer le *Brachyphyllum orbignyanum* de Brongniart, comme un représentant attardé du groupe au sein de la période crétacée; mais cette espèce nous paraît encore mieux placée parmi les *Pachyphyllum*, dont elle possède les traits caractéristiques.

N° 1. — **Brachyphyllum Papareli**

Pl. 161, fig. 1-7.

DIAGNOSE. — *B. ramis cylindricis, hinc inde alterne ramosis vel etiam furcato-ramosis; foliis coriaceis brevissime productis arcte adpressis, apice obtusissimo in statu juvenili sursum curvatis, dorso convexiore medio carinatis glandulaque antice paulo infra apicem signatis, secundum ordinem spiralem $\frac{2}{5}$ vel $\frac{3}{8}$ insertis, postea in areas regulariter rhombæas depressiusculas lateribus exacte conniventes abeuntibus.*

Nous ne connaissons que les rameaux épars de ce *Brachyphyllum*, le plus ancien de tous jusqu'ici. La découverte en est due à M. Paparel, géologue distingué de Mende, qui a bien voulu nous en communiquer de nombreux échantillons. Tous ces débris, consistant surtout en fragments de ramules disséminés dans toutes les positions et d'une conservation généralement remarquable, proviennent d'une zone calcaire dite des *calcaires bleus* et des

mêmes lits que les *Thinnfeldia* dont les espèces ont été décrites dans le tome premier de cet ouvrage. Cette zone,
supérieure au rhétien proprement dit, est séparée de lui par
une épaisseur d'environ 100 mètres de calcaires jaunes et
de cargneules qui se rapportent, pris en masse, à l'horizon
de l'*Ammonites planorbis* et en contiennent la faune. « Dans
les parties élevées de cette énorme assise, selon M. Fabre,
inspecteur des forêts, dont je transcris l'explication, sont
intercalés certains bancs d'un calcaire bleu siliceux, à pâte
fine, renfermant des 'cypricardes indéterminables et du
bois flotté ; c'est un niveau fluvio-marin qui se prolonge
depuis Mende jusqu'à Milhau (Aveyron). A Mende, un des
bancs de la formation contient des branches d'arbre entières, transformées en jayet ; c'est la couche où se rencontrent les *Thinnfeldia* et les *Brachyphyllum*. » Les mêmes
couches passent sur quelques points, entre autres le long
de la rive gauche de la rivière du Lot, à deux kilomètres
en amont de Mende, sous les escarpements dits *Petits-
Enfers*, à des plaquettes bitumineuses d'un gris bleuâtre
dont la surface est occupée par de nombreux débris de
Brachyphyllum, dont plusieurs ont conservé intacte leur
structure ; les anciennes tiges étant seulement comprimées
et réduites à l'état de charbon. Toute cette zone des calcaires bleus siliceux et des plaquettes gris noirâtres se
rapporte, dans l'opinion de M. Fabre, soit à la partie
supérieure de la zone à *Ammonites planorbis*, soit à celle
de l'*Ammonites angulatus*, c'est-à-dire qu'elle vient se placer à un niveau sensiblement correspondant ou même
identique à celui de Hettanges.

J'ai reçu tout dernièrement en communication, de
M. Auguste Ducrocq, de Niort (Deux-Sèvres), un échantillon découvert par lui dans l'infralias de Bourdevert près

de Chantonnay (Vendée); cet échantillon se rapporte incontestablement au *Brachyphyllum Papareli* dont il reproduit très-nettement tous les caractères.

Notre figure 1, pl. 161, représente le spécimen le plus complet du gisement de Mende ; elle nous montre un rameau entier ou une petite branche dont les ramifications alternes et successives prennent parfois l'apparence de dichotomies. Les ramules ont quelque chose de flexueux et de divariqué à la fois; leur forme était visiblement cylindrique. Les feuilles étaient insérées dans un ordre spiral dont la formule phyllotaxique, variable selon les parties que l'on examine, (pl. 161, fig. 1ᵃ, 2ᵃ, 3ᵃ, 6 et 7) répondait aux fractions $\frac{1}{3}$, $\frac{2}{5}$ et $\frac{3}{8}$. Les feuilles, même dans leur jeunesse (fig. 7), étaient visiblement coriaces, toujours très-courtes, presque entièrement adnées, étroitement apprimées et terminées au sommet par une pointe très-obtuse, légèrement recourbée en faux et très-peu saillante. La face dorsale, distinctement carénée par le milieu et pourvue un peu au-dessous du sommet (fig. 2ᵃ et 3) d'une glandule saillante, dessinait une aire légèrement convexe, limitée par un contour rhomboïdal. Nos figures 2ᵈ, 3 et 7, légèrement grossies et à divers degrés de grossissement, donnent une idée suffisante de ce qu'étaient ces feuilles à l'état jeune. Sur les parties déjà anciennes des rameaux (fig. 1 et 1ᵃ), elles affectent une forme un peu différente; elles sont séparées les unes des autres par un léger sillon et se présentent comme autant d'écussons rhomboïdaux, un peu allongés dans le sens transversal, faiblement convexes, dont la glandule occupe à peu près le centre, sous l'apparence d'une légère saillie dirigée en long et parfois à peine visible (fig. 1ᵃ, 3 et 5). La faible épaisseur des rameaux de cette espèce, même dans les parties visiblement adultes, annonce, à ce qu'il semble, un végétal de taille petite ou médiocre.

RAPPORTS ET DIFFÉRENCES. — L'espèce est particulièrement voisine des *Brachyphyllum Moreauanum, Jauberti* et *gracile*, qui appartiennent à l'oolithe moyenne ou supérieure. Il semble qu'elle diffère très-peu du *B. Jauberti* (Pom.) Sap., dont il n'existe, il est vrai, que de très-petits fragments; mais les ramules de cette forme (pl. 165, fig. 1-4) paraissent pourtant plus grêles, munis de feuilles moins larges, que les organes correspondants du *B. Papareli* (pl. 161, fig. 3 et 7). Les *Brachyphyllum Moreauanum* et *gracile* ressemblent beaucoup aussi, au premier abord, à celui de Mende; cependant l'espèce de Verdun est autrement ramifiée et ses derniers ramules sont plus menus, plus allongés et plus multipliés; ses feuilles de leur côté sont plus pointues, plus petites, plus nettement rhomboïdales (1). D'autre part, le *Brachyphyllum gracile*, du niveau des lits à poissons de Cirin, présente, comme le montrent nos figures (pl. 168, fig. 2; 170, fig. 4-5; 171, fig. 1-4), des ramifications plus grêles, des feuilles plus oblongues, donnant lieu à un contour lancéolé, plutôt qu'à un écusson rhomboïdal. D'ailleurs la glandule dorsale est bien plus nette dans l'espèce rhétienne que dans celle du kimméridien d'Orbagnoux et d'Armaille. Nous ne doutons pas que ces espèces ne doivent être distinguées, malgré leur affinité réciproque, qui témoigne seulement de l'uniformité d'aspect qui s'étendait d'une façon générale à tout le genre *Brachyphyllum*.

LOCALITÉS. — Calcaires bleus siliceux à pâte fine et à faciès lacustre, supérieurs à la zone à *Ammonites planorbis*

(1) Consultez pour cette comparaison les planches 166, 167 et 168, fig. 1.

(horizon de l'*Ammonites angulatus?*), des environs de Mende (Lozère), ferme de Roussel, à 800 mètres au nord de Mende, sur l'ancienne route nationale de Paris; plaquettes avec débris de végétaux charbonneux, intercalés sur le même niveau, le long de la rive gauche de la rivière du Lot, en face de la ferme des Ramades: localités indiquées pour le jayet, sous les escarpements dits *Petits-Enfers*, par M. Kœcklin-Schumberger (*Bull. de la Soc. géol.*, t. XI, p. 612, ligne 15); nous tenons ces divers renseignements de M. Fabre, inspecteur des forêts. L'espèce, comme nous l'avons dit plus haut, a été également rencontrée dans l'infralias de la Vendée, à Bourdevert près de Chantonnay. Coll. de M. Paparel, de la ville de Mende, de M. l'abbé Boissonnade et la nôtre.

EXPLICATION DES FIGURES. — Planche 161, fig. 1, *Brachyphyllum Papareli* Sap., rameau entier, pourvu de ramifications flexueuses, divisées par bifurcations successives, grandeur naturelle; fig. 1ᵃ, portion grossie du même rameau. Fig. 2, fragment du rameau de la même espèce; fig. 2ᵃ, portion de la même figure grossie. Fig. 3, autre fragment de ramule grossi, pour montrer le mode d'agencement des feuilles, disposées selon la formule phyllotaxique $\frac{3}{8}$. Fig. 4, autre fragment de rameau de la même espèce, grandeur naturelle. Fig. 5, autre fragment de rameau, grandeur naturelle. Fig. 6, fragment de rameau de la même espèce, dont la substance végétale comprimée a conservé son organisation extérieure, grandeur naturelle; fig. 6ᵃ, portion du même rameau grossie, pour montrer la forme et la disposition des anciennes feuilles. Fig. 7, sommité d'un ramule légèrement grossi pour montrer la forme et l'arrangement des feuilles encore nouvelles.

N° 2. — **Brachyphyllum mamillare**.

Pl. 162, fig. 3-5.

Brachyphyllum mamillare,   Brongn., *Prodr.*, p. 109 et 200 ; —
         Tab. des genres de vég. foss.,
         p. 106.

—   —   Lindl. et Hutt., *Foss. Fl. of Great
         Brit.*, tab. 188 et 219.

—   —   Endl., *Syn. Conif.*, p. 306.

—   —   Ung., *Gen. et sp. pl. foss.*, p. 388 ;
         — *Chl. protog.*, LXXIII.

—   —   Gœpp., *Monogr. foss. Conif.*, p. 211,
         tab. 48, fig. 5.
         (Excl . *Brachyphyllum mamillare* ,
         Schimp., *Traité de Pal. vég.*, II,
         p. 335).

DIAGNOSE. — *B. ramis alterne pinnatim ramosis, ramulis numerosis flexuosis erectiusculis, ultimis gracilibus ; foliis e basi crassa arcte adpressis, in statu juvenili apice obtuso brevissime producto parum curvatis dorso convexiusculis, ætatis progressu postea mamillæformibus, exacte contiguis, leviter carinatis medioque umbonulatis, in areas hexagonulas ad superficiem ramorum veterum tandem mutatis.*

Brachyphyllum Phillipsii,   Schimp., *Traité de Pal. vég.*, II,
         p. 336.

Le *Brachyphyllum mamillare* est l'espèce-type, d'après laquelle le genre a été établi en premier lieu par Brongniard. Découvert par le professeur Phillips dans l'oolithe charbonneuse de Haibum-Wike, près de Whitby, dans le Yorkshire, il fut d'abord l'objet d'une courte description dans le Prodrome de Brongniart, en 1828 ; il a été ensuite très-imparfaitement figuré par deux fois, dans le *Fossil flora* de Lindley (tab. 188 et 219) ; en sorte que cette plante, malgré son ancienneté et son importance, se trouve en réalité peu connue. M. Schimper s'est certainement trompé en avançant (1) que les auteurs du *Fossil Flora* et, après eux, Gœppert et Unger, avaient confondu le *Brachyphyllum mamillare* de Brongniart avec l'espèce de Whitby, dont notre savant ami change le nom, pour cette raison, en celui de *Brachyphyllum Phillipsii*. M. Schimper confond lui-même ici le *Brachyphyllum mamillare* de Brongniart avec le *Mamillaria Desnoyersii* du même auteur qui constitue bien réellement, comme nous allons le voir, une espèce distincte de *Brachyphyllum*. Les deux plantes n'ont jamais eu de commun entre elles qu'une similitude de dénomination, propre effectivement à faire naître la confusion, et Brongniart, d'accord en cela avec Lindley et Hutton, avait bien en vue le *Brachyphyllum* du Yorkshire, découvert par Phillips et communiqué à lui par ce professeur, lorsqu'il créait le genre en appliquant à l'unique espèce qu'il comprenait, la désignation de *Brachyphyllum mamillare*. Le *Mamillaria Desnoyersii*, considéré alors comme voisin des Euphorbes, tomba plus tard dans une sorte d'oubli et le *Tableau des genres de Végétaux fossiles*, paru en 1849, ne le mentionne même plus.

Voici comment s'exprimait M. Brongniart à l'égard du *Brachyphyllum mamillare* de Whitby, au moment où il signalait l'espèce pour la première fois : « Ces fossiles, trouvés à Whitby, offrent des tiges divisées en rameaux nombreux, pinnés, flexueux, couverts de feuilles très-courtes en forme de mamelons ovoïdes ou un peu coniques. Ces feuilles paraissent insérées en spirale.... En outre les rameaux ne sont pas doublement pinnés.... Nous dési-

____

(1) *Traité de Pal. vég.*, II, p. 335.

gnerons ces plantes singulières, dont il existe peut-être deux espèces à Whitby, sous le nom de *Brachyphyllum*. » Cette première étude avait été accompagnée de dessins exécutés avec soin, dont nous reproduisons ici les principaux (pl. 162, fig. 6-7), que nous tenons de l'obligeance de notre maître regretté. Dans l'ouvrage postérieur, intitulé *Tableau des genres de Végétaux fossiles*, Brongniart définissait ainsi les *Brachyphyllum*, en y englobant, il est vrai, d'autres Conifères qui depuis en ont été distraites avec raison : « Je donne ce nom à des Conifères à feuilles alternes, disposées en spirale, courtes, charnues, insérées par une base large et rhomboïdale (1)... » Voici, d'autre part, la description des auteurs du *Fossil Flora* qui n'est pas à dédaigner, puisqu'ils ont eu certainement sous les yeux la plante dont ils donnaient la diagnose : « Le fossile a ses branches anciennes étroitement recouvertes de feuilles courtes, ovales, plutôt obtuses, appliquées, sans nervures, squamiformes, diminuant en nombre à mesure que l'épaisseur du rameau diminue, jusqu'à ce que, tout en conservant leur forme, elles deviennent simplement alternes sur les plus jeunes rameaux. » Ces différences dans la disposition des feuilles dont l'ordonnance spirale varie selon les parties que l'on examine, en sorte que les rangées foliaires sont plus nombreuses sur les rameaux anciens, plus courtes et soumises à la formule phyllotaxique $\frac{2}{5}$ ou même $\frac{1}{3}$ sur les plus petits ramules, ces mêmes différences s'observent chez la plupart des *Brachyphyllum* et tiennent sans doute au mode de croissance particulier à ces arbres et aussi à la caducité probable des derniers ramules, distincts des pousses terminales, destinées au prolongement

(1) *Tab. des genres de vég. foss.*, p. 69.

de la tige, comme cela se voit en effet chez un grand nombre de Conifères vivantes, entre autres chez les *Glyptostrobus* et les *Sequoia*. Cette disposition variable est parfaitement visible, au moyen des ramules de Haibum-Wicke que nous figurons (pl. 162, fig. 3 et 4) et surtout de la figure grossie 4^a; non-seulement les feuilles varient de disposition, mais surtout elles varient de forme suivant les parties que l'on examine, et c'est là, nous le croyons, ce qui portait M. Brongniart à admettre, comme possible, l'existence de deux espèces à Whitby.

Les feuilles des petits rameaux (pl. 162, fig. 3, 4 et 7), toujours adnées par une large base, ovales et squamiformes, étaient plus saillantes que les autres, un peu recourbées en crochet obtus, convexes sur le dos et légèrement imbriquées. La figure grossie 7^a due à M. Brongniart, combinée avec la nôtre 4^a, faiblement grossie, permet de saisir le caractère de ces feuilles qui offrent pourtant des transitions vers celles des ramifications terminales (fig. 6). Celles-ci étaient plus obtuses, plus ovales, en forme de mamelons arrondis oblongs et convexes; elles portaient sans doute sur le dos, muni d'une carène très-peu marquée, une glandule saillante, dont le vestige persistait, avec l'aspect d'une protubérance, sur les compartiments hexagones ou subrhomboïdaux, auxquels les feuilles donnaient lieu dans les parties déjà anciennes (pl. 162, fig. 5). Les figures 6^a et 6^b, dues à M. Brongniart et qui sont très-grossies, conformes à celles que nous avons dessinées (fig. 5^b et 5^c), sur des fragments provenant de Saltwick, près Whitby, laissent juger suffisamment de la forme de ces feuilles et des transformations successives qu'elles éprouvaient par le progrès de l'âge. La figure 6, reproduite de grandeur naturelle, d'après une esquisse de

M. Brongniart, montre qu'elles revêtaient à la fin l'apparence d'écussons hexagonaux, émoussés sur les angles, allongés dans le sens de la hauteur et légèrement convexes. Cette même forme ressort également de la figure originale du professeur Phillips, reproduite avec quelques modifications par les auteurs du *Fossil Flora* et communiquée en 1828 à M. Brongniart qui a bien voulu nous la confier. Cette figure, trop informe pour être reproduite ici, représente une branche entière du *Brachyphyllum mamillare* : elle est érigée, mais un peu flexueuse et donne lieu à une suite de ramifications alternes, elles-mêmes subdivisées en ramules de dernier ordre. L'ensemble est moins touffu, plus élancé et plus élégant que dans l'espèce d'Armaille (*Brachyphyllum gracile*), bien moins trapu et moins nu que ne le sont les rameaux du *Brachyphyllum Desnoyersii* d'Etrochey. Le *B. mamillare* rappelle davantage l'espèce de Verdun, *B. Moreauanum ;* mais chez ce dernier les feuilles sont plus menues, plus courtes, et elles donnent lieu sur les parties anciennes à des écussons plus régulièrement rhomboïdaux.

RAPPORTS ET DIFFÉRENCES. — Les détails qui précèdent permettent d'apprécier les caractères différentiels du *Brachyphyllum mamillare* qui n'a pas encore été rencontré en France, mais que nous avons tenu à décrire comme étant la forme typique du genre. Elle tient le milieu, selon nous, entre les *Brachyphyllum Papareli* et *Moreauanum*, mais on ne saurait la confondre avec aucune de ces deux espèces, bien qu'elle paraisse se rapprocher davantage de la seconde.

LOCALITÉS. — Environs de Scarborough, dans le Yorkshire, oolithe charbonneuse, étage bathonien, principalement à Haihum-Wicke et à Saltwick, près de Whitby ; —

musée de la société philosophique d'York et collection du muséum de Paris.

EXPLICATION DES FIGURES. — Planche 162, fig. 3 et 4, deux petits rameaux de *Brachyphyllum mamillare* Brongn., d'après des échantillons provenant de Haibum-Wicke, près de Scarborough, recueillis par M. Williamson en 1845 et appartenant à la collection du muséum de Paris (n° 4856), grandeur naturelle; fig. 4ᵃ, l'un d'eux légèrement grossi, pour montrer la forme et l'agencement des feuilles jeunes. Fig. 5, fragment de rameau de la même espèce, d'après un échantillon de Saltwick, près de Whitby, appartenant à la collection du muséum de Paris (n° 1714), grandeur naturelle ; fig. 5ᵃ, 5ᵇ, 5ᶜ, feuilles vues sous plusieurs grossissements, pour montrer la forme qu'elles affectent sur des rameaux déjà anciens. Fig. 6, rameau de *Brachyphyllum mamillare* d'après une esquisse de M. Brongniart, représentant un échantillon de Whitby, observé par lui dans le musée de la Société philosophique d'York; fig. 6ᵃ, feuilles du même rameau grossies, d'après un dessin original de M. Brongniart; fig. 6ᵇ, autres feuilles grossies d'après un dessin du même auteur. Fig. 7, rameau de petite taille de la même espèce, d'après une esquisse de M. Brongniart, ayant la même origine que le précédent, grandeur naturelle; fig. 7ᵃ, feuilles de ce même rameau fortement grossies, d'après un dessin original du même savant.

N° 3. — **Brachyphyllum Desnoyersii.**

Pl. 163, fig. 1-9, et 164, fig. 1-13.

DIAGNOSE. — *B. ramis crassioribus erecto rigidis plerumque nudis, hinc inde furcato-ramosis, ramulis brevibus obtusis ascendentibus divaricatisque ; foliis mamillæformibus adpresse basi lata affixis, tumidis, primum breviter productis parumque apice obtuso curvatulis, in areas convexiusculas rhombæas hexagonulasque lateribus exacte convenientes, glandulæ loco cicatrice punctiformi signatas ætatis incessu tandem mutatis et tunc superficiem ramorum veterum scutellis regulariter clathratis delineantibus.*

Mamillaria Desnoyersii,	Brongn., *Note sur les vég. de l'oolithe à Fougéres de Mamers*, in *Ann. des sc. nat.*, t. IV, p. 419, pl. 19, fig. 9-10; — *Prodr.*, p. 163 et 200.
— — — — —	Ung., *Gen. et sp. pl. foss.*, p. 308.
Brachyphyllum mamillare (ex parte),	S c h i m p. (n o n Brongn.), *Traité de Pal. vég.*, II, p. 355.
Remarkable branches from the Oxford Clay,	Carruth., *Brit. foss., Conif. in Geol. Magaz.*, VI, n° 1, Janv. 1869; p. 7, pl. 2, fig. 12-13.

L'aspect singulier des rameaux de cette espèce attira de bonne heure sur elle l'attention de M. Brongniart. Elle fut décrite par cet auteur, en 1825, dans une note insérée à la suite du mémoire de M. Desnoyers, intitulé : *Observations sur quelques systèmes de la formation oolithique du nord-ouest de la France et particulièrement sur une oolithe à Fougères, de Mamers, dans le département de la Sarthe* (1).

(1) *Ann. des sc. nat.*, t. IV, p. 353, pl. 19, fig. 9 et 10.

M. Desnoyers, avec une grande sûreté de jugement, synchronise dans ce mémoire le calcaire oolithique de Mamers, à pâte tendre grisâtre finement grenue, pétrie de débris de végétaux, avec la partie supérieure de la grande oolithe et spécialement avec l'oolithe de Stonesfield et le cornbrash anglais, étages qui confinent à l'oxfordien. L'oolithe à plantes, de Mamers, est elle-même située vers le sommet d'une grande formation, qui correspond certainement à l'ensemble du bathonien, et surmontée par des sables et des grès, des calcaires et des argiles, dont l'ensemble se rapporte à l'horizon de l'oxfordien. Les végétaux les plus fréquents, selon M. Desnoyers, sont des empreintes de tiges, enfouies à l'état de fragments et ayant laissé dans le sédiment le moule de leurs parties extérieures. Ces débris sont disposés dans le plus grand désordre; ils diffèrent entre eux de grosseur et d'aspect et montrent la trace reconnaissable et souvent profonde des réticulations, plus ou moins régulièrement disposées et le plus souvent en forme de mamelons hexagonaux, dont leur superficie était recouverte. Ces tiges reçurent de M. Brongniart la dénomination de *Mamillaria Desnoyersii ;* voici comment s'exprimait à leur égard l'illustre savant : « Ces tiges, en général simples, paraissent cependant quelquefois se diviser en deux ou trois rameaux. Leur grosseur varie depuis un peu moins d'un centimètre jusqu'à deux ou trois centimètres de diamètre; leur tissu est complétement détruit et la place qu'elles occupaient n'est plus qu'une cavité enduite d'une légère poussière brune. Le moule produit par ces tiges montre que leur surface était entièrement couverte de tubercules à base hexagone, formant des sortes de pyramides obtuses à arêtes quelquefois très-marquées. Ces tubercules sont dis-

posés en séries longitudinales très-régulières, lorsque la
compression ne les a pas déformés, et l'on voit que ces
séries ne sont pas tout à fait parallèles à l'axe de la tige,
mais forment une sorte de spirale très-allongée. Dans les
tiges les plus petites, ces tubercules paraissent terminés
supérieurement par un sommet arrondi, sans aucune cicatrice; mais, dans les plus grosses, on voit toujours que leur
sommet était creusé d'une fossette hémisphérique..., qui
était probablement la cicatrice d'un point d'insertion des
feuilles ou d'aiguillons. » Sauf ce dernier détail sur lequel
s'appuyait M. Brongniart pour rapprocher son *Mamillaria
Desnoyersii* de certaines Euphorbes arborescentes, tout est
parfaitement exact dans la description qui précède. Nous
avons pu nous en assurer, en obtenant de M. Desnoyers
lui-même la communication d'un certain nombre d'échantillons de Mamers, échappés à la perte de sa collection par
l'effet de la guerre due à l'invasion prussienne. Les dessins
de divers fragments de toute dimension, reproduits par
nos figures 9, pl. 163, et 1-6, pl. 164, permettent de
constater l'existence des principaux caractères signalés en
premier lieu, entre autres des feuilles mamelonnées, en
pyramide courte, assises sur une base plus ou moins hexagone et terminées supérieurement par une cicatricule déprimée en forme de fossette, d'autant plus prononcée que
les feuilles sont plus âgées et plus larges. Cette fossette se
rapporte sans doute à la glandule qui se montre à la face
dorsale des feuilles dans la plupart des *Brachyphyllum;*
ici seulement, les feuilles affectent la forme de protubérances obtuses, même dans leur jeune âge, et elles se
changent promptement en un écusson à convexité plus ou
moins saillante dont la glandule, à la fin déprimée, occupe
le sommet. Il est donc bien certain que le *Mamillaria*

Desnoyersii est un véritable *Brachyphyllum* qui ne diffère des autres espèces du genre que par l'exagération des caractères qui servent à distinguer celui-ci.

Grâce aux indications de M. Édouard Flouest (1) et à l'aide obligeante de M. Jules Beaudoin, l'espèce de Mamers a été retrouvée par nous à Etrochey, près de Chatillon-sur-Seine (Côte-d'Or), à peu près sur le même horizon que dans le Calvados. Elle fait certainement partie de la flore de cette riche localité et se trouve associée, dans les calcaires stratifiés en lits puissants qui renferment les plantes, au *Lomatopteris burgundiaca*, aux *Otozamites pterophylloïdes* et *decorus* et à de superbes Cupressinées (*Palæocyparis*). Cependant, de même qu'à Mamers, le *Brachyphyllum Desnoyersii*, comme si ses débris avaient été apportés de loin, n'est représenté dans la Côte-d'Or que par des tronçons de tiges peu étendus et des fragments épars de ramules, rarement par de petites branches. Ses empreintes fortement comprimées par la fossilisation, enduites à l'intérieur d'un résidu charbonneux pulvérulent, se montrent moins fréquemment que celles des autres végétaux réunis sur le même point ; on peut dire toutefois qu'elles se multiplient vers la partie la plus élevée de l'étage, formée d'une assise calcaire dure et caverneuse, avec débris de fossiles marins, et qu'elles continuent à se montrer encore plus haut dans des calcaires marneux grisâtres, à pâte tendre, avec *Ammonites cordatus*, qui dans l'opinion de M. Jules Beaudoin appartiennent à la base de l'oxfordien. C'est

---

(1) M. Edouard Flouest, qui s'est intéressé si longtemps à mes recherches et de qui l'amitié m'est toujours restée très-précieuse, a occupé depuis les postes les plus éminents de la magistrature française. Il a été successivement procureur de la République à Lyon, procureur général près de la Cour de Chambéry, et tout récemment il a été appelé à remplir les mêmes fonctions à Nancy et finalement à Orléans.

aussi dans l'oxfordien, à Christian Malford, dans le Wilt-shire, que le *Brachyphyllum Desnoyersii* a été signalé par M. Carruthers. L'auteur anglais en a figuré, dans le *Geological magazine* (t. VI, janv. 1869) deux remarquables spécimens dont l'un (fig. 12) se rapporte à un rameau terminé au sommet par trois bourgeons obtus. La parfaite ressemblance de ces exemplaires avec ceux que nous reproduisons est tellement étroite que nous ne pouvons douter qu'ils n'appartiennent tous à une même espèce dont l'horizon géognostique, vers le cornbrash et l'oxfordien, se trouve par cela même très-nettement déterminé.

Le *Brachyphyllum Desnoyersii* s'éloigne beaucoup de toutes les Conifères connues et s'écarte même des autres *Brachyphyllum* par l'apparence trapue, rigide et presque nue des branches principales et secondaires (pl. 163, fig. 1 à 5). Les feuilles étaient charnues ou plus probablement coriaces, épaisses, mamelonnées ; à l'état jeune (pl. 164, fig. 5 et 6, 10 à 13), elles s'élevaient en forme de protubérance, plus ou moins saillante, convexe sur le dos, obtuse et à peine prolongée au sommet ; elles se pressaient et s'inclinaient l'une vers l'autre, se rencouvrant mutuellement et empiétant un peu l'une sur l'autre. Leur carène dorsale faiblement prononcée portait une glandule punctiforme, d'abord saillante, mais finalement déprimée en fossette. Par le progrès de l'âge, chaque feuille prenait l'apparence d'un écusson dont l'apparence varie suivant les parties de rameaux que l'on examine, leur ancienneté relative et aussi leur place. Les rameaux minces (pl. 163, fig. 6, et 164, fig. 4), couverts de feuilles à base rhomboïdale ou hexagone, dessinant une mosaïque de petits compartiments accolés, se rapportent généralement aux ramifications latérales, très-peu nombreuses et faiblement développées

dans cette espèce ; tandis que les rameaux épais, couverts
de feuilles en saillie pyramidale, marquées au sommet
d'une cicatrice très-visible et reposant sur une base largement hexagone, à face convexe et taillée à facettes (pl. 163,
fig. 8-9, et 164, fig. 2 et 13), représentent certainement les pousses et les parties terminales, occupant le
sommet des tiges de l'ancien végétal. Les rameaux
minces et courts, aussi bien que les branches maîtresses,
montrent parfois leur terminaison supérieure, de manière
à faire juger de la façon dont se produisaient les innovations. Nos figures sont instructives à cet égard : les figures
6, 10 et 12, pl. 164, reproduisent des sommités de ramules dont les feuilles jeunes, bien visibles, sont disposées
dans un ordre spiral et paraissent avoir obéi dans leur évolution à la formule phyllotaxique 2/5 ; mais on rencontre
aussi sur les gros rameaux, à leur sommet ou sur leur
côté (pl. 163, fig. 8 et 9 ; pl. 164, fig. 13), d'autres termi-
naisons, en forme de bourgeons nus, obtus et courts ou
même arrondis. Ces bourgeons, dont la figure de M. Carruthers fournit un très-bel exemple, n'étaient pas sans
ressemblance avec ceux des *Araucaria Balansæ* A. Brong.
et Gris et *montana* A. Brong. et Gris et aussi du *Dacrydium araucarioides* A. Brong. et Gris, espèces néo-calédoniennes qui croissent sur des pentes stériles et dans des
sols éruptifs ou ferrugineux. Les écussons correspondant
aux anciennes feuilles, disposés en hexagones plus ou moins
réguliers (pl. 163, fig. 1 à 5), devenaient plus larges à mesure que la tige augmentait d'épaisseur ; notre figure 2,
pl. 163, représente une de ces parties âgées, qui montre
les écussons déprimés à la surface, séparés les uns des autres par de larges sillons, tandis que ces mêmes écussons,
convexes, étroitement contigus et disposés soit en losanges

soit en hexagones, dans le spécimen fig. 1ª, pl. 163, présentent au centre la plupart du temps une cicatricule en forme d'ombilic, qui se rapporte à la glandule. De ce point central on voit même partir assez souvent (pl. 163, fig. 3) des linéaments qui rayonnent vers les angles de l'écusson et en déterminent les facettes. Malgré nos recherches, nous n'avons pu jusqu'ici découvrir le cône de cette espèce curieuse. Si l'on considère les rameaux, on doit reconnaître qu'elle constituait sans doute un arbre épais et court, aux branches ascendantes et irrégulièrement distribuées le long du tronc et formant un ensemble plutôt original que gracieux.

RAPPORTS ET DIFFÉRENCES. — Si les cônes du *Brachyphyllum Desnoyersii* sont un jour découverts, il se peut que cette espèce remarquable devienne plus tard le type d'un genre particulier ou d'une section distincte des *Brachyphyllum* proprement dits. Par les caractères tirés de ses rameaux et de ses feuilles mamelonnées, le *B. Desnoyersii* ne saurait être confondu avec aucun de ses congénères, sauf avec le *B. nepos* Sap. dont les gros rameaux sont recouverts d'écussons ayant à peu près le même aspect, plus larges pourtant et moins régulièrement hexagones. Mais les ramules du *Brachyphyllum nepos* sont bien différents de ceux de l'espèce d'Etrochey (voy. les planches 169, 170, fig. 1-3, et 172) ; outre qu'ils sont plus divisés, ils portent des feuilles plus menues, plus oblongues, plutôt squamiformes que mamelonnées et tuberculeuses, comme le sont celles du *B. Desnoyersii*. Le *Brachyphyllum nepos*, comme nous le verrons bientôt, semble, à ces divers égards, tenir le milieu entre cette dernière espèce et le *Brachyphyllum mamillare*.

LOCALITÉS. — Mamers (Sarthe), étage bathonien supé-

rieur ou cornbrash. — Etrochey près de Châtillon-sur-
Seine (Côte-d'Or), cornbrash et base de l'oxfordien. — En
Angleterre, à Christian Malfort, dans l'Oxford-Clay, d'après
M. Carruthers. Collection de M. Desnoyers, de M. Jules
Beaudoin, à Châtillon, et la nôtre.

EXPLICATION DES FIGURES. — Planche 163, fig. 1, *Brachyphyllum Desnoyersii* (Brongn.) Sap., rameau ou branche
déjà ancienne, d'après un échantillon du cornbrash d'E-
trochey, appartenant à la collection de M. Jules Beaudoin
et communiqué par lui, grandeur naturelle; fig. 1ª, le
même moulé pour montrer la disposition et la saillie des
anciennes feuilles, grandeur naturelle. Fig. 2, fragment
d'une tige âgée de la même espèce, d'après un échantillon
d'Etrochey, appartenant à la collection de M. Jules Beaudoin, grandeur naturelle. Fig. 3, fragment d'une autre
branche de la même espèce, montrant la disposition en
écussons régulièrement hexagones des anciennes feuilles,
grandeur naturelle. Fig. 4, autre rameau de la même espèce, d'après un échantillon du cornbrash d'Étrochey appartenant à notre collection, grandeur naturelle. Fig. 5,
autre rameau de la même espèce, faisant également partie
de notre collection, même provenance, grandeur naturelle. Fig. 6, ramule de la même espèce, provenant du
cornbrash d'Étrochey, dessiné d'après une empreinte
moulée, grandeur naturelle. Fig. 7, autre fragment de rameau moulé, même provenance, grandeur naturelle.
Fig. 8, extrémité supérieure d'une tige moulée, même
provenance, grandeur naturelle. Fig. 9, sommité d'une
autre tige de la même espèce, d'après un échantillon de
Mamers, communiqué par M. Desnoyers, grandeur naturelle. — Pl. 164, fig. 1, fragment d'un rameau de *Brachyphyllum Desnoyersii*, d'après un échantillon de Mamers

communiqué par M. Desnoyers, grandeur naturelle ; fig. 1ᵃ, le même grossi ; fig. 1ᵇ, le même grossi et moulé, pour montrer le relief et la disposition des feuilles et de la fossette dont elles portent la marque. Fig. 2, autre fragment de tige de la même espèce, présentant deux ramules courts et obtus au sommet, d'après un échantillon de Mamers communiqué par Desnoyers, grandeur naturelle. Fig. 3, fragment de ramule de la même espèce, fortement grossi, pour montrer la saillie et la disposition des feuilles en mamelon, même provenance. Fig. 4, autre fragment de ramule de la même espèce, même provenance, grandeur naturelle ; fig. 4ᵃ, le même grossi. Fig. 5, sommité de ramule de la même espèce, d'après une empreinte moulée, même provenance, grandeur naturelle ; fig. 5ᵃ, même échantillon grossi, pour montrer la structure mamelonnée des feuilles. Fig. 6, autre sommité de ramule de la même espèce, même provenance, grandeur naturelle, fig. 6ᵃ, le même ramule grossi, pour montrer l'aspect et la disposition des feuilles nouvellement développées. Fig. 7, deux rameaux de *Brachyphyllum Desnoyersii* accolés à la surface de la même plaque, provenant de l'oxfordien inférieur d'Étrochey (Côte-d'Or), grandeur naturelle ; on distingue en *a*, entre les deux rameaux, une empreinte de tige striée longitudinalement et articulée de distance en distance, qui se rapporte à l'*Ephedrites antiquus* de Heer [1], Gnétacée encore douteuse observée par cet auteur dans le jurassique des environs d'Irkutsk, en Sibérie. Fig. 8, autre fragment de rameau de la même espèce, provenant du cornbrash d'Étrochey, grandeur naturelle. Fig. 9, sommité de tige de la même espèce, montrant un

---

[1] Heer, *Beitr. Fl. z. Jura-. Ostsiberien und Amurlandes*, p. 82, tab. 14, fig. 24-32.

bourgeon nu en voie de développement, même provenance,
grandeur naturelle. Fig. 10, sommité d'un ramule de la
même espèce, d'après un échantillon de l'oxfordien supérieur d'Étrochey, grandeur naturelle ; fig. 10ᵃ, le même
grossi, pour montrer la forme et l'agencement des feuilles
sur les plus petits ramules, l'ordonnance phyllotaxique
paraît répondre à la formule 2/5. Fig. 11, autre fragment
de ramule, même provenance, grandeur naturelle ;
fig. 11ᵃ, le même grossi, pour montrer la forme et la
saillie de certaines feuilles, ainsi que l'emplacement occupé
par la glandule. Fig. 12, autre sommité de ramule de la
même espèce, d'après une empreinte moulée, provenant
de l'oxfordien inférieur d'Étrochey, grandeur naturelle ;
Fig. 12ᵃ, même échantillon grossi, pour montrer la forme
et l'agencement des feuilles à l'état jeune, à l'extrémité supérieure des ramules en voie de développement. Fig. 13,
fragment d'un rameau muni d'un bourgeon latéral, d'après
une empreinte du cornbrash d'Étrochey, faisant partie de
notre collection, grandeur naturelle ; fig. 13ᵃ, même organe moulé et grossi, pour montrer la forme et la disposition des feuilles dans les parties destinées à continuer la
tige ; on distingue vers le sommet de chacune de ces
feuilles la trace de la fossette qui correspond à la glandule.

N° 4. — **Brachyphyllum Moreauanum**.

Pl. 165, fig. 5 ; 166, fig, 1-4 ; 167, fig. 1-3 et 168, fig. 1.

Brachyphyllum Moreauanum,   Brongn., *Tab. des genres de vég.*
                             foss., p. 106.
—   —   Schimp., *Traité de pal. vég.*, II,
                             p. 336.

DIAGNOSE. — *B. ramis robustis, pluries alterne pinnatim*

*furcatove divisis, ramulis ultimis tenuioribus cylindricis elon-
gatis flexuosiusculis divaricatis ; foliis dense congestis, secundum ordinem 2/5 in ramulis precipue digestis, basi rhombæa
arcte adpressis, breviter pyramidatis, extremo opice obtuse
acuto parum intus curvatis, ad dorsum leviter carinatis glandulaque minima vel fere nulla instructis, ætatis progressu dilatatis incrassatisque ; — strobilis, ut videtur, oblongo-ovatis
subcylindricis, basin versus sensim paulisper attenuatis, e squamis antice rhombæis dorso convexiusculo depresso-pyramidatis
stricte contiguis apiceque breviter acuto plusminusve imbricatis constantibus.*

Moreauia thuyioides,   Pom., *Mat. pour servir à la fl. jur. de la
France* (in *Amtl. Ber. deutsch. naturf.*,
1849, p. 350).

La découverte de cette remarquable espèce est due à
M. Moreau, juge au tribunal de Saint-Mihiel, qui en communiqua des exemplaires à M. Brongniart, dans les années 1845-1848, et la fit en même temps connaître à
M. Pomel. Ce dernier avait entrepris vers cette époque
des recherches sur la flore jurassique de la France, dont
les principaux résultats furent consignés par lui dans un
mémoire lu à la réunion des naturalistes allemands, tenue
à Aix-la-Chapelle en septembre 1847, mais dont la publication n'eut lieu qu'en 1849. Le *Brachyphyllum Moreauanum* se trouva englobé par M. Pomel, sous le nom de
Moreauia thuyiodes, dans un genre qui devait comprendre
la presque totalité des Conifères jurassiques (1) et que l'au-

(1) M. Pomel écrivait en 1846 à M. Moreau : « Les Conifères de tous
les terrains jurassiques se rapportent au même genre et ne peuvent
plus rester divisés en cinq genres différents. Comme, par vos obligeantes communications, j'ai pu retrouver les caractères propres à ces
végétaux, vous me permettrez de leur imposer, en forme d'hommage

teur rangeait parmi les Taxinées, non loin des *Dacrydium*. A cette même date (1849), M. Brongniart, dans son *Tableau des genres de Végétaux fossiles*, signalait l'espèce de Saint-Mihiel, en lui appliquant la dénomination de *Brachyphyllum Moreauanum* que nous lui conservons avec d'autant plus de plaisir que le genre *Moreauia* de M. Pomel n'ayant pas été admis, cette désignation consacre du moins le souvenir des recherches de M. Moreau et de ses efforts pour réunir les vestiges de la flore corallienne de la Meuse.

Il existe des branches entières du *Brachyphyllum Moreauanum ;* nous figurons (pl. 165, fig. 5, pl. 166, fig. 1, et pl. 167, fig. 1) les principales qui suffisent pour donner une idée fort juste du port et de l'aspect de l'ancienne espèce. Elle rappelle le *B. Papareli* du rhétien de Mende ; mais ses proportions ont dû être plus fortes et ses dimensions sans doute plus élevées. Les branches mères sont épaisses, hérissées de feuilles, ramifiées en plusieurs sens (pl. 169, fig. 1), dans un ordre toujours alterne. Les rameaux secondaires (pl. 166, fig. 2 et 167, fig. 1), présentent sur les côtés d'un axe des ramifications nombreuses, pinnées, irrégulièrement disposées ou produites à l'aide de bifurcations alternantes et successives. Les dernières subdivisions donnent lieu à des ramules relativement minces, allongés, étalés ou divariqués-flexueux (pl. 168, fig. 1), de dimension inégale, visiblement cylindriques à l'état vivant.

La figure 1, pl. 167, représente une partie de la sommité d'une tige ou d'une branche latérale ascendante. L'axe primaire, dont l'épaisseur diminue insensiblement de bas en haut, porte, à des distances rapprochées, des ramifications disposées dans un ordre alterne et s'écartant de lui

---

bien mérité, le nom générique de *Moreavia*. » (Fragment d'une lettre de M. Pomel, communiquée par M. Moreau.)

sous un angle d'environ 48 degrés ; chacune d'elles se subdivise à son tour de la même façon et donne lieu à des
ramules qui s'étalent en divers sens et qui sont pour la
plupart mutilés. La figure 1, pl. 168, dessinée par M. Brongniart, d'après un échantillon de M. Moreau, représente
un rameau latéral : ici, l'axe principal, plusieurs fois bifurqué dans le haut, se résout en rameaux étalés, divariqués
et flexueux, subdivisés finalement en ramules solitaires ou
agrégés, plus ou moins minces et allongés. Sur un autre
dessin, dû à M. Moreau et communiqué par lui à M. Brongniart, on distingue le long d'un des côtés d'une branche
fruste et vaguement limitée, mesurant un diamètre d'au
moins 15 millimètres, une série de rameaux longuement
divariqués-flexueux, presque nus, c'est-à-dire pourvus de
ramules rares et relativement menus. Notre figure 2, pl.
166, reproduit une portion de rameau dont les ramules
nombreux et allongés paraissent tous suivre la même direction ascendante.

Les feuilles de ces divers échantillons présentent la même
apparence ; nos figures grossies 3 et 4, pl. 166, empruntées au spécimen de la planche 167, fig. 1, et dessinées d'a-
près un moule qui leur restitue leur relief, en donnent
une idée suffisante. Elles sont menues, insérées selon la
formule phyllotaxique 2/5, assises sur une base rhomboïdale, et s'élevant en forme de pyramide courte et obtuse ;
un peu recourbées au sommet, couchées l'une sur l'autre,
à demi imbriquées, faiblement carénées sur le dos, elles
sont munies d'une glandule très-petite, souvent oblitérée
ou peu visible. Ces feuilles deviennent tout à fait imbriquées, adnées par la face appliquée et convexes sur la face
dorsale sur les derniers ramules ; mais il faut admettre que,
par suite du progrès de l'âge, à mesure que les rameaux

grossissaient, les feuilles devenaient aussi plus épaisses
et plus saillantes ; c'est ce dont il est aisé de s'assurer en
comparant les feuilles étroitement adnées et apprimées que
représente la figure 2ᵃ, pl. 166, avec celles de nos figures
grossies 3 et 4, pl. 166, dont la structure en mamelon pyramidal est parfaitement visible. La branche plus âgée, reproduite par les figures 1 et 1ᵃ, pl. 166, montre des
feuilles encore plus larges et plus saillantes, convexes sur
le dos et couchées de façon à se recouvrir mutuellement
par le bord ; leur allongement est visible sur les points où
l'on peut saisir leur profil. Pour bien juger de celles qui
sont vues de face, il faut tenir compte de la compression
qu'elles ont eu à subir en passant à l'état fossile. La glandule se reconnaît sur un certain nombre de ces feuilles,
mais elle est toujours petite et arrondie, tandis que la carène dorsale se réduit aux traces d'une convexité plus ou
moins sensible. M. Pomel signale, comme étant connus de
lui et sans autre indication, les chatons mâles de son
Moreauia thuyoides. Dans la diagnose du genre, il ajoute que
ces sortes d'organes sont ovoïdes ou cylindriques-oblongs,
formés d'écailles étalées à leur base, mais recourbées
au sommet et appliquées les unes sur les autres, d'une
manière plus ou moins lâche ou serrée. Les notes de
M. Brongniart, relatives aux échantillons à lui communiqués par M. Moreau, mentionnent, sous le double nu-
méro 1609, deux empreintes de cônes de faible dimension, tous deux de Gibomeix, dont le professeur du
Muséum a tracé en marge le croquis ; l'un est ovale, garni
d'écailles à terminaison rhomboïdale, imbriquées et sans
pointe ou prolongement apical. Le second échantillon est
moins entier ; la partie inférieure manque, mais sur les
côtés, là où les écailles dessinent leur profil, on voit, selon

la remarque de M. Brongniart, qu'elles se prolongent en une pointe assez aiguë. Les spécimens dont nous venons de parler n'ont pas été conservés ; mais nous devons à M. Moreau la communication d'un autre échantillon de même nature et de dimension pareille (pl. 167, fig. 3), provenant de Vigneules (n° 516 de la coll. de M. Moreau), la petitesse de l'organe et la faible saillie de l'empreinte à laquelle il a donné lieu rend son examen très-difficile et il est nécessaire, pour se rendre un compte exact de ses caractères, d'employer un assez fort grossissement (voy. pl. 167, fig. 3ᵃ, 3ᵇ et 3ᶜ). On reconnaît alors que les écailles dont l'organe était formé avaient une consistance très-mince ou même tout à fait scarieuse ; imbriquées, pourvues dans leur partie supérieure d'une carène dorsale, elles se prolongeaient antérieurement en une pointe terminale aiguë et divariquée que sa ténuité dérobe au regard, sauf sur les côtés où ces écailles montrent leur profil. Notre figure 3ᶜ , pl. 167, est une restauration grossie de ce petit strobile qui se rapporte vraisemblablement aux chatons mâles du *Brachyphyllum Moreauanum*. Les cônes décrits par M. Brongniart ressemblent beaucoup à celui-ci et doivent lui être réunis, à moins que l'absence de pointes, signalée pour l'un d'eux, ne soit pas uniquement due à une particularité de fossilisation, et dans ce cas on pourrait prendre ce dernier pour un organe femelle imparfaitement développé.

Le cône que nous attribuons, non sans quelque doute, au *Brachyphyllum Moreauanum* (pl. 167, fig. 2) provient de Burey-en-Vaux près de Verdun ; il ne nous est connu que par un dessin de M. Brongniart, exécuté d'après un échantillon communiqué à ce savant par M. Moreau, en 1840, et portant le n° 1023 de sa collection. Cet échantillon a été depuis malheureusement égaré. Il représente visiblement un moule naturel de l'ancien organe, dont il reproduit la forme et le relief. C'est un cône oblong, presque cylindrique, un peu atténué, obtus vers la base et tronqué au sommet. Les rangées d'écailles se compliquent de plusieurs spires secondaires, très-obliquement dirigées. Les écailles sont nombreuses, relativement petites ; elles donnent lieu antérieurement à une apophyse rhomboïdale en forme d'écusson ; ces écussons, étroitement serrés et imbriqués, convexes ou faiblement carénés sur le milieu se terminent en une pointe obtuse au sommet. L'étroite conformité d'aspect et de structure que montrent les écailles de ce cône avec les feuilles de l'espèce à laquelle nous les rattachons semble favorable au rapprochement que nous avons en vue, malgré l'incertitude inséparable d'un étude dont la seule base consiste dans le dessin déjà ancien d'un échantillon aujourd'hui perdu.

RAPPORTS ET DIFFÉRENCES. — Les deux espèces les plus voisines du *Brachyphyllum Moreauanum* sont le *B. Papareli*, de l'infralias de la Lozère, et le *B. gracile* Brongn., décrit ci-après et appartenant au kimméridien inférieur du niveau de Cirin. Le *B. Moreauanum* nous paraît distinct de l'un comme de l'autre ; il se sépare du premier par son port sans doute plus élevé, par ses rameaux plus forts, par ses ramifications plus nombreuses, par ses feuilles plus menues et plus coniques, munies sur le dos d'une carène moins prononcée et d'une glandule moins nette. Ces différences suffisent pour ne pas confondre les deux espèces, surtout en tenant compte de l'espace vertical considérable qui s'interpose entre elles. Comparé au *B. gracile*, le *B. Moreauanum* se présente sous un aspect moins trapu ; les branches sont plus élancées, subdivisées avec plus de régularité, les gros rameaux sont recouverts d'anciennes feuilles plus saillantes, couchées les unes sur les autres et se recouvrant mutuellement par l'extrémité supérieure, au lieu de ressembler à des écussons en losange, disposés en séries spirales multipliées et séparées par des sillons intermédiaires, comme dans le *B. gracile*. Les ramules de ce dernier, considérées isolément, ont à peu près l'aspect de ceux du *B. Moreauanum*, mais les feuilles de la première espèce sont plus apprimées, moins saillantes, plus oblongues; elles dessinent un contour plus ovale, leur extrémité supérieure est plus obtuse et plus recourbée que dans le *Brachyphyllum* de Verdun dont les cônes, si l'attribution que nous proposons se trouve exacte, auraient été aussi plus volumineux et plus allongés.

LOCALITÉS. — Environs de Verdun et de Saint-Mihiel; calcaires blancs de l'étage corallien supérieur; couche inférieure et couche supérieure des calcaires blancs séparées l'une de l'autre par une assise de calcaire corallien. Le *B. Moreauanum* provient surtout de la couche supérieure; il a été observé à Verdun, à Gibbomeix, etc.

EXPLICATION DES FIGURES. — Pl. 165, fig. 5, fragment de rameau du *Brachyphyllum Moreauanum* Brong., d'après un dessin dû à M. Brongniart, reproduisant un échantillon du corallien de Verdun, grandeur naturelle. — Pl. 166, fig. 1, branche relativement âgée de *Brachyphyllum Moreauanum*, d'après un échantillon de Gibbomeix, communiqué par M. Moreau et faisant partie de sa collection (n° 1013), grandeur naturelle; fig. 1ᵃ, portion du même échantillon, moulée, pour montrer la forme et la saillie des feuilles, grandeur naturelle. Fig. 2, rameau de la même espèce, subdivisé en plusieurs ramules, d'après un échantillon du corallien de la Meuse, communiqué par M. Schimper, grandeur naturelle; fig. 2ᵃ, feuilles grossies pour montrer la forme et la disposition affectées par ces organes sur les plus petits ramules. Fig. 3 et 4, feuilles adultes, moulées et grossies, de la même espèce, considérées sur un rameau âgé de plusieurs années. — Pl. 167, fig. 1, branche de *Brachyphyllum Moreauanum* garni de toutes ses ramifications, d'après un échantillon des environs de Verdun, communiqué par M. Moreau et faisant partie de sa collection (n° 892), grandeur naturelle. Fig. 2, cône supposé du *Brachyphyllum Moreauanum*, d'après un échantillon de Durey-en-Vaux (n° 1023 de la collection de M. Moreau), communiqué en 1840 à M. Brongniart et aujourd'hui perdu, grandeur naturelle. La figure est la reproduction exacte d'un dessin original de M. Brongniart. Fig. 3, strobile de très-petite taille attribué au *B. Moreauanum*, comme représentant son appareil mâle, grandeur naturelle; fig. 3ᵃ et 3ᵇ, même organe grossi; fig. 3ᶜ, le même restauré et notablement grossi, d'après un échantillon provenant de Vigneules, communiqué par M. Moreau et faisant partie de sa collection (n° 516). — Pl. 168, fig. 1, branche presque complète de *B. Moreauanum*, avec toutes ses ramifications, d'après un dessin original communiqué par Brongniart, grandeur naturelle.

N° 5. — **Brachyphyllum Jauberti.**

Pl. 165, fig. 1-4.

DIAGNOSE. — *B. ramulis cylindricis gracilibus elongatis, foliis alternis suboppositisque, secundum ordinem 2/5 3/8 etiamque 1/3 spiraliter insertis, ovato-rhombæis curvatulis basi adnatis, arcte adpressis, apice obtuse producto liberis imbricatisque, dorso convexiusculo leviter carinatis sulcatisve, glandula dorsali minima sæpe instructis; amentis mascu-*

lis? ovatis ovatoque globosis minutis, e squamulis multipli-
cibus spiraliter insertis antice in appendicem lanceolatum
dorsoque convexum abeuntibus et arcte imbricatis constanti-
bus ; — strobilis fœmineis, ut videtur, terminalibus parvulis
ovoideis e squamis spiraliter ordinatis lanceolatis antice re-
curvis arcte imbricatis, in appendicem acuminatum dorso
medio convexiore carinatum abeuntibus compositis.

Moreauia Jauberti,   Pom., *Mat. p. servir à la flore foss. des*
                       terrains jurass. de la France (in *Amil.*
                       Ber. d. Gessellsch. Deutsch. Naturf. in
                       Aachen, 1849), p. 351.
—   *brevifolia?*   Pom., *ibid.*, p. 350.

C'est à l'aide de plusieurs fragments que nous essayerons
de reconstituer cette espèce, curieuse à ce titre surtout
qu'elle paraît pourvue de ses divers organes : ramules
épars, chatons mâles et strobile. La découverte en est due
à M. Pomel qui doit en avoir eu sous les yeux un rameau
entier, en admettant du moins, ce qui semble probable,
que les *Moreauia brevifolia* et *Jauberti* se rapportent à une
même plante qui présenterait, il est vrai, une assez notable
polymorphie dans l'aspect des rameaux et dans l'arrangement même des feuilles. C'est ce qui ressort de l'examen
de nos figures 1°, 1°′ et 1°″, pl. 165, qui se rapportent à
des fragments épars à la surface d'une petite plaque provenant des calcaires de Châteauroux. Nous devons la
connaissance de cette plaque à M. Pomel qui a bien voulu
nous la communiquer : une sommité fructifiée de *Stachy-*
pteris spicans (1) s'y montre à côté de plusieurs ramules
d'une faible étendue et dirigés en divers sens. Une autre
plaque de la même localité, qui faisait partie de la col-

____

(1) Voy. précédemment, t. I, p. 385, pl. 49, fig. 6.

lection Michelin, actuellement au Muséum de Paris (pl. 165, fig. 4), montre l'empreinte d'un autre ramule assez long, accompagné d'un fragment détaché. Tous ces échantillons, malgré des divergences apparentes, révèlent selon nous un même type. M. Pomel caractérise ainsi qu'il suit, dans son mémoire, les rameaux du *Moreauia brevifolia* : ramules épais, alternes ou subopposés, étalés, allongés, couverts de feuilles courtes, épaisses, coniques-obtuses, contiguës par leur base d'insertion dilatée. Les ramules du *Moreauia Jauberti*, qui sont certainement ceux qui figurent sur la plaque près des strobiles (pl. 165, fig. 1), présentent, selon le même auteur, une apparence plus grêle; ils sont recouverts de feuilles squamiformes, imbriquées, convexes, subovoïdes. — Le fragment de ramule reproduit fig. 3, pl. 165, (la figure est grossie un peu plus de deux fois) montre effectivement des feuilles courtes, épaisses et coniques, étroitement contiguës, alternes dans le bas, opposées ou subopposées vers le haut de l'empreinte. Au contraire, le fragment fig. 1° présente des feuilles squamiformes plus allongées, plus étalées et se recouvrant mutuellement. La figure 3° grossie se rapporte à un petit ramule contigu (en *c'*) au plus grand des deux strobiles de la figure 1. Dans une direction opposée, le même strobile touche par son sommet à deux autres ramules couchés l'un près de l'autre et en sens inverse l'un de l'autre. Ces ramules sont représentés faiblement grossis par les figures 1° et 1°'; l'un d'eux, fig. 1°, a des feuilles courtes, étroitement appliquées, ovoïdes, convexes sur le dos, faiblement carénées et se recouvrant mutuellement par la partie libre, qui est très-peu développée. Ce ramule concorde exactement avec la description du *Moreauia Jauberti* de Pomel; ses feuilles, visiblement spiralées, répondent à la formule phyllotaxique 2/5 ; le second ramule, extérieur par rapport au précédent et grossi par la figure 1ᶜ′, est plus large dans toutes ses proportions ; ses feuilles sont plus étalées, plus régulièrement ovales, moins courtes, convexes sur le dos, plus lâchement insérées ; elles paraissent presque décussées ; mais elles sont plutôt subalternes que réellement opposées.

Les ramules de la seconde plaque (fig. 4), que nous reproduisons sous deux grossissements successifs (fig. 4ᵃ et 4ᵇ), nous font voir le passage depuis les feuilles régulièrement opposées, visibles vers le sommet des deux fragments jusqu'aux feuilles nettement spiralées et répondant à la formule 3/8 qui couvrent la base de la plus grande des deux empreintes. Ces feuilles sont intermédiaires, par leur forme, entre celles des deux ramules (fig. 1ᶜ et 1ᶜ′) de la première plaque. Notre figure grossie 4ᵇ permet de reconnaître leurs caractères : elles sont ovoïdes, obtuses, un peu prolongées au sommet qui reste libre de toute adhérence, assez lâchement imbriquées, convexes sur le dos, marquées de plusieurs sillons et d'une carène médiane assez faiblement prononcée. Elles présentent fréquemment la trace d'une glandule située vers le milieu de la face dorsale et de petite dimension. Vues de profil, ces feuilles se montrent épaisses et adnées vers la base, leur partie libre est légèrement recourbée en dedans.

A la surface de la petite plaque sur laquelle sont réunis les ramules fig. 1, en *c*, se trouvent deux sortes de strobiles. Ceux de la première sorte (pl. 165, fig. 1ᵇ et 2) sont les plus petits ; l'un d'eux, fig. 1ᵇ et 1ᵇ′, qui paraît entier, ne mesure en longueur guère plus de 15 millimètres ; il est situé vers le bord de la plaque, près d'un autre strobile, un peu différent, de forme, fig. 1, en *d*, plus grand, attaché à l'extrémité supérieure d'un ramule et que nous considérons comme un cône femelle; tandis que le premier se rapporterait, selon nous, à un strobile ou chaton mâle, de même qu'une seconde empreinte reproduite par notre figure 2 et mutilée dans sa moitié supérieure. Les deux organes, pl. 165, fig. 1ᵇ et 2, ne paraissent pas avoir eu exactement la même forme. L'un (fig. 1ᵇ) est plus oblong; l'autre (fig. 2) aurait été, à ce qu'il semble, plus ovoïde, mais le premier paraît subir une sorte de compression, en sorte que l'on peut admettre que les deux empreintes étaient originairement conformées pareillement. Les organes dont elles nous traduisent le moule extérieur se sont détachés naturellement de l'arbre qui les portait; les écailles qui les composent sont étroitement imbriquées et disposées en spirale; elles montrent leur face dorsale, qui donne lieu à une aire rhomboïdale, fortement convexe, terminée supérieurement par une pointe recourbée en dedans. Nos figures grossies et surtout la figure 1ᵇ′ permettent de juger de la forme de ces écailles et de leur mode d'imbrication; leur consistance pourrait bien avoir été mince ou même scarieuse, et la ressemblance de ces petits strobiles avec les chatons mâles des *Cryptomeria*, d'une part, et de l'autre, avec quelques-uns des cônes publiés par Schenk sous le nom de *Palissya aptera* (1), autorise à reconnaître en eux les organes mâles du *Brachyphyllum* de Châteauroux, dont ils accompagnent les ramules.

Le strobile de la seconde sorte, auquel nous venons maintenant (pl. 165, fig. 1ᵃ et 1ᵃ′), est visiblement attaché au sommet d'un ramule dont les dernières feuilles seulement sont conservées. Ces feuilles sont courtes et se ter-

(1) Voy. Schenk, *Fl. d. Grenzsch.*, tab. 42, fig. 6 et 6ᵃ.

minent par une saillie conique ; leur contour dessine un écusson rhomboïdal, elles ressemblent à celles que présentent les figures 1ᶜ, 1ᶜ' et 3. Ces feuilles s'allongent et se dilatent peu à peu en approchant de la base du cône dont la forme générale est ovale oblongue. Les écailles apprimées et étroitement imbriquées qui composent ce cône sont disposées en séries spirales des plus obliques. La figure 1ᵃ' reproduit un moule des parties intérieures de l'ancien organe, exécuté avant l'opération qui a mis à découvert le fond de l'empreinte. Malgré le vague de certains détails, on reconnaît que l'axe était relativement épais et que les écailles, insérées d'abord sur lui, sous un angle très-ouvert, se redressaient par un mouvement rapide de courbure, devenaient ascendantes et se recouvraient mutuellement à l'extérieur, en donnant lieu à un prolongement dont la figure 1ᵃ permet de voir la face et la terminaison.

Cette face dorsale est lancéolée avec un sommet acuminé et une base insensiblement élargie. Au milieu se présente une carène ou épaississement longitudinal, dont la saillie n'a rien d'anguleux. Vers le haut de l'organe, les écailles se multiplient et se recouvrent de telle sorte que la pointe seule des appendices est visible, à peu près comme dans les cônes jeunes des *Araucaria*. Ce cône ressemble beaucoup à ceux des *Walchia* et des *Ulmannia* dont il égale ou dépasse à peine la dimension, mais il se pourrait encore, et l'accumulation des écailles supérieures le donnerait à penser, que nous eussions sous les yeux un organe récemment fécondé, destiné par conséquent à acquérir plus tard des proportions peu éloignées de celles que nous a montrées le strobile de Verdun, attribué par nous au *Brachyphyllum Moreauanum*.

RAPPORTS ET DIFFÉRENCES. — Il faut bien convenir que le *B. Jauberti*, peut-être par la raison que nous ne connaissons de lui que des fragments épars, ne présente pas au même degré que les autres espèces du genre les caractères propres aux vrais *Brachyphyllum*. Cependant, il existe une grande analogie de forme entre le ramule fig. 1°, pl. 165) de la plaque de Châteauroux, et celui du *B. Papareli*, reproduit par la figure 7, pl. 161; les feuilles du *B. Jauberti* paraissent seulement moins larges; des deux parts, elles sont carénées et munies d'une glandule; leur disposition spirale est ordonnée dans les deux espèces selon les mêmes formules 1/3, 2/5, 3/8, variables selon l'extrémité, le milieu ou la base des ramules que l'on examine. Le rapport est moins grand avec les autres espèces, et les *Brachyphyllum mamillare, Moreauanum* et *gracile* se distinguent de celui de Châteauroux par des feuilles plus menues et plus étroitement adnées. Les feuilles du *B. Moreauanum* qui seraient les plus analogues, sont plus rapprochées et plus nombreuses sur les derniers ramules, et en même temps plus larges et dessinant par leur face dorsale un losange plus régulier; c'est ce qui ressort de l'examen de notre figure 2ª, pl. 166, qui représente un ramule de l'espèce de Verdun assez fortement grossi.

LOCALITÉ. — Calcaires lithographiques de Châteauroux (Indre); étage corallien supérieur.

EXPLICATION DES FIGURES. —Pl. 165, fig. 1, *Brachyphyllum Jauberti* (Pom.), Sap., fragments de ramules et strobiles réunis côte à côte sur la même plaque, d'après un échantillon communiqué par M. Pomel, grandeur naturelle. On distingue en *a* un strobile femelle attaché à l'extrémité supérieure d'un ramule; en *b*, un strobile plus petit, naturellement détaché et considéré comme se rapportant à l'appareil mâle; en *c* et *c'*, plusieurs fragments de ramules. Fig. 1ᵃ, strobile femelle moulé et grossi; fig. 1ᵃ', le même montrant sa structure intérieure et le mode d'insertion des écailles sur l'axe, d'après un moule grossi. Fig. 1ᵇ, strobile ou chaton mâle, d'après un moule, grandeur naturelle; fig. 1ᵇ', même organe grossi. Fig. 1ᶜ, un des ramules de la figure 1, moulé et grossi; fig. 1ᶜ', autre ramule contigu au précédent également moulé et grossi; fig. 1ᶜ″, autre fragment de ramule provenant de la même plaque, également moulé et grossi. Fig. 2, moitié inférieure d'un strobile ou chaton mâle, analogue à celui que représente la figure 1ᵇ, et provenant de la même plaque, grandeur naturelle; fig. 2ᵃ, même organe moulé, restauré et grossi. Fig. 3, autre fragment de ramule de la même espèce, situé sur la même plaque que les précédents, fortement grossi. Fig. 4, autre ramule de la même espèce, accompagné d'un fragment plus petit, d'après un échantillon de la collection Michelin, appartenant au muséum de Paris, grandeur naturelle; fig. 4ᵃ, partie du même ramule moulé et faiblement grossi; fig. 4ᵇ, le même vu sous un plus fort grossissement, pour montrer la forme et l'ordonnance des feuilles qui paraissent disposées d'après la formule phyllotaxique 2/5.

N° 6. — **Brachyphyllum nepos**.

Pl. 168, fig. 3-5; 169, fig. 1; 170, fig. 1-3 et 172, fig. 1-3.

Brachyphyllum nepos, Sap., *Notice sur les pl. foss. du niveau des lits à poissons de Cerin*, p. 38; — *Descr. des poissons foss. prov. des gis. corall. du Jura dans le Bugey*, par V. Thiollière, 2ᵉ livr., p. 36 (in-fol., Lyon, Georg, 1873).

DIAGNOSE. — *B. ramis robustis rigidiusculis pinnatim alterne divisis furcatisque, patentim ascendentibus, ramulis ultimis cylindraceis nudiusculis ; foliis crasse squamosis arcte adnatis, secundum ordinem 1/3, 2/5 et 3/8 spiraliter insertis, apice obtusissimo vix productis contermine obovatis aut plerumque rhombeis dorso convexis leviter carinatis, glandula resinifera paulo infraapicali instructis, mox ætatis incessu ramisque gradatim increscentibus in scutellas convexiusculas transversimque rhombæas vel etiam penta-hexagonulas mutatis, lateribus sulco interposito exaratis.*

Brachyphyllum mamillare (ex parte),	Schimp., *Traité de Pal. vég.*, II, p.335(quoad specimina ad Armaille et Cirin pertinentia).
Baliostichus ornatus?	Sternb., *Fl. de Vorw*, V. p. 31, tab. 25, fig. 3.
Arthrotaxites princeps (ex parte solummodo),	Ung., in *Palæontog.*, II, p. 251, tab. 31.
— *baliostichus* (ex parte?)	Ung., in *Palæontogr.*, IV, p. 39, tab. 8, fig. 1.
— *Frischmanni* (sin minus ex parte),	Ung., *l. c.*, tab. 8, fig. 4-5 et 9.
Caulerpites intermedius,	Ms, Eichtadt, *Sic Ectypo scriptum.*
Caulerpites colubrinus?	Quenst ., *Der Jura*, tab. 99, fig. 1.
Echinostrobus Frischmanni?	Schimp., *l. c.*, II, p. 332, pl. 75, fig. 23.
— *Sternbergii* (ex parte),	Schimp., *l. c.*, II, p. 331.

Nous distinguons cette espèce, non sans quelque difficulté de détails, du *Brachyphyllum gracile* qui lui est associé à Armaille, à Orbagnoux et peut-être à Cirin ; nous en possédons des branches anciennes (pl. 170, fig. 1 et 2), des rameaux plus ou moins âgés (pl. 169), des pousses terminales ou sommités de tige (pl. 172, fig. 1), enfin des rameaux entiers, munis de toutes leurs subdivisions (pl. 168, fig. 4, et 170, fig. 3). La figure 3, pl. 170, grossie en 3ª, représente probablement la terminaison supérieure d'un rameau secondaire sur le point de s'allonger. Les feuilles, sur cette empreinte, de même que sur une autre qui se rapporte à une tige âgée de plusieurs années (pl. 168, fig. 5) ont conservé toute leur apparence extérieure. Dans le premier cas, elles sont conformées en écusson rhomboïdal ou irrégulièrement hexagonal, presque entièrement adnées, plutôt juxtaposées qu'imbriquées, et séparées l'une de l'autre par un sillon étroit et profond ; leur partie libre se réduit à une saillie obtuse ; leur face dorsale est faiblement convexe et marquée d'une glande centrale plus ou moins visible ; la disposition des feuilles paraît obéir à la formule phyllotaxique 3/8. L'autre échantillon (pl. 168, fig. 5, et aussi fig. 3) montre des feuilles plus avancées dans leur développement ; les écussons se sont élargis, leur forme hexagonale s'est régularisée, ainsi que la disposition des sillons qui les séparent. L'ordonnance phyllotaxique est la même ; la face dorsale de chaque écusson présente un aspect faiblement convexe et se trouve parsemée de rides et de bosselures ; vers le milieu, une fossette déprimée ou un point saillant (fig. 3ª) marque l'emplacement de la glandule.

Les figures 4, pl. 168, et 3, pl. 170, représentent deux rameaux en très-bon état : l'un, pl. 168, fig. 4, tronqué aux deux extrémités, est muni de distance en distance de ramules alternes, assez gros et courts, obtus à leur sommet, qui paraît intact pour plusieurs d'entre eux. L'autre rameau, pl. 170, fig. 3, est complet; il a dû se détacher de l'arbre tel que nous le voyons; il est haut de 8 centimètres et présente le long d'un axe relativement épais, surtout à à la base, des ramules courts, alternes, graduellement décroissants, un peu ascendants, dont les inférieurs portent eux-mêmes de très-courts ramules latéraux. Les subdivisions les plus élevées sont réunies plusieurs ensemble au sommet du rameau qui a quelque chose de trapu dans la physionomie; elles offrent l'apparence de simples bourgeons allongés. La figure grossie 3ª montre très-exactement la forme et le mode d'agencement des feuilles qui garnissent ce rameau, soit le long de l'axe principal, soit sur les ramifications latérales. Ces feuilles sont en forme d'écusson irrégulièrement hexagone, strictement contiguës, presque entièrement adnées, convexes sur la face dorsale et marquées au centre d'un point ombiliqué, correspondant à la glandule. Leur ordonnance varie : elle est de 3/8 sur l'axe primaire et de 2/5 sur les petits ramules.

La dilatation successive des bases adnées des feuilles les amenait plus tard, sur les branches âgées, à revêtir l'aspect de compartiments rhomboïdaux, ou plus ou moins hexagones, marqués au centre d'un ombilic, et séparés l'un de l'autre par des sillons plus ou moins larges. C'est ce dernier aspect que reproduisent nos figures 1 et 2, pl. 170, toutes deux de grandeur naturelle et reproduisant : l'une (fig. 2), un échantillon de Cirin; l'autre (fig. 1), une branche provenant d'Armaille. Ces branches ont quelque chose d'élancé dans le port; elles ont dû être cylindriques, et la parfaite régularité dans l'ordonnance des compartiments

qui répondent aux feuilles leur communique une physiono
mie réellement caractéristique des *Brachyphyllum*. Il est
facile de reconnaître par la série de transformations dont
nous avons pu suivre pas à pas les progrès que les compartiments dont la branche est recouverte ne correspondent
pas à des coussinets foliaires, persistant après la chute du
limbe, et que la cicatrice qui occupe le centre de la plupart des écussons ne se rapporte pas à la partie détachée
de ce limbe, mais que c'est bien la feuille elle-même,
originairement adnée et très-peu saillante, qui revêtait,
par suite d'un mouvement continu d'expansion, l'aspect
d'un écusson faiblement convexe et finalement celui d'un
compartiment limité par un sillon destiné à s'élargir peu à
peu.

Nos figures 1, pl. 169, et 1 à 3, pl. 172, font voir très-
exactement les phases successives de cet accroissement, en
nous montrant des parties terminales de tiges principales
ou secondaires. La première (pl. 169, fig. 1) représente
un grand rameau, complet de toutes parts, que nous devons à la bienveillance de M. le professeur Zittel et qui
appartient, selon nous, à la même espèce que les exemplaires d'Armaille et de Cirin. Ce rameau se trouve bifurqué à une certaine hauteur au-dessus de la base, et chacune
des bifurcations se divise encore en plusieurs ramules
semblables à celui de notre figure 4, pl. 168, précédemment
décrit. Les feuilles donnent lieu à des écussons généralement rhomboïdaux, larges et étroitement accolés, légèrement convexes, marqués au centre d'une ponctuation qui
se rapporte à la glandule. Vers la base du rameau, ces
écussons, toujours exactement contigus, sont déjà plus
larges, plus irréguliers et séparés les uns des autres par des
sillons plus prononcés. Les figures 2 et 3, pl. 172, repro-

duisent deux échantillons, l'un de Cirin, l'autre d'Armaille, qui se rapportent à des fragments de branches égalant en grosseur la base du rameau de Solenhofen que nous venons de signaler et offrant à peu près le même aspect; mais la figure 1 de la même planche est plus instructive; elle représente évidemment la sommité ou terminaison supérieure d'une tige robuste, érigée, dont les subdivisions affectent une direction ascendante et demeurent nues et épaisses jusqu'à l'extrémité qui paraît obtuse et qui montre des feuilles plus petites, moins espacées, mais aussi courtes et, pour ainsi dire, aussi peu saillantes que les écussons dont les parties moyennes et inférieures des rameaux sont recouvertes. Conformément à ce qui existe chez les *Araucaria* l'axe primaire central est ici plus court que les axes secondaires et latéraux dont il se trouve accompagné.

RAPPORTS ET DIFFÉRENCES. — Le *Brachyphyllum nepos* diffère selon nous du *B. gracile*, qui lui est associé dans les couches d'Armaille et de Cirin, par des feuilles plus courtes et plus larges, plus étroitement adnées et apprimées, donnant lieu sur les vieilles tiges à des écussons plus larges, disposés en séries moins nombreuses. Les ramules sont en outre plus gros, plus obtus, tandis que les branches moins trapues annonceraient une espèce plus élancée et moins touffue. Nos figures aideront à comprendre, mieux qu'une description, ces caractères différentiels; il suffit de comparer les feuilles grossies, fig. 2ª , pl. 168, du *B. gracile* avec celles également grossies du *B. nepos*, fig. 3ª , pl. 170, pour être porté à ne pas réunir les deux espèces. Pourtant, il est parfois difficile de distinguer les uns des autres les rameaux respectifs, tellement ils manifestent de l'analogie. Ceux du *B. nepos* sont cependant

constamment plus épais et leurs feuilles sont moins ovales
et moins allongées, en sorte qu'avec une attention suivie on
arrive toujours à ne pas les confondre. On peut dire que si
le *B. gracile* se rapproche sensiblement du *B. Moreauanum,*
le *B. nepos* à son tour rappelle beaucoup le *B. mamillare*
Brong., de Whitby, par ses rameaux (voy. pl. 162, fig. 4
et 6) et la forme même de ses feuilles, tout en étant plus
grand dans toutes ses proportions ; ses feuilles sont cependant à la fois plus larges et moins convexes que celles
de l'espèce anglaise. On peut encore comparer le *B. nepos*
au *B. Desnoyersii* d'Étrochey (pl. 163, fig. 1-9). Les deux
espèces offrent de grands rapports, si l'on compare leurs
rameaux âgés ; toutefois, les compartiments foliaires de
l'espèce du niveau de Cirin dessinent des hexagones moins
réguliers. La face des compartiments est aussi plus déprimée et plus large, dans le *B. nepos*, et, en tout, ce dernier
accuse des proportions plus élevées ; il présente des ramifications plus multipliées et moins courtes. On peut dire
que le *B. nepos* semble en tout tenir le milieu entre l'espèce
Whitby et celle d'Étrochey ; mais la localité oxfordienne de
la Côte-d'Or est si rapprochée par la distance géographique
des gisements kimméridiens du Bugey qu'il est naturel
d'admettre que dans l'intervalle qui sépare verticalement
les deux horizons, les mêmes types de *Brachyphyllum* n'ont
cessé d'exister dans l'est de la France, en sorte qu'un lien
de filiation rattache peut-être la forme la plus récente à
celle qui l'a précédée au sein de la même contrée.

Il est visible en outre que parmi les Conifères de Solen
hofen et de Nusplingen que M. Unger a réunis sous le nom
d'*Arthrotaxites princeps* et ensuite d'*Arthrotaxites Baliostichus* et *Frischmanni*, bien des formes appartenant, non-
seulement à des espèces, mais à des genres distincts et à

des sections différentes, ont été arbitrairement confondues.
Après Unger, M. Schimper a continué la même confusion,
en rassemblant les mêmes formes dans son genre *Echinostrobus*. Grâce à une communication des plus bienveillantes
de M. le professeur Zittel, de Munich, nous avons pu examiner de près une série d'échantillons originaux et quelques-uns des types même sur lesquels les auteurs qui nous
ont précédé s'étaient basés pour établir leurs espèces. C'est
ainsi que nous avons constaté, conformément à ce que
nous avions déjà avancé dans notre *Notice sur les plantes
fossiles du niveau de Cirin* (1), que, parmi les Conifères de
Solenhofen, primitivement considérées comme des Algues
coriaces par Sternberg, on doit distinguer plusieurs catégories très-diverses, entre autres de véritables Cupressinées se rapportant à nos *Palæocyparis*, l'*Echinostrobus
Sternbergii* Schimp., dont les fruits sont attachés au rameau
et enfin un *Brachyphyllum* dont nous avons pu reconnaître
l'identité avec le *Brachyphyllum nepos*, d'Armaille. A côté
du *B. nepos*, il existe peut-être encore à Solenhofen une
autre espèce congénère, à feuilles plus menues et insérées
en rangées plus denses, à laquelle il faudrait alors rapporter
quelques-uns des échantillons publiés par Unger et par
Quenstedt ; mais il ne nous a pas été donné de vérifier ce
fait, qui n'aurait rien par lui-même que de très-naturel.

. LOCALITÉS. — Schistes bitumineux du lac d'Armaille
(Ain), calcaires lithographiques de Cirin ; étage kimméridien inférieur ; coll. de M. Falsan, du Muséum de la
ville de Lyon et la nôtre ; — calcaires lithographiques de
Solenhofen en Bavière et de Nusplingen en Wurtemberg,
étage corallien supérieur.

(1) Voy. *Not. sur les pl. foss. du niveau de Cirin*, p. 14 et suiv., et
Descr. des poiss. foss. des gis. corall. du Bugey, II, p. 30 et 31.

EXPLICATION DES FIGURES. — Pl. 168, fig. 3, *Brachyphyllum nepos*, sommité d'un rameau, grandeur naturelle ; fig. 3 , le même grossi, d'après un échantillon provenant d'Armaille et recueilli par M. Falsan. Fig. 4, autre rameau de la même espèce, d'après un échantillon de la même localité, grandeur naturelle. Fig. 5, fragment d'un rameau de la même espèce, âgé de plusieurs années, d'après un échantillon d'Armaille recueilli par M. Falsan, grandeur naturelle ; fig. 5ᵃ, même fragment grossi. — Pl. 169, branche complète de *Brachyphyllum nepos*, garnie de ramules terminées par un sommet obtus, d'après un échantillon de Solenhofen communiqué par M. Zittel, grandeur naturelle ; fig. 1ᵃ et 1ᵇ, deux portions grossies du même rameau. — Pl. 170, fig. 1, branche âgée de *Brachyphyllum nepos*, d'après un échantillon d'Armaille, communiqué par M. Falsan. Fig. 2, autre rameau âgé de même espèce, provenant des calcaires lithographiques de Cirin, d'après un échantillon à la collection du muséum de la ville de Lyon, grandeur naturelle. Fig. 3, rameau complet de la même espèce, appartenant à la collection du muséum de la ville de Lyon, grandeur naturelle ; fig. 3ᵃ, partie du même grossi, pour montrer la forme et l'ordonnance des feuilles à l'état jeune. — Pl. 172, fig. 1, *Brachyphyllum nepos* Sap., terminaison supérieure d'une tige, d'après un échantillon provenant des calcaires lithographiques de Cirin et faisant partie de la collection du muséum de Lyon, grandeur naturelle. Certaines parties de cette figure ont été légèrement restaurées pour mieux montrer le contour et le relief des feuilles et du rameau lui-même. Fig. 2, fragment d'un autre rameau de la même espèce provenant de la même localité que le précédent et faisant également partie de la collection du muséum de

Lyon ; grandeur naturelle. Fig. 3, autre fragment d'un rameau de la même espèce, provenant des couches du lac d'Armaille, grandeur naturelle.

N° 7. — **Brachyphyllum gracile**.

Pl. 167, fig. 2 ; 150, fig. 4-5 et 171, fig, 1-9.

Brachyphyllum gracile,   Brongn., *Tab. des genres de vég. foss.,* p. 106.
— — Sap., *Notice sur les pl. foss. des lits à poiss. de Cerin,* p. 38 ; — *Descr. des poiss. foss. prov. des gis. coral. du Bugey,* par feu V. Thiollière, II, p. 36.

DIAGNOSE. — *B. caulibus, ut videtur, crasse cylindraceis, multipliciter ramulosis, ramis pinnatim alterne divisis furcatoque partitis, tum patulis, tum ascendentibus, ramulis ultimis gracilibus elongatis flexuosiusculis ; foliis ovato-rhombeis, adpressim imbricatis adnatisque, apice libero parum recurvis, obtuse lanceolatis dorso convexis leviter carinatis, secundum ordinem 2/5, aut 3/8 dispositis, ætatis incessu demum in scutellas contermine transversim rhombeas hexagonulasque multiplices convexiusculas punctoque medio signatas et ab alterutra sulco interposito discretas mutatis ; — amentis masculis verosimiliter axillaribus caducisque ovato-globosis basi involucratis e squamulis arcte imbricatis sursum lanceolatis constantibus ; strobilis autem, ut videtur, parvulis ovato-oblongis, e squamis plurimis spiraliter ordinatis arcte imbricatis in appendicem antice acuminatum dorsoque leviter carinatum abeuntibus compositis ; seminibus? minutissimis liberis inversis nucleolum basi attenuatum ala membranacea superatum præbentibus.*

Brachyphyllum Falsani,   Sap., *Notice sur les pl. foss. des lits à poiss. de Cerin*, p. 37 ; — *Descr. des poiss. foss.* etc., II, p. 36.

Nous avons réuni et nous publions à peu près tous les éléments de cette espèce signalée en premier lieu par M. Brongniart, mais qui n'a jamais été décrite ni figurée. Après un examen des plus attentifs, elle nous a paru ne pouvoir être distinguée du *Brachyphyllum Falsani* de notre *Notice sur les plantes fossiles du niveau de Cirin.*

Notre fig. 1, pl. 171, reproduit un bel exemple de branche, d'après un échantillon d'Orbagnoux qui fait partie de la collection du muséum de la ville de Lyon. La branche mère, intacte, nettement terminée à la base, est épaisse, trapue, cylindrique, entièrement recouverte d'écussons foliaires rhomboïdaux, formant des séries spirales très-nombreuses. Chacun d'eux, dans la plupart des cas, est marqué au centre d'un point obliqué qui se rapporte à la glandule. Les sillons qui séparent les compartiments sont d'autant plus larges qu'on se rapproche de la partie inférieure de la branche.

A droite, à une certaine hauteur au-dessus de la base, l'axe principal donne naissance, sous un angle assez ouvert, à un rameau déjà fort, âgé de trois ans au moins et couvert d'écussons foliaires plus petits que les précédents. Outre ce premier rameau, la branche mère présente, sur les deux côtés et à des distances irrégulières, une foule de rameaux qui se subdivisent promptement, à l'aide de bifurcations successives, en un grand nombre de ramules accumulés dans tous les sens et ayant à peu près tous la même forme. Ces ramules sont relativement minces, allongés, légèrement flexueux ; ils s'étalent dans plusieurs directions et conservent presque la même épaisseur d'une extrémité à l'autre ; leur sommet est visiblement obtus. La figure 2, pl. 171, qui représente un spécimen de la collection Itier, offre le même aspect, à tel point qu'il faut une certaine attention pour s'assurer que les deux branches ne proviennent pas du même échantillon. La branche mère du spécimen de M. Itier offre la même épaisseur que l'autre ; elle est également recouverte d'écussons foliaires pressés, rhomboïdaux ou hexagonaux, et elle donne lieu latéralement à un rameau assez fort, accompagné de nombreuses ramules. Les rameaux isolés de cette espèce (pl. 168, fig. 2, et 161, fig. 3-4) abondent à Armaille, ainsi qu'à Orbagnoux ; notre fig. 2, pl. 168, en représente quelques-uns qui affectent l'apparence grêle, flexueuse, divariquée, et la subdivision dichotome propres aux exemplaires auxquels M. Brongniart avait appliqué originairement la dénomination de *Brachyphyllum gracile* (voy. ces échantillons représentés, pl. 170, fig. 4 et 5). Nos figures 3 et 4, pl. 171, reproduisent deux autres échantillons qui paraissent se rapporter à des sommités de rameaux et dont l'extrémité supérieure est intacte. Enfin, notre figure 2ᵃ, pl. 168, montre les feuilles grossies de l'un des ramules précédents. Ces feuilles se distinguent bien de celles du *B. nepos ;* elles sont plus menues, plus oblongues ; elles se recouvrent mutuellement par imbrication et dessinent un contour ovalaire, terminé par un sommet dont la pointe lancéolée obtuse se recourbe légèrement vers l'intérieur. Le côté dorsal est convexe, faiblement caréné sur le milieu ; il porte sans doute une glandule, mais cet organe, généralement peu visible, ne le devient réellement que sur les anciennes feuilles, changées graduellement en écussons convexes et rhomboïdaux.

C'est au *Brachyphyllum gracile* que nous attribuons les

organes reproducteurs de deux sortes, dont il existe des vestiges répétés dans les lits d'Armaille et d'Orbagnoux. La petitesse de ces organes et le peu de profondeur de l'empreinte à laquelle ils ont donné lieu empêcheut de les déterminer d'une façon suffisamment précise. Le cône, figure 5, pl. 171, provient d'Orbagnoux ; il se montre sur la même plaque que la branche représentée par la figure 2, même planche ; nous le figurons grossi, en 5ᵇ, et la figure 5ᵈ représente la contre-empreinte du même organe, également grossie. On reconnaît aisément qu'il existe une étroite analogie de structure entre ce cône et celui de Châteauroux, précédemment décrit ; seulement l'organe d'Orbagnoux est naturellement détaché, soit qu'il eût atteint son développement normal et qu'il fût caduc à la maturité, soit qu'il se rapporte à un fruit jeune ou imparfaitement fécondé. Une circonstance pourtant tendrait à faire penser que ce strobile, malgré sa faible dimension, était arrivé à sa maturité, nous voulons parler des traces qui se montrent tout auprès (fig. 6) et qui, vues à la loupe, paraissent être celles de semences proportionnées par leur petite taille à celle des écailles que nous supposons les avoir portées. Les figures 6ᶜ et 5ᵇ, montrent les deux côtés de l'une de ces semences fortement grossie. On distingue à leur base une nucule épaisse, atténuée et bec obtus vers son extrémité inférieure et surmontée d'un appendice membraneux élargi et émarginé dans le haut. La forme irrégulière de cet appendice et la direction unilatérale de la nucule dénotent une semence inverse qui aurait été disposée par paires sur chaque écaille du strobile.

La figure 7, pl. 171, représente un autre strobile semblable au précédent, ayant la même forme et la même di-

mension, mais dont les écailles sont encore moins visibles.
Ces écailles ordonnées en spirale, imbriquées et étroitement apprimées, se terminent supérieurement en un appendice lancéolé-aigu, un peu recourbé en dedans et caréné sur le dos. La figure 8, même planche, représente un
autre strobile plus arrondi et plus court, qui pourrait bien
être de même nature que le suivant. Celui-ci, fig. 9 et 9 *a*, ·
est petit, court, ovoïde-arrondi, un peu atténué et nettement tronqué à la base qui semble avoir été pourvue d'un
involucre de plusieurs écailles minces et allongées, assez
peu distinctes du reste. Nous serions disposé à reconnaître
dans cet organe, dont la caducité était certainement naturelle, l'empreinte d'un chaton mâle, analogue à ceux de
Châteauroux, mais d'une consistance plus scarieuse et
d'une dimension plus forte.

On voit par ce qui précède qu'il existe encore bien des
doutes relativement à la structure et à la forme des organes
reproducteurs du *Brachyphyllum gracile* et même des
Brachyphyllum en général ; mais, à en juger par les éléments dont nous disposons, le genre lui-même manifeste-
rait des affinités au moins apparentes, par la forme, la
dimension et les écailles de ses cônes, de même que par
l'aspect et la structure de ses chatons mâles, avec les
Walchia, de manière à justifier le rapprochement que nous
avons proposé du premier de ces deux groupes avec le
second.

RAPPORTS ET DIFFÉRENCES. — Le *Brachyphyllum gracile*
se distingue du *B. nepos*, auquel il se trouve associé dans
les localités du niveau de Cirin et particulièrement à Armaille, par ses rameaux plus grêles, plus subdivisés et plus
allongés, par ses feuilles plus menues, plus oblongues,
disposées suivant un ordre spiral plus complexe. Il s'en

distingue encore par ses branches plus trapues, couvertes
d'écussons foliaires plus petits et plus nombreux. Le *B.
gracile* se rapproche plus spécialement du *B. Moreauanum*
dont les ramules ont à peu près la même forme ; cependant les feuilles de ce dernier *Brachyphyllum* sont plus
larges et plus courtes, plus pointues au sommet ; elles cir-
conscrivent une aire rhomboïdale moins allongée et plus
régulière ; en outre, les cônes, si toutefois ceux que nous
figurons ont réellement appartenu à ces deux espèces, diffèrent notablement d'aspect et de dimension. Les chatons
mâles du *B. gracile*, si notre attribution est exacte, seraient
plus globuleux et plus gros que l'organe où nous avons
pensé reconnaître l'appareil mâle du *B. Moreauanum*.

Le *Brachyphyllum Jauberti*, de Châteauroux, ressemble
à l'espèce d'Armaille et d'Orbagnoux par son cône et aussi
par la forme de ses ramules ; cependant les cônes de celle-
ci sont encore plus petits que ceux du *B. Jauberti*, dont
les ramules sont d'ailleurs garnis de feuilles plus grandes,
plus espacées et insérées dans un ordre spiral plus simple
ou même subopposées.

Enfin, comparé au *B. Papareli* du rhétien de Mende, le
B. gracile présente des ramules plus minces, garnis de
feuilles plus ovales, moins larges et plus obtusément terminées. Cependant, malgré l'immensité de l'espace vertical
qui les sépare, les deux espèces ont entre elles des rapports
évidents et curieux à constater. Les autres *Brachyphyllum*
sont trop éloignés pour que nous ayons à insister sur les
divergences qui les séparent de celui que nous venons de
décrire.

LOCALITÉS. — Orbagnoux, Armaille, probablement Cirin, horizon des lits à poissons ; étage kimméridien inférieur. En dehors de France, calcaires lithographiques de

Solenhofen en Bavière et de Nusplingen en Wurtemberg, étage corallien supérieur et kimméridien inférieur.

EXPLICATION DES FIGURES. — Pl. 168, fig. 2, plusieurs ramules de *Brachyphyllum gracile* Brong., réunis à la surface de la même plaque, d'après un échantillon des schistes d'Armaille, recueilli par M. Falsan, grandeur naturelle; fig. 2 *a*, portion de l'un de ces ramules fortement grossie, pour montrer la forme et l'agencement des feuilles. — Pl. 170, fig. 4, *Brachyphyllum gracile* Brong., rameau, d'après un dessin original de M. Brongniart reproduisant un échantillon de la collection de M. Itier, provenant d'Orbagnoux, grandeur naturelle. Fig. 5, autre rameau de la même espèce, d'après un dessin original de M. Brongniart, reproduisant un autre échantillon de la collection Itier, recueilli au mont Colombier en 1844, grandeur naturelle. — Pl. 171, fig. 1, branche presque complète et terminée à la base de *Brachyphyllum gracile* Brongn., d'après un échantillon communiqué par M. le professeur Lortet, provenant d'Orbagnoux et faisant partie de la collection de la ville de Lyon, grandeur naturelle. Fig. 2, autre branche de la même espèce provenant de la même localité et appartenant à la collection de M. Itier, grandeur naturelle. Fig. 3 et 4, deux rameaux détachés de la même espèce, recueillis à Armaille par M. Falsan, grandeur naturelle. Fig. 5, strobile situé sur la même plaque que le rameau, fig. 2, grandeur naturelle ; fig. 5 *a*, contre-empreinte se rapportant à la base du même organe, grossie; fig. 5 *b*, même organe grossi pour montrer la forme et la disposition des écailles imbriquées qui le composent. Fig. 6, semences éparses à côté du strobile précédent, grandeur naturelle ; fig. 6 *a* et 6 *b*, empreinte et contre-empreinte de l'une de ces semences fortement grossie. Fig. 7

autre cône provenant d'Armaille et appartenant à la même espèce que le précédent, grandeur naturelle. Fig. 8, autre cône également d'Armaille, plus globuleux de forme, grandeur naturelle; fig. 8 *a*, le même grossi. Fig. 9 et 9 *a*, empreinte et contre-empreinte d'un strobile globuleux, formé d'écailles étroitement imbriquées et attribué au chaton mâle du *Brachyphyllum gracile*.

Trib. III. — ARAUCARINEÆ.

Folia spiraliter inserta vel etiam sed rarius (in Dammaris) secus ramos laterales longius distantia disticha oppositaque et subopposita, ceterum multiformia tum rigide acuta crassiuscula trigono-tetragonoque pyramidata, sursum intus incurvofalcata subfalcataque, tum latiuscula in laminam expansa nervisque longitudinalibus absque medio percursa; — strobili e squamis spiraliter insertis dense laxeque.imbricatis ab axi ad maturitatem solutis e bractea cum receptaculo ovulifero coalita constantibus efformati; ovulo in quavis squama unico inverso, tum libero, tum squamæ substantiæ circumfusæ adnato tegumentique vice cum illa simul deciduo; — amenta mascula strobilacea ex androphyllis multiplicibus spiraliter seriatis arcte imbricatis sursum in appendiculum antice lanceolatum terminatis composita, androphyllis sacculos polliniferos 8-24 elongatos dehiscentiæ causa fimbriato-laceros retrorsum gerentibus.

En quittant les *Brachyphyllum*, nous rencontrons une série de formes déjà moins éloignées que les précédentes de celles qui vivent encore, sinon en Europe, du moins dans le voisinage des tropiques, principalement dans l'hémisphère austral. Nous sortons, pour ainsi dire, de l'inconnu et il nous est permis de rattacher sans trop d'invraisemblance aux *Araucaria* et aux *Dammara* les types que nous allons décrire. Cette affinité présumée n'est pas uniquement basée sur l'apparence extérieure des rameaux et des feuilles, mais aussi sur des fragments plus ou moins complets des organes fructificateurs et l'examen de ces organes semble de nature à confirmer notre façon de voir. De plus, le genre *Araucaria*, comme nous l'établirons, a eu certainement des représentants directs soit en France, soit en Angleterre, dès l'oolithe inférieure. Nous ne connaissons pas à la même époque, en Europe, de vrais *Dammara*, mais nous y observons un genre destiné selon nous à combler l'espace qui sépare aujourd'hui ceux-ci des *Araucaria*, c'est-à-dire présentant avec l'aspect extérieur des derniers la structure distinctive de l'appareil fructificateur des premiers, nous voulons parler de la semence à la fois solitaire et libre. C'est en nous appuyant sur ces bases et les considérant, sinon comme définitives, du moins comme les plus sûres dans l'état actuel de la science, que nous décrirons les deux genres *Pachyphyllum* et *Araucaria*, le premier éteint, le second existant, mais relégué depuis longtemps hors de l'hémisphère boréal.

CINQUIÈME GENRE. — PACHYPHYLLUM.

Pachyphyllum, Pom., *Mat. p. serv. à la fl. jur. de la France* (in Amll. Ber., etc.), p. 352 (ut sectio generis sui *Moreauii*).

— Sap., Ms. — *Notice sur les pl. foss. du niveau des lits à poiss. de Cerin*, p. 39; — *Desc. des poiss. foss. prov. des gis. corall. du Bugey*, II, p. 36.

— Schimp., *Traité de Pal. vég.*, II, p. 249.

— Schenk, *Fl. d. N. West-Deutsch. Weald form.*, p. 38.

DIAGNOSE. — *Folia spiraliter inserta e basi crassa tri vel te-
tragono pyramidatim surgentia obtuse sursum falcato-incurva
coriacea basi decurrentia, stomatibus seriatim multipliciter
ordinatis, ut in quibusdam Araucariis, sæpe oculo nudo etiam
perspicuis ; — strobili verosimiliter breviter ovati depressius-
culi e squamis laxiuscule imbricatis constantes ; squamæ tenuiter crustaceæ, in apophysin convexiusculam paulisper antice
deflexam productæ, ad maturitatem tandem ab axi minime
extenso solutæ, semen unicum ad partem apophysi proximam
leviter excavatam positum inversum liberum compressum ala
stricta cartilaginea cinctum foventes ; amenta staminea e basi
involucrata sursum ovato-cylindrica, e squamis plurimis circa
axim gracilem spiraliter ordinatis dense congestis apice recurvo
appendiculatis imbricatisque constantia.*

Araucarites (ex parte),	Sternb., *Vers.*, II, p. 204.
— —	Gœpp., *Monogr. co-nif. foss.*, p. 281.
— —	Ung., *Gen. et sp. pl. foss.*, p. 381.
— —	Endl., *Syn. Conif.*, p. 201.
Araucaria,	Lindl. et Hutt., *Foss. Fl. brit.*, II, tab. 88.
Brachyphyllum (ex parte),	Brongn., *Tab. des genres de vég. foss.*, p. 69.
Moreauia (ex parte), sect. *Pachyphyllum*,	Pom., *Mat. p. serv. à la fl. foss. jurass. de la France* (in *Amtl. Ber. ueb.*, etc., p. 350 et suiv.).

HISTOIRE ET DÉFINITION. — Adolphe Brongniart, dans son
Tableau des genres de végétaux fossiles, en définissant le type
des *Brachyphyllum* et rangeant parmi eux l'*Araucaria pe-*

regrina de Lindley, ainsi que deux ou trois espèces de Verdun trouvées par M. Moreau, avait remarqué dès 1849 la conformation conique-allongée des feuilles de plusieurs des végétaux considérés par lui comme des *Brachyphyllum :* il ajoutait qu'auprès des empreintes du corallien de la Meuse on avait recueilli des cônes manifestant une assez grande analogie avec ceux des *Arthrotaxis.* Presque à la même date, M. Pomel (1) faisait connaître les résultats auxquels venait de le conduire l'étude des mêmes matériaux, nous ajouterons des mêmes échantillons, M. Moreau ayant soumis successivement aux deux savants français la collection qu'il avait formée et qu'il a bien voulu nous communiquer ensuite.

Les parties fructifiées, signalées par M. Pomel, sont celles qui figurent sur notre planche 179, fig. 1 à 5 : les unes à l'état de résidus terminent un des rameaux du corallien de Creue, près de Saint-Mihiel (fig. 1-2); les autres sont des écailles détachées (pl. 184), provenant de Gibomeix et de Sommedieue, autre gisement du même pays, explorés par M. Moreau. M. Pomel croyait reconnaître dans ces organes les vestiges d'un fruit comparable par sa stucture à celui des *Dacrydium* et formé d'une écaille subterminale, amincie en coin à son sommet et portant, un peu au-dessous de ce sommet, une graine solitaire, suspendue et caduque en même temps que le support auquel elle était soudée. C'est sur cette donnée hypothétique que le genre *Moreauia* avait été fondé par le savant français, qui y englobait la plupart des *Brachyphyllum* et des *Pachyphyllum,* en réservant à ces derniers la

---

(1) La communication de M. Pomel à la réunion des naturalistes allemands, tenue à Aix-la-Chapelle, en septembre 1847, a été insérée dans les Comptes rendus des travaux de la session, publiés en 1849.

dénomination que nous leur avons laissée, mais seulement à titre de section. Rien ne s'opposerait effectivement à ce que l'on pût admettre théoriquement l'existence d'un grand genre jurassique, englobant des formes d'un aspect très divers, comme on le remarque chez les *Dacrydium*, les *Araucaria* et les *Sequoia* de l'ordre actuel ; mais tout en considérant une pareille supposition comme acceptable, nous n'avons pas cru devoir l'adopter par la raison que les écailles détachées qui figurent sur notre planche 184, ou du moins la plupart d'entre elles, ne nous paraissent pas devoir être interprétées comme l'avait fait M. Pomel. Ces écailles se composent d'une partie vraisemblablement basilaire, atténuée en coin et présentant des traces d'insertion d'un ovule unique adné, à ce qu'il semble, à la substance de l'écaille ; l'autre extrémité se trouve dilatée en une sorte d'apophyse unguiforme qui se contracte brusquement sur son milieu (pl. 184, fig. 1 et 3), pour donner lieu à un prolongement terminal épineux et recourbé en dehors, plus ou moins développé selon les cas et qui avorte dans d'autres (fig. 4). C'est justement cette partie appendiculaire que M. Pomel considérait comme correspondant au point d'attache des écailles solitaires, et la partie dilatée de ces mêmes écailles aurait été, d'après ce savant, pourvue à son sommet d'un ovule inverse et inclus. L'organe tout entier, ainsi constitué, aurait reposé sur une feuille ordinaire dilatée et aurait répondu à l'appareil fructificateur des *Moreauia*, rapprochés à ce point de vue des *Dacrydium* et rangés parmi les Taxinées. Voici du reste la phrase diagnostique de M. Pomel : *Moreauia*, Pom. — *Fructus : squama ovato-lanceolata, acuminata, apice perfosso semen unicum oblongum (inversum, nudum) includens, folio terminali dilatato inserta.* La figure 5 de notre planche 184 représente une de ces écailles disposée comme l'entendait M. Pomel et l'on n'a qu'à renverser les figures 1 et 3 de la même planche pour obtenir le même résultat. En réalité, la structure de ceux de ces organes qui paraissent les mieux conservés et les plus complets témoigne d'une étroite ressemblance avec les écailles naturellement détachées des cônes d'*Araucaria*. Cette analogie n'avait pas échappé à la sagacité de M. Brongniart, et parmi les notes manuscrites de ce savant, nous en possédons une accompagnée en marge du croquis des figures 1, 2 et 3 de la planche 184, qui fait mention de leur affinité avec les organes correspondants des *Araucaria* d'Australie et avec l'*A. Bidwilii* en particulier. C'est à cette dernière opinion que nous nous rattachons nous-mêmes, en décrivant plus loin les empreintes reproduites sur la planche 184.

Il eut semblé très naturel de combiner les écailles dont il vient d'être question avec les rameaux araucariformes, si fréquents dans les lits coralliens de la Meuse, auxquels nous appliquons, après M. Pomel, la dénomination de *Pachyphyllum*.

Ces rameaux effectivement diffèrent très peu de ceux de certains *Araucaria* néocalédoniens, récemment découverts, spécialement de l'*A. Balansæ*, Brongniart et Gris, dont nous avons figuré un fragment sur la planche 146, fig. 15, les uns et les autres ayant pour caractère distinctif de présenter des feuilles, non seulement coriaces, mais épaissies et solides, s'élevant en crochet légèrement incurve sur une base élargie et trigone. L'examen du rameau de Creue, figuré sur la planche 179 sous deux aspects, l'un reproduisant l'empreinte elle-même (fig. 1) et l'autre un moule en relief de cette empreinte, n'est pas favorable à un pareil rapprochement. En effet, les résidus qui surmontent le rameau et qui se rapportent visiblement aux écailles persistantes de la base d'un strobile dont les parties constituantes auraient été caduques, ces résidus se trouvent en rapport avec un axe très court qui ne saurait avoir appartenu à un strobile semblable à ceux des *Araucaria*, qui sont épais et gros, ovoïdes ou turbinés, ni avoir supporté des écailles de la nature de celles que représente la planche 184. L'axe du strobile mesurait ici une longueur totale de 1 centimètre, et les écailles insérées sur lui, certainement peu nombreuses, constituaient sans doute avant leur chute un cône grobuleux, comprimé supérieurement, ayant à peu près l'aspect et la conformation extérieure de ceux des *Cunninghamia* et des *Arthrotaxis*. Nous pensons retrouver ces mêmes écailles, à l'état isolé et accumulées en désordre, à la surface d'une petite plaque provenant également de Creue, que représentent les figures 3, 4 et 5 de la planche 179. Les figures 5 et 5 *a*, cette dernière grossie, de la même planche, laissent parfaitement saisir les caractères distinctifs de ces écailles, d'une dimension à peu près égale à celle des résidus qui surmontent le rameau précédemment signalé ; elles présentent une partie atténuée en coin, correspondant à la base d'insertion, et une partie terminale apophysiaire, convexe, unguiforme extérieurement, limitée vers l'intérieur par une carène ou rebord saillant. Immédiatement au-dessous de ce rebord, sur la face supérieure, plane ou légèrement convexe de l'écaille, on aperçoit une fossette oblongue dans le sens longitudinal, située sur le milieu, et marquant l'emplacement d'une semence sans doute unique, inverse et libre à la maturité. Cette semence n'a pas dû être pourvue, comme celle des *Dammara*, d'une aile unilatérale ; mais, par sa forme et la ceinture cartilagineuse qui lui servait de bordure, par la terminaison tronquée de l'extrémité micropylaire, elle rappelle tout à fait celles des *Cunninghamia*; en sorte que, tout comparé, les écailles séminifères des cônes de *Pachyphyllum* semblent avoir tenu le milieu entre celles des *Dammara* et celles des *Cunninghamia*; elles avaient, des premières, la structure apophysiaire et l'ovule unique; des secondes, l'aspect de la graine et la forme du strobile.

Nous trouvons une confirmation de ce point de vue dans l'étude d'un strobile détaché, vu par-dessus et réduit à sa moitié supérieure, provenant des schistes de Solenhofen et dont nous devons la communication à la bienveillance de M. le professeur Zittel, de l'Université de Munich. Ce strobile (pl. 180, fig. 6), situé sur la même plaque qu'un rameau d'*Echinostrobus*, n'a pourtant rien de commun avec celui-ci. Le hasard seul a réuni les deux organes, côte à côte, dans le même lit de sédiment. On reconnaît aisément, dans chacune des écailles, encore en connexion, mais déjà écartées et décombantes, qui composent ce strobile, la structure qui nous a frappé dans celles de Creue : l'apophyse convexe et marginale, la cicatrice d'insertion de la semence unique, visible à la face supérieure légèrement concave de l'écaille, ne peuvent laisser de doute dans l'esprit sur cette conformité. Il est donc probable que l'empreinte de Solenhofen représente le strobile, détaché de son axe, d'un *Pachyphyllum* kimméridien, probablement de celui dont les rameaux se rencontrent si fréquemment sur le niveau des couches à poissons de Cirin, et que nous décrirons plus loin.

Il est naturel de considérer, comme se rapportant à l'appareil mâle des *Pachyphyllum*, un gros chaton cylindroïde, recueilli autrefois par M. Moreau, portant le n° 909 de sa collection, et que nous figurons d'après un dessin original de M. Brongniart. L'échantillon lui-même ayant été depuis égaré, ce dessin est le seul témoignage de son existence que nous puissions invoquer; les caractères qu'il montre sont tellement précis qu'ils ne laissent aucune place à l'hésitation en ce qui concerne l'attribution de l'organe à un chaton mâle de conifère. M. Pomel l'a connu et signalé : en traçant la définition de son genre *Moreauia*, il lui applique la diagnose suivante : *amentum simplex, ovato-globosum vel oblongum, squamis staminigeris axi perpendiculariter affixis, apice adpresso imbricatis.* Le chaton repose sur un involucre formé de quatre écailles obtuses, opposées en croix ; l'axe est mince ; les androphylles, nombreux et lâchement imbriqués, sont attachés perpendiculairement sur l'axe et terminés par un appendice qui se recourbe vers le haut, en donnant lieu à une pointe, sans doute scarieuse, qui, vue de profil, semble avoir été aiguë. Ce chaton rappelle en petit ceux des *Araucaria*, ainsi que ceux des *Pinus* proprement dits. M. Pomel ajoute (1) que l'on reconnaît bien les traces de la présence des étamines (loges à pollen) sur les écailles, probablement assez coriaces et épaisses, mais qu'il est impossible d'en apprécier les caractères.

RAPPORTS ET DIFFÉRENCES.— Le genre *Pachyphyllum* ainsi défini, et en admettant la justesse des rapprochements que nous venons d'indiquer entre les divers organes qui lui auraient appartenu, tiendrait, pour ainsi dire, le milieu entre les *Araucaria* d'Australie (*Eutacta*), les *Dammara* et les *Cunninghamia*. Il ressemblerait aux premiers, par les rameaux et probablement par le port ; aux seconds par la

---

(1) Voy. son mémoire souvent cité *sur la flore jurassique de la France,* p. 349.

conformation des écailles du strobile et la situation de
l'ovule ; au dernier par le strobile globuleux et la structure de la graine. Les *Pachyphyllum* constituent un genre
essentiellement jurassique, auquel celui des *Araucaria*
vrais paraît être venu s'associer vers le commencement de
la période oolithique, pour se substituer ensuite aux premiers et les exclure entièrement, jusqu'au moment où les
Araucaria disparurent eux-mêmes de notre zone, probablement à la fin de la craie.

M. Schenk a signalé dernièrement deux *Pachyphyllum*
dans le Wéaldien sous les noms de *P. crassifolium* et de
P. curvifolium (1) ; mais le premier est le seul qui nous paraisse avoir sa place légitimement marquée dans le genre.
On pourrait encore prendre pour un *Pachyphyllum* l'ancien
Fucoides Brardii de Brongniart (2), des lignites de Pialpinson (Dordogne), dont le niveau se rapporte à la craie
inférieure. Cette espèce a été plus tard nommée par le
même auteur *Brachyphyllum Brardianum* (3). Il en est
peut-être de même du *Brachyphyllum Orbignyanum (Fucoides Orbignyanus* Brongt.) des lignites de l'île d'Aix (4),
et ces divers exemples tendent à démontrer que l'existence
du genre *Pachyphyllum* a dû se prolonger au delà des
temps jurassiques proprement dits jusque dans la partie
ancienne de la craie. Nos figures 1-4, pl. 173, exécutées
d'après les dessins originaux de Brongniart et destinées à
servir de terme de comparaison vis-à-vis des formes ju-

(1) Voy. *Foss. Fl. d. Nordwestdeutschwealdenform.*, tab. 19,
fig. 8-10.
(2) Voy. *Hist. des vég. foss.*, I, p. 77, pl. 2, fig. 8-13.
(3) *Tab. des genres de vég. foss.*, p. 69 et 110.
(4) *Hist. des vég. foss.*, I, p. 78, pl. 2. fig. 6-7 ; *Tab. des genres*,
p. 69 et 110.

rassiques, permettent d'apprécier la vraisemblance de cette opinion.

Si nous nous reportons en arrière, à une époque très antérieure à l'infralias, nous trouvons parmi les *Ulmannia* des schistes cuivreux de Frankenberg, dans le Zechstein ou permien supérieur, une espèce confondue à tort par Brongniart avec son *Fucoïdes Brardii* (1), distinguée ensuite sous le nom de *Cupressites Ulmanni* et de *Cryptomerites Ulmanni* (2), appelée plus tard *Ulmannia Bronni* par Gœppert, et dont nous figurons des fragments de rameaux, reproduits d'après les dessins originaux de Brongniart. Nos figures 5 à 8, pl. 173, montrent une étroite conformité d'aspect et de structure de ces rameaux avec ceux du *Pachyphyllum peregrinum*, espèce que nous rencontrons au seuil du lias. On conçoit également, en consultant ces figures, que Brongniart ait trouvé une telle analogie entre les fragments de Frankenstein et ceux de Pialpinson, qu'il ait été disposé originairement à les confondre dans une seule et même espèce.

En réunissant ces divers indices et sans vouloir rien affirmer en l'absence de preuves tout à fait directes, il est permis de supposer que les *Pachyphyllum*, dont nous avons fait ressortir la liaison avec les *Araucaria*, n'ont pas été sans liens de parenté ni même de filiation avec le type antérieur des *Ulmannia*, et que, survivant à l'âge oolithique, ils ont vu leur existence se prolonger jusqu'au temps de la craie inférieure.

EXPLICATION DES FIGURES. — Pl. 173, fig. 1-4, *Brachyphyllum* (*Pachyphyllum* ?) *Brardianum* Brongt., fragments de rameaux, provenant des lignites de la craie inférieure de

(1) Voy. *Hist. des vég. foss.*, I, pl. 2, fig, 14-19.
(2) Voy. *Tab. des genres de vég. foss.*, p. 100.

Pialpinson (Dordogne), d'après les dessins originaux de Brongniart, grandeur naturelle ; fig. 1 *a* et 2 *a*, deux de ces fragments grossis, pour montrer la forme et l'agencement des feuilles. Fig. 6-8, *Ulmannia (Pachyphyllum ?) Bronni* Gœpp., fragments de rameaux provenant du Zechstein de Frankenberg, reproduits d'après les dessins originaux de Brongniart, grandeur naturelle ; fig. 6 *a*, un de ces fragments grossis, pour montrer la forme et l'agencement des feuilles. — Pl. 179, fig. 7, chaton mâle supposé de *Pachyphyllum*, d'après un échantillon recueilli autrefois par M. Moreau, dans le corallien de Saint-Mihiel (Meuse), portant le n° 909 de sa collection, d'après un dessin original communiqué par Brongniart, grandeur naturelle.

N° 1. — **Pachyphyllum peregrinum**.

Pl. 173, fig. 9-10 ; 174 ; 175 et 176.

Pachyphyllum peregrinum, Schimp., *Traité de pal. vég.*, II, p. 250, pl. 75, fig. 8-10.
—   —   Heer, *Fl. foss. helv.*, p. 137, tab. 56, fig. 1.

DIAGNOSE. — *P. ramis vage irregulariter alterneque ramosis, ramulis erectiusculis dense aut plerumque distantius distributis, tum crassioribus rigidisque, tum flexuosis plus minusve divaricatis ; foliis laxe imbricatis, basi solida tetragonaque sursum breviter obtuseque falcato-incurvis, dorso autem carinatis, in ramulis vero magnitudine formaque variantibus laxioribus productioribus vel acutioribus, acumine etiam magis intus recurvo ; stomatum punctiformium notis multipliciter seriatis secus latera signatis.*

Araucaria peregrina,	Lindl. et Hutt., *Foss. fl.*, p. 19, tab. 88, (*non* Kurr, *Beitr. z. foss. Fl. d. Juraform.*, p. 9).
Araucarites peregrinum,	Presl *in* Sternb., *Verst.*, II, p. 204.
— —	Ung., *Gen. et sp. pl. foss.*, p. 382.
— —	Gœpp., *Monogr. conif.*, p. 236.
Brachyphyllum peregrinum,	Brongn., *Tab. des genres de vég. foss.*, p. 104.
Moreauia imbricata,	Pom., *l. c.*, p. 350.
Cupressus? latifolia,	Buchm., *On some foss. pl. fr. the lower Lias, Insectlimertone* (in *Quart. Journ. geol. soc.*, VI).
Moreauia latifolia,	Pom., *l. c.*, p. 352.

Il paraît difficile de ne pas admettre l'identité de *l'Araucaria peregrina* Lindl. et Hutt., du lias inférieur de Lyme-Regis (Dorsetshire), avec l'espèce de Hettange provenant du même niveau géognostique, nommée *Brachyphyllum peregrinum* par Brongniart et rangée par M. Pomel dans son genre *Moreauia*, avec la désignation de *M. imbricata*.

Cette même espèce a été retrouvée dernièrement dans l'infralias de Mende, vers la partie supérieure de la zone à *avicula contorta*, à un niveau moins élevé par conséquent que celui du lias d'Angleterre et de la Moselle. Cette identité devient visible, lorsque l'on compare la figure du *Fossil. flora* (1) avec celle de notre planche 175 (fig. 1). La figure de notre planche 174, exécutée d'après un dessin original de Brongniart qui reproduit un échantillon de Lyme-Regis, présente, il est vrai, un aspect un peu différent au premier abord par le mode de subdivision des ramules, qui sont ici plus serrés, et par la disposition des feuilles moins lâchement imbriquées que celles des exemplaires de France ; mais comme la forme des feuilles est

____

(1) Lindley et Hutton, *Foss. fl. of Great Brit.*, t. II, p. 20, tab. 88.

semblable de part et d'autre et que l'on remarque d'ailleurs
de plus notables divergences, en passant en revue les diver
ses empreintes du grès liasique des environs de Metz, suivant que ces empreintes se rapportent aux parties terminales ou aux dernières ramifications des branches latérales,
rien n'est plus légitime, selon nous, que de réunir tous
ces débris en une seule et même espèce.

D'abord signalé comme un *Araucaria*, dont il possède
en effet l'apparence extérieure, puis confondu parmi
les *Brachyphyllum* par Brongniart et avec les *Moreauia*
par M. Pomel, le *Pachyphyllum peregrinum* n'a pris cette
dénomination que par suite de l'étroite conformité de
structure qu'il laisse paraître avec les *Pachyphyllum* du
corallien de la Meuse et du kimméridien de Cirin; en sorte
que l'on peut admettre qu'il représente ce type dans le
rhétien et le lias inférieur, de même que les *Pachyphyllum
kurrii* (Pom.) Schimp. dans le lias supérieur (schistes à
Posidonomyes), au même titre encore que nous allons voir
le *Pachyphyllum rigidum* (Pom.) Sap. et, un peu plus tard,
le *Pachyphyllum cirinicum* le reproduire encore sur les
deux niveaux successifs du corallien de la Meuse et du
kimméridien de Cirin. Cependant, les strobiles ou les écailles détachées du *Pachyphyllum peregrinum* n'ont été encore
rencontrées nulle part; tout au plus avons-nous cru en
observer des vestiges à Mende; mais ces vestiges sont trop
incertains pour donner lieu à une description ni à une figure quelconque. M. Terquem a recueilli, il est vrai,
dans les grés de Hettange et dans les mêmes lits que les rameaux du *Pachyphyllum peregrinum*, l'empreinte d'un
strobile allongé terminant l'extrémité supérieure d'un rameau feuillé; mais les écailles de ce strobile, probablement vide de ses graines, paraissent conformées comme

celles des *Sequoia* et ont dû, à l'exemple de celles-ci, persister entr'ouvertes et écartées, le long de l'axe qui les porte. Les feuilles elles-mêmes paraissent plus fines, plus menues, plus acuminées et bien moins épaisses que celles des *Pachyphyllum* et le rameau est loin d'être aussi fort. Ainsi, rien ne démontre que ce cône ait appartenu au *Pachyphyllum* plutôt qu'à tout autre genre qui aurait été associé à celui-ci dans les grès de Hettange. Les caractères extérieurs de ce strobile découvrent en lui une structure qui nous porte à le considérer comme intimement allié aux *Sphenolepis*, genre wéaldien dont il devient le représentant le plus ancien, et n'ayant rien de commun par conséquent avec les *Pachyphyllum* proprement dits. Il est vrai, d'autre part, que les appareils fructificateurs de ce dernier genre sont encore très imparfaitement connus, et c'est ce qui nous a engagé à mentionner cette circonstance, avant de passer à la description des rameaux feuillés.

Les organes végétatifs, remarquables par leur bel état de conservation, peuvent être décrits aussi sûrement que s'il s'agissait d'une espèce vivante. Le *Pachyphyllum peregrinum* constituait sans doute un arbre de première grandeur ; il devait avoir l'aspect et le port d'un *Araucaria*, avec moins de régularité dans l'ordonnance des rameaux secondaires. Les feuilles variaient assez notablement, et leur disposition, de même que le mode de subdivision des rameaux, présentent des différences visibles, selon les portions que l'on s'attache à considérer.

Les figures des planches 174 et 175 et la figure 9, pl. 173, cette dernière de l'infralias de Mende, se rapportent, selon nous, à des axes ou à des sommités de rameaux. La figure 2, pl. 175, représente une branche nue, relativement épaisse,

et déjà ancienne, à ce qu'il paraît. Cet échantillon, qui
provient de Hettange, occupe la superficie d'une plaque de
grès tendre et jaunâtre, dont notre figure ne reproduit
qu'une partie. A l'autre extrémité de la même plaque se
trouve située une feuille de monocotylédone pandani-
forme et, à côté du rameau, on distingue, au milieu d'une
foule de débris disséminés, une foliole détachée d'*Otozamites*. Les feuilles dont le rameau est couvert sont épaisses,
insérées sur une base rhomboïdale fort nette ; écrasées par
suite de la compression qu'elles ont subie, elles ne se montrent que de profil et s'élèvent alors en affectant la forme
d'un mamelon unciné, atténué en une pointe obtuse, recourbé en dedans vers le sommet et convexe sur la face
dorsale qui se trouve nettement carénée. Cette structure
reparaît sur un autre rameau (fig. 1 de la même planche)
qui provient également de Hettange et que nous avons figuré en ayant soin de restituer son relief : ici, les feuilles,
en crochet falciforme, épaisses à la base et atténuées supérieurement en une pointe obtuse, sont vivement carénées
sur leur face dorsale et marquées de légères stries longitudinales dont nous indiquerons bientôt la signification.
Le rameau lui-même, d'abord épais à sa base, s'amincit
graduellement et donne naissance vers sa partie moyenne
à un ramule assez peu divergent qui demeure simple jusqu'à son extrémité ; au-dessus de ce ramule, l'axe principal dont les feuilles s'allongent de plus en plus continue
à s'élever, et se subdivise de nouveau avant de finir en se
montrant garni de feuilles plus acuminées et moins épaisses que celles des parties inférieures.

Le rameau de Mende (pl. 173, fig. 9) est pareil à celui
que nous venons de décrire ; seulement, il est plus court
et subdivisé une seule fois. Ces sortes de subdivisions ont

presque l'apparence d'une dichotomie. Un autre fragment de rameau, provenant de la même région (pl. 173, fig. 10), laisse voir des feuilles plus courtes, plus épaisses, plus convexes sur le dos, plus serrées les unes contre les autres ; il doit être pourtant, selon nous, rattaché à la même espèce. L'échantillon de Lyme-Regis, qui occupe à lui seul toute la planche 174, représente la portion terminale d'une tige de *Pachyphyllum peregrinum* comprenant un axe principal accompagné de nombreuses ramifications alternes, rapprochées, érigées, et dont l'ensemble doit traduire fidèlement l'aspect des pousses consolidées de l'espèce infraliasique.

D'autres échantillons de Hettange, dont nous ne figurons que de faibles parties (pl. 176), font connaître d'autres fragments de la même plante, pourvus de caractères un peu différents. Ce sont des rameaux généralement plus minces, plus allongés et plus flexueux, tantôt nus, tantôt munis de ramifications étalées, dont les feuilles sont plus écartées et plus divariquées que celles des exemplaires précédents. Un de ces rameaux, que j'ai sous les yeux, mesure une longueur totale de 2 décimètres : les feuilles sont conformées comme celles du fragment reproduit sur notre planche 176, fig. 1 ; la plupart s'écartent de l'axe sous un angle plus ou moins ouvert ou presque droit. Elles sont intérées sur une base très large, et terminées par une pointe légèrement récurve. Nettement tétragones, ces feuilles, dont l'une est représentée sous un assez fort grossissement par la figure 1ᵃ, ont leur face recouverte par de fines ponctuations alignées en séries nombreuses qui répondent visiblement aux stomates, disposés comme dans les *Pachyphyllum* du corallien de Verdun. La figure 3, même planche, représente un autre

rameau plus mince, plus flexueux et garni de feuilles
plus allongées et subdistiques, qui ont dû pourtant appartenir à la même espèce. Le fragment, fig. 2, de la même
planche 176, est plus épais, mais il est accompagné de feuilles repliées en faux qui déterminent la liaison des rameaux
précédents avec ceux que nous avons décrits en premier lieu.

RAPPORTS ET DIFFÉRENCES. — Le *Pachyphyllum peregrinum* a été fort justement assimilé, à l'origine, aux *Araucaria* d'Australie (*Eutacta*), dont quelques espèces, observées récemment dans la Nouvelle-Calédonie, présentent
des feuilles épaisses et carénées sur le dos, visiblement
conformes à celle des *Pachyphyllum* (voy. pl. 146, fig. 15,
la reproduction d'un rameau de l'*A. Muelleri* Brgnt. et
Gris). Toutefois, la Conifère liasique, dont le fruit, il est
vrai, ne nous est pas connu, semble avoir différé des
Araucaria par une moindre régularité dans le port et par
le mode de disposition des rameaux ou branches latérales
dont les dernières subdivisions, au lieu d'être rangées
dans un ordre distique, des deux côtés de l'axe qui les
supporte, naissaient isolément et à des distances variables ; comme si elles sortaient d'une série de bifurcations
successivement opérées, une des branches de la dichotome demeurant plus courte que celle au moyen de laquelle l'axe se prolongeait.

Comparé aux autres *Pachyphyllum* jurassiques, celui
de Hettange, de Lyme-Regis et de Mende laisse voir des
feuilles qui n'offrent ni l'épaisseur, ni la terminaison tout
à fait obtuse de celles du *Pachyphyllum rigidum*. Les rameaux sont loin d'offrir des deux parts le même aspect;
les proportions générales du second sont plus fortes et
dénotent un arbre moins ramifié, peut-être aussi plus
puissant. Les autres *Pachyphyllum,* spécialement celui du

niveau de Cirin, *Pachyphyllum cirinicum*, présentent des rameaux plus épais, garnis de feuilles plus courtes. Le *Pachyphyllum Zignoi*, des Alpes vénitiennes, est remarquable par la terminaison obtuse, subarrondie, de ses feuilles presque mamelonnées ; il présente aussi des rameaux plus grêles. — Toutes ces formes cependant ont un air de famille qui autorise pleinement leur réunion dans un même genre particulier à l'Europe jurassique et auquel était sans doute dévolu un rôle prépondérant dans les grandes forêts de l'époque.

LOCALITÉS. — Environs de Mende (*Lozère*), calcaire capucin de M. Fabre, étage rhétien ; Hettange, près de Metz (Moselle), zone à *Ammonites angulatus*, étage infraliasique ; coll. de M. Terquem et du Muséum de Paris ; — lias bleu de Lyme-Regis (Dorsetshire).

EXPLICATION DES FIGURES. — Pl. 173, fig. 9, rameau de *Pachyphyllum peregrinum*, des environs de Mende (Rieucros de Rieumenou), recueilli dans les calcaires capucins de M. Fabre, immédiatement inférieurs au niveau des *Mytilus minutus* et *Gervilia præcursor ;* étage réthien : grandeur naturelle ; fig. 10, autre fragment de rameau, de la même région, montrant des feuilles un peu plus courtes et plus serrées que le précédent, grandeur naturelle ; fig. 10ª, même fragment grossi. — Pl. 174, partie terminale d'un tige secondaire de *Pachyphyllum peregrinum*, munie de plusieurs ramifications axillaires, du lias inférieur de Lyme-Regis, d'après un dessin original d'Adolphe Brongniart, représentant un échantillon communiqué autrefois au savant français par M. de la Bèche et faisant partie de la collection de ce dernier ; grandeur naturelle. — Pl. 175, fig. 1, sommité d'un rameau de *Pachyphyllum peregrinum*, provenant de Hettange près de Metz, d'après

un échantillon recueilli par M. Terquem et faisant partie
de la collection du Muséum de Paris, grandeur naturelle.
Fig. 2, autre échantillon de la même collection représentant un fragment de rameau déjà ancien, d'après un
dessin original d'Adolphe Brongniart, grandeur naturelle.
La figure ne représente qu'une partie de la plaque de grès
tendre, à la surface de laquelle l'échantillon se trouve
placé ; on distingue çà et là des traces de résidus végétaux,
entre autres une foliole détachée d'*Otozamites* bien reconnaissable. — Pl. 176, fig. 1, autre plaque de grès montrant
un fragment de ramule recueilli à Hettange par M. Terquem et nommé *Brachyphyllum acutifolium* par Adolphe
Brongniart, d'après un dessin original de ce savant : grandeur naturelle ; fig. 1ᵃ, une feuille isolée et grossie, par le
même, pour montrer la structure épidermique de l'ancien
organe et la disposition en série des stomates ; fig. 2, autre rameau de la même espèce provenant de la même
localité, grandeur naturelle ; fig. 3, ramule latéral, subdivisé, montrant des feuilles plus allongées que celles du
type ordinaire, Hettange, coll. de M. Terquem ; grandeur
naturelle.

N° 2. — **Pachyphyllum rigidum**.

Pl. 177, 178, fig. 1-3, et 179.

Pachyphyllum rigidum,   Sap., *Fl. jur.*, ms.
—   —   Schimp., *Traité de Pal. vég.*, II, p. 251,
                          pl. 75, fig. 17 (non *Pachyphyllum ri-*
                          gidum, Sap., *Notice sur les pl. foss.*
                          du niveau de Cirin, p. 40).

DIAGNOSE. — *P. ramis vage ramosis ramulisque crassis
erecto-rigidis vel etiam patentim subflexuosis; foliis crasse*

coriaceis, e basi lata tetragonaque sursum pyramidato-eleva-
tis leniter incurvis aut subfalcatis, obtuse aut subacute atte-
nuatis inflexis, tum patentibus productioribusque, tum abbre-
viatis subimbricatis densiusque confertis, dorso autem carina-
tis; strobili squamis ab axi ob maturitatem solutis in unguem
brevem basi angustatis, sursum in apophysim deflexam am-
bitu exteriore semi-orbicularem leniter convexam abeuntibus,
seminis unici oblongi crustaceo-cincti versus micropylen trun-
cati, tandem decidui, cicatricem insertionis excavatam ad
partem apophysi proximam ferentibus; amento masculo, ut
videtur, oblongo ovato-cylindrico basi involucrato, ex andro-
phyllis dense congestis horizontaliter axi insertis, sursum
appendiculatis, appendiculis erectis tenuiter acuminatis im-
bricatisque constante.

Moreauia rigida,	Pom., *l. c.,* p. 350.
Brachyphyllum majus,	Brngt., *Tab. des genres de vég. foss.,*
	p. 106.

L'espèce a été signalée depuis longtemps, par M. Pomel d'abord, bientôt après par Adolphe Brongniart dans son tableau des genres de végétaux fossiles. Ce dernier ne connaissait ni le terme de *Moreauia* proposé par M. Pomel, ni la dénomination de *M. rigida;* il rangea les échantillons qui lui avaient été communiqués par M. Moreau parmi les *Brachyphyllum,* sous le nom de *Brachyphyllum majus.* Les notes manuscrites, accompagnées de dessins, de l'illustre professeur, notes que nous avons sous les yeux, attestent la parfaite identité de son *B. majus* avec le *Moreauia rigida* de M. Pomel, à propos duquel ce dernier savant a bien voulu, de son côté, nous fournir de précieux renseignements.

Nos planches 177 et 178, ainsi que les figures 1-2 et 6 de

la planche 179, représentent de beaux échantillons de rameaux du *Pachyphyllum rigidum*, avec toutes les diversités de forme et d'aspect qu'ils comportent. Sur la planche 177, figure 3, figure l'empreinte d'un rameau déjà ancien dont les feuilles, en partie oblitérées ou bien cachées dans l'épaisseur du sédiment crayeux qui constitue la roche, sont imparfaitement distinctes. Un autre rameau, figure 1 de la même planche, pourvu d'une ramification latérale, et remarquable par son aspect robuste, se montre garni de feuilles dont la plupart ne sont visibles que sur les côtés de l'empreinte. Ces feuilles assises, sur une base épaisse, s'élèvent en forme de crochet tétragone, récurves supérieurement. Vers le sommet du rameau, les faciales et les latérales laissent voir leur ordonnance spiralée, leur forme prismatique et leur terminaison atténuée en une pointe inclinée en faux. Cette pointe paraît ici nettement acuminée, mais le petit fragment, figure 2 de la même planche, reproduit comme les précédents d'après des dessins originaux de Brongniart, présente des feuilles bien plus obtuses. Ce mode de terminaison, atténué-obtus, est encore celui que montrent les figures 1 à 3 de la planche 178, toutes les trois dessinées par nous d'après des échantillons typiques, qui font partie de la collection de M. Moreau. La figure 3 représente un fragment de ramule de Creue, dont nous avons eu soin de restituer le relief; la figure 1 reproduit un rameau complet, recueilli à Gibomeix, formé de deux ramifications s'écartant sous un angle très ouvert de la branche mère qui les porte; l'une simple et ascendante devait servir au prolongement de l'axe principal; l'autre, divariquée-flexueuse, est munie avant le sommet d'un court ramule latéral. Les feuilles de ce rameau, assises sur une large base, sont épaisses, tétragones, divariquées, légèrement incurves, obtuses au sommet et nettement carénées sur le dos. La figure 2 représente la restauration complète d'une portion de ce même rameau, opérée à l'aide d'un moule. On voit par cette figure que la saillie et l'épaisseur des feuilles du *Pachyphyllum rigidum* étaient des plus prononcées et justifiaient le nom générique par lequel ces plantes ont été désignées. Cette saillie était sensiblement plus forte sur les ramifications latérales comme celles que représentent probablement les figures de la planche 178, que sur bien d'autres parties de la plante oolithique, spécialement sur les parties axiles. Le rameau figure 1, planche 179, comparé à celui que représente la figure 6, même planche, fait voir les extrémités opposées dont les feuilles du *Pachyphyllum rigidum* se trouvaient susceptibles. Épaisses et courtes, étroitement serrées et presque imbriquées dans le premier cas, elles s'écartent, s'allongent et s'étalent dans le second cas; elles ressemblent beaucoup alors à celles du *Pachyphyllum araucarinum* que nous décrivons plus loin comme une forme distincte, mais qui pourrait bien n'être lui-même qu'une variété ou tout au moins une race, dépendant du *Pachyphyllum rigidum*.

La figure 7, pl. 179, qui n'est que la reproduction d'un dessin de Brongniart, réprésente visiblement l'empreinte d'un chaton mâle d'une remarquable conservation, mais dont l'échantillon original s'est malheureusement perdu. Il est naturel d'attribuer ce chaton au *P. rigidum*, puisqu'il provient des mêmes couches que les rameaux de cette espèce. On distingue à la base de l'organe un involucre formé de quatre écailles gemmaires opposées en croix, légèrement concaves supérieurement et obtuses ou même arrondies sur les bords. Ces écailles dépassent à peine la base du chaton et diffèrent par une moindre dimension, aussi bien que par la forme de leur contour, des écailles involucrantes des chatons mâles d'*Araucaria*, qui sont à la fois étroites et allongées. Au contraire, par la direction ascendante et la terminaison acuminée de l'appendice qui les surmonte, les androphylles paraissent ressembler beaucoup à ceux des *Araucaria;* chez les *Dammara*, comme l'on peut s'en assurer par l'examen de la figure 19, pl. 146, l'androphylle se termine par un appendice unguiforme, convexe et obtus.

Les strobiles du *Pachyphyllum rigidum*, dont nous avons déjà parlé, nous sont connus par des débris épars, réunis sur notre planche 179. Le rameau provenant de Creue (fig. 1) et dont la figure 2, même planche, reproduit un moule qui lui restitue son aspect naturel, ce rameau est visiblement surmonté de résidus consistant en trois écailles concaves supérieurement, arrondies sur les bords, sans doute stériles et appartenant à la base d'un cône exfolié. Ces écailles paraissent encore attachées au débris d'un axe très court. Il est donc probable, comme nous l'avons dit, qu'elles faisaient partie d'un strobile globuleux et plus ou moins comprimé par le haut, analogue à ceux des *Cunninghamia* et dont les parties constituantes auraient été sujettes à se détacher à la maturité, en emportant la graine, comme il arrive aux écailles séminifères des *Dammara*, des *Araucaria*, des *Cryptomeria* et de plusieurs Abiétinées. Une plaque provenant de Creue, comme l'échantillon précédent, comprend plusieurs écailles à peu près semblables aux résidus précédents, disposées à sa surface dans le plus grand désordre. Notre figure 3 représente cette plaque et les figures 4 et 5 reproduisent deux de ces écailles isolées dont l'une (fig. 4) montre sa face inférieure, tandis que l'autre (fig. 5),

pareille d'ailleurs à la première, répond à la face supérieure. Nous avons eu soin de restaurer le relief à l'aide
d'un moule. Ce même relief se trouve très exactement re-
tracé avec tous les détails visibles de l'ancien organe, par
la figure 52, notablement grossie. On distingue parfaitement, à l'aide de cette figure, l'onglet aminci en coin par
lequel l'écaille se rattachait à l'axe, et à l'extrémité opposée,
une apophyse convexe, arrondie le long du bord extérieur
et délimitée vers l'intérieur par un rebord saillant ; ce rebord tranchant dessine une ligne concave et sépare la
partie apophysaire de l'écaille de sa partie superficielle
intérieure qui portait la graine. L'emplacement destiné à ce dernier organe, visiblement inverse, solitaire,
oblong et tronqué vers la base micropylaire, est indiqué
par la trace d'une cicatrice ou fosse concave, située immédiatement au-dessous du rebord intérieur de l'apophyse,
par conséquent moins bas que chez les *Dammara*. Notre
écaille se distingue en outre de celle des strobiles de
Dammara par sa structure caractéristique : la graine qu'elle
portait, au lieu d'être pourvue d'un appendice membraneux
unilatéral (voy. pl. 146, fig. 22, 23 et 24), a dû être entourée d'une étroite bordure cartilagineuse, à peu près
comme celle des *Cunninghamia*. L'emplacement creux et
vide, correspondant à la graine fossile, marque bien qu'elle
était libre et caduque, en même temps que l'écaille, chez les
Pachyphyllum, et non adhérente et soudée à la substance
du carpophylle, comme cela a lieu dans les *Araucaria*. Les
écailles séminifères du *Pachyphyllum rigidum* étaient du reste
fort petites et le strobile dont elles faisaient partie ne devait présenter que des dimensions assez faibles, si on les
compare à la taille présumée de l'arbre qui les portait.

RAPPORTS ET DIFFÉRENCES. — Il suffit de rapprocher les

figures de la planche 178 de la figure 9, pl. 173, et surtout
de comparer les figures 1 à 3, pl. 178, à celles des planches
175 et 176, pour constater une véritable affinité d'aspect
dans la structure des rameaux, la conformation et la disposition des feuilles entre le *Pachyphyllum rigidum* et le
P. peregrinum, par conséquent entre l'espèce du corallien de la Meuse et celle du lias inférieur de la Moselle,
malgré la distance verticale considérable qui les sépare.
Il n'y aurait rien d'invraisemblable à admettre que la plus
récente représentât la descendance de la plus ancienne, modifiée par l'effet du temps. Si l'analogie qui leur sert de lien
est frappante, les différences qui les distinguent ne sont
pas moins sensibles. Le *Pachyphyllum rigidum* a des feuilles
plus larges, plus épaisses, plus rejetées en dehors et plus
obtuses ; les rameaux sont plus divariqués, plus flexueux,
mais plus forts et plus raides en même temps. Il est instruc-
tif au point de vue de l'exacte comparaison des deux espèces
de rapprocher l'une de l'autre les deux figures 2, pl. 176, et
3, pl. 178, qui représentent respectivement un ramule de
chacune d'elles ; ces ramules donnent la mesure exacte des
caractères différentiels à signaler. La dimension est pareille
des deux parts, mais les feuilles du *Pachyphyllum rigidum*
sont plus épaisses à leur base d'insertion, moins atténuées et
plus obtuses, et aussi plus divariquées que celles de son congénère de Hettange : on comprend pourtant que la parenté
qui les réunit a dû être des plus étroites. Le *P. rigidum*
se distingue de l'espèce suivante, *P. araucarinum*, par ses
feuilles moins allongées et moins atténuées supérieurement. Il diffère encore, malgré les doutes que nous avions
émis en premier lieu (1), du *Pachyphyllum* des calcaires

(1) Voy. *Notice sur les pl. foss. du niveau des lits à poissons de
Cirin,* p. 40.

lithographiques de Cirin, que nous décrivons ci-après sous le nom de *P. cirinicum* et dont notre ancien *Pachyphyllum uncinatum* ne paraît représenter que des ramules épars.

Quant au *Pachyphyllum Zignoi*, des Alpes vénitiennes, il présente des rameaux plus grêles, plus divariqués-flexueux que ceux de l'espèce corallienne de la Meuse, tandis que ses feuilles conformées en mamelon obtus, avec un sommet presque arrondi, affectent une physionomie caractéristique qui aide facilement à les reconnaître.

Localités. — Corallien supérieur des environs de Verdun et de St-Mihiel (Meuse), Creue, Gibomeix; coll. de M. Moreau, de M. Buvignier, etc...

Explication des figures. — Pl. 177, fig. 1, rameau entier de *Pachyphyllum rigidum* (Pom.) Sap., provenant du corallien de Verdun, d'après un dessin original de M. Moreau envoyé à Brongniart en 1837, communiqué à nous par ce dernier, grandeur naturelle ; fig. 2, autre rameau de la même espèce d'après un dessin original de Brongniart, grandeur naturelle ; fig. 3, rameau déjà ancien de la même espèce, en partie recouvert de feuilles, réduit vers le haut à l'axe ligneux dénudé, grandeur naturelle. — Pl. 178, fig. 1, rameau entier de *Pachyphyllum rigidum* (*Brachyphyllum majus*, A. Brngt., ms.), provenant de Gibomeix (Meurthe), calcaires blancs supérieurs (n° 896 de la collection de M. Moreau), grandeur naturelle ; fig. 2, portion notable du même rameau dessiné d'après un moule restituant l'aspect et le relief de l'ancien organe, grandeur naturelle ; fig. 3, fragment de rameau de la même espèce provenant de Creue, coll. de M. Moreau (n° 896), grandeur naturelle. — Pl. 179, fig. 1, sommité d'un rameau de la même espèce, surmonté des résidus d'un strobile désagrégé, provenant de Creue, coll. de M. Moreau (n° 896), grandeur naturelle ;

fig. 2, même organe dessiné d'après un moule en relief, grandeur naturelle ; fig. 3, plaque provenant du calcaire blanc inférieur de Creue, et montrant à sa surface plusieurs empreintes d'écailles séminifères, accumulées en désordre, coll. de M. Moreau (n° 515), grandeur naturelle ; fig. 4, une de ces écailles dessinée isolément, montrant la face dorsale, grandeur naturelle ; fig. 5, autre écaille dessinée isolément et préalablement moulée, grandeur naturelle ; fig. 5ª, la même grossie pour montrer la forme de l'apophyse, la situation de la graine et la cavité occupée par celle-ci avant sa chute ; fig. 6, rameau de la même espèce muni de feuilles plus allongées que dans le type ordinaire d'après un dessin original communiqué par Brongniart, grandeur naturelle ; fig. 7, chaton mâle attribué au *Pachyphyllum rigidum*, d'après un dessin original communiqué par Brongniart et représentant un échantillon aujourd'hui perdu, recueilli par M. Moreau et portant le n° 909 de sa collection, grandeur naturelle.

N° 3. — **Pachyphyllum araucarinum**.

Pl. 178, fig. 4, et 180, fig. 1-2.

Pachyphyllum araucarinum, (Pom.), Sap., *Fl. jur.*, ms.
—   —   Schimp., *Traité de Pal. vég.*, II, p. 251.

DIAGNOSE. — *T. foliis e basi tetragona sursum elongatis sensim attenuatis subfalcatis breviter apice acuminatis plerumque divaricatis, ad superficiem stomatum notis oculo etiam nudo perspicuis punctulos tenues in series multipliciter ordinatos referentibus, secus latera longitudinaliter delineatis ;*

squamis strobili ab axi ad maturitatem, ut videtur, solutis, sterilibus crustaceis oblongis basi attenuatis, antice in apophysin leniter incrassatis, margine autem tenuiter denticulato-asperulis.

Moreauia araucarina?   Pom., *l. c.*, p. 350.
Brachyphyllum majus (ex parte),   Brongn., ms.

Nous ne possédons qu'un petit nombre de fragments de cette seconde espèce, recueillie dans le corallien de la Meuse à côté de la précédente. Les feuilles insérées par une base obscurément tétragone, recourbées en arrière et plus ou moins divariquées, s'allongent en s'atténuant graduellement, s'inclinent vers le haut et se terminent en pointe. La figure 2[b], pl. 180, qui représente une de ces feuilles notablement grossie, montre la forme exacte de leur contour. On aperçoit même à l'œil nu, sur l'empreinte qu'elles ont laissée, les traces visibles des stomates punctiformes, alignés en nombreuses séries longitudinales, qui parsemaient la surface de leur épiderme. On observe souvent des traces semblables, disposées à peu près dans le même ordre, sur les feuilles des *Araucaria* d'Australie, dont notre *Pachyphyllum araucarinum* se rapproche évidemment beaucoup. Nous aurions été presque tenté de reconnaître en lui un vrai *Araucaria* et de lui attribuer les écailles fructifiées que nous décrivons plus loin, si une circonstance particulière n'était venue nous suggérer l'affinité avec les *Pachyphyllum*, comme plus naturelle. En effet, nos figures 1 et 2, pl. 180, qui reproduisent les deux côtés de la même empreinte, laissent voir en *a*, en contact avec un rameau très bien conservé de *Pachyphyllum araucarinum*, des traces d'écailles détachées d'un strobile, probablement stériles et qui paraissent se rapporter par leur forme et leur physionomie caractéristiques au genre *Pachyphyllum*, tel que nous l'avons défini. On distingue sur ces écailles, dont l'une est presque entière et dont l'autre, couchée près de la première, n'est qu'un fragment, une partie basilaire atténuée en onglet et une partie apophysiaire légèrement dilatée et distinctement denticulée le long des bords. Ces écailles ont dû faire partie d'un strobile de *Pachyphyllum* dont elles occupaient la base. Sur le côté du rameau, fig. 2, en *b*, on distingue une réunion de folioles contiguës, disposées le long d'un axe et étroitement emboîtées : c'est là, croyons-nous, un fragment de *Zamites* qui n'a rien de commun avec le *Pachyphyllum*, sinon d'être situé près de lui à la surface de la même plaque.

RAPPORTS ET DIFFÉRENCES. — Le *Pachyphyllum araucarinum*, encore imparfaitement connu, il est vrai, se distingue du *P. rigidum*, auquel il est associé dans le corallien de la Meuse, par ses feuilles plus allongées et plus divariquées, graduellement atténuées au sommet en une pointe aiguë. Il se rapproche du *Pachyphyllum Kurrii* Schimp. (*Moreauia Kurrii* Pom. — *Araucaria peregrina* Kurr *non* Lindl. et Hutt.), du lias supérieur d'Ohmden, dans le Wurtemberg.

LOCALITÉS. — Environs de Verdun et de Saint-Mihiel, Meuse ; étage corallien supérieur ; coll. de M. Moreau, de M. Schimper, de M. Buvignier, etc.

EXPLICATION DES FIGURES. — Pl. 178, fig. 4, fragment d'un rameau de *Pachyphyllum araucarinum*, provenant de Creue, n° 1923 de la collection de M. Moreau, grandeur naturelle. — Pl. 180, fig. 1, autre rameau de la même espèce provenant de la même localité, accompagné d'une écaille de strobile, détachée, d'après un échantillon communiqué par M. Schimper, grandeur naturelle. Fig. 2, même rameau vu par la face opposée, accompagné en *a* d'un fragment d'écaille et, en *b*, d'une fronde de *Zamites ;* grandeur naturelle ; fig. 2ᵇ, une feuille de la même espèce, figurée isolément et grossie, pour montrer la forme de l'organe et la disposition des stomates ordonnés en séries multiples longitudinales.

Nº 4. — **Pachyphyllum cirinicum.**

Pl. 180, fig. 3-6 ; 181 et 182.

DIAGNOSE. — *P. ramis ramulisque robustis crassisque pluries hinc inde alterne divisis, ramulis plerumque secus axin distiche ordinatis, foliis e basi crassa transversimque rhombœa sursum abbreviatis dense congestis fere imbricatis dorso convexis leviterque carinatis, apice parum recurvo obtuse breviterque attenuatis, in ramulis autem lateralibus divaricatim pationibus productioribus, apice subfalcatis uncinatisque (unde Pachyphyllum uncinatum Sap.); — strobilis, ut videtur, ovatoglobosis, e squamis laxiuscule imbricatis desuper concavis deorsum leniter deflexis, cicatrice punctiformi (ob insertionem seminis unici) antice notatis, in apophysin marginalem vix prominentem abeuntibus, ad maturitatemque caducis constantibus.*

Pachyphyllum rigidum,	Sap. (*non* Schimp.), *Notice sur les pl. foss. du niveau des lits à poissons de Cerin,* p. 40; — *Descr. des poiss. foss. prov. des gis. du Jura,* par feu Vict. Thiollière, 2ᵉ livr., p. 37.
— *uncinatum,*	Sap., *ibid.,* p. 40.
Araucarites creysensis,	Sap., *ibid.,* p. 41.

Nous appliquons ici la dénomination de *Pachyphyllum cirinicum,* non seulement à des rameaux fréquents dans

les calcaires lithographiques de Cirin, confondus d'abord
par nous avec le *Pachyphyllum rigidum* du corallien de la
Meuse et que nous croyons maintenant devoir distinguer
de celui-ci, mais encore à notre *Pachyphyllum uncinatum*
dont on rencontre à Creys, à Morestel, aussi bien qu'à
Cirin, des fragments épars de ramules; nous y joignons
de plus, comme ayant sans doute appartenu à la même
espèce, les débris d'un strobile curieux, trouvé à Solenhofen en contact « apparent » avec un rameau de l'ancien
Arthrotaxites princeps de Unger. Sous cette formule spécifique, le savant autrichien, il faut le dire, avait accumulé
toute une série de formes très diverses, appartenant à des
genres et même à des tribus séparés, puisque effectivement le *Brachyphyllum nepos* Sap., l'*Echinostrobus Sternbergii* Schimp., joints à de vraies Cupressinées, avaient
également reçu de lui la désignation d'*Arthrotaxites princeps*. Grâce aux obligeantes communications de M. le professeur Zittel, nous avons pu examiner à loisir les échantil-
lons-types de Solenhofen qui font partie de la riche collection de l'Université de Munich et nous avons ainsi constaté
qu'il n'existait réellement qu'une connexion purement
accidéntelle entre le strobile détaché dont nous donnons
la description et la figure (pl. 180, fig. 6), et le rameau de
Brachyphyllum placé près de lui sur la même plaque.
Si nous attribuons, non sans quelque doute, ce strobile à
notre *Pachyphyllum cirinicum*, c'est qu'il présente la structure caractéristique des organes fructificateurs de ce genre
et que les lits de Cirin ont avec ceux de Solenhofen des
rapports si étroits, tant par la présence d'espèces communes, que par le niveau géognostique qu'ils occupent respectivement, qu'il n'y a rien que de fort naturel à admettre la présence simultanée du même *Pachyphyllum*

dans les deux localités. — Les exemplaires recueillis à Cirin et appartenant à la collection du muséum de la ville de Lyon (pl. 181, fig. 1, et 182, fig. 1-3) sont de la plus grande beauté. Dessinés par nous avec soin, ils nous ont révélé les caractères distinctifs de l'ancienne espèce. L'empreinte qu'ils ont laissée manque pourtant de netteté sur beaucoup de points, en sorte que nous avions cru en premier eu ne pas devoir les distinguer du *Pachyphyllum rigidum* (Pom.) Sap., de la Meuse. Une comparaison attentive de nos planches 181 et 182 avec les figures 1 à 3 de la planche 178 démontre assurément le contraire. C'est bien là une espèce à part, plus rapprochée même du *Pachyphyllum peregrinum* que du *P. rigidum* et ressemblant par ses feuilles épaisses, courtes, disposées en écusson sur les branches principales, au *Brachyphyllum nepos* Sap. (Voy. pl. 172, fig. 1 à 3), qui lui est associé dans les lits de Solenhofen, comme dans ceux de Cirin et du lac d'Armaille.

La figure 3, pl. 182, représente le tronçon d'un rameau déjà ancien, à ce qu'il semble, et relativement épais, dont les feuilles marquées de légères stries longitudinales, épaisses et larges à la base, faiblement carénées sur le dos, courtes, obtuses et à peine recourbées au sommet, se trouvent disposées d'après une ordonnance spirale assez complexe. Le rameau fig. 1, même planche, épais à la base et pourvu de trois ramules alternes, distribués à des distances irrégulières, paraît terminé dans toutes ses parties. L'un des ramules montre une subdivision latérale ; toutes les sommités sont obtuses ; les feuilles sont apprimées, convexes et faiblement carénées sur le dos ; elles s'atténuent en une pointe obtuse et courte, généralement recourbée en dedans. Quelques-unes de ces feuilles, distinctement repliées en faux, s'étalent plus que leurs voisines ; ce mouvement est surtout visible sur les côtés de l'empreinte, là où les feuilles dessinent leur profil; les faciales ayant subi les effets naturels de la compression. La figure 2, pl. 182, reproduit un grand rameau complet dans toutes ses parties, du sommet à la base, et pourvu de plusieurs ramules alternes, étalés dans le même plan, relativement courts et indivis. Il est probable que ce rameau se rapporte à la partie terminale d'un axe secondaire. Il est épais et robuste, surtout à l'extrême base, et se termine par un jet puissant et nu, au sommet. Les ramules, disposés dans un ordre distique, sont situés vers le milieu du rameau et couronnés par des bourgeons obtus qui résultent seulement du rapprochement des dernières feuilles, non encore évoluées et étroitement serrées. Les autres feuilles, toujours larges et courtes, peu prolongées, atténuées en une pointe obtuse et récurve, lâchement imbriquées, la plupart érigées, d'autres fois étalées et repliées en crochet à l'extrémité supérieure, sont absolument pareilles à celles de l'échantillon précédent.

La figure 1, pl. 181, représente un autre grand rameau ou plutôt le fragment d'une branche dont l'axe principal, couvert de feuilles déjà anciennes, conformées en larges écussons convexes, étroitement appliquées et imbriquées, donne lieu latéralement à deux ramifications composées de ramules épars, étalés dans le même plan, les uns simples, les autres pourvus de ramules de second ordre ou plutôt de bourgeons latéraux. Ces ramules, bien que fort irréguliers, décroissent pourtant, si on les considère dans leur ensemble, de la base au sommet du rameau qui les porte, et la plus élevée des deux ramifications que présente la branche est plus petite et moins divisée que l'inférieure. Il s'agit donc ici, selon toute probabilité, d'un rameau latéral et appendiculaire, détaché d'un arbre qui, à l'exemple de beaucoup de Conifères et des *Araucaria* en particulier, offrait un port régulier, étagé par plans successifs, horizontalement disposés. Les feuilles, bien qu'elles affectent la même forme que celles des exemplaires précédents, sont encore plus courtes, plus apprimées et plus rarement étalées en crochet falciforme; elles reproduisent presque les caractères et l'aspect de celles des vrais *Brachyphyllum*, spécialement du *B. nepos*. Nous croyons pourtant qu'il s'agit toujours du même *Pachyphyllum*, à cause de l'analogie évidente qui relie ensemble ces divers débris comparés. Ce sont là plutôt des variations de forme, comme celles dont les Conifères vivantes offrent de nombreux exemples, dans les limites mêmes d'une espèce unique et dans les différentes parties du même arbre.

Pachyphyllum cirinicum var. **uncinatum** Sap.

Pl. 180, fig. 3-5, et 181, fig. 2.

Ces diversités ne sont pas les seules; on rencontre encore non seulement à Cirin (pl. 181, fig. 2), mais à Morestel (pl. 180, fig. 3) et à Creys (pl. 180, fig. 4-5), des rameaux épars, généralement simples, rigides, un peu recourbés en arc, dont les feuilles, analogues à celles des exemplaires fig. 1 et 2, pl. 182, sont cependant plus lâchement insérées et plus divariquées; épaisses et tétragones à la base, elles sont atténuées en crochet, pointues et recourbées en faux à leur sommet, quelquefois même repliées en arrière. Ces feuilles ne diffèrent pourtant par aucun caractère essentiel de celles qui garnissent les rameaux précédemment décrits; elles constituent, à ce que nous croyons, une simple variété du *Pachyphyllum cirinicum*

qui, à l'exemple de plusieurs de ses congénères, aurait
affecté une certaine polymorphie dans la structure de ses
organes foliaires, plus appliqués et plus courts, plus allongés et plus étalés, selon les cas.

L'organe que nous considérons comme représentant
l'appareil fructificateur du *Pachyphyllum cirinicum* (pl. 180,
fig. 6) consiste dans un strobile, peut-être seulement dans
la moitié supérieure d'un strobile détaché en bloc de son
axe et dont les écailles ouvertes et semi-décombantes sont
demeurées pourtant en connexion mutuelle, emboîtées les
unes dans les autres. Notre figure, pour mieux faire ressortir cette disposition, représente ce fragment de cône, le
sommet en bas, d'après un moule qui lui restitue son relief et sa physionomie. On reconnaît aisément une structure générale analogue à celle des cônes de *Cunninghamia:*
les écailles sont minces, ordonnées en spirale, lâchement
imbriquées, concaves par leur face supérieure, épaissies,
le long de leur marge extérieure, en un rebord faiblement
saillant, défléchi, qui se termine par une protubérance
obtuse, peu prononcée. Immédiatement au-dessous de cette
protubérance, sur le milieu de la face intérieure et antérieure de quelques-unes de ces écailles, les plus grandes
et les mieux développées de celles dont le cône est formé,
on distingue une cicatrice entourée d'une zone étroite, légèrement creusée en fossette, correspondant à l'insertion
et à l'emplacement d'une semence unique, caduque et
probablement inverse. La situation de cette semence est
ainsi exactement pareille à celle des graines du *Pachyphyllum rigidum*, dont nous avons décrit les écailles fructifiées, et il n'existe ici d'autre différence que celle qui
résulte de la forme respective des écailles et du développement relatif de leurs apophyses, différences d'une na-

ture purement spécifique. Ces considérations nous portent à reconnaître dans l'organe qui vient d'être signalé le strobile du *Pachyphyllum cirinicum* ou du moins d'une espèce congénère et contemporaine de celle de Cirin, en tenant compte de l'étroite liaison géognostique qui rattache le niveau de Solenhofen à celui des poissons et des plantes fossiles du Bas-Bugey.

RAPPORTS ET DIFFÉRENCES. — D'après ce qui précède, il est facile de ne pas confondre, comme nous l'avions fait d'abord, le *Pachyphyllum cirinicum* et sa variété *uncinatum* avec le *P. rigidum* du corallien de la Meuse. Les feuilles du premier sont plus larges, plus courtes, presque imbriquées ; leur pointe est moins allongée, d'autres fois plus réfléchie et même repliée en arrière ; elle est en même temps plus pointue ; elle devait être plus piquante. Les proportions ne sont pas les mêmes des deux parts : les rameaux du *P. cirinicum* sont plus érigés, plus raides, garnis de feuilles plus petites et plus nombreuses, plus fréquemment ramifiés ; mais ces ramifications se composent de ramules généralement simples et courts, étalés dans un ordre distique. — Le fruit que nous attribuons à l'espèce de Cirin est formé d'écailles qui diffèrent de celles que nous avons rapportées au *Pachyphyllum* de Verdun par une apophyse plus mince, moins arrondie, moins développée et moins convexe ; la graine de la première des deux espèces a dû être moins allongée et plus large.

Comparé au *Pachyphyllum peregrinum*, le *P. cirinicum* se distingue par ses feuilles plus larges, plus courtes et moins acuminées ; il diffère également du *P. Zignoi*, dont les feuilles sont plus écartées et bien plus obtuses, presque arrondies à leur sommet.

LOCALITÉS. — Calcaires lithographiques à poissons fos-

siles de Cirin (Ain), Morestel (Isère), Creys (Isère); —
étage kimméridien inférieur. Calcaire lithographique de
Solenhofen (le strobile). — Coll. du muséum de la ville de
Lyon, du Muséum de Paris et de la ville de Munich.

EXPLICATION DES FIGURES. — Pl. 180, fig. 3, fragment
d'un rameau de *Pachyphyllum cirinicum*, var. *uncinatum*,
de Morestel (Isère), d'après un exemplaire appartenant à
la collection du Muséum de Paris, grandeur naturelle.
Fig. 4 et 5, empreinte et contre-empreinte d'un autre ramule de la même espèce et de la même variété, d'après un
échantillon provenant de Creys et appartenant à la collection du Muséum de Lyon, grandeur naturelle. Fig. 5ᵃ,
portion du même échantillon, grossie, pour montrer la
forme et le mode d'agencement des feuilles de la variété
uncinatum. Fig. 6, sommité d'un strobile attribué au *Pachyphyllum cirinicum*, détaché naturellement, avec les
écailles encore connexes, découvrant leur face supérieure
et la cicatrice du point d'insertion d'une graine unique.
L'organe est dessiné d'après un moule, la pointe tournée
en bas; grandeur naturelle. — Pl. 181, fig. 1, *Pachyphyllum cirinicum* Sap., branche munie de ramifications latérales disposées dans le même plan, d'après un échantillon
de Cirin, faisant partie de la collection du Muséum de
Lyon, grandeur naturelle. Fig. 2, *Pachyphyllum cirinicum*
var. *uncinatum*, ramule presque complet, détaché d'un
rameau secondaire, d'après un échantillon de Cirin qui
fait partie de la collection du Muséum de Lyon, grandeur
naturelle. — Pl. 182, *Pachyphyllum cirinicum* Sap., rameau complet, naturellement détaché, type normal, d'a-
près un échantillon provenant de Cirin et faisant partie de
la collection du Muséum de Lyon, grandeur naturelle.
Fig. 2, partie terminale d'un long rameau se rapportant

à la sommité d'une tige secondaire, muni de plusieurs ramules latéraux, d'après un échantillon de Cirin, faisant partie de la collection du Muséum de la ville de Lyon, grandeur naturelle. Fig. 3, fragment d'un rameau déjà ancien de la même espèce, d'après un échantillon ayant la même provenance que les précédents et communiqué par M. le professeur Lortet, grandeur naturelle.

N° 5. — **Pachyphyllum Zignoi**.

Pl. 183, fig. 1-3.

DIAGNOSE. — *P. ramis vage alterneque ramosis, ramulis subflexuosis; foliis laxe spiraliter ordinatis, e basi crassa sur sum breviter falcato-incurvis, apice obtusatis.*

Araucarites Rotzanus, Massal., *Specimen photog. animal. plan-*
        tarumque foss. agri veron., p. 70,
        tab. 22 (teste cl. de Zigno, in litt.).

Nous signalons ici, bien qu'elle n'ait pas été encore rencontrée en France, une espèce de *Pachyphyllum* dont les rameaux abondent dans les calcaires probablement oxfordiens, peut-être sus-oxfordiens des Alpes vénitiennes. Nous dédions ce *Pachyphyllum* à M. le baron de Zigno, auteur du *Flora fossilis formationis oolithicæ*, en voie de publication ; cet auteur nous fournira bientôt sans doute de plus amples détails sur cette intéressante espèce : elle présente des rameaux moins épais, plus divariqués-flexueux que ceux des *Pachyphyllum cirinicum*, avec lequel on serait tenté de la confondre ; elle se rapproche également du *P. rigidum*, de Verdun, et lui ressemble par l'aspect des rameaux et des feuilles ; celles-ci sont cependant plus petites, moins étalées et surtout plus obtuses que celles du *P. rigidum ;* elles paraissent même sub-arrondies à leur sommet légèrement incurve. Nous figurons cette espèce qui nous paraît remarquable, comme susceptible de fournir un terme de comparaison avec les autres formes congénères de la flore jurassique française. Elle constitue au moins une race curieuse qui mérite d'attirer l'attention.

RAPPORTS ET DIFFÉRENCES. — Le *Pachyphyllum Zignoi,* dont nous venons de signaler l'étroite affinité avec le *P. cirinicum,* se distingue de celui-ci par la terminaison obtuse et l'épaisseur relative plus considérable de ses feuilles; il affecte aussi une ressemblance visible avec le *Brachyphyllum Orbignyanum* de Brongniart, espèce des lignites crétacés de l'île d'Aix, que nous avons mentionnée plus haut comme ayant dû appartenir au genre *Pachyphyllum.* Mais le *Brachyphyllum Orbignyanum (Fucoides Orbignyanus* Brngt., *Hist. des pl. foss.,* 1, pl. 2, fig. 6-7) est bien plus petit dans toutes ses proportions que notre *Pachyphyllum Zignoi,* dont il représente une sorte de réduction. La figure grossie de Brongniart égale à peine les rameaux de l'espèce véronaise; on ne saurait donc être exposé à confondre des formes séparées d'ailleurs l'une de l'autre par un intervalle vertical aussi considérable.

LOCALITÉS. — Calcaire probablement oxfordien ou sus-oxfordien des Alpes vénitiennes, dans le Véronais et le Vicentin; coll. du Muséum de Paris et la nôtre.

EXPLICATION DES FIGURES. — Pl. 183, fig. 1, *Pachyphyllum Zignoi* Sap., rameau accompagné sur l'un des côtés de trois ramules obliquement dirigés, d'après un échantillon provenant du Véronais, grandeur naturelle. Fig. 2, autre rameau de la même espèce, même provenance, grandeur naturelle. Fig. 3, autre rameau dépourvu de ramifications latérales et muni de feuilles plus divariquées et plus saillantes, même provenance, grandeur naturelle ; fig. 3ª, portion du même rameau, grossie, pour montrer la forme caractéristique et le mode d'agencement des feuilles du *Pachyphyllum Zignoi.*

SIXIÈME GENRE. — ARAUCARIA.

Pl. 146, fig. 5-17, et 187, fig. 4-7.

Araucaria,	Juss., *Gen.*, p. 413.
—	Rich., *Conif.*, p. 153, tab. 20 et 21.
—	Endl., *Syn. Conif.*, p. 184; *Gen. pl.*, p. 261.
—	Carr., *Conif.*, p. 413.
—	Hænk. et Hochst., *Nadelholz.*, p. 2.
—	Hildebr., *Die Veibreit. d. Conif.*, p. 275.
—	Parlat., *in D. C. Prodr.*, t. XVI, p. 369.
—	Schimp., *Traité de pal. vég.*, II, p. 253.
—	Strasburg., *Die Conif. und die Gnet.*, p. 60 et 231.

DIAGNOSE. — *Folia tum incrassata aut coriacea tetragono-falcata apiceque incurva dorso autem carinata, tum complanata plurinervia apice acuta mucronatave, basi tortili restrictaque infra autem decurrenti insidentia, spiraliter inserta, sed secus ramos laterales et ramulos plerumque distiche ordinata. — Squama strobili e bractea cum receptaculo ovulifero pro maxima parte coalita constans, ovulum unicum inversum subimmersum basi fovens, apice autem in apophysin convexo-rhombæam, carina transversa acuta sæpius notatam appendiculoque acuminato superatam transiens; semen substantiæ squamæ intus excavatæ tegumenti modo inclusum vix ad micropylen extremo apice liberum, simul cum squama ab axi ad maturitatem solutum; — amentum masculum ovatum quandoque pergrande ex androphyllis multiplicibus dense spiraliter congestis imbricatisque antice acuminatis, retrorsum sacculos polliniferos elongatos pendulos dehiscentiæ causa fimbriato-laceros ferentibus efformatum, bas autem perulis cruciatim oppositis ut plurimum involucratum. — Arbores axi verticaliter erecto elatoque, et ramis lateralibus secus axim centralem regulariter verticillatis constitutæ, ramis secundariis tertiariisque horizontaliter expansis, multiramulosis, ramulis autem utrinque distiche seriatis.*

Dombeya,	Lam., *Ill. des genres,* tab. 828.
Columbea et *Eutassa,*	Salisb., in *Linn. Transact.,* \III, p. 315.
Altingia,	Don, in *Lond. Hort. brit.,* p. 406.
Araucaria et *Eutacta,*	Link., in *Linnæa,* XV, p. 541-543.
Araucarites (ex parte),	Ung., *Gen. et sp. pl. foss.,* p. 381.
— —	Gœpp., *Monogr. Conif. foss.,* p. 231 (*excl. plerisque speciebus ad* Pachyphyllum *aut* Sequoiam *pertinentibus*).

HISTOIRE ET DÉFINITION. — Le genre *Araucaria* présente cette particularité qu'après avoir tenu une place importante dans l'ancienne végétation européenne et avoir plus tard disparu de notre continent, il s'est maintenu pourtant sur plusieurs points de l'hémisphère austral, soit en Amérique, soit dans l'Australie. Cette persistance d'un type de Conifère secondaire parvenu jusqu'à nous sans altération, à travers une longue succession de périodes, a de quoi étonner quand on songe aux renouvellements dont la flore terrestre a été le théâtre et qui ont modifié, à tant de reprises, les traits de sa physionomie. Cependant, les *Salisburia* nous ont fourni un autre exemple saillant d'une semblable persistance ; et en interrogeant un passé encore plus ancien que les temps secondaires, on observe des genres comme celui des *Equisetum,* probablement aussi le genre *Selaginella,* qui, après avoir fait partie de la flore carbonifère, n'ont jamais depuis abandonné le sol de l'Europe.

Loin de rejeter, comme invraisemblable, la présence

des *Araucaria* dans les strates des anciens terrains, la propension des premiers auteurs a été plutôt d'en exagérer le nombre et de décrire sous les noms d'*Araucaria* ou d'*Araucarites* une foule d'espèces dont les rameaux seuls étaient connus et que leur analogie apparente avec les *Araucaria* d'Australie portait à identifier génériquement avec ceux-ci. Ces indices étaient loin de suffire, et ce qui le démontre, c'est que la plupart des prétendus *Araucaria* énumérés à l'origine dans les ouvrages de Sternberg, de Gœppert, de Unger, dans le *Fossil Flora* de Lindley et dans d'autres mémoires successivement mis au jour, en ont été distraits plus tard, à la suite d'études plus attentives ou par l'effet de la découverte des appareils fructificateurs ; en sorte qu'après avoir cru voir des *Araucaria* partout, on a dû se demander sérieusement si le genre avait réellement existé jadis en Europe, ou bien s'il ne s'agissait pas de types éteints, n'ayant des *Araucaria* que l'aspect extérieur, sans en posséder la structure caractéristique.

Brongniart a été l'un des premiers à ouvrir la voie à cet examen. Dans son Prodrome, il ne cite aucun *Araucaria* parmi les espèces fossiles dont il a eu l'occasion de déterminer le genre. Dans son Tableau des genres de végétaux fossiles (p. 70), en mentionnant le genre *Araucarites* de Presl, il conteste avec raison l'attribution à ce groupe de l'*Araucarites Sternbergii*, reconnu effectivement depuis, par M. Heer, comme étant un *Sequoia*. L'*Araucaria peregrina* que nous avons décrit plus haut sous le nom de *Pachyphyllum* paraissait également à Brongniart différer beaucoup des *Araucaria* proprement dits, groupe dans lequel il ne serait resté que les seuls *Araucarites acutifolius* et *crassifolius* Corda, de la craie inférieure de Bohême, formes demeurées jusqu'à présent fort problématiques, puisque M. Schimper a négligé de les inscrire dans son traité de Paléontologie végétale.

Le principal indice sur lequel était basée l'existence vraie ou supposée des *Araucaria* dans les terrains secondaires et même dans le trias, le permien et le carbonifère, résultait de l'observation de bois fossiles, ayant la structure caractéristique de ceux des *Araucaria*, c'est-à-dire présentant plusieurs rangées de pores aréolés, disposés en séries quinconciales sur la face principale des fibres ligneuses. Mais, ainsi que le remarque très justement M. Schimper (1), cette même structure a dû se trouver autrefois dans des genres et des types, les uns rapprochés, quoique distincts des *Araucaria* proprement dits, les autres faisant partie de tribus entièrement différentes. Il en est ainsi sans doute des *Dadoxylon* Endl., *Araucarites* de Gœppert, *Araucarioxylon* de Kreutz (2) qui proviennent du terrain houiller et dont la structure rappelle d'une manière frappante celle des *Araucaria* actuels. Ces bois, d'après les recherches récentes de MM. Grand'Eury et Renault, représenteraient le corps ligneux des Cordaïtées, type de Gymnospermes certainement éloigné des Araucariées et même des Conifères propres, mais qui semble plutôt confiner aux Salisburiées ou même aux Cycadées par certaines particularités organiques, et par les détails anatomiques relatifs à la composition des faisceaux fibro-vasculaires. Il s'agissait donc de constater avant tout, non pas sur de simples apparences, mais d'après l'examen des organes de la fructification ou d'une partie de ces organes, la présence des *Araucaria* en Europe, à partir d'un moment déterminé de la période secondaire. C'est ce qu'a fait le premier M. W.

(1) Schimp., *Traité de Pal. vég.*, II, p. 252.
(2) *Ibid.*, II, p. 380.

Carruthers, dans deux articles successifs, l'un inséré en 1867 dans le *Journal of Botany* « sur les fruits de Gymnospérmes des terrains secondaires de l'Angleterre », l'autre dans le *Geological Magazine* de janvier 1869 (1). Les descriptions, accompagnées de figures, de M. Carruthers ont démontré avec certitude l'existence de vrais *Araucaria* jurassiques, représentés les uns par des cônes entiers, les autres par des écailles séminifères provenant de ces mêmes organes désagrégés. Le savant anglais signale en tout quatre espèces, sous les noms d'*Araucarites sphærocarpus* (*Araucaria sphærocarpa* Carruth., *Geol. Magaz.*, III, p. 350), *Araucarites Pippingfordensis* (*Zamiostrobus Pippingfordensis* Ung., *Gen. et sp. pl. foss.*, p. 300 ; — *Araucaria Pippingfordensis* Carruth., *Geol. Magaz.*, III, p. 250), *Araucarites Brodiei* (*Geol. Magaz.*, VI, p. 3, pl. 2, fig. 1-6) et *Araucarites Phillipsii* (*ibid.*, p. 6, pl. 11, fig. 7-9). De ces quatre espèces, une seule dont nous n'avons pas à nous occuper ici, l'*A. Pippingfordensis*, provient du wéaldien ; les trois espèces ont été rencontrées dans l'oolithe inférieure.

L'*Araucarites sphærocarpus*, que nous figurons comme terme de comparaison, en lui appliquant, à l'exemple de M. Schimper(2), la dénomination générique d'*Araucaria* qu'il mérite par la netteté de ses caractères, est représenté par un cône arrondi subsphérique, presque complet, dont toutes les parties sont encore en connexion et dont la ressemblance avec ceux de l'*Araucaria excelsa* R. Br. est vraiment frappante soit pour la forme générale, soit en ce qui concerne la structure et l'ordonnance des écailles. La

____

(1) Voy. *The Journ. of Botany Brit. and foreign*, janv. 1867, p. 1-21, pl. 57-60. — *The Geolog. magaz. or Monthly Journ. of Geol.*, janv. 1869, p. 1-7, pl. 1-2.

(2) *Traité de Pal. vég.*, II, p. 254.

face antérieure, bombée et saillante, de chacune des
écailles dessine une aire rhomboïdale, transversalement
allongée, marquée sur le milieu d'une crête dont la saillie
terminale surmontée par une pointe exserte et réfléchie a
disparu dans la plupart des cas par l'effet du frottement
ou des cassures que l'ancien organe a subies ; celui-ci a passé à l'état de moule, par suite du remplissage de
la cavité résultant de sa destruction. Au-dessus de la crête
appendiculaire dont il vient d'être question, M. Carruthers
a distingué, sur l'échantillon original, les vestiges en saillie
du support soudé à la bractée par la face commissurale
de ces deux organes appliqués l'un sur l'autre ; l'extrémité
libre du premier donne lieu effectivement à une pointe
distincte de celle qui termine la bractée ; c'est là une disposition conforme à celle que montrent les figures 7 et 8
de notre planche 146, qui représentent une écaille détachée d'un cône de l'*Araucaria Bidwilii*, vue par-dessus
(fig. 7) et de côté (fig. 8). L'auteur anglais s'est encore assuré, à l'aide d'une fracture de quelques-unes des écailles
de l'organe fossile, que chacune d'elles n'avait contenu
qu'une seule graine, conformément à ce qui existe chez
les *Araucaria*. Le strobile de l'oolithe inférieure du Som-
mersetshire a donc certainement appartenu à ce genre,
sans que l'on puisse toutefois former aucune conjecture
au sujet des rameaux et des feuilles de l'arbre qui le portait. L'apparence et la forme générale de l'appareil fructificateur sembleraient indiquer une espèce analogue par
le port à l'*Araucaria excelsa* R. Br. ; cependant la structure
des écailles, qui ne paraissent pas avoir été atténuées latéralement en une marge membraneuse, comme dans la section *Eutacta*, mais avoir plutôt présenté une consistance ligneuse et solide, à l'exemple de celles des *Araucaria Bid-*

wilii Hook., *Muelleri* Brngt. et Gris, et de l'*A. imbricata* du Chili, cette structure ne fournit aucune indication assez précise pour servir de guide à l'analogie ; et l'incertitude ne peut qu'augmenter si l'on tient compte des divergences si accentuées, qui séparent les espèces citées en dernier lieu, et de la nature artificielle du caractère qui préside à leur réunion dans un même sous-genre, celui des *Columbea* de Salisbury.

Les deux autres espèces de l'auteur anglais se rattachent au même niveau géognostique que la précédente : l'une est l'*Araucaria Brodiei* (Carr.) Schimp., de Stonesfield, l'autre l'*A. Phillipsii*, de l'oolithe inférieure du Yorkshire.

Toutes les deux consistent également en écailles isolées, détachées par conséquent d'un cône parvenu à sa maturité; mais la structure de ces écailles est si bien caractérisée que leur attribution générique ne saurait être douteuse. Cependant la sommité de rameau, terminée par des résidus d'écailles et dénotant la base d'un strobile désagrégé, que l'auteur anglais a représentée, fig. 1 de sa planche 11, ne semble pas avoir appartenu à la même espèce que les écailles isolées, fig. 2, 3 et 4 de la même planche : cette fig. 1 reproduit plutôt l'aspect d'un *Pachyphyllum* à la tige épaisse, dont les écailles fructifiées auraient offert une dimension bien supérieure à celles des écailles de l'*Araucaria Brodiei*. Celles-ci, pl. 187, fig. 5-6, ont au contraire une taille des plus médiocres; deux fois plus courtes que celles de l'*Araucaria Moreauana*, de Verdun, elles se rapprochent sensiblement de la plus petite des espèces kimméridiennes que nous décrivons plus loin, de celle que nous désignons sous le nom d'*A. Falsani;* telle est du moins notre impression. Tout ce qu'ajoute d'ailleurs l'auteur anglais à propos des écailles qu'il examine nous paraît parfaitement juste et vient en confirmation de nos propres idées.

M. Carruthers admet effectivement la conformité de ces organes avec ceux que M. Pomel avait observés autrefois dans l'oolithe de la Meuse, et, faisant ressortir en même temps leur incontestable affinité avec les écailles des strobiles d'*Araucaria*, il repousse par cela même, comme invraisemblable, l'interprétation formulée en 1847 par l'auteur français (1). Il démontre l'impossibilité de croire que les écailles rencontrées à l'état isolé n'aient pas été jadis réunies en strobile, mais plutôt insérées à part, à l'aide d'un onglet, à la base d'une bractée axillante et à l'extrémité supérieure d'un rameau, de manière à constituer un genre de Taximées qui aurait été analogue aux *Dacrydium* actuels. Ce genre supposé, non seulement aurait compris, malgré la diversité apparente des espèces, la plupart des Conifères jurassiques, mais, suivant M. Pomel qui proposait pour lui la dénomination de *Moreauia*, il aurait englobé les *Pachyphyllum* et les *Brachyphyllum*, en même temps que les *Araucaria*. M. Carruthers s'appuie, d'une part, sur la structure des écailles, considérées isolément, pour reconnaître en elles de véritables *Araucaria* congénères de ceux d'Australie ; d'autre part, il invoque, pour expliquer l'absence ou la rareté des strobiles, en regard de la fréquence des organes détachés, la facilité de désagrégation de ces organes et les précautions qu'on est obligé de prendre dans les collections pour maintenir en place autour de l'axe les écailles qui tendent à s'en détacher.

La présence des *Araucaria* dans l'Europe secondaire nous

(1) Voy. Pomel, *Matériaux p. servir à la fl. foss. des terr. jurass. de la France*, in *Amtl. Ber. ueb. d. fünfundzw. Vers. a. Gesel. : Deutsch. Naturf.* in Aachen, sept. 1847, p. 348 et 349.

paraît donc certaine, à partir de l'oolithe inférieure. Non seulement ce genre persiste ensuite jusqu'à la fin des temps jurassiques, mais il se montre à divers niveaux successifs de la craie, représenté par des formes variées et puissantes, qui permettent de penser que cette dernière époque a été celle qui correspond à son plus grand développement en Europe. L'*Araucaria cretacea* (Brngt.) Sap., du grès vert de Nogent-le-Rotrou (Eure-et-Loir), figuré par M. Schimper, d'après un dessin que nous lui avions communiqué, a laissé de lui un cône auquel il ne manque, pour être complet, que les prolongements épineux des écussons apophysiaires ; l'absence de ces prolongements est uniquement due à ce que l'organe n'a pu être entièrement dégagé de la gangue pierreuse dans laquelle il a été enveloppé ; la cavité à laquelle sa destruction a donné lieu a été ensuite fidèlement moulée en relief par l'effet d'un remplissage. Nous possédons encore un rameau pourvu de feuilles falciformes, analogues à celles des *Araucaria excelsa* et *Cookii*, recueilli par M. l'abbé Bourgeois dans les silex de la craie turonienne et provenant des ateliers de fabrication de Preuilly (Indre-et-Loire) ; les mêmes concrétions siliceuses de la craie du tunnel de Montrichard, dans l'Orléanais, ont fourni de plus au regrettable savant que nous venons de citer l'empreinte de la partie supérieure d'un cône d'*Araucaria*, remarquable par sa grande taille et par la saillie épineuse des prolongements apophysiaires qui surmontent ses écailles. Ce strobile qui, dans son intégrité, devait atteindre la grosseur d'une tête d'enfant, semble devoir être rangé dans la section des *Colombea*. Enfin, nous signalerons en dernier lieu un magnifique rameau, dont les feuilles lancéolées-rhomboïdales et plurinerviées acuminées-épineuses au sommet, présentent une ressemblance curieuse avec celles de l'*Araucaria Bidwilii Hook.*

Nous avons récemment publié cette dernière espèce (1) sous le nom d'*A. Toucasi;* elle a été découverte par M. Toucas dans les grès turoniens du Beausset, près de Toulon.

Il est donc visible que les *Araucaria* ont survécu en Europe à la période jurassique, que leur plus grande extension date de la craie et que c'est seulement à la fin de cette dernière période, ou même dans le cours de la période suivante, qu'ils ont été définitivement éliminés de notre continent.

De nos jours, les seuls *Araucaria* vivants se trouvent confinés dans l'hémisphère austral. Les uns se rencontrent dans l'Amérique méridionale (Andes du Chili. — Montagnes du Brésil et de la Bolivie) : ce sont les *Araucaria imbricata* Par. et *brasiliensis* Rich., que l'on a quelquefois distingués sous le nom de *Columbea.* Leurs feuilles sont planes, plurinerviées, et les écailles de leurs strobiles solides et non accompagnées latéralement d'une bordure mince et membraneuse. L'*Araucaria Bidwilii* Hook., arbre de la Nouvelle-Hollande orientale, dont nous avons figuré un rameau et une écaille fructifiée vue de trois côtés (voy. pl. 146, fig. 5-8), se rattache à la même section des *Columbea;* M. Parlatore, dans le *Prodrome* (2), y inscrit également, mais à tort selon nous, l'*A. Rulei* Ferd. Muell. (voy. notre pl. 146, fig. 16-17, qui représente une écaille de cette espèce, vue par les deux faces) dont les rameaux (3) sont conformés cependant très différemment, en sorte que l'*A. Rulei* semble opérer une transition vers le sous-genre

(1) Voy. *Le monde des plantes avant l'apparition de l'homme,* p. 198, fig. 27, 2 ; Paris, G. Masson, 1879.

(2) *Prodr.,* t. XVI, p. 371.

(3) Voy. sur la pl. 146, fig. 15, un ramule de l'*A. Balansæ,* Brngt. et Gris, de la Nouvelle-Calédonie, dont les feuilles ressemblent à celles de l'*A. Rulei.*

ou section des *Eutacta*. La plupart des *Araucaria* d'Australie ont le caractère des *Eutacta*, c'est-à-dire que leurs feuilles ont l'aspect de crochets tétragones à la base, atténués en une pointe recourbée en faux au sommet, plus rarement dilatées en lamelles coriaces, tandis que leurs écailles fructifiées, surmontées d'une pointe terminale exserte, sont amincies latéralement en une marge membraneuse. Le support ovulaire soudé à la bractée demeure reconnaissable chez les *Eutacta*, aussi bien que chez les *Columbea*; seulement, son apex ou sommet libre n'a rien de raide, ni d'épineux, dans les premiers, et revêt l'apparence d'une lamelle scarieuse presque entièrement adnée à la bractée : les figures 12 à 14 de notre planche 146, qui représentent les écailles fertiles, vues par dessus et par dessous, des *Araucaria Cookii* R. Br. (fig. 11-12) et *Muelleri* Brngt. et Gris (fig. 13-14), aideront à saisir ces nuances différentielles qui ne manquent pas d'importance, dès qu'il s'agit de la détermination des espèces fossiles.

Les *Araucaria excelsa* R. Br., — *Cunninghami* Ait., — *Cookii* R. Br., — *Muelleri* Brngt. et Gris, — *Balansœ* Brngt. et Gris, — *montana* Brngt. et Gris et *Rulei* F. Muell., se rattachent tous de plus ou moins près au type commun des *Eutacta*. Le second, *A. Cunninghami*, forme de vastes forêts dans la Nouvelle-Hollande orientale entre le 14° et le 30° degré de lat. mérid. Le premier, *A. excelsa*, a pour patrie l'île de Norfolk et les récifs qui en dépendent. L'*Araucaria Cookii*, depuis longtemps célèbre, dresse ses colonnes nues, parfois gigantesques, sur certains points de la Nouvelle-Calédonie et de l'Archipel des Nouvelles-Hébrides; c'est le *Cupressus columnaris* de Forster dont le port à la fois massif et hardi, par sa singularité comme par son élévation, n'a cessé d'attirer l'attention des navigateurs qui visitèrent successivement sa principale station, l'île des Pins. Les autres espèces, dont quelques-unes étonnent par la consistance épaisse ou bien à la fois élargie et coriace de leur feuillage, ont été observées dans la Nouvelle-Calédonie, où elles ne forment cependant nulle part de vastes forêts, mais seulement des colonies éparses, limitées à certaines parties intérieures et accidentées de l'île, entourées et comme submergées par une armée de végétaux plus robustes qui menacent de les éliminer. Les travaux de la colonisation ne feront que rendre une pareille tendance plus irrésistible, en assurant la réalisation de ses derniers résultats.

Ce sont là bien évidemment des signes de décadence. Le type des *Araucaria* australiens, peut-être plus rapproché encore que celui d'Amérique de ce que furent les formes secondaires du genre, ne comprend de nos jours que des restes et des épaves, échappés par le fait de circonstances exceptionnellement favorables aux effets d'une destruction presque générale. Il faut donc croire que de toutes les conifères vivantes, les *Araucaria* sont celles qui nous traduisent le plus fidèlement le type des arbres jurassiques de cette classe.

Cette rigidité d'aspect, ce port à la fois élégant et régulier, réunissant la force, la hardiesse et la beauté, cette pyramide qui s'élance sans se déformer, ces branches étagées avec tant d'art, à des distances sensiblement égales, cette flèche verticale qui monte sans s'arrêter et qui se régénère si péniblement si elle vient à périr, tous ces traits qui frappent vivement le regard doivent être un legs de la nature primitive aux modernes représentants des types d'autrefois; ces mêmes traits étaient probablement l'apanage commun de la plupart des *Pachyphyllum* et des *Brachyphyllum*, de même qu'on les remarque déjà chez les *Walchia* permiens et qu'ils durent caractériser les plus anciens *Araucaria*. Enfin il est probable que les formes australiennes survivantes nous donnent la mesure exacte des conditions de température et de climat qui présidèrent jadis au développement de la flore jurassique.

Nous avons précédemment traité cette question en invoquant les aptitudes actuelles du genre pour admettre l'existence d'une chaleur plutôt modérée que torride pour l'âge où nous reporte l'étude des végétaux caractéristiques du lias et de l'oolithe.

RAPPORTS ET DIFFÉRENCES. — La position de l'ovule unique, inverse, adné au support, subimmergé, plus tard inclus, à l'état de nucule aptère, dans une cavité intérieure vers la base de l'écaille, cette position sert à distinguer les *Araucaria* des *Pachyphyllum* et des *Dammara*, chez lesquels la graine, également solitaire et inverse, demeure libre et superficielle. Cette graine était comprimée, accompagnée d'un rebord cartilagineux symétrique, chez les *Pachyphyllum ;* elle présente la forme d'une nucule munie d'un appendice unilatéral, et par conséquent asymétrique, chez les *Dammara*.

Dans les *Cunninghamia*, qui s'éloignent encore davantage, les ovules libres et superficiels sont au nombre de trois sur chaque écaille, et les feuilles sont parcourues par une côte médiane, cernée sur la face inférieure par deux fascies longitudinales où se trouvent disposés les stomates.

Les feuilles des *Araucaria* au contraire, lorsqu'elles ne sont pas conformées en crochets tétragones ou en écailles solides et coriaces, mais planes et lamelleuses, comme celles des *Araucaria* d'Amérique et de l'*A. Bidwilii*, sont toujours pourvues de plusieurs nervules longitudinales, fines, égales et parallèles, convergeant vers le sommet de l'organe, sans médiane distincte. Sur ces feuilles, les stomates punctiformes sont distribués en files ou rangées longitudinales et situés à la face inférieure, chez les *Araucaria* du type *Bidwilii* et *imbricata*, et sur les facettes latérales et supérieures chez ceux dont les feuilles sont tétragones, uncinées ou falciformes, comme les *Araucaria excelsa*, *Cookii*, etc.

EXPLICATION DES FIGURES. — Pl. 187, fig. 4, *Araucaria sphærocarpa* (Carr.) Schimp., cône presque entier, provenant de l'oolithe inférieure, d'après une figure de M. Carruthers, grandeur naturelle. Fig. 5-6, *Araucaria Brodiei* (Carr.) Schimp., deux écailles fertiles détachées, d'après des figures de M. Carruthers, grandeur naturelle. Fig. 6-7, *Araucaria Phillipsii* (Carr.) Schimp., deux écailles fertiles détachées d'un cône mûr, d'après des figures empruntées au mémoire de M. Carruthers, grandeur naturelle.

N° 1. — **Araucaria Moreauana.**

Pl. 184, fig. 1-6, et 185.

DIAGNOSE.—*A. squamis seminiferis, sterilibusve, e strobilo maturitatis causa distractis, crassiuscule crustaceis nec dense lignosis, planiusculis ovato-oblongis in cuneum basi attenuatis, semen nucamentaceum oblongum basin versus inclusum ferentibus, ad insertionis locum truncatis, dorso leviter medio carinatis, anticè autem in apophysin mediocriter extensam convexoque rhombæam acumine apicali elongato exsertoque superatam abeuntibus, squamis sterilibus ovato-oblongis cuneatisque apice vix incrassatis acumine terminali destitutis.*

Araucaria,	Brngt. Ms., *Plantes foss. du calc. ool. des environs de Verdun.*
Moreauia araucarina,	Pom. (ex parte), *l. c.*, p. 350, quoad squamas ovuliferas *Moreauiæ araucarinæ*, suæ a Cl. Pomel fructus vice tributas.

Il ne serait pas impossible que les écailles détachées d'un strobile d'*Araucaria,* auxquelles nous appliquons le nom d'*Araucaria Moreauana,* eussent appartenu à l'espèce signalée précédemment et figurée sous le nom de *Pachyphyllum araucarinum.* Le doute subsiste jusqu'au moment où l'on aura rencontré des fruits en connexion directe avec les rameaux qui les supportaient. En l'absence d'une démonstration décisive de cette sorte, il nous a paru plus naturel de rapporter aux *Pachyphyllum,* dont ils affectent l'apparence, les fragments de rameaux dont nous voulons parler et de décrire séparément les écailles qui dénotent d'une manière certaine la présence d'un *Araucaria* de la section *Eutacta,* dans les calcaires coralliens de la Meuse. Adolphe Brongniart, à qui M. Moreau avait communiqué ces écailles dès 1841 et qui les avait examinées de nouveau en mars 1860, d'après une note manuscrite, accompagnée de croquis, que nous tenons de lui-même, avait reconnu leur nature véritable à la dernière de ces dates; il les définit de la manière suivante : « quatre écailles de dimension presque semblable, paraissant appartenir à la même plante et ressemblant aux écailles des *Araucaria* australiens. Ce seraient probablement des écailles de cônes jeunes; *b* indiquerait peut-être l'attache de l'ovule (voy. pl. 184, fig. 3); la forme et la proportion ressemblent beaucoup à celles des organes correspondants de l'*A. Bidwilii.* » Nos figures 1 à 4, pl. 184, sont l'exacte reproduction des échantillons désignés par Brongniart dans sa note, et que nous avons sous les yeux à l'exception de deux d'entre eux (fig. 2 et 3), dont l'un est, il est vrai, le plus important de tous, parce qu'il montre avec une parfaite netteté, sinon la graine elle-même, du moins l'emplacement et la cavité, occupés par elle à l'extrémité infé-

rieure de l'écaille, vers l'onglet atténué en coin par lequel
elle adhérait à l'axe du strobile.

Ces deux empreintes sont cependant authentiques,
non seulement parce que Brongniart les a vues et dessinées, mais parce que leur existence est encore attestée par
la description insérée dans le texte de M. Pomel et par
des croquis joints à des lettres de ce savant, qui avait justement basé sur leur examen l'établissement de son genre
Moreauia, en les considérant dans une position inverse,
comme si la graine eût été suspendue vers le haut de l'é-
caille, tandis que la partie apophysiaire était supposée
correspondre à la base d'insertion de l'organe, attaché
isolément au sommet de l'ancien rameau. Les figures 2
et 3, pl. 184, reproduisent fidèlement les dessins originaux de Brongniart, accompagnés de la note : « Somme-
dieue, près Saint-Mihiel, — M. Moreau, 1841, — impression et contre-épreuve d'une écaille de Conifère. » Ce sont
effectivement deux écailles semblables, arrondies supérieurement, atténuées en coin vers la base par un mouvement identique des deux parts et présentant une impression en creux à l'endroit de la semence qui paraît avoir
occupé le milieu de la partie atténuée en onglet, soit un
tiers au moins de la longueur totale de l'organe. Seulement, sur l'un des deux échantillons, la terminaison supérieure, arrondie en spatule, est entièrement mutique,
tandis que sur l'autre on distingue un corps saillant, nettement terminé en pointe obtuse vers le bas, et engagé par
le haut dans la substance de l'écaille. Ce corps en saillie
ne peut correspondre qu'à la graine ou peut-être à la
cavité intérieure dans laquelle celle-ci était renfermée,
absolument comme chez les *Araucaria* actuels. Seulement,
comme il s'agit d'une empreinte à laquelle un moulage

peut seul restituer son relief, il devient probable que la figure 2 correspond à la face supérieure ou ventrale de l'ancienne écaille, et que le renflement visible qu'elle présente en réalité correspond à la saillie que la graine incluse produit sur cette face dans les écailles des *Araucaria* (voy. pl. 146, les figures 12 et 14, destinées à servir de terme de comparaison), tandis que la figure 3 représente l'empreinte de la face dorsale de la même écaille, surmontée d'une partie apophysiaire, relativement épaisse, et d'une pointe terminale exserte et acuminée, conforme à celle des figures 11 et 13, pl. 146, qui représentent la même face dorsale, considérée dans les écailles des *Araucaria Cookii*, R. Br. et *Muelleri*, Brngt. et Gris. La forme seule du contour général est ici différente, l'écaille fossile étant moins large et bien plus atténuée vers la base que ne le sont les écailles des deux espèces vivantes; mais ces divergences ne sauraient surprendre, lorsque l'on compare les figures 11 à 14, pl. 146, avec les figures 16 et 17, même planche, représentant une écaille de l'*A. Rulei* A. Muel., distincte des précédentes par tant de côtés. Les espèces fossiles, à une époque où le genre était à la fois nouveau et puissant, devaient comprendre des écarts de même nature, bien plus accentués encore. La figure 1, pl. 184, représente un échantillon de Gibomeix qui fait encore partie de la collection de M. Moreau et qui se rapporte, selon nous, à la face dorsale d'une écaille d'*Araucaria*, pareille à celle que nous venons de décrire, mais pourvue, vers le haut, d'un rebord et d'un renflement apophysiaires, bien plus prononcés et prolongés en un appendice terminal épineux, légèrement réflexe, qui mesure une longueur totale de plus d'un centimètre. L'analogie de cette pointe avec les appendices qui surmontent les écailles de l'*A. Bidwilii*, mais surtout avec ceux qui terminent ces organes dans l'*A. Rulei* (voy. pl. 146, fig. 16 et 17) et la plupart des *Araucaria* australiens, n'a pas besoin d'être signalée, tellement elle est évidente. La partie atténuée, inférieure, de cette même écaille, à laquelle notre figure 1ª, dessinée d'après un moule, restitue son apparence, montre un renflement qui correspond à l'emplacement occupé par la graine, peut-être avortée dans le cas présent, circonstance qui se présente assez fréquemment pour les écailles situées à la base des cônes d'*Araucaria*. A plus forte raison en est-il ainsi des figures 4, 5 et 6, qui se rapportent sans doute à des écailles tout à fait stériles et que nous figurons d'après des dessins originaux de Brongniart, qui les avait considérées comme représentant des écailles gemmaires de Cycadée; mais cette interprétation nous paraît infiniment peu probable, tellement, par leur aspect et la forme générale de leur contour, ces écailles concordent avec les précédentes.

RAPPORTS ET DIFFÉRENCES. — Les écailles de notre *Araucaria Moreauana* ne peuvent se confondre avec aucune de celles que l'on a signalées jusqu'à présent. Les *Araucaria Brodiei* et *Phillipsii* (voy. pl. 187, fig. 5-6 et 7-8) ont des écailles plus petites, plus courtes proportionnellement. La pointe exserte qui les surmonte et leur apophyse étroite et peu étendue leur donnent pourtant de la ressemblance avec l'espèce de la Meuse que nous décrivons; mais celle-ci, à son tour, ne saurait être confondue avec l'espèce suivante dont les écailles ne mesurent qu'un diamètre plus petit de moitié et qui sont proportionnellement plus larges et plus courtes. Nous ne trouvons pas, comme l'énonçait Brongniart, que les écailles de l'*A. Moreauana* se rapprochent par leur forme ou par leurs proportions des parties correspondantes de l'*Araucaria Bidwilii*. Les écailles de ce dernier sont entièrement ligneuses, épaisses et solides, surmontées d'une pointe fortement acérée. La consistance des organes fossiles est plutôt celle qui distingue les écailles strobilaires des *Araucaria* australiens du groupe des *Eutacta;* elle était plutôt crustacée que solide ; les bords de l'écaille semblent avoir été minces, sinon ailés ou scarieux ; enfin, l'empreinte à laquelle ces organes ont donné lieu est peu profonde et dénote une constitution en lamelle renflée vers le milieu et à l'extrémité supérieure, amincie latéralement, comme chez les *Araucaria excelsa, Cookii* et *Cunninghami.* Cependant, malgré cette incontestable affinité, il semble que la partie libre du support de l'ovule, conformé en pointe, qui se montre à la face supérieure des écailles d'*Araucaria* ne soit pas visible sur les empreintes de Saint-Mihiel, du moins si l'on consulte les dessins de Brongniart. Il est vrai que le seul échantillon complet que nous ayons eu entre les mains correspond à la face dorsale de l'écaille; la figure 2, pl. 184, qui représente une face supérieure, ne laisse voir aucun vestige de l'appendice en question; il se pourrait qu'il fût normalement peu visible ou même entièrement oblitéré dans l'*A. Moreauana;* sa présence est pourtant reconnaissable sur les écailles de l'*A. Brodiei* et nous allons constater que l'espèce kimméridienne du lac d'Armaille en montre des vestiges; il convient encore d'ajouter que la graine de notre espèce fossile paraît avoir occupé une place plus restreinte et plus reculée vers la base de l'écaille que dans la plupart des *Araucaria* actuels. Nous avons essayé de rendre ces analogies et ces différences en reconstituant le cône entier de l'*Araucaria Moreauana,* conformément aux données qui précèdent (voy. la pl. 185).

LOCALITÉS. — Gibomeix (Meurthe-et-Moselle), Somme-dieue près de Saint-Mihiel (Meuse) ; environs de Verdun ; coll. de M. Moreau et de M. Buvignier ; calcaires blancs supérieurs de l'étage corallien.

EXPLICATION DES FIGURES. — Pl. 184, fig. 1, *Araucaria Moreauana* Sap., empreinte d'une écaille de strobile, naturellement détachée, d'après un échantillon communiqué par M. Moreau et appartenant à sa collection, provenant de Gibomeix, grandeur naturelle ; fig. 1ª, même organe dessiné d'après un moule qui lui restitue son relief, vu par la face dorsale, grandeur naturelle. Fig. 2 et 3, empreinte et contre-empreinte d'une autre écaille de la même espèce, d'après des dessins originaux de M. Ad. Brongniart. La figure 2 correspond à la face supérieure, la figure 3 à la face dorsale de l'ancien organe ; on distingue sur cette dernière la trace visible de la graine enfoncée dans sa cavité alvéolaire ; ces deux figures sont de grandeur naturelle. Fig. 4, autre écaille de strobile de la même espèce, probablement stérile ; grandeur naturelle. Fig. 5 et 6, deux autres écailles reproduites d'après des dessins originaux de Brongniart et rapportées avec doute à la même espèce que les précédentes, grandeur naturelle. — Pl. 185, *Araucaria Moreauana* Sap., strobile reconstitué d'après les éléments figurés sur la planche précédente, grandeur naturelle.

N° 2. — **Araucaria microphylla**.

Pl. 186, fig. 1-5, et 187, fig. 3.

DIAGNOSE. — *A. ramis ramusculisque minutis erecto-flexuosis dense foliatis, foliis plerumque distichis patulisque coria-*

ceis complanatis, tum linearibus linearique lanceolatis apice breviter acutis, tum lanceolatis obovatisve apice obtusatis, infrà basin plus minusve restrictam decurrentibus ; strobili globosi terminalis squamis brevibus contermine late ovatis, basi vix in cuneum attenuatis truncatulis, apice mucrone brevi obtuse acuto superatis, semen inclusum unicum ovatum squamula vix prominente coopertum, micropylen versus autem obtusissime attenuatum ferentibus, ad maturitatem omnibus ab axi solutis.

Cunninghamites microphyllus,   Sap., *Notice sur les pl. foss. du niv. des lits à poissons de Cerin,* p. 43.

En considérant le rameau que reproduit notre figure 1, pl. 186, on reste frappé de sa ressemblance avec ceux du *Fitz-Roya patagonica* Hook., type de Cupressinée particulier au Chili ; mais un examen un peu attentif de la figure 1ª, qui représente une partie du même rameau grossie, oblige à reconnaître la fausseté d'une pareille assimilation. Non seulement les feuilles du *Fitz-Roya* sont décussées ou même ternées, ce qui n'est pas le cas de celles de notre empreinte, mais elles sont munies d'une nervure médiane dont il n'existe ici aucune trace. Cette absence de côte médiane nous oblige également à rejeter, comme invraisemblable, la liaison que nous avions d'abord cherché à établir entre l'échantillon d'Armaille dont il est question et le genre *Cunninghamia.* Les résidus du strobile qui terminent le rameau principal et qui affectent un aspect globuleux nous avaient paru de nature à favoriser ce rapprochement, mais une étude suivie de l'ancien type, étude dont les figures 1 à 5 de la planche 186 sont le résultat, nous a porté à changer d'avis et à reconnaître,

dans ces restes épars, ceux d'un *Araucaria* de très petite
taille, allié pourtant d'assez près à l'*A. Bidwilii*, et dont
nous avons tenté d'opérer une restauration partielle, en
figurant le cône de cette espèce, tel qu'il devait être avant
sa désagrégation, d'après les écailles éparses recueillies
dans les mêmes lits que les rameaux. Ceux-ci sont du reste
fort rares ; leur découverte est due à M. A. Falsan et notre
figure 1, pl. 186, représente très exactement le principal
exemplaire dont les figures 1ª, même planche, et 3, pl. 187,
donnent les détails grossis. Les caractères deviennent
ainsi parfaitement visibles : on distingue quatre ramules
subérigés, flexueux et inégaux, sortant d'une même tige
et naissant à des hauteurs inégales ; les deux inférieurs
sur des points très rapprochés, le troisième un peu plus
haut que les premiers et égalant ou dépassant la branche
mère, celle-ci terminée par des résidus reconnaissables,
sinon très nets, d'une portion de strobile encore en place.

Les feuilles sont étalées et distiques sur tous les ramules ;
elles sont lancéolées-linéaires, pointues et probablement
piquantes au sommet, qui est cependant toujours un peu
obtus, et rétrécies inférieurement à leur base d'insertion
sur la tige. Ces feuilles ont dû présenter une consistance
épaisse et cartilagineuse ; la coloration foncée du résidu
de la substance végétale, auquel leur empreinte a donné
lieu, en témoigne suffisamment. Elles sont du reste trop
petites et trop étroites pour laisser voir à l'œil nu d'autre
détail que celui du contour extérieur ; mais, à l'aide de la
loupe et en s'attachant aux plus larges et aux mieux conservées de ces feuilles, surtout à celles qui accompagnent
le rameau principal et qui sont les plus rapprochées de
l'extrémité terminée par un strobile (voy. les figures grossies 1, pl. 186, et 3, pl. 187), on reconnaît que ces feuilles

sont planes et parcourues par 3 à 5 nervures longitudinales, égales entre elles, qui courent parallèlement et convergent vers le sommet obtus et cartilagineux du limbe. Cette structure est bien celle qui distingue l'*Araucaria Bidwilii* Hook, et l'on peut dire que, sous des proportions presque microscopiques, c'est-à-dire 6 à 7 fois moindres que celles de l'espèce actuelle d'Australie, notre *A. microphylla* reproduit fidèlement l'aspect de celle-ci. Les feuilles de l'*A. microphylla*, toute proportion gardée, sont cependant bien plus obtuses, moins longuement atténuées et moins aiguës au sommet que celles de l'*A. Bidwilii*. Sous ce rapport il serait naturel de comparer plutôt l'espèce fossile à l'*A. Muelleri* Brngt. et Gris, de la Nouvelle-Calédonie ; mais aucun *Araucaria* actuel n'est aussi menu dans toutes ses parties que l'*Araucaria* jurassique que nous décrivons ici.

Les cônes, en rapport avec cette exiguité, n'ont dû mesurer qu'un faible diamètre. Les résidus dont la figure grossie 1ª, pl. 186, fait voir la disposition se rapportent visiblement à la base d'un strobile désagrégé, dont les écailles les plus inférieures, probablement stériles, seraient seules restées en connexion et dont l'axe aurait disparu par le frottement. Ces écailles offrent un rapport évident avec d'autres écailles fertiles, rencontrées isolément dans les mêmes lits du lac d'Armaille et dont la structure caractéristique concorde exactement avec celle qui distingue les parties correspondantes des *Araucaria*. L'attribution générique ne saurait en tout cas paraître douteuse. Il suffit pour s'en convaincre de jeter un regard sur nos figures, et de les comparer à celles de notre planche 146 (fig. 6-8, 12-14, 16-17) qui représentent des écailles fertiles de plusieurs *Araucaria*, vues par les deux faces. La conformité d'aspect est absolue ; seulement les écailles fossiles sont beaucoup plus petites; la plus grande des deux (fig. 2 et 3) mesure moins d'un tiers du diamètre transversal de celles des *Araucaria Cookii* R. Br. et *Muelleri* Brngt. et Gris (1), et la plus petite (fig. 4, pl. 186), seulement un quart de cette même largeur diamétrale. Par leur consistance qui n'avait évidemment rien d'épais ni de ligneux, par les détails et les linéaments encore visibles sur leurs deux faces, ces écailles s'éloignent de celles de l'*Araucaria Bidwilii* et se rapprochent de celles des *Araucaria* de la section *Eutacta*, qui sont membraneuses, minces et presque foliacées sur les côtés, surmontées par une pointe exserte et offrant au-dessus de l'emplacement occupé par la semence une lamelle appliquée et obtuse, au lieu d'une squamule spinescente et solide, aussi bien que la terminaison de l'apophyse même.

Notre espèce se rangerait donc assez naturellement parmi les *Eutacta*, section dont la plupart des *Araucaria* d'Australie font maintenant partie. Il semble pourtant que les écailles fossiles aient été plutôt minces que réellement ailées et scarieuses le long des bords. Dans ce cas, elles pourraient être comparées aux organes correspondants de l'*A. Rulei* F. Muell. (voy. pl. 146, fig. 16-17) qui semble opérer à ce point de vue un passage entre les deux sections.

Nos figures 2 et 3, pl. 186, représentent les deux faces de la même écaille : la figure 2 correspond, selon nous, à la face ventrale ou supérieure ; on distingue sur cette face (voy. la figure 2ª, grossie) la trace de l'emplacement, relevé en saillie, d'un ovule de forme ovoïde, obtusément atténué inférieurement à l'endroit du micropyle, dont l'extrémité vient aboutir au milieu de la partie tronquée qui répond à l'insertion de l'écaille sur l'axe du strobile.

(1) Voy. fig. 14-16, pl. 146.

Vers le haut, l'éminence ovulaire se trouve surmontée par une squamule en forme de lamelle appliquée, terminée supérieurement par une sommité obtusément anguleuse, faiblement saillante. L'écaille elle-même, limitée par un contour inégalement arrondi, présente à son extrémité apophysiaire une pointe obtuse et courte, faiblement exserte. Cette partie apophysiaire est plus visible et mieux développée sur la seconde empreinte qui reproduit la face dorsale de la même écaille. La proéminence ovulaire est plus élargie vers le haut, et plus nettement limitée sur cette empreinte que sur celle qui répond à l'autre face. Une autre écaille (fig. 4 et 4ᵃ, pl. 186), plus petite et plus courte que la précédente, et surmontée d'une pointe apophysiaire plus allongée, nous semble pourtant devoir être rapportée à la même espèce; elle se rapporte à la face supérieure de l'organe.

En admettant, ce qui nous paraît fort probable, que ces deux écailles aient appartenu à une espèce d'*Araucaria* dont la figure 1 représenterait les rameaux, l'un d'eux supportant encore les résidus d'un strobile désagrégé, et en essayant de reconstituer ce dernier organe au moyen des éléments dont on peut disposer, c'est-à-dire d'après les écailles fertiles, en tenant compte d'ailleurs de l'aspect le plus ordinaire des formes vivantes, nous obtenons le cône représenté planche 186, fig. 5; les dimensions de l'organe ainsi reconstitué sont peut-être encore quelque peu supérieures à ce qu'il a dû présenter en réalité; mais, à tout prendre, il est à croire qu'elles s'en rapprochent beaucoup. Quant à la distinction que nous établissons entre les écailles que nous venons de signaler et celles qui suivent, en combinant les premières avec le rameau feuillé, fig. 1, et réunissant les secondes à un autre ramule de la même localité, il y a cer-

tainement une part d'arbitraire dans la tendance qui nous
a porté à adopter cette opinion ; nous n'y avons pas été engagé cependant sans motifs ; ce qui nous a décidé, ce sont,
d'un côté, les différences manifestées par les ovules, les uns
allongés, fusiformes, les autres largement ovoïdes ; tandis
que, d'un autre côté, nous avions cru saisir une ressemblance assez étroite entre les résidus d'écailles qui surmontent le ramule fig. 1 (grossi en 1ª) et l'une des deux catégories d'écailles.

RAPPORTS ET DIFFÉRENCES. — Par les feuilles et la disposition des rameaux, l'*Araucaria microphylla* ressemble en
très petit à l'*A. Bidwilii* et encore plus à l'*A. Muelleri ;* par
la conformation des écailles, il se rapproche de ce dernier,
ainsi que de l'*A. Cookii* R. Br.; mais les écailles fossiles
sont beaucoup plus petites, plus courtes, plus arrondies,
moins atténuées vers la base, plus largement tronquées et
surmontées d'une pointe plus obtuse et moins longue. Par
leur dimension et même par leur forme, à certains égards,
les écailles fertiles de notre *A. microphylla* sont certainement comparables à celles que M. Carruthers a signalées
sous le nom d'*Araucaria Brodiei* et qui proviennent de
l'oolithe de Stonesfield.

Il existe une si grande disproportion de taille entre
ces écailles et le fragment de cône terminant un rameau, que l'auteur (1) anglais réunit à son espèce
en le figurant sur la même planche, que nous ne saurions admettre cette identification à moins de preuves
plus convaincantes. Les écailles de l'*A. Brodiei* de Carruthers, comparées à celles de notre *A. microphylla*, sont
plus dilatées à leur sommet, plus atténuées en coin vers

(1) *Geolog. Magaz.*, VI, n. 1, pl. 2, fig. 1.

la base, la pointe qui les surmonte est plus fine, plus exserte, plus recourbée, tandis que celle des écailles de l'espèce française est plus raide, plus érigée, plus courte et en même temps plus solide ; elle rappelle davantage celle qui surmonte les écailles de l'*Araucaria excelsa* et même de l'*A. Bidwilii*, malgré la disproportion de taille qui éloigne l'espèce du lac d'Armaille des formes australiennes actuelles. On peut effectivement supposer sans invraisemblance que l'*A. microphylla* constituait un arbuste, analogue par la taille à nos *Juniperus*, plutôt qu'un arbre de première grandeur, comme ses congénères vivants des régions australes.

LOCALITÉ. — Schistes marno-bitumineux du lac d'Armaille, près de Belley (Ain), étage kimméridien inférieur ; coll. de M. A. Falsan et la nôtre.

EXPLICATION DES FIGURES. — Pl. 186, fig. 1, *Araucaria microphylla* Sap., branche divisée en plusieurs ramules, dont le principal est terminé par des résidus se rapportant à la base d'un cône désagrégé, d'après un échantillon recueilli dans les schistes du lac d'Armaille par M. A. Falsan, grandeur naturelle ; fig. 1ᵃ, portion de ce même rameau, grossie, pour montrer la forme et la nervation des feuilles, ainsi que l'aspect des résidus de strobile. Fig. 2 et 3, empreinte et contre-empreinte d'une écaille séminifère détachée, provenant des mêmes lits que l'échantillon précédent ; la figure 2 se rapporte à la face supérieure, la figure 3 à la face dorsale de la même écaille, grandeur naturelle ; fig. 2ᵃ, la même écaille vue par la face supérieure grossie. Fig. 4, autre écaille plus petite, attribuée également à l'*Araucaria microphylla*, même provenance que les précédentes, grandeur naturelle ; fig. 4ᵃ, la même grossie. Fig. 5, *Araucaria microphylla* Sap., cône restauré, supporté par un ramule feuillé, grandeur naturelle, peut-être légèrement accru. — Pl. 187, fig. 3, sommité de l'un des ramules latéraux de la branche figurée pl. 186, fig. 1, grossie pour montrer la forme et l'agencement des feuilles.

N° 3. — **Araucaria Falsani.**

Pl. 186, fig. 6-9, et 187, fig. 1.

DIAGNOSE. — *A. ramis ramulisque parvulis abbreviatis crassiusculis gracilioribusve, densius laxiusve foliatis, foliis teniusculis e basi tetragonula sursum linearibus aut lineari lanceolatis, apice incurvo breviter acutis subfalcatis ; squamis strobili ab axi ad maturitatem solutis parvulis in cuneum brevem attenuatis basi truncatis, latere autem supero crassiusculis in apophysin mediocriter extensam abeuntibus, apiculo exserte acuto superatis, semen inclusum obovatum sursum obtusatum, deorsum autem ad micropylen sensim attenuatum foventibus, squamula vix apice obtuso prominula.*

C'est à l'aide de fragments épars, provenant des couches du lac d'Armaille comme les précédents, que nous nous hasardons à signaler et à décrire cette nouvelle espèce, en la dédiant à notre ami M. Albert Falsan qui a su la découvrir.

Les ramules sont représentés par deux échantillons, l'un plus épais (pl. 186, fig. 9 et 9ᵃ), l'autre plus grêle (pl. 187, fig. 1 et 1ᵃ), tous deux fort menus, que nous avons eu soin de représenter grossis pour en laisser mieux saisir la physionomie et les caractères. Ces débris dénotent une espèce de très petite taille, mais qui semble pourtant devoir être assimilée aux *Araucaria excelsa* et *Cookii*, d'Australie, dont elle reproduit fidèlement les traits.

L'un des ramules (pl. 186, fig. 9), bien qu'il mesure à

peine 2 ½ centimètres de long, ressemble sous des proportions très réduites aux ramules cylindriques qui accompagnent les pousses terminales des branches secondaires des *Araucaria*, particulièrement celles qui support-
tent des strobiles. Sur ces ramules effectivement, aussi
bien que sur celui que reproduit notre figure 9, pl. 186,
les feuilles ne sont pas ordonnées dans un ordre distique,
comme celles des ramifications latérales. Les feuilles fossiles sont courtes, pointues et rapprochées, à la base du ramule qui a dû se détacher naturellement ; elles augmen-
tent ensuite graduellement, en s'étalant de plus en plus ;
elles sont conformées en crochet mince, atténuées en
pointe, recourbées en faux par le sommet, et elles ressemblent plus particulièrement aux feuilles des *Araucaria*
excelsa et *Cookii*, ainsi que l'on peut s'en convaincre en
comparant la figure grossie 9ª, pl. 186, à la figure 9, pl. 146,
qui représente un rameau de l'espèce australienne actuelle : l'analogie entre les deux formes est si étroite
qu'elle saute aux yeux ; on constate néanmoins, au moyen
de ce rapprochement, que les feuilles de l'espèce jurassique étaient environ deux fois plus petites que celles de
l'*A. excelsa* R. Br.

L'autre ramule rapporté à la même espèce présente des
feuilles distiques ; il est plus grêle, plus allongé que l'autre ; ses feuilles sont plus écartées, moins épaisses et en
même temps un peu plus élargies au sommet que celles
de l'échantillon précédent. Ce second ramule a dû faire
partie d'une ramification latérale. Notre figure grossie
1ª, pl. 187, fait bien ressortir la disposition distique de ses
feuilles ; on voit aussi que les inférieures sont plus étroites
et plus pointues que les suivantes ; la courbure en faux
est visible chez les unes comme chez les autres.

Les écailles séminifères détachées que nous attribuons à cette espèce (pl. 186, fig. 6-8), non sans quelque réserve, mais avec vraisemblance, diffèrent assez notablement de celles que nous avons considérées comme appartenant à l'*Araucaria microphylla ;* leur contour n'est pas arrondi sur les côtés, mais conformé en coin obtus et court ; ces écailles rappellent visiblement celles des *Araucaria Cookii* R. Br. et *Muelleri* Brngt. et Gris, qui figurent sur notre planche 146, fig. 11-12 et 13-14; seulement elles sont beaucoup plus petites, puisqu'elles mesurent au plus 9 millimètres de long sur une largeur maximum à peu près égale. Ces écailles sont tronquées à la base, arrondies vers l'extrémité apophysiaire, qui est peu prononcée, et surmontées par une pointe exserte en mucron aigu, qui n'a rien pourtant de finement acuminé et qui rappelle la partie correspondante des *Araucaria* précités et aussi de l'*Araucaria excelsa* R. Br. C'est donc auprès des *Araucaria excelsa* et *Cookii* que notre *Araucaria Falsani* viendrait se ranger par la double considération de ses rameaux et des écailles de son strobile, si nos conjectures sont exactes.

Notre figure 7*, pl. 186, représente une de ces écailles grossie; le contour de la graine ou plutôt de l'emplacement convexe dans lequel elle était logée est parfaitement visible. La forme obtuse au sommet, atténuée inférieurement, dans la direction du micropyle, de ce contour lui donne une ressemblance des plus étroites avec ce que montrent les parties correspondantes de l'*A. Cookii* (voy. pl. 146, fig. 12); il est donc probable que notre figure se rapporte à la face supérieure d'une écaille et que l'espèce elle-même, comme nous l'avons déjà exprimé, se rapproche plus ou moins de l'*Araucaria Cookii*, arbre des Nouvelles-Hébrides et de la Nouvelle-Calédonie (île des Pins,

île de l'Observation), qui a depuis longtemps attiré l'attention des navigateurs par la singularité de son port, mais
qui est rare partout et qui paraît être en voie de déclin ou
même de disparition.

RAPPORTS ET DIFFÉRENCES. — Si l'*Araucaria Falsani* ressemblait, comme nous le croyons, à l'*A. Cookii*, ce ne
pouvait être que sous des dimensions très modestes, bien
éloignées de celles des pieds colonnaires de l'île des Pins,
dont les plus âgés atteignent jusqu'à 150 pieds d'élévation.
L'*A. Falsani* diffère encore, par ses feuilles en crochets
minces et recourbées en faux et par la forme caractéristique des écailles que nous lui attribuons, de l'*A. microphylla*, qui lui est associé dans les couches d'Armaille.
Ces mêmes écailles sont certainement assimilables à celles
que M. Carruthers a décrites sous les noms d'*Araucaria
Brodiei* et *Phillipsii* et qui proviennent de l'oolithe inférieure du Yorkshire. Cependant, il suffit de comparer les
figures de l'auteur anglais (1) (*l. c.*, pl. 2, fig. 2-4 et 8-9)
avec les nôtres pour reconnaître qu'il ne saurait être question de la même espèce. Les écailles de l'*A. Brodiei* sont
plus grandes, plus élargies supérieurement et plus atténuées dans le bas ; la pointe qui les surmonte est plus fine
et moins saillante ; celles de l'*A. Phillipsii* sont également
plus grandes et terminées à la base en un coin plus étroit.
Il existe pourtant une sensible analogie entre la dernière
espèce et celle du lac d'Armaille. La pointe qui devait sur-
monter l'apophyse des écailles de l'*A. Phillipsii* n'est pas
visible sur les figures assez grossières du mémoire de
M. Carruthers.

(1) Voyez aussi nos figures 5-6 et 7-8, pl. 187, qui reproduisent celles
de M. Carruthers.

Localité. — Schistes bitumineux du lac d'Armaille (Ain), étage kimméridien inférieur.

Explication des figures. — Pl. 186, fig. 6, 7 et 8, écailles détachées d'un cône d'*Araucaria Falsani* Sap., grandeur naturelle; fig. 7ª, l'une d'elles grossie, vue par la face supérieure, pour montrer la forme et la structure de l'organe, ainsi que l'emplacement occupé par la graine incluse et le mode de terminaison de celle-ci à ses deux extrémités. Fig. 9, ramule naturellement détaché de la même espèce, provenant de la sommité d'une tige, grandeur naturelle; fig. 9ª, le même grossi pour montrer la forme et le mode d'agencement des feuilles. — Pl. 187, fig. 1, autre ramule attribué à la même espèce avec des feuilles distiques, provenant d'une ramification latérale, grandeur naturelle ; fig. 1ª, le même grossi.

Nº 4. — **Araucaria lepidophylla.**

Pl. 187, fig. 2.

Diagnose. — *A., ramulis dense foliatis, foliis late squamosis crassiusculis dorso leviter carinatis breviter acuminatis apice incurvis, laxe imbricatis.*

Nous rangeons encore parmi les *Araucaria*, mais avec doute, un fragment de ramule recueilli dans le gisement du lac d'Armaille par M. A. Falsan et qui nous paraît être distinct des *Pachyphyllum*, particulièrement du *P. cirinicum*. Les feuilles n'ont ni l'épaisseur ni la saillie de celles de ce dernier; elles sont lâchement imbriquées; elles sont ni planes ni allongées, mais tétragones, repliées en faux et elles affectent la forme et la consistance de celles de l'*A. Balansæ* Brngt. et Gris. Assises sur une base assez large, légèrement incurves au sommet, atténuées en pointe obtuse, faiblement carénées sur le dos, elles se distinguent aisément de celles des deux espèces précédentes et dénotent une espèce à part, encore imparfaitement connue, que nous avons tenu pourtant à signaler.

RAPPORTS ET DIFFÉRENCES. — Si l'*Araucaria lepidophylla* a réellement appartenu au genre dans lequel nous le plaçons, il aurait eu des dimensions supérieures à celles des deux espèces précédentes. Par la forme et l'agencement de ses feuilles, il rappelle l'*A. Balansæ*, dont nous avons figuré un ramule, légèrement grossi, sur notre planche 146, fig. 15. Les ramules terminaux des *Araucaria excelsa* et *Cookii* affectent également un aspect très analogue ; il se pourrait cependant que le fragment si peu étendu sur lequel nous basons notre espèce dût être rejoint aux *Pachyphyllum*, dont la structure se rapproche sensiblement de celle du rameau que nous venons de décrire.

LOCALITÉ. — Schistes bitumineux du lac d'Armaille, étage kimméridien inférieur ; très rare.

EXPLICATION DES FIGURES. — Pl. 187, fig. 2, *Araucaria lepidophylla* Sap., fragment de ramule, grandeur naturelle ; fig. 2ᵒ, le même, grossi pour montrer la forme et le mode d'agencement des feuilles.

Trib. IV. — ABIETINEÆ

Folia spiraliter inserta, plerumque uninervia, acicularia aut plus minusve linearia, secus ramulos laterales horizontaliterque appensos sæpe (in abietibus) *distiche ordinata, etiam (in* Pinis) *dimorpha, vera ad bracteam reducta abortivaque, spuria (normalia* dicta) *axillaria elongata acicularia bina terna aut quina e gemmulis perulatis simul erumpentia ;*

innovationes gemmis squamoso-perulatis primum inclusæ ; —
bractea axillans receptaculumque ovuliferum axillare, in
amento fæmineo posteaque in strobilo, alter ab altero liberæ,
invicem continuo distinctæ, bractea plus minusve cito abor-
tiva aut saltem, si quodammodo permaneat, receptaculo mi-
nor ; receptaculum autem ovula bina inversa lateraliter inserta
gerens, infra pollinisationem accrescens, squamam strobili
plane constituens ; squamæ ipsæ maturæ tum persistentes tum
ab axi solutæ caducæque, planæ unguiformes vel in apophy-
sin umbone medio notatam ad apicem incrassatæ, primum
conniventes demum apertæ, semina nucamentosa ala membra-
nacea ex epidermide squamarum superficiei desumpta cincta
superatave liberantes; — amenta mascula bracteis crucia-
tim dispositis ad basin vestita, ex androphyllis spiraliter
seriatis imbricatisque sursum in appendiculum antice lanceo-
latum erectumque abeuntibus composita, sacculos polliniferos
binos retrorsum gerentia; — arbores sæpius excelsæ hæmi-
spherii borealis, ut plurimum, incolæ monticolæ, foliis fere
semper perennantibus donatæ, ramis in plerisque speciebus
regulariter secus axin erectum verticillatis, horizontaliterque
expansis.

La tribu des Abiétinées est aussi nettement caractérisée,
prise dans son ensemble, que difficile à scinder régulièrement en divisions secondaires. Dans un groupe aussi compacte, l'ordonnance fondamentale varie si peu et son uniformité est si complète que la plupart des auteurs, surtout
les Allemands, englobent encore la totalité des espèces
qu'il comprend dans le seul genre *Pinus*, sans avoir égard
aux particularités de structure qui distinguent les Abiétinées et qui permettent, si l'on y a égard, de reconnaître
parmi elles un certain nombre de coupes génériques ou,
pour mieux dire, de sous-genres, aussi nettement définis

que dans aucune autre famille de plantes. Les pins, les
sapins, les mélèzes, les cèdres, ne sauraient être confondus,
même par des yeux inexpérimentés, tellement leur aspect
et la structure de leurs organes fructificateurs présentent
de différences appréciables; mais, si l'on descend dans les
détails, si l'on considère les subdivisions, elles-mêmes fort
naturelles, des pins proprement dits, si l'on tient compte
de celles des sapins, si aisément distribués en plusieurs
groupes secondaires; on voit ces limites, si naturelles en
apparence, perdre de leur valeur et s'effacer de façon à
expliquer, sinon à justifier, l'opinion de ceux qui réunissent les Abiétinées en un seul genre partagé en sections.
Nous pensons que la vérité est plutôt placée entre les deux
opinions extrêmes et que, s'il n'existe pas de vrais genres
parmi les Abiétinées, on doit au moins reconnaître chez
elles un certain nombre de sous-genres, réellement
distincts et remontant pour la plupart à une ancienneté
relative, assez reculée pour autoriser leur maintien.

Si l'on veut se faire une juste idée des Abiétinées, il
faut débarrasser le groupe lui-même des types hétérogènes
que l'on y a d'abord englobés et qu'Endlicher y comprenait encore (1), tout en réunissant les Abiétinées vraies
(*Abietinæ veræ*) dans une division à part. Les deux autres
divisions se trouvaient formées par les Araucarinées et les
Cunninghamiées, ces dernières embrassant, outre les
Cunninghamia, les *Dammara*, *Sequoia*, *Arthrotaxis* et
Sciadopitys, c'est-à-dire toutes les Taxodinées à ovule
inverse.

En suivant cette filière d'idées, on considérait seulement
la direction des ovules, et l'on faisait abstraction de deux

_____

(1) *Syn. Conif.*, p. 75, 80.

autres caractères qui doivent être combinés avec le premier, si l'on veut éviter d'établir une coupe purement artificielle. Ces deux autres caractères sont le nombre des ovules insérés sur chaque support et la nature du rapport entre la bractée axillante et le support ovulaire, situé à l'aisselle de cette bractée. On n'a qu'à tenir compte à la fois de ces trois particularités de structure pour reconnaître que les Abiétinées se séparent réellement de toutes les Conifères, parce qu'elles sont les seules qui présentent en même temps des ovules inverses au nombre de deux collatéraux et des supports *exempts d'adhérence avec la bractée axillante*, le support se développant de façon à constituer chacune des écailles dont la réunion forme le strobile à sa maturité. C'est là un ensemble de caractères fort nets qui distinguent les seules Abiétinées parmi les Conifères. Cette structure si bien caractérisée est encore par elle-même particulièrement significative. Dès que l'on consent, à l'exemple de Strasburger, et comme nous l'avons longuement exposé au commencement du volume (1), à considérer le support ovulaire comme un axe de seconde génération, réduit par atrophie aux seules parties élémentaires et destiné à contracter avec la bractée axillante, généralement accrescente, une connexion plus ou moins intime, on voit de suite que les Abiétinées constituent une remarquable exception à cette tendance, puisque chez elles le support se développe indépendamment de la bractée et qu'il constitue à lui seul l'écaille du strobile, écaille tantôt plane et amincie vers les bords, tantôt épaissie en une apophyse surmontée d'une pointe soit centrale ou

______

(1) Voy. plus haut : *Introduction à l'hist. des Conifères*, p. 147 et suiv., p. 153 et suiv., et spécialement p. 161 à 171.

umbo, soit terminale et plus ou moins allongée. Ainsi, des trois éléments qui ont dû primitivement donner naissance au strobile, un seul, l'atrophie de l'axe ovulifère, se manifeste ici, tandis que deux autres éléments aussi essentiels en apparence, la soudure de cet axe changé en support avec la bractée et l'accrescence de cette dernière, font entièrement défaut; de telle sorte que la nature est arrivée à ses fins en produisant un strobile conforme à ceux des autres Conifères, et cependant sorti de combinaisons réellement différentes. La soudure du support et de la bractée, intime chez les Araucarinées, complète chez les Cupressinées et partielle au moins dans les Taxodinées, ne s'effectue pas ici, et le support ovulaire, développé d'une façon à peu près indépendante, représente, d'après l'opinion de M. Strasburger (1), « un axe biflore, dépourvu de bractées, comparable pourtant à l'appareil femelle des *Cephalotaxus* et à celui de certaines Cupressinées » ; il n'y aurait réellement, ajoute l'auteur allemand, qu'à se figurer la présence d'écailles libres et de fleurs comprimées sur elles-mêmes et réfléchies pour obtenir une concordance parfaite. On conçoit qu'une combinaison de cette nature reporte l'esprit vers une époque des plus anciennes et à un stade du développement des Aciculariées relativement voisin du berceau même des Conifères propres : « l'indépendance mutuelle des organes », en tout état de choses, ayant certainement devancé les combinaisons de structure qui ont pour base la soudure et la fusion plus ou moins avancée de ces mêmes organes. Chez les Abiétinées, les parties du cône sont moins réduites, moins transformées, et, on peut le dire, moins dénaturées que dans les autres

(1) *Die Coniferen und die Gnetaceen*, p. 59.

tribus de Conifères ; seulement chez elles, la soudure absente est remplacée par l'atrophie et la non-accrescence des bractées demeurées libres, qui ne participent pas au mouvement de dilatation du support et se détruisent généralement avant que le strobile ne soit devenu adulte. Dans un petit nombre de sapins seulement (*Abies bracteata*) les bractées persistent peu modifiées et conservent l'apparence de vraies feuilles associées aux écailles, entre lesquelles leur pointe aciculaire se prolonge en communiquant à l'organe une physionomie spéciale.

On peut donc admettre *à priori* l'ancienneté reculée des Abiétinées ; on peut croire qu'arrêtées assez promptement dans leurs traits caractéristiques, elles n'ont ensuite varié que dans de faibles limites, donnant l'exemple d'une tribu très-fixe dont l'importance s'est accrue lentement, à mesure que des temps primitifs on s'avance vers des âges moins reculés, pour aboutir enfin à l'époque actuelle. Il est probable que cette extension graduelle et cette prépondérance, acquises à la suite d'une longue persistance du type, sont dues en définitive à la plasticité remarquable de ce dernier, qui lui a permis d'engendrer des variations partielles et par suite de se subdiviser facilement en sous-genres et en sous-espèces, partout où le groupe a pénétré, en se pliant sans trop de peine à des conditions locales très-diverses. Cette souplesse a permis aux Abiétinées d'habiter sous des climats très-opposés, dans des sols offrant toutes les compositions et toutes les expositions, depuis les alentours du cercle polaire jusqu'au delà de la ligne dans la direction du sud. On observe des Abiétinées dans les sables, sur les coteaux et dans les rochers, à l'exemple des *Pinus pinea*, *pinaster* et *halepensis ;* on en rencontre dans les tourbières et au sein des montagnes, comme le pin sylvestre ; sur toutes les chaînes, comme les divers sapins ; ces arbres, tant au Mexique que sur nos Alpes et sur la déclivité des grandes chaînes de l'Asie, prolongent de vastes agglomérations sociales, véritables nations au sein de la nature végétale. Ainsi, permanence de caractères essentiels très-anciennement fixés et tendance à la variété par le dédoublement des espèces et des races : telles sont les notes distinctives que présentent en première ligne les Abiétinées.

Nous devons, à la suite de ces préliminaires, examiner plusieurs points relatifs aux Abiétinées ; d'abord la détermination des sous-types qu'elles renferment, ensuite leur distribution géographique actuelle, enfin leur origine probable et la date approximative de leur première diffusion. Nous avons d'autant plus de motifs de nous étendre sur ces diverses questions que nous n'aurons à décrire en particulier qu'une seule espèce jurassique, rencontrée jusqu'à présent dans la région française, et cette pénurie elle-même vient à l'appui des considérations que nous aurons à faire valoir au sujet du berceau présumé de la tribu.

Si l'on porte le regard sur les Abiétinées avec l'intention de les diviser à l'aide des particularités les plus saillantes de leurs divers organes, en s'attachant aux combinaisons les plus naturelles, à celles qui affectent de la façon la plus générale la physionomie de l'ensemble, on peut reconnaître parmi elles trois groupes qui paraissent plutôt juxtaposés qu'enchaînés dans un ordre linéaire : ce sont les pins ou *Pinées*, les cèdres ou *Laricées* et les sapins ou *Sapinées*. Chacun de ces groupes se distingue principalement par une disposition des feuilles qui lui est propre et qui est assez exclusive pour que l'on n'éprouve aucune difficulté à la saisir. — Dans les Pinées, sans exception, les vraies feuilles ou feuilles primordiales, désignées sous le nom de bractées, avortent normalement à l'état adulte et à leur aisselle se développent, dans l'immense majorité des cas, d'autres feuilles ou feuilles aciculaires, fasciculées au nombre de 2, de 3 ou de 5, et sorties de minces bourgeons écailleux. Cette structure des organes foliaires suffit pour faire reconnaître un pin au premier coup d'œil, même le moins exercé. Il faut remarquer ici : 1° que les rameaux des pins avec leurs feuilles primordiales retracent assez fidèlement l'aspect de certaines conifères très-anciennes, en particulier des *Voltzia* et des *Palissya* ; 2° que ces rameaux à feuilles primordiales nous ramènent nécessairement à un stade antérieur, durant lequel ces arbres n'offraient pas encore l'aspect qu'ils ont ensuite revêtu grâce à une particularité de végétation, devenue chez eux normale et définitive; 3° que cette production constante de bourgeons axillaires, donnant naissance aux premières feuilles d'un ramule dont l'axe reste rudimentaire, a beaucoup d'analogie avec ce qui a lieu dans le strobile même des Abiétinées, où la bractée, véritable feuille, avorte également, tandis que le support ovulaire représente les rudiments d'un jet axillaire imparfaitement développé (1). Cette assimilation est rendue plus naturelle par l'existence de quelques rares *Pinus*, chez lesquels les feuilles aciculaires naissent réunies et soudées, et elle peut même nous mettre sur la voie du procédé au moyen duquel s'est jadis constitué le strobile des Conifères, par « l'avortement normal de chacune des inflorescences axillaires » que le rameau fertile de ces plantes présentait originairement. On est amené à reconnaître de cette façon qu'une semblable disposition, se trouvant en connexion directe avec la structure intime

(1) Voy. antérieurement, p. 109 et 110.

des organes reproducteurs, et ayant sans doute contribué au développement de cette dernière, doit être par cela même reportée à un âge fort reculé et cette présomption engage à rattacher à un passé des plus lointains l'existence du groupe tout entier.

La disposition des feuilles n'est pas moins caractéristique chez les cèdres ou *Laricées*, et cette disposition ne semble pas s'accorder avec une moindre antiquité des végétaux compris dans ce groupe. Chez les Laricées, les feuilles des jets normaux, sortis des bourgeons destinés au prolongement des axes de divers ordres, sont éparses; mais celles qui naissent des bourgeons latéraux sont ordonnées en faisceaux étoilés; ceux-ci constituent autant de rameaux courts, persistant d'année en année et ne s'allongeant qu'avec une extrême lenteur. Une ordonnance semblable se retrouve du reste chez les *Salisburia* et même chez plusieurs angiospermes dicotylédones, entre autres dans les *Zizyphus*, *Berberis* et *Gledistchia*; mais le rapprochement entre les Laricées et les ginkgos est une particularité digne de remarque, à cause de la très-grande antiquité de ces derniers.

Les *Sapinées* présentent à leur tour une disposition de leurs feuilles entièrement à part, puisqu'elles sont éparses et régulièrement spiralées sur les axes verticaux et déjetées latéralement ou distiques sur toutes les ramifications secondaires et horizontales. Cependant, chez les Sapinées, l'insertion distique des feuilles sur les axes latéraux, verticillés autour du principal, souffre plus d'exception ou du moins se montre moins uniforme que ne le font les modes de foliation propres aux catégories précédentes; cette insertion n'en constitue pas moins un caractère général, distinctif pour l'ensemble de la tribu.

Du reste à ces trois séries de coordinations foliaires correspond dans chaque cas, comme pour mieux en confirmer la signification, une distribution particulière des appareils mâles. Ces appareils, qui naissent toujours de bourgeons écailleux chez les Abiétinées, sont axillaires et situés constamment à la base des jets annuels chez les Pinées. Chez les Laricées, les mêmes appareils sont situés sur les rameaux raccourcis ; ils sont axillaires également, mais sans occuper sur le rameau une place strictement déterminée, chez les Sapinées.

En partant du point de vue que je viens d'exposer, on obtient le tableau suivant qui montre la distribution actuelle des Abiétinées en trois sections fort inégales, et la subdivision de celles-ci en genres et en sous-genres.

TRIBUS.	GENRES.	SOUS-GENRES.	
ABIÉTINÉES	1. Pinées... Genre *Pinus* L....	1. Feuilles fasciculées par cinq; — apophyse à protubérance terminale; écailles du strobile persistantes	STROBUS.
		2. Feuilles fasciculées par cinq; — apophyse à protubérance terminale; écailles du strobile caduques.............	CEMBRO.
		3. Feuilles fasciculées par cinq; — apophyse à protubérance centrale; écailles du strobile persistantes............	PSEUDO-STROBUS
		4. Feuilles fasciculées par trois; — apophyse à protubérance centrale; écailles du strobile généralement caduques........	TÆDA.
		5. Feuilles géminées; — apophyse à protubérance centrale; écailles du strobile persistantes ou caduques..............	PINASTER.
	2. Laricées.. Genre *Pseudo-Larix*	Feuilles caduques; strobile pendant, à écailles lâchement imbriquées, détachées de l'axe à la maturité.	
	Genre *Larix*	Feuilles caduques; strobile dressé à écailles persistantes à la maturité.	
	Genre *Cedrus*....	Feuilles pérennantes; strobile à écailles détachées de l'axe à la maturité.	
	3. Sapinées.. Genre *Abies* Link. Feuilles insérées directement sur la tige par une base donnant lieu à une cicatrice discoïde.	1. Cônes érigés; écailles de strobile détachées de l'axe à la maturité; bractées plus ou moins visibles, persistantes à la base des écailles.......	ABIES VERA.
		2. Cônes petits, terminaux, pendants; écailles du strobile persistantes, peu nombreuses; feuilles relativement larges et courtes, régulièrement distiques............	TSUGA.
		3. Cônes terminaux à écailles persistantes; feuilles étroitement linéaires, irrégulièrement distiques.	PSEUDO-TSUGA.
	Genre *Picea* Link.	Feuilles insérées sur des coussinets saillants et décurrents.	

On voit par ce tableau que les Pinées ne comprennent qu'un seul genre, mais divisé très-naturellement en cinq sous-genres ou sections, d'après la conformation de leurs écailles strobilaires, leur persistance ou leur caducité, combinées avec le nombre des aiguilles réunies dans un même fascicule foliaire.

Les Laricées, bien moins nombreuses, comptent cependant trois genres que distinguent la persistance ou la caducité des feuilles combinées avec des caractères tirés de la direction des strobiles, à écailles persistantes ou caduques à la maturité.

Les Sapinées se partagent d'abord en deux groupes, selon que leurs feuilles sont implantées directement sur la tige ou insérées sur un coussinet décurrent; mais le premier de ces deux groupes (*Abies*) se subdivise comme celui des *Pinus*, peut-être avec moins de netteté, en trois sections ou sous-genres (*Abies vera*, *Tsuga* et *Pseudo-Tsuga*), que la situation érigée ou pendante de cônes et les écailles caduques ou persistantes, combinées avec certains détails relatifs aux feuilles, permettent de définir avec une netteté suffisante.

La distribution géographique de ces divers groupes offre des traits spéciaux que nous devons chercher à faire ressortir : les pins présentent la distribution la plus vaste; ils s'étendent, dans l'ancien continent de l'Himalaya au Cap-Nord, et, par l'Indo-Chine et les îles de la Sonde, ils dépassent même la ligne et pénètrent dans l'hémisphère austral jusqu'au delà de Bornéo (*Pinus merkusii* Vriese), aux approches du 10e degré lat. S. Dans le nouveau continent les pins partent du 67e degré lat. N. (*P. Banksiana* Lamb.), pour aller dépasser au sud le tropique (*P. occidentalis* Sw.), mais sans atteindre l'équateur. Leur aire est donc presque entièrement comprise entre le tropique du Cancer et le cercle polaire, et ce n'est que très-exceptionnellement et sur un très-petit nombre de points qu'elle pénètre au delà, dans la direction du sud comme dans celle du nord. Si l'on recherche, dans cette aire immense, les principaux centres d'irradiation ou régions mères, où les pins se montrent plus compactes et plus puissants qu'ailleurs, on les rencontre, en Amérique, vers le plateau mexicain et les parties montagneuses de la Californie ; en Europe, des Pyrénées au Caucase, et enfin dans le massif himalayen. Il est visible par là que les pins préfèrent les régions chaudes et tempérées sans être brûlantes, les sols montagneux ou du moins accidentés, mais qu'au total les aptitudes de ces arbres sont tellement variées que tous les sols, depuis les plus sableux jusqu'aux plus compactes, et tous les climats, depuis les plus secs jusqu'aux plus humides, possèdent des espèces de pins qui leur sont propres, les unes manifestant des préférences plus ou moins exclusives, les autres se montrant au contraire accommodantes et cosmopolites. Cette facilité des pins à se plier aux circonstances et aux diversités locales explique leur persistance à travers les âges : leur type une fois fixé s'est maintenu sans altération, tandis que, d'autre part, l'ancienneté de ce type se trouve en rapport avec l'extension actuelle du groupe. Après avoir tenu compte de toutes ces considérations, c'est dans l'hémisphère boréal que l'on doit placer le berceau des pins et, en définitive, malgré leur extension prodigieuse, malgré la date reculée de leur première apparition, ils n'ont guère réussi à dépasser les limites de cet hémisphère, comme nous venons de le constater.

Les Laricées occupent un domaine bien plus restreint ; le groupe qu'elles constituent n'offre rien de continu ; il est, de nos jours au moins, tronçonné, distribué en îlots épars formant autant de colonies limitées à certaines régions montagneuses, et il paraît être en voie de retrait relativement à ce qu'il a été sans doute autrefois.

Il en est ainsi surtout des cèdres, dont les affinités sont plus méridionales et qui s'accommodent d'un climat relativement chaud, tandis que l'humidité est absolument nécessaire au développement du mélèze, type essentiellement boréal qui, en Asie comme en Amérique, s'avance au nord plus loin que les pins. En Sibérie notamment, le *Larix sibirica* Lebed. pénètre bien au delà du 70ᵉ degré et dépasse la limite boréale de tous les autres arbres. Au sud, il s'arrête avant le 50ᵉ degré, mais la région de l'Himalaya possède le *Larix griffithiana* Hook. qui descend, grâce aux effets de l'altitude jusque par delà le 30ᵉ et se trouve associé au *Cedrus deodara* Loud. Ce cèdre, à son tour, se retrouve, paraît-il, sur certaines croupes montagneuses de l'Asie occidentale, vers l'Afghanistan, et l'on sait que le Taurus, le Liban et l'Atlas sont la patrie du *Cedrus Libani* Barr., dont le *C. atlantica* Man. n'est lui-même qu'une race. Nos Alpes ont le *Larix europœa* D. C. qui se prolonge jusque dans les Carpathes, mais dont l'aire est bien étroitement limitée, puisque cet arbre est absent, à l'état spontané, des Pyrénées, de la France centrale, de l'Allemagne et de la Scandinavie. Le Japon a son mélèze (*L. leptolepis*); les montagnes de l'Asie orientale renferment le *Pseudo-larix kœmpferi;* enfin, l'Amérique du Nord comprend à elle seule les *Larix pendula* Salisb., *microcarpa* Lamb. et *occidentalis* Nutt. Le *Larix microcarpa* atteint par le Canada, vers les parages de la baie d'Hudson, le 65ᵉ degré. On voit que dans les Laricées il faut distinguer deux types, l'un plus méridional et probablement plus ancien, celui des cèdres actuellement en voie de retrait, l'autre, celui des mélèzes, distinct du premier par des feuilles caduques, plus adapté aux hivers de la zone boréale, circonstance qui semble devoir assigner à ce dernier type un point de départ originaire en connexion avec les contrées polaires.

On peut en dire autant des sapins ; mais ici, malgré l'uniformité apparente des divers types compris sous cette dénomination, des aptitudes très-variées, en rapport avec une distribution géographique pleine de contrastes très-marqués, se manifestent à l'observateur attentif. En premier lieu, les Sapinées ont tous leurs genres diffus et amphigés, ce qui n'existe pas pour les sous-genres des pins, puisque chez ces derniers, les *Cembra* sont particuliers à l'ancien continent et les *Pseudo-strobus* au nouveau, ni pour les Laricées, puisque les *Cedrus* et les *Pseudo-Larix* sont exclus de l'Amérique. De plus, chacun des divers groupes de Sapinées, pris à part, manifeste des tendances et accuse des allures spéciales qui semblent dénoter une marche propre, tandis que d'autres indices permettent d'attribuer à l'ensemble des groupes réunis une origine assez ancienne, pour que chacun d'eux ait pu suivre une marche indépendante, après s'être détaché de la souche commune. On reconnaît d'ailleurs, d'une façon générale, que ces groupes, à l'exemple des précédents, accusent des attenances polaires plus ou moins prononcées, et les connexions avec les régions boréales, que l'on découvre en eux, sont trop significatives pour être tout à fait fortuites.

Les *Tsuga* offrent des particularités de disjonction des plus remarquables, puisque le *Ts. Sieboldii* Carr. se trouve limité à une des îles du Japon et le *Ts. Brunoniana* Carr. à la région de l'Himalaya, tandis que les autres *Tsuga* sont nord-américains et que le *Tsuga canadensis* s'avance vers

la baie d'Hudson au delà du 50° degré et qu'il atteint le
57° sur la côte occidentale; vers le sud, la limite de cette
espèce passe par les montagnes de la Caroline. Le *Ts.
Brunoniana* est sensible aux froids de l'Europe centrale
et même à l'atteinte des hivers exceptionnels du midi de
la France. Le *Ts. canadensis* supporte, au contraire, les
froids les plus rigoureux; mais s'il est transporté dans
notre midi, il redoute les rayons directs du soleil; il exige
la fraîcheur comme toutes les autres espèces du genre,
qu'elles soient japonaises, centro-asiatiques ou nord-amé-
ricaines. On voit que les *Tsuga* comportent des enseigne-
ments spéciaux, qu'ils sont disjoints, peu nombreux, délicats par certains côtés, les uns limitrophes du cercle polaire, les autres rapprochés du tropique. Ce sont là des
indices d'ancienneté et d'une extension de beaucoup antérieure à notre époque, que l'on ne saurait négliger.

Les *Abies* « vrais », à strobiles érigés et à écailles caduques à la maturité, représentent les cèdres dans le groupe
des Sapinées. Leur distribution géographique ne s'écarte
pas beaucoup de celle des *Tsuga ;* seulement leurs espèces
sont plus nombreuses, séparées par de moindres espaces et
par conséquent plus également disséminées. Les *Abies* excè-
dent un peu en Amérique, vers la baie d'Hudson, le 60° degré
lat. En Asie, l'*Abies sibirica* Lebed. (*A. pichta* Fisch.) touche
au cercle polaire; en Europe, l'*A. pectinata* D. C. ne dépasse
pas la Silésie et les Carpathes. Dans la direction du sud, les
Abies de l'ancien continent ont pour limites l'Atlas, les îles
de la Méditerranée, les montagnes de l'Asie Mineure et la
région de l'Himalaya ; c'est-à-dire qu'ils ne s'avancent pas
au delà du 30° degré, dans la direction du sud, tandis qu'en
Amérique ils descendent par le massif mexicain jusqu'au
delà du 15° degré lat. N. L'*Abies religiosa* Lindl. est sen-

sible au froid des grands hivers de Provence; l'*Abies grandis* Lindl., de Californie et les *Abies cephalanica* Loud. et *pinsapo* Boiss., du midi de l'Europe, ne peuvent être cultivés en plein air, avec succès, au nord de la province de Liège. Ainsi, par plusieurs de leurs espèces, les *Abies* ont des attenances méridionales très-marquées; leur extension vers le nord ne s'opère qu'à l'aide de quelques-unes de leurs espèces, plus diffuses et plus cosmopolites que les autres ; la plupart demeurent cantonnés isolément dans les divers massifs montagneux de la zone tempérée boréale, et beaucoup se trouvent restreints à une aire régionale de faible étendue, comme, par exemple, les *Abies cephalonica, numidica* et *pinsapo*. Il en résulte pour les *Abies*, comme pour les *Tsuga*, quoique à un moindre degré, des présomptions d'ancienneté soit dans leur extension, soit dans leur première origine, leur berceau devant être reporté vers les régions polaires, d'où ces arbres auraient ensuite rayonné, de manière à pénétrer à la fois dans les deux hémisphères ; ils se seraient ainsi avancés, en marchant vers le sud, plus ou moins loin, selon que les circonstances favorables ou contraires aidaient à leur diffusion ou leur opposaient des barrières.

Les *Picea* ont obéi sans doute à une impulsion sensiblement pareille, bien que leur extension vers le nord, soit en Amérique, soit en Europe ou en Asie, paraisse en tout plus régulière, qu'elle côtoie de plus près le cercle polaire et qu'elle le dépasse même assez notablement sur les trois continents. L'extension vers le sud des *Picea* est en compensation moindre, en Amérique aussi bien qu'en Europe; en Amérique, ces arbres se trouvent exclus de la région mexicaine ; en Europe, ils ne franchissent guère les Pyrénées. En Asie seulement, ils parviennent jusqu'à l'Himalaya,

barrière commune contre laquelle viennent affluer toutes
les Abiétinées et qu'elles ne franchissent pas, si l'on fait
abstraction des quelques pins indigènes des îles de l'océan
Indien. Il paraîtrait donc, si les hypothèses mises plus haut
en avant ont quelque vérité, que les *Picea* aient quitté
plus tard leur berceau de l'extrême nord et que leur
extension, par cela même, ait été moins rapide et moins
générale. Il se peut aussi que les aptitudes de ce dernier
groupe et son exigence plus stricte de certaines conditions atmosphériques ou climatériques l'aient retenu
plus longtemps dans les pays rapprochés de la zone
boréale froide, en opposant des obstacles relatifs au
mouvement de diffusion auquel ont cédé plus ou moins
tous les groupes, à un moment donné de leur existence
sur le globe.

L'origine boréale et circumpolaire des Abiétinées, nous
semble résulter, ainsi que celle des Taxinées, des données même de la distribution géographique actuelle de ces
deux familles. La structure intime et caractéristique de
l'appareil reproducteur de ces Abiétinées, c'est-à-dire l'indépendance mutuelle du support ovulaire et de la bractée
dans le cône, nous paraît être l'indice probable d'une
grande ancienneté relative ; mais, après avoir formulé ces
deux hypothèses, il s'agit de voir maintenant si elles sont
d'accord avec les faits que la paléontologie nous fournit.
Il est évident, en effet, que si nous constatons des traces
certaines et remontant à des époques reculées de l'existence des Abiétinées et que ces traces se rencontrent justement dans le nord et mieux encore dans le voisinage ou
à l'intérieur du cercle polaire, notre supposition deviendra tout à fait vraisemblable.

Il y a peu de temps, c'est à la craie inférieure (Néoco-

mien, Gault) que l'on rapportait les plus anciennes Abiétinées connues. Lorsque nous avons commencé la publication des Conifères jurassiques, il était à peine question
des découvertes de M. A. Nathorst dans le rhétien de Scanie (1). Depuis, non-seulement elles ont été confirmées par
de nouvelles observations du même auteur, mais les travaux de M. Heer relatifs à la flore jurassique du Spitzberg
et de la Sibérie d'Irkutsk ont éclairé d'un jour précieux
la question qui nous occupe.

Le mémoire de M. Nathorst sur les plantes rhétiennes
de Palsjö en Scanie (2) oblige de reporter à l'infralias la
date de l'apparition des Abiétinées. Il est impossible effectivement de révoquer en doute l'attribution à cette famille des graines ailées du *Pinus Lundgreni* ni de celles
du *Pinus Nilssoni*, les premières si pareilles à celles des
mélèzes, les secondes ressemblant à celles des vrais pins,
surtout de ceux de la section *Strobus*. Les chatons mâles
et les cônes attribués par M. Nathorst à son *P. Lundgreni*
semblent dénoter l'existence d'un genre ambigu, tenant
des cèdres et des mélèzes. Il ne serait pas impossible non
plus qu'une partie des feuilles éparses et des rameaux à
longues feuilles aciculaires (3) que M. Nathorst a figurés
sous le nom de *Palissya Braunii*, n'eussent appartenu à un
Pinus encore dépourvu de feuilles vaginales, dont les *Cam-*

(1) Voy. plus haut, p. 176, une note relative à ces découvertes.

(2) *Växter fr. rätisk form. vid* Palsjö i Skane, Stockholm, 1876; —
Ueb ein rhät. Pflanzen von Palsjö in Schonen, Stuttgart, 1878. — Voy.
aussi : *Les vég. foss. de l'étage rhétien en Scanie, à propos d'un mém.*
du Dr A.-G. Nathorst, par le comte G. de Saporta; *Ann. d. sc. géol.*,
t. IX, p. 98.

(3) Voy. quelques débris de ces feuilles étroitement linéaires et uni-
nervées reproduits sur la planche 188, fig. 1-2 ; voy. aussi la planche
196, fig. 1-2 et consultez les figures 1 à 4, pl. 191, qui représentent le
Camptophyllum Schimperi, Nath.

ptophyllum représenteraient les strobiles. Nous examinerons plus loin ces divers points en décrivant succinctement les espèces d'Abiétinées jurassiques découvertes par MM. Nathorst et Heer. Ce que nous voulons établir avant tout ici, c'est uniquement le fait de la présence de vraies Abiétinées assez peu éloignées des nôtres, dès la base extrême du lias, en Scandinavie, aux approches du 60e degré lat. N.

Nous retrouvons des Abiétinées très-bien caractérisées sur un horizon jurassique plus élevé, dans l'oolithe inférieure du cap Boheman, au Spitzberg. Le *Pinus prodromus* Hr. est un vrai pin à feuilles quinées que M. Heer compare au *P. Quenstedti* de la craie. Le *Pinus Nordenskiöldi* Hr., au contraire, paraît être un sapin assez analogue à l'*Abies cilicica* Ant. kotsch., dont M. Heer croit avoir découvert une écaille de strobile détachée. Le *Pinus microphylla* Hr., de la même localité, est connu seulement par des feuilles éparses qui reproduisent l'aspect de celles de nos *Tsuga*. L'île d'Andö, sur la côte septentrionale de la Norvège, vers le 69e degré lat. N., a fourni à M. Heer un petit nombre de plantes appartenant au même horizon que les précédentes (zone à *Ammonites Murchisonœ*) parmi lesquelles reparaissent les *Pinus Nordenskiöldi* et *microphylla*. Enfin, le dépôt d'Ust-Baley, dans la Sibérie orientale (Gouvernement d'Irkutok), par 51 à 52 degrés de latitude, renferme également un certain nombre d'Abiétinées associées à de Ginkgos et à des *Trichopitys*, à des *Baiera* et à des *Podozamites*, qui forment une flore contemporaine des précédentes, c'est-à-dire oolithique. On y voit reparaître le *Pinus Nordenskiöldi* ainsi que les semences ailées (*Pinus Maakiana* Hr.) d'un *Abies*, que M. Heer assimile aux *Tsuga*. Les *Élatides ovalis* Hr., *Brandtiana* Hr., *parvula* Hr., et *falcata* Hr., de la même flore (1), sont des strobiles de petite taille, que l'auteur attribue avec quelque doute aux Abiétinées et qui dénotent, si cette attribution est exacte, un type non sans analogie avec celui du *Picea alba* Link. de l'Amérique du Nord, et dont il serait possible que le *Pinus Maakiana* représentât les graines. Si cette hypothèse se confirmait, en la combinant avec les données précédentes, nous aurions à constater l'existence, dans la dernière moitié des temps jurassiques, d'une série de types se rattachant de plus ou moins près aux genres ou sous-genres *Pinus*, *Larix* et *Cedrus*, *Abies*, *Tsuga et Picea*, c'est-à-dire que la plupart des sections aujourd'hui connues auraient eu dès lors des représentants.

Ces prototypes jurassiques de nos Abiétinées se trouvent cantonnés, non pas exclusivement, il est vrai, mais principalement, dans les régions correspondant aux zones froides et glaciales actuelles ; du moins, c'est là seulement que leurs vestiges ont été rencontrés jusqu'ici avec une fréquence relative. En Sibérie, en Scanie, en Norvège et dans le Spitzberg, on signale ces sortes d'empreintes qui sont inconnues ou du moins très-rares partout ailleurs. On a droit de conclure de cette circonstance que les Abiétinées ont été originairement répandues surtout dans l'extrême Nord, et que leur berceau doit être reporté avec vraisemblance sur les confins du cercle polaire.

Avant de décrire succinctement les espèces d'Abiétinées dont nous venons de parler, il ne sera pas inutile de considérer la physionomie affectée par ce même groupe dans l'âge immédiatement postérieur, au commencement de la craie.

(1) Voy. les figures 10 et 11, 14 et 15, de notre planche 188.

Les Abiétinées, à cette date, ont fait visiblement de grands progrès. Non seulement elles paraissent plus nombreuses, mais elles sont aussi bien plus variées, et ce sont surtout les sections ou sous-genres qui se sont multipliés, chez elles, par une tendance au dédoublement des types affines, tendance qui est restée l'apanage de la famille, tout en ne produisant plus de nos jours que des effets secondaires, c'est-à-dire en donnant naissance à de simples races aux dépens des espèces dont l'extension est le plus grande, particulièrement chez les pins.

C'est ainsi qu'une section, désignée par M. Schimper sous le nom de *Cedro-Cembra*, comprenait alors des espèces dont les cônes avaient leurs écailles conformées extérieurement comme celles des *Cembra*, mais supportant des graines ailées comparables, selon l'abbé Coemans, à celles des *Cedrus*.

Un autre type, celui du *Pinus gibbosa* de Coemans, ne semble rentrer positivement dans aucune des sections actuelles du genre, bien qu'il se rapproche évidemment de celle des *Strobus*.

Le *Pinites sussexiensis* Carruth., du grès vert inférieur de Selmston (Sussex), rappelle également beaucoup par sa forme extérieure les cônes des *Strobus*, bien que la terminaison apophysiaire de ses écailles soit épaissie en écusson. Le *Pinus Andræi* Coem., dont les cônes présentent une belle conservation, offre une telle ambiguïté de caractères par la conformation de ses apophyses, qu'il se rapproche à la fois des *Pseudostrobus*, des *Tœda* et des *Pinaster*, et l'on peut faire la même remarque sur les cônes néocomiens de la Haute-Marne, recueillis par M. Cornuel, et dont nous avons vu une belle série dans la collection de M. Tombeck à Paris.

Les apophyses de ces derniers organes sont renflées antérieurement en forme d'écusson et marquées d'une protubérance centrale ; ce sont là certainement de vrais pins comparables à certaines espèces de *Pseudostrobus* et de *Tæda* actuelles, dont il faudrait connaître les feuilles et les rameaux, s'il s'agissait de déterminer exactement leur affinité systématique. Nous savons du reste que le *Pinus Quenstedti* de Heer, espèce de la craie moyenne, avait des feuilles fasciculées par cinq avec des écailles renflées antérieurement en un écusson pourvu d'une protubérance centrale ; cette espèce se rangeait par conséquent sans anomalie parmi les *Pseudostrobus*.

Plusieurs espèces de Laricées, dont les cônes présentent la conformation extérieure de ceux des cèdres, ont été recueillies dans les divers étages de la craie inférieure, particulièrement dans le grès vert inférieur, soit en Belgique (Hainaut), soit en France (Normandie, environs de Beauvais), soit en Angleterre (île de Wight et Maidstone, Kent), en sorte que l'existence et la diffusion du groupe à cette époque ne sauraient faire question. Le *Cedrus Corneti* Coem. de la Louvière, ressemble extérieurement aux cônes du *C. Deodora*. Le *Cedrus Leckenbyi* Carruth. (Shanklin, île de Wight, — néocomien inférieur de la Hève, près du Havre), n'est pas moins remarquable, la structure du cône, de même que la forme des semences, ne permettant aucun doute sur l'attribution générique de ce fossile. Il est bon d'observer cependant que ce sont là des cônes entiers et que les écailles qui les constituent sont toujours adhérentes, ce qui permet de croire qu'elles ne se détachaient pas à la maturité, comme le font celles des cèdres actuels. Actuellement, il serait difficile à un cône de cèdre de passer à l'état fossile, tellement l'organe est continu par son

pédoncule avec le rameau qui le porte ; la fréquence relative des cônes de cèdres secondaires autorise l'hypothèse
qu'ils étaient naturellement caducs, et ce caractère, qui
se retrouve chez les *Pseudolarix*, suffirait pour distinguer
le type européen crétacé de celui des cèdres vivants, dont
les strobiles ont au contraire des axes persistants et des
écailles caduques.

Les *Pinus Omalii* et *Briarti* de Coemans offrent l'apparence des cônes de *Tsuga*, peut-être avec une liaison vers
les *Picea*.

M. Carruthers (1) compare le *Pinus Dunkeri* Carruth.
du Wealdien de l'île de Wight, aux cônes de l'*Abies pectinata ;* mais les Abiétinées, comme on pouvait le pré-
voir, ont laissé surtout des traces visibles et répétées
de leur présence dans la craie des régions polaires. Au
sein des couches de Kome (Groënland sept., — 70° degré lat. N.), M. Heer a signalé un pin à feuilles géminées,
Pinus Peterseni Hr., deux *Tsuga*, *P. Crameri* Hr. et *P.
lingulata* Hr., et deux *Abies* propres, *P. Eirikiana* Hr., et
P. Olafiana Hr. (2). — Le *Pinus Peterseni* et deux autres
espèces, les *Pinus Quenstedti* et *Staratschini*, ce dernier
remarquable par ses larges aiguilles, se montrent dans
la petite flore crétacée du Spitzberg. On voit par ces
exemples que dans les terres polaires, aussi bien qu'en Europe, les Abiétinées n'ont cessé de se répandre et de se
multiplier par le dédoublement de leurs types primitifs, à
partir du jurassique, et si leur classement présente encore
quelque obscurité dans ce premier âge, il tend ensuite à

(1) *On Gymnosperm. fruits;* in *the Journal of Botany*, janv. 1867,
pl. 59, fig. 1-2.
(2) Voy. *Kreidefl. d. arctische Zone*, p. 83-85, tab. 2, fig. 1; 12,
fig. 10ᵈ; 17, fig. 6-8; 18, fig. 2ᵇ; 20, fig. 10; 23, fig. 9-15, 16, 18 et 19.

devenir plus facile, à mesure que les sections que nous avons sous les yeux revêtent les caractères qui les distinguent.

CLASSEMENT APPROXIMATIF

ET ÉNUMÉRATION DESCRIPTIVE DES ESPÈCES D'ABIÉTINÉES JURASSIQUES SIGNALÉES JUSQU'A PRÉSENT.

I. — PINÉES.

Genre **Pinus L.** (sensu stricto).

1. — *Pinites Nilssoni*, Nath., *Beitr. z. foss. Fl. Schwedens; ueb. einige rhäth. Pflanzen v. Palsjö in Schonen,* p. 32, tab. 15, fig. 17-19. — Pl. 188, fig. 8-9.

P. seminibus alatis magnis elongatis, nucula obovata, 5,5 millim. longa, ala cultriformi, 27 millim. longitudinaliter obsolete striata.
Etage rhétien de Palsjö en Scanie.

Cette graine ailée a certainement appartenu à un vrai *Pinus*; c'est la plus ancienne espèce du genre signalée jusqu'ici; elle annonce une forme de grande taille et rappelle surtout les organes correspondants des *Strobus* actuels, sous des proportions plus amples, cependant. Il ne serait pas impossible que les figures 1-2, pl. 188, représentassent des fragments de feuilles de cette espèce.

2. — *Pinus prodromus*, Heer, *Beitr. z. foss. Fl. Spitzbergens,* p. 44, tab. 7, fig. 7ª et 10, fig. 11-14. — Pl. 189, fig. 1-5.

P. foliis quinis rigidis longis, 1 millim. latis, nervo medio valido.
Oolithe inférieure du cap Boheman, au Spitzberg (78°,22, lat. N.).
Les feuilles de cette espèce, étroitement linéaires et acicu-

laires, uninerviées, fasciculées par cinq, se rapportent à un *Pinus* très analogue, suivant M. Heer, au *P. Quenstedti*, de la craie. Ce dernier, dont les cônes sont aussi bien connus que les feuilles, se range assez naturellement parmi les *Pseudostrobus* actuels. Les feuilles du *Pinus prodromus* ont dû être très longues. M. Heer suppose que l'empreinte reproduite par notre figure 6, pl. 189, représente peut-être un cône jeune ou un chaton femelle récemment fécondé de cette espèce ; mais cette attribution demeure entachée de doute, ainsi que celle de la nucule aptère, fig. 7, même planche, grossi en 7ª, qu provient de la même localité. Il faut se contenter d'affirmer que le *P. prodromus* dénote certainement la présence d'un pin proprement dit dans l'oolithe du cap Boheman, au Spitzberg.

II. — LARICÉES.

Genre **Protolarix**, Nob.

3. — *Pinus Lundgreni,*   Nath., *l. c.*, p. 31, tab. 14, fig. 9ª, 13-17 ; 15,
             fig. 1-2, et 16, fig. 4 ? — Pl. 188, fig. 3-7, et
             195, fig. 1ª.

P. strobilis cylindraceis vel ovato-oblongis, 30-50 millim. longis, 12-20 millim. latis, squamis cuneatis apice dilatatis arcte imbricatis, versus marginem attenuatis, seminibus alatis 9-11 millim. longis, nucula ovali vel obovata circiter 3-4 millim. longa, ala 6-8 millim. longa, 4 lata, oblonga, apice obtusa superata.

Etage rhétien de Palsjö en Scanie.

Un chaton isolé, qui ressemble au chaton mâle des cèdres, est rapporté avec doute, par M. Nathorst, à cette espèce remarquable. Les semences ont un rapport évident par tous les traits de leur configuration, surtout par leur dimension et par la terminaison supérieure de l'aile qui les surmonte, avec les graines des mélèzes. Le cône resssemble à ceux de ces mêmes arbres, mais les écailles qui les composent sont plus nombreuses, plus larges, plus étroitement imbriquées, et leur sommet aminci paraît avoir été légèrement défléchi. Ces cônes rappellent par leur aspect ceux des *Cedrus* sous des dimensions plus exiguës, et au total le genre lui-même auquel l'espèce rhétienne a appartenu semble avoir servi de lien entre les mélèzes et les cèdres.

III. — SAPINÉES.

Genre **Abies**, Link.

4. — *Pinus Nordenskiöldi*, Heer, *Beitr. z. foss. Fl. Spitzbergens*, p. 45, tab. 9, fig. 1-6; *Beitr. z. Jura Fl. Ostsiberiens und Amurl.*, p. 76, tab. 9, fig. 1-6. — Pl. 190, fig. 5.

P. foliis 2-3 millim. latis, rigidis, linearibus, planis, uninerviis, apice acuminatis, basi obtusatis.

Formation oolithique du cap Boheman au Spitzberg; Ust-Baley dans la Sibérie d'Irkoutsk et schistes jurassiques de l'île d'Andö sur la côte de Norvège.

Les feuilles éparses de ce Sapin ne sont rares dans aucune des trois localités où l'espèce a été recueillie. Ces feuilles sont longuement linéaires, uninerviées et acuminées au sommet, obtuses à leur extrémité inférieure. Elles ressemblent à celles de l'*Abies grandis* et de l'*Abies bracteata*; elles dénotent un arbre de grande taille. M. Heer rapporte à la même espèce une écaille de strobile, isolée, recueillie dans le gisement du Spitzberg.

Genre **Tsuga**, Endl.

5. — *Pinus microphylla*, Heer, *Beitr. z. foss. Fl. Spitzbergens*, p. 46, tab. 9, fig. 9. — Pl. 190, fig. 6.

P. foliis parvulis 6-7 millim. longis, lineari-oblongis, utrinque obtusis, planis, uninerviis.

Formation oolithique du cap Boheman, au Spitzberg.

Les feuilles éparses de ce Sapin dénotent par leur forme une espèce alliée de près à nos *Tsuga*.

6. — *Pinus Mackiana*, Heer, *Beitr. z. Jura Fl. Ostsiberiens und Amurl.*, p. 76, fig. 1. — Pl. 188, fig. 14-15.

P. seminibus 10-11 millim. longis, nucula breviter ovali, ala elliptica.

Formation oolithique d'Ust-Balei, dans le gouvernement d'Irkoutsk.

M. Heer affirme que, par sa faible dimension et par la forme
de son aile, cette graine a du appartenir à une espèce du groupe
des *Tsuga*.

Genre **Elatides**, Heer.

*Strobilus ovatus vel cylindricus, squamis plurimis spiraliter
dispositis, imbricatis, coriaceis, parvulis, ecarinatis, lævvissimis,
apice acuminatis vel in mucronem desinentibus. Genus forsan*
Piceis *affine*.

7. — *Elatides ovalis*, Heer, *l. c.*, tab. 14, fig. 2. — Pl. 188,
fig. 10-11.

E. strobilis ovatis 27 *millim. longis, squamis coriaceis rhom-
boidalibus acuminatis, 6-7 millim. longis.*
Formation oolithique d'Ust-Balei.

8. — *Elatides Brandtiana*,   Heer, *ibid.*, tab. 14, fig. 3-4.

E. strobilis cylindricis 3-3 1/2 *centim. longis, squamis coriaceis
rhomboideo-ellipticis, apice acuminatis, interdum   mucronatis.*
5 *millim. longis.*
Même gisement.

En dehors des espèces d'Abiétinées jurassiques dont la
mention précède et qui toutes ont été observées loin de la
région française, sur divers points situés au nord du 50ᵉ degré lat., échelonnés de la Sibérie de l'Irkoutsk (51°-52° lat.
N.) et de la Scanie (56° lat. N.) jusqu'au Spitzberg, nous
n'avons à signaler qu'une seule espèce découverte dans
l'oolithe de Belgique par feu M. Coemans; elle provient
par conséquent des approches du 51ᵉ degré; mais le gisement précis reste malheureusement inconnu, ainsi que
nous allons l'expliquer.

SEPTIÈME GENRE. — PINUS.

Pinus,   L., *Gen. ed.*, 1, n° 731.
—   Juss., *Gen.*, p. 414.
—   Link, in *Linnæa*, XV, p. 482.
—   Spach, *Hist. des vég. phanérog.*, II, p. 369.
—   Rich., *Mém. s. les Conif.*, p. 145.
—   Endl., *Conif.*, p. 137 (subgenus).
—   Henk. et Hochst., *Syn. d. Nadelholz.*, p. 19.
—   Carr., *Conif.*, éd. 2, p. 381.
—   Parlat., in D. C. *Prodr.*, t. XVI, p. 378 (subgenus).

DIAGNOSE. — *Folia dimorpha, normalia plerumque abortiva, mox arida bracteæformia, rarius autem et in statu præsertim juvenili persistentia aut longe lineari-acicularia, nervo medio donata, alia caracteristica axillaria, e gemmis perulatis minutis erumpentia, bina, terna, quaterna vel quina rigida, longe stricteque linearia semi-teretia vel compresso-triquetra ; — amenta mascula lateralia ad basin ramulorum novellorum congesta ; fœminea terminalia solitaria vel fasciculatim apposita ; strobili bractœa squamæ basi adnata, mox ab ortu imminuta, evanescens aut ad vestigium reducta ; squama ovulifera lignosa aut saltem coriacea versus apicem in apophysin incrassata umboneque terminali centralive superata.*

HISTOIRE ET DÉFINITION. — Les détails dans lesquels nous sommes entré précédemment, nous dispensent d'insister sur les caractères distinctifs du genre *Pinus* pris dans un sens restreint, c'est-à-dire ne comprenant ni les Laricées ni les Sapinées. L'ancienneté de ce genre, sous la forme et avec les caractères qu'il présente encore de nos jours, ne saurait être douteuse, à partir de l'origine même des temps jurassiques. Durant le cours de cette période, il est vrai, les *Pinus* sont encore tellement rares, qu'ils ne nous ont guère transmis que des organes épars et isolés; mais par la combinaison de ces organes, il nous est cependant possible de reconstituer l'ancien type et de constater que ses éléments essentiels n'ont, pour ainsi dire, éprouvé depuis lors aucun changement. Le *Pinus Nilssoni* Nath. nous fait connaître les graines, et le *Pinus prodromus* Hr. nous découvre les feuilles fasciculées par cinq et invaginées à la base de ces pins primitifs, dont l'espèce que nous allons décrire nous montrera un strobile.

Il est donc permis d'affirmer que les *Pinus* proprement dits, par la structure de leurs feuilles, comme par celle de leurs organes reproducteurs, ne s'écartaient pas sensiblement, à l'époque jurassique, de l'état actuel du genre, bien qu'il nous semble difficile de faire rentrer leurs espèces dans l'une des sections qui de nos jours partagent ce genre. L'existence des sections actuelles est loin cependant de constituer un fait récent. Dès la fin de l'éocène, peut-être plus anciennement encore, on observe des espèces similaires de nos *Strobus*, de nos *Pinaster* et de nos *Tæda*. Dans un âge plus reculé, spécialement à la base de la craie, ce sont des formes ambiguës, offrant avec les nôtres une analogie plus éloignée, que l'on rencontre généralement. Les sections modernes seraient nées ainsi d'une différenciation plus avancée des formes primitives, sorties par voie de ramification d'un tronc commun en s'écartant graduellement de la souche originaire, depuis atténuée ou disparue.

N° 1. — **Pinus Coemansi.**

Pl. 191, fig. 6-7.

Pinus Coemansi,   Heer, *in litt.*

DIAGNOSE. — *P. strobilis elongato-cylindricis, apice breviter attenuatis, squamis oblique insertis, arcte imbricatis, antice in apophysin rhombœam oblique truncatam, depresso-convexam, sursum obtuse acutam abeuntibus ; seminum nuculis ovatis ala oblonga superatis.*

C'est à M. le professeur Heer que nous devons la connaissance du cône remarquable, nommé par lui *Pinus Coemansi,* en souvenir du savant et regrettable Coemans. C'est en 1865 que l'auteur de la Flore fossile du terrain crétacé du Hainaut communiqua à M. Heer, entre autres végétaux fossiles à examiner, un échantillon unique sur lequel il attirait l'attention du paléontologue de Zurich. Voici les propres expressions extraites de la lettre de M. l'abbé Coemans, en date du 13 décembre 1865 : « Vous trouverez également dans la caisse un cône de *Pinites* qui provient de l'*oolithe* en Belgique. Je ne le trouve pas décrit et je l'ajoute (à l'envoi) afin de voir si vous ne le connaissez pas. Je ne possède que ce seul échantillon et je vous prie de vouloir bien me le renvoyer à l'occasion. » M. l'abbé Coemans ne confondait certainement pas cet échantillon unique avec les cônes crétacés du Hainaut, dont il adressait par le même envoi une série à M. Heer. D'ailleurs le faciès minéralogique n'avait rien de commun des deux parts : les cônes du Hainaut sont convertis en charbon, celui de l'oolithe belge consistait en une masse

calcaire. M. Coemans n'hésite pas dans son appréciation
relative à la provenance, il mentionne l'oolithe, et M. Heer
est d'avis que cette affirmation suffit pour entraîner la
conviction, bien qu'aucune localité déterminée n'ait été
désignée et que l'échantillon original soit aujourd'hui
perdu, ou du moins que l'on ignore en Belgique de quelle
collection il peut faire partie maintenant. Nous nous
conformons au désir aussi bien qu'à l'opinion de M. Heer,
en considérant comme oolithique une espèce assimilable
d'ailleurs par ses caractères visibles aux plus anciens cônes
de pin signalés jusqu'à présent, entre autres aux *Pinus
Dunkeri* Carruth. et *sussexiensis* Carruth.

Nous reproduisons fidèlement ici le dessin exécuté
d'après l'échantillon original, sous les yeux de M. Heer de
qui nous le tenons. La figure 6, pl. 191, fait voir qu'il
s'agit de la moitié supérieure d'un strobile de forme
allongée et cylindrique, brisé dans le bas et dépouillé de
ses écailles les plus inférieures; l'organe, intact dans le
haut, se termine par une pointe obtuse et courte. Le diamètre *maximum* mesure environ 24 millimètres; la longueur de la partie conservée est de 6 centimètres $\frac{1}{2}$. Les
écailles sont insérées très obliquement, ce que l'on reconnaît sans peine par celles d'entre elles qui se sont
détachées; elles sont du reste étroitement imbriquées et
leur face visible, ou face dorsale apophysaire, dessine un
écusson rhomboïdal régulier, faiblement convexe ou même
déprimé vers le centre; cet écusson résulte d'une tronca-
ture obliquement dirigée par rapport au plan longitudinal de l'écaille. On ne distingue sur ces écussons aucune
trace bien nette de protubérance centrale ni terminale;
mais, conformément à ce qui existe dans le *Pinus Andræi*
Coem., auquel notre *P. Coemansi* ressemble beaucoup,

l'emplacement de l'*umbo* paraît correspondre à un *point* situé en contre-bas du sommet de l'apophyse et qui sur notre échantillon se trouve marqué par une sorte de dépression en forme d'ombilic. La figure 6ª représente une de ces faces apophysiaires, légèrement grossie et bordée extérieurement d'un bourrelet qui cerne le contour de l'aire rhomboïdale. Vers le sommet, les écussons s'inclinent l'un vers l'autre, et leur sommet s'allonge en une sorte de pointe, qui ressemble en apparence à la terminaison supérieure des écailles de notre *Pinus cembro;* mais on sait que dans cette dernière espèce les écailles se trouvent insérées sur l'axe du strobile presque à angle droit, disposition qui n'existe certainement pas dans l'organe que nous décrivons. Nous croyons, malgré certains indices contraires, que les écailles du *Pinus Coemansi*, conformément à ce que montrent plusieurs strobiles voisins par l'âge de celui de l'oolithe belge, avaient leurs apophyses surmontées d'une protubérance centrale ou subcentrale, analogue à celle de nos *Tæda* et de nos *Pinaster*, au lieu d'être terminale comme celle des *Cembra* et des *Strobus;* seulement cette protubérance était à peine saillante, ou même elle était remplacée par une sorte de dépression; c'est ce que l'on observe de nos jours dans plusieurs espèces de la section *Tæda*, comme les *Pinus tæda* L., *patula* Sch. et Dep. et quelques autres.

La figure 7, pl. 191, reproduit une coupe longitudinale du même cône, dont elle découvre la structure intérieure, entièrement conforme à celle des vrais pins. On reconnaît aisément sur cette figure l'insertion oblique des écailles; leur consistance ligneuse, l'emplacement des graines situées à l'extrême base de chaque écaille et formées d'une

nucule ovale surmontée visiblement d'une aile allongée,
ne sont pas moins manifestes. Chaque nucule a donné
lieu par sa destruction à un moule creux qui reproduit
exactement les contours de l'ancien organe et qui permet
d'affirmer que les semences du *Pinus Coemansi* n'étaient
ni très grosses ni aptères, comme celles des *Cembra*. Par
ce dernier caractère, aussi bien que par celui que l'on
retire de la structure de l'apophyse, l'espèce oolithique
belge se rapproche plutôt des sections *Tæda* ou *Pseudo-*
strobus que d'aucune autre section actuellement exis-
tante.

Rapports et différences. — C'est surtout aux espèces
du purbeck et des argiles du kimmeridge, du néocomien
et du grès vert inférieur que le *Pinus Coemansi* doit être
comparé. Par sa forme cylindrique et son mode de terminaison supérieure, le strobile oolithique belge vient se
ranger à côté du *Pinus gracilis* Carruth., du Gault de
Folkestone (1), mais le nôtre est plus gros, plus épais, et il
ne saurait être rapporté à la même espèce, ni même à une
espèce voisine. Il ressemble certainement au *P. sussexien-*
sis Carruth. (2), au *P. Dunkeri* Carruth. (3), du wealdien
de la forêt de Tilgate, et enfin au *Pinus Andræi* Coem. (4),
du grès vert inférieur de la Louvière. Mais il nous semble
qu'on ne saurait confondre le *P. Coemansi* avec aucune
de ces espèces : il se sépare de la première, que M. Carruthers assimile, nous ne savons pourquoi, à nos *Strobus*,

---

(1) Voy. Carruth., *Brit. foss. Conif., in Geologic. Magaz.*, vol. VI,
1, p. 2, tab. 1, fig. 9 ; — janv. 1869.

(2) Id., *Journ. of Botany Brit. and foreign;* janv. 1867 ; n° 49, p. 13,
tab. 58, fig. 5, et 59, fig. 7.

(3) *Ibid.*, p. 14, tab. 59, fig. 1-2.

(4) Coemans, *Fl. crétacée du Hainaut*, p. 12, tab. 4, fig. 4, et tab. 5,
fig. 1.

par des dimensions moindres et des écussons moins étendus dans le sens transversal; de la seconde, par ses écailles ligneuses dénotant un vrai *Pinus*, tandis que le *Pinus Dunkeri* présente l'apparence structurale et les écailles minces des *Abies ;* enfin, le *Pinus Coemansi* ne nous paraît pas devoir être confondu avec le *Pinus Andræi*, dont il se rapproche quelque peu par sa forme cylindrique et la terminaison atténuée-obtuse du sommet; en effet, les écussons du premier de ces deux *Pinus* sont nettement rhomboïdaux, tandis que ceux du second ont le diamètre transversal plus étendu que l'autre et qu'ils présentent une carène relevée en saillie dont les écailles du *P. Coemansi* n'offrent aucune trace visible. Cependant, s'il était permis de conclure, en l'absence de l'échantillon original, c'est avec le *Pinus Andræi*, principale espèce du gisement de la Louvière, que le cône oolithique décrit par nous laisserait voir l'affinité la plus sensible.

LOCALITÉ. — Belgique, étage oolithique, sans autre indication de localité, ni de gisement; ancienne collection de M. l'abbé Coemans.

EXPLICATION DES FIGURES. — Pl. 191, fig. 6, *Pinus Coemansi*, Hr., cône, grandeur naturelle, d'après un dessin de l'échantillon original, communiqué par M. Heer, grandeur naturelle; fig. 6ª, écussons apophysiaires de plusieurs écailles, légèrement grossis; fig. 7, coupe longitudinale du même organe, grandeur naturelle.

Trib. V. — TAXODINEÆ.

Folia spiraliter inserta, diversiformia, tum squamosa, tum acicularia vel falcata, secus ramos laterales plerumque distiche ordinata, quandoque plana lineariave nervo medio uni-

*coque donata, sæpe etiam in eadem stirpe dimorpha polymor-
phaque et inter se plus minusve dissimilia; — strobili mire
structura formaque variantes, tum breves, tum elongatiores,
in fossilibus elongatissimi; in omnibus, squama axillans receptaculumque ovuliferum primum distinctæ, postea crescen-
tiæ effectu ex parte fusæ, in adulto autem statu plus minusve
quandoque etiam omnino coalitæ, semper attamen discernen-
dæ; bractea umbonem aut mucronem squamæ præstans,
receptaculum vero (in plerisque* Taxodineis *excepta* Scquoia)
*in lobos aut segmenta crenasve partitum, bracteæ impositum
aut illam involvens et partem squamæ superam constituens;
in squama strobili* Taxodinearum *igitur elementa bina
plus minusve coalita, sed oculo etiam nudo secernenda, alter
alterum æquans aut superans, bractea tum productior tum
receptaculo minor, tum ambæ æquales; — squamæ strobili
primum occlusæ, demum apertæ et tum persistentes aut ab
axi solubiles; — ovula bina vel plura, tum erecta (in* Taxodineis), *tum inversa aut potiore dictu inclinata intusque spec-
tantia, nucamentosa angulata compressaque aut ala marginali
utrinque cincta; — amenta mascula parvula aut mediocria,
axillaria terminaliaque e squamis imbricatis sacculos polliniferos 2-7 retrorsum gerentibus constantia; — arbores sæpius
excelsæ, pyramidatæ, præcipue borealo-hemisphericæ, in locis
humidis vel secus aquas vigentes, paludosæ, etiam monticolæ,
nunc* Europa *exclusæ, ut plurimum americanæ aut asiaticæ,
paucæ australiasicæ.*

Notre cinquième tribu, celle des Taxodinées, n'a été
considérée comme groupe distinct et naturel que depuis
fort peu d'années, et seulement par une partie des auteurs
qui ont décrit les Conifères. Nous avons été un des premiers à proposer une section comprenant à la fois les

Taxodiées et les Séquoiées, en faisant ressortir (1) la conformité de structure de ces deux groupes, si l'on consent à faire abstraction de la direction de l'ovule, érigé chez les premières, inverse ou du moins incliné dans les secondes. Mais, depuis lors, M. Strasburger a démontré que cette inclinaison n'était qu'une suite du mouvement d'extension de l'écaille des *Sequoia*, dont la base s'atténue en forme de pédoncule. A mesure que ce pédoncule se prononce, les ovules repoussés et comprimés par lui se recourbent et donnent lieu, en prenant cette direction, à une transition des tribus à « fleurs érigées » vers celles qui les ont « réfléchies ». Le développement est cependant le même que dans les Taxodiées; « les deux systèmes vasculaires (celui de l'écaille et celui du support ovulaire) parcourent sans se confondre l'intérieur de l'écaille du strobile des *Sequoia ;* l'un et l'autre se divisent en un grand nombre de rameaux et s'étalent plus ou moins sur deux plans contigus, sans que le supérieur entoure l'inférieur. » Dans la sous-tribu des Taxodiées, en suivant toujours les indications fort précises de M. Strasburger, le système des faisceaux vasculaires est double à l'intérieur de l'écaille du strobile, et il se rattache à ce qui existe chez les *Chamæcyparis* (par conséquent chez les Cupressinées), en ce que le faisceau simple de la bractée se trouve latéralement entouré par les faisceaux provenant du support ovulaire accrescent. « En effet, ajoute Strasburger, les faisceaux les plus inférieurs de ce support sont à la fin situés à la même hauteur que les faisceaux de la bractée et ils tournent leurs trachées dans le même sens que ces

____

(1) Voy. *Etudes sur la vég. du S.-E. de la France à l'époque tert.*, II, *Flore d'Armissan*, p. 188, et *Ann. des Sc. nat.*, 5ᵉ série, tome IV, p. 44.

derniers, en sorte qu'il faut les suivre dans leur parcours
tout entier pour pouvoir s'assurer de l'indépendance relative des deux systèmes (1). » Le même auteur décrit dans
les termes suivants, le développement graduel du support
ovulaire des *Cryptomeria*, à partir du moment de l'apparition des ovules : « Originairement, dit-il, le support
consiste dans une faible éminence située à l'aisselle de la
bractée; les ovules (auxquels le professeur allemand applique le nom de « fleurs », *Blüthen*) débutent par deux
protubérances en forme de croissant et demeurent longtemps distinctement bilabiés. L'apparition du support ne
devance pas celle des ovules, mais elle succède à la formation de ceux-ci et le support se montre alors sous
l'aspect d'un renflement, *Anschwellung*, à la base de la
bractée dont l'accroissement a lieu en même temps. Le
développement qui suit est semblable à celui qui existe
chez les Cupressinées, avec cette différence seulement que
la marge du support (écaille fructifère de M. Strasburger,
Fruchtschuppe, à mesure que son extension se prononce,
donne naissance le plus souvent à trois (dans les exemplaires observés par M. Strasburger, mais le nombre de ces
prolongements du support est normalement de 5 et peut
s'élever jusqu'à 7) appendices libres, ou lacinies détachées,
dont un médian plus fort que les latéraux. Le nombre
des appendices est d'ailleurs assez variable, et ils doivent
être considérés à, coup sûr, comme une production due à
l'hypertrophie marginale du support ou de l'« écaille à fruit»,
selon l'expression adoptée par M. Strasburger. M. Strasburger affirme que par l'observation d'une série d'é-
cailles supportant plus de trois ovules, il a pu s'as-

<hr>

(1) Voy. Strasburger, *Die Conif. und die Gnetac.*, p. 229 et 230.

surer que le nombre des lacinies n'était nullement en rapport avec celui des organes reproducteurs ; il a vu souvent quatre appendices marginaux sur des écailles à trois ovules, et trois appendices seulement sur des écailles qui en supportaient quatre. Dans d'autres cas, le support demeure soudé à la bractée et tous deux prennent de l'extension ensemble par la base, jusqu'à ce que les appendices demeurés libres viennent se disposer sur le bord antérieur renflé de l'écaille. Les ovules, ajoute M. Strasburger, sont constamment insérés tout près de l'aisselle de la bractée ; ils sont ensuite reportés plus haut à la surface du support ; ils sont fortement comprimés, ainsi que leur exostome. Cet exostome est plus ou moins distinctement bilobé et, dans certains cas de montruosité, il paraît profondément biparti.

Aux yeux de M. Van-Tieghem, les écailles fertiles des Taxodiées sont aussi formées de la bractée et de la feuille carpellaire ou support, soudées ensemble par leur face supérieure. D'après la façon de voir du savant français, cette feuille carpellaire, notre « support », porte les ovules à la base de sa face ventrale. Cette face ne prenant pas d'extension, les ovules par suite demeurent érigés, tandisque, là où cette extension vient à se produire, ces mêmes ovules affectent à la fin une direction inverse.

M. Strasburger ajoute encore en forme de conclusion : « la réunion de la bractée et du support, dans la partie de l'écaille du strobile des Taxodinées où s'opère cette fusion, est, pour ainsi dire, plus complète que dans l'organe correspondant des Cupressinées. Les deux systèmes de faisceaux, en effet, se rattachent si étroitement l'un à l'autre qu'il n'est guère possible de distinguer, à l'aide d'une coupe tranversale, les faisceaux appartenant à l'un ou à l'autre des deux systèmes. » Un examen attentif est nécessaire pour démontrer que les faisceaux limitrophes correspondent tous au système supérieur, celui qui dessert le support.

On voit par ce résumé, qui permet au lecteur d'apprécier les termes de la question dans ses éléments intimes, que les auteurs les plus compétents, en ce qui concerne la nature morphologique et la structure anatomique des Conifères, s'accordent à considérer l'insertion érigée ou inverse de l'ovule, comme le résultat d'un accident de croissance. Cet accident ne saurait dès lors avoir l'importance qu'on lui avait attribuée d'abord, lorsque, se basant sur cette insertion, on englobait les Taxodiées parmi les Cupressinées et que l'on rejetait les Séquoïées dans les Abiétinées.

Les mêmes auteurs s'accordent encore dans la signification qu'ils attachent à l'écaille fertile des Taxodiées et des Séquoïées, qu'ils considèrent comme résultant de la soudure de deux éléments réunis et accrescents, mais non entièrement fusionnés. Ces éléments demeurent en effet distincts dans l'écaille adulte, soit à l'extérieur, puisque le mucron correspond à la bractée et le bourrelet ou les crénelures du couronnement au support ; soit à l'intérieur, puisque les deux systèmes vasculaires restent séparés, bien que voisins ou même enveloppés l'un par l'autre. En réalité, ils ne sont ni fusionnés ni anastomosés, comme chez les Araucariées, mais ils conservent leur indépendance mutuelle, malgré leur contiguïté. Par là, les Taxodiées, de même que les Séquoïées, se rattachent aux Cupressinées, dont l'écaille fertile présente la même disposition ; mais par cela aussi les deux premiers groupes s'écartent des Abiétinées, chez lesquelles nous venons de constater l'indépendance absolue des deux éléments dont la connexion partielle constitue essentiellement l'écaille des Taxodinées.

D'accord sur ces divers points et par conséquent sur l'absence de divergences assez prononcées pour opposer un obstacle à la réunion des Taxodiées et des Séquoïées dans une seule section, les mêmes auteurs signalent encore une particularité de structure de nature à justifier cette réunion, bien qu'elle ne se retrouve pas absolument dans tous les genres de la tribu. Nous voulons parler des incisures du support ovulaire, qui se développent de manière à produire, dans divers types vivants ou fossiles, des appendices ou simplement des crénelures qui couronnent le bord supérieur de l'écaille à la maturité. D'après Strasburger qui a décrit l'origine et le mode de développement de ces incisures dans les *Cryptomeria*, leur apparition succéderait à celle des ovules et l'auteur allemand n'attacherait à leur présence qu'une signification secondaire, en considérant les appendices qui en résultent et débordent finalement l'écaille (voy. pl. 147, fig. 8), comme une simple découpure accidentelle de la marge du support. Il est vrai que chez les *Sequoia*, malgré leur évidente affinité avec les autres Taxodinées, les incisures du support se trouvent remplacées par un bourrelet qui s'accroît de la même façon et déborde également le bord supérieur de l'écaille adulte ; il est encore vrai que le nombre des appendices n'est pas rigoureusement d'accord avec celui des ovules ; mais, comme nous le verrons bientôt, l'importance des lacinies est telle chez les anciennes Taxodinées ; leur présence contribue si fort à donner aux cônes des genres éteints de cette tribu une physionomie spéciale et réellement caractéristique, qu'il nous semble difficile de ne reconnaître dans ces organes qu'un simple accident de croissance. Si l'on remarque à quel point le strobile de plusieurs Taxodinées primitives (*Voltzia*, *Glyptolepidium* (1), *Schizolepis*) revêt l'apparence d'un rameau simple, modifié par la présence des supports ovulifères à l'aisselle de ses feuilles, on sera certainement disposé à admettre que les lacinies de ce support peuvent bien répondre aux vestiges d'un bourgeon, dont elles représenteraient les feuilles atrophiées et confondues, comprimées par la pression et s'avançant plus ou moins au dehors, tantôt débordant la bractée, tantôt plus ou moins incluses et dépassées par celle-ci. Tous ces cas se présentent effectivement, lorsque l'on examine les Taxodinées fossiles, et, comme pour mieux prouver que la particularité de structure dont il est question n'est pas spéciale aux seules Taxodiées, c'est-à-dire aux genres à ovules dressés, comme les *Cryptomeria*, il se trouve justement que chez les Taxodinées fossiles à écailles strobilaires découpées en lobes, que l'on a eu occasion d'examiner, les *Voltzia* par exemple, l'ovule était réfléchi comme chez les *Sequoia*, tandis que l'écaille de ces derniers ne présente aucune trace de lacinies le long du bourrelet qui la surmonte.

Un autre caractère propre à l'ensemble des Taxodinées consiste dans la polymorphie des feuilles, non seulement variables selon les genres, tantôt en crochet ou en faux, tantôt planes et linéaires, et dans ce cas toujours uninerviées (ce qui permet de ne pas les confondre avec celles des Araucariées), mais encore sujettes à des modi-

---

(1) Ce terme a remplacé celui de *Glyptolepis* proposé en premier lieu par M. Schimper et qui désignait également un poisson fossille. Mais à la dénomination vague de *Glyptolepidium*, ce même M. Schimper vient de substituer celle de *Glyptcolepis*, à la fois plus juste et plus courte.

fications sur le même individu; c'est ce que montrent entre autres les *Voltzia* et les *Palissya*, chez lesquels se manifestent des extrêmes de grandeur et de forme qui engagèrent les premiers observateurs à décrire comme des espèces les rameaux provenant en réalité des diverses parties du même arbre. Cette disposition est encore visible chez certains *Sequoia* tertiaires; elle se manifeste même de nos jours dans les *Glyptostrobus* dont les ramules annuels diffèrent par leurs feuilles étroitement linéaires des jets persistants, recouverts de feuilles imbriquées-squamiformes.

Le nombre des ovules et par conséquent des semences est variable chez les Taxodinées, aussi bien que leur direction érigée ou inverse. Ce nombre est de deux chez les *Glyptostrobus* et les *Taxodium*, de trois à cinq chez les *Cryptomeria*, les *Sequoia* et les *Arthrotaxis*. Les chatons mâles sont petits, ovoïdes ou ovales-oblongs, tantôt axillaires, comme chez les *Cryptomeria*, tantôt terminaux au sommet de ramules latéraux, comme ceux des *Sequoia*. Le nombre des écailles n'est jamais très considérable et chacune porte depuis 2 jusqu'à 7 (1) loges à pollen, insérées vers le bas de la face dorsale.

Les Taxodinées qui dans l'ordre d'apparition ont devancé évidemment les Abiétinées, et dont l'extension a eu lieu bien avant celle du dernier de ces groupes, ont aussi décliné les premières. La prépondérance semble leur être acquise dès la fin du trias. A cette époque, qui nous est bien connue par la riche flore du rhétien, les Taxodinées sont partout; mais elles habitent de préférence les stations humides, tandis que les *Brachyphyllum* peuplent plutôt les sols accidentés. En Franconie et en Scanie, dont les schistes marno-bitumineux annoncent l'action des eaux,

(1) Voyez plus haut, p. 131 et 132.

au sein d'une contrée basse et marécageuse, les Taxodinées sont fréquentes et se manifestent par la présence de plusieurs genres fort curieux, dont les écailles séminifères, éparses ou réunies en strobile, sont reconnaissables à leur ressemblance plus ou moins éloignée avec celles des *Voltzia* triasiques. Nous avons eu soin de représenter, sur notre planche 154, les principaux organes des *Voltzia ;* nous allons voir des formes analogues modifiées dans leurs détails secondaires, mais modelées généralement sur le même patron, reparaître dans les divers étages jurassiques. C'est plus particulièrement à la base du terrain que l'on constate leur prédominance, puisque dans le cours de l'oolithe les Cupressinées, d'abord inconnues ou faiblement représentées, finissent par obtenir une partie notable de la place, jusqu'alors dévolue aux seules Taxodinées. Dans la craie, surtout dans la craie polaire, ce sont les *Sequoia* qui prédominent et saisissent le premier rôle, après l'extinction graduelle des Taxodinées primitives ; mais ces *Sequoia* polaires, nombreux et variés, sont déjà associés à des *Glyptostrobus*, peut-être à des *Taxodium*, et ce furent ces mêmes types qui plus tard envahirent l'Europe en émigrant vers le sud, lors du tertiaire moyen. De nos jours, la distribution géographique des Taxodinées, de même que leur composition, marquent à la fois leur déclin actuel et leur ancienne extension.

Leur diffusion, la manière dont leurs genres se trouvent cantonnés, chacun dans une région à part, le petit nombre des espèces qu'ils comprennent se trouvent bien en rapport avec ce déclin et cette antiquité. Les Taxodinées ne sont pas exclusivement limitées, comme les Abiétinées, à la zone boréale. L'hémisphère sud offre dans les *Arthrotaxis* des représentants détachés sans doute depuis une date très reculée, de la souche primitive d'où les Taxodinées sont autrefois sorties. L'origine polaire des formes actuelles de *Sequoia*, de *Taxodium* et de *Glyptostrobus* paraît des moins contestables. Ces espèces, les seules qui aient survécu à l'extinction des anciens types, sont venues jusqu'à nos latitudes par voie d'immigration, et elles ont réussi à se maintenir, non pas sur notre continent qui les a perdues, mais sur divers points de l'Asie orientale et de l'Amérique du Nord.

Deux autres genres de Taxodinées, les *Cryptomeria* et les *Arthrotaxis*, paraissent avoir eu leur berceau et leur centre de diffusion ailleurs que dans les alentours du pôle arctique. Le genre *Cryptomeria* est maintenant indigène au Japon et limité à cet archipel. Les *Arthrotaxis* sont exclusivement australiens et l'ont peut-être toujours été, car leur présence en Europe, à l'état fossile, quoique souvent signalée, n'est rien moins qu'établie. Nous verrons pourtant qu'il existait dans l'Europe jurassique un genre de Taxodinées, proche allié des *Arthrotaxis* et dénotant une sorte de prototype ancestral d'où le genre tasmanien actuel pourrait bien être dérivé d'une façon plus ou moins médiate.

Les Taxodiées et les Séquoïées réunies en une tribu unique sous la dénomination de Taxodinées représentent selon nous une sorte de stade primitif qui se manifeste par une soudure déjà avancée, mais non cependant absolue, du support ovulaire et de la bractée, dans le cône. Ces deux éléments, encore indépendants l'un de l'autre dans les Abiétinées, se montrent ici dans un état de connexion réciproque qui n'entraîne pourtant pas l'absorption de l'un des deux. Les Cupressinées constituent le dernier terme de cette marche qui tend à incorporer le support à la bractée. Dans les Abiétinées, au contraire, le support se

développe isolément, mais ce développement à part rend
la bractée inutile et entraîne son avortement. Les Taxodinées marquent le milieu entre deux combinaisons exclu·
sives dont les Abiétinées, d'une part, et les Cupressinées,
de l'autre, représentent les points extrêmes. Entre les
Taxodinées et les Abiétinées, il y aurait encore place pour
le type des *Sciadopitys*, dans lequel la bractée et le support soudés seulement à la base se développent à la fois, en
en demeurant distincts par leur côté antérieur ; mais ce type
entièrement isolé dans la nature actuelle, n'a d'autre représentant que le *Sciadopitys verticillata* Sieb. et Zucc., du
Japon, et nous ignorons s'il a jamais donné lieu dans le
passé à un groupe de quelque importance. Vis-à-vis des
Cupressinées, malgré l'étroite parenté qui les relie à cette
tribu qui semble autrefois avoir suivi une marche parallèle
à la leur, les Taxodinées se distinguent par les écailles non
décussées, ni opposées en croix de leur strobile, toujours
ordonnées, aussi bien que les feuilles elles-mêmes, dans un
ordre spiral.

Nous avons vu précédemment, dans l'introduction à la
description des genres et des espèces (1), que par la structure anatomique de leur bois les Taxodinées paraissaient
également offrir une transition vers les Cupressinées, sur
tout par l'intermédiaire du *Widringtonia*, tout en montrant
certains caractères qui leur sont propres, comme le prolongement des rayons médullaires à travers le liber, jusque dans la région corticale, et la présence de canaux résineux dans le parenchyme cortical seulement ou tout au
plus vers la périphérie interne de ce parenchyme ; mais il
se trouve aussi que par leur bois les Taxodinées se lient
tout aussi étroitement aux Podocarpées dans une autre di-

(1) Voyez ci-dessus, p. 45 et 65.

rection. Nous touchons dans cette direction au groupe diffus des Taxinées, souche première d'où les Conifères propres et par conséquent les genres qui nous occupent ont dû nécessairement émerger. A tous ces points de vue résumés, les Taxodinées nous amènent d'un état antérieur à demi fixé et, pour ainsi dire, flottant, vers des combinaisons plus stables, plus définitives, par cela même plus fécondes. Ce sont celles que les Cupressinées réalisent aujourd'hui encore sous nos yeux et dont la flore jurassique nous découvrira le tableau originaire.

HUITIEME GENRE. — CHEIROLEPIS.
Pl. 192, fig. 1-10.

Cheirolepis, Schimp., *Traité de Pal. vég.*, II, p. 247.
 —   Heer, *Fl. foss. helv.*, p. 135.

DIAGNOSE. — *Rami inæqualiter distiche ramulosi; folia dense conferta, e basi decurrente lanceolata acute subfalcato-incurva; — strobilus fertilis cylindricus terminalis, strobili squamæ orbiculares sessiles extus bracteæ residuis obscure transversim carinatæ, antice quinque fidæ laciniis breviter obtuse acutis, e receptaculo margine inciso orientibus; receptaculum ovuliferum, ut in Voltziis, bracteæ vestigia ad maturitatem multoties superans; squamæ strobili ab axi ad maturitatem ut plurimum solutæ; ovula in quaque squama verosimiliter bina inversa ad basin incisurarum lateralium sita; — amenta mascula, teste* Schimper, *simplicia ovata parvula apicalia.*

Brachyphyllum, Fr. Br., in *Münst. Beitr.*, VI, p. 30. — *Ver-zeichn.*, p. 101.
 —   Schenk, *Fl. d. Grenzsch.*, p. 187.
Voltzia, Fr. Br., in *Münst. Beitr.*, VI, p. 30.

HISTOIRE ET DÉFINITION. — Frédéric Braun a distingué le

premier des écailles isolées de *Schizolepis*, dans l'infralias
de Franconie, en les rapportant non sans raison à une espèce nouvelle de *Voltzia*. Effectivement, les *Cheirolepis*
peuvent être considérés comme alliés de très près aux
Voltzia triasiques, dont ils représentent un prolongement
dans l'infralias. Les différences qui séparent les deux
genres n'ont rien d'essentiel ; ce sont des divergences de
détail, relatives à la consistance et à la forme extérieure
des organes, qui n'affectent pas leur structure intime,
évidemment modelée de part et d'autre sur le même patron. Les cônes et les rameaux feuillés de *Cheiropteris*
avaient été d'abord signalés comme des *Brachyphyllum*
dans l'ouvrage de Münster, et plus tard Schenk dans sa
flore de l'étage rhétien de Franconie (1) a adopté la même
dénomination générique, en s'appuyant sur une affinité
apparente des rameaux de Franconie avec ceux du *Brachyphyllum mamillare* de Brongniart. Cette affinité, bien
que moins complète que ne l'admet M. Schenk, n'est pas
en elle-même un motif suffisant d'identifier génériquement
les cônes à écailles incisées de l'infralias et les rameaux
qui ont supporté ces organes avec l'ensemble des vrais
Brachyphyllum, groupe compact, plus particulièrement
oolithique, dont nous avons décrit les caractères saillants
et figuré des exemplaires remarquables, mais qui certainement n'a jamais eu les écailles de ses cônes conformées
comme celles des *Cheirolepis*. Ces derniers, si reconnaissables à la structure de leurs organes fructificateurs, se montrent dans plusieurs localités infraliasiques ; mais il n'en
existe, à notre connaissance du moins, aucun vestige dans
les couches de la grande oolithe ou du corallien, où abon-

(1) *Fl. d. Grenzsch.*, p. 187.

dent au contraire les *Brachyphyllum*, alors à l'apogée de leur développement.

Il était donc nécessaire, quels que soient les doutes que peut entraîner l'attribution des rameaux, considérés isolément, d'appliquer une désignation générique spéciale aux écailles de strobile détachées, fréquentes dans le rhétien, et analogues par leur marge antérieure lobée à celles des *Voltzia*. C'est ce qu'a pensé notre ami M. Schimper en proposant le terme de *Cheirolepis* qui a été adopté par Heer et appliqué par lui à une forme du lias inférieur de Chambelen. La ressemblance extérieure des rameaux feuillés et leur identité apparente dans des genres en réalité très distincts constituent un phénomène trop souvent signalé chez les Conifères que pour nous ayons la pensée d'en être surpris. On sait à quel point certains *Sequoia* crétacés ou tertiaires reproduisent l'aspect des *Araucaria* d'Australie ; tandis que d'autres *Sequoia*, à l'exemple du *S. sempervirens* Lamb. actuel, ont été assimilés originairement aux ifs, sous le nom de *Taxites*. Il est bien certain que les rameaux et les ramules épars de *Cheirolepis* auraient été confondus avec ceux des *Brachyphyllum* et des *Pachyphyllum*, si les parties constitutives de leur strobile, détachées de l'axe à la maturité, n'étaient venues peupler les lits en voie de formation. Ce sont ces écailles et le cône formé par leur réunion dont il faut avant tout définir les caractères.

Les écailles, franchement caduques à la maturité, fournissent un premier caractère plus accusé dans les *Cheirolepis* que chez les *Voltzia*. En effet, c'est presque constamment à l'état isolé que l'on rencontre ces organes dans les dépôts où ils ont été signalés jusqu'ici, notamment dans celui de Mende. Ces écailles sont courtes, aussi larges que hautes,

sessiles, terminées inférieurement par un onglet des plus
obtus, incisées nettement le long de leur bord antérieur.
Les lobes ou incisures ne sont pas subarrondis, ni émarginés, comme chez les *Voltzia*, mais terminés en pointe
obtuse. La consistance de ces écailles n'a rien d'épais ni
de solide, ni même de coriace; elles paraissent avoir eu
une certaine souplesse, et leur apparence est telle, d'après
les moules de leurs empreintes, qu'elles ont dû empiéter
légèrement l'une sur l'autre en se recouvrant quelque peu
par les bords. Les auteurs qui ont décrit ces écailles, aussi
bien M. Schenk que Schimper et Heer après lui, se sont
accordés pour ne leur attribuer qu'une seule graine. Nous
avons lieu de croire cette indication erronée et de considérer comme se rapportant aux vestiges de la bractée adnée à la face dorsale du support lobé, la ligne enfoncée
convexe antérieurement ou semi-circulaire, visible sur la
plupart des empreintes (1), qui dessine une aire arrondie
immédiatement au-dessous des incisures. En effet, les empreintes qui présentent cette aire paraissent se rapporter
à la face dorsale des écailles, et le sillon qui dessine le contour de l'emplacement attribué à la semence correspond
naturellement à une carène légèrement saillante, au-
dessus de laquelle les lacinies du support se trouveraient
assises. D'après une empreinte de Mende dont je donne le
dessin (voy. pl. 193, fig. 6) et qui représente la face supérieure d'une de ces écailles, celles-ci auraient été pourvues
de deux graines; et ces graines, inverses, arrondies et surmontées d'un rebord cartilagineux, auraient ressemblé à
celles des *Voltzia*, telles que je les ai dessinées d'après les
traces de leur emplacement. Le nombre et la forme des

(1) Voy. Schenk, *Fl. de Grenzsch.*, tab. 43, fig. 7, 8 et 17 ; — Heer,
Fl. foss. helv., tab. 56, fig. 13.

lobes sont évidemment sujets à beaucoup de variations, même dans les limites d'une seule espèce, puisqu'il semble à M. Schimper, comme à nous-même, que M. Schenk a eu tort de distinguer le *Cheirolepis Münsteri* du *Ch. affinis*, dans le rhétien de Franconie. Des lobes plus minces et plus pointus sont parfois entremêlés à d'autres plus larges, ou bien leur nombre, qui est ordinairement de cinq, se réduit à trois dans les écailles les moins développées. Les lobes latéraux sont parfois plus développés que les intermédiaires, ou bien il existe entre les latéraux un seul lobe bifide. Les lobes plus larges paraissent correspondre à l'endroit où était située la graine, circonstance qui se trouve d'accord avec la présence ordinaire de deux graines collatérales.

Les cônes de *Cheirolepis* figurés par Schenk et que nous figurons d'après lui (pl. 192, fig. 6) sont cylindriques, allongés, terminaux et assez petits; ils reproduisent sous de moindres dimensions l'aspect de ceux des *Voltzia*.

RAPPORTS ET DIFFÉRENCES. — On voit par ce qui précède que les *Cheirolepis* ne sont guère que des *Voltzia* infraliasiques, amoindris dans toutes leurs proportions, ayant des rameaux plus grêles, des feuilles plus courtes et homomorphes, des strobiles plus petits, des écailles plus réduites, moins atténuées vers la base et essentiellement caduques, lors de la maturité, circonstance qui a mis obstacle la plupart du temps à leur rencontre à l'état agrégé.

On peut encore comparer les *Cheirolepis* aux *Glyptcolepis* de M. Schimper, genre également allié de près aux *Voltzia* qui se montre dans le Keuper, mais dont les strobiles, bien plus allongés, formés d'écailles lâchement imbriquées et persistantes, ne sauraient être confondus avec ceux des *Cheirolepis*. Les écailles strobilaires des

Glyptcolepis sont d'ailleurs conformées en spatule, atténuées inférieurement en un mince pédicule, ouvertes au
sommet en éventail et ornées à la surface de 10 à 12 sillons
divergents qui aboutissent à autant de crénelures marginales, en sorte que ces organes rappellent à l'esprit ceux
des *Glyptostrobus* actuels. Bien au-dessus du keuper, dans
l'oolithe inférieure du gouvernement d'Irkutsk, à Ust-Balei
et à Kajamündung, M. Heer a signalé, sous le nom de
Leptostrobus, un type très peu distinct des *Glyptcolepis*,
dont il reproduit les traits principaux. Cependant, le
Leptostrobus semble réellement apparenté de plus près
que le genre keupérien aux *Voltzia*, d'une part, et aux
Cheirolepis, de l'autre, tout en ne pouvant être confondu
avec aucun des deux. Les écailles bien plus obtusément
atténuées à la base que celles des *Glyptcolepis* sont
découpées sur le pourtour de leur sommet dilaté en trois
ou cinq lobes obtus et profonds. Sur la face supérieure de
chacune de ces écailles on distingue très nettement deux
graines aptères, disposées à peu près comme celles de
notre *Cheirolepis* de Mende. Quelques-unes de ces écailles
paraissent conserver des traces d'une bractée axillante
soudée au support, mais sans doute bien plus courte que
ce dernier. M. Heer compare les *Leptostrobus* aux *Glyptostrobus* actuels, et, pour permettre de juger des particularités que nous venons de signaler, nous renvoyons aux figures très nettes de l'auteur (1) représentant ses *Leptostrobus
laxiflora* et *crassipes*, qui du reste ne constituent peut-être
qu'une seule espèce.

EXPLICATION DES FIGURES. — Pl. 192, fig. 1 à 5, *Cheirolepis Münsteri* (Schenk) Schimp., rameaux de diverses dimensions d'après des figures empruntées à l'ouvrage de

(1) Voy. Heer, *Tertiarfl. v. Polarländer*, IVe partie.

M. Schenk sur la flore rhétienne de Franconie, grandeur naturelle. Les figures 1, 2 et 4 correspondent aux figures 1, 2 et 3 de Schenk et à son *Brachyphyllum Münsteri;* les figures 3 et 5 correspondent aux figures 14 et 13 de Schenk et à son *Brachyphyllum affine.* Fig. 6, Strobile de *Cheirolepis Münsteri* terminant un rameau, grandeur naturelle; d'après une figure de l'ouvrage de Schenk, Figures 7-9, écailles détachées du strobile de la même espèce, grandeur naturelle; d'après les figures de Schenk. Fig. 10, rameau de la même espèce (*Brachyphyllum affine* Schenk, tab. 43, fig. 15 de l'ouvrage allemand) terminé par des chatons arrondis, considérés comme des organes mâles, représentant peut-être des fleurs femelles récemment fécondées; fig. 10ᵃ, un de ces organes grossi d'après Schenk.

Nº 1. — **Cheirolepis Escheri.**

Pl. 193, fig. 1-8.

Cheiropteris Escheri, Heer, *Fl. foss. helv.*, p. 135, tab. 56, fig. 13.

DIAGNOSE. — *Ch. ramis alterne vageque distichis, foliis spiraliter ordinatis laxe imbricatis sessilibus breviter acutis apice falcato-incurvis; strobili squamis ab axi distractis lato-rotundatis obtuse basi in unguem attenuatis truncatisve sursum 3-5 inciso-lobatis breviter obtuse acutis; seminibus binis inversis basi rotundatis sursum cartilagineo-appendiculatis; amentis masculis? terminalibus e squamis arcte adpressis peltatis conniventibus efformatis.*

Les débris épars de cette espèce, ramules, écailles détachées, débris de chatons mâles, peuplent certaines plaques des calcaires infraliasiques de Mende, où ils se trouvent associés à des *Thinnfeldia* et au *Brachyphyllum Papareli*. Cette accumulation s'est faite dans des eaux tumultueuses, entraînant pêle-mêle une foule de fragments associés dans le plus grand désordre; mais une comparaison de ces fragments avec les organes décrits et figurés par schenk, dans la flore du rhétien de Franconie, fait voir qu'il s'agit bien d'un *Cheiropteris*, très rapproché de celui des schistes de Bayreuth. Les écailles détachées qui accompagnent les rameaux sont bien plus rares que ceux-ci; du moins elles sont rarement entières et assez bien conservées pour que leur conformation devienne facile à observer. Cependant, à côté du grand rameau, pl. 193, fig. 1, en *a*, on distingue aisément une de ces écailles, que nous reproduisons à part et légèrement grossie (fig. 1'), d'après un moule de l'empreinte qu'elle a laissée. Par la forme et la dimension de ses lobes, cette écaille nous paraît devoir être identifiée avec le *Cheirolepis Escheri* Hr., de l'infralias de Chambelen (Argovie), et elle se distingue par les mêmes caractères de l'espèce principale du rhétien de Franconie, le *Cheirolepis Münsteri*. Effectivement, notre écaille est large de plus de 20 millimètres sur une hauteur de 12 millimètres; elle est arrondie plutôt que tronquée à la base et couronnée dans l'autre direction par cinq lobes obtus, dilatés inférieurement, de manière à empiéter légèrement l'un sur l'autre par les bords, et terminés en une pointe ogivale au sommet. La figure donnée par M. Heer de son *Ch. Escheri* concorde entièrement avec la nôtre; seulement l'écaille de Chambelen, qui est unique, est un peu plus petite et un de ses lobes se trouve accidentellement

(1) *Fl. d. Grenzsch.*, p. 87, tab. 13.

moins développé que les autres. M. Heer a eu tort de considérer ce dernier caractère comme spécifique. Les écailles des strobiles de *Cheirolepis* présentaient normalement cinq lobes marginaux ; mais ces lobes se réduisaient à trois dans les écailles du sommet des cônes et ils étaient sujets à s'atténuer ou à disparaître dans les autres. Dans l'écaille que nous considérons, on observe un développement relatif assez notable des lobes latéraux par rapport aux autres. Ces lobes latéraux correspondent selon nous à l'emplacement des deux graines dont l'organe devait être pourvu. Il en est de même dans le *Cheirolepis Münsteri* (voy. pl. 192, fig. 9), dont les écailles présentent généralement des lobes latéraux plus développés que les intermédiaires ; mais ces lobes sont en même temps plus étroits et plus acuminés que ceux du *Ch. Escheri* dont le sommet dessine une pointe en ogive. On distingue très bien sur notre écaille, en dessous des lobes qui la surmontent, l'aire arrondie et convexe qui, dans la pensée de Schenk, de Schimper et de Heer, correspondrait à l'emplacement d'une semence unique, occupant la partie centrale de l'organe. Mais, d'après le moule dont nous reproduisons le dessin (pl. 193, fig. 1ᵃ), l'empreinte serait celle de la face dorsale et, par conséquent, elle n'aurait rien de commun avec le côté qui supportait les semences. Nous sommes porté à admettre qu'il en était ainsi des échantillons figurés par Schenk et de celui d'après lequel M. Heer a établi son *Cheirolepis Escheri*. Dès lors, comme notre figure grossie porte à le croire, cette région représenterait la bractée soudée au support et limitée antérieurement par une ligne convexe en forme de carène transversale, faiblement saillante et dénuée de mucron. Les lobes étalés du support, débordant au-dessus de la bractée

ainsi comprise lui servaient d'entourage et de couronnement, à peu près comme cela a lieu chez les *Voltzia* et
même chez les *Cryptomeria*, si toutefois l'on fait abstraction pour ces derniers de la consistance ligneuse des
écailles fertiles.

Les écailles des *Cheirolepis*, semblables en cela à
celles des *Voltzia*, avaient une certaine souplesse. Elles
étaient plutôt minces et semi-membraneuses que réellement coriaces, et il en était certainement ainsi de celles
de l'espèce du rhétien de Mende, que nous décrivons,
circonstance qui explique la facilité avec laquelle ces
organes se sont détruits ou ont été lacérés, avant de gagner le fond des eaux. Pour ce qui est des lobes eux-
mêmes, on reconnaît qu'ils étaient finement chagrinés à
la surface et parcourus de stries longitudinales très peu
marquées, mais ils ne présentent aucune trace de carène
dorsale sur leur milieu.

Une autre écaille plus petite, plus grêle que la précédente, moins élargie relativement et atténuée en coin à
la base (pl. 193, fig. 6) a dû cependant appartenir à la
même espèce, bien qu'elle ait seulement trois lobes au
lieu de cinq ; mais ces trois lobes sont conformés semblable-
ment ; les deux latéraux sont plus larges que le médian,
et celui-ci paraît émarginé au sommet, mais uniquement
par le fait d'une cassure. Cette seconde écaille est importante à considérer, parce qu'elle semble présenter la face
supérieure, avec deux graines encore en place, très analogue par leur forme et leur fonction à celles du *Leptostrobus* de Heer, arrondies inférieurement, amincies et peut-
être cartilagineuses par le haut et certainement inverses.

Une troisième écaille, située sur une autre plaque que
la précédente, paraît divisée en quatre lobes ; elle semble

avoir souffert du transport par les eaux ; plusieurs autres sont dans un état trop informe pour être décrites ni figurées. Il n'en est pas de même d'une autre empreinte (pl. 193, fig. 8) qui pourrait bien représenter, selon nous, les vestiges d'un chaton mâle ; elle montre un certain nombre d'écailles peltoïdes et légèrement convexes, étroitement contiguës et disposées dans un ordre quinconcial. Ces écailles auraient porté les sacs à pollen attachés à leur face inférieure, à peu près comme chez les *Sequoia ;* mais nous ne saurions beaucoup insister sur un rapprochement qui repose sur des éléments trop superficiels pour entraîner la conviction.

Les rameaux du *Cheirolepis Escheri* (pl. 193, fig. 1 à 5) sont divisés, comme ceux du *Ch. Münsteri,* en ramifications alternes, vaguement distiques, affectant une apparence subdichotomique. Les rapports de notre grand spécimen, pl. 193, fig. 1, avec ceux de Schenk et surtout avec la figure 13, pl. 43, de la flore rhétienne de Franconie, sont réellement frappants ; seulement, les rameaux de l'espèce de Mende sont relativement épais et recouverts de feuilles plus denses, plus serrées et, à ce qu'il semble, moins divariquées. Le rameau principal, fig. 1, laisse à désirer sous le rapport de la conservation des feuilles dont les contours sont rarement nets, mais sur certains ramules épars (fig. 2, 3 et 5) leur forme se distingue mieux, surtout de profil ; elles sont courtes, sessiles, larges à la base, incurvées en faux, convexes et probablement carénées sur le dos ; leur longueur totale n'excédait pas 2 millimètres sur les petits rameaux ; elle atteignait à peine 3 millimètres chez les plus grandes.

RAPPORTS ET DIFFÉRENCES. — D'après ce qui précède et sans vouloir répéter les détails dans lesquels nous venons d'entrer, on voit que le *Cheirolepis Escheri*, bien que très rapproché du *Ch. Münsteri* (Schenk) Schimp., se distingue de celui-ci par de plus gros rameaux, par des écailles de strobile plus larges, pourvues de lobes marginaux plus obtus. L'espèce du lias inférieur de Mende et de Chambelen, par toutes ses proportions, doit avoir été supérieure à celle du rhétien de Franconie. La première se rapporte du reste à un niveau plus récent que la seconde.

Localités. — Environs de Mende, couches à *Thinnfeldia* et à *Brachyphyllum*, partie supérieure de l'infralias; collection Almeras ; envoi de M. l'abbé Boissonade, de M. Paparel et de M. Fabre, inspecteur des forêts (voir plus haut p. 325, pour les détails concernant le gisement). — Hors de France l'espèce a été signalée pour la première fois à Chambelen (Argovie), dans le lias inférieur.

Explication des figures. Pl. 193, fig. 1, *Cheirolepis Escheri* Heer, rameau plusieurs fois divisé, accompagné en *a* d'une écaille de strobile détachée, montrant sa face dorsale, grandeur naturelle; fig. 1ᵃ, même organe moulé et grossi, montrant l'aspect de la face dorsale de l'écaille avec son relief originaire. Fig. 2 à 5, divers fragments de ramules de la même espèce, respectivement grossis en 2ᵃ, 3ᵃ, 4ᵃ. Fig. 6, autre écaille détachée, provenant de la partie supérieure d'un strobile de la même espèce, montrant la face supérieure de l'organe, grandeur naturelle ; fig. 6ᵃ. même organe grossi ; fig. 6ᵃ, même organe préalablement moulé et grossi, montrant la trace de deux graines encore en place. Fig. 7, écaille isolée de *Cheirolepis Escheri*, montrant sa face dorsale d'après une figure empruntée à l'ouvrage de M. Heer, grandeur naturelle. Fig. 8, fragment de chaton mâle ? accompagnant les ramules précédents et rapporté avec doute au *Cheirolepis Escheri*, grandeur naturelle ; fig. 8ᵃ, même organe grossi.

NEUVIÈME GENRE. — SCHIZOLEPIS

Schizolepis,   Fr. Braun, *Die foss. Gew. aus Grenzsch.*, p. 86.
    —   Schenk, *Fl. d. Grenzsch.*, p. 179.
    —   Schimp., *Traité de Pal. vég.*, II, p. 248.
    —   Nath., *Bidr. t. Swerig. foss. Fl.* ; *Växt. fr. rätisk.*
                format. vid Palsjö i Skane, p. 57 ; — *Beitr. z.*
                foss. Fl. Schwed. ; *ueb. ein. räth. pflanz. v. Palsjö*
                in Schonen, p. 28.

DIAGNOSE. — *Folia verosimiliter acerosa longe stricteque linearia uninervia sparsim inserta etiamque fasciculata ; — strobilus cylindricus elongatus terminalis ; strobili squamæ imbricatæ unguiculatæ aut sessiles, ad apicem membranaceo expansum profunde medio bifidæ, semina bina verosimiliter erecta unæquæque gerentes ; receptaculum bracteam ad basin dorsalem adnatam multo superans.*

Voltzia,   Fr. Br., *All. Zeit.*, 1846, nº 158.
    —   Endl., *Syn. Conif.*, p. 280.
    —   Gœpp., *Monog. Conif. foss.*, p. 195.
    —   Ung., *Gen. et sp. pl. foss.*, p. 353.

HISTOIRE ET DÉFINITION. — Frédéric Braun avait d'abord signalé, non sans raison, l'espèce type de ce genre, sous le nom de *Voltzia ;* plus tard, il proposa le terme de *Schizolepis* et l'établissement d'un genre particulier. M. Schenk, dans sa flore du rhétien de Franconie, a mis ce groupe en pleine lumière, en définissant la structure caractéristique des écailles, dont il a donné de bonnes figures. Il a fait voir en même temps que les rameaux attribués par Fr. Braun à son *Schizolepis* appartenaient en réalité aux *Palissya;* mais il est bien loin d'être certain que la nouvelle attribution proposée par Schenk ait plus de vraisemblance que l'autre. Les rameaux qu'il a figurés, fig. 1 à 5, pl. 44 de son ouvrage, présentent de longues feuilles étroitement aciculaires qui paraissent éparses le long des jets terminaux, et fasciculées sur de courts ramules latéraux et axillaires par rapport aux rameaux anciens. C'est là une disposition que présentent les cèdres, les mélèzes et le ginkgo ; mais justement à cause de cette dernière assimilation et des bifurcations visibles de quelques-unes des feuilles figurées par Schenk, M. Heer a pensé que les rameaux franconiens avaient dû appartenir plutôt à son genre sibérien (1) *Czckanowskia* et par cela même à une Salisburiée. Les organes foliaires des *Schizolepis* nous seraient donc inconnus, si une seconde espèce de *Schizolepis* n'avait été découverte dans le rhétien de Palsjö en Scanie, par M. Nathorst, et comme les cônes de l'espèce scanienne se trouvent associés à des débris de feuilles étroitement aciculaires, uninerviées, qui jonchent la surface des plaques schisteuses, il est naturel de rapporter à une seule espèce les deux catégories d'organes, ainsi juxtaposés avec une égale abondance. Ce n'est là pourtant qu'une conjecture, et ces feuilles éparses ne se sont pas montrées jusqu'ici en connexion directe avec les rameaux qui les portaient; on a pu seulement constater qu'elles étaient parfois réunies en faisceau. Il ne serait donc pas improbable de voir en elles les feuilles de quelqu'une des Abiétinées dont les cônes ou les graines ont laissé des empreintes au sein des mêmes couches, ainsi que nous l'avons fait ressortir plus haut.

(1) Voy, *Beitr. z. Jura Fl. Ostsiberiens und d. Amurl,* p. 68.

Les cônes de *Schizolepis* sont donc la partie que nous avons principalement à considérer dans la définition du genre. Ils sont allongés ou spiciformes, sans doute terminaux et composés d'écailles imbriquées dont le caractère essentiel réside dans la conformation bifide du sommet, dilaté en une expansion membraneuse le long des bords, et plus ou moins développés. Ici, comme chez les *Voltzia* et les *Cheirolepis*, le support ovulaire dépasse de beaucoup la bractée; mais, au lieu que ce support se trouve découpé en trois à cinq lobes, il n'en existe que deux, correspondant aux deux ovules changés plus tard en deux graines ovales ou arrondies, probablement érigées. La base de l'écaille, c'est-à-dire la partie qui résulte de la soudure du support et de la bractée, s'allonge plus ou moins; elle est atténuée en un mince onglet en forme de pédicule dans l'espèce de Franconie; mais cette base est au contraire subsessile dans celle de Scanie, et dès lors les graines, au lieu d'être implantées vers le haut du pédicule, sur le point où commence la dilatation de l'écaille, sont placées à son aisselle et tout près de l'axe.

Les graines de *Schizolepis* paraissent avoir été aptères, et les écailles des strobiles étaient persistantes, contrairement à ce qui existait chez les *Cheirolepis*, en sorte que l'on ne rencontre presque jamais ces écailles à l'état isolé, circonstance qui ajoute à la difficulté de leur examen.

Rapports et différences. — Le genre *Schizolepis*, incontestablement lié aux *Voltzia*, diffère de ceux-ci par ses écailles persistantes et bilobées au sommet, par ses graines au nombre de deux seulement et érigées au lieu d'être inverses. Ce genre se trouve associé à celui des *Palissya* dans le rhétien; tous deux paraissent avoir habité les mêmes localités basses, humides et marécageuses. Cependant, la difficulté d'observer les rameaux des *Schizolepis* semble dénoter pour ceux-ci une station plus à l'écart des rives palustres que ne l'était celle des *Palissya*. Les dépôts français n'ont encore fourni à notre connaissance aucun vestige de *Schizolepis;* nous décrirons cependant les deux espèces qui suivent, comme caractérisant très nettement le rhétien, dans la prévision qu'elles seront rencontrées un jour ou l'autre sur quelque point des formations infraliasiques de la France.

N° 1. — Schizolepis Braunii.

Pl. 194, fig. 1-4.

Schilozepis Braunii,   Schenk, *Fl. d. Grenzsch.*, p. 179, tab. 44, 6-8 (exclus. prob., fig. 1-5).
—   —   Schimp., *Traité de Pal. vég.*, II, p. 248, pl. LXXV, fig. 12-13.

Diagnose. — *S., strobilis oblongo-cylindricis, strobilorum squamis ex unguicula angusta sursum dilatatis bilobis, lobis ovato-lanceolatis muticis, seminibus ad basin loborum insertis rotundatis.*

Schizolepis liaso-keuperiana,   Fr. Br., *Flora*, 1841, p. 86.
—   —   Gœpp., *Monogr. Conif. foss .*, p. 195.
—   —   Ung., *Gen. et sp. pl. foss.*, p. 353.
Voltzia schizolepis,   Endl., *Syn. Conif.*, p. 280.

Ainsi que nous le disions plus haut, il est fort douteux que les rameaux attribués par Schenk et après lui par Schimper à cette espèce, lui aient réellement appartenu. Nous voulons seulement ici décrire succinctement les strobiles et les écailles dont ils sont formés. Les premiers ont une configuration oblongue, cylindroïde. L'exemplaire de M. Schenk, que nous reproduisons après lui (pl. 194, fig. 2), mesure une longueur de 3 centimètres sur 1 centimètre de large, mais il est douteux qu'il soit entier au sommet. Le strobile, fig. 1 de notre planche 194, est plus étroit et plus allongé que le précédent, mais il représente peut-être un organe encore jeune, tandis que la figure 3, même planche (fig. 7, pl. 44, de l'ouvrage de Schenk), se rapporte à un cône adulte et ouvert, montrant ses écailles écartées, comme le sont celles des cônes de *Cryptomeria* après la chute des graines.

L'écaille des *Schizolepis*, dont M. Schenk a donné une figure grossie (pl. 174, fig. 4 et 4ᵃ), d'après un échantillon isolé, était atténuée à la base en un onglet graduellement aminci; elle était par conséquent insérée sur l'axe par une sorte de pédicule, constitué, à ce qu'il semble, de la bractée et du support étroitement soudés. La terminaison supérieure de la bractée donnait lieu à une crête transverse, sous la forme d'un étroit bourrelet, au-dessus duquel s'étalait l'expansion bilobée, dont la face supérieure supportait à sa base les deux graines arrondies et aptères. Cette expansion d'une nature parfaitement analogue à celle qui termine les écailles des *Voltzia* et des *Cheirolepis*, mais simplement bilobée au lieu d'être tri-quinquélobée, présentait sans doute une consistance mince et membraneuse, au moins vers les bords. Des stries ou veinules légèrement divergentes décrivaient à sa surface des linéaments très fins, bien visibles sur la figure de Schenk. Les deux lobes de chaque écaille sont lancéolés et assez profondément divisés. Ils sont connivents inférieurement vers le point où avait lieu l'insertion des deux semences.

RAPPORTS ET DIFFÉRENCES. — L'écaille atténuée à la base en un long pédicule distingue cette espèce de la suivante dont les strobiles sont aussi plus longs et plus grêles que ceux du *Schizolepis Braunii.*

LOCALITÉS. — Schistes argileux de la formation rhétienne de Franconie : Strullendorf près de Bamberg, Jægersberg près de Forchheim, Veitlahm près de Kulmbach, Oberwaiz près de Baireuth, etc.

EXPLICATION DES FIGURES. — Pl. 194, fig. 1, empreinte d'un strobile de *Schizolepis Braunii*, d'après une figure extraite, comme les suivantes, de l'ouvrage de Schenk, grandeur naturelle. — Fig. 2, autre strobile de la même espèce, grandeur naturelle. — Fig. 3, strobile adulte et ouvert de la même espèce, grandeur naturelle. — Fig. 4, écaille détachée d'un strobile de la même espèce, d'après une figure du même auteur, grandeur naturelle; fig. 4*, même organe grossi montrant l'emplacement des deux graines.

N° 2. — **Schizolepis Follini.**

Pl. 194, fig. 5-8.

Schizopteris Follini,   Nath., *Bidrag till Sverig. foss. Fl. växt. fran rätisk. form. vid Palsjö i Skane,* p. 58, tab. 14, fig. 7-12 et 15, fig. 3-12; — *Ueb. ein. rhät. Pflanzen v. Palsjö in Schonen,* p. 28, tab. 14, fig. 7-12 et pl. xv, fig. 3-12.

DIAGNOSE. — *S., foliis acicularibus anguste linearibus uninerviis sparsim vel in fasciculum congestis; strobilis cylindricis spiciformibus, 3-8 centim., et ultra longis, 1 centim., circa latis, squamis strobili imbricatis basi rotundatis sessilibus sursum bilobis, lobis orato-lanceolatis longitudinaliter striatis, seminibus late ovatis apteris erectis fere contiguis, in quavis squama ad basin dispositis.*

La découverte de cette seconde espèce est due à M. Alfred Nathorst qui en a donné une bonne description et des figures exactes dans son mémoire sur les plantes rhétiennes de Palsjö en Scanie. Le même auteur a bien voulu nous communiquer une série d'exemplaires originaux recueillis par lui dans le même gisement et qui nous ont permis de prendre une connaissance plus précise des caractères du *Schizolepis Follini*. Les strobiles de cette espèce sont fréquents, mais d'une étude d'autant plus difficile que les organes convertis en charbon n'ont laissé qu'une empreinte vague à la surface des feuillets schisteux du dépôt scanien ; ils se trouvent, pour ainsi dire, incorporés à la substance même de la plaque bitumineuse et les détails relatifs à la forme ou à la disposition des diverses parties du cône n'ont rien de très distinct, même considérés à la loupe. Il faut croire aussi que la plupart de ces organes, charriés peut-être d'assez loin par les eaux, sont arrivés déjà frustes au sein des lits en voie de formation, après avoir subi des frottements et quelquefois dans un état de décomposition plus ou moins avancé. L'expansion bilobée qui surmonte les écailles devait être d'une consistance mince, et probablement fragile. Chacune de ces écailles était arrondie et sessile à la base, convexe sur le côté dorsal, concave sur l'autre face, celle qui supportait les graines. La plupart du temps le couronnement bilobé des écailles n'offre que des lambeaux et des franges lacérées ; il faut beaucoup chercher pour en retrouver quelques-unes dont il soit possible de reconstituer le contour. L'une de nos figures (pl. 194, fig. 5), empruntée à l'ouvrage de M. Nathors, treprésente bien l'aspect et la forme générale d'un strobile de *Schizolepis Follini*, mais la plupart des détails n'ont rien de précis. Nous sommes arrivé, de

notre côté, à des résultats plus satisfaisants par l'enlève-
ment de tous les résidus charbonnés qui encombraient une
des anciennes empreintes, et, en moulant le creux de cette
empreinte, il nous a été possible de retrouver le relief et
les caractères extérieurs de l'organe fossile. Notre figure 6,
pl. 194, nous le montre tel qu'il a dû être réellement. Ce
strobile a la forme d'un épi allongé. Les écailles qui le
composent sont sessiles, imbriquées et étroitement appliquées. Faiblement carénées sur le milieu de leur face
dorsale, elles sont bifides plutôt que bipartites à leur
sommet et les lobes qui résultent de leur échancrure
apicale sont peu prononcés et généralement obtus. La
figure 7 présente le même organe faiblement grossi et la
figure 7ᵃ reproduit plusieurs écailles sous un plus fort
grossissement.

Les feuilles attribuées à ces cônes par M. Nathorst ont
l'aspect et les dimensions des aiguilles de nos pins (voy.
pl. 195, fig. 1 et 2); elles sont étroites, très allongées et
couchées l'une près de l'autre dans le plus grand désordre.
La figure 2 les montre sous un assez fort grossissement;
l'un des fragments semble terminé au sommet en une
pointe obtuse. Une des figures de l'auteur suédois (pl. 194,
fig. 8) présente ces mêmes feuilles ou du moins des feuilles
analogues réunies en faisceau ; comme si elles eussent
appartenu à un bourgeon en voie de développement. Une
certaine obscurité enveloppe cette dernière attribution, il
faut bien l'avouer; les feuilles fasciculées de la planche
194 sont acuminées au sommet, tandis que celles qui recouvrent la plaque schisteuse de la planche 195 paraissent obtusément terminées. Sur cette même plaque on
remarque la présence d'une graine ailée de *Pinites Lundgreni* Nath. Il est visible que nous ne possédons pas des

éléments suffisants pour trancher une question pareille.

RAPPORTS ET DIFFÉRENCES. — Les écailles insérées sur l'axe du strobile par une base sessile, l'échancrure moins prononcée de ces écailles à leur partie supérieure, la structure plus fragile de l'appareil bilobé distinguent facilement l'espèce scanienne de celle de Franconie. Elle se sépare encore de celle-ci par la conformation de ses cônes remarquablement allongés.

LOCALITÉ. — Palsjö en Scanie, étage rhétien.

EXPLICATION DES FIGURES. — Pl. 194, fig. 5, *Schizolepis Follini* Nath., empreinte d'un strobile d'après une figure empruntée à l'ouvrage de M. Nathorst, grandeur naturelle. Fig. 6, autre strobile de la même espèce, d'après une empreinte originale, provenant du rhétien de Scanie, reçue en communication de M. Nathorst, grandeur naturelle; fig. 7, portion inférieure du même strobile préalablement moulé et légèrement grossi; fig. 7ᵃ, plusieurs écailles de ce même strobile fortement grossies pour faire voir leur aspect et leur mode d'agencement. Fig. 8, feuilles aciculées-linéaires réunies en faisceau et attribuées à la même espèce par M. Nathorst, grandeur naturelle. — Pl. 195, fig. 1, plaque schisteuse recouverte par des feuilles éparses, longuement aciculaires et uninerviées, attribuées par M. Nathorst à son *Schizolepis Follini*, grandeur naturelle ; d'après un échantillon original provenant du rhétien de Scanie, communiqué à l'auteur par M. Nathorst. On distingue en *a* sur la même plaque une graine de *Pinites Lundgreni* Nath., que la figure 1ᵃ représente grossie. En *b b*, on distingue aussi des folioles éparses du *Podozamites distans*. Fig. 2, plusieurs fragments de feuilles de *Schizolepis Follini*, dessinés séparément et grossis; l'un d'eux paraît obtusément terminé au sommet.

DIXIÈME GENRE. — PALISSYA.

Palissya,   Endl., *Synops. Conif.*, p. 306.
—   Ung., *Gen. et sp. pl. foss.*, p. 387.
—   Gœpp., *Monogr. foss. Conif.*, p. 291.
—   Brongn., *Tab. des genres de vég. foss.*, p. 104.
—   Schenck, *Beitr.*, p. 78; — *Fl. d. Grenzsch.*, p. 175.
—   Schimp., *Traité de Pal. vég.*, II, p. 245.
—   Nath., *Växter fr. rätisk. Form. vid Palsjö i Skane,*
      p. 55; — *Beitr. z. foss. Fl. Schwed.*; *Ueb. ein.*
      rhätisch. Pflanzen v. Palsjö in Schonen.
—   Sap., *Les vég. foss. de l'étage rhétien en Scanie,* in
      Ann. d. sc. géol., t. IX, p. 95.

DIAGNOSE. — *Rami distichi; folia spiraliter plerumque dis-*
tiche inserta heteromorpha, alia squamæformia (folia inno-
vationum) leniterque falcato-incurva, alia (folia ramulorum
lateralium) acicularia linearia uninerviaque, sessilia pulvinulo
decurrente insidentia; strobili ad maturitatem caduci squa-
mæ primum conniventes imbricatæ dein apertæ persistentesque
semina perfecta liberantes; squama unaquæque dorso cari-
nata, e bractea sursum acuminata cum receptaculo ipsa bre-
viori marginibus ex utroque latere lobato-sinuato coalita, apice
acuminato libera constans; semina rotunda compressa aptera
vel ala anguste circumcincta lobis receptaculi singulatim
imposita; — amenta mascula, ut videtur, cylindrica.

Cunninghamites,   Presl, in Sternb. *Fl. d. Vorwelt.*, II, p. 201.
—   Endl., *Syn. Conif.*, p. 287.
—   Ung., *Gen. et sp. pl. foss.*, p. 388.
—   Gœpp., *Monogr. foss. Conif.*, p. 221.
Taxodites,   Presl, in Sternb. *Fl. d. Vorwelt*, II, p. 200.
—   Endl., *l. c.*, p. 279.
—   Ung., *l. c.*, p. 352.
—   Gœpp., *l. c.*, p. 192.

HISTOIRE ET DÉFINITION. — A l'exemple des précédents,

le genre *Palissya* a été d'abord imparfaitement connu. La ressemblance de ses rameaux avec ceux des *Sequoia* a cependant frappé les premiers observateurs, et Endlicher, au moment où il rangeait son *Palissya Braunii* parmi les Abiétinées, y inscrivait également les *Arthrotaxis* et les *Sequoia*. Schenk, dans sa flore du rhétien de Franconie (1), a fait également ressortir l'affinité des *Palissya* avec les Séquoïées par la structure de leurs cônes et celle des cellules de leur épiderme foliaire. Cet auteur a d'ailleurs ajouté très peu de détails caractéristiques sur les *Palissya* qu'il divise en deux espèces, *Palissya Braunii* Endl. et *P. aptera*, celle-ci pourvue de cônes plus petits avec des graines ovales, entièrement dépourvues d'aile marginale, le première ayant au contraire des graines ailées. Il semble que chez le *Palissya aptera*, espèce recueillie à Theta, d'où le *P. Braunii* est exclu, il y ait eu sur certains rameaux, comme cela a lieu chez les *Cryptomeria* et *Arthrotaxis*, une accumulation de cônes terminaux adultes et persistants, tandis que les cônes de l'espèce ordinaire étaient visiblement caducs ; les strobiles du *Palissya aptera* sont plus petits, plus globuleux et les écailles qui les composent ne présentent pas la même conformation. Il est donc fort douteux qu'il s'agisse d'une espèce vraiment congénère du *Palissya Braunii* dont les débris abondent sur tous les autres points de la formation rhétienne de Franconie. Nous serions porté à admettre que le *Palissya aptera* de Schenk a appartenu en réalité aux *Sphenolepis*, genre décrit ci-après.

Schenk, dans sa courte description des cônes de *Palissya*, leur attribue des écailles en spatule et indivises ; mais il

____

(1) *Fl. d. Grenzsch.*, p. 179.

figure en même temps (1) un strobile mûr, à écailles ouvertes et écartées, visiblement pourvues de lobes marginaux, sur les côtés. On ne trouve aucune explication sur ce fait singulier dans la table des planches ni dans le texte lui-même. Il faut conclure de ce silence que le détail a échappé à l'auteur et, comme il insiste d'ailleurs sur la pluralité des graines supportées par chaque écaille, il est naturel de conjecturer qu'il aura pris ces lobules latéraux, assez semblables à des crénaux, pour des graines encore adhérentes au support. Nous ne croyons pas une pareille interprétation admissible, et c'est en nous basant sur l'examen de deux empreintes de cônes, provenant de Saaserberg et étiquetées par Schenk en personne, que nous avons été porté à considérer les incisures marginales en forme de lobes sinueux qui accompagnent les écailles du *Palissya Braunii* comme une particularité caractéristique servant à la définition du genre. Si l'on consent à tenir compte de cette particularité de structure, tout ce qu'a avancé Schenk demeure exact. L'écaille est carénée sur le dos et acuminée au sommet; sa structure est loin d'être sans rapport avec celle des genres que nous venons de passer en revue; elle comprend en effet, comme chez les autres Taxodinées, deux éléments réunis, la bractée axillante et le support des ovules. Ce support est lobé conformément à ce qui existe dans les *Cheirolepis;* seulement ici les lobes ou sinuosités, au nombre de 6 à 8, débordent latéralement la bractée qui dépasse le support et constitue à elle seule la terminaison supérieure de l'écaille, circonstance qui se présente du reste chez les *Arthrotaxis* dans la nature actuelle (voy. plus haut, pl. 147, fig. 5). Les rameaux des

(1) *Fl. d. Grenzsch.*, pl. XLI, fig. 9.

Palissya, à l'exemple de ceux des *Sequoia*, des *Taxodium* et surtout de certaines formes, fossiles comme le *Sequoia Hardtii* (Ettingsh.) Heer, étaient garnis, les uns de feuilles plus étroites, plus courtes, éparses, subsquamiformes ; les autres de feuilles linéaires, étalées et distiques, selon que l'on considère les jets terminaux destinés à la continuation des axes, ou bien les ramules subordonnés et latéraux. Les figures que nous donnons (voy. pl. 196, fig. 1-3) permettent d'apprécier ces deux sortes de feuilles entre lesquelles il existe d'ailleurs des transitions ménagées.

RAPPORTS ET DIFFÉRENCES. — Le genre *Palissya* se rattache évidemment au même groupe que les *Voltzia*, les *Cheirolepis*, les *Schizolepis* ; mais il se distingue de ces divers types par le développement proportionnel de la bractée dont l'extrémité libre dépasse le support et constitue à elle seule la partie terminale de l'écaille. Les découpures latérales du support, le nombre et la situation des graines disposées une à une sur chacun de ces lobes empêchent également de confondre les *Palissya* avec aucun autre genre de la tribu des Taxodinées. Par leurs rameaux feuillés, les *Palissya* ne sont pas moins distincts ; ils sont comparables aux *Taxodium* et au type représenté encore de nos jours par le *Sequoia sempervirens* ; comme eux ils ont dû fréquenter les localités humides, les stations basses et marécageuses. Le genre, jusqu'ici, est confiné dans le rhétien et il n'a pas encore été observé en France.

Nº 1. — **Palissya Braunii.**

Pl. 196, fig. 1-3, et 197, fig. 1-6.

Palissya Braunii, End., *Syn. Conif.*, p. 306.
  —   —   Ung., *Gen. et sp. pl. foss.*, p. 383.
  —   ,   —   Gœpp., *Monog. d. foss. Conif.*, p. 241, tab. 48, fig. 1-4.

Palissya Braunii, Brongn., *Tab. des genres de vég. foss.,* p. 104.
—   —   Schenk, *Beitr.,* p. 78, tab. 3, fig. 1. — *Fl. d. Grenzsch.,* p. 175, tab. 41, fig. 2-14.
—   —   Schimp., *Traité de Pal. vég.,* II, p. 246, pl. LXXV, fig. 1-3.
—   —   Nath., *Växt. fr. rätisk. form. vid Palsjö i Skane,* p. 56, tab. 14, fig. 1-6 ; — *Ueb. ein. räth. Pflanz. v. Palsjö in Schonen,* p. 27, tab. 14, fig. 1-6.
—   —   Sap., *Vég. foss. de Scanie, in Ann. d. sc. géol.,* t. IX, p. 95, pl. XXIII, fig. 1-2.

DIAGNOSE. — *P., foliis linearibus sparsis attenuatis subfalcatis plus minusve squamæformibus, vel in ramulis patulis lanceolato-linearibus uninerviis distiche ordinatis, ramis ramulisque foliorum pulvinis decurrentibus obtectis; — strobili fœminei squamis primum dense imbricatim adpressis apice acuminatis dein laxioribus patentim apertis, receptaculo bracteæ parti inferiori adnato, secus latera utrinque 3-4 lobulato-sinuatis, seminibus ovatis parvulis ala stricta circumcinctis in lobulo unoquoque singulatim impositis inversisque; — amentis masculis, ut videtur, terminalibus ovatis ovatoque cylindricis, e squamis arcte imbricatis constantibus.*

Taxodites tenuifolius,   Presl, in *Sternb. Fl. d. Vorw.,* II, p. 200, tab. 33, fig. 4.
—   —   Endl., *Syn. Conif.,* p. 279.
—   —   Ung., *Gen. et sp.,* p. 352.
—   —   Gœpp., *Monog. d. foss. Conif.,* p. 193.
Cunninghamites sphenolepis, Braun, in *Münst. Beitr.,* VI, p. 23, tab. 13, fig. 16-18.
—   *dubius,*   Presl, *l. c.,* p. 203, tab. 23, fig. 8.

Ce que nous avons dit des *Palissya,* en définissant le genre, nous dispense de revenir sur des particularités de structure qui seraient seulement une répétition inutile. Voici quelques détails destinés à faire saisir nos figures qui reproduisent directement les échantillons de Bayreuth, dont nous devons la communication à M. Schimper.

Les rameaux du *Palissya Braunii* sont fins ; ils ont quelque chose de grêle et de flexueux qui leur donne de la ressemblance avec ceux du *Taxodium distichum* Rich. Les uns sont épars et simples comme la plupart de ceux qui se détachent des *Sequoia* (pl. 196, fig. 2 et 3) ; les autres sont divisés à l'aide d'une sorte de dichotomie sympodiale et irrégulière (pl. 196, fig. 1). Les feuilles qui garnissent ces rameaux et qui prennent une apparence écailleuse sur les branches et les innovations principales sont ici étroitement lancéolées-linéaires, sessiles et décurrentes à la base, atténuées au sommet en une pointe aiguë, mais non spinescente. On distingue sur le milieu de chacune de ces feuilles le vestige d'une nervure médiane, pareille à celle qui existe dans les *Sequoia* et les *Taxodium*. Les plus longues de ces feuilles ne mesurent guère plus d'un centimètre ; mais il en existe parfois d'exceptionnellement longues, ainsi que l'attestent certaines figures de l'ouvrage de Schenk. Les graines isolées ne sont pas rares, associées aux rameaux, à la surface des plaques ; nous en figurons plusieurs qui accompagnent le rameau fig. 1, pl. 196. Elles sont petites, arrondies, comprimées et elles paraissent cernées d'un mince rebord cartilagineux.

Les figures 1, 2, 3 et 4, pl. 197, représentent plusieurs strobiles à divers degrés de développement. La figure 4 se rapporte vraisemblablement à un cône jeune et encore fermé, peut-être avorté. Il mesure en tout 4 centimètres de long. Le cône fig. 3, fermé comme le précédent, reproduit une figure de Schenk ; il est composé d'écailles assez lâchement imbriquées, acuminées au sommet et carénées sur le dos. Les figures 1 et 2, la première empruntée à

l'ouvrage de Schenk, la seconde dessinée par nous d'après
une empreinte originale, représentent également des
cônes adultes et ouverts, après leur chute. On distingue
très nettement sur eux la configuration de la partie inférieure des écailles, bordées latéralement d'une marge divisée en plusieurs lobes arrondis, séparés par des interstices (fig. 2 et 2ª). Ces lobules affectent une forme qui
concorde avec celle des graines, et chacun d'eux (fig. 2ᵇ
et 2ª) devait supporter une de ces graines, probablement
inverses, bien qu'il paraisse difficile de se prononcer à coup
sûr sur leur situation. Dans cet état dû évidemment à une
caducité naturelle les cônes de *Palissya Braunii* ont quelque
chose de flétri et de desséché très naturellement concevable ;
mais cette particularité même, tout en expliquant leur présence, enlève beaucoup de netteté aux parties à examiner
et devient ainsi un obstacle à la définition de certains détails, trop confus pour être exactement rendus. Le petit
cône ou chaton ovoïde que représente la figure 6, pl. 197,
se rapporte peut-être à l'organe mâle du *Palissya Braunii*.

RAPPORTS ET DIFFÉRENCES. — Nous renvoyons aux géné-
ralités sur le genre *Palissya* pour ce qui concerne les affinités ou les divergences de l'espèce vraisemblablement
unique qu'il comprend jusqu'ici.

LOCALITÉS. — Grès et schistes argileux de la formation
rhétienne de Franconie ; — Strullendorf, Reindorf près de
Bamberg, Jägersberg près de Forchheim, Veitlahm près
de Kulmbach, Hart, Oberwaiz, Saaserberg près de Bayreuth, etc. — Dépôts charbonneux de Palsjö en Scanie,
étage rhétien. — L'espèce n'a pas encore été signalée en
France ; mais il convient d'ajouter qu'aucun des gisements
infraliasiques de notre pays ne reproduit l'aspect des dépôts schisto-bitumineux de la Franconie et de la Scanie.

EXPLICATION DES FIGURES. — Pl. 196, fig. 1, *Palissya Braunii* Endl., rameau accompagné en *a,a* de graines éparses, d'après un échantillon original du rhétien de Franconie, grandeur naturelle; fig. 1*ᵃ′*, deux graines fortement grossies pour montrer la forme de la nucule et l'étroit rebord cartilagineux dont elle est entourée. Fig. 2 et 3, deux ramules isolés de la même espèce, d'après des échantillons originaux, grandeur naturelle; fig. 2ᵃ et 3ᵃ, portions des mêmes ramules grossis pour montrer la forme et le mode d'agencement des feuilles. — Pl. 197, fig. 1, strobile adulte et ouvert de *Palissya Braunii*, probablement détaché après la maturité et la dissémination des graines, d'après une figure empruntée à l'ouvrage du professeur Schenk, grandeur naturelle. Fig. 2, autre strobile également ouvert et détaché, d'après une empreinte provenant de la collection de Fr. Braun et étiquetée par lui, grandeur naturelle; fig. 2ᵃ, portion terminale du même organe légèrement grossi, pour montrer la forme et la disposition des écailles du strobile; fig. 2ᵇ, 2ᶜ et 2ᵈ, portions d'écailles du même organe reproduites séparément et grossies, pour montrer la conformation des lobes latéraux du support et le mode d'insertion des graines sur ces lobes. On distingue en 2ᵇ une graine détachée, voisine de son point d'insertion. Fig. 3 et 4, strobiles de la même espèce, l'un (fig. 4) plus jeune, l'autre (fig. 3) plus grand et presque adulte, mais encore fermé, tous deux composés d'écailles étroitement imbriquées, attribuées à la même espèce, grandeur naturelle. Fig. 5, strobile jeune ou fleur femelle récemment fécondée, terminant un ramule, organe d'une attribution douteuse, d'après une figure empruntée à l'ouvrage de Schenk, grandeur naturelle. Fig. 6, chaton mâle? attribué par Schenk au *Palissya Braunii*, grandeur naturelle.

ONZIÈME GENRE. — SPHENOLEPIS.

Sphenolepis,   Schenk, *Foss. Fl. d. Nordwestdeutsch. Wealden-*
              form., p. 41.
    —   Schimp., *Traité de Pal. vég.*, III, p. 575.

DIAGNOSE. — *Rami ramulique alterni irregulariterque
pinnati ; folia spiraliter disposita squamæformia ; — strobili
laxe racemosi in ramulo fertili solitarii terminales globosi
vel ovoidei ; squamæ imbricatæ lignosæ persistentes cuneatæ
apice truncatæ intus concaviusculæ, maturitate hiantes horizontaliter patentes; semina in quacumque squama, ut videtur,
bina vel plura ad basin inserta compressa, verosimiliter inversa.*

Thuites,   Dkr., *Monogr.*, p. 20.
    —   Schimp., *Traité de Pal. vég.*, II, p. 340.
Widdringtonites,   Endl., *Syn. Conif.*, p. 272.
    —   Gœpp., *Monogr. d. foss. Conif.*, p. 176.
    —   Ung., *Gen. et sp. pl. foss.*, p. 342.
    —   Schimp., *l. c.*, p. 329 (ex parte).
    —   Ettinsgh., *Beitr. z. Weald. Fl.*, p. 29.
Araucarites,   Ettingsh., *l. c.*, p. 26 et 27.
Brachyphyllum,   Brngt., *Tab. des genres de vég. foss.*, p. 107
              (ex parte).
Lycopodites,   Dkr., *l. c.*, p. 20.
Muscites,   Dkr., *l. c.*, p. 20.
Juniperites,   Brngt., *l. c.*, p. 108.

HISTOIRE ET DÉFINITION. — M. Schenk a su le premier
découvrir et signaler les *Sphenolepis* confondus jusqu'à lui
sous les divers noms de *Thuyites*, de *Widdringtonites*,
d'*Araucarites* et même désignés parfois sous ceux de *Lycopodites* et de *Muscites*. Ces termes vagues ou impropres
ont été appliqués par une foule d'auteurs à des restes de
Conifères dont la véritable nature restait à définir et qui

devront être, au fur et à mesure que des observations plus précises se produiront, distribués, soit dans des genres entièrement nouveaux, soit parmi des groupes encore existants.

C'est dans sa flore wéaldienne du nord-ouest de l'Allemagne, publiée à Cassel en 1871 (1), et par conséquent dans un terrain plus récent que ceux de la série jurassique, que le professeur Schenk a reconnu la présence d'un nouveau genre pour lequel il a proposé le nom de *Sphenolepis* par allusion à la forme en coin des écailles (2). Les deux espèces qu'il décrit, *Sphenolepis Sternbergiana* Schk. (*Muscites Sternbergianus* Dkr.; *Araucarites Dunkeri* Ettingsh. (*ex parte*), *Widdringtonites Dunkeri* Schimp (3), (*ex parte*) et *Sphenolepis Kurriana* Schk. (*Widringtonites Kurrianus* Endl., *Thuyites Germari* Dkr. *Widddringtonites Haidingeri* Ettingsh.), proviennent également du wéaldien de Westphalie et du Hanovre. M. Schenk n'a pas eu de peine à démontrer que si, par la disposition des feuilles ordonnées en spirale, squamiformes et sessiles, courtes et acuminées au sommet, ces espèces ont quelque rapport avec les *Widdringtonia*, elles s'en écartent totalement par la structure de leurs cônes et qu'au total c'est parmi les Taxodinées et assez près des *Arthrotaxis* et des *Sequoia* qu'il convient de les placer.

Les cônes des *Sphenolepis* étaient arrondis ou allongés, selon les espèces, mais toujours terminaux au sommet des ramifications de premier ou de second ordre et formant par leur réunion des grappes ou agglomérations pa-

(1) *Die foss. Fl. d. Nordwestdeuts. Wealdenform.*, von Dr A. Schenk, p. 41.
(2) De σφηνός, coin, et de λεπίς, écaille.
(3) Voy. Dunk., *Monogr.*, p. 20, tab. 5, fig. 10; et Schimp., *Traité de Pal. vég.*, II, p. 329.

reilles à celles que nous offrent les axes fructifères actuels des *Cryptomeria* et des *Arthrotaxis*..

Les feuilles, soit par leur forme, soit par leur disposition, ressemblaient évidemment à celles du dernier de ces genres. Les écailles des cônes par leur aspect, leur structure et leur persistance, montraient une double affinité avec celle des *Arthrotaxis* et des *Sequoia*, tenant, pour ainsi dire, le milieu entre celles de ces deux types. Lors de la maturité et après la dissémination des graines, les écailles des strobiles de *Sphenolepis*, d'abord étroitement conniventes, s'écartaient de l'axe sous un angle droit ou presque droit ; elles étaient solides, ligneuses, atténuées en coin à la base, épaissies au sommet et terminées par une sorte d'écusson obtus et peu saillant, correspondant, à ce qu'il semble, au sommet de la bractée étroitement soudée au support, comme dans les *Sequoia*. Le support, non pas découpé en lobes ni crénelé, mais étendu en forme de bourrelet aplani et plus ou moins concave, avait visiblement la structure de celui qui existe chez les *Arthrotaxis ;* seulement, dans ce dernier genre, la bractée dépasse généralement le support qui demeure inclus, tandis que chez les *Sphenolepis* les deux organes se terminaient à peu près à la même hauteur, en donnant lieu à un sommet tronqué en biseau. M. Schenk ne remarque rien sur le nombre et l'emplacement des graines ; mais, d'après l'exemplaire que nous allons décrire, cette insertion aurait eu lieu à peu près comme dans les *Sequoia* et elle impliquerait l'existence de deux graines au moins, peut-être de 3 à 5, attachées vers la base de la face supérieure de l'écaille, des deux côtés d'une crête médiane séparant deux enfoncements collatéraux, et ces graines auraient été inverses, comme celles des *Arthrotaxis* et des *Sequoia*, les plus proches alliés actuels du genre européen jurassique.

Il est curieux que nous ayons à signaler dans l'infralias un genre jusqu'à présent exclusivement wéaldien, et Schenk, tout en admettant une certaine ressemblance entre le *Thuyites expansus* Andrä, de Steierdorf, et ses *Sphenolepis*, était plutôt porté à reconnaître dans ces restes infraliasiques des vestiges de *Cheirolepis ;* cependant, l'empreinte de Hettange, que nous allons décrire, est bien congénère de celles du wéaldien de la Westphalie. Il faut admettre par suite la persistance des *Sphenolepis* durant le cours entier de la période jurassique ; ce genre aurait précédé immédiatement celui des *Sequoia* que l'on commence à observer vers le milieu de la craie et dont il représenterait une sorte de rameau, détaché avant les autres de la branche mère, et plus rapproché que le type formé en dernier lieu de la souche commune d'où les *Arthrotaxis*, les *Echinostrobus* et les *Sequoia* paraissent avoir également émergé.

N° 1. — **Sphenolepis Terquemi**

Pl. 198, fig. 5-6.

DIAGNOSE. — *S., foliis squamæformibus e basi sessili sursum breviter acutis, leniter intus apice incurvis, dorso carinatis, laxe imbricatis ; strobili bracteis plurimis dense congestis deorsum involucrati ambitu ovato-oblongi squamis ad maturitatem patentibus axi horizontaliter affixis lignosis, basi in cuneum obtuse attenuatis antice autem incrassatis, oblique truncatulis ; seminibus binis vel plurimis ad basin squamæ ex utroque latere lineæ carinalis mediæ verosimiliter appositis.*

Il nous a suffi de rapprocher l'empreinte de Hettange
que représentent nos figures 5 et 6 (pl. 198), de celle
du *Sphenolepis Sternbergiana* de Schenk (1) pour ne
plus douter de l'affinité générique qui rattache l'espèce infraliasique à celle du wéaldien de Hanovre. En
dépit de quelques différences légères, tous les caractères
visibles et même les traits de la physionomie sont identiques des deux parts, et l'on peut dire que les *Sphenolepis
Sternbergiana* et *Kurriana* de Schenk, bien que provenant tous deux de la même formation, s'écartent bien
plus l'un de l'autre que ne le font les *Sphenolepis Terquemi* et *Sternbergiana* comparés, malgré la distance
verticale vraiment énorme qui sépare ces dernières espèces.

L'empreinte est celle d'un rameau court et simple, surmonté par un strobile parvenu à maturité, dont les écailles persistantes sont écartées l'une de l'autre et insérées à
angle droit sur l'axe qui les porte. Le rameau mesure
dans la partie conservée une longueur de 3 centimètres
(fig. 5). Au-dessus, la base du strobile se trouve garnie
d'une collerette de bractées ou écailles étroites insérées
sur plusieurs rangs pressés et dont l'étroite analogie avec
ce que montrent, à une place correspondante, les cônes
du *Sequoia sempervirens* ne saurait échapper. Seulement
ici les bractéoles horizontalement étalées suivent la même
direction que les écailles elles-mêmes (voyez pour ce détail la figure 6). Celles-ci ont la structure distinctive de celles
des *Sphenolepis*. Disposées en spirale, atténuées à la base
en coin obtus et amincies dans cette même direction, elles
offrent une consistance ligneuse et s'épaississent vers le

(1) Voy. *Foss. Fl. d. Nordwestdeutsch. Wealdenform.*, tab. 17,
fig. 10-11.

sommet qui se trouve tronqué dans un sens oblique. Un mucron dessinant une faible saillie, sous forme de carène anguleuse, semble correspondre ici à l'extrémité supérieure de la bractée. Celle-ci reste plus courte que le bourrelet du support atténué en une saillie qui dépasse l'autre. La superficie de l'écaille est légèrement concave, et elle présente distinctement vers la base la trace d'une crête médiocre, disposée en long et séparant deux fossettes qui doivent avoir servi à l'insertion de 2 à 5 graines comprimées, ailées, cartilagineuses et inverses, ayant sans doute une analogie plus ou moins étroite avec celles des *Sequoia* et des *Arthrotaxis*. Le cône du *Sphenolepis Terquemi* mesurait une longueur de 26 à 28 millimètres, sur une largeur de 17 à 18 millimètres avant l'écartement des écailles; il devait offrir une forme ovalaire, ellipsoïde et en tout il ressemblait à ceux des *Sequoia* et des *Arthrotaxis*.

RAPPORTS ET DIFFÉRENCES. — Le *Sphenolepis Terquemi* Sap. se distingue aisément de son congénère wéaldien le *Sphenolepis Sternbergii* Schenk par les dimensions doubles au moins de ses cônes; ceux de la plus récente des deux espèces ne mesurant guère plus de 10 à 12 millimètres; mais si l'on fait abstraction de cette différence, on remarque des rapports si étroits entre les deux formes, soit par les cônes, soit par les feuilles, qu'il est bien difficile de ne pas admettre que la plus ancienne ait été l'ancêtre direct de celle qui vivait au commencement de la craie. Ainsi, ce type aurait traversé sans variation très notable, mais en amoindrissant sa taille, la série entière des étages jurassiques. Le *Sphenolepis Kurriana* Schk (1)

____

(1) *Fl. d. Nordwestdeutsch. Wealdenforme.* tab. 17, fig. 17.

s'éloigne au contraire beaucoup plus par la forme globuleuse de ses cônes, en même temps très petits, du *Sphenolepis Terquemi*, mais on serait tenté de se demander si cet autre *Sphenolepis* wéaldien ne serait pas une répétition amoindrie du *Palissya aptera* Schk., du rhétien, et si par conséquent il n'y aurait pas lieu de créer un nouveau genre distinct à la fois des vrais *Palissya* et des vrai *Sphenolepis* pour y comprendre le *Palissya aptera*, à titre d'ancêtre rhétien et le *Sphenolepis Kurriana* en qualité de descendant wéaldien du premier, reproduisant le même type dans la partie inférieure de la craie.

LOCALITÉ. — Grès de Hettange, près de Metz (Moselle), étage infraliasique, zone à *Ammonites angulatus;* coll. de M. Terquem.

EXPLICATION DES FIGURES. — Pl. 198, fig. 5, *Sphenolepis Terquemi* Sap., strobile ouvert et persistant, supporté par un long ramule, d'après un échantillon appartenant à la collection de M. Terquem, grandeur naturelle. Fig. 6, même organe reproduit d'après un moule.

DOUZIÈME GENRE. — SWEDENBORGIA.

Swedenborgia,   Nath., *Kongl. sv. vet. Akad. Handl.,* Band 14, n° 3; *Väx. fr. rät. form. v. Palsjö i Skane,* p. 65; — *Beitr. z. foss. Fl. Schwed. Ueb. ein. rhät. Pflanzen von Palsjö in Schonen,* p. 30.

DIAGNOSE. — *Strobili ovales, post maturitatem caduci; squamæ strobili secus axin spiraliter insertæ primum adpressæ postea disseminationis causa patentim apertæ aut deflexæ, persistentes etiam pro parte distractæ, unaquæque e basi unguiformi sursum dilatata, triangulari deorsum attenuata, singulæ apice palmato 4-5 fidæ, laciniis rigidiusculis subpun-*

gentibus sulcatis divergentibus; semina sub quavis squama verosimiliter plura (3?) squamæ parti latiori intus transversim carinatæ deorsum affixa inversaque, compressa parvula, utrinque augustissime alata.

HISTOIRE ET DÉFINITION. — M. Alfred Nathorst a observé le premier dans le rhétien de Palsjö en Scanie ce genre remarquable dont il a fait connaître les cônes et les graines, très fréquents dans les chistes charbonneux de la localité suédoise; mais les rameaux et les feuilles sont encore à découvrir. M. Nathorst a tiré de cette circonstance la conclusion que les *Swedenborgia* croissaient un peu à l'écart des lagunes peuplées de végétaux aquatiques, au fond desquelles leurs strobiles détachés furent entraînés par l'action des eaux, et qu'ils fréquentaient de préférence une station plus élevée et moins humide. Le mode de conservation propre aux plantes fossiles de Palsjö, dont les restes convertis en charbon se trouvent incrustés dans la pâte noirâtre des feuillets, oppose de grandes difficultés à l'analyse des anciens organes qu'il s'agit d'examiner. Ni leur contour extérieur, ni l'apparence exacte de leur empreinte ne sont presque jamais saisissables du premier coup. Il est indispensable selon nous, si l'on veut y parvenir, d'employer certains moyens artificiels, entre autres le moulage partiel et successif des diverses parties de l'empreinte.

M. Nathorst n'a pas manqué, avec la sagacité qui le distingue, de faire ressortir l'affinité au moins apparente des cônes de *Swedenborgia* avec ceux des *Cryptomeria* sans aller jusqu'à croire que cette ressemblance pût impliquer pourtant l'identification des deux genres : « les écailles, dit-il, lâchement distribuées sur un axe relativement mince, présentent un assez long pédicule et sont partagées

en 4 à 5 lobes presque digités, étroits et plus ou moins
acuminés. Ces lobes n'ont rien d'épais, comme ceux des
Cryptomeria, mais ils sont ténus et ne montrent aucun
vestige de bractée sur leur face dorsale. » — Cette absence
de mucron dorsal ou terminal correspondant à la bractée,
attestée par M. Nathorst, méritait de notre part un examen sérieux qui nous mît à même d'interpréter raisonna-
blement la signification des différentes parties de l'écaille
des *Swedenborgia* et de définir sa structure d'une façon plus
précise que ne l'a fait l'auteur suédois. La bractée et les
lobes du support paraissent ici réellement coïncider et s'étalent à la même hauteur (voyez pl. 198, fig. 2ᵃ, 2ᵇ et 2ᶜ), de
telle sorte que la bractée correspondrait au segment du
milieu et les découpures du support aux segments latéraux. A la face supérieure de chaque écaille, immédiatement au-dessous des segments, il existe une aire (pl. 198,
fig. 3ᵃ) formée par la partie dilatée de l'écaille ; cette aire
déprimée et lisse correspond sans doute à l'emplacement
occupé par les graines, dont quelques-unes se montrent
éparses et même en connexion avec les points où elles
étaient insérées. Ces graines, si l'on considère le bourrelet
d'insertion sur lequel elles étaient fixées, devaient être
inverses, non pas solitaires, mais au nombre de deux à
trois : leur forme est ellipsoïde, comprimée, et leur marge
semble cernée, à peu près comme dans les *Sequoia*, par un
mince rebord cartilagineux.

RAPPORTS ET DIFFÉRENCES. — Le curieux genre *Sweden-*
borgia nous paraît tenir une sorte de milieu entre les
Cryptomeria, les *Voltzia* et les *Arthrotaxis*. Il rappelle à
la fois tous ces genres, et cependant il s'en écarte à certains égards. La graine inverse, la consistance plutôt
mince que solide des écailles, la caducité du strobile l'é-

loignent du premier. Les écailles longuement atténuées en onglet, la bractée égalant les lobes du support, la forme pointue des segments, les dimensions très réduites empêchent de confondre les *Swedenborgia* avec les *Voltzia*. Enfin, chez les *Arthrotaxis*, le support en forme de bourrelet lobé est notablement plus court que la bractée axillante, circonstance qui n'a pas lieu dans le *Swedenborgia*, dont les strobiles sont d'ailleurs allongés et caducs. Il en est de même si l'on compare le genre rhétien que nous décrivons aux *Echinostrobus*. Les cônes de ceux-ci sont persistants et globuleux ; ils paraissent avoir été composés d'écailles solides et conniventes, épaissies en écusson au sommet.

Le genre *Swedenborgia* est limité jusqu'ici au rhétien de Scanie, et ne comprend encore qu'une seule espèce dont les strobiles seuls se trouvent connus.

N. 1. — **Swedenborgia cryptomerides**.

Pl. 198, fig. 1 — 4.

Swedenborgia cryptomerides, Nath., *l. c.*, p. 66, tab. 16, fig. 6-
13 ; — *Ueb. ein. räth. Pfl.
v. Palsjö*, tab. 16, fig. 6-12.

DIAGNOSE. — *S. strobilis ovalibus circiter 30-40 millim. longis, 20-25 millim. latis, caducis, squamis ad maturitatem patentim apertis, longe unguiculatis, antice ad apicem sensim expansum 5 lobatis, lobis breviter acutis; nuculis ovalibus supra truncatis, infra rotundatis, utrinque angustissime alatis, longitudinaliter obsolete striatis, circiter 2-3, 5 millim. longis, 2-3 mill. latis.*

Les cônes jeunes de cette espèce, d'après M. Nathorst, sont ovales, presque globuleux, et les écailles qui les com-

posent sont serrées et toujours plus rapprochées que sur les
cônes déjà âgés ; mais ces organes sont rares à l'état jeune
et le plus souvent ceux qui parsèment la surface des
plaques schisteuses de Palsjö sont ouverts et détachés.
On distingue alors un axe ou rachis nettement terminé à
sa partie inférieure, relativement mince et atténué graduellement de la base au sommet. Ce rachis mesure une
longueur d'environ 4 centimètres, lorsqu'il est dans son
intégrité ; son épaisseur *maximum* n'excède pas 2 millimètres 1/2 et se réduit à un millimètre au plus dans le haut.
A cet axe se trouvent attachées dans un ordre spiral des
écailles grêles, décurrentes inférieurement, écartées sous
un angle de 45 degrés, longuement unguiculées vers
la base. Chacune d'elles mesure environ 12 millimètres ;
la face extérieure de chaque écaille est marquée de 1 à 5
stries qui partent de la pointe de chaque lobe, pour aller
se confondre inférieurement dans les deux rainures longitudinales qui parcourent la partie étroite de l'écaille. Le
sommet se trouve donc dilaté légèrement et divisé en cinq
segments, dont le médian, généralement plus court et plus
obtus que les latéraux, souvent aigus et divariqués, semble
répondre à l'extrémité libre de la bractée (pl. 198, fig. 2).

La face supérieure des écailles est lisse et laisse voir vers
la partie dilatée l'emplacement occupé par les semences
attachées à un mince bourrelet transverse, situé immédiatement au-dessous des segments (fig. 3).

Nos figures représentent les graines (pl. 198, fig. 4 et 4ª)
d'après les dessins de M. Nathorst. Il semble que ces
graines aient dû être normalement, non pas solitaires, mais
au nombre de 2 à 3 ; mais dans ce cas elles ont pu devenir solitaires par avortement.

Les rameaux feuillés du *Swedenborgia cryptomerides*

sont encore inconnus, comme nous l'avons déjà dit, et l'espèce scanienne est unique jusqu'à ce jour.

LOCALITÉ. — Schistes charbonneux de Palsjö en Scanie, étage rhétien.

EXPLICATION DES FIGURES. — Pl. 198, fig. 1. Strobile ouvert et détaché à la maturité de *Swedenborgia cryptomerides* Nath., d'après un échantillon original du rhétien de Scanie, grandeur naturelle ; fig. 1ᵃ, le même moulé et grossi pour montrer la forme des écailles et leur mode d'insertion sur l'axe. Fig. 2, autre strobile de la même espèce, ou mieux agglomération d'écailles, présentant la plupart leur face dorsale, grandeur naturelle, même provenance ; fig. 2ᵃ, 2ᵇ, et 2ᶜ, trois écailles fortement grossies, d'après un moule, pour montrer l'aspect et la structure de ces organes vus par dehors. Fig. 3, fragment d'un autre strobile de la même espèce, présentant plusieurs écailles réunies autour d'un axe et se rapportant vraisemblablement à la moitié supérieure d'un cône ; d'après un échantillon original du rhétien de Scanie préalablement moulé ; grandeur naturelle ; fig. 3ᵃ, même organe fortement grossi pour faire voir la conformation des écailles du côté de leur face interne. Fig. 4, écaille isolée portant une graine encore en place, d'après une figure empruntée à l'ouvrage de M. Nathorst, grandeur naturelle ; fig. 4ᵃ, graine isolée et grossie montrant la nucule ceinte d'un étroit rebord cartilagineux.

TREIZIÈME GENRE. — ECHINOSTROBUS.

Echinostrobus,   Schimp. (emend.), *Traité de Pal. vég.*, II, p. 330.

—   Sap., *Notice sur les pl. foss. du niveau de Cerin,* p. 41 ; — *Descr. des poiss. foss. provenant des gis. du Jura,* par feu V. Thiollière, 2ᵉ livr., p. 41.

DIAGNOSE. — *Rami crassiusculi rigidiusculi expansi repe-
tito-pinnatim ramulosi, ramulis cylindricis foliis undique tec-
tis plerumque simpliciusculis apice extremo obtusatis; folia
squamæformia spiraliter inserta plus minusve arcte imbricata
basi adnata, parte libera breviter acuta, contermine dorsali
rhombæa; strobili in ramulis brevibus axillaribusque solitarie terminales globosi, squamis appendice dorsali præditis
constantes.*

Arthrotaxites,   Ung., *Palæontol.*, II, p. 254.
Caulerpites,   Sternb., *Fl. d. Norw.*, II, p. 21 et 22.

HISTOIRE ET DÉFINITION. — Pour apprécier justement ce
genre fondé par notre ami Schimper sur un échantillon
de Solenhofen dont les rameaux sont pourvus de strobiles,
il faut avant tout en écarter d'autres empreintes de la
même localité qui n'ont en réalité rien de commun avec
le type des *Echinostrobus* et qu'on a eu le tort de ne pas
décrire séparément, sur la foi d'une vague ressemblance
et malgré l'évidente diversité des caractères. Nous devons
à M. le professeur Zittel, de l'université de Munich, la
communication bienveillante des échantillons originaux,
signalés en premier lieu par Sternberg sous le nom de *Caulerpites* et plus tard figurés par Unger sous celui d'*Arthrotaxites*, plus exact, si l'on veut, mais s'appliquant à une
série de formes arbitrairement réunies. En effet, certaines
d'entre elles sont de vrais *Brachyphyllum* (voy. *Brachyphyllum nepos* Sap., pl. 169), tandis que d'autres, plus
nombreuses, se rangent parmi les Cupressinées par leurs
feuilles nettement décussées. Il en est ainsi non seulement
de l'*Arthrotaxites princeps* Ung. tel que l'auteur allemand
l'a figuré (1), mais encore du *Caulerpites sertularia* Sternb.,

(1) *Palæontol.*, II, tab. 31 et 32.

du *Caulerpites elegans* et même de l'*Arthrotaxites Frischmanni* Ung. (1), qui semblent reproduire autant de types distincts à certains égards et dont nous fixerons plus loin la signification en abordant les Cupressinées. Nous croyons au contraire que l'*Arthrotaxites baliostichus* Ung. (2) (*Baliostichus ornatus* Sternb.) ne doit pas être séparé du véritable *Echinostrobus Sternbergii*, dont le spécimen pourvu de cônes demeure le type incontestable. Nous séparons enfin de celui-ci, comme représentant des Cupressinées particulières au niveau de la grande oolithe, l'*Echinostrobus robustus* (Sap.) Schimp., du bathonien d'Étrochey (Côte-d'Or), et l'*E. expansus* (Sternb.) Schimp., de Stonesfield et de Scarborough. Ce sont là des Cupressinées à feuilles squamiformes et réellement décussées, comparables à nos *Palæocyparis Itieri* Sap. et *elegans* Sap., du niveau de Cirin, mais n'offrant rien, ni dans le mode de ramification, ni dans l'ordonnance des feuilles, qui les rapproche des *Echinostrobus* vrais. Ce dernier genre, recueilli d'abord à Solenhofen et que nous retrouvons à Creys (Isère), à peu près sur le même horizon, se lie à la fois aux *Arthrotaxis*, comme l'avait remarqué Unger, et à certains *Brachyphyllum*, particulièrement aux *B. Moreauanum* Sap. et *gracile* Brongn. (voyez ces espèces figurées aux planches 166, 167, 168 et 171). Ses rameaux cylindriques sont recouverts de toutes parts de feuilles spiralées, squamiformes, imbriquées, légèrement convexes sur la face dorsale, apprimées, et pointues à leur extrémité. Ces feuilles n'ont cependant pas la consistance épaisse de celles du *Brachyphyllum;* elles ne sont ni entièrement adnées ni accrescentes et mamelonnées comme dans ce genre singulier,

---

(1) *Palæontol.*, IV, tab. 8, fig. 9.
(2) *Ibid.*, IV, tab. 1-3.

mais elles ressemblent réellement à celles des *Arthrotaxis*, et l'aspect ainsi que la conformation du strobile rapprochent également les *Echinostrobus* de ce dernier genre.

La communication de l'échantillon original, conservé au muséum de l'université de Munich, nous a permis de le reproduire (voy. pl. 199, fig. 1) et d'examiner avec soin ce que l'on peut saisir de la structure des cônes qu'il présente. Ces organes sont malheureusement tellement comprimés que les contours extérieurs de leurs écailles se devinent plutôt qu'ils ne se laissent voir. On reconnaît cependant que c'est parmi les Taxodinées, non loin des *Arthrotaxis*, entre ceux-ci et les *Cryptomeria*, que le genre fossile vient naturellement se ranger. Les écailles épaissies antérieurement en un disque pelloïde sont évidemment surmontées par une pointe épineuse qui doit correspondre à la bractée; mais il est difficile de décider si ce mucron dépasse et couvre le support comme dans les *Arthrotaxis* (voy. pl. 145, fig. 5) ou bien si la pointe se trouve attachée en dessous du sommet apophysiaire, comme dans les *Cryptomeria*. Notre figure, qui reproduit une esquisse grossie de l'un des strobiles, semble favoriser la première de ces deux manières de voir. Dès lors, le genre *Echinostrobus* différerait réellement très peu des *Arthrotaxis*, sinon par la consistance raide et acérée du mucron terminal de chaque écaille, et celui-ci répondrait à l'extrémité libre de la bractée.

Rapports et différences. — Si les considérations précédentes sont justes, le genre *Echinostrobus*, dont la durée en Europe aurait été fort courte, se serait écarté surtout par les cônes des *Brachyphyllum* avec lesquels on serait presque tenté de les confondre au premier abord; mais les feuilles moins épaisses, plus pointues, moins complètement adnées, permettent d'établir une distinction, qui n'est ce-

pendant bien sensible qu'à l'aide d'une attention soutenue.
Par la pointe aiguë qui surmonte les écailles étroitement
contiguës et persistantes de ses strobiles globuleux,
l'*Echinostrobus* se sépare des *Arthrotaxis*, ses plus proches
voisins dans l'ordre actuel.

N. 1. — **Echinostrobus Sternbergii**.

Pl. 199, fig. 1, et 200, fig. 1.

Echinostrobus Sternbergii, Schimp. (emend.), *Traité de Pal.*
vég., p. 75, fig. 21 et 24 (excl.
fig. 11, 22 et 23 et synonymis plurimis ut *Arthrotaxites princeps*,
Ung. ; — *Caulerpites sertularia*,
Sternb .'; — *Caulerp. elegans* ,
. Sternb., ad Cupressineas pertinen-
tibus).

—   —   Sap., *Notice sur les pl. foss. du niv.*
des lits à poissons de Cerin, p. 42.

DIAGNOSE. — *E., ramis cylindricis rigidiusculis pinnatim*
alterne ramosis, ramulis simpliciusculis aut parce divisis ;
foliis lanceolatis breviter acutis adpressim imbricatis, dorso
leviter convexiusculis, contermine rhombæis, dorso medio
glandula resinifera quandoque notatis ; strobilis ad apicem
ramulorum lateralium solitarie appensis globulosis, e squamis
arcte contiguis persistentibus mucrone brevi aceroso superatis
constantibus.

Caulerpites lycopodioides,   Münst., *Sic in ectypo Mus. paleont.*
Univers. Monac.
Arthrotaxites lycopodioides,   Ung., in *Bot. zeit.*, 1849, p. 345,
tab. 5.

—   *boliostichus*,   Ung., *Palæontol.*, IV, tab. 1-3.
Baliostichus ornatus,   Sternb., *Fl. d. Vorw.*, tab. 25.
Echinostrobus lycopodioides,   Schimp., *l. c.*, II, p. 333.

L'échantillon type de Solenhofen, celui qui présente des cônes joints au rameau et que M. Schimper a figuré, porte mentionnés sur l'étiquette dont il est accompagné les noms de *Caulerpites lycopodioides* Münst. et d'*Arthrotaxites lycopodioides* Ung. Il ne s'agit donc pas ici d'une seconde espèce plus ou moins distincte de l'*Echinostrobus Sternbergii*, mais d'un simple synonyme dont la dénomination spécifique aurait dû peut-être prévaloir sur celle de *Sternbergii*, adoptée de préférence par M. Schimper et appliquée par lui à l'ensemble des formes hétéroclites, confondues par Unger dans la désignation d'*Arthrotaxites princeps*. En réalité, il n'est aucune de ces formes qui se rapporte légitimement au type de l'*Echinostrobus Sternbergii*, défini et figuré par Schimper, tandis que l'*Arthrotaxites baliostichus* Ung. paraît, au contraire, lui appartenir. M. Schimper, en ne distinguant pas du nouveau type qu'il établissait les empreintes de rameaux à feuilles adnées et décussées, a commis une confusion regrettable, augmentée encore par cette circonstance que sur l'une des plaques de Solenhofen, attribuée en premier lieu à l'*Arthrotaxites princeps* de Unger, se trouve un cône isolé et en partie désagrégé, qui se rapporte à un *Pachyphyllum* (voy. pl. 180, fig. 6) et qui n'a rien de commun avec le genre *Echinostrobus*, ni même avec le rameau auprès duquel le hasard l'a placé.

Ici donc, nous considérons exclusivement le rameau pourvu de strobiles dont M. Schimper a donné une figure très exacte dans son atlas (pl. 175, fig. 21) ; mais parmi les détails grossis qui accompagnent cette figure, un seul, fig. 24, appartient à l'*Echinostrobus ;* les deux autres, fig. 22 et 23, n'ont avec lui rien de commun. Pour plus de sûreté et d'exactitude, nous avons dessiné après M. Schimper l'échantillon original, dont l'empreinte a subi malheureusement une telle compression lors du dépôt des calcaires lithographiques de Solenhofen, que les détails ont beaucoup perdu de leur netteté et qu'ils ressortent à peine par une coloration légèrement ocreuse sur le fond gris-jaunâtre de la plaque.

On distingue sur cette plaque un rameau principal subdivisé en ramifications secondaires, sur lequel un rameau plus petit, sans connexion directe avec le premier, se trouve posé. La différence qui existe entre notre fig. 1, pl. 199, et celle de M. Schimper, est très faible, si l'on tient compte du vague de certaines parties et de la facilité que nous avons eue de découvrir quelques points demeurés cachés jusqu'ici. La disposition du rameau principal, telle que la montre notre figure, nous paraît plus exacte et en même temps plus naturelle que l'interprétation de M. Schimper, qui implique une sorte de confusion entre l'axe de la branche-mère et celui du rameau détaché qui lui est associé et qui, du reste, provient sans doute de la même plante.

En s'attachant à la branche qui porte les cônes, on voit qu'elle est épaisse à la base, qu'elle mesure sur ce point un diamètre de 6 millimètres, qu'elle est couverte de feuilles éparses, imbriquées, acuminées, les unes apprimées, les autres plus ou moins divariquées, et qu'elle se divise promptement en deux rameaux, eux-mêmes subdivisés en plusieurs ramules alternes, la plupart simples, quelques-uns partagés dans le haut. Les feuilles sont assez nettes vues à la loupe ; elles ressemblent à celles des *Arthrotaxis*, mais elles sont plus nombreuses, imbriquées, légèrement convexes par leur face dorsale, acuminées au sommet et décrivant une aire rhomboïdale un peu allongée dans le sens vertical, dont notre figure grossie 1ᵃ, pl. 199, reproduit exactement l'aspect. Ces feuilles diffèrent de celles des *Brachyphyllum*, auxquelles elles ressemblent beaucoup, par une consistance plutôt membraneuse que ferme et coriace et par l'absence de cet effet d'accrescence qui transforme si promptement ces organes chez les *Brachyphyllum* en écussons entièrement adnés. Tous les ramules, de même que l'extrémité supérieure des tiges, affectent une terminaison obtuse dans l'*Echinostrobus Sternbergii*. Quant aux strobiles, ils sont au nombre de trois et chacun surmonte un ramule court et axillaire, situé à la base des rameaux, un peu au-dessus du point où il se subdivise. Un de ces strobiles appartient à la plus grande des ramifications, les deux autres à la plus petite. Tous les trois affectent la même apparence : le ramule qui les supporte se dilate vers le point d'insertion à peu près comme chez les *Sequoia;* le cône lui-même est globuleux; son diamètre mesure 12 à 13 millimètres dans tous les sens; il se compose d'écailles coriaces, persistantes, étroitement contiguës, dilatées en une apophyse discoïde surmontée d'une pointe aiguë et spinescente, courte, mais fort nette, qui correspondait sans doute à la bractée, comme nous l'avons dit. La figure grossie 1ᵇ, pl. 199, montre tout ce que laissent entrevoir ces cônes, que la compression a visiblement déformés, au sujet de leur structure. Il nous semble que, tout considéré, cette structure ne s'écartait guère de celle qui caractérise les cônes des *Arthrotaxis*. Dans ces derniers, la bractée dépasse plus ou moins le support et donne lieu à un appendice festonné sur les bords et plus ou moins obtus, qui n'affecte ni la raideur, ni la consistance épineuse des mucrons des *Echinostrobus*. Ce dernier type constitue une sorte de compromis qui le placerait à égale distance des *Cryptomeria* et des *Arthrotaxis*. Nous ignorons entièrement ce qui concerne la situation et la forme des graines.

C'est à l'espèce que nous venons de décrire que nous réunissons un rameau des plus remarquables, provenant de Creys et faisant partie des collections du Muséum d'histoire naturelle de la ville de Lyon. Ce rameau a de grandes analogies d'aspect et de caractère avec celui de Solenhofen, que la figure de notre planche 200 permettra d'apprécier. Il représente un axe pourvu de nombreux ramules cylindriques et flexueux, la plupart simples, alternes et divariqués, terminés par un sommet obtus. La conservation de l'empreinte ne laissant rien à désirer, les feuilles paraissent plus nettes et plus saillantes que dans l'échantillon de Solenhofen ; elles présentent pourtant la même forme et le même mode d'imbrication. Notre figure 1ᵃ, pl. 200, grossie, permet d'en juger et montre en même temps le vestige d'une glandule résineuse dorsale, visible sur la plupart d'entre elles. On voit que les feuilles de l'exemplaire lyonnais étaient étroitement imbriquées et légèrement convexes ; mais dans beaucoup de cas elles s'écartent de la tige et présentent leur sommité libre, ce qui fait voir qu'elles n'avaient ni la consistance épaisse, ni l'insertion adnée de celles du *Brachyphyllum gracile* qui se trouve sur le même niveau et avec lequel on pourrait être tenté de confondre l'*Echinostrobus Sternbergii*. Il est vrai que l'assimilation proposée par nous, bien que des plus vraisemblables, ne repose encore que sur l'observation des tiges, les strobiles des *Echinostrobus* n'ayant été encore rencontrés, ni à Creys, ni dans aucun des dépôts de l'horizon de Cirin.

Localités. — Solenhofen en Bavière, calcaires lithographiques, kimméridien inférieur ou corallien supérieur.

Creys (Isère), kimméridien inférieur ; coll. du Muséum de Lyon.

EXPLICATION DES FIGURES. — Pl. 199, fig. 1, *Echinostrobus Sternbergii* Schimp., rameau muni de trois cônes ; on distingue un second rameau détaché, jeté sur le principal, grandeur naturelle ; fig. 1ᵃ, partie d'un ramule grossi pour montrer la forme et la disposition des feuilles ; fig. 1ᵇ, un des strobiles grossi ; — d'après l'échantillon original, provenant de Solenhofen, et faisant partie de la collection du Muséum de Munich, reçu en communication de M. le professeur Zittel. — Pl. 200, fig. 1, rameau complet ou petite branche de la même espèce, muni de toutes ses ramifications, d'après un échantillon de Creys, appartenant à la collection du Muséum de la ville de Lyon, communiqué par M. le professeur Lortet, grandeur naturelle ; fig. 1ᵃ, partie d'un ramule grossie pour montrer la forme et la structure des feuilles.

QUATORZIÈME GENRE. — SEQUOIOPSIS.

DIAGNOSE. — *Rami ramulique sparsim distracti, plerumque vage alterneque divisi ; folia spiraliter inserta, squamæformia, laxiuscula imbricata plus minusve dense conferta, illis Sequoiarum vel Arthrotaxium aliquorum non absimilia.*

HISTOIRE ET DÉFINITION. — Nous réunissons, sous la dénomination commune de *Sequoiopsis*, des fragments de rameaux ou de ramules épars qui nous semblent devoir être rapprochés des Séquoïées d'une façon générale et qui reproduisent assez bien les caractères du *Sequoia gigantea* par l'aspect et la disposition de leurs feuilles. Le genre *Sequoiopsis* ne saurait être qu'un cadre absolument provisoire, destiné à comprendre des restes d'une attribution générique incertaine et que nous tenons pourtant à ne pas laisser de côté dans la revue que nous faisons des éléments de la Flore jurassique dans notre pays.

La description des deux espèces rangées dans nos *Sequoiopsis* permettra d'apprécier les caractères du groupe artificiel que nous établissons et dans lequel d'autres formes viendront sans doute plus tard s'ajouter.

N° 1. — **Sequoiopsis Buvignieri**.

Pl. 201, fig. 1-5.

DIAGNOSE. — *S., ramis ramulisque sparsim distractis, verosimiliter naturaliter caducis, foliis squamæformibus lanceolatis breviter acuminatis laxe imbricatis dorso convexis leviter carinatis longitudinaliterque striatulis, ad basin innovationum densius congestis.*

Nous ne connaissons cette espèce que par des fragments épars, fidèlement reproduits par les figures 1 à 5 de notre planche 201. L'un de ces fragments, fig. 1 et 2, est celui d'un rameau relativement épais et déjà ancien, recouvert de feuilles squamiformes, ordonnées en spirale et assez lâchement imbriquées. Les deux figures reproduisent la même empreinte, mais l'une d'elles, fig. 2, lui restitue son aspect à l'aide d'un moule en relief. On voit que les feuilles sont courtes, lancéolées au sommet, dilatées à la base, carénées sur le dos et légèrement recourbées au sommet en une pointe obtuse. La figure 3 se rapporte à la base d'un autre rameau naturellement détaché, dont les feuilles sont pressées les unes contre les autres à la partie inférieure de l'organe, comme cela a

lieu, chez le *Sequoia gigantea*, dans les ramules latéraux
et naturellement caducs. Les feuilles de ce second fragment, que la figure 3ᵉ représente grossies, sont convexes
sur le dos, lancéolées, acuminées-obtuses et assez lâchement imbriquées. Un autre fragment plus petit (fig. 4)
présente les mêmes caractères. La figure 5 est celle d'un
ramule long et grêle, muni vers le milieu d'une courte
ramification latérale et terminé inférieurement, comme
s'il s'agissait d'un organe naturellement détaché de la tige.
Les feuilles dont ce ramule est couvert sont lancéolées-
aiguës et plus allongées que celles des échantillons précédents.

Tous ces fragments ont dû appartenir à une même
espèce dont la physionomie et les caractères appelleraient
ceux des *Sequoia gigantea*, parmi les formes vivantes, du
Sequoia Couttsiæ Hr., parmi les fossiles, sans qu'il soit
possible de bien préciser les affinités d'une plante connue
seulement par quelques fragments.

RAPPORTS ET DIFFÉRENCES. — Nous venons de comparer
le *Sequoiopsis Buvignieri* à certains *Sequoia ;* on peut aussi
le rapprocher du type des *Widdringtonites* que nous pla-
cerons en tête des Cupressinées; cependant, les feuilles
de ces derniers sont plutôt éparses que régulièrement
spiralées, comme celles de notre *Sequoiopsis*. Celui-ci nous
semble plus naturellement rangé parmi les Taxodinées que
dans toute autre tribu.

Nous dédions le *Sequoiopsis Buvignieri* à M. Buvignier,
auteur de travaux importants sur la géologie du département de la Meuse et le corallien des environs de Verdun
et de Saint-Mihiel.

LOCALITÉ. — Creue, près de Saint-Mihiel, Meuse; étage
corallien.

EXPLICATION DES FIGURES. — Pl. 201, fig. 1, *Sequoiopsis Buvignieri* Sap., fragment d'un rameau provenant de Creue (Meuse), n° 1924 de la coll. de M. Moreau, grandeur naturelle; fig. 2, le même d'après un moule en relief de l'ancien organe, grandeur naturelle. Fig. 3, base d'un autre rameau de la même espèce, naturellement détaché, n° 1925 de la collection de M. Moreau, grandeur naturelle; fig. 3ᵃ, même fragment grossi, pour montrer la forme et la disposition des feuilles. Fig. 4, autre petit fragment de rameau de la même espèce, grandeur naturelle. Fig. 5, autre ramule détaché et terminé inférieurement, de la même espèce, provenant de Creue comme les précédents et portant le n° 1926 de la collection de M. Moreau; grandeur naturelle.

N° 2. — **Sequoiopsis echinata**.

Pl. 201, fig. 6.

DIAGNOSE. — *S., ramulis gracile cylindricis simpliciusculis, foliis squamæformibus dense congestis, e basi crassa sursum exserte breviter uncinatis, patentim acuminatis.*

Nous ne possédons de cette espèce qu'un très petit fragment de ramule, simple, grêle, cylindrique, reproduit par notre figure 6, pl. 201, et dont la figure 6ᵃ représente une portion grossie. Il s'agit d'une espèce très nettement caractérisée dont les feuilles, étroitement serrées, s'élèvent sur une base épaisse et large en donnant lieu à une pointe divariquée, recourbée en crochet court, et aiguë au sommet.

RAPPORTS ET DIFFÉRENCES. — Nous ne connaissons aucune forme de Conifères actuelle que l'on puisse assimiler au *Sequoiopsis echinata;* c'est encore parmi les *Arthrotaxis* que l'on rencontrerait les analogies les moins éloignées. La faible étendue de l'échantillon et l'absence de toute ramification nous interdit de formuler d'autres conjectures sur une espèce que nous avons tenu pourtant à signaler. Elle a laissé dans le calcaire corallien de la Meuse une empreinte vive et nette, dont un moule ne reproduit qu'imparfaitement la saillie, les pointes divariquées des feuilles ayant donné lieu à des vides très fins imprimés dans la pâte du sédiment.

LOCALITÉ. — Creue, près de Saint-Mihiel, Meuse; étage corallieu.

EXPLICATION DES FIGURES. — Pl. 201, fig. 6, *Sequoiopsis echinata* Sap., ramule dessiné d'après une empreinte provenant de Creue et appartenant à la collection de M. Moreau; fig. 6ª, portion du même organe préalablement moulée et grossie, pour montrer la forme et le mode d'agencement des feuilles.

Trib. VI. — CUPRESSINEÆ.

Folia sæpissime decussatim opposita etiam ternata quaternataque, rarius sparsa aut irregulariter spiralia, secus ramulos horizontaliter expansos in facialia compressa lateraliaque navicularia plerumque discreta, tum squamosa adpressaque arctius laxiusve imbricata, tum plus minusve lineari-acicularia et tunc nervo medio percursa, basi vero adnata decurrentia, quandoque in eadem stirpe dimorpha, ætatis causa aut vegetationis impetu plurimum variantia; strobili e squamis paucioribus circa axin brevem insertis compositi, ovoidei aut globulosi, galbuli dicti; strobili squamæ semper foliorum ipsorum ad exemplum decussatæ vel ternatim quaternatimve congestæ, sed nec unquam spiraliter ordinatæ, paribus vel verticillis inter se alternantibus; squamæ consistentia tum lignosæ, primum stricte conniventes, postea ad maturitatem apertæ, tum (in Juniperis) accrescentia cohærentes, in baccam demum carnosam semina includentem coalitæ; squama fertilis unaquæque a receptaculo cum bractea plane fuso constans, bractea mucronem anticum præstante, receptaculo autem bracteæ imposito aut illam involvente seminaque nucamentosa bina aut plurima angulata compressa membranaceove alata semper erecta fovente; amenta mascula plerumque parvula elongata ad ramulos laterales apicalia, e squamis sæpius peltatis sacculos polliniferos deorsum gerentibus efformata; — arbores forma staturaque diversæ, tum proceræ, tum humiles, in regionibus præsertim calidis universi orbis dispersæ, monticolæ, etiam colles et planities aut margines aquarum paludesque quandoque loca sabulosa aridaque utriusque hæmispheri colentes, in genera multa formasque multiplices distributæ, ex antiquis temporibus in nostrum ævum migratæ nec Europa exclusæ, sed æstui imminutione graviter percussæ paucioresque adhuc residuæ.

La sixième et dernière tribu d'Aciculariées dont nous ayons à faire connaître les formes jurassiques, l'une des plus riches, comme aussi des plus remarquables, est celle des Cupressinées. Elle est en même temps la plus récente de celles qui sollicitent notre attention, puisqu'elle a commencé à paraître ou du moins à prendre de l'extension à partir des temps jurassiques, et que c'est seulement après le milieu de la période, dans le cours de l'oolithe, qu'elle a tenu pour la première fois une place considérable dans la végétation de notre pays.

Nous avons constaté, à l'aide de quelques exemples très saillants, qu'il existait réellement des Abiétinées dans le nord de l'Europe, dès le rhétien. A cette même date on ne saurait encore signaler, en fait de Cupressinées, que des vestiges douteux, assimilables d'assez loin à nos *Widdringtonia*, c'est-à-dire justement à un type pourvu de feuilles alternes, celui de tous dont l'écart vis-à-vis des formes caractéristiques de la tribu est le plus sensible et qui se prête le plus facilement à une transition vers les groupes voisins.

Le plus ancien exemple d'une Cupressinée ou tout au moins de ramules à feuilles squamiformes et imbriquées sur quatre rangs, assimilables à ceux des Cupressinées par tous les caractères visibles, nous est fourni par le *Thuites Parryanus* Hr. qui a été découvert par M. Heer (1) dans les schistes carbonifères de l'île Melville, terre située entre l'île Bathurst et l'île Prinz-Patrick, du 75ᵉ au 76ᵉ degré de lat. N. Le savant professeur compare cette espèce au *Thuites Germari* Dunk. (2) et au *Thuites fallax* Hr. (3). Mais ce sont là des assimilations toutes superficielles ; le petit fragment de l'île Melville est trop incomplet pour permettre d'affirmer qu'il ait appartenu réellement à une Cupressinée, et l'attribution même du gisement dont il provient à une formation carbonifère ne laisse pas que d'inspirer quelques doutes.

Il faut redescendre vers des terrains plus récents pour constater une apparition moins problématique de formes visiblement alliées à nos Cupressinées ou en offrant au moins les caractères extérieurs. Ces premières Cupressi-

(1) *Fl. foss. arctica*, I. p. 133, tab. 20, fig. 13.
(2) *Monog. d. Nordeutsch. Wealdbild.*, p. 19, tab. 9, fig. 10.
(3) *Urw. d. Schw.*, tab. 4, fig. 16.

nées ont des feuilles alternes, assez lâchement imbriquées, carénées sur le dos, et elle rappellent par leur aspect les *Widdringtonia*, bien que jusqu'à présent aucun de leurs strobiles ne soit venu établir sur une base solide les affinités génériques qu'on leur suppose : ce sont, entr'autres, le *Widdringtonites keuperianus* Hr. qui se montre à la fois dans le keuper de Franconie (1) et dans celui du canton de Bâle (2), et le *Widdringtonites liasicus* (Kurr) Hr. du lias alpin et de celui de Boll (Wurtemberg) (3). Nous figurons aussi quelques espèces tracées sur le même plan et qui, en l'absence de strobiles susceptibles de servir de guide à l'analogie, laissent l'esprit d'autant plus incertain qu'entre le type des *Widdringtonia* et celui qui est propre à certaines Taxodinées, comme les *Glyptostrobus*, la distance est réellement très faible et qu'au total la tribu entière des Cupressinées peut avoir dérivé originairement des Taxodinées, en conservant plus ou moins longtemps des feuilles variables, non encore strictement décussées, ni surtout différenciées en faciales et latérales, mais rapprochées par paires ou inexactement et irrégulièrement opposées, le rameau demeurant cylindrique, et l'insertion des feuilles pouvant se faire indistinctement sur le pourtour entier de l'axe. — Il est à croire en effet que les Cupressinées, sorties d'une évolution progressive, n'ont acquis que graduellement les caractères qui leur sont spéciaux. Nous devons nous attacher d'abord à les définir.

---

(1) *Abbild. V. foss. Pflanzen aus. d. keuper.* Frankem, V. Dr Schœnlen, tab. 1, fig. 5, et 10, fig. 5 et 6^d.

(2) Heer. *Urw., d. Schw.*, p. 52, fig. 31.

(3) Kurr, *Beitr. Z. foss. Fl. d. Juraform. Wurtembergs*, p. 10, tab.1, fig. 2.

Pour ce qui est de la structure organique de l'appareil reproducteur, les Cupressinées laissent voir, dans toutes les directions, un degré de complexité plus avancée, une fusion plus intime des éléments constitutifs de cet appareil que dans les autres tribus de Conifères, et en particulier que chez les Taxodinées, dont elles-mêmes paraissent issues. En un mot les Cupressinées représentent, pour ainsi dire, le terme extrême de cette dernière série. — Ainsi, dans l'ovule, les corpuscules se réunissent à la partie centrale et supérieure de l'endosperme, de manière à composer un seul groupe d'archégones étroitement contigus, recevant simultanément la fécondation d'un grain de pollen unique. Les écailles du strobile des Cupressinées sont toujours rapprochées par paires ou par verticilles de trois ou de quatre, les paires ou les verticilles alternant entre eux ; même chez les *Widdringtonia*, dont les feuilles sont éparses, le fruit se trouve composé de quatre écailles égales et conniventes. Il y a là l'expression d'une loi générale tendant à modeler sur l'ordonnance foliaire celle des parties du strobile, celles-ci se trouvant toujours en correspondance directe avec la première. Les feuilles inexactement opposées et sub-alternes du *Widdringtonia* ont réalisé de bonne heure, dans le strobile de ce genre, une tendance vers la décussation, qui est devenue effective dans les genres subséquents que nous représentent les *Palæocyparis* et les *Thuyites* jurassiques, ainsi que les *Chamæcyparis* et les *Cupressus* actuels. En suivant cette filière d'idées, on trouve que le strobile du *Widdringtonia*, fixé le premier, a dû se constituer à une époque où l'opposition des feuilles était une tendance plutôt qu'une disposition normale et définitive, chez les Conifères qui acquirent cette sorte d'organe.

La liberté d'allure dans l'ordonnance des feuilles que nous attribuons aux Cupressinées primitives et dont les *Widdringtonia* nous offrent maintenant encore l'exemple, était bien faite pour favoriser les diverses combinaisons qui se produisirent, chacune d'elles caractérisant un genre particulier. On sait que les feuilles sont décussées dans beaucoup de genres de Cupressinées, qu'elles sont ternées dans les *Frenela* et les *Actinostrobus* et rapprochées quatre par quatre, les deux faciales étant intérieures par rapport aux deux autres de chaque verticille, dans les *Callitris* et les *Libocedrus*. On sait aussi que dans chacun de ces genres le strobile se trouve conforme par l'ordonnance de ses parties avec la disposition binaire, ternaire ou quaternaire des feuilles. Il s'ensuit que lorsque le strobile de ces divers genres s'est constitué, leurs feuilles avaient déjà acquis le mode d'insertion qui les caractérise; nous verrons bientôt que cette hypothèse se trouve d'ailleurs en concordance avec les faits, les combinaisons les plus simples étant évidemment celles qui ont dû se réaliser les premières aussi bien pour les feuilles que dans le fruit.

L'écaille du strobile chez les Cupressinées résulte de l'union intime du support et de la bractée axillante. Cette union existe chez les Taxodinées, mais elle n'y est pas telle que les deux éléments ne demeurent distincts dans l'écaille adulte, la bractée conservant sa forme et le support présentant fréquemment des divisions ou incisures plus ou moins prononcées qui accusent les feuilles du bourgeon primitif auquel correspond cet organe. Chez es Cupressinées, la réduction est encore plus avancée, et la fusion des deux éléments devient si complète qu'il

n'existe plus entre eux de séparation, en sorte qu'à la
suite de l'acte fécondateur l'accrescence du support et
de la bractée s'opère de façon à entraîner le développement corrélatif des deux organes fusionnés. Les systèmes
vasculaires respectifs demeurent seuls distincts à l'intérieur, mais la substance du support déborde plus ou
moins, enveloppant la bractée qui n'est plus visible à l'extérieur que par la seule pointe ou mucron qui surmonte
généralement l'écaille. Il existe du reste, dans le strobile
des Cupressinées, toutes sortes de passages entre la simple feuille et l'écaille fertile. Les paires de feuilles les plus
rapprochées de la base des strobiles, influencées par le
voisinage des feuilles fertiles, se trouvent plus ou moins
modifiées. Dans tous les cas, le nombre des parties constitutives demeure relativement faible : les *Cupressus* et
les *Chamæcyparis* n'ont pas plus de cinq à six paires d'é-
cailles dans chaque strobile ; les *Thuyopsis* quatre ; les
autres genres trois ou deux seulement, comme on le
voit par les *Libocedrus*, les *Frenela* et les *Actinostrobus*.
Dans le dernier de ces genres, les verticilles de trois
feuilles se réunissent de manière à constituer un strobile
à six écailles conniventes. Les quatre écailles conniventes
des *Callitris* sont inégales et celles des *Libocedrus* encore
plus ; elles répondent évidemment à deux paires rapprochées, l'une demeurant intérieure par rapport à l'autre,
ordonnance conforme du reste, comme nous l'avons
déjà remarqué, à celle qui préside à l'arrangement des
feuilles sur les rameaux.

Les graines des Cupressinées sont en nombre variable
sur chaque écaille. Il en existe deux chez les *Biota* et les
Thuya, trois chez les *Callitris*, quatre à cinq et jusqu'à
sept chez les *Widdringtonia* et les *Cupressus*, un plus

grand nombre sur les écailles des *Chamæcyparis*. Ces graines sont des nucules toujours érigées, anguleuses, tantôt
aptères, tantôt ailées ; mais leurs ailes proviennent toujours d'une expansion latérale et non pas, comme chez
les Abiétinées, d'une lame de tissu cellulaire empruntée
au support. Les écailles du strobile des Cupressinées, d'a-
bord strictement conniventes à la suite de l'accrescence
qui amène leur développement, s'ouvrent et s'écartent
à la maturité pour laisser échapper les graines ; mais par
un dernier effet du mouvement évloutif dont l'action est
manifeste dans la tribu que nous considérons, les écailles
réduites en nombre, adhérentes entre elles et charnues
à la maturité, des *Juniperus* donnent lieu à un fruit bac-
cien, nommé « galbule », qui tombe sans s'ouvrir ; il emporte dans sa chute les graines, au nombre de trois au
plus, que la seule décomposition met en liberté ; mais ici,
c'est surtout par l'intermédiaire des animaux qui se nour-
rissent des baies du genévrier que la graine non altérée
par la digestion est mise en état de germer. Cette combinaison nous semble marquer le dernier terme auquel
est venu aboutir, par ordre de complexité croissante, le
mouvement auquel a obéi à travers le temps la famille
entière des Conifères. Aussi, c'est seulement à la fin de
l'éocène, dans la flore des gypses d'Aix, que se montrent
les premiers vestiges authentiques des *Juniperus*.

La marche d'une élaboration ainsi prolongée est plus
aisée à suivre, par suite de l'abondance relative des documents, si l'on s'attache uniquement aux feuilles pour
se rendre compte des combinaisons auxquelles elles ont
donné lieu, par une transformation graduelle de leur ordonnance. — Les feuilles sont d'abord éparses, obéissant
à la formule phyllotaxique $\frac{1}{3}$; c'est ce que l'on observe chez

les plus anciennes Cupressinées, spécialement chez le *Widdringtonites keuperianus* Hr., du trias moyen. Un peu plus tard, on commence à observer des formes à feuilles régulièrement décussées. Elles se montrent telles, par exemple, sur les ramules du *Thuites fallax* Hr., du lias inférieur de Chambelen, qui reparaît dans le lias supérieur ou lias alpin (1). Mais ce sont encore des fragments épars ou de petits ramules, tandis que, dans l'oolithe, particulièrement à partir du bathonien et, en remontant la série, dans le cornbrash, l'oxfordien, le corallien et le kimméridien, les Cupressinées se prononcent et s'accentuent de plus en plus, multipliant leurs types et les traces de leur présence attestée par de nombreux et puissants rameaux. Les strobiles, peut-être uniquement à cause de leur persistance sur l'arbre qui les portait, font presque toujours défaut, et cette absence constitue un obstacle au classement systématique de ces restes aussi remarquables par leur dimension que par la netteté de leurs caractères. En dehors des fruits que nous sommes bien forcé de laisser de côté, les parties de la végétation indiquent un progrès constant. Les *Palæocyparis*, si répandus dans l'oolithe moyenne, présentent toujours des feuilles opposées par paires, les paires de feuilles alternant entre elles; seulement le rameau, n'étant encore qu'à demi comprimé, et la distinction entre les feuilles faciales et latérales se trouvant encore assez peu sensible, la disposition décussée n'est pas toujours facile à distinguer, de telle sorte qu'en s'attachant à un ramule isolé ou à certaines parties du rameau, on croirait parfois saisir plutôt l'ordonnance caractéristique des *Widdring-*

(1) Voy. *Die Urw., d. Schweiz*, p. 97, pl. 4, fig. 16, et pl. 5, fig. 2-3.

tonia que celle qui distingue les *Thuya* ou les *Cupressus*.

Il est cependant certain que les feuilles des *Palæocyparis* sont normalement décussées et que leurs ramifications secondaires prennent naissance le long du rameau principal à des distances proportionnées, dans un ordre et une direction déterminées. Toutes les partitions jusqu'à celles qui produisent les derniers ramules s'opèrent avec une constante régularité, conformément à la disposition qui préside aux divisions correspondantes des *Chamæcyparis* et des *Cupressus* actuels. La seule différence qui sépare encore les types anciens de nos *Thuya* et *Thuyopsis* modernes consiste dans une moindre détermination des feuilles faciales et latérales. Cependant, à côté même de ces *Palæocyparis*, mais surtout dans l'oolithe récente et à partir du kimméridien, on rencontre d'autres formes chez lesquelles ce dimorphisme des feuilles, changeant d'aspect selon la place qu'elles occupent sur le rameau, tend à se prononcer davantage, et le genre *Thuyites*, dont les rameaux affectent des dimensions plus modestes, plus rapprochées par cela même de ceux des formes vivantes de la section, nous offrira des espèces qui semblent dénoter le moment où la différenciation foliaire en question achevait enfin de s'accomplir.

Il est à remarquer ici, et la remarque s'applique avant tout aux *Palæocyparis*, que les formes fossiles de Cupressinées sont fréquemment plus grandes dans leurs proportions, par l'ampleur des feuilles comme par l'étendue des rameaux, que celles actuellement connues.

La comparaison des parties naturellement caduques des anciennes espèces avec les parties correspondantes des espèces que nous avons sous les yeux conduit aux mêmes conclusions et atteste la présence de Cupressinées vraiment colossales, au sein de l'époque jurassique.

Les ramifications suivent un ordre alterne, dans presque tous les cas. Il est cependant quelques rares exceptions à cette règle, et lorsque ces exceptions, dont nous avons eu soin de figurer les exemples, viennent à se présenter, les rameaux s'étalent sur les deux côtés d'un axe principal, sortant d'une même paire de feuilles, conformément à ce qui existe chez les *Libocedrus* actuels. Mais cette ordonnance est rare et toujours exceptionnelle dans les Cupressinées jurassiques.

Les principaux gisements de cette catégorie de plantes sont, à partir de la base de la série oolithique : Stonesfield, dans le bathonien du comté d'Oxford ; Etrochey, dans le cornbrash de Châtillon-sur-Seine (Côte-d'Or) ; le corallien de la Meuse ; les schistes bitumineux du lac d'Armaille et de l'Abergement (Jura) ; enfin les calcaires lithographiques de Solenhofen.

A Stonesfield, les premières Cupressinées incontestables se trouvent associées à des débris de mammifères, sortes de Marsupiaux de petite taille, dont la dentition dénote, selon M. Gaudry, un régime de broyeurs de fruits et de bourgeons.

A Étrochey, ce sont des *Brachyphyllum*, des *Otozamites* et des *Lomatopteris* qui accompagnent les Cupressinées ; ce sont, aux environs de Verdun, et dans le corallien de la Meuse, des *Brachyphyllum*, des *Pachyphyllum* et des *Ctenopteris*. Dans les schistes du lac d'Armaille ce sont encore des *Brachyphyllum*, puis des *Araucaria*, des *Zamites* et des *Cycadopteris*. Les *Lomatopteris* reparaissent, ainsi que les *Brachyphyllum*, auprès des nombreuses Cupressinées de Solenhofen. Cette même tribu se trouve au contraire absente ou faiblement représentée dans les localités, comme celle de Scarborough, où abondent les Fougères aux frondes délicatement découpées, les *Salisburia* amis du bord des eaux, enfin des Cycadées des genres *Podozamites* et *Anomozamites* qui manifestent les mêmes tendances. Il est donc probable qu'à l'époque de l'oolithe, les Cupressinées associées aux *Brachyphyllum* et aux *Pachyphyllum* formaient de vastes forêts établies sur des parties accidentées et relativement sèches, du sol continental européen. L'Europe avait été longtemps découpée, il est bon de le rappeler, en un vaste archipel, dont les îles principales achevèrent de se rejoindre et de se souder en une seule région, durant le cours de la période oolithique.

Avant de passer à la description des genres et des espèces de Cupressinées jurassiques dont la plupart, encore inédites, figurent ici pour la première fois, nous devons faire connaître les bases de classification adoptées par nous et les motifs qui nous ont dirigé.

Si nous remontons à plus de 30 ans en arrière pour consulter le *Genera et species plantarum fossilium* de Unger (*Vindobonæ*, 1850) et le *Tableau des genres de végétaux fossiles* (Paris, impr. de L. Martinet, 1849) publiés presque en même temps, il est facile de constater l'insignifiance des Cupressinées jurassiques. Unger n'indique pour le lias que le seul *Widdringtonites liasinus* Kurr, deux autres types *Taxodites* et *Schizolepis* étant des Taxodinées. Il n'inscrit en revanche aucune Cupressinée comme appartenant à la flore oolithique. — Brongniart est moins incomplet, mais il rejette parmi les *Brachyphyllum* le *Widdringtonites liasinus* et mentionne sans les décrire les *Thuites divaricatus* Sternb. et *expansus* Sternb., ce dernier avec un point de doute. Brongniart possédait, il est vrai, de très beaux dessins et des échantillons remarquables

du *Thuites expansus* de Stonesfield et du *Th. divaricatus*
de Solenhofen, mais il n'eut jamais occasion de les décrire
ni de les figurer, et jusqu'au mémoire de Unger: *Sur quelques
plantes fossiles des schistes lithographiques de Solenhofen,*
inséré dans le tome II de *Palæontographica,* on voit que
les deux genres *Widdringtonites* et *Thuyites* étaient les
seuls qui eussent été proposés pour englober le très petit nombre de Cupressinées jurassiques encore signalées.
J'ai fait voir précédemment (1) comment Unger se basant
sur l'existence dans les schistes de Solenhofen d'un rameau muni de plusieurs strobiles avait proposé pour lui
le terme générique d'*Arthrotaxites* en l'appliquant à tort
à toutes les Cupressinées et même aux *Brachyphyllum* de
la célèbre localité, c'est-à-dire à tout un ensemble de
formes en réalité très diverses. J'ai constaté également
l'erreur de M. Schimper qui, tout en substituant à la dénomination d'*Arthrotaxites* celle d'*Echinostrobus* (2), con-
sacra pourtant la confusion créée par Unger, en ne séparant pas du véritable *Echinostrobus* les échantillons de
Cupressinées répondant au *Thuyites divaricatus* Sternb.,
ainsi qu'au *Caulerpites princeps* et à plusieurs autres soi-
disant *Caulerpites* du même Sternberg. M. Schimper alla
plus loin en réunissant arbitrairement à son nouveau
genre *Echinostrobus* le *Thuyites robustus* Sap., d'Étrochey,
et le *Thuyites expansus* Sternb., de Stonesfield, celui-ci
avec quelques réserves.

C'est en 1873, dans une notice *Sur les plantes fossiles du
niveau des lits à poissons de Cerin* (3), que nous propo-

(1) Voy. plus haut, p. 531.
(2) Schimper, *Traité de Paléontol. végét.*, II, p. 330 et 331.
(3) *Notice sur les pl. foss., du niv. des lits à poiss. de Cerin,* par
le comte G. de Saporta. Lyon, Georg, et Paris, Savy libraire, 1873.

sâmes l'établissement du genre *Palæocyparis* pour y comprendre une portion notable des Cupressinées de l'oolithe, qui avec des caractères spéciaux et des feuilles décussées, non sans quelque irrégularité dans le mode d'insertion, nous semblent pourtant présenter des rapports avec les *Chamæcyparis* actuels. En même temps nous désignâmes sous le nom de *Phyllostrobus* un genre à feuilles décussées et imbriquées sur quatre rangs, dont le strobile découvert à Orbagnoux, il y a des années, et dessiné autrefois par Brongniart, n'était pas sans analogie avec ceux des *Callitris* et des *Libocedrus* de l'époque actuelle. Nous rangions aussi dans le genre *Widdringtonia,* dont la présence dans l'oolithe supérieure nous semblait attestée par divers indices, une couple d'espèces, tandis que d'autres, pourvues de rameaux comprimés et de feuilles nettement différenciées en faciales æplaties et en latérales naviculaires se succédant avec une parfaite régularité, étaient laissées par nous dans le genre *Thuyites* ainsi réservé aux formes les plus assimilables aux *Thuya, Biota* et *Thuyopsis* actuels.

En adoptant ce plan, et sans nous préoccuper de l'exacte détermination de certaines espèces étrangères à la flore jurassique française, comme le *Thuyites Schlömbachi* Schk., dont les caractères n'ont rien de parfaitement précis, nous disposerons ainsi qu'il suit les genres de Cupressinées que nous allons passer en revue : 1, *Widdringtonites* Endl.; — 2, *Widdringtonia* Endl.; — 3, *Palæocyparis* Sap.; — 4, *Thuyites* Brongt.; — 5, *Phyllostrobus* Sap.

Cette notice est extraite de la livraison II, du grand ouvrage intitulé : *Descr. des poiss. foss. prov. des gis. corall. du Bugey*, par V. Thiollière. Lyon, Georg, 1873.

QUINZIÈME GENRE. — WIDDRINGTONITES.

Widdringtonites,   Endl., *Syn. Conif.*, p. 271.
—   Brongt., *Tabl. des genres de vég. foss.*, p. 72.
—   Ung., *Gen. et sp. pl. foss.*, p. 342.
—   Gœpp., *Monog. Conif. foss.*, p. 176.
—   Kurr, *Beitr. Z. Fl. d. Jura form. Wurtemb.*, p. 10.
—   Heer, *Urw. de Schweiz*, p. 101 ; — *Ibid.*, éd. franc., p. 63 et 123 ; — *Fl. foss. Helv.*, p. 85 et 135.
—   Schimp., *Traité de Pal. vég.*, II, p. 329.
—   Schœnlein, *Abbild. v, foss. Pflanzen aus d. Keuper Frankens*, p. 20.
—   Schenk, *Beitr. z. Fl. d. Keupers, und d. Rhætisch. Form.* p. 123.

DIAGNOSE. — *Rami graciles foliati ; folia spiraliter inserta approximata, pleraque squamæformia, adpresse vel laxius imbricata dorso plus minusve carinata.*

HISTOIRE ET DÉFINITION. — Endlicher a proposé l'établissement de ce genre dans son *Synopsis*, en 1847. Il lui attribuait alors, en le définissant, des strobiles globuleux à écailles valvaires et y comprenait non seulement le *Widdringtonites liasinus* qui en fait encore partie, mais aussi le *W. Ungeri* reconnu depuis pour un véritable *Widdringtonia*, attestant tout aussi bien que le *W. antiqua* Sap. et plusieurs autres formes la présence dans l'Europe tertiaire du type actuellement confiné au fond de l'Afrique. Nous-même nous décrirons bientôt plusieurs espèces jurassiques qui nous paraissent assimilables à de vrais *Widdringtonia*, genre dont l'existence reculée n'a rien qui doive surprendre. A l'exemple de Schimper, nous restreignons donc quelque peu la signification du

genre *Widdringtonites* en appliquant cette dénomination
à des fragments de rameaux ou le plus souvent à de petits ramules que l'ordonnance spiralée ou du moins irrégulière de leurs feuilles éloigne des *Thuyites* aussi bien
que des *Palæocyparis,* tandis que l'aspect écailleux de
ces mêmes feuilles et leur mode d'imbrication leur donnent une ressemblance sensible avec celles des *Widdringtonia.*

La place de ces espèces, peu nombreuses et peu variées, dont le port et les organes reproducteurs demeurent inconnus, se trouve donc naturellement marquée
dans un genre provisoire, intermédiaire aux *Sequoiopsis* et
aux *Widdringtonia* propres, et qui semble tenir aux ori-
gines même de la famille dont il jalonnerait, pour ainsi
dire, les premiers débuts.

Les ramules des *Widdringtonites,* seules parties de ces
végétaux qui nous soient connues, sont grêles, allongés
et nus, c'est-à-dire dépourvus de ramifications latérales.
Les feuilles qui les recouvrent sont écailleuses, lancéolées, pointues au sommet, carénées sur la face dorsale et
assez lâchement imbriquées. Les espèces les mieux définies et les plus répandues se montrent dans le keuper
et le lias ; plus haut, elles font place à de vraies Cupressinées, dont l'extension devient visible à partir de la
grande oolithe. Le *Widdringtonites Kurrianus* Dnk.,
du wéaldien, a été reporté avec raison par Schenk (1),
dans son genre *Sphenolepis* qui nous a fourni une belle
espèce liasique, précédemment décrite. Après cette dis-
traction fort légitime, les *Widdringtonites* ne comprennent plus qu'un petit nombre d'espèces, la plupart lia-
siques.

(1) *Die foss. Fl. d. Nordwestdentsch. Wealdenform.,* p. 41.

N° 1. — Widdringtonites keuperianus.

Pl. 201, fig. 7.

Widdringtonites keuperianus, Hr., *Urw. d. Schweiz*, p. 52,
fig. 31 ; — 2ᵉ édit. alleman-
de, p. 61, fig. 50 ; — *Monde
primit. de la Suisse*, trad.
par I. Demole, p. 64. fig. 31 ;
— *Fl. foss. Helv.*, p. 86. tab.
4ᵇ et 5.

—   —   Schenk, *Beitr. Z. Fl. d. Keupers
und. d. Rhælischform.*, p. 23.

—   —   Schœnlein, *Abbild. V, foss., d.
Pflanzen aus d. Keuper Fran-
kens*, p. 19, tab. 1, fig. 3ᵈ et
3ᵇ; tab. 10, fig. 5 et 6.

—   —   Schimp., *Traité de Pal. vég.*,
II, p. 330.

DIAGNOSE. — *W., ramis ramulisque tenuibus elongatis
dense foliatis, alterne disticheque plerumque divisis ; foliis
squamæformibus, lanceolatis apice acutis arcte imbricatis,
dorso leviter carinatis.*

Les rameaux épars ou plutôt les fragments de ramules
de cette espèce ont été rencontrés d'abord dans le keuper
des environ de Bâle par M. Heer. Schoenlein et le professeur Sandberger l'ont ensuite recueillie dans le keuper de
Franconie, et Schenk en a publié dans le bel atlas des plantes keupériennes préparé par Schœnlein. La figure du
Flora fossilis Helvetiæ de Heer n'est qu'une répétition de
celle du *Monde primitif de la Suisse*. Ce sont toujours
de très petits fragments de ramules allongés et minces,
munis de feuilles serrées, disposées dans un ordre alterne,
lancéolées-aiguës au sommet et se recouvrant mutuellement. La face dorsale de ces feuilles est assez distincte-

ment carénée. Les échantillons figurés par Schoenlein et qui proviennent de la Lettenkohle d'Estenfeld, près de Wurzburg, sont plus complets que ceux des environs de Bâle. Celui qui figure sur la planche 1 est un vrai rameau relativement épais, couvert de feuilles lancéolées et montrant l'origine des ramules auxquels il donnait latéralement naissance. D'autres ramules figurent sur la planche 10 ; l'un, fig. 5, est grêle avec des feuilles éparses, lâchement imbriquées ; mais les ramules, fig. 6, présentent des feuilles plus serrées, et leur ressemblance avec celui que nous figurons est tellement intime que nous n'hésitons pas à les réunir en une seule et même espèce. L'exemplaire représenté pl. 201, fig. 7, provient de l'infralias des environ de Mende; mais l'étroite liaison qui existe entre le rhétien et le keuper, déjà attestée par la présence de plusieurs espèces communes aux deux horizons, vient à l'appui de notre manière de voir. Si l'on excepte le *Thuyites Parryanus Hr.*, à propos duquel nous avons formulé des réserves, le *Widdringtonites keuperianus* serait pour nous la plus ancienne Cupressinée dont nous eussions connaissance. Il est difficile, à l'aide d'aussi faibles débris et en l'absence des fruits, d'exprimer une opinion raisonnée à son égard, il est certain cependant que par sa physionomie au moins elle reporte l'esprit vers les *Widdringtonia,* dont elle reproduit les principaux traits, soit par la forme, soit par l'agencement des feuilles.

RAPPORTS ET DIFFÉRENCES. — Le *Widdringtonites keuperianus* doit être comparé au *W. liasinus* Kurr; mais celui-ci, qui appartient à l'horizon du lias supérieur, a des ramules plus faibles, plus menus, ainsi que les feuilles elles-mêmes. Ces derniers organes s'écartent d'avantage de la tige qui les porte et elles sont obtuses à leur sommet. M. Heer, dans son *Flora fossilis Helvetiæ*, a figuré, à côté du *Widdringtonites liasinus*, une seconde espèce nommée par lui *W. Bachmanni*, qu'il avait d'abord confondue avec la première ; mais ici les rameaux sont plus grêles et les feuilles plus lâchement imbriquées et plus courtes que dans le *Widdringtonites keuperianus*, dont les caractères distinctifs sont d'ailleurs faciles à saisir.

LOCALITÉS. — Keuper des environs de Bâle (Suisse), Moderhalde près Pratteln et Neue-Welt ; — argiles du keuper d'Estenfeld, de Greinberg et du Faulenberg, près de Würzburg ; — infralias des environ de Mende (Lozère), calcaire capucin de M. Fabre, immédiatement inférieur au niveau des *Mytilus minutus* et *Gervilia præcursor*.

EXPLICATION DES FIGURES. — Pl. 201, fig. 7, ramule de *Widdringtonites keuperianus*, d'après le moule d'une empreinte recueillie par M. Fabre, inspecteur des forêts, à Rieucros de Rieumenou, près de Mende, grandeur naturelle ; fig. 72, portion du même ramule grossi pour montrer la forme et le mode d'agencement des feuilles.

N° 2. — **Widdringtonites gracilis.**

Pl. 202, fig. 1.

DIAGNOSE. — *W., ramis ramulisque tenellis elongatis erecto-flexuosis, alterne divisis; foliis spiraliter insertis elliptico-lanceolatis, subfalcatis, laxe imbricatis, dorso convexiusculis.*

Les rameaux de cette espèce du corallien de la Meuse sont grêles, allongés, légèrement flexueux. Les ramules secondaires, nus et érigés, suivent une direction ascendante. Les feuilles qui les recouvrent sont éparses, nombreuses, relativement courtes et lâchement imbriquées, surtout le long des ramifications latérales. Etalées et recourbées en faux, lancéolées-elliptiques et atténuées en pointe au sommet, elles se recouvrent mutuellement, sans être appliquées les unes contre les autres. Sur la figure que nous donnons, on distingue un rameaux principal pourvu de trois ramules latéraux, émis dans un ordre alterne. Erigés et minces, non subdivisés, ces ramules ont dû pourtant avoir été disposés à peu près dans un même plan ; à côté d'eux, on distingue un ramule isolé, recourbé vers le haut, qui semble aller rejoindre inférieurement le rameau principal, comme s'il en avait été accidentellement détaché.

Les figures grossies 1ᵃ et 1ᵇ reproduisent exactement la forme et l'ordonnance des feuilles de cette curieuse espèce ; elles paraissent tantôt rapprochées par paires, tantôt réellement alternes et spiralées ; on peut dire avec plus de raison qu'elles sont irrégulièrement opposées, ce qui est effectivement le cas de celles des *Widdringtonia* actuels.

RAPPORTS ET DIFFÉRENCES. — Une comparaison attentive permet de reconnaître une étroite affinité entre notre *Widdringtonites gracilis* et le *W. Bachmanni* Hr., du bathonien de Suisse (1). Nous serions tenté de réunir les deux espèces, tellement elles se ressemblent par la forme des feuilles, la consistance et le mode de subdivision des rameaux. Cependant, les ramules de l'espèce suisse sont peut-être un peu plus grêles que les nôtres et ses feuilles plus écartées et moins nombreuses. Ce sont là au moins deux formes alliées de fort près, dont la plus récente est sans doute un prolongement de celle qui l'a précédée dans le bathonien.

(1) Voy. Heer, *Fl. foss. Helv.*, p. 136, tab. 56, fig. 10-11.

Localité. — Environs de Verdun, calcaires blancs de l'étage corallien supérieur.

Explication des figures. — Pl. 202, fig. 1, *Widdringtonites gracilis* Sap., rameau subdivisé en plusieurs ramules dont un détaché, d'après un échantillon provenant de la collection de M. Moreau (n° 995), grandeur naturelle ; fig. 1ᵃ et 1ᵇ, deux fragments grossis pour montrer la forme et le mode d'agencement des feuilles.

N° 3. — **Widdringtonites Creysensis**.

Pl. 201, fig. 8.

Diagnose. — *W., ramulis gracilibus elongatis, foliatis, foliis spiraliter insertis, elliptico-lanceolatis, breviter acuminatis, apice leviter curvato-falcatis, laxe imbricatis, dorso autem plus minusve carinatis.*

Un seul petit ramule nous a permis de signaler et de reconstituer cette espèce kimméridienne. C'est un fragment tronqué à l'extrémité supérieure, un peu flexueux et complètement nu. Les proportions sont plus fortes que celles de l'espèce précédente ; les feuilles sont visiblement alternes, assez lâchement imbriquées, lancéolées-elliptiques, pointues et un peu recourbées en faux au sommet, leur face dorsale présente des traces de carène peu visibles sur l'original, mais elle était au moins convexe. Il est naturel de ranger cette espèce parmi les *Widdringtonites*, mais la faible étendue de l'échantillon est un obstacle à l'exacte détermination des caractères qui la distinguaient.

Rapports et différences. — C'est au *Widdringtonites keuperianus* que ressemble surtout notre *W. Creysensis*. L'intervalle qui les sépare est trop considérable pour que l'on songe à les identifier. C'est encore au *W. Bachmanni* qu'il est le plus naturel de comparer l'espèce de Creys; mais le premier a des ramules bien plus grêles et des feuilles sensiblement plus petites, bien que par la forme de ces dernières soient très analogues à celles que nous venons de décrire.

LOCALITÉ. — Creys, dans l'Isère, étage kimméridien inférieur; collection du muséum de la ville de Lyon.

EXPLICATION DES FIGURES. — Pl. 201, fig. 8, *Widdringtonites Creysensis* Sap. ramule détaché, grandeur naturelle, d'après le moule d'une empreinte appartenant à la collection du muséum de Lyon; fig. 8[a], fragment grossi pour montrer la forme et le mode d'agencement des feuilles.

SEIZIEME GENRE. — WIDDRINGTONIA.

Pl. 148, fig. 1-5.

Widdringtonia, Endl., *Syn. Conif.,* p. 31; — *Catal. Hort. Vindob.,* I, p. 209.
— Lindl. et Gord., *Journal Hort. Soc.,* V, p. 203.
— Knight, *Syn., Conif.,* p. 13.
— Carr. *Traité gén. des Conif.,* p. 64.
— Henkel et Hochst., *Synops. d. Nadelsholz.,* p. 292.
— Heer, *Fl. tert. Helv.,* I, p. 48.
— Sap., *Fl. foss., du S.-E. de la France,* I, p. 58 et 187.
— Schimp., *Traité de Pal. vég.,* II, p. 327.

DIAGNOSE. — *Rami pluries alterne partiti, plerumque graciles; folia approximata squamæformia adpressa laxe imbricata, sparsa inæqualiterve opposita; — flores masculi in amenta minuta elongata ramulos laterales superantia digesti; — strobili e squamis quatuor valvatim conniventibus dorso autem plus minusve appendiculatis constantes; semina compressa angulata sursum utrinque breviter alata, sub quavis squama circiter* 5-7.

Pachylepis, Brngt., *An. sc, nat.,* 1re série. XXX, p. 189.
   —   Spach, *Hist. nat. des vég. phanér.,* XI, p. 346.
Thuyæ   Sp., Linné.
Cupressus,   Thumb.

HISTOIRE ET DÉFINITION. — A côté des *Widdringtonites* ou formes de Cupressinées à ramules analogues à ceux des *Widdringtonia* africains, nous croyons devoir signaler un *Widdringtonia* véritable dans la flore oolithique française. Déjà la présence dans l'Europe tertiaire de ce même genre a été constatée à plusieurs reprises, et l'ancienneté reculée du type des *Widdringtonia*, de même que sa fixité à partir du milieu des temps jurassiques, n'ont rien par elles-mêmes qui doive surprendre, dès que ce type est considéré comme la tige mère de toutes les différenciations dont la tribu des Cupressinées nous offre l'exemple et dont certaines ne dateraient que d'une époque relativement moderne.

De nos jours, les *Widdringtonia*, réduits à un très petit nombre d'espèces, se trouvent cantonnés dans la région du Cap, dont ils habitent les parties montagneuses, entre 500 et 1,500 mètres d'altitude. Une troisième espèce, le *W. Commersonii* Endl., est indigène de Madagascar. Le genre a donc subi un mouvement de retrait parfaitement en rapport avec son antiquité présumée. Exclus de l'Europe, il a été réduit à ne plus occuper qu'un étroit espace, et il se trouve par cela même menacé d'une extinction définitive. Le *Widdringtonia* et l'*Araucaria* se trouvent ainsi les plus anciens parmi les genres actuels de Conifères, actuellement exotiques, dont il existe des vestiges déterminés dans les couches européennes du terrain secondaire. Il ne faut pas oublier non plus que nous avons rencontré de vrais *Pinus* dès le rhétien et que les *Cedrus*, *Abies* et *Tsuga* se montrent de très bonne heure associés aux premiers dans les étages inférieurs de la craie.

Chez les *Widdringtonia*, les feuilles étalées et linéaires-uninerviées dans le jeune âge deviennent promptement squamiformes, appliquées et sub-imbriquées. Ces feuilles sont ordonnées selon la formule phyllotanique $\frac{1}{3}$, c'est-à-dire que la quatrième correspond plus ou moins exac-tement à la première, après un seul tour de spire. Mais sur les ramules latéraux ces mêmes feuilles, ce que l'on n'a pas assez remarqué, se rapprochent souvent par paires et deviennent alors sub-opposées, l'une des feuilles de chaque paire dépassant ordinairement sa compagne en hauteur, et cette ordonnance inexactement décussée donne lieu à des passages vers l'insertion éparse. Les ramifications sont disposées dans un ordre alterne; mais cet ordre n'a rien d'absolument régulier. Il n'en est pas ainsi des Cupressinées à rameaux pourvus de feuilles faciales et latérales; les paires de feuilles faciales ne donnent jamais naissance aux ramules. Ceux-ci sortent toujours de l'aisselle des feuilles latérales et il sont émis alternativement sur un côté, puis sur l'autre à la paire suivante, par conséquent dans un seul et même plan. C'est effectivement ce que montrent les *Thuya*, les *Thuyop-sis* et les *Chamæcyparis;* de là provient l'admirable régu-larité qui caractérise les divisions raméales de tous ces genres.

Au contraire, les ramules des *Widdringtonia* ne sont pas nécessairement étalés dans un même plan ; ils émer-

gent plutôt à des distances irrégulières, de l'aisselle de
certaines feuilles et le plus ordinairement dans une direction opposée à celle du ramule précédemment émis ;
d'autres fois cependant, ils s'élèvent uni-latéralement le
long du côté antérieur du rameau. Ils sont séparés les uns
des autres par des intervalles assez souvent inégaux. Les
derniers ramules sont nus, plus ou moins grêles, allongés et ordinairement ascendants. La disposition générale des rameaux de dernier ordre est telle qu'elle
prend assez bien l'apparence d'une dichotomie sympodiale.

Les chatons mâles des *Widdringtonia* sont allongés,
cylindriques et terminaux au sommet des derniers ramules. Ils se composent d'une série assez nombreuse d'androphylles peltoïdes, décussés et contigus, connivents
par leurs côtés taillés en hexagones. Les sacs à pollen
sont attachés par-dessous et déhiscents au moyen d'une
fente longitudinale.

Mais l'organe distinctif du genre consiste dans le strobile formé de quatre écailles ligneuses à peu près égales
et conniventes, valvaires jusqu'à la maturité. Ces écailles
tronquées ou atténuées en rond à leur extrémité supérieure sont pourvues en dessous de leur sommet d'un
appendice en forme de mucron qui s'efface ou devient peu
visible lors de la maturité du fruit. Celui-ci, le plus
souvent persistant, s'ouvre pour laisser échapper les graines
qui sont érigées, anguleuses, presque carrées, accompagnées d'une aile membraneuse bilatérale qui les
surmonte et se trouve échancrée au point correspondant
à l'ouverture apicale du microphyle.

Les *Widdringtonia* constituent actuellement des arbres
de moyenne grandeur, au port élancé, aux rameaux

ascendants et diffus, dont le port rappelle un peu celui de la Sabine.

EXPLICATION DES FIGURES. — Pl. 148, fig. 1, ramule de *Widdringtonia juniperoides* Endl., grandeur naturelle ; fig. 1ᵃ, le même grossi. Fig. 2, strobile de la même espèce, vu par côté, grandeur naturelle ; fig. 3, même organe vu par-dessus, grandeur naturelle. Fig. 4, strobile mûr et ouvert de *Widdringtonia cupressoides* Endl., grandeur naturelle. Fig. 5, graine ailée de la même espèce. — Consultez pour plus de détails l'explication de ces mêmes figures donnée précédemment, p. 192.

N° 1. — **Widdringtonia microcarpa**.

Pl. 116, fig. 3 ; 217, fig. 5-6 ; 219, fig. 1-4 ; 220, fig. 1-3.

Widdringtonia   microcarpa,   Sap., *Notice sur les pl. foss. du niv. des lits à poiss. de Cerin,* p. 44.

DIAGNOSE. — *W. ramis ramulisque gracilibus pluries pinnatim alterne divisis elongatis flexuosiusculis, plerumque oblique etiam divaricatim partitis; foliis minutis squamæformibus adpressim imbricatis alternis sub-oppositisque, breviter lanceolatis, leviter apice falcato-incurvatis; — amentis masculis ad apicem ramulorum terminalibus, oblongo-cylindricis, squamulis plurimis contermine penta-hexagonulo decussatim conniventibus compositis; — strobilis parvulis ovoideis quadrivalvibus, valvis apice breviter attenuato-truncatis, arcte inter se coherentibus.*

Widdringtonia flagelliformis,   Sap., *l. c.,* p. 44.
Widdringtonites Bachmanni,   Hr., *Fl. foss. Helv.,* p. 136, tab. 56, fig. 10-11.

De nombreux échantillons, recueillis par M. A. Falsan

dans les schistes du lac d'Armaille, permettent de se faire
une juste idée de cette curieuse espèce, la première et la
seule, parmi les *Widdringtonia* jurassiques, dont les divers organes nous soient connus et dont la détermination
paraisse par cela même assurée.

Un des plus beaux exemplaires, pl. 219, fig. 1, représente une branche conservée sur une longueur de 8 centimètres, garnie sur les deux côtés de rameaux disposés
alternativement et subdivisés eux-mêmes en ramules. La
tige ou axe principal est relativement mince; les rameaux
et les ramules sont grêles, divariqués, étalés sous un angle d'environ 45 degrés. En examinant les dernières ramifications, on voit qu'elles sont simples à la partie supérieure
du rameau et pourvues à sa base d'une ou deux subdivisions étalées en avant. Les feuilles, bien visibles, sont alternes ou inexactement opposées, serrées, squamiformes,
imbriquées et lancéolées-pointues, ce qui permet de les
distinguer de celles des autres Cupressinées d'Armaille avec
lesquelles on serait tenté de les confondre. Tout l'ensemble
d'ailleurs a quelque chose de grêle et de menu qui dénote
un arbre d'assez petite taille. Les ramules ne mesurent guè-
res plus d'un millimètre d'épaisseur. Dans le bas, on distingue l'empreinte d'un strobile subglobuleux, de très petite dimension, encore attaché à l'un des rameaux. Notre
figure 1ᵉ, pl. 219, représente ce même organe grossi; il paraît formé de quatre valves et se rapporte sans doute à un
cône avorté, qui n'aurait pas atteint ses dimensions normales et définitives.

Les mêmes couches ont fourni d'autres fragments plus
petits, pl. 119, fig. 2 et 3, qui se rapportent visiblement à
la même espèce et dont nos figures représentent les principaux. Le mode de subdivision de ces rameaux, de même

que leur dimension, sont conformes à ceux qui caractérisent la branche précédemment décrite, et l'ordonnance ainsi que la conformation des feuilles paraissent avoir été semblables. Nous réunissons avec plus de doute à la même espèce d'autres fragments qu'il nous semble pourtant naturel de lui attribuer. Ce sont des rameaux un peu moins menus, à subdivisions plus allongées, moins régulières et plus érigées. Les feuilles sont aussi d'une insertion plus difficile à définir et plutôt rapprochées par paires que normalement éparses. C'est cette forme que nous avions d'abord désignée sous le nom de *Widdringtonia flagelliformis;* nous lui rapportons encore un échantillon du muséum de la ville de Lyon (pl. 220, fig. 3) dont les caractères sont à peu près semblables, mais qui pourrait presque avec autant de raisons avoir appartenu au *Palæocyparis Falsani* de la même localité. C'est une branche en partie dénudée, en partie pourvue, sur l'un des côtés principalement, de ramifications simples ou elles-mêmes subdivisées en ramules peu nombreux. Ces ramifications sont minces, allongées, sub-érigées et garnies de feuilles alternes ou imparfaitement opposées, les unes lancéolées, les autres plus ou moins obtuses.

Nous réunissons encore à notre *Widdringtonia microcarpa* les ramules figurés par M. Heer, dans son *Flora fossilis Helvetiæ*, sous le nom de *Widdringtonites Bachmanni.* Il est facile de s'assurer par la comparaison de nos figures avec celles de l'auteur suisse, qu'il s'agit bien d'une seule et même espèce.

Le petit fruit attaché au rameau, figuré pl. 219, fig. 1e, n'est pas le seul indice qui atteste la légitimité de l'attribution générique adoptée par nous. Un autre strobile détaché, mais offrant tous les caractères qui distinguent

ceux des *Widdringtonia*, a été recueilli par M. Falsan
dans le même gisement du lac d'Armaille. Notre figure,
pl. 219, fig. 4, le représente avec ses dimensions naturelles, et la figure 4ᵃ le donne assez fortement grossi. Bien
que notablement plus gros que le précédent, ce fruit est
encore très petit, puisque sa longueur excède à peine un
centimètre sur une largeur maximum de 8 à 9 millimètres.
Sa forme est ovoïde; il est tronqué au sommet et laisse
apercevoir la terminaison apicale des deux valves latérales
et de l'une des valves faciales dont il était composé. Cette
structure n'a rien que d'exactement conforme à celle des
strobiles actuels de *Widdringtonia;* mais elle est remarquable par la médiocrité des dimensions qui se trouve
concorder du reste avec celle des ramules et des autres
parties de la plante. Tout en elle annonce un végétal d'une
taille assez peu élevée.

Un autre exemplaire d'Armaille, dont nous figurons les
deux côtés, pl. 220, fig. 1 et 2, parce que ces côtés se
complètent en laissant voir la continuation d'une seule et
même branche, montre des ramifications plus touffues,
plus nombreuses, bien que conservant le même aspect et
possédant des feuilles rangées dans le même ordre, et ayant
la même configuration. Plusieurs des ramules de cet
échantillon offrent cette particularité remarquable que
leur sommet se trouve renflé en une massue allongée et
faiblement atténuée aux deux extrémités. Chacun de ces
renflements cylindriques, que nos figures représentent
assez fortement grossis, correspond sans doute à un chaton
mâle, conformé comme ceux des *Widdringtonia* actuels,
c'est-à-dire composés d'écailles pelloïdes, étroitement
conniventes et régulièrement décussées. Malheureusement,
les empreintes manquent de netteté et, tout en laissant

voir l'ensemble, ne découvrent à la loupe que des détails assez peu précis ; nous avons tâché de les rendre avec exactitude à l'aide de nos figures grossies, pl. 220, fig. 2ª, 2ᵇ et 2ᶜ.

RAPPORTS ET DIFFÉRENCES. — Il est fort difficile dès l'abord de distinguer cette espèce des autres Cupressinées, particulièrement des deux *Palæocyparis,* auxquels elle est associée dans les lits kimméridiens du lac d'Armaille. Cependant, ses caractères généraux sont incontestables : des rameaux plus minces, des ramules plus grêles, les feuilles le plus souvent alternes et toujours moins obtuses que celles des *Palæocyparis,* permettent de ne pas la confondre avec ces derniers. Au total, le *Widdringtonia microcarpa* ne semble pas éloigné du *W. juniperoides* actuel ou genévrier du Cap. Il en a la physionomie et il présente un mode de ramification des plus analogues. Cependant, à l'aide d'une comparaison attentive, on est obligé de reconnaître qu'en dépit de leur apparence grêle, les rameaux de l'espèce fossile étaient plus forts, moins allongés et moins flexueux que ceux de l'espèce vivante, au moins d'après les exemplaires de celle-ci cultivés au golfe Juan, dans le jardin de M. Mazel, et que nous avons sous les yeux. Quant au strobile, il est bien plus petit que ceux du *W. juniperoides,* et ses valves paraissent avoir été pourvues au-dessous de leur sommet d'un mucron bien moins saillant, caractère qui se présente dans le *W. cupressoides* Endl., dont les fruits, malgré leur grosseur (voy. pl. 148, fig. 4) auraient plus d'analogie avec ceux de notre *W. microcarpa.*

LOCALITÉS. — Schistes marno-bitumineux du lac d'Armaille, près de Belley (Ain), étage kimméridien inférieur, coll. de M. A. Falsan et la nôtre. — En Suisse le *Wid-*

dringtonites Bachmanni Hr., que nous identifions avec notre *Widdringtonia microcarpa*, a été signalé par M. Heer à Hochmad, sur la chaîne du Stockhorn, dans des calcaires marneux grisâtres avec *Belemnites bessinus* d'Orb.

EXPLICATION DES FIGURES. — Pl. 216, fig. 3, empreinte peu distincte d'un rameau attribué au *Widdringtonia microcarpa*, d'après un échantillon provenant d'Armaille, grandeur naturelle. — Pl. 218, fig. 5, petit rameau naturellement détaché, attribué au *Widdringtonia microcarpa* Sap., d'après un échantillon provenant d'Armaille, grandeur naturelle; fig. 5ᵃ, portion de ramule grossi du même échantillon. Fig. 6, sommité d'un autre rameau de la même espèce provenant de la même localité, grandeur naturelle. — Pl. 219, fig. 1, partie moyenne d'une branche de *Widdringtonia microcarpa* Sap., munie de ses rameaux secondaires et portant, à ce qu'il semble, un fruit jeune attaché à la base de l'un des rameaux inférieurs, grandeur naturelle; fig. 1ᵃ et 1ᵇ, ramules grossis du même échantillon, pour montrer la forme et le mode d'agencement des feuilles; fig. 1ᶜ, autre ramule grossi supportant un fruit jeune ou imparfaitement développé. Fig. 2, autre rameau de la même espèce, spontanément détaché, grandeur naturelle; fig. 2ᵃ, portion grossie du même rameau. Fig. 3, autre rameau détaché de la même espèce, grandeur naturelle; fig. 3ᵃ, ramule grossi du même échantillon. Fig. 4, strobile quadrivalve, naturellement détaché et adulte, rapporté à la même espèce, d'après un échantillon recueilli par M. A. Falsan dans les schistes d'Armaille, grandeur naturelle; fig. 4ᵃ, même organe grossi. — Pl. 220, fig. 1 et 2, deux portions d'une même branche de *Widdringtonia microcarpa*, munie latéralement de tous ses ramules; la plupart des ramules de la figure 2 se trou-

vent surmontés de chatons mâles allongés, grandeur naturelle ; fig. 2ª, 2ᵇ et 2ᶜ, trois sommités de ramules terminés
par des chatons mâles assez fortement grossis, pour montrer la forme et la disposition des écailles dont ces organes
sont composés; fig. 2ᵈ, fragment de ramule du même
échantillon grossi, pour montrer la forme et le mode d'insertion des feuilles. Fig. 3, fragment d'un autre rameau
de la même espèce, muni de ramules plus allongés, désigné antérieurement sous le nom de *Widdringtonia flagelliformis*; fig. 3ª et 3ᵇ, deux ramules grossis du même
échantillon, pour montrer la forme et le mode d'agencement des feuilles.

DIX-SEPTIEME GENRE. — PLÆOCYPARIS.

Palæocyparis, Sap., *Notice sur les plantes foss., du niv. des
lits à poiss. de Cerin*, p. 43.

DIAGNOSE. — *Rami ramulique plerumque robustiores plus
minusve compressi, alterne aut rarissime opposite pinnatim
regulariter partiti, ex utroque latere in eumdem sensum horizontaliter expansi ; folia squamæformia arcte adpressa im-
bricataque, in facialia lateraliaque obscure discreta, decussatim plerumque opposita, glandula punctiformi dorso infra
apicem sæpius notata ; — fructus vix et in specie unica co-
gnitus, e squamis peltatim stricte conniventibus decussatis, ut
videtur, constans.*

Thuytes,	Sternb., *Fl. d. Vorw*; I, 3, p. 38.
—	Endl., *Gen. pl.*, p. 263; — *Suppl.*, II, p. 23.
Thuyites,	Brongt., *Prodr.* p. 109.
Thuites (ex parte),	Ung., *Gen.. et sp. pl. foss.*, — p. 346.
—	Brongt., *Tableau des genres de vég. foss.*, p. 71.

Thuites (ex parte),	Lindl. et Hutt., *Foss. Fl.*, III, tab. 167.
—	Phill., *Géol. Yorks.*, tab. 10.
—	Gœpp., *Monog. Conif.*, p. 181.
—	Heer, *Fl. foss. Helv.*, p. 136.
Thuyites,	Schimper, *Traité de Pal. vég.*, II, p. 342.
Caulerpites (ex parte),	Sternb. *Fl. de Vorw.*, II, p. 20.
—	Ung., *Gen. et sp. pl. foss.*, p. 2.
Arthrotaxites (ex parte),	Ung., *Palæontog.*, II, p. 254.
Echinostrobus (ex parte),	Schimp., *l. c.*, p. 330.

HISTOIRE ET DÉFINITION. — L'extrême confusion dans laquelle on a jeté dès l'abord et longtemps maintenu l'ensemble de toutes les Cupressinées jurassiques, assimilables à nos *Thuya* et à nos *Chamæcyparis*, a été pour elles une source d'erreurs toujours renaissantes et, pour ainsi dire, étroitement enchaînées. Un examen attentif est seul capable de dissiper ces erreurs. Sternberg le premier a méconnu la vraie nature d'une partie au moins des Cupressinées de l'oolithe de Stonesfield et du corallien de Solenhofen, en les rangeant parmi les Algues, sous la dénomination de *Caulerpites*.

Dans le *Genera* de Unger, en 1850, les *Caulerpites* comprennent encore la presque totalité des Cupressinées jurassiques, le genre *Thuites* se trouvant réservé aux espèces tertiaires et à des formes wéaldiennes. Cependant, Brongniart, dès 1828, avait indiqué dans son *Prodrome* (p. 105) le rapport incontestable des plantes de Solenhofen et de Stonesfield figurées par Sternberg avec nos *Thuya*, plus particulièrement avec le *Thuyopsis dolabrata* du Japon. Plus tard, en 1849, dans son *Tableau des genres de Végétaux fossiles*, il insistait sur la réalité de ce rapprochement et sur la fausseté des prétendues Algues décrites sous le nom de *Caulerpites*. Gœppert avait suivi la même voie dans sa *Monographie des Conifères fossiles* publiée à Leyde (1) en 1850, en inscrivant à leur place naturelle, parmi les *Thuites*, les *Thuites expansus, divaricatus* et *articulatus.*

Peu d'années après cette dernière publication, dans le tome II de *Palæontographica* (2), Unger inséra une notice dans laquelle, se basant sur la découverte de fruits encore attachés au rameau, dans les schistes lithographiques de Solenhofen, et réunissant sans raison en une seule espèce et dans un type unique comparé par lui aux *Arthrotaxis*, les prétendus *Caulerpites* de Sternberg, il proposa le terme d'*Arthrotaxites princeps* comme dénomination distinctive. En confondant arbitrairement des types en réalité très divers et leur attribuant des fructifications qui n'appartenaient qu'à l'un d'entre eux, Unger commettait une erreur aussi regrettable que celle qu'il avait l'intention de redresser. M. Schimper, dans son *Traité de Paléontologie végétale* revint en effet sur l'assertion de Unger, et créa le genre *Echinostrobus* que nous avons conservé pour servir de désignation aux strobiles de Solenhofen, assimilés par Unger à ceux des *Arthrotaxis;* mais M. Schimper, en opérant cette distinction, eut le tort de ne pas saisir que ces cônes et les rameaux qui les supportent n'avaient en réalité rien de commun avec les Cupressinées à feuilles décussées qui abondent à Solenhofen et qui constituent un genre entièrement à part, n'ayant d'autre trait commun avec celui des *Echinostrobus* que d'avoir également laissé des empreintes au sein des mêmes couches en voie de formation.

(1) *Monogr., d. fossil. Conif.*, v. H. R. Gœppert; — Leiden, 1850. — Ouvrage couronné par la Réunion scientifique, tenue à Haarlem l'année précédente.

(2) *Palæontographica, Beitr. Z. Naturgesch. d. Vorw., Sweite Band, herausgeg.* V. Hermann V. Meyer, Cassel; 1852-53.

Nous avons insisté plus haut sur ces différences en décrivant les rameaux et les fruits de l'*Echinostrobus Sternbergii*, d'après l'échantillon original communiqué par
M. le professeur Zittel, de Munich; nous devons maintenant définir les caractères du groupe de Cupressinées, très
imparfaitement connu jusqu'à présent, auquel appartiennent selon nous les nombreuses espèces qui se montrent
sur tant de points de l'Europe oolithique, dans le bathonien de Stonesfield et le cornbrash d'Étrochey, dans le
corallien de Verdun, dans celui de Tonnerre, dans les
schistes lithographiques de Solenhofen, enfin dans ceux
du lac d'Armaille, sur l'horizon du kimméridien inférieur.
Il est évident que ce genre, aussi remarquable par la vigueur et la beauté des espèces qu'il comprend que par la
netteté de ses caractères, a dû jouer un rôle considérable
dans la flore de la dernière moitié des temps jurassiques,
au moins sur certains sols et dans certaines localités qui
offraient des conditions de nature à en favoriser l'extension. Ce sont des végétaux généralement remarquables par
la dimension de leurs rameaux et des feuilles qui les recouvrent. Ces dimensions sont telles que chez plus d'une
espèce elles dépassent de beaucoup tout ce que montrent
les Cupressinées actuelles, et cette circonstance s'oppose
à ce que l'on puisse faire entrer aisément l'ensemble des
parties conservées à l'état d'empreintes dans le cadre ma-
tériel des planches destinées à les représenter. Ainsi les
ramules du *Palæocyparis robusta* mesurent cinq fois le diamètre de ceux du *Cupressus funebris* Endl. et trois fois au
moins celui des organes correspondants du *Chamæcyparis
Nutkænsis* Sp. Les rameaux caducs ou parties anciennes
destinées à se détacher naturellement de l'arbre, à mesure
qu'il s'étale et qu'il grandit, parties qui chez la plupart

des Cupressinées offrent une étendue et une configuration constantes, caractéristiques pour chaque espèce, ces sortes de rameaux sont reconnaissables chez les *Palæocyparis*, qui se dépouillaient de leur feuillage à l'aide d'un procédé particulier encore maintenant aux *Cupressus* et aux *Chamæcyparis*. Leur présence même est naturelle au sein des couches, où de semblables résidus ont dû s'accumuler après leur chute, sous l'action des eaux courantes. La terminaison nette de leur extrémité inférieure atteste effectivement que c'est bien là l'origine de quelques-uns au moins de ces fragments. Leur dimension a cependant parfois de quoi surprendre. Elle peut atteindre ou dépasser plusieurs pieds, si l'on s'attache aux plus grandes espèces. La collection de M. Jules Beaudoin, à Châtillon-sur-Seine, comprend à cet égard de remarquables documents relatifs au *Palæocyparis robusta*, d'Étrochey, et des échantillons de la même localité que nous devons en grande partie à la bienveillance de M. E. Flouest, ancien procureur général, conduisent à des résultats identiques. Dans le gisement du lac d'Armaille, les *Palæocyparis* se montrent sous des dimensions plus modestes ; mais les caractères tirés des feuilles et du mode de ramification ne différant pas ou presque pas de ceux que présentent les espèces de la grande oolithe ou du corallien, nous avons pensé qu'il s'agissait d'un seul et même genre aussi puissant que varié, et, si l'on en juge par l'unique fruit venu jusqu'à nous, assez peu éloigné des *Cupressus* et des *Chamæcyparis* actuels, dont les espèces d'Armaille reproduisent fidèlement l'aspect aussi bien que les proportions.

Les feuilles des *Palæocyparis* sont courtes, écailleuses, apprimées, étroitement imbriquées et obtuses ou lancéolées-obtuses, plus rarement un peu détachées de la tige et recourbées en faux au sommet. Ces feuilles sont assez exactement décussées, c'est-à-dire opposées par deux et alternant d'une paire à l'autre. Le rameau qui les porte est plus ou moins comprimé et les ramifications s'étalent presque toujours dans le même plan. Cependant la distinction de ces feuilles en faciales et latérales n'est pas tellement prononcée qu'elle n'offre des variations, surtout le long des derniers ramules et parfois aussi sur les branches principales, qui, en grossissant, ont apporté du dérangement dans l'ordre de succession des anciennes feuilles. Au total, l'aspect de ces rameaux faiblement comprimés et pourtant conservant leur forme cylindrique rappelle à l'esprit ce que font voir de nos jours les *Cupressus majestica* Hort. et *funebris* Endl., les *Chamæcyparis Nutkænsis* Sp. et *obtusa* Sieb. et Zucc. dont les rameaux n'ont ni la régularité absolue ni la disposition décidément comprimée de ceux des *Thuya* et des *Thuyopsis*.

Les feuilles des *Palæocyparis* sont convexes ou même obscurément carénées sur le dos; elles présentent parfois des sillons longitudinaux plus ou moins marqués, et, dans presque toutes les espèces, elles laissent voir la trace d'une saillie ou point ganduleux, situé au-dessous du sommet, vers le milieu de la carène dorsale. On observe une glande résineuse, située de la même manière dans un grand nombre de Cupressinées actuelles; elle est surtout visible chez les *Thuya* et aussi chez les *Chamæcyparis*.

Les ramifications, presque toujours étalées dans le même plan, empiètent cependant parfois les unes sur les autres dans les espèces dont les rameaux sont touffus, comme ceux du *Palæocyparis Falsani*. Le plus souvent c'est dans un ordre alterne que les subdivisions sont émises, de telle façon qu'elles naissent alternativement à

l'aisselle de l'une des feuilles de chaque paire de feuilles
latérales, les faciales ne donnant lieu à aucun ramule. Les
ramules se montrent en outre généralement plus nombreux, le long du côté antérieur de chaque rameau ou
partition de rameau. Bien que l'ordonnance alterne soit
la règle, cette règle n'a pourtant rien d'invariable, et, à
Étrochey de même qu'à Solenhofen, on rencontre des
échantillons dont les subdivisions sont tantôt alternes et
tantôt opposées, à l'exemple de ce qui existe chez les *Libocedrus*. Il ne nous a pas paru cependant que ce fût
là un caractère assez constant ni assez décisif pour justifier l'établissement d'un genre spécial, destiné à comprendre les espèces chez lesquelles il se manifeste.

On voit, en se restreignant aux organes végétatifs, que les
Palæocyparis tiennent à la fois des *Cupressus* et des *Chamæcyparis*, des *Thuya* et des *Libocedrus*. Il est vrai également
qu'ils sont reliés entre eux par une physionomie commune
qui conseille de ne pas les disjoindre; mais, en l'absence
presque complète des parties de la fructification pouvant
servir de guide au jugement, ces affinités multiples qui varient et prédominent tour à tour selon les espèces expliquent et justifient l'incertitude où les auteurs ont été jetés à
leur égard. Dans bien des cas, les limites respectives des diverses espèces ont même paru difficiles à tracer. On rencontre effectivement, soit confondues dans le même gisement,
soit distribuées sur des points distincts appartenant au
même horizon géognostique, soit enfin à des niveaux éloignés l'un de l'autre dans le sens vertical, des formes de
Palæocyparis que l'on serait tenté de réunir, quoiqu'elles
offrent des différences saisissables, ou bien encore des
variétés qui s'écartent de leur plus proche congénère par
quelque trait de physionomie assez sensible pour mériter

une désignation spéciale, sans qu'il s'agisse pourtant de
rien de bien tranché. Dans ces divers cas, nous avons
tenu compte, non seulement des proportions générales,
mais surtout du mode de subdivision des derniers rameaux, presque toujours disposés dans l'intérieur de
chaque espèce d'après une ordonnance invariable ou sujette seulement à des diversités comprises dans d'étroites
limites. De plus, il nous a paru que des formes équiva
lentes et probablement issues l'une de l'autre par voie de
filiation se montraient à des niveaux successifs de la série
oolithique, les formes coralliennes de Verdun et de Solenhofen, les formes kimméridiennes des lits à poissons
du Bugey répétant celles du bathonien de Stonesfield et
du cornbrash d'Étrochey. C'est là une sorte de récurrence
dont il est juste de tenir compte, mais qui ne fait pas obstacle à ce que l'on adopte des dénominations spéciales, ap-
plicables à chacune des races alliées dont on admet
comme probable la filiation respective, mais qu'il nous
est donné de considérer à des intervalles échelonnés.

L'extrême rareté des strobiles, jusqu'à présent inconnus,
est certainement le plus grand obstacle à l'exacte définition des *Palæocyparis*. Cette absence aurait quelque chose
d'étrange en présence de la multitude des empreintes de
rameaux, si l'on ne faisait observer que ces rameaux, probablement caducs, jonchaient le sol et furent aisément
entraînés jusqu'au fond des eaux, tandis que les cônes,
persistants comme ceux des Cyprès et des *Chamæcyparis*,
ont dû adhérer à l'arbre lui-même et ne s'en détacher que
par accident. Cette particularité qui se montre également
chez d'autres Cupressinées, comme les *Widdringtonia* et
les *Frenela*, explique pourquoi les Cupressinées fossiles
nous ont si rarement transmis l'empreinte de leurs stro-

biles, tandis que le contraire existe pour les Pins, les Cèdres et les Sapins secondaires, dont les cônes sont beaucoup mieux connus que les rameaux ou les feuilles.

L'unique exemple d'un strobile de *Palæocyparis* conservé à l'état d'empreinte nous est fourni par une des plus petites espèces du groupe, dont les échantillons abondent dans les schistes du lac d'Armaille. La découverte en est due à notre ami M. A. Falsan. Nous décrirons plus loin cet organe ; il doit nous suffire d'en indiquer ici les caractères génériques : ovoïde-globuleux, de petite dimension, il est constitué par des écailles peltées, irrégulièrement hexagones, strictement conniventes et décussées, au nombre de 6 à 8 paires. L'analogie de ce fruit, dont la conservation, il est vrai, laisse beaucoup à désirer, avec ceux des *Chamæcyparis* et des *Cupressus* parle d'elle-même.

Rapports et différences. — Les *Palæocyparis* devaient avoir le port et la physionomie ornementale des *Chamæcyparis* et des Cyprès à cime pyramidale, comme les *Cupressus funebris* Endl., *torulosa* Don. et *majestica* Knight, avec plus d'ampleur et de force, quelque chose de plus trapu, de moins touffu et de moins entremêlé dans le feuillage. La structure du fruit dénote cette même analogie comme la plus probable. Élancés et puissants, avec des rameaux vigoureux, peut-être étalés de toutes parts et croissant avec rapidité, les *Palæocyparis* ont pu, en se modifiant, conduire vers les *Cupressus* et les *Chamæcyparis*, dont ils représenteraient la souche ancestrale.

Ils s'intercalent fort naturellement entre ces deux groupes, dont ils se distinguent principalement par les dimensions presque colossales de quelques-unes de leurs espèces. Les *Palæocyparis* ont dû former de véritables forêts ou des associations plus ou moins étendues sur le sol de l'Europe oolithique, particulièrement dans l'intérieur des terres, sur le penchant des collines, mais surtout dans les régions accidentées, au-dessus des plages marines et du bord des eaux lacustres de l'époque. Le gisement de Stonesfield en Angleterre, celui d'Étrochey près de Châtillon-sur-Seine, celui du lac d'Armaille, enfin les schistes lithographiques de Solenhofen, eu Bavière, sont ceux qui ont fourni le plus de vestiges de *Palæocyparis*. Ils sont associés dans la plupart de ces localités à des *Lomatopteris*, en fait de Fougères, à des *Brachyphyllum*, à des *Pachyphyllum*, à des *Araucaria*, en fait de Conifères, à des *Zamites* et *Otozamites*, en fait de Cycadées. C'est là une association de plantes qui, lors de l'âge oolithique, fréquentaient les stations situées à l'écart des eaux. Aussi on ne rencontre point de *Palæocyparis* à Scarborough ni dans le jurassique de la Sibérie orientale où abondent, au contraire, les Aspléniées et les Dicksoniées, les Salisbu-riées et d'autres types amis de la fraîcheur.

N° 1. — **Palæocyparis Virodunensis**.

Pl. 102, fig. 2-3; 103, fig. 1-3.

DIAGNOSE. — *P., ramis ramulisque robustioribus, pinnatim alterne partitis, ramulis ultimis torulosis, plus minusve elongatis, simplicibus aut parce diversis; foliis ovato-rhombeis adpressim imbricatis, apice breviter aculis quandoque irregulariter decussatis, dorso medio convexis glandulaque punctiformi notatis.*

La collection de M. Moreau renferme plusieurs échantillons de cette espèce que nous avons retrouvée dans les schistes du lac d'Armaille. Le plus complet de ces échantillons provient de Gibomeix; les deux fragments dont il est composé se correspondent visiblement, mais leur continuité se trouve interrompue par une cassure de la pierre, et nous avons été obligé de les figurer séparément par suite de leur longueur. Sur notre planche 203, fig. 1 et 2, la figure 2 représente la base dénudée et déjà ancienne du rameau dont la figure 1 montre la terminaison supérieure. Cette base relativement épaisse est recouverte de résidus de feuilles converties en écussons légèrement saillants, de forme rhomboïdale ou irrégulièrement hexagonale, et séparés par des sillons commissuraux. On distingue sur le milieu de la figure une large cicatrice et çà et là les points d'insertion des ramules tombés. Dans la partie supérieure (fig. 1), les ramules sont encore en place; ils s'étalent dans une direction très ouverte, au nombre de quatre, selon un ordre de grandeur décroissante. Ils sont nus et simples, à l'exception d'un seul qui se montre pourvu vers le milieu de son parcours d'un petit ramule de dernier ordre.

Les figures 2 et 3 de la planche 203 représentent deux autres fragments provenant de la même localité que le précédent et qui se rangent sans anomalie dans la même espèce. On voit que les feuilles sont courtes, étroitement imbriquées et serrées les unes contre les autres. Elles sont convexes sur le milieu de leur face dorsale, pointues au sommet et assez souvent recourbées en faux par leur extrémité libre qui est toujours d'une faible étendue. Une carène parfois assez nette marque longitudinalement cette face dorsale qui offre en outre une saillie médiane correspondant, à ce qu'il semble, à un point glanduleux.

L'échantillon fig. 3, pl. 203, a été découvert par

M. A. Falsan dans les schistes kimméridiens du lac d'Armaille, il offre des caractères tellement conformes à ceux des exemplaires du corallien de la Meuse, que nous n'hésitons pas à reconnaître en lui la même espèce. C'est un rameau court, un peu trapu et déjà âgé, dont la sommité manque et qui se trouve garni sur ses deux côtés de ramules disposés dans un ordre alterne ou sub-alterne. Ces ramules sont nus à la base, étalés presque à angle droit, les uns simples, les autres munis en dessous de leur sommet d'une ou deux ramifications du dernier ordre. Les feuilles que nos figures 3ᵃ et 3ᵇ représentent grossies offrent le même aspect et la même conformation que celles des échantillons précédents.

RAPPORTS ET DIFFÉRENCES. — Le *Palæocyparis Virodunensis* se rapproche évidemment des deux espèces suivantes avec lesquelles il manifeste un air de famille qui porterait à le confondre soit avec le *Palæocyparis corallina*, soit plus naturellement avec le *Palæocyparis Itieri*. Mais le premier nous a paru présenter dans toutes ses parties des dimensions bien supérieures ; ses ramules, plus épais et plus longs, ont aussi des feuilles plus larges et proportionnellement moins courtes. Ces différences suffisent pour motiver une distinction spécifique. Il est plus difficile de saisir et de justifier une séparation des *Palæocyparis Virodunensis* et *Itieri ;* peut-être même ne faut-il voir en eux que deux formes d'une seule et même espèce. Cependant le mode de ramification est loin d'être identique des deux parts : le rameau de Gibomeix en particulier ne ressemble pas à celui de l'Abergement ; on remarque des divergences sensibles dans la direction et l'insertion des ramules, qui sont plus courts, moins nombreux, plus raides et plus divariqués dans l'espèce de la Meuse, aussi bien que dans l'échantillon du lac d'Armaille que nous réunissons à ce dernier. Ces motifs nous ont persuadé de décrire séparément le *Palæocyparis Virodunensis*, tout en le considérant comme allié de près à son congénère du Jura.

Localité. — Gibomeix (Meurthe-et-Moselle), près de Saint-Mihiel, étage corallien, coll. de M. Moreau; schistes bitumineux du lac d'Armaille, étage kimméridien inférieur, notre collection.

Explication des figures. — Pl. 202, fig. 2, fragment de rameau de *Palæocyparis Virodunensis*, provenant des environs de Saint-Mihiel et appartenant à la collection de M. Moreau, grandeur naturelle; fig. 2ᵃ, portion de ce même rameau, grossie, pour montrer la forme et le mode d'agencement des feuilles; fig. 3, autre fragment du rameau plus petit, grandeur naturelle. — Pl. 203, fig. 1 et 2, les deux portions d'un même rameau de *Palæocyparis Virodunensis*, dont la figure 2 représente la base et la figure 1 le sommet, grandeur naturelle, d'après un échantillon des calcaires blancs supérieurs du corallien de Gibomeix (Meurthe-et-Moselle), communiqué par M. Moreau et faisant partie de sa collection; 1ᵃ et 1ᵇ, deux portions grossies de ce même échantillon, pour montrer la forme et le mode des feuilles; fig. 3, rameau attribué à la même espèce, découvert par M. Falsan dans les schistes bitumineux d'Armaille, grandeur naturelle; fig. 3ᵃ et 3ᵇ deux portions grossies pour montrer la forme et le mode d'agencement de feuilles.

N° 2. — **Palæocyparis corallina**.

Pl. 204.

Diagnose. — *P., ramis ramulisque crassis teretibus alterne partitis, ramulis lateralibus nudis plerumque simplicibus etiamve parce divisis oblique expansis, foliis squamæformibus arcte adpressis, breviter lanceolato-rhombeis, apice obtuse acutis, sæpius exacte decussatim imbricatis, sed non in facialia lateraliaque regulariter discretis.*

L'échantillon qui donne lieu à cette espèce est unique, à notre connaissance au moins ; mais les caractères qui le distinguent ont quelque chose de très saillant, et il représente, à ce qu'il semble, un rameau complet, naturellement détaché de la tige qui le portait. Les proportions sont presque aussi fortes que celles du *Palæocyparis robusta* décrit ci-après. Il s'agit certainement d'une Cupressinée de très grande taille, remarquable par ses larges feuilles étroitement imbriquées et généralement décussées, mais dont la disposition affecte une sorte d'irrégularité assez prononcée sur les derniers ramules. Cette irrégularité apparente provient de ce que ces ramules n'ont rien de comprimé et de ce que les feuilles, toutes semblables, ne se distinguent pas en faciales et latérales, comme chez plusieurs des types suivants. Ainsi, par l'ordonnance des feuilles, aussi bien que par la conformation cylindrique des ramules et les subdivisions peu nombreuses auxquelles ces derniers donnent lieu, le *Palæocyparis corallina* ressemble aux *Cupressus torulosa* Don. et *lusitanica* Mill., bien plus qu'au *Cupressus funebris* Endl. et aux *Chamæcyparis ;* mais il leur ressemble avec des dimensions triples ou quadruples, si l'on s'attache à l'épaisseur des rameaux et à l'étendue des feuilles. Celles-ci sont lancéolées, rhomboïdales-oblongues, terminées en pointe obtuse au sommet. Leur face dorsale est convexe, mais unie et sans vestige de carène longitudinale. Une seule de ces feuilles, sur le milieu de l'axe principal, laisse voir la trace d'un point glanduleux. La plupart des ramules latéraux sont simples ; ils s'allongent en suivant une direction oblique ; les plus élevés sont courts et montrent un ou deux ramuscules de dernier ordre.

RAPPORTS ET DIFFÉRENCES. — Cette espèce corallienne est comparable au *Palæocyparis robusta*, du cornbrash d'Étrochey, dont elle n'est peut-être qu'un prolongement faiblement différencié. Elle se distingue du *P. Virodunensis* par des dimensions notablement plus fortes et du *P. Itieri* par ses rameaux à ramules plus épais et bien moins subdivisés. Mais l'espèce la plus rapprochée nous paraît être le *Palæocyparis secernenda* Sap., de Solenhofen, qui se rapporte à un horizon géognostique sensiblement pareil à celui du corallien de Tonnerre. Il existe pourtant des différences d'aspect et de mode de ramification dont nous avons cru devoir tenir compte dans l'appréciation des deux espèces. Les ramules de celle de Solenhofen sont plus menus, plus élancés, et, dans l'un des échantillons figurés (pl. 209, fig. 2), bien plus subdivisés. Il faudrait pouvoir disposer d'échantillons plus nombreux et rencontrer les fruits, pour être à même de formuler une opinion décisive.

LOCALITÉ. — Carrière exploitée aux environs de Tonnerre (Yonne), étage corallien ; don de M. G. Cotteau.

EXPLICATION DES FIGURES. — Pl. 204, rameau complet de *Palæocyparis corallina*, d'après un échantillon de notre collection, grandeur naturelle.

N° 3. — **Palæocyparis robusta**.

Pl. 206, fig. 1-3, et 207, fig. 1-3.

DIAGNOSE. — *P., ramis ramulisque validis, quandoque*

*fere giganteis, ex arbore sæpius ætatis effectu sponte deci-
duis, subcompressis, distiche emissis, pluries alterne pinnato-
partitis, rarius tamen oppositis, ramulis ultimis elongatis, a
basi ad summum rami secundi ordinis sensim decrescentibus
plerumque simplicibus rarius autem basin versus uniramulosis; foliis ovatis vel ovato-oblongis in facialia lateraliaque
plus minusve discretis, apice adpresso obtuse acuto intus curvato-falcatis, dorso convexis, longitudinaliter sulcatis obscure-
que carinatis et puncto glanduloso infra apicem notatis.*

Echinostrobus robustus,   Schimp., *Traité de Pal. vég.*, II, p. 32.

Les magnifiques empreintes recueillies dans le gisement
d'Étrochey (Côte-d'Or), où abondent les rameaux et
même les branches de cette espèce, permettent de la
décrire avec beaucoup de précision. Il en existe de nombreux échantillons, plusieurs hors ligne par leur étendue
exceptionnelle, dans la collection de M. Jules Baudoin,
à Châtillon-sur-Seine. D'autres ont été recueillis par les
soins de M. E. Flouest qui a bien voulu nous les communiquer, et nous en avons obtenu plusieurs encore des
maîtres de la carrière d'Étrochey.

Les empreintes reposent à la surface d'une assise calcaire exploitée comme pierre à bâtir, un peu inégale, et
qui correspond visiblement à un fond de mer de l'époque
bathonienne.

Il existait sur ce point une baie tranquille et profonde,
au sein de laquelle les eaux courantes charriaient la dépouille des forêts voisines de la plage. Nos figures 1 et 2,
pl. 206, représentent deux rameaux, non pas à l'état de
fragments, mais naturellement détachés, ainsi que le
prouve leur base nettement terminée. La dimension inusitée de ces deux spécimens, auxquels nous aurions pu

ajouter plusieurs autres, nous a seule empêché de les reproduire intégralement; mais, à côté du rameau fig. 1, nous avons placé, en 1ª, sa terminaison inférieure dont le contour arrondi et comme émoussé dénote bien la chute spontanée par l'effet d'une désarticulation; ce rameau, à partir de cette base, se trouve conservé sur une étendue de plus de 20 centimètres, après laquelle il est brisé; mais, si on le complète par la pensée en lui accordant le même nombre de rameaux secondaires qu'aux parties correspondantes du *Cupressus torulosa* Don, par exemple, soit une douzaine environ, on obtient une longueur totale de 60 centimètres au moins, dimension probablement inférieure encore à la réalité. Dans ces mêmes proportions, le rameau de l'espèce actuelle atteignant environ 15 centimètres, on voit que ceux de notre *Palæocyparis robusta* présentaient des dimensions quadruples de celles qu'affecte le premier.

Le second rameau, dont la figure 2 reproduit une partie notable, mesure 20 centimètres dans son intégrité. Il est beaucoup plus étroit et plus court que le précédent et pourvu de ramules latéraux simples, la plupart alternes, quelques-uns cependant opposés. Le *Cupressus funebris* Endl. montre de semblables rameaux situés vers la base de certaines branches; ils mesurent avec un nombre pareil de ramules latéraux une longueur de 7 centimètres environ, trois fois moindre par conséquent. Un rameau presque identique par sa conformation, observé chez le *Cupressus majestica* Hort., mesurait au plus 6 centimètres de long.

Deux autres rameaux à peu près pareils (pl. 205, fig. 3, et 207, fig. 1), caractérisent encore par leur aspect la *Palæocyparis robusta*. Ils correspondent aux subdivisions principales du grand rameau (fig. 1, pl. 206), comme si l'une des partitions latérales de cette branche s'était détachée pour donner lieu à une empreinte particulière. Les ramules de ces deux rameaux, toujours étalés dans le même plan et tout à fait simples, suivent une direction obliquement ascendante ; ils diminuent graduellement de longueur de la base au sommet du rameau et se trouvent plus nombreux sur l'un des côtés que sur l'autre. Le côté le plus garni de ramules doit correspondre au côté antérieur, ainsi que cela s'observe constamment chez les Cupressinées. Chaque ramule s'atténue insensiblement à partir de son point d'émergence jusqu'à sa terminaison supérieure qui demeure cependant obtuse. Les figures 2 et 3 de la planche 207 montrent des parties plus âgées de la même espèce dont les feuilles transformées en écussons par accrescence, constituent finalement des aires rhomboïdales faiblement convexes, séparées les unes des autres par des sillons commissuraux.

Les feuilles du *Palæocyparis robusta* sont bien visibles. Distinguées le plus souvent, mais non pas toujours ni dans tous les cas, en faciales, légèrement comprimées, et latérales, de l'aisselle desquelles partent les derniers ramules, elles sont larges et courtes, étroitement apprimées, obtuses et souvent même sub-arrondies au sommet. Cependant, leur partie libre, surtout chez les latérales, est assez souvent recourbée en faux. Les latérales embrassent étroitement les faciales et donnent lieu dans bien des cas à des articles successifs qui reproduisent assez fidèlement la disposition propre aux *Thuya*. Mais, d'autres fois, l'ordonnance décussée se distingue mal et les feuilles insérées autour d'un axe cylindrique prennent l'apparence sub-alterne. C'est ce que montre la figure 1ᵃ, pl. 207, qui reproduit une portion de ramule, sous un assez fort grossissement. On voit que les feuilles ainsi figurées ont leur face dorsale convexe et marquée de sillons longitudinaux qui accompagnent une carène médiane assez prononcée. Sur le milieu de cette carène on observe parfois le vestige d'un point glanduleux un peu allongé qui pourtant ne se trouve jamais bien nettement délimité.

RAPPORTS ET DIFFÉRENCES. — Le *Palæocyparis robusta*, qui appartient à l'horizon du bathonien, semble avoir été l'ancêtre ou le point de départ de plusieurs autres espèces que l'on observe dans les étages subséquents. Il est naturel de le comparer aux *Palæocyparis Virodunensis* et *corallina* précédemment décrits. Le premier, autant qu'on peut le distinguer, a des ramules plus minces, plus étalés et subdivisés plus loin de la base; les feuilles sont aussi plus courtes, en même temps que plus pointues au sommet. Le second affecte une physionomie différente ; ses ramules épars, plus étalés et moins subdivisés, pourvus de ramuscules plus forts et plus divariqués, semblent dénoter une espèce différente : appréciation en rapport du reste avec l'espace vertical qui sépare le cornbrash d'Étrochey du corallien de Tonnerre.

On doit en dire autant avec plus de raison encore des *Palæocyparis recurrens* Sap. et *secernenda* Sap., de Solenhofen. Le premier a des feuilles plus nettement rhomboïdales, plus régulièrement décussées, plus étroitement apprimées ; ses rameaux sont manifestement comprimés. Quant au second, il présente certainement une étroite analogie avec l'espèce d'Étrochey; mais ses ramules sont plus menus, plus multipliés, plus élancés et plus cylindriques, avec des feuilles plus aiguës et plus allongées. Nous ne pensons pas qu'il y ait lieu à identifier des espèces observées ainsi à des distances considérables et sur des horizons aussi éloignés.

L'espèce la plus voisine du *Palæocyparis robusta* est encore le *P. Flouesti*, dont nous a lons parler et qui n'en est peut-être qu'une forme, que nous avons cru pourtant utile de distinguer par une dénomination particulière.

LOCALITÉ. — Étrochey, près de Châtillon-sur-Seine (Côte-d'Or), étage bathonien supérieur ou cornbrash; coll. de M. J ules Beaudoin, de M. E. Flouest et la nôtre.

EXPLICATION DES FIGURES. — Pl. 206, fig. 1, portion médiane d'un très grand rameau de *Palæocyparis robusta* Sap., pourvu latéralement de plusieurs rameaux de second ordre, d'après une empreinte appartenant à notre collection, grandeur naturelle; fig. 12, terminaison inférieure du même rameau; fig. 2, partie supérieure d'un autre rameau de la même espèce, même provenance, grandeur naturelle; fig. 3, autre rameau de la même espèce dessiné d'après un moule, grandeur naturelle. — Pl. 207, fig. 1, autre rameau de *Palæocyparis robusta*, d'après le moule d'un exemplaire original appartenant à la collection de M. Jules Beaudoin, grandeur naturelle; fig. 1', portion grossie du même échantillon, pour montrer la forme et l'agencement des feuilles; fig. 2, fragment d'un autre rameau de la même espèce, grandeur naturelle; fig. 3, branche déjà âgée de la même espèce, d'après le moule d'une empreinte d'Étrochey, faisant partie de la collection de M. Jules Beaudoin et communiqué par lui, grandeur naturelle.

N° 4. — **Palæocyparis Flouesti**.

Pl. 208, fig. 1-2.

DIAGNOSE. — *P. ramis ramulisque repetito-divisis alternis*

flexuosis divaricatisque compressiusculis in eumdem sensum plerumque expansis, ultimis tum elongatis tum brevioribus ; foliis in facialia lateraliaque, ut videtur, discretis lanceolato- rhombeis, facialibus autem obtusioribus, omnibus dorso medio convexiore carinatis punctoque glanduloso ut plurimum notatis.

Dans les mêmes lits du cornbrash d'Étrochey où abondent les empreintes du *Palæocyparis robusta*, principalement à la partie supérieure et presque au contact de l'oxfordien, on recueille une forme un peu différente dont les rameaux, moins épais et autrement ramifiés, affectent une physionomie spéciale et paraissent avoir donné lieu à des empreintes moins profondes, comme s'il s'agissait d'un feuillage plus aplati et plus mince. Nous avons figuré deux des principaux échantillons de cette seconde espèce peu distincte, il est vrai, de celle à laquelle ses débris se trouvent associés. La figure 1, pl. 208, représente la partie supérieure de l'un de ces rameaux et le mieux caractérisé de tous. Mais peut-être se rapporte-t-il à une pousse encore jeune et en voie d'évolution. L'axe principal est épais et certainement comprimé ; les feuilles étroitement imbriquées qui le recouvrent sont visiblement décussées et donnent latéralement naissance, dans un ordre alternant, à des rameaux secondaires, dont les inférieurs seuls sont développés et munis de ramules, tandis que les supérieurs se montrent à l'état de bourgeons, à l'aisselle des feuilles latérales de l'axe primaire. Les feuilles que les figures 1ᵃ et 1ᵇ reproduisent notablement grossies sont disposées par paires successives, les latérales se recourbant de manière à embrasser étroitement les faciales qui sont obtuses, convexes sur le milieu et marquées, de même que les latérales, d'un point glanduleux, parfois très nettement visible et situé vers le centre. Le second exemplaire, fig. 2, de la même planche, constitue un rameau plus touffu, à ramules plus divariqués et toujours émis dans un ordre alterne, qui adhère encore inférieurement à une grosse branche, à l'état de tronçon, que nous n'avons pu introduire, faute d'espace, dans le cadre de notre planche. On distingue encore ici des feuilles faciales obtuses et convexes, plus lâchement imbriquées que celles du *Palæocyparis robusta*, et des ramules entremêlés dont la physionomie diffère quelque peu de celle qui distingue les parties correspondantes de cette dernière espèce.

RAPPORTS ET DIFFÉRENCES. — Les rapports existant entre les *Palæocyparis robusta* et *Flouesti* sont tels que nous osons à peine les décrire séparément. Pourtant, les empreintes respectives n'ont ni le même aspect ni la même consistance. La coloration plus grisâtre de celles que nous attribuons au *P. Flouesti* indique pour celui-ci des organes végétatifs plus minces et plus légers. Le mode de ramification est loin d'être semblable des deux parts, en sorte que, tout en demeurant dans l'incertitude, nous avons tenu à imposer un nom particulier à cette forme d'Étrochey, sur laquelle notre ami M. E. Flouest avait bien voulu attirer jadis notre attention.

LOCALITÉ. — Assises calcaires d'Étrochey (Côte-d'Or), étage bathonien supérieur ou cornbrash et base de l'oxfordien.

EXPLICATION DES FIGURES. — Pl. 208, fig. 1, terminaison supérieure d'un rameau ou d'une tige secondaire de *Palæocyparis Flouesti* Sap., grandeur naturelle; fig. 1ᵃ, et 1ᵇ, deux portions du même rameau grossies pour montrer la forme et le mode d'agencement des feuilles;

Fig. 2, autre rameau complet de la même espèce dont la base seule n'a pas été figurée, grandeur naturelle.

N° 5. — **Palæocyparis Itieri**.

Pl. 205.

Palæocyparis Itieri,   Sap., *Notice sur les pl. foss., du niveau des lits à poiss. de Cerin.*, p. 46, pl. 14, fig. 1 ; — extr. de la *Descr. des poiss. foss. prov. des gis. corall. du Jura*, par V. Thiollière, 2ᵉ livr., pl. 14, fig. 1 (infol., Lyon, Georg, 1873).

DIAGNOSE. — *P., ramis robustis crassis, bipinnatim alterne partitis plus minusve compressis, ramis secundariis ex utroque latere secus axin principalem ordinatis, in eumdem sensum expansis, oblique insertis, a basi ad summum gradatim imminutis utrinque ramulosis, ramulis plurimis elongatis flagelliformibus adscendentibus divaricatisque plerisque simplicibus aut rarius saltem uniramulosis; foliis squamosis breviter rhombeis arcte adpressis imbricatisque, apice obtuse breviter acutis dorso autem convexiusculis, in areas contermine rhombeas aut hexa-pentagonulas medio convexo umbonulatas ætate conversis.*

Thuites Itieri,   Hr., *Fl. foss. Helv.*, p. 136, tab. 56, fig. 8.

Arthrotaxites Frischmanni (ex parte),   Ung., *Palæontogr.*, IV, p. 41, tab. 8, fig. 4-5ᵈ, excl. fig. 9.

Nous figurons une branche entière de cette espèce qui peut-être ne diffère pas ou du moins qui s'écarte peu de notre *Palæocyparis Virodunensis ;* mais ici les caractères saillants du principal échantillon nous engagent, tout en tenant compte d'une évidente parenté, à

décrire séparément une forme aussi remarquable par elle-
même.

La figure de la planche 205 a été exécutée d'après un
dessin dont nous devons la communication à M. Brongniart
et qui reproduit fort exactement une empreinte recueillie
autrefois par M. J. Itier, de qui nous tenons l'échantillon lui-même provenant de l'Abergement (Jura) et
découvert en 1844. En dédiant à ce savant regrettable
l'espèce qu'il a observée le premier, notre désir est de
perpétuer le souvenir de ses recherches dans l'Ain et le
Jura.

La branche dont toute la portion supérieure est mise
sous nos yeux est forte, trapue, visiblement comprimée,
c'est-à-dire qu'elle porte ses rameaux secondaires étalés
dans un même plan sur les deux côtés de l'axe principal.
Aucune branche analogue, parmi celles des Cupressinées
actuelles, n'aurait autant d'épaisseur à une aussi faible
distance de son sommet ; quelques-unes s'en rapprochent
cependant, si l'on veut bien tenir compte de la différence
de taille, toute en faveur de l'ancienne espèce. Nous
citerons le *Cupressus majestica* Hort., comme offrant
cette ressemblance non seulement dans l'ensemble, mais
aussi par l'ordonnance et la configuration des rameaux
et de leurs ramules.

Les rameaux secondaires qui garnissent la branche
(pl. 205), sont au nombre de 15 à 16 : sept d'un côté, huit
à neuf de l'autre; ils sont émis dans un ordre alterne
et sous un angle d'environ 45 degrés. Chacun d'eux pris à
part mesure dans son intégrité une longueur de 1 décimètre au moins, de 12 à 14 centimètres même, si l'on
tient compte de l'étendue des ramules terminaux qui
servent de prolongement à l'axe lui-même. Presque tou-

jours simples, ces ramules relativement minces, obliques ou plus ou moins ascendants, et divariqués-flexueux, ont quelque chose de flagelliforme qui leur communique une analogie des plus intimes avec une des espèces d'Armaille que nous décrirons bientôt, le *Palæocyparis Falsani*, qui est pourtant bien plus menu dans toutes ses proportions, et avec lequel, selon nous, on ne saurait avoir la pensée de confondre le *P. Itieri*.

Les feuilles sont représentées à divers états successifs par nos figures grossies. La figure 1ᶜ les montre normales et encore jeunes sur les ramules du dernier ordre; elles sont courtes, rhomboïdales, étroitement imbriquées et décussées, légèrement convexes sur la face dorsale et terminées en une pointe obtuse.

La figure 1ᵇ reproduit un ramule déjà plus épais et par conséquent un peu plus âgé, dont les feuilles étroitement appliquées sont agencées d'une manière moins régulière. Quelques-unes d'entre elles laissent voir sur le milieu de leur face dorsale plus ou moins renflée la trace saillante d'un point glanduleux ; enfin, sur la figure 1ᵃ qui reproduit une portion de l'axe primaire de la branche, on distingue les feuilles anciennes converties en écussons ou compartiments, marqués au centre par une saillie en forme de mamelon, rhomboédriques ou penta-hexagonaux, et séparés les uns des autres par des sillons commissuraux très nets, quoique minces et assez peu profonds.

Rapports et différences. — Le *Palæocyparis Itieri* Sap. est caractérisé par la forme et la dimension de ses rameaux secondaires, dont les ramules presque toujours simples, obliques et ascendants, sont à la fois nombreux, relativement minces et allongés. Cette disposition les dis-

tingue assez bien de ceux du *Palæocyparis Virodunensis*
dont les rameaux, plus divariqués et nus à la base, ne donnent lieu qu'à un petit nombre de ramules et seulement
vers le haut. Comparé au *Palæocyparis Falsani*, le *P. Itieri*
s'en écarte par des dimensions sensiblement plus fortes ;
mais ici les rameaux affectent respectivement à peu près
la même disposition, en sorte qu'en faisant abstraction de
la taille, on doit reconnaître qu'il s'agit de deux espèces
probablement voisines et ayant vécu côte à côte, puisque
toutes deux appartiennent au même horizon géognostique
et ont été rencontrées dans des gisements presque contigus. Les ramules du *Palæocyparis Itieri* ont une épaisseur
double de celle des parties correspondantes du *P. Falsani*
qui sont au contraire, ainsi que nous le verrons bientôt,
remarquables par leur ténuité. Ce caractère est suffisant
pour motiver à lui seul une séparation d'espèces, la multitude des exemplaires connus de la dernière citée permettant en outre de vérifier la constance de ses dimensions
proportionnelles.

LOCALITÉ. — Abergement et Mont-Colombier (Jura),
collection de M. Jules Itier, étage kimméridien inférieur.
— En Suisse, l'espèce a été signalée dans le kimméridien
de Vuargney, entre Aigle et Sepey (muséum de Lausanne).
— Nous rapportons avec quelque doute au *Palæocyparis
Itieri* deux fragments de ramules de Nusplingen, dans le
Wurtemberg, recueillis à peu près sur le même niveau
que celui des localités précédentes.

EXPLICATION DES FIGURES. — Pl. 205, fig. 1, partie supérieure d'une branche de *Palæocyparis Itieri* Sap., munie
de tous ses rameaux secondaires, d'après un dessin de
l'échantillon original exécuté sous les yeux de M. Brongniart et communiqué par lui, grandeur naturelle ; fig. 1',

portion grossie de l'axe primaire du même échantillon
pour montrer les feuilles anciennes transformées en écussons polyédriques; fig. 1[b] et 1[c], portions de ramules grossies du même échantillon, pour montrer la forme et le
mode d'agencement des feuilles.

N° 6. — **Palæocyparis expansa**.

Pl. 209, fig. 1-5.

DIAGNOSE. — *P., ramis pluries alterne pinnatimque ramosis, ramis secundariis expansis sub angulo aperto sæpius
emissis, compressis, ramis tertiarii ordinis multiplicibus, breviter antice plerumque ramulosis; foliis squamæformibus
adpressis decussatim imbricatis acute lanceolatis, facialibus
acute rhombeis, lateralibus intus apice falcato-recurvis,
dorso lævi carinæ glandulæque resinosæ vestigiis destituto.*

Caulerpites expansus,	Sternb., *Fl. d. Vorw.*, II, p. 22.
—	Ung., *Gen. et Sp. pl. foss.*, p. 6.
Thuites expansus,	Sternb., *l. c.*, I, 3, p. 38, tab. 38.
—	Lindl. et Hutt., *Foss. Fl.*, III, tab. 167.
—	Phill., *Geol. of. Yorksh.*, tab. 10, fig. 11.
—	Gœpp., *Monogr. Conif. foss.*, p. 182.
—	Brngt., *Prod..*, p. 109 et 200; — *Tab. des genres de vég. foss.*, p. 106.
Echinostrobus expansus,	Schimp., *Traité de Pal. vég.*, II, p. 334.
Thuites divaricatus,	Brngt., *Tab. des genres de vég. foss.*, p. 8 et 106 (quoad exemplaria anglica).
Thuites cupressiformis,	Brngt., *l. c.*, p. 72.
Caulerpites thuiæformis,	Sternb., *l. c.*, II, p. 22.
— *Bucklandianus,*	Sternb., *ibid.*, p. 22.
Thuites articulatus,	Sternb., *l. c.*, I, 3, tab. 33, fig. 3.

On a longtemps confondu à tort, en se fiant à des traits
d'analogie superficiels, la Cupressinée caractéristique de

Stonesfield, notre *Palæocyparis expansa*, avec celle qui prédomine à Solenhofen et qui sera décrite plus loin sous le nom de *Palæocyparis princeps*. Cette confusion a été commise par A. Brongniart dans son *Prodrome*, p. 200, et plus tard dans son *Tableau des Genres*, p. 106.

Ce savant distinguait deux espèces à Stonesfield, ainsi que cela résulte des annotations de ses dessins originaux. Il nommait *Thuites expansus* ou *Bucklandia expansa* l'échantillon du musée de l'université d'Oxford reproduit par notre figure 2, pl. 209, et *Thuites divaricata* celui que représente la figure 1, même planche, et qui existe dans la collection du Muséum de Paris, tandis qu'une contre-empreinte également dessinée par Brongniart appartient au musée d'Oxford. C'est ce *Thuites* ou *Bucklandia divaricata* que Brongniart pensait voir reparaître à Solenhofen. En réalité, il n'y a qu'une seule et même espèce de Cupressinées dans l'oolithe bathonienne de Stonesfield, ainsi qu'on peut s'en convaincre par l'examen comparatif de nos figures, pl. 209, et cette espèce s'écarte assez notablement de celle de Solenhofen qui appartient en outre à un horizon plus récent, pour ne pas être séparé de cette dernière. Nous verrons cependant que l'analogie qui rapproche la forme corallienne de sa congénère de l'oolithe anglaise, sans être aussi complète que l'avait cru Brongniart, est pourtant saisissable et dénote peut-être une filiation réciproque, dont nous signalerons d'autres exemples, en nous attachant aux *Palæocyparis* de l'oolithe moyenne et supérieure comparés entre eux.

Les rameaux primaires du *Palæocyparis expansa*, ceux qui dépendent des branches principales, sont étalés sous un angle plus ou moins ouvert, d'environ 45 degrés, dans l'exemplaire fig. 1, pl. 209, presque droit dans l'autre exemplaire. Ces rameaux se prolongent et s'atténuent à leur extrémité supérieure en émettant le long de leurs côtés, et suivant une ordonnance distique et alterne, de nombreux ramules qui sont courts sur la branche fig. 1, parce qu'ils paraissent plus ou moins mutilés, mais qui s'allongent davantage dans d'autres cas. Ces derniers ramules sont tous pourvus à leur tour, mais le plus souvent le long de leur côté antérieur seulement, de ramuscules simples émis comme les précédents sous un angle ouvert ou presque droit. Telle est l'économie qui préside à la distribution des ramules de cette espèce ; on voit par les petits rameaux, fig. 3, 4 et 5, recueillis à notre intention par M. Gaudry dans les carrières de Stonesfield, que cette ordonnance toute relative varie selon les parties de la plante que l'on examine. Les rameaux principaux de la figure 2, pl. 209, sont déjà moins fournis et moins étalés, peut-être plus dégarnis que ceux de la figure 1 qui représente une branche des plus vigoureuses mutilée aux deux extrémités par une cassure de la plaque schisteuse. Les petits rameaux fig. 3 et 4 sont plus faibles ; ils doivent avoir dépendu d'une branche maîtresse et s'en être ensuite naturellement détachés. La figure 4 représente plutôt un fragment qu'un rameau proprement dit ; la figure 5ᵃ reproduit une partie de ce même fragment grossie pour montrer la forme et le mode d'imbrication des feuilles. Elles sont unies, c'est-à-dire non carénées ni marquées d'un point glanduleux sur leur face dorsale, apprimées et décussées, mais non sans une certaine irrégularité ; elles sont oblongues ou plutôt rhomboïdales-allongées, lancéolées-aiguës et souvent repliées en faux au sommet. La figure 2 montre bien sur la face de l'axe primaire la forme et la disposition de ces feuilles dont quelques-unes

laissent entrevoir des traces de carène dorsale vers leur
tiers supérieur.

RAPPORTS ET DIFFÉRENCES. — Le *Palæocyparis expansa*
ne saurait être confondu avec le *P. robusta* dont les rameaux sont plus forts et moins subdivisés et dont les
feuilles sont plus obtuses. Il existe pourtant une certaine
analogie entre les deux espèces, chacune ayant dû jouer
le même rôle dans deux régions limitrophes, mais distinctes, et dans un âge contemporain. Le *Palæocyparis
princeps*, du corallien supérieur de Solenhofen, se distingue de celui de Stonesfield, non seulement par son
âge plus récent, mais parce que ses rameaux sont à la
fois plus obtus et plus courts. Ils paraissent en outre plus
manifestement comprimés et reproduisent en définitive
plus fidèlement ceux des véritables *Thuya*, tandis que le
Palæocyparis expansa rappelle davantage les *Chamæcyparis*,
particulièrement le *Ch. Nutkæensis* Spach.

LOCALITÉ. — Stonesfield, près d'Oxford, grès de l'étage
bathonien, et peut-être aussi Scarborough, dans le Yorkshire, sur le même horizon géognostique; coll. du Muséum de Paris, du musée de l'université d'Oxford et la
nôtre.

EXPLICATION DES FIGURES. — Pl. 209, fig. 1, partie
moyenne d'une branche mutilée sur un côté, munie sur
l'autre de tous ses rameaux, de *Palæocyparis expansa*
(Sternb.) Sap., grandeur naturelle, d'après un dessin
exécuté par M. Brongniart de l'échantillon original appartenant à la collection du Muséum de Paris (n° 1760) et
recueilli à Stonesfield par Buckland; fig. 2, autre branche mutilée en divers points de la même espèce, d'après
un dessin de Brongniart reproduisant un échantillon de
Stonesfield appartenant au musée de l'université d'Ox-

ford, grandeur naturelle ; fig. 3, rameau plus petit, naturellement détaché, rapporté à la même espèce, d'après un échantillon de Stonesfield déposé au Muséum de Paris et désigné par Brongniart sous la dénomination de *Thuites cupressiformis*, grandeur naturelle ; fig. 4 et 5, deux autres rameaux analogues au précédent, recueillis par M. A. Gaudry dans les carrières de Stonesfield et communiqués par lui, grandeur naturelle ; fig. 5ᵃ, l'un d'eux grossi pour montrer la forme et l'agencement des feuilles.

Nº 7. **Palæocyparis recurrens**.

Pl. 210, fig. 1.

DIAGNOSE. — *P., ramis robustis compresso-teretibus, rigidis, alterne ramulosis, ramulis subcylindricis oblique emissis aut ascendentibus, obtuse terminatis, simplicissimis ; foliis squamæformibus arctissime adpressis, late rhombeis, regulariter irregulariterve decussatis obscure carinatis dorsoque medio punctulo prominente notatis.*

Arthrotaxites princeps,	Ung., Sic in ectypo a Cl. Zittel e museo Monac. tradito.
— *Frischmanni* (ex parte),	Ung., *Palæontog.*, IV, p. 41, tab. 8, fig. 9.
Echinostrobus Frischmanni,	(Ung.) Schimp., *Traité de Pal. vég.*, II, p. 332.

Il se peut que le rameau que nous figurons, d'après une empreinte de Solenhofen communiquée par M. Zittel, représente seulement une forme de l'espèce suivante ; cependant, ce rameau, dont la conservation est fort belle, nous a paru assez distinct, assez nettement caractérisé pour mériter une description séparée. Il suffit de le comparer aux parties correspondantes du *Palæocyparis robusta* (pl. 206, fig. 1 et 3) pour constater immédiatement une étroite analogie de l'espèce corallienne avec celle du cornbrash, de telle sorte qu'il semble que l'on ait sous les yeux un descendant direct et peu modifié de celle-ci.

Le rameau de Solenhofen est épais, cylindrique et cependant comprimé; il émet dans un ordre alterne, à des distances régulières, des ramules toujours simples, obliquement dirigés ou même ascendants et étalés dans un même plan. Ces ramules, au nombre de six à sept de chaque côté, sont entièrement nus, relativement courts et obtus au sommet. Les feuilles dont ils sont couverts sont étroitement appliquées, larges et courtes, transversalement rhomboïdales et généralement décussées. Cependant leur ordonnance affecte parfois une irrégularité assez visible que nous observons du reste chez la plupart des *Palæocyparis*. Ces feuilles ont dû être assez obscurément distinguées en faciales et en latérales. Leur partie libre est nulle ou presque nulle, tellement elles paraissent serrées les unes contre les autres. Sur le dos des faciales, on remarque très bien la trace d'une carène assez peu marquée et celle d'une saillie glanduleuse située vers le milieu. Les ramules du *Palæocyparis recurrens* mesurent un diamètre de 5 à 6 millimètres; c'est la plus forte dimension atteinte par les Cupressinées de Solenhofen.

A notre rameau doit être probablement réuni celui de Nusplingen que Unger a signalé dans *Palæontographica* (t. IV, p. 41) sous le nom propre d'*Athrotaxites Frischmanni*. L'étiquette de la plaque de Solenhofen dont notre figure reproduit l'empreinte porte la désignation d'*Ar-throtaxites princeps* Ung.

RAPPORTS ET DIFFÉRENCES. — Notre *Palæocyparis re-currens* montre une visible affinité avec le *P. robusta*. Cependant, ses ramules sont plus forts, plus régulière-ment cylindriques ; ils conservent à peu près la même épaisseur de la base au sommet, qui est tout à fait obtus. Les feuilles sont plus courtes, plus étendues dans le sens transversal, plus étroitement appliquées. Trop de dis-tance verticale sépare les deux espèces pour que l'on songe à les identifier ; mais la plus récente peut bien n'avoir été qu'un descendant de la plus ancienne. C'est plutôt avec le *Palæocyparis secernenda* que l'on serait tenté de confondre notre *P. recurrens;* cependant ses ra-mules simples, régulièrement espacés et tous à peu près de la même longueur, lui communiquent un aspect par-ticulier qui tend à justifier notre manière de voir.

LOCALITÉ. — Schistes lithographiques de Solenhofen (Bavière) et calcaire de Nusplingen (Wurtemberg); coll. du muséum de l'université de Munich.

EXPLICATION DES FIGURES. — Pl. 210, fig. 1, rameau com-plet de *Palæocyparis recurrens* Sap., grandeur naturelle, d'après un exemplaire de Solenhofen communiqué par M. le professeur Zittel.

N° 8. — **Palæocyparis secernenda.**

Pl. 210, fig. 2-3 et 222, fig. 1.

DIAGNOSE. — *P., ramis primariis plerumque ro-bustis pinnatim vel ordine sympodiali etiam partitis, secun-dariis ramulisque multoties alterne divisis tum simplicibus elatis aut patulis, etiam divaricatis, pluries in ramulos ultimi ordinis abeuntibus, omnibus cylindricis obscureve compressis, a basi ad summum leniter imminutis aut fere æqualibus; foliis tum rhombeis tum lanceolato-rhombeis arcte adpressis imbricatisque, apice plus minusve acutis, dorso lævibus et punctulo quandoque notatis, in facialia lateraliaque parum aut etiam nullo modo discretis.*

Caulerpites colubrinus,	—	Sternb., *Fl. d. Vorw.*, p, 21, tab. 18, fig. 4.
Arthrotaxites princeps,		Ung., *Palæontogr.*, II, p. 254, tab. 31 (excl. tab. 32).
Echinostrobus Sternbergii (ex parte),		Schimp., *Traité de Pal. vég.*, II, p. 331.

Deux espèces principales de *Palæocyparis* dont les empreintes jusqu'à présent confondues peuplent les schistes de Solenhofen, ont été successivement désignées sous les noms d'*Arthrotaxites princeps* par Unger, et d'*Echinostrobus Sternbergii* par Schimper. Ayant appliqué la seconde de ces dénominations au rameau muni de strobiles que représente notre planche 199, et que nous avons rangés parmi les Taxodinées, nous proposons celle de *Palœæcyparis secernenda* pour l'une de ces Cupressinées, en laissant à l'autre l'appellation spécifique de *P. princeps*, qui remonte à Sternberg et avait été donné par lui à l'un de ses prétendus *Caulerpites*.

Une des planches du mémoire de Unger (pl. 31), représente un de ces rameaux que nous séparons de ceux de la planche 32 du même auteur. Ceux-ci et d'autres empreintes semblables formeront notre *Palæocyparis princeps*, décrit ci-après.

Les rameaux ou plutôt les branches du *Palæocyparis secernenda*, dont la figure 1 de notre planche 222 offre un très bel exemple, sont partagés en rameaux secondaires par un mouvement alternatif de dichotomie sympodiale, c'est-à-dire que les partitions latérales successivement émises ont à peu près la grosseur de l'axe d'où elles sortent. Les ramules eux-mêmes se subdivisent dans le même ordre ; ils sont cylindriques, élancés, un peu flexueux, de longueur inégale, ascendants ou divariqués, quelquefois entremêlés ou couchés les uns sur les autres. Deux autres rameaux (fig. 2 et 3, pl. 210), montrent la même espèce sous des aspects un peu différents.

La figure 2 représente une branche touffue dont l'axe primaire est épais et qui se trouve garnie sur les deux côtés de rameaux secondaires entremêlés, subdivisés eux-mêmes en ramules. Les feuilles de cet échantillon sont plus lancéolées et plus pointues que celles du précédent qui sont plus larges et plus obtuses, mais elles accusent la même espèce ; et le mode de ramification, bien qu'il s'agisse d'une autre partie, ne diffère réellement pas.

Le rameau fig. 3, même planche, est au contraire nu ; il n'offre qu'un assez petit nombre de ramifications allongées et ascendantes. Nous rangeons ces divers échantillons dans une seule et même espèce, identifiée avec la branche figurée par Unger et dont le rapport intime avec celui de notre planche 222 n'échappera pas à l'observateur.

Les feuilles du *Palæocyparis secernenda* paraissent lisses sur le dos, sans carène visible ; elles sont généralement marquées d'un point saillant qui indique sans doute l'emplacement d'une glande résineuse.

RAPPORTS ET DIFFÉRENCES. — Il existe un rapport évident, soit par la forme des feuilles, soit par le mode de ramification, entre cette espèce et le *Palæocyparis Flouesti*

Sap., d'Etrochey, en sorte que le rameau fig. 2, pl. 210, correspondrait à celui de la planche 208, fig. 1, et la branche de la planche 222, fig. 1, à celle de la planche 208, fig. 2.

La physionomie est semblable des deux parts, surtout au premier abord, mais une comparaison attentive fait découvrir des divergences : les ramules du *Palæocyparis secernenda* sont plus minces, moins divariqués et moins flexueux ; ses feuilles sont plus étroitement appliquées que celles du *P. Flouesti*. Ce sont là pourtant deux formes alliées de très près. Quant au *Palæocyparis princeps* qui se rencontre dans les mêmes lits, le mode de ramification et la conformation des feuilles fournissent des caractères différentiels sur lesquels nous insisterons plus loin.

Localité. — Schistes lithographiques de Solenhofen ; étage corallien supérieur ; coll. du muséum de l'université de Munich et la nôtre.

Explication des figures. — Pl. 210, fig. 2, sommité d'une branche de *Palæocyparis secernenda* Sap., munie de toutes ses ramifications latérales, grandeur naturelle, d'après un échantillon provenant de Solenhofen et faisant partie de notre collection. Fig. 3, autre rameau de la même espèce, grandeur naturelle, d'après un échantillon de notre collection. — Pl. 222, fig. 1, branche complète de la même espèce montrant le mode de ramification qui lui est propre, grandeur naturelle, d'après un échantillon de Solenhofen reçu en communication de M. le professeur Zittel et appartenant au musée de l'université de Munich. La plaque porte deux étiquettes ; on lit sur l'une : *Caulerpites colubrinus* Sternb., — Dailing, et sur l'autre *Arthrotaxites princeps* Ung. — L'empreinte, en partie voilée par des herborisations, est visiblement conforme à l'échantillon qui figure sur la planche 31 du mémoire précité de Unger.

N° 9. — **Palæocyparis princeps**.

Pl. 211, fig. 1-3; 212, fig. 1, et 222, fig. 2.

DIAGNOSE. — *P., ramis primariis compressis, pinnatim alterne quandoque etiam opposite pluries partitis, axi plerumque valido, ramis secundariis ramulisque in eumdem sensum utrinque expansis sat brevibus, ramulis ultimi ordinis late apertis abbreviatis obtusatisque; foliis in facialia lateraliaque plane discretis, obtuse rhombeis, dorso convexo striatis medioque carinatis punctulo hinc inde notatis, ramis autem secundariis e foliis lateralibus sæpius valde falcato-incurvatis, quandoque etiam divaricatis alterne aut etiam opposite erumpentibus.*

Caulerpites princeps (ex parte),	Sternb., *Fl. d. Vorw.*, II, p. 22, tab. 5.
Arthrotaxites princeps (ex parte),	Ung., *Palæontogr.*, II, p. 254, tab. 32.
Echinostrobus Sternbergii (ex parte),	Schimp., *Traité de Pal. vég.*, II, p. 331.
Thuites divaricatus (ex parte),	Sternb., *l. c.* (quoad exemplaria ad *Solenhofen* pertinentia).
— —	Brngt., *Tableau des genres de vég. foss.*, p. 106.
— —	Gœpp., *Monog. Conif. foss.*, p. 182.
— —	Ung., *Syn. pl. foss.*, p. 190.
Bucklandia divaricata (ex parte).	Brngt., *ms.*
Caulerpites elegans,	Sternb., *l. c.*, p. 21, tab. 3, fig. 3.
— *sertularia,*	Sternb., *l. c.*, p. 21, tab. 6, fig. 2.

Voici une espèce signalée depuis très longtemps, mais longtemps aussi considérée comme devant être rapportée au *Thuites divaricatus* de Stonesfield et par conséquent aux *Thuites expansus* de la même localité que nous avons décrit plus haut sous le nom de *Palæocyparis expansa*.

Est-il besoin de dire qu'en réalité l'*Arthrotaxites princeps* Ung., notre *Palæocyparis princeps*, de Solenhofen, diffère spécifiquement de son congénère bathonien du comté d'Oxford. Il suffit, pour s'en convaincre, de jeter les yeux sur la figure 1 de notre planche 209 qui représente justement l'échantillon type du *Thuites divaricatus* de Stonesfield, d'après un dessin original de Brongniart, et de comparer cette figure à la branche de Solenhofen, pl. 211, fig. 1, reproduite également d'après un dessin de Brongniart, pour reconnaître aussitôt que les deux formes ne sauraient être identifiées sans erreur, en dépit d'une certaine analogie d'aspect.

Cette branche (pl. 211, fig. 1), une des plus complètes dont nous ayons connaissance, se trouve mutilée par une cassure aux deux extrémités. Unger, dans son Mémoire *sur les plantes fossiles de Solenhofen* (1), a figuré deux autres branches dont l'une ressemble à celle de Brongniart, tandis que la seconde se rapporte à une portion plus rapprochée de l'extrémité supérieure. Les rameaux secondaires sont toujours relativement courts et obtus, étalés dans un même plan et visiblement comprimés. Ces rameaux, émis des deux côtés d'un axe principal relativement fort et recouvert de feuilles persistantes encore en place, sont le plus souvent régulièrement alternes; mais, dans d'autres cas, particulièrement sur des rameaux plus petits et destinés à se détacher de l'arbre qui les por-

(1) *Palæontog.*, II, p. 54, pl. 52.

tait, les subdivisions sont opposées, c'est-à-dire émises deux par deux d'une même paire de feuilles latérales, conformément à ce qui a lieu chez les *Libocedrus* actuels.

Sur la branche que nous considérons, (pl. 211, fig. 1), cette ordonnance opposée des ramules se montre rarement et seulement le long des axes secondaires. Chaque rameau latéral, pris à part, est épais, assez court et obtus au sommet. Les ramules très rapprochés qui garnissent ces rameaux sont également courts et trapus; chacun d'eux se trouve muni, le long du côté antérieur, de deux à trois ramuscules, quelquefois nuls ou réduits à un seul. Cette structure est bien caractéristique; on dirait celle de certain *Chamæcyparis*, comme le *Ch. obtusa* Sieb., très grossis.

Les figures 2 et 3, même planche, représentent deux autres rameaux plus petits. La forme des feuilles et la disposition opposée de certains ramules sont d'autant plus visibles que nous avons eu soin de les dessiner très exactement d'après des échantillons originaux, provenant de Solenhofen.

La figure 2 est celle d'un rameau naturellement détaché, dont l'axe primaire se trouve recouvert de feuilles disposées par paire, chaque paire donnant alternativement naissance, sans distinction de faciales et de latérales, à un ramule subdivisé par le même procédé en ramuscules obtus et courts. Les feuilles sont écartées tantôt dans un sens, tantôt dans l'autre, et recourbées en faux au point d'émission de chaque jet secondaire, circonstance qui communique quelque chose de divariqué et d'irrégulier à l'ensemble du rameau.

La figure 3 répond au *Caulerpites elegans* de Sternberg. C'est la sommité d'une branche ou d'un rameau terminal, dont la base est dénudée, mais dont les ramules, à partir de la moitié supérieure, sont régulièrement opposés par paires successives. Cette même opposition se retrouve sur les derniers ramules, et l'on serait tenté de reconnaître dans ce curieux échantillon le vestige d'une espèce à part, si la conformation des feuilles n'était absolument pareille ici à ce qu'elle est dans les autres échantillons. La figure 3ᵃ, même planche, permet de juger de la configuration et du mode d'insertion de ces feuilles vues sous un assez fort grossissement. On observe que leur face dorsale est striée et plus ou moins carénée sur le milieu ; leur terminaison, au moins celle des faciales, est obtuse ; les latérales se replient en faux de manière à embrasser la base du ramule auquel elles donnent latéralement naissance.

La figure 1, pl. 212, représente un autre rameau qui a visiblement fait partie de la même espèce. Il est complet dans toutes ses parties, et la terminaison nettement tronquée de la base indique qu'il a dû se détacher naturellement. Cet échantillon nous représente donc un rameau caduc du *Palæocyparis princeps*. Ici, les deux premiers ramules, à partir de la base, sont seuls opposés ; les suivants sont alternes et émis à des distances rapprochées, bien qu'un peu irrégulières. Ces ramules sont eux-mêmes subdivisés en ramuscules simples, courts et obtus, rapprochés les uns des autres ; ils sont surmontés par un ramule terminal plus ou moins allongé selon les cas. Ce bel échantillon laisse juger de la physionomie affectée par cette forme remarquable, qui caractérise si bien la flore des schistes de Solenhofen.

RAPPORTS ET DIFFÉRENCES. — Le *Palæocyparis princeps* est le représentant corallien du *P. expansa*, du bathonien de Stonesfield. L'opposition fréquente des ramules, que l'on observe quelquefois, il est vrai, dans le *Palæocyparis robusta* d'Étrochey, sert à le distinguer, de même que la structure courte, trapue et nettement comprimée des rameaux. On pourrait encore comparer le *Palæocyparis princeps* au *P. Itieri* Sap., mais les derniers ramules de celui-ci sont bien plus longs, plus minces, et les deux plantes n'ont pas le même aspect. Nous ne pensons pas non plus qu'il y ait lieu de confondre l'espèce de Solenhofen avec le *Palæocyparis Flouesti* Sap., dont il affecte pourtant la physionomie sous des proportions plus ramassées et avec des ramules plus obtus, plus comprimés et plus courts.

LOCALITÉ. — Schistes lithographiques de Solenhofen, Bavière ; étage corallien supérieur.

EXPLICATION DES FIGURES. — Pl. 211, fig. 1, partie moyenne d'une branche de *Palæocyparis princeps* (Ung.) Sap., munie de tous ses rameaux secondaires, grandeur naturelle, d'après un dessin original d'A. Brongniart qui porte en suscription : *Bucklandia divaricata*, var. B, Solenhofen (coll. de M. Stockes, 1825). Fig. 2, autre rameau de la même espèce, grandeur naturelle, d'après un exemplaire de Solenhofen appartenant à notre collection. Fig. 3, terminaison supérieure d'une branche de la même espèce qui montre des ramules opposés par paires successives, grandeur naturelle ; d'après un échantillon de Solenhofen communiqué par M. le professeur Zittel de Munich, qui porte sur une double étiquette : *Caulerpites elegans* Sternb., Daiting ; — *Arthrotaxites princeps* Ung. ; fig. 3ª, portion grossie du même échantillon, pour montrer la forme et le mode d'insertion des feuilles. — Pl. 212, fig. 1, rameau complet et naturellement détaché de *Palæocyparis princeps*, grandeur naturelle, même provenance que les précédents ; la plaque porte sur une seule étiquette les indications suivantes : *Caulerpites sertularia* Sternb., Daiting, 1852, et *Arthrotaxites princeps* Ung. —

Pl. 222, fig. 2, extrémité supérieure d'un rameau de *Palæocyparis princeps*, grandeur naturelle, d'après un échantillon de Solenhofen, reçu de M. le professeur Zittel et dont l'étiquette porte la désignation d'*Arthrotaxites princeps* Ung.

N° 10. — **Palæocyparis elegans**.

Pl. 213, fig. 1-2, et 214, fig. 1-5.

Palæocyparis elegans, Sap., *Not. sur les pl. foss. du niv. des lits à poiss. de Cerin*, p. 47.

DIAGNOSE. — *P., ramis ramulisque tenuibus, alterne disticheque ordinatis subpatentibus, ut plurimum teretibus aut leviter compressis, dense repetito-partitis, ramis ultimis breviter antice sæpius ramulosis, ramulis lateralibus abbreviatis, terminali autem frequenter elongato simplicique; foliis arcte adpressis, decussatim imbricatis obtusis transversim rhombeis dorso convexiuculis punctoque glanduloso medio notatis; — strobilo ad ramulos terminali parvulo obovato-globuloso, e squamis plurimis dense congestis decussatis, contermine rhombeis hexagonulisque, apophysi peltato conniventibus constante.*

Nous possédons de nombreux rameaux et même deux fruits de cette jolie espèce, plus petite dans toutes ses proportions que les précédentes. De ces deux fruits, l'un est encore jeune et à peine fécondé, l'autre est adulte, à ce qu'il paraît.

C'est à MM. A. Falsan et Locard que l'on doit la découverte du *Palæocyparis elegans*. Ces deux savants ont bien voulu nous communiquer les échantillons recueillis par eux dans les schistes du lac d'Armaille, et le premier a poursuivi à notre demande une série de recherches qui ont amené la connaissance des strobiles que nous allons décrire.

Les figures de la planche 213 offrent deux beaux exemples de rameaux qui traduisent fidèlement l'aspect et les caractères principaux de l'ancienne espèce. La figure 1 reproduit la partie supérieure d'une branche que ses dimensions relativement modestes ont préservée de toute mutilation. L'axe primaire est ici accompagné de deux branches latérales, et ces trois parties, la médiane comme les latérales, se trouvent accompagnées de rameaux secondaires très rapprochés et même çà et là entremêlés, chacun d'eux donnant naissance à plusieurs ramules généralement courts et le plus souvent situés le long de leur côté antérieur, tandis que leur sommité se prolonge en un ramule terminal nu, plus ou moins développé selon les cas, parfois même aussi courts que les ramules latéraux qu'il surmonte. Tout cet ensemble de rameaux et de ramules a quelque chose de dense et d'un peu trapu. La disposition alterne et l'ordonnance distique préside à la distribution des différentes parties de la branche, et pourtant, comme dans les *Palæocyparis robusta* et *Flouesti* dont cette espèce semble représenter une réduction, la distinction entre les feuilles faciales et latérales n'a rien de très net. et celles-ci n'offrent pas la structure naviculaire qu'elles affectent chez les *Thuya* et même chez les *Chamæcyparis.* cette circonstance rend parfois difficile l'observation de ces feuilles et de leur mode précis d'insertion. On voit pourtant, à l'aide des figures grossies 1ª, 1ᵇ et 2ª, qu'elles sont exactement décussées et que les faciales sont généralement enchâssées par les latérales, ce qui indique une sorte de demi-compression des ramules. Ces feuilles sont rhomboïdales, presque arrondies, très obtuses, plus ou moins convexes par leur face dorsale et marquées au centre de cette face d'un point saillant qui répond à l'emplacement d'une glande résineuse.

La figure 2, pl. 213, représente une autre branche dont l'axe primaire mutilé et à peine visible porte deux rameaux latéraux, dont l'un complet est muni sur le côté antérieur de six et sur l'autre côté de cinq rameaux de deuxième ordre, conformés comme ceux de l'échantillon fig. 1.

Les figures 1 à 5 de la planche 214 reproduisent divers rameaux plus ou moins étendus qui offrent tous la même disposition qui doit être considérée par conséquent comme caractéristique de cette espèce. Nous voulons dire que les rameaux du dernier ordre présentent des ramules courts et obtus, émis dès la base du rameau, le ramule terminal étant tantôt presque aussi court que les latéraux, tantôt allongé en forme de lanière cylindrique et les dépassant plus ou moins.

Les deux strobiles attribués à cette espèce sont figurés pl. 214, fig. 6 et 7. La figure 6 montre la sommité d'un petit rameau dont le ramule terminal, beaucoup plus long que les deux latéraux, supporte un organe femelle, ou plutôt un strobile jeune et récemment fécondé. L'organe est globuleux et formé de plusieurs écailles décussées, disposées en autant d'écussons rhomboïdaux, contigus et déjà connivents. Les figures 6[a] et 6[b] font voir l'empreinte et la contre-empreinte de ce jeune fruit assez fortement grossi, avec les détails visibles, malheureusement assez peu nets, que la loupe permet d'apercevoir. On reconnaît sur la figure 6[b], plus précise que l'autre, environ 6 paires d'écailles décussées, disposées à peu près comme celles des *Cupressus* et de certains *Chamæcyparis*. Au-dessous du strobile en cours de développement les deux à trois dernières paires de feuilles rapprochées et légèrement épaissies, forment une sorte d'involucre sur lequel se trouve posé le strobile. La figure 7 nous montre le même strobile détaché et probablement déjà adulte, d'après un échantillon recueilli en 1872 par M. A. Falsan.

L'organe ne mesure ici pas plus de 7 millimètres de diamètre, sur une longueur totale de 9 millimètres. La figure grossie 7ᵃ reproduit le contour des écailles en forme d'écussons connivents, les unes rhomboïdales, les autres irrégulièrement penta-hexagonales, dont le strobile était composé. Il est impossible de distinguer aucun autre détail et l'organe aplati par la fossilisation est demeuré à l'état d'empreinte, sans qu'il ait été possible de songer à le mouler. Le fruit du *Chamæcyparis obtusa* Sieb., que nous avons représenté pl. 148, fig. 8, se rapproche de ce que devait être le fruit fossile du *Palæocyparis* d'Armaille. Celui-ci est seulement formé d'écailles relativement plus nombreuses et notablement plus petites.

RAPPORTS ET DIFFÉRENCES. — Le *Palæocyparis elegans* Sap. se rapproche sensiblement du *P. robusta* et plus encore du *P. Flouesti*, tous deux d'Étrochey ; seulement, ses dimensions sont beaucoup plus petites, en sorte que par ce côté il se rapproche de certaines Cupressinées actuelles, tout en ayant des ramules plus épais et plus courts, des rameaux plus denses et plus trapus que la plupart de celles-ci. Il constitue au total une forme parfaitement distincte, et la difficulté consiste plutôt à le séparer de l'espèce suivante, *Palæocyparis Falsani*, dont les ramules ont à peu près la même consistance, mais qui diffère par un autre mode de subdivision des rameaux secondaires, ainsi que nous allons le faire voir.

LOCALITÉ. —Schistes bitumineux du lac d'Armaille, près

de Belley (Ain); étage kimméridien inférieur; coll. de
MM. Falsan et Locard, et la nôtre.

EXPLICATION DES FIGURES. — Pl. 213, fig. 1, sommité
d'une branche complète de *Palæocyparis elegans* Sap.,
pourvue de toutes ses ramifications, grandeur naturelle,
d'après un exemplaire des schistes d'Armaille appartenant
à M. A. Falsan et recueilli par lui; fig. 1ᵃ et 1ᵇ, plusieurs
ramules grossis pour montrer la forme et le mode d'agencement des feuilles. Fig. 2, fragment d'une autre branche
de la même espèce, provenant de la même localité, grandeur naturelle; fig. 2ᵃ, ramules grossis du même échantillon. — Pl. 214, fig. 1, fragment d'une autre branche de
la même espèce, d'après un échantillon provenant d'Armaille et faisant partie de la collection du musée de Lyon,
nº 11 de cette collection; fig. 1ᵃ, ramule grossi du même
échantillon. Fig. 2, autre sommité de rameau de la même
espèce, d'après un échantillon d'Armaille recueilli par
M. Falsan, grandeur naturelle; fig. 2ᵃ, ramule grossi du
même échantillon. Fig. 3, fragment d'un rameau de la
même espèce, d'après un échantillon d'Armaille, grandeur
naturelle. Fig. 4, autre fragment d'un rameau de la même
espèce d'après un échantillon recueilli en 1866 par M. A. Lo-
cart et faisant partie de sa collection, grandeur naturelle.
Fig. 5, petit rameau détaché attribué à la même espèce,
recueilli à Armaille par M. Falsan, en 1871; fig. 5ᵃ, ramules
grossis du même échantillon. Fig. 6, fragment d'un petit
rameau de la même espèce dont le ramule médian supporte un jeune fruit à son sommet; fig. 6ᵃ, même organe
assez fortement grossi ; fig. 6ᵇ, contre-empreinte du même
organe vu sous un plus fort grossissement. Fig. 7, strobile adulte, détaché, de la même espèce, à l'état d'empreinte, grandeur naturelle; fig. 7ᵃ, même organe assez

fortement grossi, pour montrer la forme et la disposition des écussons correspondant aux écailles dont il est composé.

N° 11. — **Palæocyparis Falsani.**

Pl. 215, fig. 1-2; 216, fig. 1-2; 217, fig. 1-4; 218, fig. 1-3.

DIAGNOSE. — *P., ramis ramulisque alterne pluries repetito-partitis compressiusculis, ramulis multiplicibus tenuibus teretibus flexuosis, ut plurimum elongatis, flagellatis fasciculatimque etiam implexis, in ramo ultimi ordinis oblique emissis approximatis gracilibus sæpius nudis simplicibusque, omnibus fere æqualiter productis ; foliis adpressis, lateralibus etiam semi-patentibus falcato-recurvis decussatim imbricatis, facialibus obtusioribus breviter ovato-lanceolatis ovatoque rhombeis, dorso lævi plus minusve convexis, puncto glanduloso parce notatis.*

Widdringtonia flagelliformis (ex parte), Sap., *Notice sur les pl. foss. du niv. des lits à poiss. de Cerin, p. 44.*

Il nous a fallu une attention soutenue et le secours de nombreux dessins pour reconstituer cette espèce et la distinguer de la précédente, d'une part, et, de l'autre, du *Widdringtonia microcarpa,* auxquels notre *Palæocyparis Falsani* se trouve associé dans les schistes du lac d'Armaille. Nous crûmes d'abord qu'il existait dans ces schistes une deuxième espèce de *Widdringtonia* que nous avions nommée *W. flagelliformis* et qui aurait compris, avec certains échantillons réunis depuis au *W. microcarpa,* la plupart de ceux que nous rapportons maintenant au *Palæocyparis Falsani.* Mais l'observation exacte de ces derniers nous a démontré qu'en dépit d'une certaine di-

versité d'aspect, provenant en grande partie du mode de
fossilisation, ils présentaient uniformément, soit par la
conformation des feuilles, soit par le mode de partition
des rameaux, la consistance et la direction des ramules,
des caractères réellement identiques autorisant à les ranger ensemble dans une seule et même espèce. Cette espèce
se place sans anomalie parmi les *Palæocyparis*, puisqu'à
l'exemple de ceux-ci elle possède des feuilles décussées et
des ramules étalés dans un ordre distique et plus ou moins
comprimés, bien que cette compression ne soit pas celle
dont les *Thuya* et les *Thuyopsis* donnent l'exemple, et que
la distinction entre les feuilles faciales et latérales soit encore loin d'être complète. En un mot, le *Palæocyparis Ful-
sani*, comme ses autres congénères, rappelle plutôt les *Cupressus* et les *Chamæcyparis*.

Pour se faire une juste idée du *Palæocyparis Falsani*, il
faut consulter tout d'abord la figure 1, pl. 218, qui représente un rameau complet pourvu de toutes ses ramifications secondaires et naturellement détaché de l'arbre
qui le portait. — Bien que les proportions soient loin
d'être exactement pareilles, qu'il s'agisse simplement de
la taille ou du mode de partition, cependant il est facile
de s'assurer que ce rameau fossile correspond à ceux qui
garnissent les branches latérales ou axes de second et de
troisième ordre chez les *Cupressus* et les *Chamæcyparis*.

Ces sortes de rameaux s'arrêtent après avoir acquis un
certain développement et ils se détachent ensuite successivement de l'axe, tandis que quelques-uns d'entre
eux devenus permanents s'allongent à leur tour pour donner naissance à d'autres ramules destinés à se comporter
de la même façon. Comparé à une rameau de *Cupressus
majestica*, l'espèce vivante dans l'analogie avec le *P. Fal-*

sani nous a semblé la plus frappante, le rameau fossile, avec une structure absolument pareille, nous a paru mesurer une longueur double ou supérieure d'un tiers au moins. Il présente aussi quelque chose de plus élancé et de plus flexible, mais on conçoit qu'il ne s'agisse ici que d'une impression sujette à varier selon la force et la vigueur de végétation de l'arbre que l'on examine.

Sur une base dont la désarticulation est visible, le rameau fossile s'élance en laissant voir, le long de ses deux côtés, de nombreux rameaux secondaires disposés dans un ordre alterne et distique, contigus et obliquement étalés. Parmi ces rameaux, les supérieurs sont d'autant plus développés qu'ils se rapprochent davantage du sommet, et le dernier à gauche dépasse en vigueur et en étendue la terminaison de l'axe primaire. Ce même mouvement sympodique se remarque dans les rameaux des Cupressinées actuelles. Chacun des rameaux secondaires pris à part comprend de nombreux ramules obliquement émis, élancés-flexueux, parfois divariqués, la plupart simples et nus, quelques-uns subdivisés en deux ou trois ramules de dernier ordre.

La figure 3, pl. 217, représente un semblable rameau brisé aux deux extrémités, mais ayant le même aspect. D'autres rameaux de la même espèce, les uns plus petits (fig. 1 et 2, pl. 218), mais complets et naturellement détachés, les autres mutilés (fig. 4, pl. 217, et fig. 3, pl. 218), présentent un aspect et des caractères identiques. Les ramules grossis (fig. 2^a, 3^a et 3^b, pl. 218; 1^a et 3^a, pl. 218), laissent voir des feuilles étroitement imbriquées et décussées, quelquefois (fig. 3^a, pl. 218) avec une sorte d'irrégularité, mais ayant toujours la même conformation. Elles sont courtes, ovales ou rhomboïdales-ovoïdes, obtuses, convexes par la face dorsale ; les faciales apprimées, les latérales plus pointues, souvent recourbées en faux et plus ou moins étalées, d'autres fois étroitement serrées contre les faciales. Les derniers ramules, cylindriques ou faiblement comprimés, allongés-flexueux, pressés les uns contre les autres et suivant une direction obliquement ascendante, ont tous la même physionomie ; ils ne sont pas étagés, mais inégalement longs, et souvent tous ceux d'un même rameau atteignent à peu près la même dimension.

Les figures 1 et 2, pl. 215, représentent les deux côtés d'une même empreinte. Cette empreinte est celle d'un rameau épais à la base et plus trapu que les précédents. On observe de semblables rameaux à l'extrémite supérieure de certaines branches de Cupressinées qui cessent de s'allonger et sont sur le point de se dépouiller de leurs derniers ramules. Les ramules grossis, (fig. 1ᵃ et 2ᵃ), montrent des feuilles conformées comme celles des échantillons précédents, sauf d'insensibles variations.

Enfin, nous rapportons encore à la même espèce les échantillons figurés sur la planche 216, fig. 1 et 2, qui représentent des branches relativement âgées et en partie dépouillées de leurs rameaux. Quelques ramules épars et de petits rameaux de remplacement les garnissent à peine. On reconnaît à la surperficie de l'axe principal la trace des anciennes feuilles transformées en écussons rhomboïdaux, régulièrement disposés dans un ordre décussé qu'il est encore possible de suivre. Il est à remarquer cependant que sur les rameaux d'une épaisseur correspondante des *Cupressus* et des *Chamæcyparis* actuels, les traces des feuilles s'effacent plus rapidement et ne persistent pas autant à l'état d'écussons contigus, disposés en mosaïque.

Elles se détachent à l'état de pellicule, et le bois de 4 à 5 ans est déjà lisse à la surface. C'est là une particularité dont il est juste de tenir compte et qui reparaît chez les autres *Palæocyparis*, autant qu'on peut en juger.

RAPPORTS ET DIFFÉRENCES. — Les ramules allongés, presque égaux entre eux, multipliés et flexueux, la forme des feuilles, l'absence de points glanduleux sur leur face dorsale, leur moindre régularité, une compression moins prononcée, des rameaux plus contigus et plus entremêlés distinguent cette espèce de la précédente ; elle se rapproche beaucoup, dans la nature actuelle, du *Cupressus majestica* Hort., dont elle a l'aspect et dont elle affecte le mode de ramification, avec une si étroite analogie dans la dimension, l'agencement et la direction des ramules, que cette affinité ne saurait être négligée, d'autant plus qu'elle pourrait mettre sur la trace de rapports réels. Ces rapports ne pourraient être pourtant précisés que dans le cas où l'on rencontrerait des traces d'organes reproducteurs, ce qui n'a pas eu encore lieu ; à moins que l'on ne préférât attribuer à cette espèce le strobile que nous avons rapporté au *P. elegans*, d'après des indices qui nous ont paru vraisemblables.

LOCALITÉ. — Schiste bitumineux du lac d'Armaille, près de Belley (Ain), étage kimméridien inférieur ; coll. de M. A. Falsan, de M. A. Locard et la nôtre.

EXPLICATION DES FIGURES. — Pl. 215, fig. 1 et 2, empreinte et contre-empreinte d'un même échantillon d'Armaille, montrant la terminaison supérieure d'un rameau de *Palæocyparis Falsani*, grandeur naturelle. On distingue sur cet échantillon plusieurs rameaux secondaires entremêlés à de simples ramules, les uns ascendants, les autres divariqués, adhérant à l'axe primaire qui se trouve sur-

monté d'un bourgeon terminal; fig. 1ᵃ et 2ᵃ, ramules grossis pour montrer la forme et le mode d'agencement
des feuilles. — Pl. 216, fig. 1, fragment d'une branche
ou axe primaire déjà âgé de la même espèce, pourvu
de plusieurs ramules épars et divariqués, grandeur naturelle. Fig. 2, autre fragment de branche de la même
espèce, en partie dénudé, conservant encore quelques
rameaux épars, grandeur naturelle. — Pl. 217, fig. 1,
branche ou grand rameau de la même espèce, détaché naturellement et muni de tous ses rameaux secondaires, d'après un échantillon de la même espèce recueilli par nous à Armaille, grandeur naturelle. Fig. 2,
petit fragment attribué à la même espèce et situé à la
superficie de la même plaque que l'échantillon précédent, grandeur naturelle; fig. 2ᵃ, même échantillon grossi
pour montrer la forme exacte et le mode d'agencement
des feuilles, très visibles sur cet échantillon. Fig. 3, autre
fragment de rameau de la même espèce ayant la même
provenance, grandeur naturelle; fig. 3ᵃ et 3ᵇ, divers ramules de ce même fragment grossis. Fig. 4, portion terminale d'un autre rameau de la même espèce, à ramules
touffus et divariqués, grandeur naturelle. — Pl. 218,
fig. 1 et 2, deux rameaux naturellement détachés de la
même espèce, provenant d'Armaille comme les précédents, grandeur naturelle; fig. 1ᵃ, fragment de ramule
grossi du même échantillon. Fig. 3, portion terminale
d'un autre rameau de la même espèce montrant des ramules touffus et plusieurs fois subdivisés, grandeur naturelle; fig. 3ᵃ, un ramule grossi de ce même échantillon.

DIX-HUITIEME GENRE. — THUYITES.

Thuyites,   Schimp., *Traité de Pal. vég.*, II, p. 343.

DIAGNOSE. — *Rami ramulique alterne pluries partiti compressi, in eumdem sensum distiche regulariter expansi; folia in facialia lateraliaque plane discreta, facialia compressa obtusaque, lateralia autem navicularia falcato-incurva apice plus minusve acuta.*

Thuyites vel Thuites,	Sternb., *Fl. d. Vorw.*, I, 3, p. 59.
Thuytes,	Brngt., *Prodr.*, p. 109.
Thuites (1),	Brngt., *Tabl. de genres de vég. foss.*, p. 71.
—	Ung., *Gen. et Sp. pl. foss.*, p. 346.
—	Gœpp. et Ber., *Organ. Reste im Berst.*, I, p. 100.
—	Gœpp., *Monogr. Conif. foss.*, p.
—	Heer (ex parte), *Fl. foss. Helv.*, p. 136.
Caulerpites (ex parte),	Sternb., *l. c*, I, p. 22.

HISTOIRE ET DÉFINITION. — Les *Palæocyparis*, tels que nous les avons définis, avec leurs rameaux plus ou moins comprimés, leurs ramifications distiques et leurs feuilles décussées, imparfaitement distinguées en faciales et laté-

(1) On voit que l'orthographe du genre a subi plusieurs variations. Nous avons adopté celle de *Thuyites*, à l'exemple de Schimper, comme plus conforme à la règle généralement suivie pour la terminaison *ites*, dans la nomenclature des genres de plantes fossiles. Cette terminaison entraîne l'usage du masculin. C'est donc par une erreur typographique que la légende de la planche 212 nomme l'une de nos espèces *Thuyites pulchella*, au lieu de *Thuyites pulchellus*.

rales, laissent en dehors d'eux un certain nombre d'espèces jurassiques qui se rapprochent davantage des *Thuya*
véritables, comme aussi des *Libocedrus*, et dont les ramules visiblement aplatis présentent des feuilles des deux
sortes, les unes faciales, généralement plus obtuses, faiblement carénées et fortement comprimées, les autres
latérales, à carène aiguë et naviculaire. C'est à ce dernier groupe que nous restreignons la dénomination de
Thuyites, appliquée d'abord par Brongniart à la plupart
des Cupressinées jurassiques, en dehors de celles qui se
rattachent de plus ou moins près au type des *Widding-
tonia*. Les fruits des espèces que nous rangeons parmi
les *Thuyites* étant inconnus, il nous est impossible d'établir s'il s'agit d'un cadre artificiel ou d'un groupe réellement assimilable à certains de nos *Thuya*.

D'après la physionomie des espèces décrites ci-après,
le genre comprendrait des formes plus menues et plus
délicates que la plupart des précédentes; ce serait aux
Thuyopsis et aux *Libocedrus* qu'il serait naturel de les comparer. Beaucoup plus tard, à partir de l'éocène, ensuite
dans le tongrien de Provence, plus près de nous dans
l'ambre et dans la végétation arctique miocène, d'autres
Thuyites ont été signalés; mais ce sont là, autant que
la découverte de plusieurs strobiles a permis d'en juger,
de véritables *Chamæcyparis*. Si l'on enlève des *Thuyites*
de Schimper le *Th. Parryanus*, espèce d'une détermination douteuse, le *Th. strobilifer* qui représente un type
spécial, celui du *Phyllostrobus Lorteti* Sap., le *Th. Ehrens-
wardi* Hr., de la flore arctique spitzbergienne, qui rentre
sans anomalie parmi les *Chamæcyparis*, il ne reste plus
dans le genre, tel qu'il a été constitué par Schimper, que
trois espèces, dont deux wéaldiennes, *Thuyites imbricatus*

Dkr., et *Germari* Dkr., assez mal définies, et le *Thuyites Schlönbachi* Schk. (1), de la formation rhétique. Ce dernier serait comparable au *Thuyopsis dolabrata* Sieb., si la faible étendue et le mauvais état de l'empreinte, d'après laquelle il a été établi, ne soulevait pas de l'incertitude au sujet de son attribution.

Quant au *Thuyites Hoheneggeri* Ett., il ressemble plutôt à un *Callitris* qu'à un *Thuya*, de l'aveu de Schimper (2). C'est avec les réserves qui viennent d'être formulées, et dans les étroites limites indiquées plus haut, que nous rangeons les espèces suivantes parmi nos *Thuyites*, en faisant observer qu'elles appartiennent toutes à l'horizon du kimméridien.

N° 1. — **Thuyites Locardi**

Pl. 215, fig. 3-4, et 218, fig. 7.

DIAGNOSE. — *T., ramis ramulisque gracilibus elongato-teniusculis, pluries alterne divisis, obliquis divaricatisque; foliis distantibus, decussatim insertis, facialibus lanceolatis, in ramulis obtusioribus, puncto glanduloso medio sæpe notatis, lateralibus acute falcato-incurvis.*

Nous dédions à M. A. Locard cette espèce très nettement caractérisée, dont les fragments épars sont assez fréquents dans les schistes bitumineux du lac d'Armaille. Les rameaux sont grêles, allongés, peu fournis, subdivisés plusieurs fois en ramules alternes, obliquement émis, ascendants ou divariqués. La ténuité, l'allongement, l'aspect dégarni des rameaux et de leurs subdivisions

(1) *Foss. Fl. d. Grenzsch.*, p. 191, tab. 42, fig. 14-17.
(2) Schimp., *Traité de Pal. vég.*, II, p. 344.

les font aisément reconnaître; leur compression n'est pas moins visible.

Les feuilles, parfois difficiles à apercevoir même à la loupe, sont allongées et distantes, ordonnées par paires, décussées et distinguées en faciales et en latérales. Celles-ci sont recourbées en faux, aiguës au sommet et plus ou moins étalées le long des rameaux, de manière à leur communiquer un aspect épineux. La figure 3, pl. 215, reproduit un de ces rameaux : il est raide, allongé, aplati et pourvu à droite et à gauche de quelques ramifications obliquement émises, donnant lieu à un ou deux courts ramules. Les figures 3ª et 3ᵇ représentent des parties grossies de ce même rameau dont les feuilles faciales font voir vers leur milieu un vestige de point glanduleux. Les latérales, aiguës et falciformes, s'étalent entre les faciales.

La figure 4, même planche, représente un autre fragment de rameau de la même espèce, également mince et grêle. Ici, l'axe principal donne naissance à des ramules latéraux presque tous mutilés. Les derniers ramuscules sont remarquablement étroits. Nous attribuons à la même espèce un autre rameau, pl. 217, fig. 7, qui semble naturellement détaché et dont les ramules grêles et menus, plusieurs fois subdivisés, sont à la fois obliquement émis et divariqués.

Rapports et différences. — Cette espèce nous paraît facile à distinguer de toutes celles qui ont été signalées jusqu'ici. Par le mode d'agencement de ses feuilles et la situation du point glanduleux sur les feuilles faciales, elle rappelle les *Chamæcyparis;* mais le port et le mode de subdivision paraissent différents. Il semble que nous ayons sous les yeux une espèce de petite taille, aux rameaux ascendants et au feuillage clair. La physionomie générale aurait été celle de l'*Actinostrobus*, avec des différences dans la disposition des verticilles foliaires, sur lesquelles nous n'avons pas à insister.

Localité. — Schistes bitumineux du lac d'Armaille, près de Belley (Ain), étage kimméridien inférieur.

Explication des figures. — Pl. 215, fig. 3, rameau de *Thuyites Locardi* Sap., recueilli à Armaille par M. A. Falsan en 1872, grandeur naturelle; fig. 3ᵃ et 3ᵇ, portions de ramules grossies du même échantillon, pour montrer la forme et le mode d'agencement des feuilles. Fig. 4, autre rameau plus petit de la même espèce, grandeur naturelle. — Pl. 217. fig. 7, autre rameau naturellement détaché de la même espèce, grandeur naturelle, même provenance que les précédents.

Nᵒ 2. — **Thuyites thuyopsideus**

Pl. 221, fig. 3.

Diagnose. — *T., ramulis crassiusculis, plane compressis; foliis dimorphis, decussatim oppositis, facialibus ovato-lanceolatis complanatis, dorso medio obscure carinato glandulo oblinga, ut videtur, notatis, lateralibus falcato-incurvis apice acutis.*

Un seul petit fragment de ramule, recueilli dans les schistes du lac d'Armaille, nous a permis de connaître et de décrire cette curieuse espèce dont la physionomie rappelle celle des *Thuyopsis*. Le ramule est relativement épais et visiblement comprimé; les feuilles faciales sont aplaties ou faiblement convexes et ovales-lancéolées; on distingue sur leur milieu la trace d'une carène obscure ou d'une saillie glanduleuse allongée, très peu prononcée. Les feuilles faciales sont encadrées par des feuilles latérales disposées dans l'intervalle qui les sépare, avec une terminaison libre incurvée en faux et aiguë au sommet. L'intensité de la couche charbonneuse qui remplit l'empreinte marque l'existence d'un organe épais et articulé à la façon des *Thuyopsis*, les feuilles se trouvant ordonnées en faux verticilles, les paires de faciales étant toujours intérieures et un peu supérieures par rapport aux latérales qui les accompagnent.

RAPPORTS ET DIFFÉRENCES. — Cette espèce peut être comparée au *Thuyites Schlönbachi* Schk., du rhétien de Franconie; par une ressemblance qui lui est commune avec ce dernier, elle se rapproche du *Thuyopsis dolabrata* Sieb. du Japon. Toutefois, les feuilles latérales de l'espèce franconnienne sont plus obtuses et les faciales plus courtes et plus larges. Le fragment que nous figurons est trop petit et trop incomplet pour fournir les éléments d'une appréciation plus étendue. Il ne saurait pourtant être confondu avec le *Thuyites Locardi* qui précède, à cause de ses dimensions plus considérables.

LOCALITÉ. — Schistes bitumineux feuilletés du lac d'Armaille, étage kimméridien inférieur: notre collection.

EXPLICATION DES FIGURES. — Pl. 221, fig. 3, fragment d'un ramule de *Thuyites thuyopsideus* Sap., grandeur naturelle; fig. 3ᵃ, portion du même ramule fortement grossie, pour montrer la forme et le mode d'agencement des feuilles.

N° 3. — **Thuyites pulchellus**

Pl. 212, fig. 2 et 221, fig. 4.

DIAGNOSE. — *T., ramis parvulis compressis alterne regulariter pinnato-partitis; foliis dimorphis, facialibus compla-*

natis aut dorso leviter convexis medioque longitudinaliter carinatis, obovatis, apice obtusis, lateralibus incurvatis breviter falcatis latiusculis apice attenuato acutis.

Nous figurons deux fois cette jolie petite espèce afin d'être plus sûr d'en reproduire exactement les caractères. Le rameau de la planche 212, fig. 2, est le même que celui de la planche 221, fig. 5; mais les portions grossies ne sont pas les mêmes dans les deux cas, et la figure 5ᵃ, pl. 221, doit être consultée de préférence, comme étant celle qui rend le plus fidèlement les contours des feuilles de l'ancienne espèce. On voit qu'il s'agit d'un rameau pourvu de ramules latéraux simples, émis dans un ordre alterne, parfaitement régulier. Ces ramules n'ont pas plus de 2 centimètres de long et le rameau en porte huit en tout, sur une étendue totale de 3 centimètres seulement. Son épaisseur n'excède nulle part 2 ½ millimètres, 3 millimètres au plus. Le rameau est visiblement comprimé et pourvu de feuilles de deux sortes qui se succèdent par paires très régulièrement, les unes faciales obovales ou ovales-lancéolées, obtuses au sommet, carénées et faiblement convexes sur leur face dorsale, les autres latérales naviculaires, assez larges, lancéolées-aiguës au sommet, recourbées en faux. Ces dernières embrassent plus ou moins les feuilles faciales qui sont intérieures par rapport à elles. Les ramules se terminent obtusément au sommet; les feuilles latérales parfois divariquées et saillantes sont très visibles à la loupe.

La substance ligneuse charbonnée est demeurée intacte au fond de l'empreinte qu'elle remplit encore; la roche est un grès dur et fin, d'un gris jaunâtre, sur le fond de laquelle l'empreinte que nous décrivons se détache en noir.

RAPPORTS ET DIFFÉRENCES. — Il existe une étroite affinité entre cette espèce et la suivante qui provient comme elle du kimméridien. Nous aurions été tenté de les réunir; pourtant, après un examen attentif, il nous a paru que le rameau de l'espèce de Boulogne était plus gros et autrement subdivisé que celui du *Thuyites exilis* de Tonnerre. L'examen comparatif des portions grossies permet aussi de constater des divergences dans la forme des feuilles. Ce sont là pourtant des espèces alliées de près et certainement congénères. Toutes deux sont également rares.

LOCALITÉ. — Environs de Boulogne-sur-Mer (Pas-de-Calais), étage kimméridien; coll. du musée de la ville de Boulogne.

EXPLICATION DES FIGURES. — Pl. 212, fig. 2, *Thuyites pulchellus* Sap., rameau de petite taille, dessiné d'après l'échantillon original appartenant au musée de Boulogne-sur-Mer, grandeur naturelle; fig. 2ᵃ, portion grossie pour montrer la forme et le mode d'agencement des feuilles. — Pl. 221, fig. 5, même échantillon plus exactement dessiné pour servir de terme de comparaison avec le *Thuyites exilis* figuré sur la même planche, grandeur naturelle; fig. 5ᵃ, ramule entier du même échantillon grossi pour montrer les caractères tirés de la foliation.

N° 4. — **Thuyites exilis**

Pl. 221, fig. 4.

DIAGNOSE. — *T., ramis tenuisimis, compressis pluries alterne pinnato-partitis, ramulis lateralibus oblique emissis breviter plerumque ramulosis, foliis dimorphis complanatis*

decussatim insertis, facialibus ovatis ovatoque oblongis, late-
ralibus falcatim patentibus apice recurvo acuminatis.

Le seul rameau qui existe à notre connaissance a été
découvert par M. G. Cotteau, de qui nous le tenons, dans
le kimméridien des environs de Tonnerre. Il est très mince,
élancé, comprimé, long de 4 centimètres et muni de chaque côté de ramules courts assez obliquement émis,
pourvus chacun de deux petits ramuscules dans le bas,
d'un seul dans le milieu, et tout à fait simples vers l'extrémité supérieure du rameau. Rien de plus mince que
cet échantillon qui serait comparable à ceux du *Wid-*
dringtonia microcarpa par l'aspect et le mode de subdivision, si l'ordonnance des feuilles ne différait totalement;
examinées à la loupe, ces feuilles se montrent régulièrement ordonnées par paires successives, nettement
décussées et distinguées en faciales comprimées et latérales naviculaires. Les faciales, comme le fait voir la
figure grossie 4ª, sont arrondies et obtuses, tandis que les
latérales sont étalées, recourbées en faux et atténuées en
pointe supérieurement. Une seconde figure grossie qui
reproduit un autre ramule laisse apercevoir des feuilles
moins distinctement, bien que toujours décussées, plus
oblongues et plus lâchement imbriquées.

RAPPORTS ET DIFFÉRENCES. — C'est avec le *Thuyites pul-*
chellus qu'il faut surtout comparer l'espèce des environs
de Tonnerre ; l'aspect est semblable et la physionomie, de
même que les caractères principaux, concordent entièrement. On voit bien que ce sont là des formes congénères.
Nous croyons pourtant que le *Thuyites exilis* constitue
une espèce à part dont les rameaux sont plus minces, les
ramules moins étalés et les feuilles latérales plus étroites

et plus atténuées en pointe au sommet. De plus, on ne distingue sur le dos des faciales aucune trace d'une carène, bien visible pourtant sur les feuilles de l'espèce de Boulogne.

LOCALITÉ. — Environs de Tonnerre (Yonne), étage kimméridien ; notre collection.

EXPLICATION DES FIGURES. — Pl. 221, fig. 4, rameau presque complet de *Thuyites exilis* Sap., d'après un échantillon du kimméridien de Tonnerre découvert par M. G. Cotteau et communiqué par lui, grandeur naturelle ; fig. 4ᵃ et 4ᵇ, fragments de ramules du même échantillon, grossis pour montrer la forme et le mode d'agencement des feuilles.

DIX-NEUVIÈME GENRE. — PHYLLOSTROBUS.

Phyllostrobus,　Sap., *Notice sur les pl. foss., du niv. des lits à poiss. de Cerin*, p. 47.

DIAGNOSE. — *Ramuli compresso-tetragoni; folia squamæformia dimorpha decussatim quadrifariam imbricata, facialia complanata obovato-obtusa, dorso medio longitudinaliter sulcata, lateralia breviter obtuse aut acutius falcata, laxe aut subpatentim imbricata; — strobilus terminalis e squamis quatuor plus minusve valvatim conniventibus constans, squamæ strobili inter se inæquales duobus paulo externis minoribus, duobus paulo interioribus latioribus productioribusque, marginibus plus minusve extensis revolutoque membranaceis.*

Thuyites (ex parte),　Schimp., *Traité de Pal. vég.*, II, p. 343.
Thuites (ex parte),　Heer, *Fl. foss. Helv.*, p. 136.

HISTOIRE ET DÉFINITION. — Brongniart a eu le premier entre les mains l'échantillon d'Orbagnoux, recueilli par M. J. Itier, d'après lequel nous avons proposé plus tard

d'établir un genre sous le nom de *Phyllostrobus*. D'après
l'annotation du savant français, il avait reconnu dans cet
échantillon un fruit analogue à celui des *Widdringtonia*.
Toutefois, l'ordonnance nettement décussée des feuilles
s'oppose à cette assimilation. Le moulage de l'empreinte
débarrassée des résidus charbonneux qui en remplissaient
le creux a laissé voir un fruit ouvert quadrivalve, formé
de deux paires d'écailles dont deux plus petites et un peu
extérieures par rapport aux deux autres plus développées,
amincies et comme membraneuses, en même temps que
festonnées et repliées le long des bords. Les feuilles paraissent régulièrement décussées et imbriquées sur quatre
rangs. Leur ordonnance rappelle celle qui préside à l'arrangement des feuilles d'une espèce de l'hémisphère austral assez peu connue, le *Libocedrus tetragona* Endl. (1), du
détroit de Magellan. Toutefois, la structure et la consistance des écailles dénotent des divergences assez sensibles
pour autoriser la création d'un nouveau genre destiné à
comprendre l'unique espèce observée jusqu'à ce jour et
dont M. Heer paraît avoir retrouvé des ramules en Suisse,
sur un horizon correspondant à celui d'Orbagnoux. Pour
mieux saisir la différence qui sépare le *Phyllostrobus* du
Libocedrus, on n'a qu'à recourir à la figure 11, pl. 148, du
présent volume, qui représente le strobile d'un *Libocedrus*,
le *L. chilensis* Endl., comme terme de comparaison. L'explication de la figure est donnée p. 193.

N° 1. — **Phyllostrobus Lorteti**

Pl. 221, fig. 1-2.

Phyllostrobus Lorteti,   Sap., *Notice sur les pl. foss., du niv. des
lits à poiss. de Cerin,* p. 48.

(1) D. C., *Prodr.,* t. XVI, sect. post., p. 454.

DIAGNOSE. — *P., ramulis compresso-tetragonis; foliis regulariter decussatim imbricatis, facialibus late ovatis rotundato-obtusis, leviter sulcato-carinatis, lateralibus laxe imbricatis, breviter curvato-falcatis, obtuse acutis, foliis in ramulis secundariis densius imbricatis; — strobilo terminali ad maturitatem aperto quadrivalvi, valvis duabus minoribus paulo exterioribus, duabus aliis majoribus latioribus marginibusque membranaceis reflexis sinuatisque tandemque laceris.*

Thuyites strobilifer (Sap.), Schimp., *Traité de Pal. vég.*, II, p. 343.

Thuites Oosteri. Heer, *Fl. fossr Helv.*, p. 136, fig. 6 et 7.

Le strobile termine un assez court rameau, muni en dessous de l'organe qu'il supporte d'un petit ramule latéral. La figure 1, pl. 221, dessinée par Brongniart, reproduit l'aspect primitif de l'empreinte et montre encore en place les résidus charbonneux qui la tapissaient. On distinguait vaguement les contours du strobile et les détails de sa structure quadrivalve. Après avoir enlevé avec soin tous les résidus, nous avons procédé à un moulage de l'échantillon original ; c'est le moule résultant de cette opération que représente notre figure 2, qui ne diffère de la première que parce qu'elle est tournée en sens inverse. On distingue sur cette figure deux parties principales, l'axe feuillé et le strobile qui le surmonte ; nous décrirons successivement ces deux parties, d'après le moule qui a restitué le relief primitif et l'aspect réel de l'ancien organe.

Les figures grossies 2ᵃ et 2ᵇ laissent voir très clairement la forme et le mode d'insertion des feuilles ; elles sont très régulièrement décussées et imbriquées sur quatre rangs ; l'axe principal, visiblement comprimé, a

dû être tétragone. Les feuilles faciales se trouvent encadrées par les latérales. Ces feuilles ont dû être relativement épaisses; les faciales largement ovales sont obtuses
ou même arrondies au sommet, marquées sur leur face
dorsale d'un léger sillon ou dépression longitudinale, qui
leur tient lieu de carène. Les latérales sont obtuses, situées dans l'intervalle des premières, lancéolées, sub-
étalées, un peu recourbées en faux et atténuées-obtuses
au sommet. Elles encadrent les faciales et paraissent
assez lâchement imbriquées. De l'aisselle de l'une de ces
feuilles latérales, vers le haut du rameau, on voit émerger un court ramule secondaire, obtus au sommet et
formé de petites feuilles décussées, étroitement imbriquées et serrées les unes contre les autres. Vers le
sommet du rameau principal, les feuilles faciales et latérales s'élargissent et s'allongent comme pour servir
d'involucre au strobile. Celui-ci que la figure 2ᵃ, pl. 221,
représente fortement grossi est visiblement ouvert, vide
à l'intérieur et formé de quatre écailles plutôt minces et
membraneuses que coriaces. Aussi, ces écailles ont-elles
subi par l'effet de la fossilisation une déformation qui
nous les montre comprimées et comme repliées sur elles-
mêmes.

Les deux extérieures, plus petites que les deux
autres, sont antéro-postérieures; les deux autres, plus
grandes et beaucoup plus larges, sont latérales; elles paraissent partagées sur le dos par un sillon médian et prolongées le long du bord supérieur en une expansion sinueuse de consistance membraneuse. Les autres détails,
ceux en particulier qui seraient relatifs à l'insertion des
graines, échappent à l'observation. Tel est ce fruit qui
semble placer le type jurassique qu'il caractérise non

loin des *Libocedrus* actuels et surtout du *Libocedrus tetra-gona* Endl.

Outre cet échantillon remarquable, il nous semble que le petit fragment décrit et figuré par M. Heer, sous le nom de *Thuites Oosteri* et qui provient du Stochhorn (canton de Berne), et du même horizon que le *Widdringtonites Bachmanni*, doit être réuni à notre *Phyllostrobus Lorteti* que nous dédions au savant directeur du muséum de Lyon, en reconnaissance de ses nombreuses et libérales communications.

On n'a qu'à comparer les figures données par Heer, soit dans son *Urwelt der Schweiz*, soit dans son *Flora fossilis Helvetinæ*, pour être convaincu de l'affinité et même de l'identité absolue des deux formes dont tous les caractères relatifs à la configuration des feuilles, comme à la dimension des rameaux, concordent complètement.

RAPPORTS ET DIFFÉRENCES. — La disposition décussée et parfaitement régulière des feuilles sépare cette espèce du type des *Brachyphyllum* et leur agencement tout particulier, le contour si obtus des faciales, l'ordonnance lâchement imbriquée et non apprimée éloignent également le *Phyllostrobus Lorteti* des *Palæocyparis* d'Armaille que nous avons décrits plus haut. Il nous semble donc que la présence d'un genre spécial, distinct des *Widdringtonia* par les feuilles, des *Palæocyparis* par le fruit, et représentant les *Libocedrus* actuels dans l'oolithe supérieure de l'Europe, ne saurait être révoquée en doute. Ce genre devait vivre à l'écart des régions où les eaux ont accumulé les anciens sédiments, circonstance qui explique la rareté de ses débris; mais, plus tard sans doute, de nouvelles découvertes et des explorations plus suivies permettront de le mieux définir et de reconstituer, à l'aide d'autres fragments, sa physionomie et son port, comme nous avons pu le faire pour d'autres genres de Conifères et même de Cupressinées jurassiques.

LOCALITÉ. — Orbagnoux (Jura), étage kimméridien inférieur; coll. de M. Jules Itier.

EXPLICATION DES FIGURES. — Pl. 221, fig. 1, empreinte d'un rameau surmonté d'un strobile adulte de *Phyllostrobus Lorteti* Sap., d'après un dessin de l'échantillon original communiqué à M. A. Brongniart par M. J. Itier en 1831, grandeur naturelle. Fig. 2, autre figure du même échantillon d'après un moule de l'empreinte originale, restituant l'aspect et le relief de l'ancienne espèce, grandeur naturelle; fig. 2ᵃ, même organe grossi pour montrer la structure du strobile, la forme et le mode d'agencement des feuilles et du petit ramule latéral auquel le rameau primaire donne naissance; fig. 2ᵃ, portion du même rameau vu sous un plus fort grossissement.

Nous aurions voulu compléter la description des espèces jurassiques du groupe des Aciculariées par celle des types de bois fossiles qui accompagnent ces espèces et qui représentent leurs tiges. Ces sortes d'échantillons abondent dans certaines couches; mais jusqu'ici, du moins, ils n'ont été l'objet d'aucune recherche spéciale et les préparations à l'état de plaques minces susceptibles d'analyse microscopique sont extrêmement rares, en ce qui concerne la région française. Cette pénurie, destinée à disparaître un jour, explique le nombre très restreint des documents de cette catégorie dont il nous a été possible de disposer. Nous avons tenu cependant à ne pas les passer sous silence, quand ce ne serait qu'à titre d'essai.

VINGTIÈME GENRE. — CUPRESSINOXYLON.

Cupressinoxylon, Gœpp., *Monogr. Conif.*, p. 196.

DIAGNOSE. — *Cellulæ ligni prosenchymatosæ, porosæ, ducti-bus resiniferis veris destitutæ ; cellulis autem resiniferis sim-plicibus creberrime injectis ; — pori rotundi, serie simplici ra-rius et in truncis annosioribus duplici triplicique serie in eodem plano ordinati, in iis plerumque tantum cellularum parieti-bus qui sibi oppositi et radiorum medullarium paralleli sunt vel in parietibus radiis medullaribus obversis, interdum non-nulli, vel etiam plurimi tamen minores in omnibus inveniun-tur ; — radii medullares minores simplici cellularum paren-chymatosarum porosarum serie ; — parietes eorum superiores et inferiores poris minutis, laterales majoribus instructi.*

Cupressoxylon,   Kr., *in* Schimperi, *Traité de Pal. vég.*, t. II, p. 374.
      —   Gœpp. et Menge, *Die Fl. d. Bernstein*, p. 18.
Thuioxylon,   Endl., *Syn. Conf.*, p. 281.
      —   Ung., *Gen. pl. foss.*, p. 354.

HISTOIRE ET DÉFINITION. — La diagnose qui précède, em-pruntée à la Monographie des Conifères de Gœppert, nous a paru donner la définition la moins confuse des carac-tères distinctifs des bois fossiles compris sous la formule de *Cupressinoxylon* ou *Cupressoxylon*, si l'on adoptait la dénomination de Kraus. Il suffit de recourir aux explica-tions données au commencement de ce volume, dans le tableau intitulé *Essai d'une classification des Conifères d'a-près la structure anatomique de leurs tiges* (p. 64 à 66), pour reconnaître qu'une détermination rigoureuse des bois ap-partenant à la tribu des Cupressinées ne pourrait avoir lieu

que si l'on possédait à la fois les régions ligneuse, libe-
rienne et médullaire d'une seule et même tige, réunion
réellement inespérée dès qu'il s'agit d'échantillons jurassiques qui, la plupart du temps, ne consistent qu'en éclats
ou fragments épars. Il ne saurait donc être question ici
que d'une détermination des plus approximatives et les
bois que nous décrirons auraient pu tout aussi bien être
ceux de Séquoïées et de Taxodiées que des Cupressinées
propres. Ils ont pu également appartenir à des types
éteints, intermédiaires à ces diverses catégories et servant
à les rejoindre ou constituant encore des tribus aujour-
d'hui perdues, comme l'étude des *Brachyphyllum* nous
porte à le présumer.

L'absence de vrais canaux sécréteurs de la résine dans le
bois, jointe à la présence des ponctuations aréolées disposées en série généralement unique sur les parois des
trachéides parallèles à la direction des rayons médullaires,
constitue le principal caractère des *Cupressinoxylon*. Ils
se distinguent ainsi des *Pityoxylon*, d'une part, des *Araucarioxylon* et *Taxoxylon*, de l'autre. D'ailleurs, l'absence
de canaux sécréteurs ne saurait être constatée qu'à l'aide
de coupes nombreuses qui font le plus souvent défaut, et
l'on retombe ainsi dans l'incertitude, surtout vis-à-vis des
Cedroxylon dont le bois est également destitué de canaux
sécréteurs, à moins qu'on ne s'attache à la présence, signalée par Kraus comme caractéristique des *Cupressinoxylon*, de cellules résineuses simples et parenchymateuses, dispersées à travers le bois et très nombreuses d'après
cet auteur. Il ne semble pas pourtant qu'une semblable
particularité ait rien de fixe et celle qui résulte de la
physionomie du bois, de sa texture serrée, de la dimension restreinte des trachéides couvertes sur leur face prin-

cipale de ponctuations occupant presque toute la largeur
de cette face, enfin les rayons médullaires étroits dans le
sens vertical, superposés en plusieurs rangées de cellules;
nulle trace de stries spiralées associées aux ponctuations
sur les fibres : telles sont à notre sens les caractères les
plus faciles à saisir des *Cupressinoxylon*. En se restreignant
à la série jurassique et ne consultant que la vraisemblance, ces *Cupressinoxylon* doivent avoir appartenu soit
à des tiges de *Brachyphyllum*, soit, à mesure que l'on
aborde les étages supérieurs, à de véritables Cupressinées
qui abondent dans les assises de l'oolithe, surtout à partir
du batonien et plus particulièrement à la hauteur du corallien et du kimméridien.

Comme la présence de vrais canaux sécréteurs de la résine, dans la région ligneuse, caractérise exclusivement
les Pins et les Mélèzes dans l'ordre actuel, on pourrait se
demander si ces organes ont été observés dans quelques-
uns des bois de l'époque jurassique où les *Pinus* propres
sont eux-mêmes si rares. Pour répondre à cette question
et faire voir qu'il existait effectivement en Europe, même
avant l'ère jurassique, des tiges présentant la structure
anatomique de nos Pinées, nous figurons ici, d'après
Schimper et Kraus, le *Pityoxylon Sandbergeri* Kr. (1), bois
siliceux du Keuper qui, sur une coupe transversale,
pl. 223, fig. 1, fortement grossie, laisse apercevoir un canal sécréteur parfaitement distinct, à gauche et latéralement; ce canal avec son entourage de cellules de bordure
aux parois amincies se trouve cerné par un rayon médullaire dont les cellules ont des cloisons visiblement
ponctuées.

1) Voy. Schimper, *Traité de Pal. vég.*, II, p. 378, pl. 79, fig. 8.

Dans le lias supérieur du Wurtemberg et de la Haute-Autriche, Schimper signale l'*Araucarioxylon Wurtembergicum* Kr. (1), comme représentant peut-être le bois du *Pachyphyllum Kurrii*. On sait que, chez les Araucariées, les fibres ligneuses offrent sur leurs parois une mosaïque de ponctuations aréolées en séries alternantes, mutuellement comprimées, de manière à dessiner des compartiments hexagonaux. On voit que, d'une façon générale, le bois des Conifères jurassiques présentait les mêmes diversités de structure que l'on remarque de nos jours, en examinant la région ligneuse des Conifères vivantes.

RAPPORTS ET DIFFÉRENCES. — Les bois fossiles rangés sous la formule générique de *Cupressinoxylon* ressemblent non seulement à ceux des Cupressinées propres, mais encore à ceux des Taxodiées, Sequoïées, Podocarpées, et même d'une partie notable des Abiétinées, dont il est difficile, comme nous venons de le voir, de les distinguer, d'après les seuls fragments en notre possession. Mais, d'autre part, ces *Cupressinoxylon* ne sauraient être confondus ni avec les Pinées, ni avec les Araucariées, encore moins avec les Taxinées que leurs stries en spirale, associées aux ponctuations ou dominant exclusivement sur les parois des fibres ligneuses, font si aisément reconnaître.

EXPLICATION DES FIGURES. — Pl. 223, fig. 1, *Pityoxylon Sandbergeri* Kr., coupe transversale d'un bois silicifié du keuper de Kitzingen, montrant un canal sécréteur résineux au milieu d'un groupe de fibres ligneuses cernées latéralement par le trajet d'un rayon médullaire, sous un fort grossissement.

1) *Traité de Pal. vég.*, II, p. 384.

N° 1. — **Cupressinoxylon Falsani.**

Pl. 223, fig. 2.

Diagnose. — *C., cellulis prosenchymatosis latiusculis ple-*
risque poroso-areolatis, poris uniseriatis dense congestis sæpe
subcontiguis aut inæqualiter spatiatis, fere omnibus orbicula-
ribus ostioloque centrali notatis, quandoque etiam plus mi-
nusve transversim cllipticis.

Nous ne connaissons ce bois converti en silice que par
un très petit fragment qui, considéré au microscope, sous
un grossissement d'environ 30 fois le diamètre, laisse voir
une série de trachéides étroitement accolées et parallèlement disposées, dont aucune ne montre de terminaison.
La face, parallèle aux rayons médullaires, de ces trachéides se trouve occupée par de nombreuses ponctuations aréolées, ordonnées en file unique et longitudinale.
Ces ponctuations sont généralement arrondies, rapprochées ou presque contiguës et marquées au centre d'une
ouverture. La figure 2ᵃ, pl. 223, dont le grossissement est
de 100 fois le diamètre, montre bien ces aréoles dont la
séria ne laisse entre elles aucun intervalle vide. Parfois cependant il existe des interruptions et les files s'arrêtent
pour reprendre plus loin, ou bien les aréoles s'allongent
dans le sens transversal de façon à devenir ellipsoïdes, ou
encore elles se trouvent remplacées par deux ou trois
aréoles plus petites. Ce sont là des variations qui se présentent assez fréquemment chez les Conifères dont on
explore la région ligneuse, dans les Cupressinées et une
partie des Abiétinées. Le niveau auquel se rapporte notre
Cupressinoxylon Falsani, celui de l'infralias, autorise la
supposition qu'il représente le bois, soit des *Brachyphyl-*

lum, soit de l'un des types de Taxodinées, tel que les *Cheiro-lepis*, si répandus à ce même niveau.

RAPPORTS ET DIFFÉRENCES. — L'absence des caractères différentiels que l'on aurait pu retirer de l'étude des rayons médullaires ou des cellules résineuses disséminées, soit dans le liber, soit dans le bois, et dont il n'existe ici aucune trace, devient un obstacle à tout rapprochement direct de ce bois fossile avec l'un des genres contemporains, dans les feuilles où les strobiles ont pu être observés.

LOCALITÉ. — Lias inférieur de Saint-Romain, près de Lyon ; d'après un échantillon de bois silicifié recueilli et communiqué par M. Falsan.

EXPLICATION DES FIGURES. — Pl. 223, fig. 2, coupe longitudinale, dans un sens parallèle aux rayons médullaires, d'un fragment de *Cupressinoxylon Falsani*, grossi 32 fois et montrant les trachéides ou fibres avec leurs ponctuations aréolés ; fig. 2ᵃ, portion du même fragment, sous un grossissement de 100 fois le diamètre, pour faire voir la forme et la disposition des ponctuations aréolées.

N° 2. — Cupressinoxylon Taonuri.

Pl. 223, fig. 3.

DIAGNOSE. — *C., cellulis prosenchymatosis tenuibus dense congestis sparsim punctato-areolatis, poris seu areolis orbiculatis in seriem simplicem longitudinaliter ordinatis approximatisque; radiis medulsaribus e cellulis angustis constantibus, 4-8 aut pluribus superpositis.*

Cette seconde espèce diffère évidemment de la précédente ; les éléments du bois sont plus menus, plus fins, plus serrés dans toutes leurs proportions. Il s'agissait donc d'une tige de faible dimension, analogue à celles de nos génévriers actuels. La figure 3, pl. 223, représente une plaque mince vue au microscope sous un grossissement d'environ 30 fois le diamètre. Les fibres ou trachéides, fort étroites et par conséquent très nombreuses, montrent leur face parallèle aux rayons médullaires. Cette face présente çà et là de nombreuses ponctuations aréolées, disposées en séries irrégulières, fréquemment absentes ou interrompues. Il semble aussi qu'on aperçoive quelques parties scléreuses, répondant peut-être à des cellules résineuses entremêlées aux trachéides. Les aréoles qui recouvrent celles-ci sont distribuées en une file unique longitudinale ; elles sont rapprochées l'une de l'autre et affectent une apparence assez conforme à celle des parties correspondantes de la première espèce. Les traces des rayons médullaires sont visibles et multipliées : ces rayons sont formés de cellules étroites dans le sens vertical, disposées en plusieurs files superposées, dont le nombre s'élève jusqu'à 8 pour ceux des rayons dont les rangées sont les plus nombreuses.

RAPPORTS ET DIFFÉRENCES. — C'est parmi les Cupressinées ou bien encore les Taxodinées qu'il est naturel de placer ce bois. Il se rapporte à un horizon plus récent que le *Cupressinoxylon Falsani* et dénote sans doute une espèce de petite taille : *Brachyphyllum* ou *Palæocyparis*.

LOCALITÉS. — Bajocien du Mont-d'Or lyonnais ; dans les mêmes lits que les algues scopariennes. — D'après un échantillon découvert par M. Falsan.

EXPLICATION DES FIGURES. — Pl. 223, fig. 3, coupe longitudinale, dans une direction parallèle aux rayons médullaires, d'un fragment de *Cupressinoxylon Taonuri* Sap., sous un grossissement de 30 fois le diamètre ; fig. 3ᵃ, portion du même fragment plus fortement grossi (100/1), pour montrer la forme et la disposition des ponctuations aréolées.

SUPPLÉMENT

Le supplément qui suit contient, avec la description d'un certain nombre d'espèces de Conifères jurassiques, récemment observées en France, plusieurs indications ou éclaircissements relatifs aux espèces déjà publiées et de nature à compléter ou à rectifier les notions qui les concernent.

Genre BRACHYPHYLLUM (Voir ci-dessus, p. 308, pour la définition du genre).

N° 8. — **Brachyphyllum Girardoti.**
Pl. 224, fig. 1-5.

DIAGNOSE. — *B. ramis rigidiusculis cylindricis plerumque nudis; foliis spiraliter ordinatis dense congestis, junioribus ovatis obtuse acutis vel obtusioribus, plus minusve tumidis prominulisque, basi rhombæa arete adpressis imbricatisque, extremo apice solum libero parum intus curvatis, adultioribus ætatis effectu incrassatis in areas convexo-rhombœas pyramidatim depressas sulcis commissuralibus ab alterutra discretas tandem conversis; strobilo, ut videtur, parvulo orbiculari e squamis paucioribus exacte convenientibus constanti, sed valde dubio.*

C'est à M. Girardot, professeur de sciences naturelles au lycée de Lons-le-Saunier, qu'est due la découverte du gisement d'où provient la nouvelle espèce que nous dédions à ce géologue sous le nom de *Brachyphyllum Girardoti.*

Ce gisement est celui de Châtelneuf (Jura) dont les lits à plantes, outre les traces des végétaux, ont fourni des dents de poissons et, dans un banc immédiatement inférieur, de nombreuses natices et des vestiges de l'*Hemicydaris intermedia* (tests et radicules). Un peu plus loin, à Ney, localité située à 5 kilomètres au nord de Châtelneuf, les mêmes lits ont donné une fougère remarquable, le *Sphenopteris Choffatiana* Hr., qui n'a pu prendre place dans le tome I des végétaux jurassiques, mais que M. Heer a publié dans son *Flora fossilis Helvetiæ* (pl. 51, fig. 1), d'apiès l'unique échantillon soumis à son examen par M. Paul Choffat, auteur de la découverte. Dans les lits à plantes de Châtelneuf, à côté du *Brachyphyllum Girardoti*, on remarque la présence d'une autre fougère caractéristique de ce même niveau, d'un *Stachypteris* qui doit être identifié au *St. minuta* Sap., d'Orbagnoux (Ain), gisement placé comme celui de Cirin, sur le niveau du kimméridien inférieur (1).

Le *Brachyphyllum Girardoti* ressemble évidemment beaucoup au *B. Moreauanum* Brgnt., espèce du corallien de Verdun (2) dont il est difficile de le distinguer, surtout au premier abord. Cependant la physionomie diffère, ainsi que le port, et le *B. Girardoti*, un peu plus récent que son congénère, constitue au moins une forme, que nous avons préféré décrire séparément à raison du niveau spécial et du gisement qu'elle caractérise.

La figure 5, pl. 224, montre la terminaison supérieure d'un ramule, qui était non seulement obtuse, mais presque arrondie.

La figure 4, même planche, reproduit le fragment d'un autre ramule, grossi en 4ᵃ; on voit par ces deux exemples que les feuilles de ce *Brachyphyllum* étaient apprimées

(1) Voy. ci-dessus, t. I, p. 390, pl. 51, fig. 1.
(2) Voyez précédemment, p. 341, pl. 165, fig. 5; 166, fig. 1-4; 167, fig. 1-3 et 168, fig. 1.

ou même totalement adnées, qu'elles avaient très peu de saillie dans leur jeunesse, qu'elles dessinaient une aire rhomboïdale et que leur extrémité libre, à peine visible, était étroitement appliquée, obtuse et comme arrondie. Ces feuilles, devenues accrescentes, se gonflaient par le progrès de l'âge. La figure 2, pl. 224, reproduit une portion d'un rameau plus ancien, grossi en 2ª et montrant la forme et la disposition des feuilles adultes. On voit qu'elles affectent l'apparence d'écussons, ovoïdes subrhomboïdaux, qu'elles sont légèrement carénées sur le milieu et vers le haut terminé par un renflement obtus.

Tout à fait contre ce rameau, se trouve couchée en travers une feuille étroitement linéaire et finement carénée vers le milieu qui semble dénoter la présence d'une aiguille de Pin (fig. 2, en *a*) ; enfin, la figure 6, grossie en 6ª, représente un fragment qui semble se rapporter à un fruit de très petite dimension, à écailles subpeltées et peut-être ombiliquées au centre ; nous le figurons avec doute pour ne rien omettre et comme étant peut-être l'indice d'un strobile jeune de *Brachyphyllum*.

La figure 1, pl. 224, plus complète que les précédentes, se rapporte à un long rameau dépouillé à la base, nu dans le reste de son étendue et recouvert de feuilles étroitement imbriquées, dessinant des aires rhomboïdales, obtuses au sommet et faiblement carénées sur leur face dorsale. Ce rameau situé à la surface de la même plaque que les précédents, dénote sûrement la même espèce. Il en est encore ainsi du tronçon visiblement plus âgé que représente la figure 3, pl. 224 ; ici, les feuilles se sont converties en écussons rhomboïdaux, relevés en pyramide déprimée par une carène dorsale, et séparés par des sillons commissuraux.

RAPPORTS ET DIFFÉRENCES. — Les rameaux plus nus, moins subdivisés, plus forts; les feuilles plus ovales, plus arrondies au sommet, paraissent marquer une différence entre cette espèce et le *Brachyphyllum Moreauanum*, de Verdun, dont elle est cependant très voisine et dont elle constitue peut-être une simple variété. On ne saurait la confondre ni avec le *Brachyphyllum nepos*, plus robuste, à écussons foliaires plus larges et moins allongés dans le sens vertical, ni avec le *Brachyphyllum gracile* Brngt., dont les rameaux ont des proportions ordinairement plus minces.

Il faut avouer pourtant qu'il existe entre toutes ces formes une affinité générale qui porterait à les confondre aisément, si l'on ne possédait un grand nombre d'échantillons et de branches à divers âges et dans divers états, pour aider à la comparaison. Dans ce but, le mieux est de recourir aux nombreuses figures de *Brachyphyllum* comprises dans ce volume (pl. 161 à 169), afin de juger de la valeur de ces nuances différentielles et de la part de doute que laissent les appréciations les plus consciencieuses; il s'agit évidemment d'un genre dont les formes étaient à la fois affines et cependant sujettes à des variations partielles multipliées. Comme ce genre a persisté d'un bout à l'autre de la période jurassique avec une monotonie d'aspect très marquée, il est difficile de se prononcer à l'égard des diversités auxquelles il a donné naissance et dont les enchaînements visibles s'opèrent à l'aide de nuances qui échappent parfois à la définition.

LOCALITÉS. — Châtelneuf (Jura), étage astartien inférieur; collection de M. Girardot à Lons-le-Saunier.

DESCRIPTION DES FIGURES. — Pl. 224, fig. 1, *Brachyphyllum Girardoti* Sap., rameau dépouillé inférieurement de ses feuilles, pourvu dans le reste de son étendue de feuilles

étroitement imbriquées, grandeur naturelle. Fig. 2, frag·
ment d'un autre rameau de la même espèce, grandeur
naturelle; fig. 2ᵃ, le même grossi pour montrer la forme et
l'agencement des feuilles. Fig. 3, tronçon d'un rameau
âgé de la même espèce, grandeur naturelle. Fig. 4, petit
fragment de ramule de la même espèce, grandeur naturelle. Fig. 5, extrémité supérieure d'un ramule de la même
espèce, grandeur naturelle. Fig. 6, empreinte moulée
rapportée avec doute à un strobile, grandeur naturelle;
fig. 6ᵃ, la même grossie.

N° 9. — **Brachyphyllum assimile**.

Pl. 223, fig. 4.

DIAGNOSE. — *B. foliis crassis tumidis elongatis patentim
erectis laxe imbricatis, apice rotundato obtusissime breviterque attenuatis.*

Malgré l'exiguité du fragment représenté par la figure
4, pl. 223, il nous paraît difficile de ne pas reconnaître en
lui un type allié de fort près au *Brachyphyllum Orbignyanum* de Brongniart, figuré sous ce nom dans le cours élémentaire de Paléontologie d'Alcide d'Orbigny (1) et sous
le nom de *Fucoides Orbignyanus* par Brongniart, dans son
Hist. des vég. foss., 1, p. 78 (pl. 2, fig. 6-7). C'est d'après
le dessin original de d'Orbigny, demeuré en la possession
d'A. Brongniart, de qui nous le tenons, que nous reproduisons, pl. 223, fig. 5, la figure grossie du *Brachyphyllum
Orbignyanum*, comme terme de comparaison avec la
figure 4ᵃ, même planche, qui représente le fragment en
question sous le même grossissement. On voit que mal-

(1) *Cours élémentaire de Paléontologie et de Géologie stratigraphi-
que* de M. Alcide d'Orbigny. Paris, 1852, t. II, p. 650, fig. 529.

gré l'étroite analogie qui existe entre les deux espèces, celle de l'astartien du Jura a des feuilles moins divariquées, plus arrondies, mais aussi plus atténuées obtuses au sommet et moins élargies à la base que celles du *Brachyphyllum* de l'île d'Aix. A. Brongniart avait retiré celui-ci des Fucoïdes en 1849 (1), mais il paraît avoir été négligé par Schimper qui ne le mentionne pas dans son *Traité de pal. végét.* Les strobiles de ce type sont encore inconnus; il se peut qu'il soit destiné à constituer un genre à part qui comprendrait dès à présent deux espèces : la nôtre et le *Brachyphyllum Orbignyanum*, de la craie inférieure.

LOCALITÉS. — Châtelneuf (Jura), astartien inférieur; coll. de M. Girardot à qui est due la découverte de l'espèce.

EXPLICATION DES FIGURES. — Pl. 223, fig. 4, *Brachyphyllum assimile* Sap., fragment de ramule, grandeur naturelle; fig. 4ᵃ, le même grossi, pour montrer la forme et l'agencement des feuilles. Fig. 5, *Brachyphyllum Orbignyanum* Brngt., portion d'un ramule grossi, d'après un dessin original d'Alcide d'Orbigny communiqué par A. Brongniart.

Genre PACHYPHYLLUM (Voir ci-dessus, p. 373, pour la définition du genre).

N° 1. — **Pachyphyllum peregrinum** (Voir ci-dessus p. 383, pour la définition de l'espèce).

Pl. 225, fig. 3-4.

Nous avons reçu tout dernièrement plusieurs échantillons de cette espèce, provenant de Hettange et que

(1) *Tableau des genres de vég. foss.*, p. 69. — Extr. du *Dict. d'hist. nat.* de d'Orbigny, art. *Végétaux fossiles.*

M. Eugène Pougnet a bien voulu soumettre à notre examen.
On remarquait, entre ces échantillons, des différences assez
tranchées au premier abord pour faire croire à la présence
de deux catégories distinctes, par conséquent de deux
espèces. Nous avons tenu à figurer ici un exemple de ces
deux sortes de spécimens pour faire voir qu'il s'agit toujours du *Pachyphyllum peregrinum* diversement fossilisé.
La figure 4, pl. 225, représente un rameau simple, dont
les feuilles, vues de profil, ne sont conservées qu'en
partie, mais celles de ces feuilles qui ont échappé à la
destruction, fort nettement imprimées dans le grès, se
montrent avec toute leur largeur, cernées par un contour
fort précis et marquées d'une carène latérale très visible.
La figure 4ª reproduit deux de ces feuilles assez fortement
grossies, pour mieux faire ressortir leur forme.

La figure 3, même planche, reproduit un autre rameau
subdivisé latéralement, dont les feuilles plus nombreuses
et plus serrées paraissent aussi plus étroites, plus élancées
et plus aiguës au sommet. Pourtant en dessinant avec soin
ces mêmes feuilles, fig. 3ª, sous le même grossissement que
les précédentes, on retrouve trop exactement le contour
caractéristique de celles-ci pour ne pas admettre leur
réunion en une seule et même espèce. Dans le second cas,
toutes les feuilles ont à la fois laissé des traces charbonnées, mais ces traces moins nettes sont réduites le plus
souvent au vestige de la partie médiane, plus épaisse que
les bords faiblement marqués, ce qui fait paraître les anciennes feuilles plus étroites qu'elles ne l'étaient en réalité.

EXPLICATION DES FIGURES. — Pl. 225, fig. 3, *Pachyphyl-*
lum peregrinum Schimp., rameau pourvu d'une subdivision
latérale dont toutes les feuilles comprimées et converties
en charbon ont laissé des traces plus ou moins appréciables

dans le sédiment, grandeur naturelle ; fig. 3ᵃ, deux feuilles vues de profil, restituées et grossies. Fig. 4, autre rameau de la même espèce, montrant ses feuilles latérales imprimées dans le sédiment à l'exclusion des autres, grandeur naturelle ; fig. 4ᵃ, deux de ces feuilles grossies, pour montrer leur identité avec celles de l'échantillon précédent ; coll. de M. Eugène Pougnet à Landroff (Alsace-Lorraine).

N⁰ 6. — **Pachyphyllum crassifolium**.

Pl. 226, fig. 1.

Pachyphyllum crassifolium,   Schenk, *Foss. Fl. d. Nordwest.*
                                 Deutsch. Wealdenform., p. 38,
                                 tab. 19, fig. 6.

Diagnose. — *P. ramis robustioribus, foliis spiraliter ordinatis, e basi late conica sursum crasse trigonis, patentim rigidis, apice falcato-incurvis.*

Nous devons à M. Zeiller, ingénieur des mines, la connaissance de cette remarquable espèce, dont il a bien voulu nous communiquer l'échantillon original, appartenant à la riche collection do l'École des mines. Il provient des calcaires, dits de la *Porte-de-France*, à Grenoble, calcaires lithographiques, à pâte fine, dure et légèrement enfumée, caractérisés par la présence de la *Terebratula janitor*, et placés à l'extrême sommet de la série jurassique, par M. de Lapparent (*Traité de Géologie*). Cependant, au-dessus du calcaire lithographique à *T. janitor*, M. de Lapparent, d'accord avec les principaux stratigraphes, place encore le calcaire à *Terebr. diphyoïdes* qui correspond trait pour trait à l'assise de Berrias, considérée par lui comme l'équivalent marin des couches de Purbeck. De toutes façons, nous touchons par les calcaires de la Porte-de-France à des dépôts de transition qui passent supérieurement et à l'aide d'un mélange de formes des deux séries, étroitement associées, au néocomien proprement dit.

La figure de la planche 226 représente très exactement l'empreinte de l'École des mines. Elle se détache en noir sur le fond grisâtre de la roche, à pâte très dure, à cassure anguleuse et irrégulière. A raison d'un grain aussi compact, il y a eu un écrasement complet de l'ancien rameau, réduit à l'état de résidu charbonneux et dont l'épaisseur primitive devait être considérable.

Ce rameau, sans doute âgé, est pourvu de feuilles rigides, trigones, étalées et recourbées en faux, qui s'élèvent sur une base largement conique et décurrente, qui constitue à chacune d'elles un coussinet saillant, étroitement serré contre le coussinet de la feuille limitrophe. Par un effet de la compression, les feuilles latérales vues de profil ont été seules conservées. Les autres sont réduites à l'état de vestige. Nous avons essayé de restituer, fig. 1ᵃ, l'aspect primitif de l'ancienne espèce, d'après l'étude des linéaments de son empreinte. Les caractères visibles, la structure des feuilles, leur épaisseur, leur aspect rigide, dénotent, selon nous, un *Pachyphyllum* plutôt qu'un *Araucaria*, dans cette espèce que ses proportions robustes distinguent aisément de ses congénères. On ne saurait la confondre avec aucune de celles que nous avons eu l'occasion de signaler jusqu'ici dans le terrain jurassique ; mais, après un examen attentif, elle nous a paru devoir être réunie au *Pachphyllum crassifolium* de Schenk. Il est vrai que cet auteur n'a figuré qu'un échantillon en assez mauvais état

____

(1) *Traité de Géologie*, p. 894.

de son espèce, recueilli dans le Wealdien de l'Allemagne
du nord ; il est vrai aussi que cet échantillon est un peu
plus petit que le nôtre dans toutes ses proportions ; mais
la conformation des feuilles montre tant d'analogie et la
différence de taille perd tellement de sa valeur, en admettant que le rameau de la Porte-de-France était adulte,
que nous avons adopté l'identification des deux formes,
l'une purbeckienne, l'autre wealdienne, comme la plus
vraisemblable, en même temps qu'elle concorde avec le
caractère de transition qu'affecte notoirement la zone à
Terebratula janitor, à laquelle appartient notre *Pachyphyllum*. De nouveaux éléments seraient nécessaires pour permettre de trancher la question d'une façon absolue, et il
serait d'autant plus à souhaiter que l'on pût en obtenir,
qu'il s'agit d'une espèce remarquable par sa force, sa
vigueur, probablement aussi par le rôle qui lui était
dévolu dans la végétation forestière de la dernière partie
des temps jurassiques.

Rapports et différences. — Comme nous l'avons dit
plus haut, le *Pachyphyllum crassifolium* ne saurait être confondu avec le *P. peregrinum* du lias de Hettange, ni avec
les *Pachyphyllum cirinicum* et *Zignoi* dont les feuilles sont
à la fois plus petites et plus courtes ; mais il ressemble
beaucoup au *Pachyphyllum araucarimum* (Pom.) Sap., dont
il diffère cependant par ses feuilles plus recourbées en faux
et surtout insérées sur une base plus large et plus épaisse.
Une comparaison de la figure de la planche 226 avec celles
de la planche 180 permettra de saisir cette différence.

Localité. — Carrière de M. Carrière, à Grenoble, étage
de la Porte-de-France, coll. paléontologique de l'École
des mines ; — hors de France, schistes wealdiens de Reh-
burg, Allemagne du nord.

EXPLICATION DES FIGURES. — Pl. 226, fig. 1, *Pachyphyllum crassifolium* Schenk, empreinte d'un rameau adulte chargé de feuilles, d'après un échantillon original communiqué par M. Zeiller, ingénieur des mines, grandeur naturelle ; fig. 1ᵃ, portion du même rameau restaurée et légèrement grossie pour montrer la forme et la disposition des feuilles.

Genre SPHENOLEPIS (Voir ci-dessus, p. 519, pour la définition du genre).

Nº 1. — **Sphenolepis Terquemi** (Voir ci-dessus, p. 522).

Pl. 225, fig. 1-2.

En décrivant cette espèce nous n'avons signalé que son strobile, situé à l'extrémité d'un court ramule, à la façon de ceux des *Sequoia* actuels. Nous rapportons, non sans un peu d'hésitation, à ce même *Sphenolepis Terquemi* deux empreintes de rameaux, recueillis à Hettange par M. Eugène Pougnet qui a bien voulu nous les communiquer. Ces rameaux sont plus grêles, plus délieats, plus menus dans toutes leurs proportions que ceux du *Pachyphyllum peregrinum* et leur état de conservation, à raison même de cette délicatesse, laisse beaucoup à désirer. L'une de ces empreintes, pl. 225, fig. 1, est celle d'un ramule simple dont les feuilles écailleuses, recourbées en faux, sont insérées par une base décurrente sur un axe caulinaire fort mince, comparable par ses faibles dimensions à celles du ramule qui sert de support au strobile de *Sphenolepis* reproduit, pl. 198, fig. 5. L'autre empreinte, pl. 225, fig. 2, est celle d'un rameau subdivisé en ramules secondaires, dépouillé partiellement de ses feuilles et montrant çà et là la trace des latérales vues de profil, dans un état de conservation des plus médiocres. Les figures grossies 1ª et 2ª reproduisent exactement l'aspect et le mode d'agencement de ces feuilles. Il nous paraît plus naturel de les attribuer, avec les rameaux qui les portent, au *Sphenolepis Terquemi* que de les considérer comme dénotant une nouvelle espèce.

LOCALITÉ. — Lias inférieur de Hettange, près de Metz ; coll. de M. Eugène Pougnet.

EXPLICATION DES FIGURES. — Pl. 225, fig. 1, *Sphenolepis Terquemi*, Sap., ramule, grandeur naturelle ; fig. 1ª, la même grossie pour montrer la forme et l'agencement des feuilles. Fig. 2, empreinte d'un autre rameau de la même espèce, grandeur naturelle ; fig. 2ª, portion du même grossie, pour montrer la forme des feuilles latérales vues de profil.

Genre PINUS (Voir ci-dessus, p. 472, pour la définition du genre).

Nº 2. — **Pinus oblita**.

Pl. 225, fig. 5.

DIAGNOSE. — *P. Seminum nucula ovato-orbiculari, ala membranacea elliptica parum obliqua, apice obtusissime attenuato-rotundata superata.*

Nous avons signalé plus haut et figuré la trace d'une aiguille détachée, fort analogue aux aiguilles foliaires des *Pinus* propres (voir pl. 224, fig. 22). Un second indice de la présence d'une espèce de ce même genre dans la région du Jura, vers la fin des temps oolithiques, nous est fourni par une empreinte provenant des schistes du lac d'Armaille et comprise dans la série d'échantillons dont nous devons la connaissance à M. Falsan. Cette empreinte reproduite fort exactement, pl. 225, fig. 5, est celle d'une graine ailée, entièrement conforme à celle des Pins et dont le contour est des plus nets, bien que les détails superficiels en soient en partie effacés. Il nous a paru difficile de voir une coïncidence fortuite dans un tracé accusé avec tant de précision. Il est fort possible que cette graine et l'aiguille isolée de Châtelneuf qui proviennent à peu près du même horizon géognostique aient fait partie d'une seule et même espèce. Nous avons voulu ne rien négliger à cet égard, tout en laissant aux futurs explorateurs le droit de conclure.

Localité. — Schistes kimméridiens inférieurs du lac d'Armaille.

Explication des figures. — Pl. 225, fig. 5, *Pinus oblita* Sap., semence ? comprenant une nucule surmontée de son aile membraneuse, grandeur naturelle.

TABLE

ALPHABÉTIQUE & SYNONYMIQUE

A

R

U

V

W

FIN DE LA TABLE ALPHABÉTIQUE ET SYNONYMIQUE.

TABLE DES MATIÈRES

FIN DE LA TABLE DES MATIÈRES.

1046-73. — CORBEIL. Typ. et Stér. CRÉTÉ.